I0881742

Die Mathematik und ihre Dozenten an der Berliner Universität
1810 – 1933

Die Mathematik und ihre Dozenten an der Berliner Universität 1810–1933

Stationen auf dem Wege eines mathematischen Zentrums von Weltgeltung

von Prof. em. Dr. rer. nat. habil. Kurt-R. Biermann

Mit einem Geleitwort von
Prof. Dr. rer. nat. habil. Heinz Stiller
Vizepräsident der Akademie der Wissenschaften der DDR

Mit 15 Porträts

AKADEMIE-VERLAG BERLIN 1988

Die hier vorliegende Publikation ist die bearbeitete und um das Kapitel über die Zeit von 1920 bis 1933 erweiterte Ausgabe des bereits 1973 im Akademie-Verlag Berlin erschienenen Buches „Die Mathematik und ihre Dozenten an der Berliner Universität 1810—1920“ desselben Autors.

ISBN 3-05-500402-7

Erschienen im Akademie-Verlag Berlin, DDR-1086 Berlin, Leipziger Str. 3—4
© Akademie-Verlag Berlin 1973/1988
Lizenznummer: 202 · 100/417/88
Printed in the German Democratic Republic
Gesamtherstellung: Druckhaus „Maxim Gorki“, Altenburg
Lektor: Renate Trautmann
LSV 1007
Bestellnummer: 763 7324 (9059)
07800

Inhaltsverzeichnis

Ein Wort zum Geleit

Was allgemein für die Meisterung der großen Aufgaben von morgen gilt, das hat auch für die Mathematik, die immer neue Bereiche nicht nur der Naturwissenschaften und der Technik durchdringt, sondern auch die Gesellschaftswissenschaften immer umfassender dem Kalkül unterwirft, uneingeschränkte Geltung: Die Kenntnis der Vergangenheit hilft uns, die Gegenwart zu begreifen und die Herausforderungen der Zukunft erfolgreich zu bestehen. In diesem Sinne begrüße ich sehr das Erscheinen einer zweiten, auf den neuesten Stand gebrachten und bis zur Errichtung der faschistischen Diktatur 1933 fortgeführten Ausgabe der Geschichte der Mathematik und ihrer Dozenten an der hauptstädtischen Humboldt-Universität aus der Feder des als Mathematikhistoriker wie als Humboldt-Forscher gleichermaßen international bekannten Prof. em. Kurt-R. Biermann, der mehr als drei Jahrzehnte an der Akademie der Wissenschaften der DDR wissenschaftlich tätig war. Das ausgezeichnete Echo, das die Ausgabe von 1973 in der Sowjetunion, in den USA und in vielen anderen Ländern gefunden hat, so etwa in England, wo ihr das Prädikat eines „magnificient book" (Annals Sci. 32. 1975, 4, p. 404) zuerkannt wurde, läßt mit Sicherheit erwarten, daß die zweite, anläßlich des Berlin-Jubiläums erscheinende Ausgabe des lange schon vergriffenen Werks, das in nahezu jeder Arbeit über den Standort der Mathematik in Deutschland nach 1800 zitiert wird, ihre Leserschaft finden wird.

An die jungen Mathematiker und Naturwissenschaftler und an alle, denen die Mathematik zu einem unentbehrlichen Werkzeug geworden ist, ergeht aus der vorliegenden Darstellung der unüberhörbare Ruf, den hervorragenden Akademiemitgliedern, Professoren, Dozenten und Assistenten, die die Mathematik an der Berliner Universität mit ihrem zielbewußt genutzten Talent, ihrem nie nachlassenden Fleiß und ihrer selbstlosen Hingabe in das goldene Buch der Weltgeschichte der Mathematik eingetragen haben, mit all ihren Kräften nachzueifern. Die Darlegung des Weges bis zu dem 1933 hereinbrechenden und bis 1945 andauernden Rückschlag mahnt zugleich auf das eindringlichste, daß es im Kampf zwischen Reaktion und Fortschritt, letztlich zwischen Krieg und Frieden keine Neutralität geben kann und geben darf.

Berlin, im Juli 1986

Prof. Dr. rer. nat. habil. Heinz Stiller
Vizepräsident der Akademie der Wissenschaften
der DDR

0. Vorbemerkung

Die Historiker der Mathematik können sich rühmen, keinen Geringeren als Karl Marx zu ihren Klassikern rechnen zu dürfen, findet sich doch unter seinen mathematischen Manuskripten ein „historischer Abriß“ mit einer tiefgründigen Periodisierung der Begründung der Differentialrechnung im 17. und 18. Jahrhundert. Heute ist diese Epoche in der Geschichte der Mathematik gut erforscht, hingegen ist die Untersuchung der Entwick lung der Mathematik im vorigen Jahrhundert noch im vollen Gange, die der ersten Hälfte unseres Jahrhunderts hat erst begonnen. Und doch wurden im 19. Jahrhundert die Grundlagen für die moderne Entwicklung der Mathematik gelegt. Eine allseitige Erforschung der jüngeren Vergangenheit bleibt um so mehr ein Bedürfns, als im Zeitalter der wissenschaftlich-technischen Revolution eine ständig wachsende Zahl von Disziplinen die durch Paul Lafargue überlieferte Bedingung von Karl Marx erfüllt, wonach eine Wissenschaft erst dann als wirklich entwickelt betrachtet werden kann, wenn sie dahin gelangt ist, sich der Mathematik bedienen zu können[1]).

Die Geschichte der Mathematik hat viele Aspekte — philosophische, problemgeschichtliche, biographische, institutions-, organisations- und beziehungsgeschichtliche, solche der Anwendung in der Didaktik der Mathematik und der Applikationsforschung überhaupt, solche der Wissenschaftswissenschaft und der Prognostik, den der Pflege und Aneignung unseres nationalen wissenschaftlichen und kulturellen Erbes und den der Wechselwirkung zwischen Theorie und Praxis, zwischen gesellschaftlichen Bedürfnissen und den Fortschritten der Mathematik, ja sogar aktuelle mathematische Aspekte, indem ungelöst gebliebene historische Probleme mit dem heutigen reichen algorithmisch-technischen Instrumentarium einer Lösung und Anwendung zugeführt werden können.

Hier wird ein institutionsgeschichtliches Kapitel der Mathematikgeschichte geschrieben, nämlich das der Mathematik und ihrer Dozenten an der Berliner Universität, die seit dem 8. 2. 1949 den Namen „Humboldt-Universität“ führt, in der Zeit von ihrer Gründung im Jahre 1810 bis zum Jahre 1933, also von ihrem der Initiative Wilhelm von Humboldts zu verdankenden Entstehen im Zuge der Bildungsreform, einer jener das Ende des Feudalsystems und den Beginn des bürgerlichen Umwälzungsprozesses in Preußen markierenden und bewirkenden Reformen, bis zur Errichtung der faschistischen Diktatur, dem schwersten Rückschlag auch in der Geschichte der Lehre und Forschung der Mathematik an der hauptstädtischen Universität. In diesen rund 120 Jahren

[1]) P. Lafargue 1953. S. 155. Zu der angewandten Form des Verweises auf Literatur und Quellen siehe Kapitel 1.

hat es Perioden gegeben, in denen das Weltniveau von Berlin aus bestimmt, in denen von hier die Richtung für die mathematische Forschung über die Grenzen hinweg gewiesen wurde.

Wenn die erste Ausgabe dieser Darstellung der Geschichte der Vertretung und Pflege des Faches Mathematik an der Universität Berlin anläßlich des 275jährigen Bestehens der Akademie der Wissenschaften der DDR erschien, so deshalb, weil die Geschichte der Mathematik an der Universität und die an der Akademie untrennbar miteinander verbunden sind. Die Mathematiker, die ordentliche Mitglieder der Akademie gewesen sind, haben zugleich das mathematische Leben, Lehre und Forschung, an der Universität geleitet, selbst ihr Wirken innerhalb der Akademie ist eng mit ihrer Tätigkeit als Hochschullehrer verflochten. Mit zwei Ausnahmen waren alle Mathematik-Ordinarien der Universität zugleich ordentliche Mitglieder der Akademie. Unmöglich ist es zu entscheiden, was von ihren Vorträgen in den Sitzungen des Plenums und der Klassen der Akademie oder von ihren Beiträgen in den Akademieschriften in der Eigenschaft eines Akademiemitgliedes und was in der eines Universitätsordinarius erarbeitet worden ist, besaß doch die Akademie in der in Rede stehenden Zeit keine eigenen mathematischen Forschungsinstitute. In welch außerordentlichem Maße Akademie- und Universitätsinteressen miteinander verwoben waren, so daß geradezu von einer Kooperation gesprochen werden kann, mögen zwei Beispiele beleuchten.

1913 wurde die Berufung Hilberts an die Berliner Universität ins Auge gefaßt. Hilbert hatte aber schon einmal, 1902, einen Ruf nach Berlin abgelehnt. Um ihn jetzt einer Revision seiner damaligen Ablehnung geneigter zu machen, entschloß man sich, schleunigst die überfällige Wahl zum korrespondierenden Akademiemitglied nachzuholen. So diente die Akademie Absichten der Universität[1]).

Ein anderes Beispiel: Mathematiker der Akademie haben als „lesende Akademiemitglieder" von ihrem Recht zum Halten von Vorlesungen an der Universität ausgiebig Gebrauch gemacht, ohne eine Professur innezuhaben und ohne dazu verpflichtet zu sein[2]). Sie haben auf diese Weise der Universität nicht nur Glanz und Ruhm gebracht wie C. G. J. Jacobi, sondern sie haben zeitweise einen ordnungsgemäßen Lehrbetrieb an der Universität überhaupt erst ermöglicht, wie es durch Kronecker geschah.

Der Aufschwung der Mathematik an der Universität ist, wie unten näher ausgeführt wird, wesentlich Alexander von Humboldt zu danken, in dessen wissenschaftsorganisatorischem Programm bei seiner Übersiedlung von Paris nach Berlin im Jahre 1827 dieses Ziel den ersten Platz behauptete[3]), und auch Humboldt war „nur" ein „lesendes Akademiemitglied", das in dieser Eigenschaft an der Universität lediglich im Winter 1827/28 mit den berühmten „Kosmos-Vorlesungen" als Hochschullehrer in Erscheinung getreten ist.

So gesehen, kann diese Publikation ohne Zweckaktualisierung ohne weiteres zugleich als Nachtrag zum erwähnten Akademie-Jubiläum und zum 175jährigen Jubiläum der Universität betrachtet werden.

Spezielle Fragen, die nur die Mathematik an der Akademie betreffen, hat der Verfasser bereits in früheren Veröffentlichungen untersucht, wie etwa

---

1) Auf die beiden Berufungen wird unten ausführlich eingegangen.

2) Siehe die Aufstellung in Anmerkung 8, S. 22.

3) K.-R. Biermann 1968b.

- die Wahl von Mathematikern in die Akademie[1]),
- die Geschichte der mathematischen Preisfragen der Akademie[2]),
- die Beziehungen der Akademie zu einzelnen hervorragenden Mathematikern[3]),
- die mathematischen Vorlagen, die der Akademie von Gelehrten und von Laien vorgelegt worden sind[4]).

Diesen Arbeiten ist gemeinsam, daß sie auf unveröffentlichten Quellen beruhen. Das Echo, das diese Darstellungen in der internationalen Kritik fanden, legte den schon von Erhard Schmidt geäußerten Gedanken nahe, die archivalischen Forschungen auch auf die Universität auszudehnen. Das Ergebnis wird hier in zweiter, die Ausgabe von 1973 dort, wo es erforderlich geworden ist, ergänzender bzw. berichtigender und um den Zeitraum 1920—1933 erweiternder Ausgabe vorgelegt; es beruht zum Teil auf Studien, die zur Vorbereitung des Universitätsjubiläums 1960 angestellt wurden, aber damals nicht zur Veröffentlichung gelangten[5]), und auf der daraus hervorgegangenen Habilitationsschrift des Autors[6]).

Die Darstellung schließt mit dem Jahr 1933, da die Geschichte mathematischer Lehre und Forschung unter dem faschistischen Regime in universitätsübergreifender Analyse von anderen Autoren behandelt worden ist bzw. weitere entsprechende Untersuchungen sich in fortgeschrittenem Stadium der Druckvorbereitung befinden.

Den Personen, die das Zustandekommen der *ersten* Ausgabe unterstützt und gefördert haben, wurde dort[7]) für ihre wertvolle Hilfe der gebührende Dank ausgesprochen, der an dieser Stelle herzlich, aber summarisch erneuert sei. Namentlich seien hier alle genannt, denen der Verfasser für ihren Beistand bei der Vorbereitung der *zweiten* Ausgabe aufrichtige Dankbarkeit schuldet: Herr Prof. Dr. Dr. h. c. Hans Freudenthal, Utrecht (Niederlande), beantwortete bereitwillig und geduldig aus dem reichen Schatz seiner persönlichen Erinnerungen viele Detailfragen nach dem mathematischen Leben an der Berliner Universität in den zwanziger Jahren und nach seinen herausragenden Repräsentanten. Herr Prof. Dr. Helmut Grunsky, Würzburg (BRD), stellte zuvorkommenderweise eine Kopie des damals noch ungedruckten Manuskriptes seiner Bieberbach-Biographie zur Verfügung. Herr Dr. Gert Schubring, Bielefeld (BRD), machte zahlreiche Ergänzungs- und Änderungsvorschläge u. a. zu Tralles, Ohm und Dirichlet sowie zur Vorgeschichte des Berliner Mathematischen Seminars und überließ eigene Publikationen zu einschlägigen Fragen. Frau Dr. Hannelore Bernhardt, Berlin (DDR), gewährte Einsichtnahme in ihre noch unveröffentlichte Dissertation B über Richard von Mises und seinen Beitrag zur Grundlegung der Wahrscheinlichkeitsrechnung im 20. Jahrhundert. Herr Dr. Wolfgang Eccarius, Eisenach (DDR), steuerte Ergänzungs- und Änderungsvorschläge zum Thema Crelle bei. Herrn Prof Dr. Werner Fenchel, Søborg (Dänemark), beantwortete ausführlich Fragen zu seinen Berliner Studentenerinnerungen. Die

---

[1]) K.-R. Biermann 1958a, 1960a, 1961a, 1964b, 1966c, 1983.

[2]) K.-R. Biermann 1964a.

[3]) K.-R. Biermann 1960e, 1963a.

[4]) K.-R. Biermann 1967b.

[5]) Es wurde lediglich ein Autoreferat publiziert (K.-R. Biermann 1964c).

[6]) Autoreferat: K.-R. Biermann 1970.

[7]) Biermann, Kurt-R.: Die Mathematik und ihre Dozenten an der Berliner Universität 1810 bis 1920. Stationen auf dem Wege eines mathematischen Zentrums von Weltgeltung. Akademie-Verlag, Berlin 1973. IX, 265 S. 4°. Danksagung: S. 3.

gleiche Freundlichkeit erwies mir Herr Prof. Dr. Kurt Hirsch (†). Frau Prof. em. Dr. Lilly Görke, geb. Buchhorn, Berlin (DDR), gab briefliche Auskünfte und erlaubte die Benutzung von autobiographischen Aufzeichnungen sowie eines Interviews, das sie Herrn Dr. Reinhard Siegmund-Schultze, Berlin (DDR), am 10. 3. 1986 gewährt hat. Letzterer ermöglichte entgegenkommend die Einsicht in ein Manuskript aus seiner Feder über Bieberbach und in seine Materialsammlung vor allem zur Geschichte der Mathematik in Deutschland 1933/45; er überließ Xerokopien (Preprints) und gab wertvolle Hinweise und Anregungen. Herr Dr. E. Quaisser, Potsdam (DDR) erlaubte die Kopierung seiner unveröffentlichten Prüfungsarbeit von 1970 über L. Bieberbach. Herr Prof. Dr. Menso Folkerts, München (BRD), gewährte Einsicht in seine Forschungen über J. Oltmanns und half mit biographischen Auskünften. Herr Ulrich Bieberbach, Oberaudorf, (BRD) stellte ein Porträtfoto seines Vaters zur Verfügung.

Bei der Beschaffung biographischer Daten und (oder) von Literatur halfen ferner die nachstehend genannten Damen und Herren: Prof. Dr. Joseph W. Dauben, New York (USA), Prof. Dr. Albrecht Dold, Heidelberg (BRD), Dr. Maria Feigl, geb. Fleischer, Freiburg (BRD), Dr. Hans-Joachim Felber, Babelsberg (DDR), Prof. Dr. Ole Immanuel Franksen, Lyngby (Dänemark), Prof. Dr. Ivor Grattan-Guinness, Engfield (UK), Prof. Dr. Edmund Hlawka, Wien (Österreich), Prof. Dr. A. P. Juškevič, Moskau (UdSSR), Dipl.-Chem. Margot Köstler von der Poggendorff-Redaktion, Leipzig (DDR), Dr. Albert C. Lewis, Hamilton (Kanada), Prof. Dr. Herbert Mehrtens, Berlin (West), Marie Luise Mendel, Berlin (West), Prof. Dr. Hans Rohrbach, Bischofsheim (BRD), Dr. Norbert Schappacher, Göttingen (BRD), Prof. Dr. Christoph J. Scriba, Hamburg (BRD). Herr Prof. Dr. Hans Reichardt, Berlin (DDR), gab mündliche Hinweise aus den Erinnerungen an seine Studentenzeit[1]).

Schließlich sei ausdrücklich der in der ersten Ausgabe Herrn Dr. Heinz Kossack gezollte Dank für Unterstützung bei der Benutzung der Bestände des von ihm seinerzeit geleiteten Archivs der Humboldt-Universität erneuert.

Für das Korrekturlesen des Bandes habe ich meiner Frau, Dr. Elisabeth Biermann, und Herrn Günther Höpfner herzlich zu danken.

---

[1]) Anmerkung bei der Korrektur: Herr Freudenthal hat inzwischen seine auf S. 10 erwähnten Erinnerungen veröffentlicht: Berlin 1923–1930. Studienerinnerungen von Hans Freudenthal. Berlin, New York: Walter de Gruyter 1987.

1. Erläuterung der Zitate, Belege und Anmerkungen

Die Literaturangaben werden in der Regel in Kurzform in den Fußnoten gebracht: abgekürzter Vorname sowie Familienname des Autors bzw. des Herausgebers — bei anonymen Werken Erscheinungsort —, Jahr des Erscheinens der betreffenden Publikation und, falls erforderlich, Seitenzahlen. Sind mehrere Arbeiten des gleichen Verfassers in einem Jahr erschienen, so werden diese durch hinter der Jahreszahl folgende Buchstaben (a, b, ...) unterschieden. Die vollständigen bibliographischen Angaben für so zitierte Veröffentlichungen sind im Literaturverzeichnis (Abschnitt 10.2.) aufgeführt, und zwar alphabetisch nach Verfassern bzw. Herausgebern, bei Anonyma nach Erscheinungsorten. Werden mehrere Arbeiten des gleichen Autors genannt, so sind diese chronologisch geordnet.

Auf Standard-Nachschlagewerke wie das Mathematische Wörterbuch, die Allgemeine Deutsche Biographie oder J. C. Poggendorffs Biographisch-Literarisches Handwörterbuch wird nicht besonders verwiesen.

Die Quellenangaben in den Anmerkungen bestehen aus der Bezeichnung des Archivs und der Aktensignatur[1]). Ist der Signatur keine Archiv-Bezeichnung beigegeben, so handelt es sich stets um das Archiv der Humboldt-Universität zu Berlin (vgl. Abschnitt 10.1.). Archivalien, die vom Verfasser schon in einer seiner früheren Arbeiten publiziert worden sind, werden in der Regel nach dem Druck zitiert.

Die Schreibweise der ungedruckten Vorlagen ist beibehalten, offensichtliche Versehen sind stillschweigend berichtigt worden. Im Original nicht vorhandene Zusätze sind in eckige Klammern eingeschlossen. In die Interpunktion ist dann eingegriffen worden, wenn dies dem leichteren Verständnis dient.

---

[1]) Nach der Benutzung der Akten erfolgte Umbenennungen von Archiven und Änderungen von Aktensignaturen blieben unberücksichtigt; s. dazu die Vorbemerkung zu Kapitel 10.1.

2. Klassifizierung der Quellen und Einschätzung ihrer Aussagekraft

2.1. Einleitung

Es ist die Regel, daß die Mathematiker und die Mathematik in der Darstellung der Institutionsgeschichte stiefmütterlich behandelt werden. Das ist auch im Berliner Fall so. A. v. Harnack, der Geschichtsschreiber der Berliner Akademie, Kirchenhistoriker seines Zeichens, und M. Lenz, der Historiograph der Universität, ein Historiker, haben zwar Versuche unternommen — der letztere unter freimütiger Hervorhebung seiner „mehr als unzureichenden Kräfte“[1] —, auch die Mathematik innerhalb ihrer Werke zu behandeln, aber das mußten naturgemäß Versuche bleiben.

Wenn man sich eingehender mit der Geschichte der Sektion Mathematik, um eine heute übliche Bezeichnung zu verwenden, an der Humboldt-Universität zu Berlin befassen und etwa das leisten will, was beispielsweise J. E. Hofmann für die altbayerischen Hochschulen[2] oder H. Gericke für die Universität Freiburg i. Br.[3] getan haben, so stellt man fest, daß die gedruckt vorliegenden zusammenfassenden Informationen sehr gering an Zahl sind. Sie beschränken sich im wesentlichen auf die Arbeit von W. Lorey über das Studium der Mathematik an den deutschen Hochschulen des vorigen Jahrhunderts[4], in der auch die Berliner Universität mehrfach behandelt wird, einige ergänzende Vorträge des gleichen Autors[5] sowie auf einen Überblick von H. Grell[6]. Außerdem stehen als Primärliteratur von Quellenwert zeitgenössische Nekrologe[7] und die verstreut publizierten Erinnerungen einzelner Mathematiker an ihre Berliner Studen-

---

[1] M. Lenz 1910/18. Bd. 2. H. 1. S. 374. — Lenz widmet den Mathematikern insgesamt rund 15 von über 1500 Seiten!

[2] J. E. Hofmann 1954.

[3] H. Gericke 1955. Es wäre noch eine ganze Reihe weiterer Darstellungen zu nennen, von denen hier nur die hervorgehoben sein sollen, die der Geschichte der Mathematischen Seminare der Universitäten Leipzig (H. Beckert 1981), Bonn (G. Schubring 1985a) bzw. Münster (G. Schubring 1985b) und der des Göttinger Mathematischen Instituts (N. Schappacher 1984) gewidmet sind.

[4] W. Lorey 1916. — H. Behnke hat es als eine große Tragik in Loreys Leben bezeichnet, daß diese und die zweite von L. für das gleiche IMUK-Werk gelieferte Abhandlung über Staatsprüfungen und praktische Ausbildung der Mathematiker durch die Ereignisse des ersten Weltkriegs keine Verbreitung gefunden haben und man daher die Bekanntschaft mit dieser ungewöhnlich reichhaltigen Dokumentensammlung nirgends voraussetzen könne (H. Behnke 1956/57).

[5] W. Lorey 1950/51.

[6] H. Grell 1960.

[7] Hier seien nur genannt als zu den wahrhaft klassischen Gedächtnisreden gehörend: G. L. Dirichlet 1852 (auf C. G. J. Jacobi); E. E. Kummer 1860 (auf Dirichlet) und G. Frobenius 1893 (auf L. Kronecker).

tenzeit, die Universitätschroniken einzelner Jahre sowie die Vorlesungsverzeichnisse und bibliographische Hifsmittel zur Verfügung. Es zeigt sich daher, daß man in erster Linie nicht auf die Literatur, sondern auf die ungedruckten Quellen, und hier vor allem auf die Universitätsakten, angewiesen ist.

So war es nicht nur zweckmäßig, sondern darüber hinaus notwendig, das umfangreiche Material aus der Verborgenheit des Archivs ans Licht zu bringen, zu sichten und zu ordnen, das Wichtige vom minder Wesentlichen zu scheiden und in einen möglichst übersichtlichen chronologischen und sachlichen Zusammenhang zu bringen, wobei gleichzeitig eine Periodisierung unter Vermeidung der Überbetonung von Trennungslinien vorzunehmen war[1]). Besonderer Wert war darauf zu legen, die Quellen, wo nur immer angängig, selbst sprechen zu lassen, damit Art und Inhalt der Aussage in ihrer ursprünglichen Eigentümlichkeit unmittelbar auf uns wirken können, ohne durch den Filter von Referat und Regesten zu gehen. Auszüge werden innerhalb des Textes zitiert; längere, besonders wichtige Dokumente, die ihrer Aussagekraft halber nicht gekürzt werden sollten, werden im Kapitel 11 wiedergegeben.

2.2. Berufungsverhandlungen

Seit Dirichlet hat die Berliner Universität in nicht abreißender Folge hervorragendste Ordinarien besessen. Es war daher von großem Interesse, zu erforschen, wie diese Männer, die den mathematischen Ruf der Berliner Alma mater in erster Linie bestimmt haben, hierher gekommen sind, wer sie auswählte, welche Argumente gerade für sie geltend gemacht worden sind, ob die Berufungen ohne Widerstände des Kultusministeriums vonstatten gingen, ob andere vorgesehene Kandidaten den Ruf nach Berlin verschmäht haben. Auf alle diese Fragen sollten die Berufungsverhandlungen Auskunft geben können. Ihnen war daher besondere Aufmerksamkeit zu widmen. Der Erfolg rechtfertigte die Erwartungen; es stellte sich heraus, daß sie äußerst ergiebig sind.

Wenn A. P. Juškevič in einer Rezension[2]) sagt, die Anträge zur Wahl von Mitgliedern für die Berliner Akademie[3]) stellten teilweise „richtiggehende mathematikhistorische Skizzen“ dar, dann gilt dies auch für manche Anträge zur Neubesetzung verwaister Ordinariate, da das, was Juškevič an den Wahlvorschlägen besonders rühmt, für sie in gleicher Weise zutrifft: Sie stammen aus der Feder führender Mathematiker und drücken sowohl deren Urteil über eine Reihe maßgeblicher Fachkollegen ihrer Zeit als auch ihre Vorstellungen von Aufgaben, Methoden und Zielen mathematischer Lehre und Forschung an der Universität aus. Auch an historischen Rückblicken fehlt es nicht. Darüber hinaus darf man für diese Berufungsvorschläge das in Anspruch nehmen, was E. Bukovics an den Wahlanträgen preist[4]): Ihre Lektüre bereitet dem Mathematiker ein ästhetisches Vergnügen, handelt es sich doch zum großen Teil um stilistische Meisterwerke. Was als wichtig für die Einschätzung der akademischen Wahlvorschläge hervorge-

[1]) Es versteht sich, daß dabei Überschneidungen nicht immer zu vermeiden sind. Bisweilen werden Mathematiker genannt, die erst später ausführlicher behandelt werden, bzw. es muß auf eine frühere Erwähnung zurückgegriffen werden.

[2]) A. P. Juškevič 1961. — A. P. Juškevič 1962.

[3]) K.-R. Biermann 1960a.

[4]) E. Bukovics 1962.

hoben worden ist[1]), trifft hier ebenfalls zu: Gilt es, einen vom Kultusministerium (so wird hier stets kurz das preußische „Ministerium der geistlichen, Unterrichts-und Medicinal-Angelegenheiten“ bezeichnet) ins Auge gefaßten Anwärter auf einen Lehrstuhl, der den Mathematikern der Fakultät nicht genehm ist, abzuwehren, fällt die Beurteilung sehr scharf aus, und sie darf nur unter Berücksichtigung dieser besonderen Umstände gewertet werden. Hingegen wird der akzeptabel erscheinende oder gar der gewünschte Kandidat reich mit Lob bedacht, und an rühmenden Erhebungen mangelt es nicht.

Auch die individuellen Eigenheiten desjenigen, der das Konzept aufgesetzt hat, müssen berücksichtigt werden. In diesem Zusammenhang ist erwähnenswert, daß es nicht so wichtig ist, wie die an das Kultusministerium abgegangene Reinschrift lautete; interessanter ist es, das Zustandekommen des Vorschlags zu verfolgen. Oft sind gerade die nachträglich gestrichenen Passagen außerordentlich aufschlußreich. Es war somit zweckmäßig, auf die im Universitätsarchiv befindlichen Konzepte und Protokolle, und nicht auf die in den Ministerialakten aufbewahrten Mundierungen, zurückzugreifen.

Ein grundsätzlicher Unterschied gegenüber den Wahlvorschlägen der Akademie, die jeweils nur einen Kandidaten betrafen, auf dessen Namhaftmachung von keiner außerakademischen Stelle Einfluß ausgeübt wurde, besteht darin, daß sich bei Berufungsanträgen die Regel herausgebildet hatte, dem Ministerium drei Anwärter zur Auswahl anzubieten. Außerdem nannte die Behörde hin und wieder selbst ihr geeignet erscheinende Persönlichkeiten, über deren Eignung die Fakultät sich zu äußern hatte, oder sie versuchte, die Vorschläge in eine bestimmte Richtung zu lenken, indem Organisationstalent, ausgeprägte Lehrbefähigung oder dergleichen verlangt wurde. Die Berufungsverhandlungen erfassen also einen viel größeren Kreis von Mathematikern, und zum anderen spielen Erwägungen hinein, die außer der Leistung als Forscher andere wünschenswerte Eigenschaften betreffen.

Alle diese Gesichtspunkte sowie Zeitgebundenheit und Zeitbezogenheit sind bei der Beurteilung der Aussagekraft der Anträge kritisch zu berücksichtigen. Deren oben berührte Vorzüge bleiben davon unbeeinflußt; es handelt sich um mathematikhistorisch, biographisch und universitätsgeschichtlich höchst wertvolle Dokumente, denen folglich ein breiter Raum einzuräumen war.

2.3. Promotionen und Habilitationen

Eine weitere für die Geschichte der Mathematik an der Universität bedeutungsvolle Quellengattung stellen die Promotions- und Habilitationsvorgänge dar.

Das Niveau von Lehre und Forschung an einer Universität spiegelt sich sehr deutlich in den Dissertationen wider. Nicht selten wird die wissenschaftliche Bedeutung der Dissertation, entstanden unter Anregung und Förderung des Hochschullehrers (die völlig selbständige Wahl des Themas bildet die Ausnahme; mindestens liegt eine mittelbare Beeinflussung vor) und unter dem Antrieb, den akademischen Grad zu erhalten, in späteren Arbeiten des Autors nicht wieder erreicht. Häufig bildet die Doktorarbeit, vor allem bei solchen Kandidaten, die später wissenschaftlich tätig sind, den Keim für weitere Forschungen. Nun sind die Arbeiten selbst in den meisten Fällen publiziert; aber in den Akten befinden sich höchst wichtige ergänzende Unterlagen. Da ist weniger

---

[1]) K.-R. Biermann 1960a. S. 8.

an die Lebensläufe zu denken, die fast stets in die Dissertationen übergegangen sind — obschon aus ihnen bisweilen das Material zur Widerlegung eingebürgerter Anekdoten zu entnehmen ist —, oder ebenfalls nicht so sehr an die Prüfungsprotokolle, wenn auch unter ihnen sehr interessante Stücke sind, die den Wandel in den gestellten Anforderungen und die Veränderungen in der äußeren Form der Vorbereitung und Abhaltung der Examina widerspiegeln[1]). In erster Linie verdienen die abgegebenen Gutachten, die in der zweiten Hälfte des vorigen Jahrhunderts eine Tiefe und Breite erreichen, daß manches Referat wert wäre, in die Gesammelten Werke[2]) des Autors aufgenommen zu werden, unsere Aufmerksamkeit.

Analoges gilt für die Habilitationen, und man kann aus den ungedruckten Vorgängen manche wesentliche Antwort auf vielerlei Fragen mathematikhistorischen und biographischen Charakters erhalten. Nur gelegentlich sind solche Gutachten oder Teile daraus veröffentlicht worden[3]).

Natürlich ist es unmöglich, bei den Gutachten und Protokollen der Promotionen und Habilitationen[4]) gleiche Vollständigkeit wie bei den Berufungsverhandlungen anzustreben. Es muß eine Auswahl getroffen und der Rest kann nur kurz[5]) berücksichtigt bzw. es muß auf die Übersichten (im Anhang: 12.3. und 12.4.) verwiesen werden. Eine besondere Darstellung der Wandlungen der Promotionsordnung konnte nicht in der Zielsetzung vorliegender Untersuchung liegen, zumal diese Frage für die Mathematik nicht typisch ist, sondern zur Geschichte der Philosophischen Fakultät gehört. Es sei hier lediglich auf folgendes hingewiesen:

Nach § 105 der Statuten der Philosophischen Fakultät vom 29. 1. 1838, in denen erstmals die Form der Promotion genauer fixiert ist, wurde der Kandidat im münd-

---

1) Zu den Promotionen im vorigen Jahrhundert allgemein vgl. W. Lorey 1916. S. 386—389.

2) Von einigen der Berliner Mathematiker wurden Gesammelte Werke herausgegeben; genannt seien: J. Steiner 1881/82; C. G. J. Jacobi 1881/91; C. W. Borchardt 1888; G. L. Dirichlet 1889/97; K. Weierstraß 1894/1927 (diese Ausgabe ist ein Torso geblieben: K.-R. Biermann 1966c); L. Kronecker 1895/1930; L. Fuchs 1904/09. Bei anderen steht die Werkausgabe noch aus.

3) L. Schlesinger 1923. — E. Landau 1917. S. 52.

4) Die Ermittlung der mathematischen Themen wurde in den Akten der Philosophischen Fakultät vorgenommen, wobei Anhaltspunkte für die Suche aus folgenden Zusammenstellungen für den Zeitraum 1810 bis 1933 gewonnen wurden: Berlin 1887/1922; Berlin u. Halle 1888/1938; München 1893; Berlin 1899; Berlin 1921.

5) Die Zahlenangaben, die Lorey bringt (W. Lorey 1916. S. 392—393), stimmen nicht mit unseren Angaben überein. In dem Verzeichnis (München 1893), auf dem Lorey größtenteils fußt, sind nämlich auch Dissertationen aus den Gebieten der theoretischen Physik, der theoretischen Astronomie, der theoretischen Geophysik, der geometrischen Kristallographie bzw. der Philosophie der Mathematik enthalten, während in vorliegender Untersuchung Grenzgebieten der Mathematik entstammende Thematik nur dann berücksichtigt wurde, wenn der Hauptgutachter ein Mathematiker war. Andererseits fehlen in jenem Verzeichnis die Dissertationen von E. B. Christoffel (1856) und A. Wernicke (1879), dafür hat man im Widerspruch zum Titel des Verzeichnisses auch eine ganze Reihe von Dissertationen aus der Zeit vor 1850, teilweise aus der Mitte der dreißiger Jahre, aufgenommen. Bei denjenigen Loreyschen Zahlen, die der Übersicht Berlin 1887/1922 entstammen, ist im Gegensatz zur vorliegenden Darstellung eine Dissertation dann als mathematische gewertet, wenn wenigstens ein Mathematiker (einerlei, ob an erster oder an zweiter Stelle) als Referent fungiert hat.

lichen Examen von zwei Professoren im Hauptfach und von je einem Professor im Nebenfach und in der Philosophie geprüft. (Es handelte sich bei den Prüfern stets um ordentliche Professoren, also um Mitglieder der Fakultät. Die ausnahmsweise Hinzuziehung von außerordentlichen Professoren zur Begutachtung der Dissertation oder zur mündlichen Doktorprüfung bedurfte eines besonderen Beschlusses.) Darüber hinaus hatte *jedes* Mitglied der Fakultät, das sich dazu „erbot", das Recht, in der vor der versammelten Fakultät abzulegenden Prüfung durch beliebige Fragen aus der Philosophie, der Philologie, der Geschichte, der Mathematik und den Naturwissenschaften zu examinieren, ein Recht, von dem freilich kaum Gebrauch gemacht worden ist. (Hingegen haben, besonders in der ersten Hälfte des vorigen Jahrhunderts, Nichtmathematiker zu der zwecks Abgabe des Votums über die Zulassung zur Promotion in der Fakultät zirkulierenden Dissertation bisweilen in längeren oder kürzeren Ausführungen Stellung genommen.) Immerhin ist in der Promotionsordnung von 1894 die Berechtigung, beliebige Fragen an den Kandidaten zu stellen, wieder ausdrücklich enthalten. Erst in der Promotionsordnung vom 24. 8. 1903 ist hiervon nicht mehr die Rede. In dieser Ordnung ist auch erstmals die öffentliche Disputation der Dissertation und der ihr angehängten Thesen in Wegfall gekommen, während (§ 8) noch beibehalten worden ist, daß alle Mitglieder der Fakultät schriftlich über Annahme oder Ablehnung der zirkulierenden Dissertation und über das zu erteilende Prädikat abstimmen[1]).

In der Übergangszeit, in der der Gebrauch der lateinischen Sprache in der Dissertation nicht mehr obligatorisch war, sondern auf besonderen Antrag hin die Arbeit deutsch abgefaßt werden durfte, wurden die Doktoranden in der mündlichen Prüfung in Latein examiniert, wenn ihre Dissertation auf Deutsch geschrieben war. Bei Mathematikern betrifft das die Jahre 1872 bis 1879. Nachdem generell Deutsch für die Doktorarbeiten zugelassen worden war (außer bei Abhandlungen der klassischen Philologie), entfielen diese Lateinprüfungen wieder.

Eine eigentliche Habilitationsschrift wurde erst nach 1880 gefordert; vorher genügte die Einreichung der vorhandenen Veröffentlichungen. Als weitere Habilitationsleistungen wurden von jeher verlangt: ein Probevortrag und ein Kolloquium vor der Fakultät sowie eine Probevorlesung vor den Studenten, die bis in die siebziger Jahre hinein in lateinischer Sprache gehalten werden mußte.

2.4. Preisaufgaben

Die Preisaufgaben sind bisher als Quelle für die Mathematikgeschichte kaum beachtet worden. Nur in einigen Fällen wurden Aufgaben in die Werke der Urheber mit aufgenommen[2]). Der Verfasser hat zwar eine Zusammenstellung der Berliner akademischen Preisaufgaben veröffentlicht[3]), es existieren aber keine Arbeiten, in denen die früher alljährlich den Studenten zum wissenschaftlichen Wettstreit gestellten Preisfragen als

---

[1]) A. Erman veranlaßte als Dekan 1905 die Fakultät, das Zirkulieren der Dissertationen abzuschaffen. Vgl. A. Erman 1929. S. 285.

[2]) So z. B. die von Dirichlet am 21. 5. 1840 in der Berliner Akademie gestellte Preisaufgabe (G. L. Dirichlet 1889/97. Bd. 2. S. 358–360), drei von Kronecker gestellte bzw. beurteilte Preisfragen der gleichen Akademie für 1868, 1882 und 1884 (L. Kronecker 1895/1930. Bd. 5. S. 435–444) und einige von Gauß aufgegebene Preisfragen (C. F. Gauß 1863/1933. Bd. 12. S. 218–227).

[3]) K.-R. Biermann 1964a.

Spiegelbild von Forschung und Lehre an der Universität behandelt worden sind. Dabei bergen die Akten wertvolles Material, das der Aufmerksamkeit des Autographensammlers L. Darmstaedter, auf dessen Spuren man auch in den Universitätsakten oftmals trifft[1]), nicht entgangen ist. Es sind ausführliche Gutachten von der Hand der ausgezeichnetsten an der Berliner Universität tätig gewesenen Mathematiker vorhanden, die zum Teil über eine bloße Beurteilung der eingegangenen Lösungen (nicht zu verwechseln mit den Bewerbungsschriften für die sogenannten kleinen Preise, d. h. Prämien geringerer Höhe) hinausgehen und von grundsätzlicher Bedeutung sind, so daß sie für die Werkausgaben hätten berücksichtigt werden sollen. Aus der Themenstellung kann auf das Interessengebiet des Aufgabenstellers zur fraglichen Zeit und auf das Niveau der vorausgesetzten mathematischen Vorbildung der Bewerber geschlossen werden. Leider hat die Universität offensichtlich von ihrem Recht, die „gekrönten“ Preisschriften vor der Rückgabe an die Verfasser abschreiben zu lassen, keinen Gebrauch gemacht; es sind fast keine Lösungen in den Akten enthalten. Inwieweit die Erwartungen des Fragestellers verwirklicht worden sind, kann man also nur den Gutachten bzw. quantitativ aus der Zahl der eingegangenen Bewerbungen entnehmen. In einigen Fällen läßt sich aber nachweisen, daß in der Dissertation oder in einer späteren wissenschaftlichen Abhandlung an eine preisgekrönte Antwort angeknüpft worden ist. Auch die Preisschriften gehörten in die mathematischen Werke ihres Autors.

Es hat schwerwiegende Gründe dafür gegeben, daß wie an der Akademie so auch an der Universität die Stellung von Preisaufgaben wieder fallengelassen wurde. Diese Gründe können hier nicht erörtert werden[2]). Es sei nur gesagt, daß die Belastung der Professoren durch die Stellung und Beurteilung der Aufgaben nicht die entscheidende Ursache gewesen sein kann. Im Durchschnitt kamen die Mathematiker alle vier Jahre an die Reihe, wenn man von Wiederholungen der Fragen wegen Ausbleibens von Bewerbungsschriften absieht, und die Zahl der Lösungen hielt sich stets in bescheidenen Grenzen.

Noch einige Worte über die für die Preisaufgaben erlassenen Bestimmungen[3]): Als Zweck der Preisverteilungen wurde 1824 bei der Schaffung dieser Einrichtung vom Ministerium angegeben, die Studenten sollten Gelegenheit erhalten, „gründliche Kenntnis, Scharfsinn und Beurtheilungskunst“ zu beweisen. Beteiligen konnten sich nur an der Berliner Universität immatrikulierte Studierende. Die Aufgaben wurden alljährlich von allen Fakultäten öffentlich gestellt; die Häufigkeit mathematischer Themen innerhalb der Preisaufgaben der Philosophischen Fakultät hat sich nach einem mehrfach geänderten Schlüssel gerichtet. Man unterschied den staatlichen Preis (eine goldene Medaille im Werte von 25 Dukaten bzw. rund 84 Talern gleich 252 Goldmark) und den städtischen Preis in Höhe von 75 Talern gleich 225 Goldmark.

Der Student, der eine Bewerbungsschrift einreichte, versah seine Abhandlung nicht mit seinem Namen, sondern mit einem Motto. Er legte der Ausarbeitung einen versiegelten Zettel bei, der außen das gleiche Motto wie die Abhandlung trug und innen seinen Namen enthielt. Die nicht preisgekrönten Abhandlungen wurden den Verfassern zusammen mit den ungeöffneten Zetteln gegen Nennung des Mottos zurückgegeben. Es sind uns wie den seinerzeitigen Gutachtern also nur die Namen der Preisträger, nicht

---

[1]) Vgl. K.-R. Biermann 1959a. S. 73. Anm. 125, und K.-R. Biermann 1961b. S. 2—3.

[2]) Vgl. W. Lorey 1916. S. 389.

[3]) Nach den Statuten der Philosophischen Fakultät und den Reglements und Statuten für die Preisaufgaben.

die der übrigen Bewerber bekannt. Daß auch die gekrönten Preisschriften den Autoren wieder ausgehändigt wurden, ist schon gesagt worden. In der alljährlich publizierten Entscheidung, in der zumeist alle Einsendungen kurz besprochen wurden, sind die unzureichenden Lösungen lediglich unter dem betreffenden Motto angeführt, weil eben die Fakultät nur die zu gekrönten Einsendungen gehörigen Zettel öffnen durfte.

Erwähnt sei schließlich noch, daß bis 1872 auch für mathematische Aufgaben die Formulierung in lateinischer Sprache obligatorisch war.

Es erschien hier besonders wichtig, soweit nur möglich die Urheberschaft der mathematischen Preisfragen zu ermitteln[1]). Das erforderte manchmal recht mühevolle und zeitraubende Recherchen. Außerdem werden die Aufgaben in einer Übersicht zusammengestellt (Anhang 12.5.), eine Auswahl der Gutachten geboten (z. T. im Kapitel 11) und auch einige Hinweise auf die „Kleinen Preise" gegeben.

2.5. Sonstige Quellen

Die Akten des Mathematischen Seminars galten als verschollen, indessen fand sich ein Teil im Institut für Geschichte der Medizin und der Naturwissenschaften der Humboldt-Universität[2]), so daß die Gründung des Seminars und seine Anfangszeit in ihren Einzelheiten an Hand einiger Originalaktenstücke verfolgt werden konnten. Die weitere Geschichte wurde mit Hilfe der schon erwähnten Chroniken[3]) rekonstruiert. Außerdem wurden Erinnerungen von Mathematikern, die in Berlin studiert haben, ausgewertet.

Hinsichtlich der Vorlesungen konnten fast nur die gedruckten Verzeichnisse benutzt werden, wobei die darin liegende Unsicherheit in Kauf genommen werden muß, daß es nicht feststeht, ob die angekündigte Vorlesung zustande gekommen ist. Auch für die Hörerzahlen stehen meist keine ungedruckten Quellen zur Verfügung, weil die Quästurakten nicht aufbewahrt worden sind. Indessen waren einige Angaben aus biographischer bzw. autobiographischer Literatur, aus Unterstützungsanträgen für Privatdozenten und anderen Dokumenten zu erschließen.

Neben dem Mathematischen Seminar hat der 1861 gleichzeitig entstandene Mathematische Verein eine nicht zu unterschätzende Rolle in der Erziehung und Bildung der Mathematikstudenten gespielt. Über ihn existiert eine geschichtliche Darstellung[4]), die benutzt wurde.

Den Mathematikstudenten standen neben den allen Studierenden bzw. einem größeren Personenkreis offenen Stiftungen auch einige spezielle Stipendien zur Verfügung. Die hierüber vorhandenen Akten wurden gleichfalls ausgewertet.

---

[1]) Die Ermittlung der Preisaufgaben sowie der Preisträger erfolgte an Hand der als Sonderdrucke alljährlich erschienenen ausführlichen Berichte über die Bearbeitung der Preisaufgaben des vergangenen und die neuen Preisaufgaben des kommenden Jahres, der sogenannten Preisprogramme, deren Titel mehrfach modifiziert worden ist. Außerdem wurden die Chroniken (Berlin u. Halle 1888/1938) benutzt. Die Urheberschaft für die Aufgabenstellung und die Gutachten wurden den die Preisaufgaben betreffenden Akten (P-9-1 bis P-9-5), die übrigens nicht sehr sorgfältig geführt und unvollständig sind, entnommen. Zusätzlich wurden die Sitzungsprotokolle der Philosophischen Fakultät (S-7-1 bis S-7-13) zu Rate gezogen.

[2]) Diese Quelle wird hier künftig mit der Sigle MSA bezeichnet. Sie wurde inzwischen an das Universitätsarchiv abgegeben.

[3]) Berlin u. Halle 1888/1916.

[4]) E. Lamla 1911.

3. Die Anfänge (1810–1829)

3.1. Die fehlgeschlagene Berufung von Gauß

Die Geschichte der Vertretung der Mathematik an der Berliner Universität beginnt mit einem Fehlschlag; mit dem gescheiterten Versuch, den „Princeps mathematicorum" Carl Friedrich Gauß für Berlin zu gewinnen.

Seit dem Beschluß zur Gründung der Universität dachte Wilhelm von Humboldt „mit Eifer und Ernst"[1]) an die Berufung von Gauß, voll und ganz die Hochachtung teilend, die diesem von seinem Bruder Alexander von Humboldt gezollt wurde[2]). Er schlug Gauß vor, vor allem an der Berliner Akademie tätig zu sein, zum „Lesen von Collegien" auf „keine Weise verbindlich gemacht" zu werden und der zu errichtenden Universität nur „seinen Namen als ordentlicher Professor zu leihen" und, soweit es seine Muße und seine Gesundheit zuließen, von „Zeit zu Zeit eine Vorlesung zu halten"[3]). Gauß blieb jedoch in Göttingen. Auch die Wahl zum auswärtigen Mitglied der Akademie am 18. 7. 1810 konnte ihn in seinem Entschluß nicht wankend machen. Ebenso blieb den bis 1836 mehrfach wiederholten Bemühungen Alexander von Humboldts, Gauß wenigstens der Akademie in Berlin zuzuführen, der Erfolg versagt, nicht zuletzt deshalb, weil es nicht gelang, für ihn die materiellen Bedingungen zu schaffen, die seinem Genie angemessen gewesen wären. Der Generalstabschef Karl von Müffling konstatierte in diesem Zusammenhang, „daß unsere deutschen Philologen ebenso intolerant wie die Jesuiten sind und daß eine wahre Verbrüderung stattfindet, die Mathematiker nicht aufkommen zu lassen"[4]). Gauß hat zwar später durch seine Beziehungen zu Alexander von Humboldt die Wege für Dirichlet, Jacobi und Eisenstein geebnet, wovon noch die Rede sein wird, aber Akademie und Universität mußten auf seine Mitarbeit verzichten. Wenn Gauß der Universität nach seiner Übersiedlung nach Berlin wenigstens seinen Rat bei der Berufung der aktiv tätigen Mathematikdozenten geliehen hätte, wäre die erste Zeit anders verlaufen, als es der Fall war.

---

1) W. v. Humboldt an C. F. Gauß. 27. 4. 1810 (K.-R. Biermann 1977. S. 126—127).

2) Alexander von Humboldt hatte gleich nach der Rückkehr von seiner großen Reise 1804 dem preußischen König vorgeschlagen, Gauß aus Braunschweig an die Berliner Akademie zu berufen. Er gab als Begründung an, „ein Mann könne der Akademie den Glanz wiedergeben, er heiße Carl Friedrich Gauß" (A. v. Humboldt an H. C. Schumacher. 2. 4. 1836. — K.-R. Biermann 1979b. S. 65). Humboldt bot sogar an, die ihm zugedachte Pension von 500 Talern zur Aufbesserung der für Gauß vorgesehenen Besoldung zu verwenden (K.-R. Biermann 1959b. S. 127). Vgl. auch K.-R. Biermann 1962.

3) W. v. Humboldt an C. F. Gauß. 25. 4. 1810 (K.-R. Biermann 1977. S. 125—129).

4) K. Bruhns 1877. S. 10, und L. Neumann 1904. S. 242.

Was die Berliner Universität den Studenten in den ersten zwanzig Jahren ihres Bestehens zu bieten hatte, war außerordentlich wenig.

Es ist daher völlig zutreffend, wenn Lenz schreibt[1]), daß „die Mathematik nicht zu den Fächern gehörte, die den Ruhm unserer Alma Mater in ihren ersten zwei Jahrzehnten wesentlich erhöht haben. An der Zahl ihrer Vertreter lag es nicht, denn daran fehlte es von der Akademie her weder in der reinen noch in der angewandten Mathematik. [...] Aber keinem gelang es, die Zeiten eines Leibniz und Euler zu erneuern. [...] Über die elementare Mathematik reichte der Unterricht, den die Studenten in dieser Zeit genossen, nicht hinaus." Freilich erforderte die der Universität im Rahmen der Bildungsreform gestellte Aufgabe, erstmals einen Studiengang für Mathematiklehrer einzurichten[2]), zunächst angesichts der minimalen Vorbildung der Studierenden ein Vorlesungsangebot auf niedrigem Niveau (für Gauß wahrlich keine Verlockung); ihre Lösung hatte weiter zur Voraussetzung, daß sich Studenten fanden, die das Laufbahn- und Vorlesungsangebot annahmen. Und daran haperte es[3]). Die Fakultät sah sich zu der Klage veranlaßt, „daß das Hören der mathematischen Vorlesungen auf der hiesigen Universität von den Studenten sehr vernachlässigt" werde[4]). Die Zahl der in Berlin geprüften Oberlehrer-Kandidaten mit Lehrbefähigung auch für Mathematik und Naturwissenschaften stieg nur sehr langsam und wurde 1813 mit 13 zum ersten Mal zweistellig; Rückschläge blieben jedoch auch später nicht aus[5]).

3.2. Tralles

Der erste Ordinarius für Mathematik und zugleich für Physik war Johann Georg Tralles. Der gebürtige Hamburger war nach dem Studium in Göttingen durch Kästner 1785 nach Bern empfohlen worden, wo er sich als Professor für Mathematik und Physik vornehmlich mit geodätischen Arbeiten befaßte. Er beteiligte sich an den nach der Französischen Revolution in Paris unternommenen Bestrebungen zur Regulierung von Maß und Gewicht. 1804 wurde er an die Berliner Akademie berufen. Von 1810 bis zu seinem Tode war er dort Sekretar der mathematischen Klasse. Im persönlichen Umgang war er schwierig; Wilhelm von Humboldt nannte ihn „eigensinnig, spitzig und nicht immer sehr artig"[6]). Als angewandter Mathematiker, als Geodät und als Physiker (Trallessches Alkoholometer) hatte er einen guten Ruf; weniger glücklich war er in der reinen Mathematik[7]). Auf jeden Fall hat Tralles 1811/16 das Anliegen Wilhelm von Humboldts, den mathematischen Unterricht an den „gelehrten Schulen" mit dem in Sprachen und in Geschichte gleichzustellen, nach Kräften gefördert[8]), u. a. entwarf er einen (nicht verwirklichten) Plan für eine zweijährige Fortbildung der Mathematiklehrer an der

---

1) M. Lenz 1910/18. Bd. 2. H. 1. S. 374—375.

2) G. Schubring 1983a. S. 103. — G. Schubring 1983b. S. 8.

3) G. Schubring 1983b. S. 7, 10—12.

4) P-3-1. Bl. 135.

5) G. Schubring 1983a. S. 122—123

6) W. v. Humboldt an F. A. Wolf. 31. 7. 1809 (A. Harnack 1900. S. 794. Anm. 1; s. auch M. Lenz 1910/18. Bd. 1. S. 244).

7) J. G. Tralles 1820. S. 140.

8) G. Schubring 1983a. S. 44. — G. Schubring 1983b. S. 14—16.

Berliner Universität[1]). Von seiner Vorlesungstätigkeit wissen wir wenig. Franz Neumann, der „Begründer der mathematischen Physik in Deutschland"[2]), machte keine guten Erfahrungen[3]):

„Übrigens war es mir in Berlin (1817/18) in bezug auf die mathematischen Vorlesungen nicht besser ergangen als in Jena. Als ich mich beim Professor der Mathematik [Tralles] meldete, sagte dieser: ‚Ja, ich habe die Vorlesungen[4]) angezeigt, sie pflegen aber nie zustande zu kommen.' Ich verabredete mit fünf anderen, zu ihm zu gehen. Der Professor kam ins Auditorium, stellte sich aufs Katheder und schrieb, mit dem Rücken gegen uns gewendet, ununterbrochen mathematische Formeln an die Tafel, sprach kein Wort, zeichnete weiter, bis die Zeit um war; dann machte er uns eine Verbeugung und ging fort. Am zweiten Tage kamen nur noch drei Zuhörer. Der Professor stellte sich wieder an die Tafel, zeichnete wieder ununterbrochen mathematische Formeln an dieselbe, sprach wieder kein Wort, machte seine Verbeugung, und die zweite Vorlesung war beendet. Den dritten Tag kam außer mir nur noch ein Zuhörer. Der Professor erschien, ging aufs Katheder, wandte sich zu uns und sagte: ‚Sie sehen, meine Herren, es kommt kein Kolleg zustande', machte seine Verbeugung und verschwand."

Im WS 1816/17 hörte Leopold Zunz bei Tralles Wahrscheinlichkeitsrechnung. Auch er berichtete, daß die Privatvorlesungen meist nicht zustande kamen, weil sich keine drei Hörer fanden. Das mathematische Niveau beurteilte Zunz als unbedeutend. Im „Publikum", d. h. in der öffentlichen, unentgeltlichen Vorlesung, habe es Tralles auf sieben Hörer gebracht[5]). Viele der von Tralles angekündigten Vorlesungen scheinen also nicht zustande gekommen zu sein. Von der Thematik her deuten seine Ankündigungen darauf hin, daß er sich auch an neueren Erkenntnissen orientiert hat[6]); in seinen Reformbestrebungen sind damals moderne Gesichtspunkte nicht zu übersehen[7]).

3.3. Die lesenden Akademiemitglieder und die Extraordinarien

Von den an der Universität lesenden Akademiemitgliedern[8]) fühlte sich Abel Burja — ursprünglich Theologe, dann in Petersburg zugleich Mathematiker und Pfarrer, schließlich in Berlin erst Pastor, dann Professor der Mathematik an der Ritter-Akademie

---

[1]) G. Schubring 1983a. S. 112.

[2]) K.-R. Biermann 1960c.

[3]) W. Lorey 1916. S. 31 (nach L. Neumann 1904. S. 94); vgl. W. Voigt 1895. S. 251.

[4]) Tralles hatte für das WS 1817/18 angekündigt: „Die Grundlehren der Differentialrechnung" und „Die vornehmsten Eigenschaften der Kegelschnitte".

[5]) N. N. Glatzer 1964. S. 83.

[6]) Z. B. „Die Lehre von der Entwicklung der Funktionen in Reihen", SS 1811 bzw. WS 1815/16. — Über Tralles allgemein s. F. Ulmer 1961.

[7]) G. Schubring 1983a. S. 188.

[8]) Von den Mathematikern gehörten zu dieser Kategorie: Abel Burja (SS 1811 bis WS 1814/15); Johann Philipp Gruson (SS 1811 bis WS 1815/16, dann Extraordinarius); Carl Gustav Jacob Jacobi (SS 1845—SS 1850); Gotthold Eisenstein (SS 1852, starb schon am 11. 10. 1852; war zuvor Privatdozent); Carl Wilhelm Borchardt (nach vorheriger Tätigkeit als Privatdozent WS 1855/56 bis WS 1861/62 und WS 1877/78 bis WS 1879/80) sowie Leopold Kronecker (WS 1861/62 bis zur Ernennung zum Ordinarius am 11. 3. 1883).

Seitdem Wilhelm von Humboldt in seiner Denkschrift „Über die innere und äußere Organisation der höheren wissenschaftlichen Anstalten in Berlin" (1810) gefordert hatte, daß jedes Akademiemitglied das Recht haben solle, an der Universität Vorlesungen zu halten (A. Harnack

und später am Französischen Gymnasium — seiner Aufgabe so wenig gewachsen, daß er schon 1811 den (unberücksichtigt bleibenden) Antrag stellte, aus der mathematischen Klasse der Akademie in die historisch-philologische übertreten zu können[1]). Er hat lediglich 1811/12 und 1814/15 eine „Übersicht der angewandten Mathematik" bzw. eine „Übersicht der reinen Mathematik" angekündigt. K. H. I. Buzengeiger rechnete 1822 Burja den Mathematikern zu, die sich damit begnügen, die Gedanken anderer zu verstehen und dann wohlgeordnet zu lehren, die aber nicht die Fähigkeit zur Erweiterung des Wissens besitzen[2]). Wie Burja gehörte sein Akademiekollege Johann Philipp Gruson zur Berliner „Französischen Kolonie", der sich übrigens auch Leonhard Euler seinerzeit angeschlossen hatte[3]). Gruson las an der Universität und war gleichzeitig Professor am Französischen Gymnasium, am Kadettenkorps und an der Bauakademie. Jahrzehnte hindurch haben Mathematiker der Universität solche Nebenstellen bekleiden müssen, so z. B. noch Dirichlet und Kummer an der Kriegsschule, Weierstraß am Gewerbeinstitut[4]), weil die Dotierung der Universitätsstellen unzureichend war. Gruson, für sein Fach begeistert, eine lebendige und heitere Natur[5]), viel umgänglicher als Tralles, hat von 1811 bis 1815 als Akademiemitglied, von 1816 bis zum SS 1850 als Extraordinarius, also insgesamt fast 40 Jahre, gelesen. In die Literatur ist er als langlebigstes Mitglied der Berliner Akademie eingegangen, der er fast 60 Jahre angehörte. Sein wissenschaftlicher Ruf war temporärer Natur. Seine Zeitgenossen kannten ihn als Übersetzer von Arbeiten Eulers und Lagranges ins Deutsche und als Verfasser elementarer Handbücher. Sein System einer Geheimschrift wurde 1813 in der preußischen Armee benutzt. An der Universität bewegte er sich ganz im Elementaren. Einige Themen seiner Vorlesungen mögen das illustrieren: Kegelschnitte; Stereometrie; analytische Geometrie; Buchstabenrechnung; ebene und sphärische Trigonometrie; geometrische und ökonomische Felderteilung; politische Arithmetik; Elemente der Differential- und Integralrechnung. Einige Male trug er auch über Statik, Hydrostatik und Aerostatik sowie über Dynamik und Hydrodynamik vor. Hatte er anfangs eine Vielzahl von Vorlesungen in jedem Semester angekündigt, so mußten natürlich zu einer Zeit, in der beispielsweise bereits ein Dirichlet an der Universität lehrte, Männer wie er vollständig ins Hintertreffen geraten. Auf die Kolleggelder angewiesen — er hatte eine große Familie zu versorgen und sein Vermögen während der französischen Besetzung verloren —, nahm er seine Zuflucht dazu, seine Vorlesungen als besonders geeignet für künftige Lehrer (z. B. SS 1833) anzuzeigen oder Juristen als Hörer zu suchen (WS 1835/36). Außerdem erbot er sich zu „Privatissimis über beliebige Teile der Mathematik".

Bedeutender als Gruson war Johann Albert Eytelwein, auch er Mitglied der Akademie,

---

1900. S. 596), ist in den Statuten der Berliner Akademie bis 1945 immer erneut diese Berechtigung fixiert, teilweise sogar auch auf sämtliche preußischen Universitäten ausgedehnt worden (vgl. Statuten der Akademie v. 24. 1. 1812, § 28, den Entwurf F. Schleiermachers v. 1829, § 20, die Statuten v. 31. 3. 1838, § 19, v. 28. 3. 1881, § 18 und v. 8. 6. 1939, § 13. Die Statuten der Akademie der Wissenschaften enthalten nach 1945 in ihren verschiedenen Fassungen keine derartige Bestimmung).

[1]) A. Harnack 1900. S. 636. Anm. 2.

[2]) H. Gericke 1955. S. 52.

[3]) J. de Pablo 1965. S. 1—2.

[4]) Das Gewerbeinstitut war ebenso wie die Bauakademie eine der Vorläuferanstalten der späteren Technischen Hochschule, heutigen Technischen Universität in Berlin-Charlottenburg.

[5]) M. Lenz 1910/18. Bd. 1. S. 245.

aber an der Universität von 1810 an Extraordinarius für Mechanik und Mathematik. Eytelwein, Oberbaurat und Direktor der Bauakademie, hat in den Wintersemestern 1811/12 bis 1814/15 über Infinitesimalrechnung, Hydrostatik, Hydraulik und Mechanik fester Körper gelesen. 1816 wurde er zum Oberlandesbaudirektor befördert und stellte seine Vorlesungstätigkeit ein. Er war ein verdienter Techniker, der sich durch Flußregulierungen und Hafenbauten, aber auch durch seine Handbücher der Mechanik, einen Namen gemacht hatte. Er beherrschte die angewandte Mathematik seiner Zeit[1]); sein Ausscheiden bedeutete einen Verlust für die Universität.

Der vor allem als Pädagoge bekannt gewordene Ernst Gottfried Fischer, einst einer der Lehrer Alexander von Humboldts und Verfasser eines beliebten „Lehrbuchs der Elementarmathematik" (Berlin 1820/24)[2]), hat als außerordentlicher Professor für Physik und Mathematik (ab 1810) keine mathematischen Vorlesungen gehalten. Hingegen hat Ludwig Ideler vom Beginn seiner Lehrtätigkeit an bis etwa zum Eintreffen von Dirichlet elementare mathematische Kollegs gehalten, häufig nach den so verbreiteten und beliebten Lehrbüchern von Lacroix. Er hatte es 1810 abgelehnt, als Akademiemitglied an der Universität zu lesen. 1813 nahm er dann doch die Vorlesungstätigkeit auf, wurde 1817 Extraordinarius und 1821 ordentlicher Professor für Astronomie, mathematische Geographie und Chronologie. Er bekannte selbst 1824 freimütig, daß ihm die Erweiterungen, die die Mathematik in der neuesten Zeit erfahren habe, fremd geblieben seien und daß er daher nicht allen Anforderungen, die an einen Mathematiker zu stellen sind, genügen könne. Ideler war ein unglaublich vielseitiger Gelehrter. Er gab Chrestomathien der französischen und englischen Sprache heraus, trieb persische, arabische und koptische Studien und war in der Wissenschaftsgeschichte wohlbewandert. Seine Hauptinteressen galten der Chronologie. Aus seinen Studien über die Zeitrechnung der Perser, Araber, Römer, Chinesen u. a. erwuchs sein „Handbuch der mathematischen und technischen Chronologie" (Bd. 1 u. 2. Berlin 1825/26), das seinen Namen lebendig erhalten hat. Wenn die Dissertationen mathematikhistorischer Thematik entnommen waren, fehlte Ideler nie als Gutachter. Ohne Zweifel war er ein bedeutenderer Gelehrter

---

1) Die von Eytelwein abgeleiteten Dimensionierungsnormen haben sich mehr als 50 Jahre als zweckmäßig erwiesen. Er hat auch einige der reinen Mathematik zugehörige Arbeiten verfaßt. In diesem Zusammenhang sei auf folgendes hingewiesen: H. Freudenthal 1959. S. 11, schreibt: „Ich habe übrigens nicht feststellen können, wer die heutige Bezeichnung der Bernoullischen Zahlen eingeführt hat; sie findet sich zuerst in G. S. Klügels Wörterbuch (1823, IV 636), während bei Legendre (Exerc. Calcul Intégr. II 69–70, 1817) B_1, B_2, B_3 usw. für die Koeffizienten in der Entwicklung von log $\Gamma(1 + x)$ gebraucht werden, die mit den Bernoullischen Zahlen verwandt, aber nicht identisch sind." J. A. Eytelwein 1816/17. S. 33, führt folgendes aus: „Die vorstehenden Zahlen [...] die bernoullischen Zahlen, [...] sollen hier durch B_1; B_2; B_3; ... vorgestellt werden, so daß $B_1 = 1/6$ die erste, ... B_n die n^{te} bernoullische Zahl bezeichnet."

2) Vgl. J. E. Hofmann 1959. S. 241–243. – F. Klemm 1958. S. 44, schreibt: „Auf Fischer, der an Goethes Farbenlehre scharfe Kritik übte, münzte Goethe später die polemischen Verse:

So wie der Papst auf seinem Thron,
So sitzt Iks-Ypsilon auf seinem Lohn;
Er ist bepfründet, hat er mehr zu hoffen?
Die Welt ist weit, den Narren steht sie offen.
Wir sind behäglich, können thätig ruhn;
Macht Euch Ihr Thoren, Tag für Tag zu thun."

(Werke, Sophien-Ausg. Abt. 1, Bd. 5,1. Weimar 1898. S. 83; Bd. 5,2. Weimar 1910. S. 256.)

als seine Mathematikerkollegen dieser ersten Periode, aber die Mathematik war für Ideler nur ein Interessengebiet unter anderen, und vorzugsweise befaßte er sich mit ihrer Geschichte. Zur Erweiterung aktuell-mathematischer Erkenntnis hat auch er nichts beigetragen.

3.4. Ergänzung des Lehrkörpers

Es war also mit den bei Gründung der Universität oder kurz danach eintretenden Professoren nicht daran zu denken, sich über das niedrige Niveau der anderen deutschen Universitäten zu erheben. Von einer Ausnahme, Gauß, abgesehen, blieb in dieser Zeit die Mathematik in Deutschland hoffnungslos hinter der Mathematik in Frankreich zurück. Auch die Nachwuchskräfte, die sich der Berliner Universität in jenen Jahren zuwandten, konnten hieran nichts ändern.

Gleich nach der Gründung hatte sich ein Mathematiker zur Habilitation gemeldet[1]). Es war dies der in Halle „in absentia" promovierte Berliner Gymnasiallehrer Christian Gottlieb Zimmermann, der später Jakob Steiner eine Stelle als Hilfslehrer gab und diesem damit die Möglichkeit der Existenz in Berlin verschaffte. Zimmermanns Habilitation kam nicht zustande. Tralles beurteilte seine Probeschrift so vernichtend, daß seine Zulassung zum Kolloquium verwunderlich erscheint. Auf das Halten der Probevorlesung verzichtete Zimmermann selbst, und 1814 wurde das Gesuch als erledigt bezeichnet[2]).

Auch mit dem nächsten Aspiranten, der es tatsächlich zum Privatdozenten brachte, hatte die Universität nicht mehr Glück. Daniel Christian Ludolf Lehmus (1810 „in absentia" in Frankfurt promoviert) meldete sich 1813 zur Habilitation, nachdem er sich zuvor durch Privatstunden für Studenten der Bauakademie ernährt hatte. Die Habilitierung erfolgte nach Überwindung von mancherlei Schwierigkeiten tatsächlich Ende des Jahres. Das Thema seines Probevortrags vor der Fakultät am 30. 11. 1813 lautete: „Kurze Übersicht der Gründe und der verschiedenen Momente der Lehre vom Größten und Kleinsten mit historischen Andeutungen über ihre Entstehung, Erweiterung und Anwendung". Dieses Thema war von Tralles vorgeschlagen worden. Lehmus hat aber lediglich im WS 1814/15 gelesen[3]) und war dann als Lehrer zunächst am „Haupt-Bergwerks-Eleven-Institut" und ab 1826 an der Artillerie- und Ingenieurschule tätig. Er schrieb eine Reihe von Lehrbüchern und Aufgabensammlungen; sein Name lebt im „Lehmusschen Satz" fort. Er hatte einen großen Zulauf von Studenten, die sich von ihm privat auf Prüfungen vorbereiten ließen.

Der erste Privatdozent, der der Universität treu blieb und lange Jahre, von 1819 bis 1846, gelesen hat, war der Lehrer am Friedrich-Wilhelms-Gymnasium Samuel Ferdinand Lubbe. Er ist der einzige Doktorand, der von der Philosophischen Fakultät zum Licentiaten promoviert worden ist; die Fakultät hat sonst nie von diesem ihr bis 1838 statutenmäßig zustehenden Recht Gebrauch gemacht. Zugleich mit der Promotion zum Licen-

---

1) P-3-2. Bl. 2.

2) M. Lenz 1910/18. Bd. 1. S. 600—601. — Karl Christian Ferdinand Krause, 26. 2. 1814 Privatdozent für Philosophie und Mathematik, schied bereits nach dem SS 1815 wieder aus und ist als Mathematiker in Berlin nicht in Erscheinung getreten.

3) Die Angabe von Lenz, Lehmus erscheine bis 1837 in den Vorlesungsverzeichnissen (M. Lenz 1810/18. Bd. 1. S. 601—603), beruht auf einem Irrtum.

tiaten erwarb Lubbe die Venia legendi. Seine Dissertation „De solutionibus particularibus" wurde am 26. 7. 1818 von Tralles wie folgt beurteilt[1]):

„Sie zeigt allerdings, daß der Verf. gute Kenntnisse in der Transcendenten-Mathesis sich zu erwerben nicht ohne Erfolg bemüht gewesen ist und demselben Mathematik-Vorlesungen bei der Universität zu halten gestattet werden könnte. Auch glaube ich, daß wenige Universitäten Anstand nehmen möchten, demselben auf die Dissert. hin den Doctorgrad zu ertheilen, und ob wir es strenger als andere halten wollen, liegt nicht an mir allein zu entscheiden. Wäre der Verf. ein Studiosus unserer Universität, im Begriff sein Triennium zu vollenden, so wäre es vielleicht mit einem solchen jungen Manne leichter[2]) als mit einem bejahrten, von dem mehr Reife zu erwarten ist[3]). Der Titel der Diss. entspricht nicht dem Inhalte, der Inhalt ist nicht sehr klar, auch mitunter nicht mathematisch korrekt. Die Beispiele, die doch den größten Theil der Abhandlung ausmachen, sind, so viel ich deren nachgesehen, von anderen Autoren entlehnt. Der Verf. hätte besser gethan, dies geradezu anzugeben, und das Geschichtliche über diese Art Probleme hätte seiner Abhandlung Werth gegeben, seine mathematische Gelehrsamkeit gezeigt und Gelegenheit verschafft, die Behandlungsart derselben von mehreren Seiten zu betrachten. Er citirt nur Lacroix im Vorbeigehen, aber das wäre auch nicht hinlänglich, da dieser im allgemeinen Compilator und nicht Quelle ist."

Auf Grund dieses seltsam widersprüchlichen Gutachtens wurde Lubbe zugelassen. Seine Prüfung fand am 22. 8. statt. Tralles examinierte besonders über den Gegenstand der eingereichten Dissertation mit dem Ergebnis: „Der Candidat wurde fähig befunden zu den öffentlichen Leistungen." Noch aus zwei weiteren Gründen ist diese Promotion[4]) erwähnenswert:

Für die öffentliche Disputation konnten keine Opponenten gefunden werden, soviel Mühe sich auch die Fakultät und Lubbe selber gaben. Es ist dies ein Beweis mehr, daß mathematisch interessierte Studenten kaum vorhanden waren. Nach dem, was Neumann über Tralles' Anziehungskraft als Lehrer berichtet, nimmt das kaum wunder. Schließlich mußte die Fakultät das Ministerium bitten, die Promotion ohne die statuarisch vorgeschriebene Thesenverteidigung vornehmen und an ihrer Stelle einen „öffentlichen Rede-Actus" setzen zu dürfen[5]). Der Kultusminister Altenstein stimmte am 14. 9. zu, und so konnte am 29. September die Promotion erfolgen. Zu bemerken ist ferner, daß die Dissertation nicht bei den Akten ist. Lubbe erbat sie nämlich zurück, und sie wurde ihm auch wirklich am 13. 10. 1818 ausgehändigt, wenn auch mit der Einschränkung, er müsse sie im erforderlichen Falle wieder einreichen[6]) ...

Lubbe hat sich denn auch als Privatdozent in keiner Weise hervorgetan. Zwar las er u. a. „deskriptive Geometrie nach Monge", aber zur Charakteristik seiner sonstigen Vorlesungen genügt eine Aufzählung der häufiger vorkommenden Ankündigungen: Planimetrie, Stereometrie, Kegelschnitte, analytische Geometrie, Gleichungen, Reihen, Differential- und Integralrechnung. Oft bezog er sich, wie es damals üblich war, in den Anzeigen auf seine Lehrbücher[7]).

---

[1]) P-4-1. Bl. 134.

[2]) Hier folgt ein unleserliches Wort.

[3]) Lubbe war 32 Jahre alt, als er sich um Zulassung zur Promotion bewarb.

[4]) Lubbe figurierte teils als Magister, teils als Doktor in den Vorlesungsverzeichnissen.

[5]) P-4-1. Bl. 144.

[6]) P-4-1. Bl. 135.

[7]) Lubbe verfaßte z. B. Anfangsgründe der Geometrie (Berlin 1826) und der Arithmetik (Berlin 1846), ein Lehrbuch des „höheren Calcüls" (Berlin 1825) und einen „Lehrbegriff der höheren Körperlehre" (Berlin 1828).

Wir sehen also, wie berechtigt die Feststellung C. G. J. Jacobis war, er habe während seiner Studienzeit in Berlin (von SS 1821 bis WS 1824/25), „wissenschaftlicher Anleitung ganz entbehren" müssen[1]).

3.5. Dirksen, Ohm und Oltmanns

Als Tralles 1822 in London, wohin er zur Beschaffung eines Pendelapparates gefahren war, plötzlich starb, wäre Gelegenheit gewesen, Wandel zu schaffen. Die Fakultät hat dies auch erkannt, wie aus den Nachfolgeverhandlungen zu ersehen ist[2]).

In der Fakultät erwog man, neben Gauß noch Bessel vorzuschlagen. Hiergegen wandte sich u. a. Hegel, der daran zweifelte, daß ein Astronom wie Bessel Vorlesungen über höhere Mathematik halten werde[3]), offensichtlich in völliger Unkenntnis der starken mathematischen Ambitionen Bessels. Es meldeten sich aber zwei andere Bewerber unüberhörbar zu Wort, der eine, Martin Ohm, direkt beim Ministerium, der andere, Enno Heeren Dirksen, bei der Fakultät.

Es ist daher notwendig, über Ohm und Dirksen zu sprechen. Zwar reicht ihre Wirksamkeit noch in die Ära Dirichlet — Jacobi — Steiner hinein, bei Ohm geht sie sogar noch bis weit in die Kummer-Weierstraß-Ära, aber beide haben eine so bescheidene Rolle neben den großen Mathematikern gespielt, daß sie später nur noch beiläufig erwähnt zu werden brauchen.

Begonnen werde mit Dirksen, weil er etwas früher als sein Rivale in die Berliner Universität als Privatdozent eingetreten ist. Ostfriese von Geburt, hatte er in Göttingen bei Gauß und wohl vor allem die elementaren Vorlesungen von B. F. Thibaut gehört. Die sich ihm eröffnenden Möglichkeiten im hannoverschen Staatsdienst schlug er aus, da er wie viele seiner Landsleute die 1815 erfolgte Abtretung seiner Heimat an Hannover als unrechtmäßig betrachtete. Altenstein machte ihm für Preußen gute Aussichten[4]), und am 6. 5. 1820 habilitierte er sich in Berlin. Das Thema seines Probevortrags lautete: „Eine zweckmäßige Methode, die Opposition eines Planeten mit der Sonne zu berechnen". Bei einem solchen Thema ist zu bemerken, daß die rechnende Astronomie als angewandte Mathematik galt. Schon am 26. 8. 1820 verwirklichte Altenstein seine Versprechungen und ernannte Dirksen zum Extraordinarius.

Ohm, Bruder des berühmt gewordenen Physikers Georg Simon Ohm, war weitgehend Autodidakt und hatte lediglich in Erlangen ein einziges Kolleg über den „kombinatorischen Integralkalkül" bei dem Hindenburg-Schüler Heinrich August Rothe gehört. Mit neunzehn Jahren Privatdozent in Erlangen geworden, vertauschte er später die Universitätslaufbahn mit dem Schuldienst und machte von Thorn aus als Lehrer für Mathematik und Physik 1818 durch eine Eingabe an das Kultusministerium „Über die Beförderung des Studiums der Mathematik auf Schulen und Universitäten" von sich reden, ohne daß die festgestellte Begeisterung[5]) des Ministeriums für diese Denkschrift, die vor allem Ohms eigener Karriere dienen sollte, wirklich hervorgerufen worden wäre. Man

---

[1]) W. Lorey 1916. S. 48.

[2]) Vgl. M. Lenz 1910/18. Bd. 2. H. 1. S. 375—376.

[3]) P-3-2. Bl. 3.

[4]) M. Lenz 1910/18. Bd. 2. H. 1. S. 375—376. — Neuere biographische Forschungen über Dirksen bringt M. Folkerts 1983/84.

[5]) W. Lorey 1916. S. 31—36.

bescheinigte Ohm in einer Randbemerkung zwar eine gute Absicht, lehnte aber seinen Vorschlag ab, Mathematiklehrer nur noch in ihrem Fach zu prüfen und von allen Nachweisen allgemeiner Kenntnisse zu entbinden[1]). 1821 sehen wir ihn in Berlin, sich um die Habilitation bewerbend, sehr zum Mißfallen von Hegel, der der Meinung war, es bestünde keinerlei Bedürfnis für einen weiteren Lehrer der Mathematik[2]). Tralles begutachtete die eingereichten Schriften Ohms dahingehend, daß sie „weder tiefe analytische Kenntnis noch mathematisches Genie" zeigten. Die Dissertation sei besser gewesen als das, was Ohm zehn Jahre danach hervorgebracht habe[3]). Bezeichnend ist das Ergebnis, zu dem er trotzdem gelangt: „Zum Colloquio müssen wir ihn zulassen, da es keinen bestimmten Maaßstab giebt für und gegen die Zuläßigkeit." Hegel, derzeit Dekan, sprach sich ohne Erfolg gegen einen weiteren Privatdozenten der Mathematik aus. Die Mathematik sei schon durch Tralles, Dirksen, Gruson, Ideler und Lubbe vertreten, und überdies gingen alle Studenten, die für den Staatsdienst Mathematik brauchten, zu Lehmus. Im Protokoll des Habilitationskolloquiums vom 25. 8. 1821 hielt Hegel u. a. fest, die Fakultät sei „verwundert", daß Ohm „mit so manchem, selbst elementarischen, nicht bekannt war".

Die Formeln der barometrischen Höhenmessung waren Ohm unbekannt. Bei Aufgaben aus der Integralrechnung sah man zwar, daß Ohm sich mit ihr beschäftigt habe, er sei aber außerstande, eine Aufgabe „bestimmt durchzuführen". Bei Fragen, die Hegel stellte, habe er „manche Verworrenheit" gezeigt. Ungeachtet dieser Beanstandungen wurde Ohm zur Probevorlesung zugelassen und am 22. 9. 1821 habilitiert. Als er sich nun um die Nachfolge von Tralles mehrfach beim Ministerium bewarb, schrieb Altenstein am 5. 8. 1823 an die Fakultät u. a.): [4]

„Bei dem wenig günstigen Urtheile, welches die philosophische Fakultät [...] über das Ergebnis der mit dem p. Ohm behufs seiner Habilitation gehaltenen mündlichen Prüfung und der von ihm eingereichten Specimina gefällt hat, ist aber das Ministerium zweifelhaft, ob der p. Ohm die erforderliche Qualifikation zu der von ihm nachgesuchten Lehrstelle besitze."

In der Fakultät erhob sich ein Sturm der Entrüstung. Das Gesuch Ohms wurde als Anmaßung empfunden. Insbesondere hatte man es ihm übelgenommen, daß er Tralles nach dessen Tode mehrfach angegriffen hatte[5]). Der Dekan, der Mineraloge Christian Samuel Weiß, gab seine Verstimmung auf einem Zirkular am 18. 8. 1823 so zu erkennen[6]):

„Was ich von den Vorlesungen des Dr. Ohm in Erfahrung gebracht habe, ist ihm nicht günstig. Die Unterrichteteren, die des verstorbenen Tralles ausschließliches Publicum waren, scheinen ihn nicht hören zu wollen; auf die weniger Unterrichteten soll er durch Angriffe auf berühmte Namen, die ins Kleinliche fallen, zu wirken suchen."

Am 22. Oktober fand eine Fakultätssitzung statt, auf der Ideler das von ihm erbetene Gutachten und ein weiteres, von einem Anonymus herrührendes Urteil über Ohm vorlegte. Dieser Anonymus war aber kein anderer als Dirksen, der die Gelegenheit benutzte, um seinen Konkurrenten völlig aus dem Felde zu schlagen. Leider ist Dirksens Gutachten nicht bei den Akten. Die Fakultät machte sich in ihrer Antwort vom 22. Oktober[7])

---

[1]) G. Schubring 1981b. S. 127. — G. Schubring 1983a. S. 111—112.
[2]) H-1-2, Vorgang Ohm.
[3]) Das Folgende nach H-1-2. Bl. 86—91.
[4]) P-3-1. Bl. 137.
[5]) P-3-1. Bl. 145—146.
[6]) P-3-1. Bl. 138.
[7]) P-3-1. Bl. 140—142.

das Gutachten Idelers zu eigen und betonte, daß das ungünstige Urteil über Ohm von 1821 nicht etwa auf dem Übelwollen von Tralles beruht habe, sondern auf der Unwissenheit von Ohm, der in der angewandten Mathematik überhaupt nicht habe examiniert werden können. Ursprünglich wollte die Fakultät noch einen Passus mit aufnehmen, in dem sie sich bereit erklärte, ihr Urteil, falls der Minister diesem mißtrauen sollte, dem von Bessel oder Gauß unterzuordnen. Diese Ausführungen wurden aber wieder gestrichen. Der dem Minister eingereichten Antwort wurde das Gutachten Idelers mit beigefügt[1]), in dem es u. a. heißt, man müsse Ohm die Gerechtigkeit widerfahren lassen, daß er mit großem Eifer für die Mathematik erfüllt sei. Wenn er sich bisher aber noch keine wesentlichen Verdienste um den Ausbau und die Erweiterung der Analysis erworben habe, so liege das an seiner fixen Idee, daß er vom Schicksal auserkoren sei, der Mathematik die ihr fehlende wissenschaftliche Begründung zu geben. „Dieser Wahn ist zwar schon oft in gelehrten Blättern gerügt worden, von denen ihn eines unlängst nicht ganz unschicklich mit einer Ameise verglichen hat, die sich unterfängt, die Pyramide von Memphis zu erschüttern.“ Sodann zitiert Ideler aus Ohms „Kritischen Beleuchtungen der Mathematik überhaupt und der euklidischen Geometrie insbesondere“ (Berlin 1819), S. 16:

„Ich habe mir in diesen Bogen zum Zweck gesetzt, mit ächt mathematischer Strenge zu beweisen: 1) daß die Methode des Euklides wegen der verworrenen, gänzlich unwissenschaftlichen und ungenügenden Behandlung der ersten Elemente für den Unterricht absolut schädlich und verwerflich sei, 2) daß wir zur Zeit noch kein Lehrbuch der Geometrie besitzen, welches den notwendigen und unerläßlichen Forderungen an dasselbe entspricht, 3) daß unsere Arithmetik, Algebra und was darauf gegründet ist, kaum der Schatten einer Wissenschaft, sondern vielmehr ein Chaos von durcheinander geworfenen, fremdartigen, ohne alle Verbindung dastehenden, ganz grundlosen und meist unrichtigen Behauptungen ist.“

Als Beispiel, wie Ohm seine Vorsätze verwirklicht, führt der sonst gar nicht übermäßig zur Polemik neigende Ideler dessen Definition eines Winkels an: „Ein Winkel ist die von zwei zusammenstoßenden geraden Linien begränzte Ebene, die auf der dritten Seite völlig unbegränzt ist.“ Ideler fügt hinzu, diese Erklärung sei wenig besser als die: Ein Dreieck ist ein Viereck, dem eine Seite fehlt. Noch an weiteren Publikationen von Ohm demonstriert Ideler dessen Bestreben, durch eine neue Terminologie zu imponieren, wobei er aber das, was vorher klar war, nun in mystisches Dunkel hülle. Die ganze Fakultät sei voller Unwillen über die Angriffe von Ohm auf Tralles, die einen seltsamen Kontrast mit dem Examen bildeten, das noch in frischer Erinnerung der Fakultätsmitglieder sei. Abgesehen von dem unwürdigen Verhalten einem Toten gegenüber müsse man sich aber fragen, was „denn der Herr Doktor Neues zu Tage gefördert“ habe, „das ihm als Basis des hohen Standpunkts dienen könnte, den er nunmehr in der mathematischen Welt zu behaupten glaubt“. Das ließ an Deutlichkeit nichts zu wünschen übrig. Am 2. 2. 1824 schlug dann die Fakultät offiziell vor[2]), „bis uns ein Mann wie Gauß oder Bessel geschenkt werden kann“, Dirksen die Stelle von Tralles zu übertragen, und hob dabei hervor, dieser sei „von seinem Lehrer, Herrn Gauß, in die Mysterien der Analysis gründlich eingeweiht worden“, er lehre die höhere Mathematik „mit Beifall“ nicht nur an der Universität, sondern auch an der Kriegsschule, und zeichne sich aus durch einen „heiteren, von Vorurtheilen nicht getrübten Blick“ (das ging gegen Ohm).

---

[1]) P-3-1. Bl. 145–146.

[2]) P-3-2. Bl. 2.

Inzwischen hatte sich das Ministerium auch von der Akademie beraten lassen, indem es ein Gutachten über die Schriften von Dirksen und Ohm forderte. Bei der Beratung zerfiel die mathematische Klasse, wie sie damals noch hieß, in zwei Parteien[1]). Die eine trat für Ohm und gegen Dirksen auf. Ihr Sprecher war Gruson, der in einem Gutachten vom 24. u. 28. 8. 1823 Fehler in der „Variationsrechnung" Dirksens vorführte und darauf hinwies, daß Dirksen schon öffentlich kritisiert worden sei. Am 10. September fügte er hinzu, das ungünstige Urteil der Fakultät über Ohms Habilitierung sei wohl in erster Linie Tralles zuzuschreiben, der „jedem nicht günstig war, der nicht seinen Ansichten huldigen konnte". Die andere Partei wurde von E. G. Fischer geführt, welcher am 27. 8. und 16. 9. bei Ohm mehr leidenschaftliches Streben, sich geltend zu machen, als Genialität feststellte. Er fand es anmaßend und zudringlich, daß Ohm sich um das einzige mathematische Ordinariat an der ersten Universität des Landes selbst bewerbe, und meinte, auf diese Stelle gehöre ein Gauß oder ein J. F. Pfaff (der Promotor von Gauß). Diese Argumentation machte sich der Astronom J. E. Bode als interimistischer Sekretar zu eigen, als er dem Ministerium die Gutachten am 29. September überreichte, indem er hinzufügte, auch der Akademie fehlten Männer wie Gauß und Pfaff, also (unausgesprochen) nicht Männer wie Dirksen oder Ohm. Da die Mittel nicht zur Verfügung standen, um Gauß ein neues akzeptables Angebot zu machen, griff der Minister auf Dirksen zurück und teilte der Fakultät am 7. 6. 1824 mit, er habe beim König die Beförderung Dirksens zum Ordinarius beantragt. Gleichzeitig aber benachrichtigte er die Fakultät weiterhin, daß er Ohm zum außerordentlichen Professor ernannt habe[2]). Ohm verstand es meisterlich, seine Beziehungen zu einflußreichen Persönlichkeiten in der Ministerialbürokratie zu seinem Vorteil auszunutzen. Diese Konnexionen waren nicht etwa dadurch entstanden, daß er durch besondere Leistungen vorteilhaft auf sich aufmerksam gemacht hätte, sondern sie beruhten auf persönlicher Bekanntschaft während seiner Erlanger Zeit[3]).

Die Fakultät wurde aber nicht nur durch diese Entscheidung des Ministers überrascht. Am 6. 9. 1824 teilte Altenstein ihr ferner mit, daß der König am 28. August Jabbo Oltmanns zum Ordinarius für das Fach der angewandten Mathematik ernannt habe[4]). Was hatte es damit für eine Bewandtnis?

Oltmanns, wie Dirksen Ostfriese, war Autodidakt und hatte seine Kenntnisse von 1805 bis 1808 auf der Berliner Sternwarte bei Bode vervollkommnet. In Berlin machte er auch die Bekanntschaft Alexander von Humboldts, der das ausgeprägte Rechentalent des jungen Mannes erkannte und ihn seine astronomisch-geographischen Beobachtungen, die er auf der großen amerikanischen Forschungsreise 1799–1804 angestellt hatte, berechnen ließ[5]). Von 1808 bis 1811 arbeitete Oltmanns für Humboldt in Paris. Dadurch

---

[1]) Archiv der Ak. Wiss. d. DDR, II–VIc-3. Bl. 48–63.

[2]) P-3-2. Bl. 13.

[3]) G. Schubring 1983c. S. 228–232. Einer der „Beschützer" Ohms war der aus Erlangen stammende Geheime Legationsrat im Ministerium der Auswärtigen Angelegenheiten Friedrich August Pfeiffer; s. G. Schubring 1984b.

[4]) P-3-2. Bl. 17. — J. Asen 1955. S. 143, irrt, wenn er angibt, Oltmanns habe eine Professur für Astronomie erhalten.

[5]) So führen denn auch die beiden Bände des Humboldtschen Reisewerks mit den astronomischen Beobachtungen und Ortsbestimmungen (Recueil d'observations astronomiques. Bd. 1 u. 2. Paris und Tübingen [1808/10]) ausdrücklich den Hinweis: „Rédigées et calculées par Jabbo Oltmanns".

bekannt geworden, wurde er 1810 in die Berliner Akademie gewählt und an die Universität berufen. Er nahm zwar den Ruf an, kam jedoch nicht und schied auf seinen Wunsch 1812 wieder aus, um in seiner Heimat eine ihm von der französischen Regierung angebotene Stellung anzutreten[1]). Nach verschiedenen Tätigkeiten in Ostfriesland, u. a. in der Vermessung, Kartierung und im Kalenderwesen, wandte er sich dann an seinen alten Gönner Humboldt mit der Bitte um Vermittlung einer Position in Berlin. Humboldt versagte sich nie den Bitten, die an ihn herangetragen wurden, und auch in diesem Falle hat er einige warme Empfehlungsbriefe geschrieben[2]), um Oltmanns, dem er sich noch dazu verpflichtet fühlte, die Stelle von Tralles zu verschaffen. Da zudem auch die Akademie sich für die Berufung von Oltmanns aussprach[3]), andererseits aber Dirksen bereits ernannt war, fiel für die Fakultät ein neues Ordinariat für angewandte Mathematik ab[4]).

Auch Oltmanns hat der Universität keinen Ruhm gebracht. Er war, was Humboldt ganz unbekannt geblieben war, zum Alkoholiker geworden und starb 1833. Mit seinem Tode ist die Professur für angewandte Mathematik wieder verlorengegangen; Oltmanns' Besoldung wurde für das Extraordinariat des Geophysikers G. Adolph Erman verwendet. In seinen Gutachten ist nie ein Ausdruck selbständiger Kritik zu finden[5]); in seinen Vorlesungen hat er sich vorzugsweise mit Nautik, Statik, Vermessungskunde befaßt, wobei er meist auch auf die geschichtliche Entwicklung dieser Disziplinen einging, mit mathematischer Geographie (astronomischen Ortsbestimmungen), mit der Geschichte der Gradmessungen und mit der „Physiographie der südamerikanischen Inseln und Küstenländer" (wahrscheinlich unter dem Einfluß der für Humboldt und andere Forschungsreisende ausgeführten Berechnungen von astronomischen, hypsometrischen und meteorologischen Beobachtungen). Die Zahl seiner Hörer war gering und blieb meist unter zehn, oft unter fünf. Nur wenn er populäre Astronomie las (SS 1826), stieg sie auf über 30[6]). Sein Tod war für Ohm das Signal, sich wieder einmal bemerkbar zu machen. Zwar fällt das bereits in den nächsten Abschnitt, mag aber hier schon gesagt sein.

Ohms Gesuch um eine ordentliche Professur stieß wiederum bei der Fakultät auf eisige Ablehnung. Dirksen vermißte am 10. 1. 1834 bei Ohm eine auch nur „leidliche Bildung"[7]). Das war nach den Beleidigungen, die ihm Ohm zugefügt hatte, nicht erstaunlich: Ohm warf Dirksen in aller Öffentlichkeit „Unbehülflichkeit, Mangel an Übung und Gewandtheit", „Unkenntniß der nothwendigen Lehren der Differential- und Integralrechnung" vor, als er 1831 Dirksens „Analytische Darstellung der Variationsrechnung" (Berlin 1823) kritisierte[8]). Fünf Jahre später hat dann aber Altenstein doch noch Ohm dem König

[1]) M. Lenz 1910/18. Bd. 1. S. 205, 274, 477.

[2]) Z. B. an Karl Albert von Kamptz. Paris, 17. 7. 1824. (K.-R. Biermann 1985a. S. 46–47).

[3]) M. Lenz 1910/18. Bd. 2. H. 1. S. 375.

[4]) P-3-2. Bl. 17.

[5]) K.-R. Biermann 1960b. S. 99. – K.-R. Biermann 1961c. S. 97 u. 99.

[6]) M. Folkerts 1986.

[7]) P-3-2. Bl. 143–145.

[8]) M. Ohm 1831. – Das war wieder die Rache dafür, daß Dirksen am 30. 5. 1829 ein Beförderungsgesuch Ohms zu Fall gebracht hatte, indem er konstatierte, Ohm „entblöde" (sic!) sich nicht, seine verschrobenen Ansichten der wahren Wissenschaft gegenüberzustellen. Ohm habe seinerzeit im Habilitationskolloquium seiner (Ohms) Meinung nach neue und frappante Ansichten über Mathematik vorgetragen, die aber Tralles als trivial und nur durch ihre Verworrenheit frappierend gekennzeichnet hätte. Ohm kündige seine Werke pomphaft an, bringe aber nichts Neues und sei überdies mit dem gegenwärtigen Stand der Mathematik nicht vertraut, usw. usf. (Litt. O. Nr. 1).

zum Ordinarius vorgeschlagen, und er wurde am 26. 7. 1839 zum ordentlichen Professor befördert.

Ohms Beziehungen zum Kultusministerium hatten sich inzwischen nach der Einstellung forschungsorientierter Mathematiker, besonders Dirichlets, deren Können er fürchten mußte, so verschlechtert, daß man sich fragt, wem er seine nicht auf Leistungen beruhende Beförderung eigentlich zu verdanken hatte. G. Schubring hat plausibel gemacht, daß er diesmal etwas tat, was er selbst unzweideutig „erpressen" genannt hat[1]): Er hatte es im Zusammenhang mit seiner Lehrtätigkeit an militärischen Schulen verstanden, sich die Protektion des Prinzen August von Preußen, Generalinspekteur der Artillerie und Kurator der Vereinigten Artillerie- und Ingenieurschule, zu verschaffen. Als er drohte, Preußen zu verlassen, wenn er nicht Ordinarius würde, forderte die Studienkommission der genannten Schule, sicherlich auf Weisung des Prinzen, das Kultusministerium am 24. 6. 1839 auf, Ohm zum ordentlichen Professor zu befördern[2]). Altenstein war nicht der Mann, der einem solchen Druck standgehalten hätte[3]). In Dirichlet aber sah Ohm weiterhin seinen Rivalen, fühlte sich, ständig auf sein höheres Dienstalter pochend, zurückgesetzt und brachte nie Verständnis für die Genialität des ihm überlegenen Kollegen auf. Begabte Studenten hingegen wußten sehr wohl zu differenzieren, wie aus Steiners Äußerung zu Weierstraß zu entnehmen ist: „Wer Grütze hat, kommt zu Dirichlet und mir, die andren gehen zu Ohm"[4]).

Ohm hat am längsten von allen Angehörigen des Lehrkörpers an der Universität gewirkt; er starb erst 1872 und hat noch im WS 1871/72 über „positive, negative und imaginäre Größen" vor zwei Hörern gelesen. Seine fast 50 Jahre hindurch gehaltenen Kollegs waren im SS 1822 eröffnet worden mit „Reine Mathematik mit besonderer Rücksicht auf den metaphysischen Teil derselben". Von dem Niveau seiner Vorlesungen kann man sich ein Bild machen, wenn man von Emil Lampe hört, daß er im WS 1860/61 im zweistündigen Kolleg über „Höhere Gleichungen" bis Weihnachten noch nicht mit den kubischen Gleichungen fertig war, indem er immer wieder alles rekapitulierte, was bis dahin gesagt worden war[5]).

In den Studienerinnerungen eines späteren Vortragenden Rats im Kultusministerium, K. E. Gruhl, die noch wiederholt zitiert werden, lesen wir aus den Jahren um 1855[6]):

---

1) M. Ohm an G. S. Ohm. 11. 5. 1834 (G. Schubring 1983c. S. 241).

2) G. Schubring 1981b. S. 129. — G. Schubring 1983c. S. 242.

3) K.-R. Biermann 1985a. S. 8—11.

4) C. F. Geiser 1901. S. 329. Von dort in die Literatur eingegangen und häufig zitiert.

5) Ohms „Versuch eines vollkommen consequenten Systems der Mathematik" (Bd. 1—9. Nürnberg (Berlin) 1822/52), dessen erstem der bis damals erschienenen beiden Teile Ideler bei aller Abneigung gegen Ohm am 22. 10. 1823 eine gewisse „Bündigkeit" nicht abstreiten konnte (P-3-1. Bl. 145 — 146), findet Felix Klein als „vollständig konsequentes" System der arithmetischen Grundlagen (F. Klein 1926/27. T. 1. S. 178) erwähnenswert. Auch Lorey hat betont, daß Ohm die Überheblichkeit eignete, die man bei Autodidakten gelegentlich findet, daß er aber andererseits als erster eine gründliche axiomatische Behandlung der Arithmetik bringe (W. Lorey 1950/51. S. 21). — Ein Beispiel für die Verbreitung der Ohmschen Bücher: Fritz Reuter erwähnt, daß er während seiner Festungshaft als „Demagoge" (1833 bis 40) u. a. „Ohmen sine Mathematik" mit sich führte (Ut mine Festungstid. In: Sämtl. Werke. Berlin u. Leipzig: Th. Knaur Nachf. o. J. Bd. 4. S. 1—200. Zit S. 14). Vgl. W. Lorey 1916. S. 89—90.

6) G. Schubring 1965c. S. 155—156.

„Der alte Herr [Ohm] fiel schon durch seine Tracht auf, die aus der Biedermeierzeit stammte, dem nach oben sich erweiternden Hut, dem alten deutschen Rock mit dem weiten übergeschlagenen weißen Hemdkragen, den goldenen Berlocks [Anhänger an der Uhrkette] vor dem breiten Hosenlatz, der aufgeknöpft werden mußte, wenn die mehrschalige Uhr vorgezogen werden sollte. Er las noch immer regelmäßig, obgleich nur wenige Zuhörer — zu denen ich nicht gehörte — bei ihm belegt hatten. [...] zufällig [...] bin ich Zeuge geworden von der Eitelkeit, mit der der alte Mann die Schulmathematik vortrug und seine Verdienste um dieselbe hervorhob.“

Auch Leo Koenigsberger schildert, wie Ohm mehr und mehr zu einer komischen Figur geworden ist[1]). E. B. Christoffel hat folgenden charakteristischen Ausspruch Ohms überliefert[2]): „Lagrange stand auf den Schultern von Euler, wir aber stehen auf den Schultern von Lagrange“. So ist es mehr als verständlich, daß 1902 bei Berufungsverhandlungen das Wort fiel, die Zeiten dürften nie wiederkehren, in denen ein „Stümper wie Ohm“ an der Berliner Universität lehren konnte[3]).

Seinen gleichaltrigen Rivalen Dirksen, der bis zum WS 1848/49 gelesen hat, hat Ohm um 22 Jahre überlebt, er hat ihn auch im Lehrerfolg übertroffen[4]). Neben seiner Stellung an der Universität war er noch an der Bauakademie (1824/31), an der Kriegsschule (seit 1826) und an der Artillerie- und Ingenieurschule (1833/52) tätig[5]). Aber er ist nicht wie Dirksen Akademiemitglied geworden; Ohm ist einer der beiden Mathematik-Ordinarien in Berlin, die die Akademie vor 1933 nicht zu ihren ordentlichen Mitgliedern gewählt hat. (Der andere ist R. von Mises.)

3.6. C. G. J. Jacobi

Kaum waren alle Stellen mit höchst mittelmäßigen Kräften besetzt, als sich 1825 ein Genie ersten Ranges zur Promotion und gleichzeitigen Habilitation meldete: Carl Gustav Jacob Jacobi. Für ihn, der sich schon als Schüler in Potsdam im Selbststudium mit Euler und Lagrange beschäftigt hatte, konnten die mathematischen Vorlesungen, wie sie damals in Berlin gehalten wurden, wenig reizvoll sein. Wir haben oben schon seinen Ausspruch zitiert, er habe keinerlei wissenschaftliche Anleitung erhalten. Anders war es auf philologischem Gebiet, auf dem beispielsweise August Böckh lehrte, und so hat denn Jacobi geschwankt, ob er sich der klassischen Philologie oder der Mathematik zuwenden solle. Welche Vorlesungen wurden beispielsweise im WS 1824/25, Jacobis letztem Studiensemester, angekündigt? Es waren dies:

Dirksen:	Differentialrechnung.
	Anwendung der Integralrechnung auf die Geometrie.
	Analytische Statik.
	Sphärische Astronomie.
Ideler:	Die Zeitrechnung der vornehmsten Völker der alten und der neuen Welt.
	Kegelschnitte nebst den ersten Gründen der Rechnung des Unendlichen.
Gruson:	Analysis endlicher Größen.

1) L. Koenigsberger 1919. S. 27—28.
2) C. F. Geiser 1901. S. 329.
3) P-3-10. Bl. 341.
4) W. Lorey 1916. S. 39.
5) F. v. Kobell 1873. S. 132.

Ohm: Synthetische Geometrie als der eine Teil der reinen Elementar-Mathematik.
Elementar-Arithmetik und Elementar-Algebra als der andere Teil der reinen Elementar-Mathematik.
Theorie der Kegelschnitte.
Höhere Mechanik und höhere Astronomie.
Praktikum über mathematische Lehrmethoden.

Lubbe: Integralkalkül.

Unverkennbar ist eine Verbesserung gegenüber den Vorlesungen, die zehn Jahre zuvor gehalten worden waren und die sich mit Themen wie „ebene Geometrie", „Lehre von den Logarithmen" u. dgl. befaßt und als Krönung die Anfangssgründe der Differentialrechnung vorgesehen hatten. Andererseits aber ist im Vorlesungsprogramm kein Reflex der in jenen Jahren im Brennpunkt mathematischen Interesses stehenden Fragen, wie etwa die nach der Möglichkeit oder Unmöglichkeit der Lösung einer allgemeinen algebraischen Gleichung von höherem als dem vierten Grade durch Radikale, zu finden. Das war auch nicht zu erwarten, denn keiner der aufgeführten Mathematiker war ein wirklicher Forscher.

So war es nicht die Anziehungskraft der Mathematikdozenten in Berlin, sondern die der Arbeiten von Euler, Lagrange und Laplace, die Jacobi bewogen, sich für die Mathematik zu entscheiden und der Philologie zu entsagen. In seiner Dissertation „Disquisitiones analyticae de fractionibus simplicibus" bewies Jacobi die von Lagrange über die Zerlegung algebraischer Brüche ohne Beweis aufgestellten Formeln, gab eine neue Art der Zerlegung an und benutzte ein neues, später mehrfach von ihm wieder angewendetes Prinzip der Umformung der Reihen[1]). Dirksen gab am 15. 6. 1825 folgendes Gutachten ab[2]):

„Wenn auch gegen die Probeschrift mehreres, und besonders mit Beziehung auf den Vortrag, zu erinnern seyn dürfte, so zeugt sie dennoch von einer mehr als gewöhnlichen Selbstthätigkeit und einer gewissen Originalität der Behandlung, weßhalb dem Verfasser die Zulassung zum Examen meines Erachtens wohl nicht verwehrt werden kann."

Man kann also mit dem besten Willen nicht behaupten, daß Dirksen (oder Oltmanns und Ideler, die sich dem Urteil ohne Kommentar anschlossen) die Bedeutung seines Doktoranden erkannt habe. Daß es sich dabei keineswegs um eine einmalige Trübung der Urteilskraft handelt, wird aus dem Gutachten klar, das Dirksen im folgenden Winter, am 6. 11. 1825, über eine durch Jacobi der Akademie eingereichte Abhandlung, die „wiederholten Funktionen" betreffend, abgab und in dem sich sein und seiner Kollegen Unvermögen noch krasser zeigt, für die Jacobi eigene formale Eleganz und sein auf algebraische Durchdringung gerichtetes Streben Verständnis aufzubringen[3]). Zu den von Jacobi verteidigten Thesen, die schon publiziert sind[4]), ist noch eine zu ergänzen, die gerade heute von besonderer Aktualität ist und deren Richtigkeit auch von Ver-

---

[1]) G. L. Dirichlet 1852. S. 229.
[2]) P-7-1, Vorgang Jacobi.
[3]) K.-R. Biermann 1961 c. S. 97—99.
[4]) L. Koenigsberger 1904. S. 13.

tretern solcher Wissenschaftszweige anerkannt wird, die früher der Mathematik gänzlich fernstanden:

> „Der Begriff der Mathematik ist der Begriff der Wissenschaft überhaupt. Alle Wissenschaften müssen daher streben, ‚Mathematik' zu werden"[1]).

Die mündliche Prüfung Jacobis fand am 4. 7. 1825 statt, der Probevortrag über die Theorie der singulären Stammgleichungen und das Kolloquium wurden am 21. Juli gehalten. Nach einer Probevorlesung „Nova methodus ad reversionem serierum, sive aequationum radices per series infinitas exhibendi"[2]) fanden, was damals möglich war, am 13. August zugleich Promotion und Habilitation statt. Im WS 1825/26 hat dann Jacobi über die Anwendung der höheren Analysis auf die Theorie der Oberflächen und Kurven doppelter Krümmung gelesen, die erste differentialgeometrische Vorlesung, die auf der Höhe des Wissens der Zeit stand. Kummer hat diese Vorlesung, welche weder in Berlin noch an einer anderen deutschen Universität bis dahin gehalten worden war, als den Anfang der allgemeinen Neugestaltung des mathematischen Universitätsunterrichts bezeichnet[3]). Die für das SS 1826 angekündigten Vorlesungen wurden von Jacobi nicht mehr gehalten; denn das Ministerium, auf den erst einundzwanzigjährigen Privatdozenten aufmerksam geworden, legte ihm nahe, seine Lehrtätigkeit in Königsberg fortzusetzen. Dort waren günstigere Aussichten für ihn, weil die Stelle eines ordentlichen Professors unbesetzt und zudem schon vor Jahren Königsberg vom Kultusministerium für eine besondere Pflege der Mathematik in Aussicht genommen war[4]). Jacobi kam diesem Vorschlag natürlich sofort nach und gründete in Königsberg mit F. W. Bessel und F. Neumann eine hochberühmt gewordene „Schule".

Damit war für Berlin der vorherige Zustand wiederhergestellt, und es sah so aus, als solle hier die Mittelmäßigkeit weiter kultiviert werden. Daß es anders gekommen ist, verdankt die Berliner Universität im wesentlichen zwei Männern, Alexander von Humboldt und August Leopold Crelle, deren Bemühungen bei dem zuständigen Referenten (späteren Direktor der Unterrichtsabteilung) im preußischen Kultusministerium, Johannes Schulze, verständnisvolle Aufnahme fanden[5]).

3.7. Sonstige Ereignisse

Ehe wir uns mit der Mitwirkung dieser beiden Gelehrten an der Berufung erstklassiger Mathematiker nach Berlin und damit der entscheidenden Wende befassen, soll ein abschließender Blick auf Ereignisse des mathematischen Lebens der besprochenen Periode geworfen werden, die noch nicht behandelt worden sind.

Die erste mathematische Doktorpromotion (Lubbe war, wie erwähnt, zum Licentiaten promoviert worden) war die von Heinrich Ferdinand Scherk durch Ideler am 27. 8. 1823[6]). Sie ist insofern bemerkenswert, als Scherk, von Gauß als neben Posselt

---

[1]) P-7-1, Vorgang Jacobi.

[2]) ebd.

[3]) E. E. Kummer. Rektoratsrede. Berlin, 3. 8. 1869. S. 10.

[4]) W. Lorey 1916. S. 35. — Zu Jacobi s. auch K.-R. Biermann 1975 und H. Pieper 1982.

[5]) C. Varrentrapp 1889.

[6]) P-4-2, Vorgang Scherk. — Zur Thematik der Dissertation siehe die im Anhang gegebene Aufstellung 12.3., Nr. 2.

und von Staudt bester Kopf unter allen seinen bisherigen Studenten bezeichnet[1]), später der Lehrer Kummers in Halle geworden ist[2]). Außerdem fällt in den ganzen Zeitraum nur noch eine einzige Promotion, die des „Salmischen Cabinetsraths" Friedrich Christian von Riese am 15. 11. 1825, den Dirksen vom gemeinsamen Besuch der Vorlesungen von Gauß und Thibaut in Göttingen kannte[3]). Von Riese war später in Bonn als angewandter Mathematiker tätig. Zu erwähnen ist ferner die Ablehnung der ausgezeichneten Dissertation von F. Neumann „De tactionibus atque intersectionibus circulorum"[4]) durch Dirksen am 12. 8. 1825[5]), weil auch hieraus Dirksens mangelnde Urteilsfähigkeit hervorgeht. Neumann hat dann mit einer kristallographischen Arbeit promoviert[6]). Im übrigen beschränkte sich die Ausübung des Promotionsrechts auf mathematischem Gebiet in den in Rede stehenden Jahren auf Ehrenpromotionen und auf Promotionen unter Befreiung von den statutenmäßig geforderten Leistungen. Der Grund hierfür liegt im § 2 des zweiten Abschnitts der Universitätsstatuten vom 31. 10. 1816, wird doch dort bestimmt, daß jeder, der als Ordinarius berufen wird, in Jahresfrist den Doktorgrad zu erwerben hat. Andernfalls blieb er von der Ausübung aller Rechte suspendiert.

Als Ehrenpromotionen erfolgten die von Ideler (18. 12. 1814), die von Friedrich Theodor Poselger, einem mathematischen Autodidakten, der als Mitdirektor der Kriegsschule auch Mitglied der Akademie geworden war, aber an der Universität nicht in Erscheinung getreten ist (30. 12. 1822), und die von Oltmanns (14. 1. 1825). Als Promotionen unter Befreiung von den statuarischen Leistungen wurden deklariert die von Tralles (2. 2. 1811), von Eytelwein (16 2. 1811) und von Gruson (12. 2. 1816).

Wie oben gesagt wurde, war 1824 die Institution der Preisverteilungen vom Ministerium ins Leben gerufen worden. Ein mathematisches Thema ist in dem hier zu behandelnden Abschnitt nur einmal gestellt worden[7]), und zwar durch Dirksen für das Jahr 1829: „Eine möglichst klare, durch Beispiele sowohl aus der Geometrie, als der Analysis erläuterte Darstellung der Theorie der Grenzen". Den Preis erhielt Ludwig Felix Ofterdinger aus Biberach in Württemberg, dem wir 1831 als Doktoranden wiederbegegnen und der später Privatdozent bzw. Extraordinarius in Tübingen wurde, 1852 aber in den Schuldienst ging.

Felix Klein hat das Jahr 1830, als mit dem Weggang Cauchys von Paris ein Nachlassen der mathematischen Produktivität in Frankreich eintrat, für den Wendepunkt gehalten, mit dem die Blüte der exakten Wissenschaften in Deutschland einsetzte[8]). Natürlich ist das nicht schlagartig geschehen; es waren Keime schon vorher wahrnehmbar. Und deren Pflege ließen sich Humboldt und Crelle besonders angelegen sein. Ihrem Wirken in dieser Hinsicht wenden wir uns jetzt zu.

---

1) W. Lorey 1916. S. 62.
2) K. Hensel 1910. S. 5. — J. Schönbeck 1968. S. 30—34. — W. Müller-Erzbach 1887.
3) P-4-2, Vorgang v. Riese; s. 12.3, Nr. 4.
4) F. Neumann 1826.
5) K.-R. Biermann 1960b. S. 99.
6) ebd. S. 97 u. 100.
7) Eine Übersicht über die Themen der Preisaufgaben wird im Anhang (12.5) gegeben.
8) F. Klein 1926/27. T. 1. S. 87—88.

3.8. Der Anteil A. v. Humboldts und Crelles an der Entstehung eines Zentrums mathematischer Lehre und Forschung

Mehrfach hat Alexander von Humboldt betont[1]), daß er sich „kein ernstes Urteil in den höheren Regionen der Mathematik" anmaßen könne und daß er sich, da die „Sphaere seiner Kenntnisse" Geognosie und physikalische Geographie umfasse, der Beurteilung „mathematischer Gegenstände" enthalte. Obwohl er sich in seiner Studienzeit selbständig mit allerdings elementarmathematischen Aufgabenstellungen befaßt hatte[2]), gestand er gern seine geringen mathematischen Kenntnisse, ja seine Unwissenheit ein. „Das Bewußtsein eigener Unzulänglichkeit" für schöpferische mathematische Forschungen, denen er „fremd" gegenüberstand, hinderte ihn indessen nicht, den Wert mathematischer Forschungen außerordentlich hoch zu veranschlagen: Die „mathematische Gedankenentwicklung" ist für ihn „Geistesarbeit erhabenster Größe". Der lange Umgang mit den Pariser mathematischen Größen wie J. L. Lagrange[3]), P. S. de Laplace, A.-M. Legendre, J. Fourier, S. D. Poisson und A. L. Cauchy hatte ihm zudem „einiges Ahndungsvermögen über den relativen Werth" der zeitgenössischen Mathematiker „eingeflößt". Die theoretische und praktische Bedeutung der Mathematik schätzte er vollkommen richtig ein. Als er Paris im September 1826 vorübergehend verließ, um nach 18jährigem Aufenthalt in dieser Stadt seine im folgenden Jahr endgültig erfolgende Rückkehr nach Berlin vorzubereiten, war er daher gewillt, der Mathematik und den Naturwissenschaften dazu zu verhelfen, gleichberechtigt mit den von seinem Bruder Wilhelm, Vertreter des Neuhumanismus, besonders geförderten Fächern der Altphilologie den gebührenden Platz einzunehmen. Seine Absichten hat er selbst später so formuliert[4]):

„Bald abtretend aus einem vielbewegten, arbeitsamen Leben, glaube ich, als Gelehrter eine Pflicht zu erfüllen, wenn ich für die spreche, die in Astronomie, Physik, Chemie, Mathematik zugleich durch eminentes Talent und durch Lehrthätigkeit den alten Ruhm deutschen Wissens zu erhalten und zu *erneuern* verheißen. Frische, neue, wohlgerichtete Kräfte sind in der Zeit, in die wir getreten, die ich herbeigewünscht und an der ich nicht verzweifle, mehr als je nöthig."

Noch von Paris aus hatte er am 14. 5. 1826 dem Minister Altenstein den „überaus genievollen jungen" Dirichlet empfohlen[5]), und am 21. Mai sandte er einen weiteren Empfehlungsbrief für seinen Schützling an Gauß[6]). Auf dem Wege nach Berlin besuchte Humboldt in Göttingen Gauß, um dessen persönliche Bekanntschaft zu machen. Aus dieser Begegnung ist ein späterer, für Mathematiker der Berliner Universität höchst bedeutungsvoller Austausch von Empfehlungen geworden; genannt seien hier nur die

---

[1]) Das Folgende über Humboldts Einstellung zur Mathematik nach K.-R. Biermann 1959b. S. 87—88 u. 90.

[2]) W. Eccarius 1979.

[3]) K.-R. Biermann 1963e.

[4]) A. v. Humboldt an A. v. Ladenberg. 11. 3. 1849 (K.-R. Biermann 1959b. S. 85). — Weiteres hierzu vgl. K.-R. Biermann 1968b.

[5]) K.-R. Biermann 1959a. S. 14.

[6]) K.-R. Biermann 1977. S. 28—30.

von Gauß für Jacobi[1]) und die von Humboldt für Eisenstein[2]). Gauß äußerte sich nach dem Besuch Humboldts in Göttingen[3]): „Ich bin überzeugt, daß Humboldt's Rückkehr nach Berlin dem Gedeihen der exakten Wissenschaften in Deutschland die größten Vortheile bringen wird. Auf das Lebhafteste interessirt er sich dafür, daß jedes ausgezeichnete Talent aufgemuntert werde."

In Berlin eingetroffen und dort, wie erwähnt, mit der Regelung seiner Übersiedlung befaßt, verabsäumte Humboldt nicht, den Minister nochmals nachdrücklich auf Dirichlet aufmerksam zu machen[4]). Im November machte er auch die Bekanntschaft von Crelle, der ihm mit Feuereifer von der Gründung seines „Journals für die reine und angewandte Mathematik" und von den jungen genialen Autoren, deren Mitarbeit er sich gesichert hatte, berichtete[5]). Neben Jacobi und Steiner hob er besonders Niels Henrik Abel hervor[6]) und erläuterte seine Absicht, diesem in dem Polytechnischen Institut, das demnächst in Berlin eingerichtet werden sollte, eine Stelle zu verschaffen[7]). Es ist hier nicht der Platz, um Einzelheiten der vier Phasen der Gründungspläne einer Art Fachhochschule (Tralles 1817: Mathematisch-Technische Lehranstalt; Altenstein 1823/24 im Zusammenhang mit einem erneut erfolglos bleibenden Versuch, Gauß nach Berlin zu berufen: Zentralseminar; Humboldt und Crelle 1818/35, Hauptphase: Polytechnisches Institut; Schellbach und Jacobi 1844/50: Mathematisches Institut) und ihres Scheiterns zu rekapitulieren[8]); die Pläne sollten aber wenigstens erwähnt werden, weil auch sie für die Bestrebungen von Humboldt und Crelle, die so oft auf die Universität zurückgewirkt haben, charakteristisch sind und weil es sehr wahrscheinlich ist, daß Dirichlets, zuerst vorläufiger, Ruf nach Berlin an die Kriegsschule die Verwirklichung des durch Humboldt unterstützten Planes der Berufung von Abel aufgeschoben hat[9]). Als es Crelle endlich gelang, für den jungen Norweger, den genialen Konkurrenten Jacobis bei der Schaffung der Theorie der elliptischen Funktionen, eine Stelle in Berlin zu erhalten, traf die Botschaft den Adressaten († 6. 4. 1829) nicht mehr unter den Lebenden. Dergestalt steht am Beginn des Zusammenwirkens von Humboldt und Crelle ein Mißerfolg, der aber durch viele Erfolge bald wettgemacht wurde.

Es ist an der Zeit, einige Bemerkungen über den nun schon mehrfach genannten Crelle nachzuholen. Crelle, Autodidakt wie Ohm, war Geheimer Oberbaurat und hat sich durch seine Arbeiten im Wege- und Eisenbahnbau einen Namen gemacht. Seine mathemati-

---

1) Vgl. A. v. Humboldt an C. F. Gauß. 16. 2. 1827 (K.-R. Biermann 1977. S. 30—31).

2) A. v. Humboldt an C. F. Gauß. 14. 6. 1844 (K.-R. Biermann 1977. S. 87—88); außerdem K.-R. Biermann 1959b. S. 122—157.

3) C. F. Gauß an W. Olbers. 1. 3. 1827 (W. Olbers 1909. S. 472).

4) A. v. Humboldt an K. Frh. v. Altenstein [5. 11. 1826] (K.-R. Biermann 1959a. S. 16).

5) W. Eccarius 1976. S. 8—9.

6) K.-R. Biermann 1963b. S. 60. Vgl. auch W. Lorey 1919. — Abel und die anderen Autoren lehnten Ohm ab; vgl. W. Lorey 1950/51. S. 21.

7) W. Lorey 1916. S. 44. — W. Lorey 1927. S. 9.

8) G. Schubring hat im Rahmen seiner Beiträge zur Sozialgeschichte der Mathematik, insbesondere zur Entstehung des Mathematiklehrerberufs im 19. Jahrhundert, mehrere Untersuchungen über die Pläne für ein polytechnisches Institut veröffentlicht; hier ist besonders auf G. Schubring 1981a, auch auf G. Schubring 1983b, S. 9, hinzuweisen. Aus der früheren Literatur seien genannt: W. Lorey 1916. S. 40—51; W. Lorey 1927. S. 8—9; G. Dunken. 1958/59; K. H. Manegold 1966.

9) K.-R. Biermann 1963b. S. 61—62.

schen Arbeiten sind heute praktisch der Vergessenheit anheimgefallen. Von tiefer Begeisterung für die Mathematik beseelt, hat er sich durch „die Kunst der Menschenbeurteilung und die Divinationsgabe für werdende große Talente" ausgezeichnet[1]), wie insbesondere aus seinen Urteilen über die Mitarbeiter seines Journals, das er unter Opferung eigener finanzieller Mittel dreißig Jahre hindurch herausgab, hervorgeht[2]). Weierstraß hat sich einmal so über Crelle geäußert: „Sein Verdienst, die Mathematik in unserem Vaterland durch die Gründung des nach ihm benannten Journals wie kein zweiter befördert zu haben, wird nicht dadurch vermindert, daß er bisweilen einen minder glücklichen Gedanken hatte"[3]). Am 8. 11. 1828 wurde Crelle aus dem Innenministerium in das Kultusministerium „zur Benutzung seiner Kenntnisse in der Mathematik für öffentlichen Unterricht" übernommen[4]). Von seiner in dieser Funktion eines Fachberaters des Kultusministers ausgeübten Tätigkeit wird, soweit sie Dozenten der Berliner Universität betrifft, noch mehrfach die Rede sein müssen. Crelle selbst hat an der Universität nicht gelehrt, er wurde aber von ihr gelegentlich um Gutachten gebeten. 1827 wurde er Mitglied der Akademie[5]).

Zusammenfassend ist zu sagen, daß gegen Ende der zwanziger Jahre für ein Aufblühen der Mathematik an der Berliner Universität günstige Voraussetzungen eingetreten waren: die endgültige Übersiedlung Humboldts nach Berlin im Mai 1827; das Steigen des Interesses der maßgebenden Kreise an den Naturwissenschaften, gefördert durch Humboldts „Kosmos-Vorlesungen" im Winter 1827/28 an der Universität und, für ein breiteres Publikum, in der Singakademie sowie durch die Naturforscher-Versammlung im September 1828 in Berlin unter Humboldts Vorsitz und unter Teilnahme von Gauß; der Einfluß Humboldts auf den Hof und die Minister in Fragen der Berufung und Unterstützung von Wissenschaftlern; andererseits die Gründung des Crelleschen Journals und die Einstellung Crelles als Mathematikexperte in das Kultusministerium[6]). Humboldts Bemühungen lag ein ausgesprochenes wissenschaftsorganisatorisches Programm zugrunde, dessen Ziel er Anfang 1829 mit folgenden Worten formulierte: „Berlin soll mit der Zeit die erste Sternwarte, die erste chemische Anstalt, den ersten botanischen Garten, die erste Schule für transzendente Mathematik besitzen. Das ist das Ziel meiner Bemühungen und das einigende Band meiner Anstrengungen."[7])

Natürlich hätte Humboldt bei seinen Bestrebungen nicht die offenen Türen angetroffen, die er tatsächlich vorfand, wenn ihm nicht allgemeine Entwicklungstendenzen zu Hilfe gekommen wären, welche die Situation seit seinem letzten Berliner Aufenthalt 1806/07 grundlegend verändert hatten. Die Rolle, die mathematisch gebildete Offiziere in der Napoleonischen Armee gespielt hatten, das Vorbild der École polytechnique, einer Errungenschaft der Französischen Revolution, die Pflege der Mathematik in Frankreich mit ihren augenscheinlichen Auswirkungen in der Entwicklung der Produk-

---

[1]) K. Hensel 1927. S. 1–2.

[2]) K.-R. Biermann 1960c. S. 216–220. — Vgl. auch O. Emersleben 1955. S. 652.

[3]) R. v. Lilienthal 1931. S. 168.

[4]) W. Lorey 1916. S. 38.

[5]) W. Eccarius 1981.

[6]) W. Eccarius 1977a.

[7]) K.-R. Biermann 1968b. S. 144. — Zur Einflußnahme Humboldts auf das preußische Kultusministerium s. K.-R. Biermann 1985a mit zahlreichen Interventionen zugunsten insbesondere auch von Mathematikern.

tivkräfte, die inzwischen eingetretene Gewerbefreiheit, die Abschaffung der Erbuntertänigkeit, die mit der Verbreitung der Dampfmaschine noch vor dem eigentlichen Beginn des Eisenbahnbaus Hand in Hand gehende Erleichterung der Kommunikation, der sich regende Handel und Verkehr, das Entstehen von Fabriken — das alles führte auch in Preußen zu einem verstärkten Interesse an den Naturwissenschaften und der Mathematik. Die Aufmerksamkeit der Ministerialbürokratie und der tonangebenden Militärs war auf die Mathematik und ihre Anwendung gelenkt worden, und sie waren einer stärkeren Berücksichtigung der mathematischen Wissenschaften nicht abgeneigt. So hatte, wie erwähnt, der Generalstabschef von Müffling bei den Versuchen von 1821/24, Gauß nach Berlin zu holen, eine Rolle gespielt[1]).

Diese allgemeine Stimmung und die ihr zugrunde liegende gesellschaftliche Situation kamen den Humboldtschen Anregungen zugute. Der erste sichtbare Erfolg war das Eintreffen Dirichlets in Berlin, der, nicht zuletzt dank der Verwendung Humboldts, seit dem 1. 4. 1827 als Privatdozent und seit dem 1. 4. 1828 als Extraordinarius in Breslau gewirkt hatte. Er erhielt zunächst für zehn Monate (1. 10. 1828 bis 31. 7. 1829) Urlaub zur Unterrichtserteilung an der Kriegsschule mit der Genehmigung, während seines Aufenthalts auch Vorlesungen an der Universität zu halten. Humboldt hatte von vornherein Breslau nur als Zwischenstation betrachtet und zielstrebig Dirichlets Verwendung in Berlin betrieben[2]). Es gelang Dirichlet, in Berlin festen Fuß zu fassen[3]), nicht jedoch, sich der anfangs als Startmöglichkeit willkommenen, später immer lästiger werdenden Tätigkeit an der Kriegsschule wieder zu entledigen[4]). Daß diese Bürde nicht von ihm genommen wurde, hat 1855 mit zur Annahme des Rufes nach Göttingen als Nachfolger von Gauß beigetragen.

Der Eintritt Dirichlets in die Universität ging nicht ohne Schwierigkeiten vonstatten. Diese sind so charakteristisch für die damaligen Verhältnisse, daß sie nicht übergangen werden können. Zwar liegen sie zeitlich teilweise noch vor dem als Zäsur gewählten 1. 10. 1829[5]), aber es ist zweckmäßig, sie im Zusammenhang im nächsten Abschnitt zu behandeln, denn die erste Ära, die die Blüte der Mathematik in Berlin einleitet und würdig die durch Leibniz, Euler, Lambert und Lagrange im 18. Jahrhundert begründete Tradition fortsetzt, ist durch die Namen Dirichlet, Jacobi und Steiner charakterisiert.

---

[1]) K. Bruhns 1877. S. 7—14.

[2]) K.-R. Biermann 1959a. S. 22.

[3]) Dirichlet wurde schon im September 1829 in eine unter Leitung Crelles vom Kultusministerium gebildete Kommission von Schulmännern berufen, die den Auftrag hatte, eine Instruktion für den Mathematikunterricht an Gymnasien und Bürgerschulen zu erarbeiten. Er ist allerdings in ihr mangels eigener Erfahrungen als Schullehrer nicht hervorgetreten. Über das Scheitern dieser Kommission s. G. Schubring 1983a. S. 62—63 und 226—227.

[4]) W. Ahrens 1905. S. 51. — E. Lampe 1906.

[5]) Es ist dies das Datum, an dem Dirichlet als selbständiger Lehrer an der Kriegsschule zu unterrichten begann (zuvor war er dort als Repetent tätig) und damit seiner endgültigen Versetzung nach Berlin den entscheidenden Schritt nähergekommen war, wenngleich er formell noch bis 1831 zur Universität Breslau gehörte und nach Berlin nur beurlaubt war.

4. Die Ära Dirichlet – Steiner – Jacobi (1830–1855)

4.1. Dirichlet

4.1.1. Eintritt und Berliner Laufbahn

In der Erkenntnis, daß auf keiner deutschen Universität eine Einführung in die moderne Mathematik zu erhalten war (Gauß in Göttingen, der als einziger in Frage gekommen wäre, hatte eine „wahre Abneigung" gegen das Dozieren[1])), studierte der 17jährige J. P. Gustav Lejeune Dirichlet aus Düren bei Aachen ab 1822 in Paris am Collège de France und an der Faculté des Sciences. Er hörte u. a. bei S. F. Lacroix. Zu diesem und besonders zu J. Fourier und S. D. Poisson trat er bald in nähere Beziehungen. Neben dem Hören der Vorlesungen befaßte er sich vor allem im Selbststudium mit Gaußens „Disquisitiones arithmeticae". Kummer rühmt ihm nach, daß er sein ganzes Leben hindurch nicht aufgehört habe, dieses Werk wieder und wieder zu studieren, und daß er immer neue Anregungen daraus empfangen und fruchtbar gemacht habe[2]). Seine erste wissenschaftliche Arbeit war eine Übersetzung, und zwar der Eytelweinschen „Untersuchungen über die Bewegung des Wassers, wenn auf die Contraction, welche beim Durchgange durch verschiedene Öffnungen statt findet, und auf den Widerstand, welcher die Bewegung des Wassers längs den Wänden der Behältnisse verzögert, Rücksicht genommen wird"[3]). Da sie nicht unter seinem Namen erschien, sondern von seinem Lehrer J. N. P. Hachette am 24. 5. 1823 in einem Bericht vor der Société Philomatique in Paris benutzt wurde, blieb sie lange von der Dirichlet-Forschung unbeachtet[4]). Seine nächste Arbeit indessen, „Mémoire sur l'impossibilité de quelques équations indéterminées du cinquième degré", in der er, von der Fermatschen Vermutung ausgehend, zu dem Beweis der Unmöglichkeit einer ganzen Klasse von Gleichungen fünften Grades gelangt, machte ihn sofort auf das vorteilhafteste bekannt, nachdem Legendre, selbst zu weiterführenden Untersuchungen angeregt, und Lacroix in der Akademie einen sehr günstigen Bericht am 18. 7. 1825 darüber erstattet hatten. Es folgten die Bekanntschaft mit Humboldt und die Zulassung als besoldeter Privatdozent in

---

[1]) C. F. Gauß an W. Olbers. 19. 2. 1826 (W. Olbers 1900. S. 105).

[2]) E. E. Kummer 1860. S. 315–316.

[3]) J. A. Eytelwein 1814/19.

[4]) Hachettes Referat „Sur le mouvement de l'eau" erschien in: Bulletin des Sciences par la Société Philomatique de Paris. 1823, S. 113–115. Dirichlet hat wohl die vollständige Übersetzung separat drucken lassen (G. Schubring 1984a. S. 63). Er hat sie am 14. 5. 1826 der Berliner Akademie unter Befürwortung durch Humboldt eingereicht (K.-R. Biermann 1960d. S. 387), aber bisher konnte noch kein Sonderdruck aufgefunden werden; in der Werkausgabe (G. L. Dirichlet 1889/97) fehlt diese Arbeit.

Breslau zum 1. 4. 1827 nach vorangegangener Ehrenpromotion in Bonn[1]). Eine „feste Remuneration“ von 400 Talern im Jahr war damals für einen Privatdozenten eine ziemlich unerhörte Angelegenheit; Dirichlet hatte sie Humboldt zu verdanken, der freilich als Anfangsgehalt sogar 600—700 Taler und den Professortitel für ihn gefordert hatte. In Breslau eingetroffen, mußte Dirichlet zu seinem Schrecken erfahren, daß zu den Habilitationsleistungen auch eine Disputation der Dissertation in lateinischer Sprache gehörte. In Latein aber fühlte er sich sehr schwach, und er erbat und erhielt vom Ministerium die Dispensation, sehr zum Ärger eines Teiles der Fakultät, der über den Vorgang mit einem anderen Teil in lebhaften Streit geriet[2]). Das Ministerium blieb aber bei seiner Entscheidung, und schon nach einem Jahr konnte Humboldt seinem jungen Freund mitteilen, daß er zum Extraordinarius befördert worden sei. Am 27. 7. 1828 erhielt Dirichlet dann den schon erwähnten Urlaub nach Berlin, der zunächst für zehn Monate gewährt und dann noch zweimal, jeweils für ein Jahr, verlängert wurde, bis Dirichlet am 13. 7. 1831 als Extraordinarius an die Philosophische Fakultät fest versetzt wurde, natürlich unter Beibehaltung seiner Lehrtätigkeit an der Kriegsschule[3]).

Es ist am Ende des vorigen Kapitels schon angedeutet worden, daß sich dem Beginn der Lehrtätigkeit Dirichlets an der Berliner Universität Schwierigkeiten in den Weg stellten. Als das Ministerium am 27. 7. 1828 der Fakultät eröffnete, der Breslauer Extraordinarius Dirichlet sei nach Berlin beurlaubt, um an der Kriegsschule mathematischen Unterricht zu erteilen, und es sei ihm auf sein Ansuchen gestattet worden, auch an der Philosophischen Fakultät Vorlesungen zu halten, erhob die Fakultät schon vier Tage darauf flammenden Protest. Sie sei nicht in der Lage, Vorlesungen Dirichlets „als zu ihr gehörig anzuerkennen“, da er bei ihr weder habilitiert noch zum Professor ernannt worden sei. Dieser Erklärung fügte die Fakultät noch die lakonische und an Deutlichkeit nichts zu wünschen übriglassende Feststellung hinzu, die Anordnung des Ministeriums sei statutenwidrig[4]).

Humboldt blieb indessen nicht untätig. Seiner Gewohnheit folgend, setzte er einen Brief Bessels vom 14. 4. 1828 in Umlauf, in dem dieser von Dirichlets noch in Breslau entstandener Abhandlung „Recherches sur les diviseurs premiers“[5]), in der er fast bis zum vollständigen Reziprozitätsgesetz für die biquadratischen Reste vorgedrungen war, gesagt hatte, niemand würde die Unrichtigkeit bemerken, wenn über dieser Arbeit als Verfasser Lagrange gestanden hätte[6]). In der Fakultät setzte sich daraufhin eine ruhigere Betrachtung durch, und auch das Ministerium war zu einem Kompromiß bereit. Es sah davon ab, Dirichlet von der Habilitierung zu befreien, und überließ es der Fakultät, von ihm diejenigen Habilitationsleistungen zu fordern, die sie unter den gegebenen Umständen für angemessen erachte[7]). Dirichlet selbst richtete am 24. 10. 1828 einen Antrag an die Fakultät, ihm die Lehrerlaubnis „für mathematische Gegenstände“ zu erteilen, und versicherte, er werde alles aufbieten, um die Leistungen, die die Fakultät ihm aufzuerlegen für nötig befinden werde, zu erfüllen[8]). Die Fakultät war besänftigt,

---

[1]) G. Schubring 1984a.

[2]) Über Dirichlet in Breslau vgl. K.-R. Biermann 1959a. S. 21—30.

[3]) ebd. S. 40—44.

[4]) ebd. S. 30—32.

[5]) G. L. Dirichlet 1889/97. Bd. 1. S. 63—98.

[6]) K.-R. Biermann 1959b. S. 91—92.

[7]) D-5. Bl. 5.

[8]) K.-R. Biermann 1959a. S. 32.

sie verlangte von Dirichlet die Verteilung eines lateinischen Programms und eine lateinische Antrittsvorlesung; bis zur Erfüllung dieser Voraussetzungen betrachtete sie ihn als Professor designatus[1]).

Dirichlet hatte sich bereit erklärt zu tun, was von ihm verlangt wurde. Aber die Einlösung seines Versprechens ist ihm sehr, sehr schwer gefallen. Die geforderte lateinische Vorlesung hat er erst am 6. 5. 1851, also mehr als 22 Jahre nach seiner Zusage, „De formarum binariarum secundi gradus compositione" gehalten und wurde damit endlich „nostrifiziert", wie der Terminus technicus lautete. Seine in der Zwischenzeit erfolgten Beförderungen zum Extraordinarius und zum Ordinarius nutzten ihm in der Fakultät gar nichts, er blieb Professor designatus, hatte als solcher keine Stimme in der Fakultät und konnte beispielsweise nur in Ausnahmefällen zur Begutachtung von Dissertationen herangezogen werden, er konnte nicht an den Promotionsprüfungen teilnehmen und hatte keinen Einfluß auf die Habilitationen. Erst 1870 wurde durch ein Ministerialreskript die Verpflichtung der Prof. des., sich zu habilitieren, aufgehoben.

Worin liegen die Gründe für das mehr als zwei Jahrzehnte anhaltende Zaudern Dirichlets, das für seine Stellung in der Fakultät und auch für seine Schüler so nachteilig war? Sie sind einmal in seiner bescheidenen Zurückhaltung zu erblicken, die ihn gleichgültig ließ, wenn ein Mann wie Ohm, kurz nach ihm Ordinarius geworden, mit gespreizter Wichtigtuerei in der Fakultät seine Meinungen und Ansichten auseinandersetzte. Über andere Gründe für sein Zögern unterrichtet uns ein Brief, den er am 10. 11. 1850 an den damaligen Dekan, den Meteorologen Heinrich Wilhelm Dove, richtete. In diesem Schreiben heißt es zu Beginn[2]):

„Die Art, in welcher Ew. Hochwohlgeboren im Auftrage der Fakultät meiner so lange aufgeschobenen Habilitation erwähnen, verpflichtet mich zu umso größerem Danke, als ich für diese so große Verspätung nichts zu meiner Entschuldigung anzugeben weiß als die große Peinlichkeit, mit welcher ich bei allen meinen schriftstellerischen Arbeiten verfahre und die zu einer fast unüberwindlichen wird, wenn ich mich einer Sprache bedienen soll, die ich gerade genug kenne, um bei jeder Zeile, die ich darin schreibe, entsetzt zu fühlen, wie wenig mein Ausdruck dem, was ich auszudrücken habe, entspricht. Mit Hintenansetzung aller Bedenklichkeiten war ich endlich, am Ende der Ferien hierher zurückgekehrt, an diese Arbeit gegangen und darin weit vorgeschritten, als ich durch ein bedeutendes Unwohlseyn darin gehemmt wurde. Jetzt wieder so weit hergestellt, daß ich wenigstens einen Theil des Tages zu arbeiten im Stande bin, hoffe ich, meine unterbrochene Arbeit in sehr kurzer Zeit zu vollenden."

Er hielt Wort; ein halbes Jahr später kam er endlich in den Genuß aller ihm als ordentlichem Professor zustehenden Rechte.

Crelle, der mit Dirichlet schnell vorzüglichen Kontakt gefunden und ihn als Mitarbeiter am Journal gewonnen hatte, tat das Seine, um seine definitive Anstellung in Berlin zu erreichen. Als 1830 mit Ablauf des Urlaubs wieder die Frage stand, ob Dirichlet bleiben oder nach Breslau zurückkehren solle, schrieb er an Minister Altenstein und beantragte dringend seine endgültige Versetzung nach Berlin[3]). Er hob Dirichlets Verdienste hervor, wobei er betonte, seine Forschungsgebiete seien solche, in denen die „meiste Intensität der Denkkraft und die freieste Beweglichkeit der Folgerungs- und Abstractionsfähigkeit" erforderlich seien. Er rühmte ihm „eindringendsten Scharfsinn" und „wahre Genialität" nach und vertrat die Überzeugung, daß es im Interesse

[1]) D-5. Bl. 6.

[2]) P-6-2. Bl. 220.

[3]) A. L. Crelle an K. Frh. v. Altenstein. 1. 6. 1830 (K.-R. Biermann 1959a. S. 45–46).

des Staates und der Wissenschaft liege, Dirichlet an der Berliner Universität für die Dauer eine Wirkungsmöglichkeit zu geben. Noch einmal wurde der Urlaub verlängert; im Jahr darauf, am 13. 7. 1831, teilte der Minister der Fakultät mit, daß er Dirichlet als Extraordinarius an die Fakultät versetzt habe[1]). Zu Anfang des folgenden Jahres wurde Dirichlet auch in die Akademie gewählt, wieder unter wesentlicher Beteiligung von Crelle.

Auch auf die weitere Universitätslaufbahn Dirichlets hat Crelle Einfluß genommen. Am 15. 9. 1838 gab Crelle auf Ersuchen des Ministers sein Gutachten über einige von Dirichlet vorgelegte Veröffentlichungen ab. Er kam dabei zu der Schlußfolgerung, daß Dirichlet über die Grenzen des derzeitigen Wissensstandes hinausgehe und daher seine Arbeiten von großem wissenschaftlichem Wert seien[2]). Im nächsten Frühjahr wiederholte Crelle schriftlich seinen dem Minister mündlich vorgetragenen Antrag, Dirichlet zum Ordinarius zu befördern[3]). Er unterstrich, daß Dirichlet eine der ersten Stellen unter den lebenden deutschen Mathematikern einnehme, und hob seinen Lehrerfolg hervor. Dirichlet, so betonte Crelle, sei seinen Studenten durch häusliche Wiederholung der Vorlesungen besonders nützlich. Hierdurch veranlaßt, beantragte Altenstein beim König die Beförderung, und er konnte am 10. 6. 1839 die Fakultät unterrichten, daß Dirichlet mit dem 11. 5. zum ordentlichen Professor ernannt worden sei[4]).

4.1.2. Wirken

Es ist nicht Aufgabe dieser Darstellung, bei Dirichlet oder einem anderen der zu erwähnenden Mathematiker zu analysieren, worin die Bedeutung ihrer Forschungen und Entdeckungen für die Entwicklung der Mathematik zu erblicken ist; hier steht die Wirksamkeit an der Universität im Vordergrund der Untersuchung. Und da nimmt auch bei Dirichlet die Vorlesungstätigkeit die erste Stelle ein[5]).

4.1.2.1. Vorlesungen

Wilhelm Weber besuchte im WS 1828/29 als Gasthörer auf Anraten Alexander von Humboldts die erste Dirichletsche Vorlesung in Berlin über Fouriersche Wärmetheorie[6]). Er fand den Vortrag „nicht ganz frei von aller Verlegenheit" und nicht so gut vorbereitet wie den des oben erwähnten Scherk, im ganzen aber doch sehr lehrreich[7]). Dieses Urteil ist nicht verwunderlich; denn wir wissen, daß Dirichlet in Breslau kaum Hörer gefunden hatte[8]). Das hatte seine Ursache einmal darin, daß er Dinge vortrug,

---

1) P-3-2. Bl. 113. — Zuvor war Dirichlet am 20. 6. 1831 noch bei Altenstein schriftlich vorstellig geworden (K.-R. Biermann 1959a. S. 33).

2) K.-R. Biermann 1959a. S. 46—48.

3) ebd. S. 48—49.

4) P-3-3. Bl. 30.

5) Eine Aufstellung der Berliner Vorlesungen Dirichlets gibt K.-R. Biermann 1959a. S. 34—39. — Zu Dirichlet s. auch K.-R. Biermann 1982, P. L. Butzer 1980 und H. Koch 1981.

6) Diese Vorlesung ist in der in Anm. 5 genannten, auf Aufzeichnungen aus dem Nachlaß Dirichlets beruhenden Übersicht nicht enthalten.

7) H. Weber 1893. S. 14.

8) E. E. Kummer 1860. S. 321—322. — K.-R. Biermann 1959a. S. 22.

die ganz außerhalb des Gesichtskreises fast aller damaligen Mathematikstudenten lagen, und zum anderen in seiner bescheidenen, zurückhaltenden, ja man kann sagen schüchternen Art, die bei dem, der die vorgetragenen Gedanken nicht begriff, nicht den Eindruck einer überragenden Persönlichkeit hervorrief. Auch die Übung fehlte natürlich noch. So ist es denn verständlich, daß auch in Berlin die Hörerzahlen zu Anfang klein waren, drei, fünf, sieben Studenten meldeten sich zu seinen Vorlesungen. Im Laufe der Jahre aber wurden 40 und mehr Hörer in einzelnen Kollegs gezählt[1]). Obwohl anfangs nur eine Elite aus Liebe zur Mathematik bei Dirichlet hörte (die übrigen Studenten gingen zu Dirksen, Gruson, Ohm), konnte kein anderer Universitätslehrer damals in der Mathematik solche Hörerzahlen aufweisen[2]), und es ist nicht richtig, wenn mehrfach gesagt worden ist, Dirichlet habe auch in Berlin verhältnismäßig wenige Hörer gehabt[3]).

Erst jüngst durch G. Schubring publizierte Studienerinnerungen des Mathematik- und Physikpädagogen Karl Emil Gruhl, der es, wie erwähnt, zum Vortragenden Rat im preußischen Kultusministerium (1894—1904) brachte, vermitteln einen lebendigen Eindruck von Dirichlets Lehrtätigkeit vom WS 1853/54 bis zum WS 1854/55, also aus seinen letzten Berliner Semestern[4]):

„Der Hauptvertreter der Mathematik war in Berlin damals der geniale Lejeune Dirichlet, und ich habe das Glück gehabt, seine wichtigsten Vorlesungen über partielle Differentialgleichungen, über bestimmte Integrale und über das Potential, sowie über Anwendungen dieser Rechnungen in drei aufeinanderfolgenden Semestern zu hören. [...] Dirichlet war nicht nur ein hervorragender Mathematiker, sondern auch ein ausgezeichneter Lehrer. Er las regelmäßig von 2 bis 3 Uhr zu einer für die meisten von uns sehr ungelegenen Stunde, da wir fast alle vom Mittagessen kamen; aber wohl keiner von uns würde ohne die zwingendsten Gründe eine Stunde versäumt haben, und sein klarer Vortrag und die Sicherheit, mit der er die schwierigsten Rechnungen elegant durchführte, ließen eine Ermüdung oder Abspannung nicht aufkommen. Wenn Dirichlet in die Universität kam, holte er sich zunächst beim Kastellan eine belegte Dreierschrippe, die er im Sprechzimmer verzehrte. Betrat er dann den Hörsaal und das Katheder, so putzte er zuerst seine Brille, holte dann aus der Rocktasche ein Etui, aus dem er Kreide und einen Schwamm herausnahm, um sie auf das Katheder zu legen. Dann stütze er sich mit beiden Händen auf das Katheder, beugte den Körper etwas nach vorn, setzte den einen Fuß vor den anderen und begann seinen Vortrag, der bald dazu überging, daß er die mächtig große Wandtafel mit seinen Rechnungen bedeckte. Wurde er mit einer Entwicklung in der Stunde nicht fertig, so schrieb er die letztgefundene Formel auf einen kleinen Zettel, den er am Anfang der nächsten Vorlesung wieder aus der Tasche zog und zur Fortsetzung der Rechnung benutzte. Eine andere Unterstützung seines Gedächtnisses habe ich ihn nicht benutzen sehen."

Diese Erinnerungen zeigen auch die Wertschätzung, deren sich die Dirichletschen Vorlesungen nunmehr bei den künftigen Mathematiklehrern erfreuten.

Zu Dirichlets Hörern, auf die seine Vorlesungen den nachhaltigsten Eindruck gemacht haben, gehörten hervorragendste Mathematiker wie Eisenstein (1840/42), Kronecker (1841/42), Riemann (1847/49). Besonders auf Riemann hat die Dirichletsche Methode bestimmenden Einfluß ausgeübt, „mit einem Minimum blinder Formeln ein Maximum sehender Gedanken zu verbinden"[5]). Dirichlet „ersparte seinen Zuhörern

---

[1]) K.-R. Biermann 1959a. S. 34—39.

[2]) E. E. Kummer 1860. S. 341—342.

[3]) W. Lorey 1916. S. 84 u. 120. — F. Klein 1926. 6/27. T. 1. S. 99.

[4]) G. Schubring 1985c. S. 153—154.

[5]) H. Minkowski 1911. Bd. 2. S. 460—461.

keine Anstrengungen des Gedankens, welche zur vollständigen Erkenntnis des Gegenstandes nötig sind, aber er ersparte ihnen und sich selbst gern weitläufige und zeitraubende Rechnungen, indem er dieselben womöglich durch einfache Gedanken ersetzte". So verdankte er denn den Erfolg seiner Lehrtätigkeit nicht „didaktischen Kunstgriffen, noch der Gabe eines glänzenden Vortrags, sondern lediglich der inneren Klarheit seines Geistes, vermöge deren er auch die schwierigsten Gegenstände in ihrer einfachen Wahrheit zu erfassen und darzustellen wußte"[1]). Das war das Geheimnis des Dirichletschen Erfolges, der nur von seinem Freund Jacobi übertroffen wurde, denn eine eigentliche Schule wie jener in Königsberg hat er nicht gegründet. Seine Hörer haben individuell ihre eigenen Interessenrichtungen verfolgt. Sowenig wie Dirichlet einen geräuschvollen „Wissenschaftsbetrieb" liebte, sowenig hat er publizistisch von sich reden gemacht. Die Zahl seiner Abhandlungen ist nicht groß, aber sie zeichnen sich durch die Tiefe der Gedanken und die Strenge der Beweise aus. Jacobi hat das einmal mit folgenden Worten anerkannt:

„Dirichlet allein, nicht ich, nicht Cauchy, nicht Gauß, weiß, was ein vollkommen strenger mathematischer Beweis ist, sondern wir lernen es erst von ihm. Wenn Gauß sagt, er habe etwas bewiesen, ist es mir sehr wahrscheinlich, wenn Cauchy es sagt, ist ebensoviel pro als contra zu wetten, wenn Dirichlet es sagt, ist es *gewiß*, ich lasse mich auf diese Delikatessen lieber gar nicht ein"[2]).

Und Gauß sagte, Dirichlets Abhandlungen seien Juwele „und Juwele wägt man nicht mit der Krämerwaage"[3]). Wie Dirichlet in seinen Arbeiten zum Ausgangspunkt des allgemein gewordenen Strebens nach immer größerer Strenge geworden ist, wie er in den mathematischen Wahlvorschlägen der Akademie als erster neue Wege gewiesen hat[4]), so ist er auch der Urheber des bis heute ziemlich unverändert üblichen Typs der mathematischen Vorlesungen geworden[5]). Er strebte aber nicht nur nach Klarheit und Vollendung in den Vorlesungen[6]), er veranstaltete in seinem Hause ab 1834 eine Art Seminar, um seine Hörer „im mündlichen Vortrag und in der Lösung von Aufgaben" zu üben, wie er selbst das Ziel dieser Veranstaltungen bezeichnete[7]). Zwar haben auch andere Mathematiker gelegentlich schon Übungen angekündigt, aber diese wurden in die Vorlesungsverzeichnisse aufgenommen, und in einigen Fällen handelte es sich um eine Art „Nachhilfestunden". Bei Dirichlet hingegen war es eine völlig private Veranstaltung zur Förderung der wirklich Begabten. Es fällt auf, daß 1834 zugleich auch das Gründungsjahr des Königsberger Seminars ist, durch das Jacobi einen so außerordentlich großen Einfluß ausgeübt hat. Sicherlich hätte Altenstein das, was er Königsberg zubilligte, auch Berlin eingeräumt. Aber Dirichlet, der sich immer davor scheute, seine Zurückhaltung aufzugeben, und überhaupt mehr nach Erkenntnis als nach praktischer Tätigkeit strebte, hat die Initiative für ein solches Seminar nicht ergriffen. Er richtete eine ähnliche Einrichtung auf der ihm gemäßen privaten und ganz zwanglosen Basis ein.

---

1) E. E. Kummer 1860. S. 342.

2) C. G. J. Jacobi an A. v. Humboldt. 21. 12. 1846 (K.-R. Biermann 1959a. S. 53, Anm. 102).

3) C. F. Gauß an A. v. Humboldt. 9. 7. 1845 (K.-R. Biermann 1977. S. 88.)

4) K.-R. Biermann 1960a. S. 9.

5) F. Klein 1926/27. T. 1. S. 96.

6) K. Schellbach als Schulmann erkannte dies an, sagte aber gleichzeitig, Dirichlets Vorlesungen seien für die Mehrzahl der Studenten zu schwierig gewesen (W. Lorey 1916. S. 98).

7) K.-R. Biermann 1959a. S. 35.

Dirichlet hat in Berlin 88 Vorlesungen gehalten. Man kann ihre Thematik in der Hauptsache den drei Problemkreisen „Zahlentheorie", „Grundlagen der Analysis" und „mathematische Physik" zuordnen. Vorlesungen über die Zahlentheorie sind von Dirichlet zuerst in Deutschland eingeführt worden. Diese seine Lieblingsdisziplin und die von ihm zum Forschungsgegenstand gemachte Anwendung analytischer Funktionen auf arithmetische Probleme sind 23mal von ihm gelesen worden. Über Reihentheorie und über Anwendung der Integralrechnung auf die Reihenlehre las er 5mal, über bestimmte Integrale und ihre Anwendungen hielt er 15, über Wahrscheinlichkeitsrechnung und die Anwendung der Integralrechnung auf die Wahrscheinlichkeitstheorie 7 Vorlesungen. Der Integration der partiellen Differentialgleichungen mit Anwendungen auf physikalische Probleme widmete er 14, der Potentialtheorie 5 Vorlesungen, um nur die wichtigsten, mehrfach auftretenden Themen zusammenzustellen[1]).

Damit war er der erste Mathematiker in Berlin, der, selbst an vorderster Front der Forschung stehend, seine Hörer mit den neuesten Ergebnissen in der Erweiterung der mathematischen Erkenntnis vertraut machte. Seine Hörer haben dies zu schätzen gewußt. Als Dirichlet 1855 Berlin verlassen hatte, sandten sie ihm nach Göttingen zu Weihnachten einen Pokal mit einer Dankadresse. Dirichlet lehnte in seiner Antwort das seinen Entdeckungen gezollte Lob bescheiden ab, fuhr dann aber fort[2]):

„Nur in einer Beziehung kann ich Ihre volle Anerkennung als eine verdiente annehmen, in so fern sie nämlich der gewissenhaften Sorgfalt gilt, welche ich stets meinen Vorlesungen gewidmet habe. Auf meine Wirksamkeit an der Universität zurückblickend, kann ich mir das Zeugnis geben, daß ich während der 27 Jahre meiner dortigen Lehrtätigkeit es nie an der höchsten Anstrengung, deren ich fähig war, habe fehlen lassen, um meinen Zuhörern den Zugang zu der herrlichen, ins Unermeßliche angewachsenen Wissenschaft zu erleichtern, der alle meine Kräfte gewidmet sind, Ihre dankbare Würdigung meiner Bemühungen gewährt mir die höchste Genugtuung und eine nicht geringere Belohnung wartet meiner in naher Zukunft: wenn ich, dem es vergönnt gewesen. Ihre ersten Schritte zu leiten, mir an den Bereicherungen, welche die Wissenschaft Ihnen selbst danken wird, einen wenn auch geringen Anteil zuschreiben darf."

Einer der Hörer, auf die dies zutrifft, war Leopold Kronecker, der sich stets gern als Schüler Dirichlets bezeichnet hat[3]). Damit gelangen wir zu dem nächsten Kapitel des Dirichletschen Wirkens an der Berliner Universität, zu dem der Promotionen.

4.1.2.2. Promotionen

Es ist schon gesagt worden, daß Dirichlet durch die so sehr verspätete Erfüllung der Habilitationsleistungen erst 1851 in den vollen Genuß der Rechte des Ordinarius gelangte. Wir finden ihn daher nicht bei den von ihm direkt oder mittelbar beeinflußten Dissertationen von C. H. F. Peters[4]), von G. Michaelis[5]), W. Schäffer[6]), C. I. Gerhardt[7]),

---

1) Die übrigen Elementar- und (z. T. nur einmal gelesenen) Spezialvorlesungen s. bei K.-R. Biermann 1959a. S. 34–39.

2) W. Ahrens 1905 S. 38.

3) ebd.

4) s. 12.3., Nr. 12.

5) s. 12.3., Nr. 13.

6) s. 12.3., Nr. 14.

7) s. 12.3., Nr. 15.

A. C. Perger[1]), A. E. Kramer[2]) und B. J. Szafarkiewicz[3]) als Referenten. Besonders wird er es bei der Promotion von Eduard Heine bedauert haben, dem späteren langjährigen Ordinarius in Halle, der durch seine Arbeiten zur Potentialtheorie, Funktionentheorie und zur Theorie der partiellen Differentialgleichungen bekannt geworden ist; denn dessen Thema „De aequationibus nonnullis differentialibus“ war unter seiner Einflußnahme bearbeitet worden. Die Gutachten von Dirksen und Ohm sprechen eine zu deutliche Sprache, als daß wir sie hier übergehen könnten. Dirksen schreibt im November 1841[4]):

„Die vorliegende Schrift dürfte, weil sie mehr ein Tableau von Ergebnissen, als eine Abhandlung bildet, den Anforderungen, welche die Facultät an eine Dissertation als solche zu machen hat, schwerlich genügen. Inzwischen liefert sie von der wissenschaftlichen Qualification des Verfassers so vortheilhafte Beweise, daß die Zulässigkeit desselben zum Promotions-Examen nicht dem mindesten Zweifel unterliegt.“

Ohms Gutachten ist zwar umfangreicher, aber ebenfalls recht inhaltsleer. Zum Schluß heißt es:

„Der hier befolgte Weg ist mehr dem ähnlich, welchen Gauß früher bei ähnlichen Problemen gewählt hat. Da nun solche Arbeiten niemand versteht, der nicht die mathematische Analysis bis an ihre Grenzen gründlich kennen gelernt hat, so würde schon der kleinste selbständige Vergleich hierin den Verf., meiner Meinung nach, zur Zulassung zum Doktorexamen berechtigen. Ich muß aber umso aufrichtiger dafür stimmen, da die Arbeit sonst Beweise einer großen Gewandtheit im Kalkül genugsam darlegt. Etwas Unbehülflichkeit und daraus hervorgehende Undeutlichkeit im Vortrage läßt sich vielleicht mit wenig Mühe beseitigen; und will ich dem Verf. gerne meinen Rath ertheilen, wenn derselbe, der mir bisher völlig unbekannt geblieben ist, sich deshalb an mich wenden will.“

Auch daraus ist ersichtlich, daß Ohm zu den talentierten Studenten keinen Kontakt hatte.

Als sich dann 1845 Kronecker zur Promotion meldete, beschloß die Fakultät sogleich, Dirichlet zur Begutachtung mit heranzuziehen. Kronecker, nachmals der erste Berliner Ordinarius, der in Berlin selbst promoviert hat, ist bekanntlich in seiner Dissertation „De unitatibus complexis“ zu Methoden und Resultaten gelangt, die mit der wenig später von Kummer geschaffenen Theorie der idealen Zahlen eng zusammenhängen, aber noch nicht bis zu ihr vordringen. Frobenius hat daher die Kroneckersche Arbeit mit einer Chemie ohne atomistische Hypothese verglichen[5]). Es ist nicht erstaunlich, daß der von der Fakultät als Erstgutachter eingesetzte Astronom Johann Franz Encke, ein ehemaliger Gauß-Schüler und tüchtiger Mathematiker, freimütig bekannte, der Gegenstand der Dissertation läge ihm so fern, daß ihm kein Urteil über deren Wert zustehe, zuständig sei Dirichlet für die Beurteilung. Er habe aber ein Bestreben nach streng wissenschaftlicher Behandlung und eine „geordnete Darstellung“ konstatiert, so daß es für ihn unbezweifelbar sei, daß die Abhandlung als Frucht eines anhaltenden und erfreulichen Studiums ihrem Verfasser Ehre machen werde[6]). Dirichlet äußerte sich am

[1]) s. 12.3., Nr. 16.
[2]) s. 12.3., Nr. 18.
[3]) s. 12.3., Nr. 22.
[4]) P-4-11, Vorgang Heine.
[5]) G. Frobenius 1893. S. 6.
[6]) P-4-14, Vorgang Kronecker.

5. 8. 1845 über die Arbeit seines Hörers, mit dem ihn auch persönliche Beziehungen verbanden[1]), wie folgt[2]):

„Die eingereichte Abhandlung sorgfältig durchgehend, habe ich mich überzeugt, daß für die speciellen Fälle, worauf der Verfasser seine Untersuchungen beschränkt, die Aufstellung aller complexen Einheiten und deren Zurückführung auf Grundeinheiten gründlich und vollständig geleistet worden ist. Es hat meiner Meinung nach eines nicht gewöhnlichen Scharfsinns, einer großen Ausdauer und einer genauen Bekanntschaft mit dem jetzigen Zustande der höheren Arithmetik bedurft, um die der Behandlung des Gegenstandes gerade auf dem von dem Doktoranden eingeschlagenen Wege entgegentretenden zahlreichen Schwierigkeiten zu überwinden. Daß ihm dies vollständig gelungen ist, giebt in meinen Augen ein so günstiges Zeugnis von den Fähigkeiten und dem mathematischen Wissen des Doktoranden, daß ich unbedingt für dessen Zulassung stimmen muß."

Nachdem auch die anderen Fakultätsmitglieder für Zulassung Kroneckers zur Prüfung gestimmt hatten, fand am 14. 8. 1845 das Examen statt. Es soll hier ein Auszug aus dem Prüfungsprotokoll folgen, um einen Eindruck von den damaligen Anforderungen und Bewertungsmaßstäben zu vermitteln und zugleich einen Vergleich mit im Verlaufe dieser Darstellung noch zu reproduzierenden weiteren Protokollen zu ermöglichen. In der Niederschrift über Kroneckers Prüfung heißt es[3]):

„Professor Encke begann das Examen und sprach mit dem Candidaten über die Principien der Anwendung der Wahrscheinlichkeitsrechnung auf Beobachtungen sowie über die Hauptformen, unter welchen die Methode der kleinsten Quadrate auftritt. Der Candidat zeigte, daß er vollkommen richtige Einsicht in das Wesen der Sache besitze und daß er ebenso auch der Anwendung nicht fremd sey. Prof. Dirichlet befragte den Candidaten über die wichtigsten Methoden zur Auffindung bestimmter Integrale überhaupt und speciell über die Eigenschaften der beiden Gattungen der nach Euler benannten. Dann richtete sich das Examen auf die Darstellung von beliebigen Funktionen durch trigonometrische und ähnliche Reihen, auf die Theorie der linearen Differentialgleichungen und zuletzt auf die Methoden, vermittels welcher physikalische Probleme behandelt werden, die von partiellen Differentialgleichungen abhängen. In allen diesen Gegenständen zeigte der Candidat eine genaue Bekanntschaft sowohl des Inhalts als auch des Wesens der Methoden und des inneren Zusammenhanges der einzelnen zur Sprache gekommenen Disciplinen. Dieser Theil der Prüfung legte für den Candidaten das günstigste Zeugnis ab und läßt keinen Zweifel darüber, daß er seine mathematischen Studien mit dem besten Erfolge betrieben hat."

Nachdem der Dekan Böckh im Griechischen geprüft hatte und feststellte, daß Kronecker eine ziemliche Fertigkeit im Verständnis dieser Sprache besaß, folgte die Philosophieprüfung durch Trendelenburg:

„Der Cand. hatte erklärt, daß er sich mit der Geschichte der Rechtsphilosophie und insbesondere mit Hegels Rechtsphilosophie beschäftigt habe. Seine Kenntnisse in der Geschichte der Rechtsphilosophie erschienen im Ganzen als gering; in den Grundbegriffen der Ansicht Hegels war er orientirt."

Hierauf wurde die Promotion einstimmig beschlossen und der Dissertation das Prädikat „docta et ingeniosa", dem Examen das Prädikat „magna cum laude" beigelegt.

Nach seiner „Nostrifizierung" ist Dirichlet noch zweimal als Erst- und dreimal als

---

[1]) G. Frobenius 1893. S. 5.

[2]) P-4-14, Vorgang Kronecker.

[3]) ebd.

Zweitgutachter in Erscheinung getreten[1]). Einer dieser Doktoranden war der nachmalige Ordinarius in Bonn Rudolph Lipschitz, der sich einen Namen u. a. durch seine Arbeiten zur Potentialtheorie, über Differentialgleichungen und Zahlentheorie gemacht hat. Auch ihn muß man als Dirichlet-Schüler bezeichnen.

In zwei Fällen hat Dirichlet auch als Gutachter bei Habilitationen fungiert. Da es sich bei beiden Habilitanden um spätere Dozenten unserer Universität handelt (Arndt und Hoppe), wird bei den betreffenden Kapiteln hierauf zurückzukommen sein.

4.1.2.3. Preisaufgaben

Auch auf dem Gebiet der Preisaufgaben hat Dirichlet Wandel geschaffen. Wenn vor ihm die Aufgabenstellungen deutlich darauf abgestellt waren, bedürftigen Studenten durch Beweis vorwiegend ihrer Belesenheit eine finanzielle Beihilfe zu verschaffen[2]), so sah er ohne Zweifel die Bedeutung der Preisaufgaben mehr darin, förderungswürdige Talente unter den Studierenden zu entdecken. Er folgte darin, ganz im Gegensatz zu seinen Vorgängern in der Aufgabenstellung, Gauß. Als dieser an der Reihe war, mathematische Preisfragen für die Göttinger Studenten zu stellen, konstatierte er[3]): „Ich liebe nicht, historische Aufgaben zu stellen, sondern mag lieber die eigene Thätigkeit beschäftigen."

Dirichlet hat nur eine Aufgabe gestellt, die für das Jahr 1853, in der die „Aufstellung von Kriterien für die Anwendbarkeit der Newtonschen Näherungsmethode für den Fall von zwei oder mehr simultanen Gleichungen" gefordert wird[4]). Das Gutachten Dirichlets geht über eine bloße Beurteilung der beiden eingegangenen Bewerbungsschriften hinaus, da er in ihm die Ergebnisse seines eigenen Nachdenkens über die gestellte Frage mitteilt. Dieses Gutachten ist damit ein Beweis für die im Abschnitt 2.4. aufgestellte Behauptung, daß manches in den Universitätsakten aufbewahrte Gutachten eigentlich in die Werkausgabe des Autors gehört hätte. Es wird daher die Reihe der im Kapitel 11 im vollen Wortlaut wiedergegebenen Dokumente eröffnen.

Neben der Stellung und Beurteilung von Preisaufgaben oblag den Mathematikern auch die Begutachtung der in ihr Fachgebiet fallenden Bewerbungsschriften für die sogenannten kleinen Preise. Hierbei handelte es sich um eine Art von Fleißbeweisen, die zur Erlangung einer Prämie von in der Regel 10 Talern (30 Mark) vorgelegt wurden. Da insgesamt aus dem „Kollekten-Fonds" für die Philosophische Fakultät nur der Betrag für 11 Prämien jährlich zur Verfügung stand, mußten die meisten Bewerber zurückgewiesen werden.

Von Dirichlets Gutachtertätigkeit für diese Art Preise zeugen die nachstehenden Beispiele, die zeigen, daß er sich für eine Ablehnung nur dann aussprach, wenn es gar nicht anders ging, handelte es sich doch bei den Bewerbern oft um Studenten, die in der allerdrückendsten Armut lebten. Im Juli 1851 gab Dirichlet über drei eingereichte Bewerbungsschriften folgendes Urteil ab[5]):

„Die von H. Otto Simon eingereichten Auflösungen von Aufgaben aus der analytischen Geometrie und Beweise von Sätzen der Zahlentheorie enthalten zwar einzelne Übereilungen und Unrichtigkeiten, zeugen aber im Allgemeinen von einem Grade der Selbstthätigkeit und Gewandtheit,

---

[1]) s. 12.3., Nr. 25 u. 29 bzw. Nr. 26—28.

[2]) s. 12.5., Nr. 1—9.

[3]) C. F. Gauß an H. C. Schumacher. 25. 1. 1842 (C. A. F. Peters 1860/65. Bd. 4. S. 53).

[4]) s. 12.5., Nr. 10—11.

[5]) P-2-3. Bl. 343.

wie man sie selten bei einem angehenden Studirenden findet, weshalb ich denselben dringend zu einem Prämium empfehlen zu müssen glaube. In den Aufsätzen der H. Siegesmund Cohn und Gustav Scoppewer sind bekannte Sätze nach bekannten Methoden behandelt, so daß diese Arbeiten nur als Proben der Fertigkeit zu betrachten sind, welche die Verfasser in der Darstellung mathematischer Gegenstände erlangt haben, in welcher Beziehung beide Aufsätze befriedigen"[1]).

1854 erhielt Dirichlet von den eingegangenen fünf Bewerbungen mathematischen Inhalts zwei durch den Dekan Trendelenburg zugewiesen. Es handelte sich um eine Arbeit des Studenten G. Arendt „Bewegungsproblem elastischer Flüssigkeit" und um eine weitere des Studenten H. Rietze „Summation von Reihen". Dirichlet urteilte am 8. 7. 1854 wie folgt[2]):

„Die Abhandlung von Gustav Arendt besteht aus zwei Theilen. Der erste enthält die Lösung einer in meiner letzten Wintervorlesung den Zuhörern zu ihrer Übung vorgelegten Aufgabe, welche mit Geschick, wenn auch etwas umständlich, behandelt ist, während der zweite Theil, in welchem nur Dinge, die in der Vorlesung vorgekommen sind, reproducirt werden, nur als eine Probe von der Redactionsfähigkeit des Verfassers zu betrachten ist. Beide Theile legen ein günstiges Zeugniß von den fleißigen und einsichtigen Studien des Stud. Arendt ab, der mir wie früher der Berücksichtigung bei der Vertheilung der Prämien sehr würdig scheint.

Die andere Abhandlung beschäftigt sich mit einer Aufgabe, die ich dem Verfasser Stud. Rietze im Auftrage Sr. Spektabilität gestellt hatte. Das Hauptresultat ist richtig, aber die ganze Darstellung nimmt durch ihre Verworrenheit nicht für den Verfasser ein, dem es augenscheinlich an besonderer Begabung für mathematische Studien fehlt"[3]).

Wir sehen, daß Dirichlet sich in seinem Urteil nicht durch Rücksichtnahme auf die Bedürftigkeit der Bewerber beirren ließ.

4.1.3. Weggang von Berlin; Vorschlag für seine Nachfolge

1846 erhielt Dirichlet noch immer nicht das planmäßige Gehalt eines Ordinarius; nach mehrfachen Erhöhungen bekam er 800 Taler im Jahr (ohne die Besoldung durch die Kriegsschule). Nach dem Tode von L. Ideler erinnerte er daher an das ihm zustehende Gehalt, wurde aber am 18. 11. 1846 durch das Ministerium abschlägig beschieden[4]). Als dann Ende des Jahres ein Ruf nach Heidelberg eintraf, war Dirichlet nicht abgeneigt, ihm zu folgen. Humboldt und Jacobi setzten jedoch alle Hebel in Bewegung, um einen Weggang Dirichlets zu verhindern. Sie hatten Erfolg; sein Gehalt wurde am 29. 1. 1847 auf 1500 Taler erhöht, und er entschloß sich zum Bleiben[5]). Auch die Fakultät war nicht untätig geblieben und hatte ihre Bitte denen von Humboldt und Jacobi hinzugefügt. Sie wies den Kultusminister Friedrich Eichhorn darauf hin, daß mit einem Weggang Dirichlets der Universität „und dem gesamten Ruhme des Vaterlands" ein unersetzlicher Verlust drohe. Dirichlet werde allgemein zu den ersten Mathematikern der Gegenwart gezählt[6]). Ohm konnte übrigens die Gelegenheit nicht vorübergehen lassen, ohne an die Erhöhung seines Gehalts zu erinnern: Er habe zwar die Eingabe der Fakultät mit unterzeichnet, könne sich aber nicht vorstellen, daß er als der ältere, der

---

[1]) Simon erhielt daraufhin eine Prämie.

[2]) P-2-4. Bl. 23.

[3]) Arendt erhielt daraufhin eine Prämie.

[4]) K.-R. Biermann 1959a. S. 52–53.

[5]) ebd. S. 53.

[6]) P-3-3. Bl. 238.

er schon den Schmerz habe erleben müssen, daß der jüngere Kollege vor ihm zum Ordinarius ernannt worden sei, vom Minister hinter Dirichlet zurückgesetzt werden solle. Er erinnere an seine Erfolge als Hochschullehrer, an seine Veröffentlichungen, sein Dienstalter und seine Verdienste, „die Analysis von einer Fertigkeit zu einer Wissenschaft zu erheben"[1] ...

Was 1846 verhindert werden konnte, trat 1855 ein; Dirichlet nahm einen Ruf nach Göttingen als Nachfolger von Gauß an, wo ihm jedoch nur noch vier Lebensjahre vergönnt waren. Alle Versuche Humboldts, ihn auch diesmal in Berlin zu halten, schlugen fehl. Der ehrenvolle Ruf, die anständigen finanziellen Bedingungen und die Aussicht, endlich der Kriegsschultätigkeit zu entrinnen, waren zu verlockend. Humboldt schrieb damals an Dirichlet[2]: „Entschlußunfähigkeit charakterisiert deutsche Ministerien, daher ich nicht genug bewundern kann, wie klug, einfach und anständig man Sie uns hat entziehen können."

Dirichlet wurde in eine Kommission der Fakultät berufen, die Vorschläge für die Wiederbesetzung seiner Stelle ausarbeiten sollte. Er legte ihr einen Entwurf vor, der mit geringen Abänderungen von der Kommission gebilligt und von der Fakultät für die Eingabe an das Ministerium benutzt wurde. Mit seinem ausgewogenen Vorschlag hat Dirichlet auch auf diesem Gebiet ein Muster geschaffen, das für alle späteren Besetzungsvorschläge von Bedeutung geblieben ist. Er wird daher im Kapitel 11 (Dok. 2) in vollem Wortlaut abgedruckt[3].

Wenn Dirichlet an erster Stelle Kummer und an zweiter Richelot sowie hors de concours Hesse, Rosenhain und auch bereits Weierstraß nannte, so glaubte die Fakultät noch besonders darauf hinweisen zu müssen, daß Steiner nicht als Nachfolger in Frage käme (es wird weiter unten darauf eingegangen) und daß der Nachfolger ein solches Gehalt erhalten müsse, das ihm erlaube, der Universität seine ganze Kraft zuzuwenden[4]. Berufen wurde Kummer, und zwar mit dem gleichen Gehalt wie Dirichlet, so daß auch er 13 Jahre hindurch Unterricht an der Kriegsschule erteilen mußte.

Damit sind einige Aspekte der Wirksamkeit des Begründers der analytischen Zahlentheorie an der Berliner Universität geschildert; unmittelbar nach ihm muß ein anderer Mathematiker genannt werden, den schon Adolf Kneser mit Dirichlet zusammen als „Pionier der modernen Mathematik" in Berlin bezeichnet hat[5]: Ferdinand Minding.

4.2. Minding

1806 in Kalisch geboren, also ein Jahr jünger als Dirichlet, studierte Minding zunächst in Halle und von 1825 bis 1827 in Berlin. An mathematischen Vorlesungen hörte er hier nur eine einzige, Statik bei Dirksen. Das niedrige Niveau des mathematischen Unterrichts bot keinerlei Anziehungskraft für ihn. Er benutzte aber die Gelegenheit, um bei denjenigen Professoren zu hören, die den Ruhm der Philosophischen Fakultät der Berliner Universität ausmachten. Er besuchte die Vorlesungen von Hegel, Ranke, Böckh

---

[1]) P-3-3. Bl. 239–240.

[2]) K.-R. Biermann 1982. S. 123.

[3]) P-3-5. B. 21–22. – K.-R. Biermann 1959a. S. 58–60.

[4]) K.-R. Biermann 1959a. S. 57 u. 59.

[5]) A. Kneser 1900. S. 124.

und Lachmann; neben diesen philosophischen, historischen und philologischen Studien vernachlässigt er die Naturwissenschaften nicht. Er hörte bei dem Physiker Paul Erman, bei dem Chemiker Eilhard Mitscherlich und dem Astronomen Encke. Der Biograph rühmt denn auch an Minding eine hohe Allgemeinbildung[1]). Nach vorübergehender Tätigkeit im Schuldienst und der Promotion in Halle kehrte Minding nach Berlin zurück und habilitierte sich am 6. 11. 1830[2]) nach einem durch kleinliche Bedenken, vor allem von seiten Dirksens, verursachten Aufschub. Im gleichen Jahr begann er seine Publikationstätigkeit in Crelles Journal mit einer Arbeit über die Kurven kürzesten Perimeters auf krummen Flächen[3]). Er knüpfte darin an Gauß' Disquisitiones circa superficies curvas an; sein 1832 in Berlin erschienenes Lehrbuch „Anfangsgründe der höheren Arithmetik" war der „erste in Deutschland unternommene Versuch, die Ergebnisse der Disquisitiones arithmeticae und der späteren Abhandlungen von Gauß weiteren Kreisen zugänglich zu machen"[4]). Crelle erstattete dem Minister darüber einen ausführlichen Bericht und kam zu dem Ergebnis, daß es für die Lehrer der Mathematik sehr geeignet sei[5]). Hatte Minding von Anfang an freundschaftliche Beziehungen zu Dirichlet und zu Crelle aufgenommen[6]), so wurde nach einiger Zeit auch die Aufmerksamkeit Humboldts auf ihn gelenkt. Durch seine Vermittlung wurden Mindings Untersuchungen über den Mittelpunkt nichtparalleler Kräfte in Analogie zum Zentrum eines Systems paralleler Kräfte 1835 der Pariser Akademie vorgelegt und sehr positiv von Poisson, Libri und Poncelet referiert[7]). Setzt man noch hinzu, daß Minding bis 1843 28 Arbeiten u. a. differentialgeometrischen Inhalts, zur Variationsrechnung und zur Statik, über Abelsche Funktionen und Abelsche Integrale sowie 4 Monographien veröffentlicht hat[8]), in allen seinen Veröffentlichungen mit Takt Probleme von echter Bedeutung auswählend und mit Methoden behandelnd, die denen Dirichlets und Kummers in etwa verwandt sind[9]), dann wird ersichtlich, daß die Universität in Minding ein außerordentlich vielseitiges Talent erhalten hatte.

Diese Feststellung wird erhärtet, wenn man die Vorlesungen Mindings betrachtet. Von der Geschichte der Mathematik (die er in zwei Abteilungen durch zwei Semester las) über den baryzentrischen Kalkül von A. F. Möbius (im SS 1831; damit war Minding wohl einer der ersten Dozenten, die über dieses ideenreiche Werk vortrugen) bis zur politischen Arithmetik, von der Zahlentheorie über die Variationsrechnung bis zur zweckmäßigen Anordnung mathematischer Studien, von den Grundlagen und dem Endzweck mathematischer Wissenschaften über die Wahrscheinlichkeitsrechnung bis zur analytischen Mechanik erstreckten sich seine Vorlesungen, nirgends flach, immer von einem gehobenen Standpunkt umfassender Allgemein- und tiefer mathematischer Bildung ausgehend. 1834 sicherte sich denn auch die Bauakademie Minding als Dozen-

[1]) ebd. S. 122 u. 126.

[2]) s. 12.4., Nr. 7.

[3]) Bd. 5. 1830. S. 297–304. Vgl. die Bibliographie bei A. Kneser 1900. S. 126–128. — Die dort unter Nr. 37 aufgeführte Arbeit ist auch in englischer Übersetzung erschienen: The Cambridge and Dublin Mathematical Journal. 7. 1852, S. 147–156.

[4]) A. Kneser 1900. S. 122.

[5]) W. Lorey 1916. S. 40.

[6]) W. Eccarius 1972.

[7]) A. Kneser 1900. S. 120, 124 u. 127.

[8]) ebd. S. 126–127.

[9]) ebd. S. 123.

ten. Besonders der Leiter der Gewerbeabteilung im Finanzministerium P. Chr. W. Beuth wußte die Fähigkeiten Mindings zu schätzen[1]) und veranlaßte ihn zur Ausarbeitung von Lehrbüchern der Differential- und Integralrechnung sowie der Mechanik (Bd. 1. Diff.- u. Int.-Rechnung nebst Anwendung auf die Geometrie. Berlin 1836. Bd. 2. Mechanik. Berlin 1838), in denen er, obwohl sie zunächst für eine technische Anstalt bestimmt waren, von Dirichlet beraten, „klare Begriffe an Stelle verwaschener Vorstellungsbilder" einzuführen suchte[2]). Aber Minding wollte verständlicherweise an der Universität weiterkommen, und er bat am 13. 12. 1834 das Ministerium um Beförderung zum Extraordinarius[3]). Die Fakultät, zum gutachtlichen Bericht aufgefordert, äußerte sich ablehnend[4]). Minding halte zwar seit 1831 ohne Unterbrechung Vorlesungen über Kapitel der reinen wie der angewandten Mathematik, habe aber noch durch keine Schrift „die Aufmerksamkeit des mathematischen Publikums" in besonderem Maße auf sich gezogen, heißt es in dem von Ideler entworfenen Schreiben. Gleichzeitig wird jedoch Minding bescheinigt, daß er Talent besitze. Aber es seien bereits fünf Mathematikprofessoren an der Universität tätig (Dirksen, Gruson, Ohm, Dirichlet und der soeben frisch ernannte Jakob Steiner), eine Vermehrung der Zahl der Extraordinarien sei überhaupt unerwünscht, und schließlich wären unter den 23 Privatdozenten der Fakultät mehrere, die eine Beförderung mindestens ebenso verdient hätten wie Minding.

Als Minding zehn Jahre als Privatdozent gelesen hatte, wandte er sich mit einem neuen Gesuch an die Fakultät[5]), um sie davon zu überzeugen, daß sein „Verhältnis zur Universität nicht ein unfruchtbares, etwa nur dem Namen nach bestehendes, sondern daß es vielmehr ein wirkliches und lebendiges" sei. Er wies auf seine Veröffentlichungen hin und gab eine Übersicht über seine Vorlesungen und die Zahl seiner Hörer. Dies ist einer der Fälle, in denen uns glückliche Umstände gestatten, Hörerzahlen kennenzulernen. Leider ist jedoch das Verzeichnis nicht vollständig, da das Original zu denen gehört, die dem Autographensammler Darmstaedter zum Opfer gefallen sind, und dieser hier, wie auch sonst mehrfach, seine Verpflichtung, für vollständige Abschrift oder Photokopie zu sorgen, nicht erfüllt hat. Immerhin können wir ersehen, daß die Zahl der Zuhörer zwischen 15 (Theorie der Gleichungen) und 4 bis 5 (Differentialgeometrie) schwankte. Interessant ist auch, daß Minding schreibt, in seiner Vorlesung über ausgewählte Kapitel der höheren Geometrie (WS 1839/40) habe er hauptsächlich die Resultate seiner kurz vorher angestellten Untersuchungen über die Biegung krummer Flächen mitgeteilt. Wir sehen, daß auch Minding den Unterricht mit der Forschung durchdrang und sich dadurch von den sonstigen Mathematikdozenten der Universität — von Dirichlet und Steiner abgesehen — unterschied. Die Fakultät richtete am 14. 4. 1841 ein Schreiben an den Minister Eichhorn, in dem es heißt[6]):

„Die Fakultät ist nach gepflogener Berathung einstimmig der Meinung, daß sowohl die wissenschaftliche Qualification, als die Lehrthätigkeit des Privatdocenten Dr. Minding eine vollkommene Anerkennung Seitens der Facultät verdienen, und daß er insbesondere zu ermuntern sein dürfte, ferner seinen Vorlesungen über die Geschichte der Mathematik, die sonst an hiesiger Universität nicht gehalten werden, Ausdehnung und Bestand zu geben." Die Fakultät empfiehlt das „be-

[1]) ebd. S. 124.
[2]) ebd. S. 121.
[3]) P-3-2. Bl. 172—173.
[4]) ebd.
[5]) P-6-1. Bl. 144, 146 u. 147.
[6]) ebd. Bl. 148.

scheidene Gesuch des Bittstellers" zur Berücksichtigung, wenngleich sie nicht verkenne, „daß gegenwärtig vielleicht die Zahl der ordentlichen und außerordentlichen Professoren der Mathematik zu groß sei, als daß die Bitte um Gewährung einer festen Anstellung ohne Einschränkung befürwortet werden könnte."

Der Minister bewilligte daraufhin eine Gratifikation von 150 Talern für Minding und forderte die Fakultät auf, ihn zur Fortsetzung und Erweiterung seiner Vorlesungen über die Geschichte der Mathematik zu ermuntern[1]).

Dirichlet versuchte, seinen Freund zu entschädigen, indem er ihn der Akademie zur Wahl als Mitglied vorschlug[2]). Aber es war keine Stelle frei; Dirichlet behielt sich zwar vor, den Vorschlag für das „produktive Talent"[3]) zu erneuern, aber inzwischen war man im Ausland auf Minding aufmerksam geworden, und am 11. 7. 1843 konnte er der Fakultät mitteilen, daß er einen Ruf als ordentlicher Professor der angewandten Mathematik an die Universität Dorpat erhalten und angenommen habe[4]). Für die vornehme Art Mindings ist der Schlußsatz dieses Schreibens charakteristisch: „Dankbar werde ich der Gewogenheit und Theilnahme eingedenk bleiben, welche Eine Hochlöbliche Facultät mir bei verschiedenen Gelegenheiten bezeigt hat, und von welcher ich mich auch beim Eintritt in meine neuen Verhältnisse begleitet zu sehen wünsche."

Wenn Minding in Berlin nicht die Anerkennung gefunden hat, auf die er Anspruch hatte, so ist dies nicht nur auf die Vorherrschaft der Mittelmäßigkeit zurückzuführen. Der äußere Erfolg blieb ihm damals auch versagt, weil er sich den seit den dreißiger Jahren bevorzugten Themen der mathematischen Forschung, den elliptischen und Abelschen Funktionen sowie den hypergeometrischen Reihen, nicht speziell zugewandt hat. Erst später wurde seine Bedeutung immer stärker anerkannt, und heute haben ihm, dem Lehrer Karl Petersons, sowjetische Mathematikhistoriker volle Gerechtigkeit widerfahren lassen[5]).

Hatten Dirichlet und Minding seit etwa 1830 den Grundstein für den unaufhaltsamen und stetigen Aufstieg des Ansehens der Mathematik an der Universität Berlin gelegt, so erhielten ihre diesbezüglichen Bemühungen im Oktober 1834 eine weitere mächtige Verstärkung durch die Berufung von Steiner.

4.3. Steiner

Unter den Mathematikern der Berliner Universität hat es mehrere ausgesprochene „Originale" gegeben, unter ihnen war Jakob Steiner das urwüchsigste. Mit einer beispiellosen Anschauungskraft begabt, blieb der Neubegründer der synthetischen Geometrie in Deutschland von Vorläufern weitgehend unbeeinflußt, und auch der Eindruck der zeitgenössischen Arbeiten auf ihn war kein nachhaltiger. Schon das allein würde seine Sonderstellung rechtfertigen, aber es kam noch mehr hinzu. Die Geringschätzung der Analysis, die doch gerade zu seiner Zeit eine so glänzende Entwicklung nahm, die

---

1) ebd. Bl. 149.

2) K.-R. Biermann 1961a. S. 130—132.

3) ebd. S. 130.

4) P-6-1. Bl. 222.

5) Es seien hier lediglich drei Arbeiten genannt: E. K. Chil'kevič 1949. S. 179—182. — I. Ja. Depman 1952. S. 146—152 u. S. 159—161. — F. Minding 1970.

Ablehnung der Formel schlechthin, die ganze Einseitigkeit seines Standpunktes überhaupt, sein alleiniges Prinzip der sukzessiven Erzeugung höherer Gebilde aus niederen — das alles machte seine Stärke und seine Schwäche, seine Einmaligkeit und seine Vergänglichkeit aus; Steiners Absicht, nach seinem Tode durch die Berliner Akademie alle zwei Jahre Preise für die Lösung von Aufgaben aus der synthetischen Geometrie „hauptsächlich mit Berücksichtigung der von ihm aufgestellten Methode und Prinzipien" aus seinem Vermächtnis verleihen zu lassen, wurde in dieser Form schon nach kürzester Zeit undurchführbar, weil sich keine Bewerber mehr fanden[1]). So, wie er auf mathematischem Gebiet isoliert war, so vereinsamte er auch im Leben. Wegen seiner Derbheit und Grobheit bekannt, ja berühmt, und anfangs belacht, stand er schließlich ganz allein, nachdem er sich mit allen, die ihm wohlwollten, überworfen hatte[2]). Gelegentlich entstand der Eindruck, als wolle er den Studenten das Hören seiner Vorlesungen verleiden. „Er warf uns plötzlich eine Frage hin, und wenn sie nicht sofort richtig beantwortet oder verstanden wurde, sprach er von Dummheit, Beschränktheit, Mangel an Vorstellungskraft und dgl."[3]), er begann seine Vorlesungen spät im Semester und beendete sie früh, aber dennoch ging Anregung von ihnen aus. Und dadurch, daß er mit zunehmendem Alter in steigendem Maße unbewiesene Behauptungen aufstellte, hat er auch auf die spätere Forschung sehr anregend gewirkt[4]).

Als Steiner auf Verwendung Crelles, A. von Humboldts und Jacobis am 8. 10. 1834 ohne Mitwirkung der Fakultät und nicht zu deren Freude zum Extraordinarius ernannt wurde, war der Höhepunkt der Schaffenskraft des Achtundreißigjährigen erreicht, ja fast schon überschritten[5]). Sohn eines Schweizer Kleinbauern, hatte er sich bei Pestalozzi, erst als Schüler, dann als Hilfslehrer, gebildet, war nach Studien an der Universität Heidelberg 1821 nach Berlin gekommen und hatte hier von eben jenem C. G. Zimmermann, von dem oben als dem ersten Aspiranten für eine mathematische Habilitation in Berlin gesprochen worden ist, eine aushilfsweise Beschäftigung als Mathematiklehrer und damit die Möglichkeit, in Berlin zu bleiben, erhalten. Um dauernd beschäftigt werden zu können, war das Staatsexamen erforderlich[6]). Bei der Meldung hierzu „verbat" sich Steiner die Prüfung „in alten Sprachen und den historischen Disziplinen". Hegel konstatierte, Steiner halte „sich nur an ganz triviale Reflexionen" in der philosophischen Prüfungsarbeit, während die mathematische Arbeit günstig beurteilt wurde. In der mündlichen Mathematikprüfung mußte man feststellen, daß der Kandidat fast keine Kenntnisse in der Infinitesimalrechnung hatte, daß er in der Algebra wohl kaum über Gleichungen zweiten Grades hinausgehen könne und daß er in der sphärischen Trigonometrie überhaupt keine Fertigkeit besäße. Nur mit der Elementargeometrie sei er

---

[1]) K.-R. Biermann 1964a. S. 192—195.

[2]) Die biographischen Angaben über Steiner im wesentlichen nach K.-R. Biermann 1963c und K.-R. Biermann 1963d.

[3]) Aus den Erinnerungen von K. E. Gruhl: G. Schubring 1985c. S. 155. Die Beeinflussung künftiger Lehrer durch die Vorlesungen Steiners, die W. Lorey (1916. S. 85—86) im Gegensatz zur Wirkung der Vorlesung Dirichlets feststellen zu können glaubte, fand G. Schubring nicht bestätigt (briefliche Mitteilung vom 17. 1. 1986); siehe aber auch weiter unten die Eindrücke von E. Lampe 1900 (Text zu den Anmerkungen 5 und 6, S. 58).

[4]) R. Sturm 1903. — K.-R. Biermann 1963c. S. 41.

[5]) K.-R. Biermann 1963c. S. 38—39.

[6]) Als Ausländer hätte Steiner von der Prüfung dispensiert werden können, aber sein Direktor Zimmermann bestand auf dem Examen (brieflicher Hinweis von G. Schubring vom 17. 1. 1986).

wohlbekannt. Trotzdem erhielt er Lehrberechtigung bis Sekunda. 1826 stellte er sich erneut zum Staatsexamen, und nun wurde ihm die Lehrbefähigung für alle Klassen für Mathematik und Naturwissenschaften zuerkannt. Nachdem Steiner 1829 fest als Oberlehrer angestellt worden war, wurde er in sehr unliebsame Auseinandersetzungen mit dem Direktor der Gewerbeschule und den übergeordneten Behörden wegen seiner Schimpfreden gegenüber frechen Schülern verwickelt. Man nannte Steiner „sittenlos und roh", nahm aber doch auf seine „rauhe Individualität" Rücksicht und ließ es bei einem, übrigens sehr milden, Verweis bewenden[1]).

Erst mit fast 30 Jahren begann Steiner wissenschaftlich im eigentlichen Sinne zu arbeiten. Auch in dieser Beziehung nimmt er eine Sonderstellung unter den Mathematikern und unter den Gelehrten überhaupt ein. Die Gründung von Crelles Journal bot die willkommene Gelegenheit, Forschungsergebnisse zu publizieren, die dann auf Anfrage des Kultusministeriums durch Bessel sehr günstig beurteilt wurden[2]). 1832 veröffentlichte er mit Unterstützung der Berliner Akademie seine „Systematische Entwicklung der Abhängigkeit geometrischer Gestalten von einander", und im Jahr darauf folgten, ebenfalls in Berlin, seine grundlegenden „Geometrischen Constructionen, ausgeführt mittelst der geraden Linie und eines festen Kreises". Das erstgenannte Werk, Wilhelm vom Humboldt, bei dem Steiner Alexander kennengelernt hatte, gewidmet, erregte durch den mit Konsequenz durchgeführten rein synthetischen Aufbau der Geometrie (es handelt sich freilich nur um die Anfänge, vier weitere vorgesehene Teile des Werks sind nie erschienen) uneingeschränkte Anerkennung. Aber auch die an zweiter Stelle aufgeführte Schrift, mit der sich Steiner für eine Stellung an dem Polytechnischen Institut, das damals noch geplant war und von dem oben schon die Rede gewesen ist, empfehlen wollte, machte ihrem Verfasser Ehre.

1832 wurde Steiner zum Ehrendoktor durch die Universität Königsberg promoviert, 1833 erhielt er den Professortitel, 1834 wurde er auf Vorschlag von Crelle und Dirichlet Mitglied der Akademie, und im gleichen Jahr bekam er die Ernennung zum Extraordinarius an der Universität. Steiners Tätigkeit an der Universität bedeutete für ihn die Befreiung von dem verhaßten Schuljoch, wurde aber auch eine Quelle des Verdrusses und gekränkten Ehrgeizes. Steiner war sich seines Wertes voll bewußt, und hinter Männern wie Dirksen und vor allem Ohm zurückstehen zu müssen war für ihn unerträglich. Mehrfach ist er denn auch um eine Ernennung zum Ordinarius eingekommen[3]), stets ohne Erfolg, die Fakultät unterstützte nur seine gehaltlichen Wünsche, meist auch das vergeblich.

Es ist angebracht, hier einige Worte über die immer wieder anzutreffende Tendenz der Philosophischen Fakultät zu sagen, Beförderungswünsche von Extraordinarien abzulehnen und darüber hinaus durch den Tod frei gewordene Stellen unbesetzt zu lassen. Alexander von Humboldt hat diese Neigung treffend als „Lebens- und Nahrungsprinzip" gekennzeichnet[4]). Es ging ganz einfach darum, jeder Verkleinerung der Einnahmen aus Prüfungsgebühren durch Aufteilung auf einen größeren Personenkreis vorzubeugen bzw. nach Möglichkeit für eine Erhöhung dieser Einkünfte durch Verminderung der Anzahl der Lehrstuhlinhaber zu sorgen. Dieser Egoismus, der die wissenschaft-

---

[1]) Über Steiners erstes Staatsexamen und seine Auseinandersetzungen im Schuldienst s. J. Lange 1899.

[2]) ebd. S. 22.

[3]) P-3-4. Bl. 10–12 u. 139–142.

[4]) A. v. Humboldt an K. v. Altenstein. 29. 1. 1839 (M. Lenz 1910/18. Bd. 2. H. 1. S. 410, Anm. 4).

lichen Erfordernisse ignorierte, ist durch die geringe Höhe der Gehälter verursacht respektive begünstigt worden. Die Fakultät scheute sich auch nicht, diesen Sachverhalt unumwunden beim Namen zu nennen, so z. B. wenn sie am 29. 3. 1833 erklärte, die „Verteilung der Fakultätsgebühren" ließe die Beschränkung der Zahl der Lehrstühle, „noch immer höchst wünschenswert" erscheinen[1]).

Bei Dirichlets Weggang nach Göttingen empfahl die Fakultät, Steiner den Titel eines ordentlichen Professors zu verleihen; als Nachfolger wünschte sie aber eine „allgemeinere Vertretung" der mathematischen Fächer[2]). Auch ein solches persönliches Ordinariat hat Steiner nicht erhalten. Es muß aber eingeräumt werden, daß Steiner stark durch die Unkenntnis der lateinischen Sprache, der Sprache also, in der die Dissertationen angefertigt werden mußten, und der der älteren mathematischen Literatur, behindert war. Die als Zurücksetzung empfundene Ablehnung seiner Gesuche verbitterte den Alternden; mit seinem alten Freund und Protektor Crelle zerstritt er sich, die noch aus den zwanziger Jahren herrührende Freundschaft mit Jacobi nahm ein Ende[3]), und es fehlte nicht viel, daß es auch zum Bruch mit dem von Steiner spöttisch als „Marquis" bezeichneten Dirichlet gekommen wäre. Die schöpferische Phantasie, Quelle seiner Forschungen, versagte die Dienste. Er erkannte das, und in einem verzweifelten, von vornherein hoffnungslosen Kampf versuchte er, teilweise mit unstatthaften Mitteln, dem Nachlassen der Produktivität zu wehren und den Anschein ungebrochener Kraft zu erwecken. In einem verlängerten Urlaub erlöste der Tod ihn am 1. 4. 1863 von seinen Leiden.

Steiners Hauptvorlesungen[4]) waren die „Erläuterungen der neuesten Methoden der synthetischen Geometrie nebst Anwendung derselben auf vielerlei Aufgaben, hauptsächlich nach seinem Buche ‚Systematische Entwicklung der Abhängigkeit geometrischer Gestalten von einander'", „Die wesentlichsten Eigenschaften der Kegelschnitte und einiger anderer Kurven, synthetisch und elementarisch entwickelt" sowie „Die Eigenschaften des Maximums und Minimums bei den Figuren in der Ebene, auf der Kugel und im Raume, synthetisch entwickelt". Seine Hörer sahen in ihm nicht den wunderlichen, verbitterten und ewig mißtrauischen Menschenfeind, sondern standen unter dem „überwältigenden Eindruck einer das gewöhnliche Maß der Menschen turmhoch überragenden, gewaltigen Persönlichkeit", zu der sie „mit Bewunderung, mit Ehrfurcht und Liebe aufblickten"[5]). Die „halb seminaristische Art der Behandlung" — Steiner hat auch regelmäßig geometrische Übungen angekündigt — übte einen „zauberhaften Reiz" auf die Studenten aus, wie Lampe aus eigener Erinnerung berichtet[6]):

> „Steiner beabsichtigte gar nicht, etwas Fertiges vorzutragen, sondern verlangte stetiges Mitarbeiten der Zuhörer; er richtete Fragen an sie, gab ihnen Sätze zu beweisen und verlangte die Ausführung von Konstruktionen. [...] Diejenigen aber, welche die rauhe Schale nicht beachteten, in der die goldenen Früchte gereicht wurden, hatten in den Steinerschen Vorlesungen den höchsten Genuß fortwährender geistiger Anregung zu selbständigem Arbeiten, spürten allstündlich, wie sehr sie in der geometrischen Erkenntnis gefördert wurden."

---

[1]) M. Lenz 1910/18. Bd. 2. H. 1. S. 416—417.

[2]) K.-R. Biermann 1959a. S. 57.

[3]) K.-R. Biermann 1963c. S. 40.

[4]) J. Steiner 1867.

[5]) E. Lampe 1900. S. 138.

[6]) ebd. S. 133.

Figuren waren verpönt, alles mußte aus der geometrischen Vorstellung heraus geleistet werden. „Bei Euch Analytikern ist alles beliebig und willkürlich, für uns Geometer ist nichts willkürlich, jedes Gebilde befolgt seine Gesetze", mit diesen Worten machte Steiner einmal Weierstraß gegenüber — Steiner hat ja auch noch den Beginn der nächsten Ära miterlebt — seiner Verachtung der Analysis (für die er indessen eine nicht zur Schau getragene Bewunderung hegte) Luft[1]).

Von Steiner unmittelbar angeregte Dissertationen gibt es kaum[2]), keine einzige entspricht seiner Grundidee der projektiven Erzeugung. Aber, „original in seiner Forschung, original in seiner Lebensführung"[3]), hat Steiner dennoch mit Dirichlet und Jacobi zusammen in jener Zeit das Profil der mathematischen Fachrichtung an der Berliner Universität bestimmt.

Um einen Vergleich mit den im letzten Studiensemester Jacobis in Berlin gehaltenen Vorlesungen (WS 1824/25)[4]) zu ermöglichen und damit zugleich die Fortschritte zu verdeutlichen, wird hier eine Übersicht über die Vorlesungen gegeben, die für das WS 1841/42 angekündigt wurden, also kurz vor dem Wiedereintritt Jacobis.

Dirichlet:	Über verschiedene Anwendungen der Lehre von den bestimmten Integralen.
	Über die Methoden zur Bestimmung der einfachen und vielfachen Integrale.
Dirksen:	Allgemeine Theorie der krummen Linien und Flächen.
	Anwendung der Differentialrechnung auf die Geometrie.
	Integralrechnung.
Ohm:	Differential- und Integralrechnung.
	Anwendung der Differential- und Integralrechnung.
	Elemente der Körperlehre und der analytischen Geometrie.
Steiner:	Theorie der Maxima und Minima der geometrischen Gebilde, synthetisch behandelt.
Gruson:	Elemente der analytischen Geometrie.
	Übungen in der Algebra und Elementar-Geometrie.
Minding:	Höhere Geometrie.
	Höhere Algebra, enthaltend die Lehre von den Gleichungen, die Theorie der Elimination u. a. verwandte Unterfächer in Verbindung mit einer Einleitung über zweckmäßige Anordnung der mathematischen Studien.
Lubbe:	Analytische Geometrie.

Es fällt auf, daß noch keinerlei Koordinierung zwischen den einzelnen Vorlesungsthemen zu verzeichnen ist, wie sie später unter Kummer und Weierstraß selbstverständlich wurde, als Wert darauf gelegt wurde, daß in einem zweijährigen Kurs den Studenten Vorlesungen über die wichtigsten mathematischen Disziplinen in „angemessener Aufeinanderfolge" geboten wurden[5]). Das ist auch nicht zu verwundern angesichts der Feindschaft zwischen den beiden um diese Zeit nach außen immer noch maßgeblichen Männern, Dirksen und Ohm. Das Ansehen der Mathematik aber wurde bereits völlig durch Dirichlet, Steiner und auch Minding bestimmt, die freilich weder Sitz noch

---

[1]) L. Koenigsberger 1919. S. 53.
[2]) s. 12.3., Nr. 35, 43, 45.
[3]) E. Lampe 1900. S. 141.
[4]) s. oben, Kapitel 3.
[5]) Weierstraß am 6. 7. 1882 (P-3-7. Bl. 289).

Stimme in der Fakultät besaßen. Ihnen gesellte sich nach dem Ausscheiden Mindings im SS 1845 Jacobi hinzu, wodurch der Schwerpunkt der mathematischen Forschung in Deutschland endgültig nach Berlin verlegt und Göttingen für längere Zeit auf den zweiten Platz verdrängt wurde.

4.4. Jacobi

In Königsberg hatte Jacobi seine größten Triumphe gefeiert, die ihm im In- und Ausland den Ruf des nach Gauß bedeutendsten deutschen Mathematikers eingebracht hatten. In seinen Forschungen hatte er nicht nur die elliptischen Funktionen, sondern die meisten Gebiete der mathematischen Wissenschaft entscheidend gefördert, so insbesondere die Variationsrechnung, die Mechanik und die Theorie der partiellen Differentialgleichungen erster Ordnung. Aber nicht nur als Forscher hatte er die Bewunderung der mathematischen Welt erregt; seine Wirksamkeit als Lehrer und Begründer einer Schule war so stark, daß das Beispiel Königsberg größten Einfluß auf die weitere Gestaltung des mathematischen Hochschulunterrichts ausgeübt hat. Begünstigt war Jacobi durch die gleichzeitige Lehrtätigkeit des theoretischen Physikers Franz Neumann und des Astronomen Friedrich Wilhelm Bessel — beide Namen wurden hier schon mehrfach erwähnt. Aber ausschlaggebend war doch Jacobi selbst mit seiner ungeheuer scharfsinnigen, ironischen, brillierenden und doch nie oberflächlichen Geistigkeit. Er zog Schüler in seinen Bann, die dann sein Gedankengut und die äußeren Formen des Lehrens über die deutschen Universitäten verbreiteten[1]). Er war selbst begeistert und wußte daher zu begeistern; es ist treffend gesagt worden, daß die Forschung sich zeitweise nach dem richtete, was Jacobi interessierte[2]). Das im Jahr 1834 gegründete Seminar diente als Muster für ähnliche Einrichtungen. Zunächst von dem Königsberger Vorbild des Mathematisch-physikalischen Seminars ausgehend, mündete die immer mehr Universitäten erfassende Bewegung[3]) in die Gründung des rein mathematischen Seminars an der Berliner Universität, von der im nächsten Abschnitt ausführlich zu sprechen sein wird. Bei der Einrichtung des Königsberger Seminars ist Jacobi unzweifelhaft von dem Seminar beeinflußt worden, an dem er in Berlin bei dem großen Altphilologen August Böckh teilgenommen hatte. Auch die Zurückdrängung der Anwendungen zugunsten einer rein theoretisch-wissenschaftlichen Betrachtungsweise, in der die Frage nach einer eventuellen Benutzbarkeit in der Praxis schon als unehrenhaft galt (auch hierüber wird in einem anderen Zusammenhang noch eingehend zu berichten sein), geht auf die Eindrücke zurück, die Jacobi als Berliner Student beim Erwerb der klassischen Bildung empfangen hat.

Seit 1831 Ordinarius[4]), erkrankte Jacobi 1842 an Diabetes. Die Ärzte hielten einen Aufenthalt in mildem Klima für ratsam. Alexander von Humboldt sorgte für die Finanzierung[5]), und 1843 reiste Jacobi mit dem Ehepaar Dirichlet, mit dem kurz vorher in Königsberg promovierten Carl Wilhelm Borchardt, Jakob Steiner und dem Schweizer

---

[1]) W. Lorey 1916. S. 71—80.

[2]) A. Dinghas 1960. S. 764.

[3]) W. Lorey 1916. S. 111—132.

[4]) Der Minister von Altenstein ließ sich bei der Beförderung durch Crelle beraten, der Jacobi höchste Anerkennung zollte (L. Koenigsberger 1904. S. 100—101).

[5]) K. R. Biermann 1959b. S. 94—95.

Mathematiker Ludwig Schläfli nach Italien. Nach der Rückkehr wurde er seiner Gesundheit wegen von Königsberg nach Berlin versetzt — er selbst wäre lieber nach Bonn gegangen —, nicht als Ordinarius an die Universität, sondern an die Akademie. Zur Universität hat er nur in dem Verhältnis des lesenden Akademiemitglieds gestanden. Sein Versuch vom Oktober 1844, das Königsberger Seminarmodell auf dem Wege über eine Eingabe des Berliner Mathematikpädagogen Karl Schellbach zur Gründung eines mathematischen Instituts in Berlin in Fortschreibung der älteren Pläne für ein polytechnisches Institut auszubauen, führte nicht zum Ziel[1]). So waren es denn wesentlich seine Arbeiten an der Akademie, d. h. seine Publikationen, die auf die Universität zurückstrahlten, deren mathematische Schule durch das Dreigestirn Dirichlet — Steiner — Jacobi an Ansehen und an Anziehungskraft in aller Welt immer mehr gewann. Das Königsberger Beispiel wirkte unterdessen auch ohne den ausgeschiedenen Meister weiter; die Lehramtskandidaten wurden in zunehmendem Maße von der Tendenz einer tiefen wissenschaftlichen und spezialisierten Ausbildung erfaßt und kehrten der flachen Enzyklopädie den Rücken[2]). Das ist ein Prozeß gewesen, der nicht schlagartig abgelaufen ist. Er hat in aller Stille stattgefunden und erhielt seinen sichtbaren Ausdruck u. a. in den Vorschlägen von Weierstraß und Kummer für das Berliner Seminar. Betrachten wir die Hörerzahlen Jacobis in Berlin[3]), so finden wir im Durchschnitt 15 Hörer je Vorlesung, während Dirichlet in seinen Vorlesungen des gleichen Zeitraums (d. i. SS 1845 bis SS 1850) im Durchschnitt 19 Hörer hatte[4]). Jacobi hat während dieser zweiten Berliner Tätigkeit zehn Vorlesungen gehalten, zwei über die Theorie der elliptischen Funktionen, zwei über die Theorie der Flächen und Kurven doppelter Krümmung, zwei über Algebra und je eine über Differential- und Integralrechnung, über Variationsrechnung, über Zahlentheorie und über analytische Mechanik. Von den Hörern muß Riemann besonders erwähnt werden. Jacobis Wirksamkeit als Lehrer hat Dirichlet wie folgt geschildert[5]):

„Es war nicht seine Sache, Fertiges und Überliefertes von neuem zu überliefern, seine Vorlesungen bewegten sich sämtlich außerhalb des Gebietes der Lehrbücher und umfaßten nur diejenigen Teile der Wissenschaft, in denen er selbst schaffend aufgetreten war, und das hieß bei ihm, sie boten die reichste Fülle der Abwechslung. Seine Vorträge zeichneten sich nicht durch diejenige Deutlichkeit aus, welche auch der geistigen Armut oft zu Teil wird, sondern durch eine Klarheit höherer Art. Er suchte vor allem die leitenden Gedanken, welche jeder Theorie zu Grunde liegen, darzustellen, und indem er alles, was den Schein der Künstlichkeit an sich trug, entfernte, entwickelte sich die Lösung der Probleme so naturgemäß vor seinen Zuhörern, daß diese Ähnliches schaffen zu können die Hoffnung fassen konnten. Wie er die schwierigsten Gegenstände zu behandeln wußte, konnte er seine Zuhörer mit Recht durch die Versicherung ermutigen, daß sie in seinen Vorlesungen sich nur ganz einfache Gedanken anzueignen haben würden."

So, wie hier Dirichlet die Vorlesungen Jacobis charakterisiert, so hat er auch selbst vorgetragen. Diese ihnen beiden gemeinsame Auffassung vom Stil und der Aufgabe mathematischer Vorlesungen zeigt die Verwandtschaft im Denken der beiden sonst so verschiedenen, ja teilweise entgegengesetzt veranlagten Persönlichkeiten: hier der mehr kontemplative, zurückhaltende, in der Wissenschaft selbst volle Befriedigung findende Dirichlet, dort der aggressive, kämpferische, nach außen wirken müssende Jacobi.

[1]) G. Schubring 1981a. S. 186—191.

[2]) F. Klein 1936/27. T. 1. S. 113—114.

[3]) C. G. J. Jacobi 1881/91. Bd. 7. S. 411—412.

[4]) K.-R. Biermann 1959a. S. 37—38.

[5]) G. L. Dirichlet 1852. S. 245—246.

Das, was die fast Gleichaltrigen einte, war stärker als das, was sie trennte; ihre seit 1829 bestehende, auf gegenseitiger Achtung beruhende Freundschaft ist nie getrübt worden, während Jacobi doch sonst an Auseinandersetzungen keinen Mangel hatte. Den tieferen Grund dafür, daß sie in ihren wissenschaftlichen Arbeiten nie miteinander kollidierten, hat Kummer sehr treffend darin erblickt, „daß beide es geflissentlich vermieden, in diejenigen Gebiete hineinzugreifen, in denen jeder die Überlegenheit des anderen anerkannte, und daß sie selbst den Schein einer Rivalität zu vermeiden suchten"[1]).

Da Jacobi nicht Mitglied der Fakultät war, ist er sonst im mathematischen Leben der Universität nicht in Erscheinung getreten. Während seiner Lehrtätigkeit fand nach der Kroneckers nur noch eine Promotion, die des späteren Mathematikhistorikers und Orientalisten Franz Woepcke, statt[2]), auf die Jacobi keinen Einfluß ausgeübt hat. Hingegen habilitierte sich am 17. 1. 1848 der Jacobi-Schüler und -Freund, der spätere Nachfolger Crelles in der Herausgabe des Journals, der eben schon genannte K. W. Borchardt, dessen Probevortrag vor der Fakultät ganz Jacobischen Geist atmete[3]).

Jacobi hat sich 1848 außerordentlich stark politisch engagiert. Es wird die Teilnahme der Berliner Mathematiker an der revolutionären Bewegung geschlossen behandelt werden; aber hier ist zu bemerken, daß Jacobi den finanziellen Schikanen, denen ihn die Reaktion aussetzte, durch die Annahme eines Rufes nach Wien zum Jahresende 1849 zu entgehen gewillt war. Daß er Berlin erhalten blieb, war wieder Humboldt zu verdanken, der für die Bewilligung der Jacobischen Forderungen Sorge trug. Allerdings war Jacobi nur noch eine kurze Lebensspanne beschieden; am 18. 2. 1851 wurde er ein Opfer der Blattern.

Nur anderthalb Jahre überlebte ihn ein anderer hochbegabter Mathematiker, der das mathematische Gesicht der Universität in der Zeit Jacobis mitbestimmt hat, Gotthold Eisenstein. Seiner Universitätswirksamkeit an dieser Stelle zu gedenken ist um so gerechtfertigter, als Jacobi und Eisenstein vielerlei Berührungspunkte hatten, wenn auch nicht gerade freundliche.

4.5. Eisenstein

In den Bänden 27 und 28 von Crelles Journal erschienen 1844 aus der Feder des 21jährigen Berliner Studenten Eisenstein 25 Beiträge, vorwiegend über quadratische und kubische Formen, den Reziprozitätssatz für die kubischen Reste, das Fundamentaltheorem für die quadratischen und biquadratischen Reste, die Kreisteilung und Formen dritten Grades sowie Bemerkungen zu elliptischen und Abelschen Transzendenten[4]). Sie machten den jungen Mann mit einem Schlag auf das vorteilhafteste in der mathematischen Welt bekannt. Schon als Berliner Gymnasiast hatte Eisenstein Vorlesungen von Ohm und Dirichlet besucht. 1842/43 weilte er mit seinen Eltern in England und Irland und machte in Dublin die Bekanntschaft von W. R. Hamilton, der ihm einen

---

1) E. E. Kummer 1860. S. 336.

2) s. 12.3., Nr. 24. — Über Woepcke und seine Beziehungen zu den Berliner Mathematikern ferner: K.-R. Biermann 1960e.

3) s. 12.4., Nr. 11.

4) K.-R. Biermann 1959c. S. 498—499. — K.-R. Biermann 1964e. S. 29—30.

Sonderdruck[1]) für die Berliner Akademie mitgab. Mit der Einreichung dieser Abhandlung verband Eisenstein im Januar 1844 die Vorlage einer eigenen Abhandlung[2]). Die Akademie beauftragte Crelle, mit Eisenstein Verbindung aufzunehmen; Crelle empfahl Eisenstein an Humboldt und bat den preußischen Kultusminister um finanzielle Unterstützung für ihn[3]). Humboldt seinerseits hat Eisenstein bis zum Tode hingebungsvoll und selbstlos gefördert, wovon u. a. 61 Briefe Humboldts und seine vielen Eingaben Zeugnis ablegen, in denen er um Existenzmittel, um eine Professur oder um Mittel für Erholungsreisen zugunsten seines Schützlings gebeten hat[4]). Auch empfahl Humboldt ihn an Gauß, der für Eisenstein höchste Wertschätzung empfunden hat und 1847 die Vorrede für einen Sammelband seiner Abhandlungen verfaßte[5]).

1845 wurde Eisenstein als Berliner Student im 3. Semester auf Vorschlag von Kummer durch die Universität Breslau ehrenhalber promoviert[6]); man kann daran ermessen, „welch' ungeheures Aufsehen Eisenstein bei seinem Eintritte in die wissenschaftliche Welt erregte“[7]). Obwohl Jacobi mehrfach zu seinen Gunsten interveniert hat[8]), hat er ihn andererseits sowohl privat wie auch offiziell beschuldigt, seine Grundideen aus mündlichen Mitteilungen anderer oder aus ungedruckten Kollegheften entlehnt zu haben[9]), bzw. er nannte ihn rundweg einen literarischen Dieb[10]). Eisenstein sah die Erklärung für dieses Verhalten darin, daß er nicht sogleich Jacobis Priorität in den Arbeiten über Kreisteilung anerkannt habe, während er doch Gauß so oft anführte.[11]) Humboldts unermüdlichem Wirken und der durch diesen erfolgten Bekanntmachung der anerkennenden Urteile von Gauß[12]) hatte es Eisenstein zu verdanken, daß er ungeachtet der auch öffentlich erfolgten Angriffe Jacobis[13]) vorzeitig zur Habilitation zugelassen wurde, die erst nach beendetem Triennium, also Oktober 1849, regulär hätte erfolgen dürfen.

Der Habilitationsvorgang sei hier geschildert, einmal des Interesses wegen, das der Habilitand darbietet, zum anderen, weil die Prüfung und die Gutachten für die Zeit charakteristisch sind, in der drei große Mathematiker an der Universität lehrten, aber nicht Mitglieder der Fakultät waren.

Am 22. 4. 1847 beauftragte die Fakultät Dirksen und Encke mit der Begutachtung der von Eisenstein vorgelegten Schriften[14]). Ohm unterlag bei der Abstimmung; die Mehrheit hatte doch eingesehen, daß Ohm unfähig war, ein Urteil über Eisensteins Arbeiten abzugeben, und entschied sich zweckmäßigerweise für den Astronomen Encke, gegen den Mathematiker Ohm. Dirksen gab folgende Beurteilung ab[15]):

---

[1]) K.-R. Biermann 1959d. S. 69, Anm. 5.
[2]) K.-R. Biermann 1961b. S. 10.
[3]) K.-R. Biermann 1959d. S. 70–71.
[4]) K.-R. Biermann 1959b. S. 97–102 u. 117–159.
[5]) G. Eisenstein 1847.
[6]) K.-R. Biermann 1958b.
[7]) F. Rudio 1895. S. 164.
[8]) K.-R. Biermann 1958a. S. 79–80. — K.-R. Biermann 1959b. S. 110–111.
[9]) K.-R. Biermann 1959b. S. 111–112.
[10]) C. G. J. Jacobi an F. W. Bessel. 23. 2. 1846 (K.-R. Biermann 1958a. S. 80).
[11]) G. Eisenstein an M. A. Stern. Berlin, 20. 4. 1846 (A. Hurwitz 1895. S. 181).
[12]) K.-R. Biermann 1959b. S. 98–99 u. 119.
[13]) K.-R. Biermann 1958b. S. 333, Anm. 25.
[14]) K.-R. Biermann 1961b. S. 2 u. 3.
[15]) ebd. S. 3–4.

„Die von dem Dr. Eisenstein der Facultät vorgelegten Abhandlungen enthalten zwar Einiges, was weniger erheblich, so gar nicht ganz zutreffend ist, — indessen nichts Triviales: Alles hat hier seine Spitze. Dieselben betreffen hauptsächlich und nur mit wenigen Ausnahmen ein und denselben Gegenstand, die Theorie der unbestimmten Gleichungen des zweiten und des dritten Grades, und sind daher mehr auf die Vermittelung besonderer Ergebnisse, als auf die Begründung und Ausbildung allgemeiner Methoden, die Vermehrung und Schärfung der wissenschaftlichen Bezeichnungsformen, gerichtet. Die Methoden, deren der Verfasser sich bedient, *isolirt* betrachtet, sind die in der Wissenschaft gangbaren; auch erhebt derselbe sich in Ansehung ihrer Fassung über die gewöhnliche Vorstellungs- und Ausdrucksweise nicht. Die allgemeinere Seite der Wissenschaft ist es also nicht, nach welcher diese Abhandlungen sich etwa auszeichnen möchten. Es ist dagegen das mehr Besondere, und namentlich die Verbindung jener Methoden zu seinen bestimmteren Zwecken, zur Erledigung der ihm vorliegenden Fragen, in welcher der Verfasser dieser Abhandlungen eine *Originalität*, ein *Talent* entfaltet, das auf Anerkennung den begründetsten Anspruch hat und zu schönen Erwartungen zu berechtigen scheint. Es ist vermöge dieses Moments, in Verbindung mit der persönlichen Kenntniß, die mir von dem Verfaßer geworden, daß ich nun im Interesse der Wissenschaft zu handeln und dem Verfaßer die ihm gebührende Rücksicht lediglich nicht vorzuenthalten glaube, wenn ich, ungeachtet daß in Ansehung der Geometrie, der Mechanik und der mathematischen Physik jede Vorlage fehlt, die Zulassung desselben zur Habilitation hiermit zu beantragen mir erlaube. Zum Vortrage vor der Facultät dürfte das, vom Verfasser ebenfalls in Vorschlag gebrachte, Thema

‚Ueber die Fundamentaleigenschaften der ganzen rationalen Funktionen'

das geeignetste sein.

Berlin, den 25. April 1847

Dirksen"

Als Zweitreferent gab Encke nachstehendes Gutachten ab[1]):

„Herr Dr. Eisenstein hat sich vorzugsweise mit der Zahlenlehre beschäftigt, und über dieselbe eine große Anzahl von Abhandlungen geliefert, die an Werth zwar ungleich, doch mehrere umfassen, welchen unsere vorzüglichsten Kenner dieses Theiles der reinen Mathematik einen sehr hohen Rang beilegen. Die Form dieser Betrachtungen, da bei ihnen die strengste Abstraction, und die schärfste Unterscheidung der einzelnen Fälle, so wie ein großer mathematischer Takt erforderlich, zeugt in der Regel schon von dem ächten mathematischen Geiste, welchen der besitzt, der diesem Theile sich widmet, und ihn fördert. Wenn deshalb auch einzelne andere Theile nicht mit Speciminibus belegt sind, so ist doch nicht zu zweifeln, daß H. Dr. Eisenstein völlig vorbereitet ist, die theoretischen Grundlagen sich anzueignen oder sie sich angeeignet hat. Besonders da eine kleine aber wie mir scheint ingeniöse und neue Ansichten eröffnende Abhandlung auch die Anwendung geometrischer Betrachtungen bei einem Fundamentalsatz der Zahlentheorie einführt[2]) und noch mehren erwarten läßt. Es ist die letzte Abhandlung von nur 3 Seiten in dem einen Fascikel. Ich schließe mich deshalb völlig dem Votum des Herrn Prof. Dirksen an, in Bezug auf die Habilitation.

Apr. 29. 1847

J. F. Encke"

---

[1]) ebd. S. 4.

[2]) Gotthold Eisenstein. Geometrischer Beweis des Fundamentaltheorems für die quadratischen Reste. In: Journal f. d. reine u. angew. Math. 28. 1844, S. 246—248 (engl. Übers.: Quart. Journ. of pure and applied Math. 1. 1857, S. 186—191, sowie in: Arthur Cayley. Coll. math. papers. Vol. 3. Cambridge 1890. S. 39—43).

Man kann nicht sagen, daß die Gutachten sehr tief gehen, aber beide Gutachter haben es vermieden, sich eine eklatante Blöße zu geben. Encke war ja vom ersten wissenschaftlichen Auftreten Eisensteins an völlig über die hohe Meinung orientiert, die Gauß von Eisenstein hatte. Er wußte, daß Eisenstein von Gauß mit Dirichlet gleichgestellt wurde; er hatte sich zunächst *für* Eisenstein eingesetzt und dann bei dessen Prioritätsstreitigkeiten mit C. G. J. Jacobi *gegen* ihn Stellung genommen; er war daraufhin von Alexander von Humboldt mit der brieflichen, freilich „ostensibeln", d. h. gezielten, Äußerung von Gauß bekannt gemacht worden, daß dieser die Begabung Eisensteins als eine solche betrachte, die in jedem Jahrhundert nur wenigen zuteil werde. Er wußte schließlich, daß Gauß schon 1845 geschwankt hatte, ob er Dirichlet oder Eisenstein für die Friedensklasse des Ordens Pour le mérite vorschlagen sollte. Auch Dirksen war von Alexander von Humboldt eingespannt worden bei den Bemühungen, für seinen Schützling eine Wirkungsmöglichkeit an einer Universität zu finden. So kannten also beide Gutachter die große Wertschätzung, deren sich Eisenstein beim ersten deutschen Mathematiker und beim führenden deutschen Naturforscher erfreute. Das mag mit zu ihrem positiven Beschluß beigetragen und über nicht ganz ausreichende Einsicht in die Bedeutung der Eisensteinschen Arbeiten hinweggeholfen haben. Dirksen war nur sehr bedingt und auch Encke, ungeachtet seiner viel umfassenderen mathematischen Bildung, wohl nicht völlig in der Lage, Eisensteins Gedanken zu folgen und ihre Tragweite gänzlich zu ermessen. Am 15. Mai fanden der Probevortrag vor der Fakultät und das Kolloquium statt. Eisensteins Vortrag über die Fundamentaleigenschaften der ganzen rationalen Funktionen war, wie es im Protokoll heißt[1]), „eine freie Entwicklung ohne Hilfe eines Heftes oder niedergeschriebener Notizen". Das Kolloquium führten Dirksen, Encke und Ohm, wobei Ohm noch besonders auf die „Methodik des mathematischen Unterrichts" einging. Die drei Prüfer waren sich „darüber einig, daß der Dr. Eisenstein ebensosehr ein ausgezeichnetes und seltenes Talent in seinem Fach sei, als er auch als Lehrer [...] Bedeutendes verspreche". Nachdem Eisenstein dann noch am 21. 5. die öffentliche Probevorlesung gehalten hatte[2]), war die Habilitation abgeschlossen.

Ohm blamierte sich im Zusammenhang mit Eisenstein noch einmal tüchtig. Als der Kultusminister zur Entscheidung über eine von Humboldt befürwortete Eingabe Eisensteins zur Verlängerung seiner Unterstützung die Fakultät um gutachtliche Äußerung ersuchte[3]), forderte diese Ohm zur Stellungnahme auf. Ohm schlug vor, man möge Eisenstein veranlassen mitzuteilen, „was er in den letzten drei Jahren getan habe"[4]). Auf Vorschlag Enckes wurde dann der einzig richtige Weg beschritten, nämlich Dirichlet befragt. Dieser sagte am 16. 3. 1849 zu Ohms Vorschlag[5]):

> „An H. Eisenstein die Aufforderung ergehen zu lassen, seine wissenschaftlichen Leistungen während der 3 letzten Jahre anzugeben, scheint mir völlig überflüssig oder vielmehr unangemessen, da seine mathematischen Arbeiten während des genannten Zeitraumes, wie seine früheren in einer Zeitschrift (dem Crelleschen Journal) erschienen sind, die sich in den Händen aller befindet, die an den Fortschritten der Mathematik Interesse nehmen."

---

[1]) K.-R. Biermann 1961b. S. 5—6.
[2]) s. 12.4., Nr. 10.
[3]) K.-R. Biermann 1959a. S. 31.
[4]) ebd. S. 31—32.
[5]) ebd. S. 39.

Das hieß also, auf Dirichlets feine Art ausgedrückt, daß Ohm zu denen gehöre, die sich nicht für den Fortschritt der Mathematik interessierten. Im übrigen plädierte Dirichlet für dringendste Unterstützung des Eisensteinschen Gesuchs durch die Fakultät. Der Stellungnahme der Fakultät verdanken wir einige Hörerzahlen Eisensteins, da ihr ein „Frequenznachweis" seiner Vorlesungen beigefügt war[1]), der die schon früher von Rudio bekanntgemachte Aufstellung[2]) ergänzt und uns im Verein mit anderen Aktenvermerken anläßlich mehrerer Unterstützungsgesuche oder Beförderungsanträge von Eisenstein[3]) einen vollständigen Überblick über Eisensteins Vorlesungen gestattet.

Eisenstein hat vom SS 1847 bis zum SS 1852 mit durch seine Krankheit bedingten Unterbrechungen[4]) 12 Vorlesungen gehalten, und zwar 5 über Infinitesimalrechnung, 3 über elliptische Funktionen, 2 über analytische Mechanik und je eine über Variationsrechnung und über imaginäre Größen; die durchschnittliche Zahl der Hörer belief sich auf 9. Die Fakultät bemerkte, daß solche Hörerzahlen als „erheblich" zu bezeichnen seien[5]), und Eisenstein selbst konstatierte, die Zahl seiner Hörer betrage meist über die Hälfte der Zahl aller Mathematikstudenten überhaupt[6]). Vergleichen wir die Zahl mit der oben für Dirichlet und Jacobi angegebenen Hörerzahl, so wird die Berechtigung der beiden Feststellungen evident. Auch Riemann, der in erster Linie natürlich die Vorlesungen von Dirichlet und Jacobi besuchte, zählte im SS 1847 zu Eisensteins Hörern, als dieser über elliptische Funktionen vortrug.

Es muß aber zu Klagen über Eisensteins Tätigkeit als Privatdozent gekommen sein. In einem Brief an Johannes Schulze vom 23. 8. 1850 entkräftete Eisenstein die geäußerten Zweifel an seiner Lehrbefähigung und führte u. a. an[7]), daß die angezeigten Vorlesungen nur einen geringen Teil seiner Wirksamkeit als Lehrer ausmachten. Er helfe allen, die seinen Rat brauchten; talentierten jungen Leuten trüge er neue Theorien vor, schwächer begabten mache er schwierige Punkte aus den Vorlesungen verständlich, und zwar nicht nur seinen, sondern auch Hörern anderer Dozenten. Er suche „die Gegenstände seiner Vorlesungen [...] in einer mehr philosophischen Weise zu behandeln", sich „möglichst dem neuesten Standpunkt der Wissenschaft anzuschließen und zeige, wie auch in elementaren Theilen durch die neueren Fortschritte umfangreiche und complicirte Betrachtungen sich zusammenziehen und unter einem faßlichen Gesichtspunkte erscheinen". Er „suche endlich den Lernenden dahin zu führen, den Gegenstand zu beherrschen und sich nicht von demselben beherrschen zu lassen". Seine Kritiker wären sicher solche, die an Schlendrian und Vorurteilen hingen.

Wie wir aus den Erinnerungen von L. Natani wissen[8]), hat Eisenstein teilweise die Vorlesungen vom Bett aus gehalten. Dem ist jedoch keine negative Bedeutung beizumessen.

---

1) K.-R. Biermann 1961 b. S. 6.

2) F. Rudio 1895. S. 166—167.

3) Die Fakultät erkannte die Gesuche zwar stets als berechtigt und berücksichtigungswürdig an, wies aber andererseits darauf hin, daß ein Bedürfnis für weitere außerordentliche Professoren der Mathematik in Berlin nicht vorhanden sei. Die gleiche Stellung bezog sie zu ähnlichen Gesuchen von F. Joachimsthal (P-6-2).

4) SS 1849, SS 1851 und WS 1851/52 hat Eisenstein krankheitshalber nicht gelesen.

5) Am 8. 11. 1850 (P-6-2. Bl. 219).

6) K.-R. Biermann 1961 b. S. 7.

7) ebd. S. 7—8.

8) L. Koenigsberger 1919. S. 35.

Zu dieser Zeit wurden nicht selten die Privatvorlesungen in der Wohnung gehalten, und daß Eisenstein trotz seiner Schwindsucht seinen Verpflichtungen nachkam, spricht nur für ihn; daß er ihnen nachkommen mußte, weil er zur Existenz auf die Hörergebühren mitangewiesen war, spricht gegen die damaligen Verhältnisse.

Die verschiedenen erfolglos gebliebenen Versuche Humboldts, Eisenstein eine Professur in Berlin, Wien, Halle, München oder Heidelberg zu verschaffen, an denen z. T. auch Dirichlet und Jacobi beteiligt waren[1]), können hier übergangen werden, da sie sich auf seine Stellung an der Berliner Universität nicht ausgewirkt haben. Hingegen muß seine Aufnahme in die Berliner Akademie am 24. 4. 1852 auf Grund eines von Dirichlet verfaßten Antrages[2]) vom 19. Januar als Nachfolger Jacobis erwähnt werden, weil durch diese Wahl Eisenstein seine letzte Vorlesung im SS 1852 (Die Integral- und Variationsrechnung und als Einleitung eine kurze Übersicht der Differentialrechnung, 18 Hörer) bereits in der Eigenschaft eines lesenden Akademiemitgliedes gehalten hat.

Am 11. 10. 1852 erlag Eisenstein seiner Krankheit; ein trotz aller Anerkennung freudenarmes Leben endete in einsamer Verlassenheit. Ohne rechten Kontakt mit den anderen Mathematikern Berlins, war er hypochondrischen Stimmungen unterworfen, und es gelang ihm auch nicht, zu Riemann, als dieser im SS 1847 seine Vorlesung über elliptische Funktionen hörte, in ein näheres Verhältnis zu kommen[3]). Aber in der Geschichte der Funktionentheorie, der elliptischen Funktionen, elliptischen Integrale und der Theorie der Formen nimmt Eisenstein einen sehr ehrenvollen Platz ein, der es nötig machte, seiner Universitätslaufbahn hier zu gedenken, zumal er der erste Dozent gewesen ist, der seine mathematische Bildung ganz in Berlin erhalten hat.

4.6. Sonstige Personen und Ereignisse

Zur Vervollständigung des Bildes dieser Periode bedarf es noch der Erwähnung einiger Persönlichkeiten, die entweder in ihrer Bedeutung hinter den oben aufgeführten zurückstehen oder nur kürzere Zeit an der Universität tätig waren, sowie der Schilderung einzelner Ereignisse des mathematischen Lebens. Dabei wird im wesentlichen in chronologischer Ordnung vorgegangen.

4.6.1. Plücker

Ohne Zutun der Fakultät versetzte der Kultusminister von Altenstein am 11. 5. 1832 den Extraordinarius an der Universität Bonn Julius Plücker nach Berlin als außerordentlichen Professor[4]). Dieser Schritt ging auf eine Initiative Crelles zurück, der Plücker für das Polytechnische Institut vorgesehen hatte, dessen Einrichtung, wie oben erwähnt, sich zu dieser Zeit in der dritten Phase der Planung befand[5]). Altenstein ließ Plücker vorerst als Gymnasialprofessor und daneben, wie gesagt, als Extraordinarius wirken, bis

---

1) K.-R. Biermann 1959b. S. 110–111.

2) K.-R. Biermann 1958a. S. 80.

3) G. Eisenstein an M. A. Stern. 14. 1. 1850 (A. Hurwitz 1895. S. 199). — Von Dirichlet schrieb Eisenstein an Stern am 10. 2. 1848, dieser sei ja ganz freundlich gegen ihn, „aber es bleibt kalte Höflichkeit, er ist Professor, ich bin Privatdocent" (A. Hurwitz 1895. S. 190). — Zu Eisenstein s. auch G. Eisenstein 1975, K.-R. Biermann 1971, 1976b, 1985a.

4) P-3-2. Bl. 121.

5) W. Eccarius 1980. S. 194.

mit der tatsächlichen Gründung der geplanten Anstalt der Tag kommen würde, an dem er ihn vom höheren Schuldienst freistellen könnte. Ob Plücker schon im SS 1832 gelesen hat, entzieht sich unserer Kenntnis; es ist wahrscheinlich. Für das WS 1832/33 kündigte er analytische Geometrie und Mechanik nach Poisson an. Im darauffolgenden SS las er Algebra sowie Elemente der Variationsrechnung und ihre Anwendung auf geometrische und mechanische Aufgaben. Für das WS 1833/34 kündigte er noch Elemente der analytischen Geometrie und ihre Anwendung auf die Kurven und Flächen der 2. Ordnung an, aber bereits am 7. 11. 1833 teilte Altenstein der Fakultät mit, daß er Plücker als Ordinarius nach Halle versetzt habe[1]). So war Plücker nur ganz kurz in Berlin. Es entbehrt nicht eines gewissen Reizes, daß sein De-facto-Nachfolger nach Jahresfrist Steiner geworden ist, so daß also dem Exponenten der „analytischen Geometrie" der erklärteste Vertreter der „synthetischen Geometrie" gefolgt ist. Steiner haßte Plücker gründlich[2]), vor allem deshalb, weil Crelle zunächst diesen statt seiner für das Polytechnische Institut in Aussicht genommen hatte, und wenn die beiden großen Geometer zu gleicher Zeit an derselben Universität tätig gewesen wären, so hätten sich daraus vermutlich sehr unerfreuliche Verhältnisse entwickelt. Übrigens gehörte auch Plücker zu den Mathematikern, zu denen Humboldt freundschaftliche Beziehungen unterhielt[3]).

4.6.2. Ehrenpromotion Gudermanns

In der Aufstellung der Ehrenpromotionen in der Universitätsgeschichte von Max Lenz fehlt der Name des einzigen Lehrers von Weierstraß, Christof Gudermann[4]). Gudermann wäre ohne seinen Schüler der Vergessenheit anheimgefallen, obwohl er nach Jacobi der zweite Mathematiker gewesen ist, der die elliptischen Funktionen in Deutschland zum Vorlesungsgegenstand gemacht hat. Die Tatsache aber, daß es gerade Berlin war, von wo er das Doktordiplom unter Befreiung von den statuarisch vorgeschriebenen Leistungen erhielt, sollte hier besonders festgehalten werden, hat doch sein genialer Schüler an eben dieser Universität die größten Erfolge erzielt.

Als Gudermann aus dem höheren Schuldienst zu akademischer Wirksamkeit nach Münster berufen wurde, mußte er promovieren. Er wandte sich an die Berliner Universität und war bereit, sich den Pflichten zu unterziehen, deren Erfüllung man von ihm verlangen würde[5]). Gestützt auf ein Gutachten Crelles vom 20. 9. 1832, beschloß jedoch die Fakultät, Gudermann ehrenhalber zu promovieren, und am 29. 11. 1832 wurde die Urkunde ausgefertigt[6]). In Crelles Gutachten hatte es u. a. geheißen[7]):

> Die Arbeiten Gudermanns „zeichnen sich durch Klarheit, Gediegenheit, Schärfe der Begriffe und Consequenz in der Ausführung auf eine höchst erstaunliche Weise aus. [...] Im Allgemeinen halte ich den Herrn Gudermann für einen mit ungewöhnlichem Talent begabten und schon jetzt um seine Wissenschaft wesentlich verdienten Geometer. Ohne Zweifel wird die Mathematik ihm noch Namhaftes und Bedeutendes zu verdanken bekommen."

---

1) P-3-2. Bl. 134.

2) S. Aronhold an O. Hesse. 18. 12. 1849 (Journal für d. reine u. angew. Math. **124**. 1902, S. 64).

3) A. v. Humboldt an K. O. v. Raumer. 15. 12. 1851 (K.-R. Biermann 1985a. S. 151). — Vgl. K.-R. Biermann 1964f. S. 46.

4) M. Lenz 1910/18. Bd. 3. S. 489.

5) P-5-1. Bl. 82.

6) ebd. Bl. 82—95.

7) ebd. Bl. 87—88.

(Crelle hat übrigens auch beim Tode Gudermanns sehr warme Worte für diesen Mitarbeiter an seinem Journal gefunden[1]).) Am 20. 1. 1833 sandte Gudermann der Fakultät ein Dankschreiben — wie es sich gehörte, in lateinischer Sprache[2]).

4.6.3. von Sommer

Neben vielem Bedeutendem und Großem fehlt auch ein Satyrspiel in der Geschichte der Mathematik an der Berliner Universität nicht. Diese Posse ist mit dem Namen Ferdinand von Sommer verknüpft. Da sein Auftreten in Berlin ein Vorspiel hatte, das uns einen Vorgeschmack gibt, wessen die Universität sich von v. Sommer zu versehen hatte, muß dieses Präludium hier rekapituliert werden.

Am 4. 3. 1823 schrieb der Astronom H. C. Schumacher aus Altona an seinen vertrauten Freund C. F. Gauß in Göttingen, in Hamburg halte sich zur Zeit ein Ferdinand von Sommer auf, der dort astronomische Vorträge halte und behaupte: 1. ein Verwandter von Gauß und überdies 2. dessen vertrauter Freund zu sein und mit ihm in fortgesetztem Briefwechsel zu stehen, und 3. Gauß solle sich unlängst brieflich zu v. Sommer für die kombinatorische Analysis ausgesprochen haben[3]). Gauß hatte zwar Sinn für Humor, aber der war doch nicht so stark ausgeprägt, daß Gauß nicht beim Empfang dieser Schumacherschen Mitteilungen in Wallung geraten wäre. Postwendend stellte er am 9. März fest[4]): Ein Ferdinand von Sommer habe vor mehreren Jahren in Göttingen studiert[5]), sei aber nur einmal bei ihm gewesen, um einen Empfehlungsbrief seines Vaters abzugeben. Er, Gauß, habe dann Sommer zweimal wegen eines Aufsatzes geschrieben, den dieser ihm im Juni 1822 gesandt hatte und der die allgemeine Auflösung der Gleichungen vom 5. Grade enthalten sollte. Als Gauß diese Schrift gelesen habe, sei ihm ungefähr so zumute gewesen, als ob er sich in einem „Irrenhaus" befände. Er habe niemals an v. Sommer etwas über kombinatorische Analytik geschrieben und sei auch mit ihm nicht verwandt. Als Beispiel für Sommers Geisteshaltung führte Gauß noch die Sommersche briefliche Äußerung an, die Anwendung seiner, der Sommerschen, Formel auf einen konkreten Fall sei unter seiner Würde ...

Schon allein der Gedanke, Gauß könne sich ausgerechnet diesem Sommer gegenüber *für* die kombinatorische Analysis ausgesprochen haben, wirkt erheiternd. Sommers Behauptung ist nicht nur ein Beweis für seine Dreistigkeit, sondern auch für seine Dummheit. Etwas anderes wäre es noch gewesen, wenn Sommer das von Ohm behauptet hätte, der das einzige mathematische Kolleg, das er je gehört hatte, H. A. Rothe in Erlangen, dem Schüler Hindenburgs, verdankte[6]).

Sommer besaß übrigens die Unverfrorenheit, sein erweitertes Manuskript nach der Ablehnung durch Gauß später, am 1. 1. 1830, auch noch der Berliner Akademie einzureichen[7]). Es ist betitelt: Nova, omnis omnino aequationis solutionem complectens ratio, in sex primis gradibus praevia hac disceptatiuncula probatus ab inventore. Crelle, der

---

[1]) W. Lorey 1915a. S. 603.

[2]) P-5-1. Bl. 95.

[3]) C. A. F. Peters 1860/65. Bd. 1. S. 301.

[4]) ebd. S. 302—303.

[5]) Von Sommer ist tatsächlich in Göttingen am 26. 10. 1819 immatrikuliert worden: vgl. G. v. Selle 1937. S. 619, Nr. 27479.

[6]) W. Lorey 1916. S. 32.

[7]) Archiv der Ak. Wiss. d. DDR, II-VIc-4. Bl. 44—55.

sich früher selbst mit der Auflösung der Gleichungen höheren Grades befaßt und z. B. mit Abel darüber diskutiert hatte, Dirksen, Poselger, Fischer, Oltmanns und Eytelwein äußerten sich in Gutachten ablehnend. Bis zum Kern stieß aber nur Encke vor, der nachwies, daß die Sommerschen Annahmen auf zwei Irrtümern beruhten, die sein Resultat „ganz chimärisch" machten. Er teilte am 11. 3. 1830 Sommer mit, daß die Resultate nicht als allgemein richtig anerkannt werden könnten, wie er wohl bei genauerer Erwägung selbst feststellen werde.

Also dieser von Sommer, Doktor der Philosophie, wie er sich zu Unrecht nannte — was erst 1967 nachgewiesen werden konnte[1]) —, wandte sich im Juli 1832 aus Holzminden an das preußische Kultusministerium mit der Bitte um Anstellung als Lehrer für Nautik und Navigation. Altenstein erwiderte dem Hochstapler darauf[2]), dazu sei jetzt keine Gelegenheit vorhanden, man stelle ihm aber anheim, sich als Privatdozent zu habilitieren. Wenn er so seine wissenschaftliche Qualifikation und Lehrgeschicklichkeit beweise, so werde man ihn nach Umständen berücksichtigen.

Sommer folgte diesem Rat und meldete sich zur Habilitation. Wiederum fügte er die genannte Ausarbeitung neben anderen seinem Habilitationsgesuch bei, wo sie erneut in die Hände von Dirksen[3]) gelangte. Es ist kaum zu begreifen, daß Dirksen dennoch für die Zulassung zur Habilitation stimmte. Er meinte in seiner Stellungnahme, die Habilitierung sei ja eine bloße Formalität. Auch diese Äußerung wirft ein bezeichnendes Licht auf den Mann, der die Mathematik als Ordinarius in der Fakultät lange Jahre allein und dann gemeinsam mit seinem „intimen Feind" Ohm vertrat. Übrigens blieb die Feststellung Dirksens nicht unwidersprochen; der Historiker Friedrich von Raumer verwahrte sich entschieden gegen diese Auffassung[4]). Ganz glatt ging es auch nicht mit der Habilitierung des Glücksritters. Von Sommer hatte nämlich eine philosophische Schrift mit eingereicht „Naturgeschichte des menschlichen Geistes", die aber als „ein durchaus mißlungenes, auf einem sich selbst zerstörenden Grundirrtum aufgebautes Werk" bezeichnet wurde[5]). Die Zulassung zur Habilitation wurde jedoch genehmigt, weil „diese Ansichten doch auf die mathematischen und nautischen Kenntnisse des Ver-

---

[1]) F. von Sommer hat 1832 in Berlin angegeben (H-1-4, Vorgang Sommer), 1824 in Löwen promoviert worden zu sein. Mit Geschick verstand er es, die Vorlage seines Doktordiploms erst zu umgehen und dann aufzuschieben, bis die Verpflichtung in Vergessenheit geraten war. Allerlei Ausflüchte, die Sommer benutzte und die ihm damals als adligem Herrn geglaubt wurden, muteten den Verfasser bei kritischer Betrachtung so unglaubwürdig an, daß er Herrn Prof. Dr. P. Bockstaele in Leuven um Nachprüfung bat. Die Durchsicht der Akten und Verzeichnisse der „Université de Louvain" (sie bestand als Staatsuniversität von 1816 bis 1835 während der Aufhebung der katholischen Universität) im „Algemeen Rijksarchief" zu Brüssel führte zu dem von vornherein erwarteten Ergebnis, daß an keiner einzigen Stelle der Name Ferdinand von Sommer auftaucht und daß daher seine Promotion in Löwen praktisch ausgeschlossen ist (briefliche Auskünfte Prof. Bockstaeles vom 8. 11. und 22. 12. 1965, dem für seine mühevollen Nachforschungen auch an dieser Stelle nochmals aufrichtig gedankt sei). Dergestalt gelang es, nach rd. 135 Jahren aufzudecken, was damals der Fakultät verborgen geblieben ist: F. von Sommer war ein Hochstapler, der die Voraussetzungen für die Habilitation nicht besaß! Vgl. K.-R. Biermann 1967a.

[2]) P-6-1. Bl. 181.

[3]) Über Dirksens eigene, wenig ergiebige Versuche zur Auflösung algebraischer Gleichungen vgl. K. Rychlik 1961. S. 85.

[4]) H-1-4, Vorgang Sommer.

[5]) P-6-1. Bl. 173v.

fassers keinen Einfluß ausüben würden"[1]), und sie fand für Mathematik und Nautik am 6. 2. 1833 statt[2]).

Sommer hat dann eine Reihe von Elementarvorlesungen vom SS 1833 bis zum WS 1837/38 angezeigt, meist nach B. F. Thibauts Kompendium[3]), später auch nach seinem eigenen „Lehrbuch"[4]). Er konnte darüber hinaus so hochtrabende Ankündigungen wie „Philosophie der Mathematik und Mathematik der Philosophie" (WS 1833/34) nicht unterlassen. 1838 verschwand er, und erst 1842 hören wir wieder von ihm. Er hatte sich nunmehr noch einen zweiten Doktortitel, den Dr. med., zugelegt: Am 14. 4. 1842 teilte Ferdinand von Sommer dem Dekan mit[5]), daß er eine Vorlesung über „Elektro-Metallurgie" halten und wieder in dem Vorlesungsverzeichnis als Privatdozent aufgeführt werden wolle. Er sei von 1838 bis 1841 in Ostindien und am Kap der Guten Hoffnung gewesen, um auf dieser Reise praktische Erfahrungen in den Fächern zu sammeln, für die er sich besonders habilitiert habe, nämlich Nautik und Navigation. Nach Rückkehr habe er aber feststellen müssen, daß das von ihm vorausgesetzte Interesse nicht vorhanden sei. Daher habe er eine Reise nach England ausgeführt, um dort seine seit Jahren gewonnenen Erfahrungen bei der Beschäftigung mit den „Gesetzen der Galvanischen Reduktionen und ihren nützlichen Anwendungen" mit denen anderer Experimentatoren zu vergleichen. Von dieser Reise sei er soeben zurückgekehrt. „Durch Familien-Verhältnisse für jetzt abgehalten, entweder nach Indien zurückzukehren oder mich in Nord-Amerika niederzulassen, wünsche ich, einstweilen hier irgendwie nützlich zu seyn und ersuche daher die Philosophische Fakultät ganz ergebenst um Wiedereinsetzung in meine 1832 erworbenen Rechte."

Schon wenige Tage danach schrieb Sommer erneut an den Dekan, falls die Vorlesung über Elektro-Metallurgie nicht gestattet werde, so wolle er eine rechtsphilosophische Vorlesung halten. Der Dekan erwiderte ihm daraufhin am 1. 5. 1842, er habe sich nur für reine und angewandte Mathematik sowie für Nautik habilitiert, daher könnte keine der beiden vorgeschlagenen Vorlesungen angenommen werden. Sommer gab sich damit nicht zufrieden. Am 13. 7. reichte er seine gedruckte Abhandlung „Hegels Philosophie, widerlegt aus dem Standpunkt des Systems selbst, dem anderer Philosophen und dem der gesunden Vernunft", Berlin 1842, mit dem Wunsch ein, künftig auch philosophische Vorlesungen halten zu dürfen. Auf Grund der Gutachten von Trendelenburg und Gabler sah die Fakultät „in der Schrift keinen zureichenden Grund", die bei der Habilitation ausgesprochene Beschränkung auf das Gebiet der Mathematik aufzuheben. Übrigens hat Raumer auf dem Zirkular, das die beiden Gutachten enthielt, u. a. vermerkt, jetzt würde man Sommer gewiß die Habilitation auf Grund seiner Schrift überhaupt nicht mehr gestatten, denn er sähe nicht ein, warum die Erlaubnis, über Nautik zu lesen, die Forderungen auf dem Gebiet der Philosophie herabmindern solle. Raumer fährt dann fort:

„Zudem hat es für einen Laien (zu denen ich mich zähle) etwas Widerwärtiges, zu sehen, daß alle Anfänger in der Philosophie vor wenigen Jahren (nach Herrn Sommers Ausdruck)[6]) in

---

[1]) ebd.

[2]) s. 12.4., Nr. 8.

[3]) B. F. Thibaut 1831.

[4]) F. v. Sommer 1837.

[5]) Das Folgende nach P-6-1. Bl. 172–182.

[6]) In der im Text genannten Schrift Sommers, „Hegels Philosophie ..." S. III.

ihren Eingaben und Probeschriften ‚Abba, lieber Hegel" sagten jetzt aber — ich will nicht untersuchen weshalb — über ihn ohne Pietät und selbst mit Verletzung ihrer eigenen Würde herfallen."

Es mutet nach dem hier Dargelegten geradezu komisch an, daß der mehrfach genannte bzw. zitierte Historiograph der Berliner Universität M. Lenz ausgerechnet diesen Sommer als einzigen „Mathematiker" hervorzuheben sich veranlaßt sah, der sich nicht wie seine Fachgenossen den philosophischen Auseinandersetzungen gegenüber neutral verhalten, sondern Hegels Philosophie, allerdings nicht von der Mathematik aus, „widerlegt" habe[1]).

Von Sommer hat neben dem Schreiben historischer Romane[2]) noch vom WS 1842/43 bis zum SS 1844 u. a. Nautik und Markscheidekunst gelesen; 1844 ging er nach Australien. Die Universität erlitt keinen Verlust durch sein Ausscheiden.

4.6.4. Joachimsthal

Zwei Jahre vor Eisenstein hatte sich ein anderer sehr talentierter junger Mathematiker habilitiert, Ferdinand Joachimsthal[3]). Auf der Schule in Liegnitz ein Schüler von Kummer, in Königsberg ein Schüler Jacobis[4]), brachte er nach Berlin den Geist des dortigen Seminars mit und hat mathematische Übungen abgehalten. Joachimsthal hat in Berlin 19 Vorlesungen angekündigt, vor allem Infinitesimalrechnung, aber auch Allgemeine Theorie der Flächen und Linien doppelter Krümmung sowie Theorie der wichtigsten in der Mechanik und Baukunst angewandten Kurven. Soweit uns Hörerzahlen als Beilagen zu Unterstützungs- und Beförderungsgesuchen[5]) vorliegen, betrug die durchschnittliche Anzahl der Zuhörer 12, sein Lehrerfolg überstieg also den Eisensteins. Ein tüchtiger Mathematiker wie Joachimsthal, der durch seine Beiträge zur Flächentheorie und differentialgeometrische Abhandlungen bekannt geworden ist, fand erklärlicherweise neben der Massierung von Genies, wie sie damals zu verzeichnen war, keine rechte Entfaltungsmöglichkeit und fühlte sich behindert. Da wurde er am 7. 5. 1853 als Ordinarius nach Halle berufen, von wo er 1856 nach Breslau als Nachfolger Kummers bei dessen Ruf nach Berlin ging.

4.6.5. Weitere Privatdozenten

Die Habilitation Borchardts, des engen Freundes seines Lehrers Jacobi, wurde bereits erwähnt. Er wird ebenso wie die beiden Privatdozenten Arndt und Hoppe, die sich gegen Ende der in diesem Abschnitt geschilderten Periode habilitierten, im nächsten Abschnitt behandelt, weil das Schwergewicht der Wirksamkeit aller drei in der folgenden Ära liegt.

---

1) M. Lenz 1910/18. Bd. 2. H. 1. S. 510.

2) Ferdinand von Sommer: Poetische Bilder der Vergangenheit und Gegenwart (Berlin 1843); Karl der Zweite, König von England (Berlin 1843); Konrad von Wallenrode, Hochmeister des Deutschen Ordens (Berlin 1844). — Auch an Alexander von Humboldt hat sich Sommer von Braunschweig aus schon 1827 gewandt, der in seiner Gutmütigkeit tatsächlich eine Schrift Sommers am 12. 3. 1827 in der Pariser Akademie vorgelegt hat (Procès-Verbaux Ac. Sci. Paris. 8. 1824/27, S. 502).

3) s. 12.4., Nr. 9. — Zu Joachimsthal s. auch K.-R. Biermann 1973a.

4) R. Sturm 1911. S. 318.

5) P-6-2. Bl. 159 u. 222.

4.7. Schlußbemerkung

1850 hörte Gruson zu lesen auf, Ideler und Lubbe waren schon 1846 gestorben, 1850 starb auch Dirksen[1]). Damit waren mit Ausnahme von Ohm alle Mathematiker ausgeschieden, die noch jener Epoche angehörten, in der nach den Worten Crelles unter Universitätsmathematik „nicht viel anderes als die Elemente der Geometrie und Trigonometrie und höchstens der analytischen Geometrie, der Algebra bis zu den Gleichungen zweiten Grades, allenfalls etwas mehr davon und einiges aus dem Differential- und Integralrechnen, wie es zu verschiedenen Anwendungen gebraucht wird, nebst den Elementen der Mechanik“ verstanden wurde[2]). Die Männer, die hinzugekommen waren, hatten der Universität Weltruf gebracht[3]). Weierstraß hat später gesagt[4]), keine Universität könne sich rühmen, daß jemals drei Mathematiker von der Bedeutung Jacobis, Dirichlets und Steiners gleichzeitig an ihr gewirkt haben, und er erwähnte dabei besonders auch die drei ausgezeichneten, in der wissenschaftlichen Welt bei ihrer Habilitierung bereits wohlbekannten Privatdozenten Joachimsthal, Eisenstein und Borchardt. Auch die folgende Ära hat eine solche Dichte an Genies und Talenten aufzuweisen, wie im einzelnen im nächsten Abschnitt zu schildern sein wird.

Es sei noch an einem Beispiel gezeigt, wie gegen Ende der vierziger Jahre sich auch in der Thematik der Vorlesungen das Nebeneinander der Vertreter der alten Richtung und der neuen Berliner Blüte widerspiegelt. Für das WS 1848/49 wurden u. a. angekündigt:

Dirksen:	Summierung unendlicher Reihen.
Jacobi:	Elliptische Funktionen.
Gruson:	Elemente der Differential- u. Integral-Rechnung.
Dirichlet:	Potentialtheorie.
Ohm:	Fakultäten.
Steiner:	Die wesentlichen Eigenschaften der Kegelschnitte und einiger anderer Kurven, synthetisch und elementarisch entwickelt.

Dieser Ausschnitt spricht für sich.

Bevor in die folgende Periode eingetreten wird, muß noch der Ereignisse des Jahres 1848 und der Rolle, die die Mathematiker dabei gespielt haben, gedacht werden; denn gerade die bedeutenden haben aktiven Anteil an den Geschehnissen genommen, was später — etwa bei der Revolution von 1918 — nicht wieder in diesem Maße geschehen ist.

---

1) Unter den von Dirksen begutachteten Dissertationen verdient die A. Göpels (s. 12.3., Nr. 8) hervorgehoben zu werden. Göpel wurde später durch die nach seinem Tode 1847 erschienene Arbeit bekannt, in der er, unabhängig von dem Jacobi-Schüler Rosenhain, aber in den Hauptresultaten mit diesem übereinstimmend, das Umkehrproblem der hyperelliptischen Integrale für $p = 2$ löste. — Erwähnt sei ferner, daß Dirksen gelegentlich Vorlesungen über Differenzenrechnung (z. B. SS 1841) gehalten hat. Einen Nachfolger erhielt Dirksen nicht; seine Stelle blieb unbesetzt. — Über die vorwiegend von Dirksen gestellten, nicht besonders bemerkenswerten Preisaufgaben dieser Periode s. 12. 5.

2) A. L. Crelle an Karl Frh. v. Altenstein. 11. 1. 1832 (W. Lorey 1916. S. 70).

3) K. Schröder 1960. S. 6—7.

4) Am 6. 7. 1882 (P-3-7. Bl. 288).

4.8. Die Mathematiker und die Märzrevolution 1848

Die bürgerliche Revolution von 1848/49, die ihren Höhepunkt in Deutschland in der Berliner Märzrevolution mit dem bewaffneten Aufstand am 18. und 19. 3. 1848 fand, stieß in ihren Tendenzen zur Erringung demokratischer Freiheiten auf einen starken Widerhall bei den Intellektuellen. Dabei machten auch die Mathematiker keine Ausnahme. Von Dirichlet stammt das Wort, ein Mathematiker könne nur Demokrat sein[1]), wobei jedoch hinzuzufügen ist, daß damals Demokrat keineswegs unbedingt mit Republikaner identisch war, sondern auch der für eine konstitutionelle Monarchie Eintretende unter den Sammelbegriff des Demokraten fiel. So haben der demokratischen Bewegung von 1848/49 fast alle bedeutenden Mathematiker Deutschlands, von Gauß einmal abgesehen, zustimmend gegenübergestanden, teilweise haben sie sich aktiv an ihr beteiligt; Jacobi beispielsweise relativ weit links, Dirichlet und Weierstraß in der gemäßigten Mitte, Kummer mehr rechts, aber alle im Ziel einer Konstitution einig.

Um mit Kummer und Weierstraß anzufangen, die zwar noch nicht in Berlin waren, aber die folgende Ära in Berlin bestimmten, und deren Erwähnung zugleich einen Übergang zum nächsten Abschnitt bilden kann: Weierstraß, damals noch in Deutsch-Krone als Lehrer, hatte vom Zensor die Aufsicht über den belletristischen Teil des Lokalblättchens übertragen bekommen. Wie er später erzählt hat, bereitete es ihm ein besonderes Vergnügen, unter den Augen des stockkonservativen Zensors den Abdruck der Freiheitslieder von Georg Herwegh durchgehen zu lassen[2]). Kummer, Ordinarius in Breslau, trat Ende April und Anfang Mai als Volksredner auf Wahlversammlungen auf, um, wie er selbst seinem Freund Kronecker schrieb[3]), „den Arbeitern zu zeigen, was sie seit dem 18. März wirklich erreicht hätten, und ihnen Vertrauen zu der gegenwärtigen Regierung einzuflößen". Obwohl er betonte, daß es ihm um eine „freisinnige konstitutionelle Monarchie" ging, fügte er hinzu, daß ihm die Demokraten, sofern sie nur nicht offen oder heimlich gegen das Königtum aufträten, lieber wären als jene Philister, die an den Wahlen keinen Anteil nähmen.

In Berlin war Eisenstein der einzige Mathematiker, der während des Aufstandes ernstlich in Mitleidenschaft gezogen wurde. Seine eigene Aussage ist so eindrucksvoll, daß sie hier auszugsweise wiedergegeben sei[4]):

„Ich hatte mich in der Nacht vom 18. zum 19. in das Haus an der Friedrich- und Krausenstraße-Ecke geflüchtet und befand mich darin, als die Soldaten eindrangen, um sich derer zu bemächtigen, welche von dorther geschossen hatten. Ich selbst gehörte durchaus nicht zu diesen. Dessen ungeachtet und obgleich ich versicherte, ein friedlicher Lehrer in hiesiger Universität zu sein, nahm man mich ohne weiteres mit, unter der Versicherung, daß ich, wenn ich unschuldig wäre, bald freigelassen werden sollte. Als wir an die Ecke der Leipziger Straße gekommen waren, trat uns ein Soldat mit gezogenem Säbel entgegen und gab mir weit ausholend mit aller Kraft einen starken Säbelhieb auf den Rücken, daß ich von der Wucht des Schlages und von Schmerz überwältigt in die Mitte eines Soldatentrupps hineinstürzte. Hier wurde ich mit heftigen Kolbenstößen von allen Seiten empfangen, so daß ich sofort niedersank und in der Meinung, man wolle mich todt schlagen, die Hände bittend ausstreckte, denn ich war unfähig zu sprechen. Nichts desto

---

1) L. Koenigsberger 1919. S. 62.

2) E. Lampe 1899. S. 38.

3) E. E. Kummer an L. Kronecker. Breslau, 5. 5. 1848 (K. Hensel 1910. S. 82—83).

4) G. Eisenstein 1848. S. 130—131.

weniger fuhr man fort, mit den Kolben auf mich zuzuschlagen, und unter fortwährenden Stößen gegen meinen Kopf, den Rücken, die Seiten, kurz alle Körpertheile, kroch ich gewissermaßen einem Platz zu, auf welchem sich bereits mehrere andere Gefangene befanden."

Der ohnehin kranke Eisenstein wurde dann mit seinen Leidensgefährten vom Brandenburger Tor über Charlottenburg nach Spandau getrieben. Er beschreibt die furchtbaren Qualen, die ihnen die Begleitmannschaft in Form von Prügel, Beschimpfungen, Drohungen, Anspucken, Tritten, Verhöhnungen, Haarausreißen usw. zufügte, und setzt hinzu[1]): „Diese ganze Quälerei trug nicht den Charakter der Aufgebrachtheit, des Zornes, sondern eines teuflischen Hohnes, der oft in boshaften Späßen hervorbrach."

Eisenstein hatte das zusätzliche Unglück, in der letzten Reihe und zeitweise neben einem Schwerverwundeten zu marschieren.

„Demselben war von einem Säbelhiebe die Kopfhaut auf einer Seite gänzlich gespalten und theilweise abgelöst. Das Blut lief in Strömen auf meinen Arm herab. So oft ich, um die klebrige Flüssigkeit von der Hand zu entfernen, den Arm meines Gefährten losließ, wurde ich mit Kolbenstößen genöthigt, ihn sogleich wieder zu ergreifen."

Folternde Ungewißheit und beständige Todesfurcht kamen noch zu den körperlichen Leiden hinzu. Er schließt seinen Bericht mit den Worten[2]):

„Bei der Erinnerung an jenen furchtbaren Morgen aber frage ich mich erstaunt: wie waren im 19-ten Jahrhundert, inmitten einer so aufgeklärten Nation, von seiten eines so wohl disciplinirten und bis dahin so hochgestellten Wehrstandes diese Barbareien möglich?"

Im November 1848 schrieb Eisenstein denn auch an seinen Freund M. A. Stern in Göttingen, Stern habe das Angenehme der Freiheit genossen, er, Eisenstein, „habe nur das Bittere von der Freiheit zu kosten bekommen"[3]). Er habe sich nicht im mindesten tätig in die Politik gemischt, wohl aber einige Male Clubs besucht, wie das jeder tat, ohne indessen Reden zu halten. Trotzdem sei er, gewiß infolge von Verleumdungen, von den Räten des Ministeriums als Republikaner bezeichnet worden. Die Folge war, daß sein „Gnadengehalt" von 500 auf 300 Taler herabgesetzt und erst nach langen Bemühungen Humboldts wieder auf 400 Taler jährlich erhöht wurde. Charakteristisch ist ein Brief Humboldts vom September 1848[4]), in dem es heißt:

„Ich weiß, daß in den Aufregungen des Frühjahrs Dr. Eisenstein in dem ‚politischen Club' gesehen worden ist, als Zuhörer, nicht als Redner. Er hat sich von dem Club getrennt, so bald er den Namen des ‚democratischen' angenommenen und republikanischer Tendenzen beschuldigt worden ist. Der junge Mann hat die größte Offenheit in seinen Verhältnissen zu mir. Ich bin fest überzeugt, daß er fern von allen politischen Wühlereien lebt, ganz seinen Arbeiten ergeben. Das schließt bei ihm und *bei mir, seit 58 Jahren* nicht die Vorliebe für freie constitutionelle Verfassungen aus und ist in Ihren edelmüthigen Gesinnungen nicht strafbar."

Von Dirichlet wissen wir, daß er am Palais des Prinzen Wilhelm von Preußen (des späteren Wilhelm I.), das zum „Nationaleigentum" erklärt worden war, Wache gestanden hat[5]), und nach Einsetzen der Reaktion soll zeitweilig die Gefahr seiner Ver-

[1]) ebd. S. 133.
[2]) ebd. S. 134–135.
[3]) A. Hurwitz 1895. S. 192.
[4]) A. v. Humboldt an A. v. Ladenberg. 15. 9. 1848 (K.-R. Biermann 1959b. S. 120).
[5]) W. Ahrens 1927. S. 40. – Vgl. auch die Erwähnung Dirichlets im Brief von A. Overweg an G. Hertz. 24. 3. 1848 (F. Hasselberg 1939. S. 126).

haftung bestanden haben[1]). Seine freie und demokratische Gesinnung ist bekannt. Auch Steiner hat aus seinem Herzen keine Mördergrube gemacht. Er wurde daher in das „schwarze Buch" der politischen Polizei aufgenommen[2]). Sein republikanisches Selbstbewußtsein hat er nie verleugnet. „Ganz Berlin wußte, daß Steiner sagen durfte, was jeder andere königliche Beamte auszusprechen sich gescheut hätte"[3]), und es liegt die Vermutung nahe, daß auch dieser Freimut es war, der seiner Beförderung zum Ordinarius im Wege stand. Jede seiner Geburtstagsfeiern (Steiner war am 18. März geboren) wurde nach 1848 als eine Demonstration angesehen[4]).

Die Rolle, die das größte Aufsehen erregte, hat Jacobi gespielt. Seine Beweggründe für politische Betätigung hat er in einem Brief an seinen Bruder M. H. Jacobi dargelegt[5]): „Schon Cicero schreibt den Untergang des römischen Staates daher, daß sich die anständigen Leute zurückzögen und andern das Feld überließen." So ließ er sich denn von dem Meteorologen H. W. Dove am 21. April ohne Mühe bewegen, im „constitutionellen Club" (eine gegenüber dem bei Eisenstein genannten „politischen Club" gemäßigtere Vereinigung) eine Rede als Bewerber für eine Stelle auf dem Vorschlag des Klubs für geeignete Kandidaten zu den Wahlen am 1. Mai zu halten[6]). Jacobi sprach glänzend und erntete stürmischen Beifall. Er „rühmte die Minister als edle und ehrliche Männer, im Finanzfach ausgezeichnet, wünschte aber, daß sie sich durch einen Politiker ergänzten". Er setzte hinzu, daß auch „bei dem Namen einer Republik" ihn „keine Gänsehaut" überliefe. Damit war er bei der Reaktion eindeutig als Republikaner abgestempelt. Jacobi als Person beschäftigte dann den Klub noch mehrere Sitzungen hindurch. Insbesondere mußte Jacobi sich vorwerfen lassen, er habe sich an den König herangedrängt, er habe sich früher von der liberalen Bewegung in Königsberg ferngehalten und sei politisch indifferent gewesen, er habe von früherer Servilität eine Schwenkung zum Jakobinismus vollführt, es fehle ihm an Konsequenz, an politischem Charakter. Jacobi gelang es nach wechselvollen und äußerst erregten Debatten, auf der Kandidatenliste des Klubs zu bleiben, was jedoch keinerlei praktische Folgen hatte. Das Aufsehen indessen, das seine eindrucksvollen und deshalb von der Reaktion für desto gefährlicher gehaltenen Reden[7]) gemacht haben, fand nicht nur in der Tagesliteratur, sondern auch in der politischen Satire vielfältiges Echo[8]). Da er sich noch Anfang 1849 entschieden gegen „die Schmach des Belagerungszustandes" gewandt hat[9]), nimmt es nicht wunder, daß er sogar nach seinem — der politischen Polizei ganz entgangenen — Tode in jenem „schwarzen Buch" unter den „einer strengeren Überwachung Bedürfenden, großentheils gefährlichen Subjekten" (im Gegensatz zu Steiner, der den „Männern von Intelligenz und Gesittung", auf die nur „aufmerksam gemacht werden solle", zugerechnet wurde) figurierte[10]) und daß er vorher finanziellem Druck ausgesetzt

---

[1]) W. Ahrens 1907a. S. 8.
[2]) ebd.
[3]) J. H. Graf 1897. S. 18.
[4]) C. F. Geiser 1874. S. 3.
[5]) C. G. J. Jacobi an M. H. Jacobi. 20. 6. 1848 (W. Ahrens 1907b. S. 190).
[6]) W. Ahrens 1907a. S. 11.
[7]) ebd. S. 27.
[8]) ebd. S. 39—40.
[9]) ebd. S. 41, Anm. 4.
[10]) ebd. S. 8 u. 41.

worden war, dem er nur dank der schon erwähnten Intervention Humboldts entging. Bemerkenswert ist, daß auch Jacobi sich nicht ausdrücklich als Republikaner erklärt hat und daß auch er z. B. sich gegen das gleiche Wahlrecht ausgesprochen hat[1]). Eine gewisse Inkonsequenz ist bei dem politischen Auftreten Jacobis nicht von der Hand zu weisen; diese hat auch schon den Spott Humboldts herausgefordert[2]). Jacobi selbst fühlte, wie fern er dem Volke stand[3]).

Hatte es Jacobi erst 1849 nur zum Wahlmann gebracht, so war Ohm erfolgreicher. Er hat von 1849 bis 1852 der Zweiten preußischen Kammer als ein Vertreter Berlins angehört. Du sublime au ridicule il n'y a qu'un pas —. Eisensteins Teilnahme an den Ereignissen war eine tragische, Ohms Auftreten hingegen, wie wäre es anders zu erwarten, ein mehr komisches. Dafür soll hier noch ein Beispiel angeführt werden.

Nach den stenographischen Berichten[4]) erklärte Ohm auf der Sitzung vom 29. 4. 1851 zur Feststellung einer Kommission, nach der Universitätslehrer nicht eigentlich als Staatsbeamte angesehen werden könnten, indem ihr Gehalt gering sei und sie wesentlich auf ihre Honorare (d. i. Kolleggelder) und auf ihre schriftstellerische Arbeit angewiesen seien, folgendes:

„Ich gebe zu, daß die Universitätslehrer allerdings ein sehr geringes Gehalt haben, und ich selbst bin davon ein lebendiges Beispiel. (Heiterkeit.) Dagegen habe ich mich darüber gewundert, [...] daß die Meinung sich geltend machte, daß eine wesentliche Einnahme der Professoren von den Honoraren herrühre. Es ist bekannt, daß auf allen deutschen Universitäten auf jeden Dozenten 10 Zuhörer kommen; bloß in Berlin, weil da noch 600 andere hören, die nicht immatrikuliert sind, kommen zehn und drei Viertel Zuhörer auf einen Dozenten. (Heiterkeit.) Ich überlasse es nun der geehrten Versammlung, zu berechnen, wieviel Honorar auf jeden kommt. (Heiterkeit.) Ich gebe nur dabei zu bedenken, daß es einige Matadore gibt, die 2000, 3000, 4000, ja 6000 Rtlr. Honorar einnehmen, aber die nehmen allen übrigen ihre Honorare weg! (Heiterkeit.) Was nun die schriftstellerische Tätigkeit anbetrifft, so ist es ein großer Irrthum [...] es ist ein gefährlicher Irrthum, die Professoren auf den Gewinn ihrer schriftstellerischen Tätigkeit hinzuweisen. Wer einmal um Geld schreibt, der ist verloren. (Bravo!)"

In derselben Rede sagte Ohm ferner, seine Mathematik, die einst von einem „konservativen Professor" für durchaus revolutionär erklärt worden sei, habe inzwischen „in allen Staaten Deutschlands Wurzel gefaßt, sie wird an dem größten Teile der Gymnasien Deutschlands gelehrt", und nur eine einzige Regierung, die kurhessische, habe sich gegen die Ohmsche Methode erklärt ...

Die Betätigung der Mathematiker in der politischen Arena war, alles in allem genommen, kurz, und die Hörerzahlen im SS 1848 standen nicht hinter den sonstigen zurück. Bei Dirichlet hörten 18 Studenten die Vorlesung über die Theorie der einfachen und vielfachen bestimmten Integrale. Jacobi hatte 13 Hörer in der Vorlesung über höhere Algebra, Joachimsthal zählte in jedem seiner beiden Kollegs über Theorie der Flächen bzw. Statik 11 Hörer. Und auch Eisenstein las wieder, obgleich er eine Quetschung des Schlüsselbeins davongetragen hatte und wegen der erlittenen Mißhandlungen nach

---

[1]) ebd. S. 42.
[2]) C. A. F. Peters 1860/65. Bd. 6. S. 68—69.
[3]) C. G. J. Jacobi an M. H. Jacobi. 26. 1. 1849 (W. Ahrens 1907b. S. 210).
[4]) W. Ahrens 1927. S. 39.

seiner Befreiung das Bett hatte hüten müssen[1]). Er hatte in der Integralrechnung 3 und in den Prinzipien der Mechanik 7 Hörer[2]).

So war schon kurze Zeit nach dem Märzaufstand äußerlich wieder alles beim alten, aber die Mathematiker hatten die Genugtuung, für ihre liberalen Anschauungen gelitten und gehandelt zu haben; die Leiden sollten für zwei von ihnen das Handeln noch längere Zeit überdauern: Jacobi und Eisenstein wurden empfindlich durch zeitweiligen Entzug bzw. Kürzung ihrer Bezüge getroffen[3]).

---

[1]) G. Eisenstein 1848. S. 134.

[2]) Weitere Hörerzahlen liegen für das SS 1848 nicht vor. Die angegebenen Zahlen sind den zitierten Quellen entnommen.

[3]) Anmerkung bei der Korrektur: Hingewiesen sei auf folgende, nach Abgabe des Manuskripts an den Verlag erschienene bzw. dem Verfasser nachträglich bekannt gewordene Publikationen. Zu 2.1.: Einhorn, Rudolf: Vertreter der Mathematik und Geometrie an den Wiener Hochschulen 1900—1940. Wien 1985 (Dissertationen der Technischen Universität Wien, Bd. 43/I und 43/II). Zu 3.5.: Bekemeier, Bernd: Martin Ohm (1792—1872). Universitäts- und Schulmathematik in der neuhumanistischen Bildungsreform. Göttingen 1987. (= Studien zur Wiss.-, Soz.- und Bildungsgeschichte, Bd. 4). — Folkerts, Menso: Jabbo Oltmanns (1783—1833), ein fast vergessener angewandter Mathematiker. In: Emder Jahrbuch **67**. 1987, S. 72—180.
Zu 4.4.: Pieper, Herbert: Briefwechsel zwischen Alexander von Humboldt und C. G. Jacob Jacobi. Hrsg. Berlin 1987. (= Beiträge zur Al. v. Humboldt-Forschg., Bd. 11).
Zu 4.6.3.: Biermann, Kurt-R.: Der Hochstapler F. v. Sommer in Australien. In: Spectrum **19**. 1988, H. 2, S. 34—35.

5. Die Ära Kummer – Weierstraß – Kronecker (1855–1892)

Selten begegnet dem Historiker eine solche Häufung von wichtigen Veränderungen, die sich als Zäsur förmlich anbieten, wie sie auf dem Gebiet der Berliner Mathematik in den Jahren 1855/56 eingetreten sind[1]):

- Im Mai 1855 erhält Dirichlet antragsgemäß die Entlassung aus seinen bisherigen Amtsgeschäften, um in Göttingen die Nachfolge von Gauß anzutreten;
- dem Vorschlag Dirichlets entsprechend wird Kummer als sein Nachfolger berufen;
- im gleichen Jahr beendet Kronecker seine kaufmännische Tätigkeit und zieht nach Berlin, um hier als reicher Privatgelehrter wieder ausschließlicher der Mathematik zu leben;
- im Herbst desselben Jahres stirbt Crelle, der Begründer und Herausgeber des Journals für die reine und angewandte Mathematik, des Kristallkeims und Ausdrucks der neuen Blüte der Mathematik in Berlin;
- Borchardt übernimmt die Herausgabe von Crelles Journal;
- im Juni 1856 wird Weierstraß an das Gewerbeinstitut in Berlin berufen und erhält im Oktober ein Extraordinariat an der Universität.

Aber so, wie der vorherigen Periode die Gründung von Crelles Journal vorangegangen war und auch sonst mancherlei Verknüpfungen zwischen Altem und Neuem, vor allem auf personellem Gebiet, zu konstatieren war, so sind es auch bei Beginn dieser Ära wissenschaftliche und menschliche Fäden, die die Nachfolger mit der Vergangenheit verbinden. Wenn aber damals der mathematische Ruf der Berliner Universität, eine „Berliner mathematische Schule", erst begründet werden mußte, so schließt sich jetzt die Tätigkeit der neuen Männer fugenlos an die ihrer Vorgänger an; es entsteht kein Bruch, sondern der in den letzten zwei Dezennien erworbene Ruhm wird gewahrt, ja vervielfacht.

5.1. Die Bindungen der Repräsentanten der neuen Ära an ihre Vorgänger und ihr Weg nach Berlin

Zunächst soll dargestellt werden, auf welche Weise die repräsentativen Persönlichkeiten der anbrechenden Periode nach Berlin gekommen sind, und dabei wird sich zeigen, daß es gerade die Bindungen an die hervorragenden Mathematiker der vergangenen Ära waren, die ihren Weg hierher bestimmt oder mitbestimmt haben.

---

[1]) Darauf hat schon F. Klein 1926/27. T. 1. S. 281–282, hingewiesen.

5.1.1. Borchardt

Es wurde bereits gesagt, daß Carl Wilhelm Borchardt, Schüler und Freund Jacobis, sich 1848 in Berlin habilitiert hatte. Seit dem SS 1848 hat er Vorlesungen gehalten, von denen hervorgehoben seien: Höhere Mechanik mit besonderer Rücksicht auf die Theorie der Bewegung der elastischen Körper (WS 1851/52), algebraische Analysis (WS 1849/50), elliptische Funktionen (SS 1851 u. 1855). Wie Joachimsthal hat auch Borchardt im Geiste des Königsberger Seminars in Berlin Übungen abgehalten. Der bereits zitierte spätere Pädagoge, Schul- und schließlich Ministerialrat Gruhl, der um 1855 bei Borchardt hörte, erinnert sich so daran[1]):

„Eine weitere Förderung meiner mathematischen Studien verdanke ich einem damals noch jüngeren Manne, [...] Dr. Borchardt, bei dem ich Vorlesungen über Algebra und elliptische Funktionen hörte und an mathematischen Übungen mich beteiligte. Er war ein kleines, feines Männchen, der schon in seiner äußeren Erscheinung auf Eleganz hielt, die auch einen Vorzug seiner Arbeiten und seines Vortrags bildete. In den Übungsstunden stellte er uns Aufgaben, die wir schriftlich bearbeiteten oder auch mündlich entwickelten. Bei der Verbesserung und Beurteilung unserer Leistungen fand sich wohl Gelegenheit, uns gegenseitig näher zu kommen.“

Borchardt verkörperte nicht nur die Verbindung zwischen der bisherigen und der neuen Ära, er war darüber hinaus bereits mit Weierstraß befreundet. Er verfolgte stets die mathematische Literatur mit besonderer Aufmerksamkeit und hatte sofort nach Erscheinen der Arbeit von Weierstraß „Zur Theorie der Abelschen Funktionen“ im 47. Bande von Crelles Journal (1854) Weierstraß in Braunsberg besucht, denn die Lösung des Jacobischen Umkehrproblems für die hyperelliptischen Integrale, wie sie hier zum ersten Male gegeben wurde, mußte einen Mann, der Jacobi und seiner Forschung so nahe stand wie Borchardt, auf das äußerste erregen und bewegen. Aus dieser Begegnung entstand eine innige Freundschaft, die erst mit dem Tode Borchardts 1880 erlosch. Beim Ableben Borchardts erinnerte sich Weierstraß noch des Genusses, den ihm dessen Besuch in Braunsberg bereitet hatte[2]).

Borchardt war damals kein Unbekannter, er hatte bereits durch zwei gediegene Arbeiten über das System von Gleichungen, welche in der Theorie der Säkularstörungen eine wesentliche Rolle spielen, bzw. über die Anwendung der Abelschen Integrale auf die Theorie der Kettenbrüche die Aufmerksamkeit der Fachgenossen erregt[3]). Als nun nach Crelles Tod die Gefahr drohte, daß das Journal in ungeeignete Hände fallen würde, entschloß sich Borchardt hauptsächlich auf Zureden Dirichlets, die Redaktion zu übernehmen[4]). Damit hatte die Zeitschrift den denkbar geeignetsten Herausgeber gefunden. Von den Autoren zwar wegen seiner steifen Förmlichkeit und Penibilität mehr geachtet als geliebt[5]), hat er das Journal insofern auf ein höheres Niveau gehoben, als zweitklassige Beiträge, die bei Crelle mit durchgegangen waren, nun vom Abdruck ausgeschlossen wurden. Finanziell unabhängig, konnte Borchardt durch pekuniäre Zuschüsse aus eigener Tasche dem Journal über kritische Zeiten hinweghelfen. Er wollte bereits von der Her-

---

[1]) G. Schubring 1985c. S. 154.

[2]) K. Weierstraß an H. A. Schwarz. 1. 7. 1880 (Archiv der Ak. Wiss. d. DDR, Nachlaß Schwarz).

[3]) Journal f. d. reine u. angew. Math. **30**. 1846, S. 38—45, bzw. ebd. **48**. 1854, S. 69—104.

[4]) K. Weierstraß an P. Du Bois-Reymond. 6. 6. 1875 (K. Weierstraß 1923. S. 213).

[5]) L. Koenigsberger 1919. S. 53—54.

ausgabe zurücktreten, als die Gründung der Mathematischen Annalen 1869 durch Clebsch es ihm als Ehrenpflicht erscheinen ließ, unbedingt auf seinem Platz zu bleiben[1]).

In die Akademie wurde er Ende 1855 auf Grund eines noch von Dirichlet stammenden Wahlvorschlages gewählt[2]). An der Universität hat er dann noch als Akademiemitglied bis WS 1861/1862 und nach langer, durch Krankheit bedingter Pause nochmals von WS 1877/78 bis WS 1879/80 gelesen, die letzten Semester vor allem über Determinanten und ihre Anwendungen. Eine Professur hat er nie bekommen; von einem fehlgeschlagenen Versuch Kummers in dieser Richtung wird gleich noch zu sprechen sein. An der Universität hat Borchardt also keine besonders nachhaltige Wirksamkeit entfaltet; er mußte aber als Herausgeber von Crelles Journal, das *das* Organ der Berliner Mathematiker war und blieb, und wegen seiner innigen Freundschaft mit Weierstraß vor allem, aber auch mit Kummer und Kronecker erwähnt werden, denn diese haben aus dem Freundschaftsbund, wie er damals bestand, Kraft, Anregung und Förderung erhalten[3]).

5.1.2. Kummer

Ernst Eduard Kummer wurde nicht nur auf Vorschlag Dirichlets sein Nachfolger in Berlin, er war auch in seinem Werk der Fortsetzer Dirichlets. Obwohl nur fünf Jahre jünger als Dirichlet und obgleich er nie eine Vorlesung bei ihm gehört hat, betrachtete Kummer doch Dirichlet als seinen eigentlichen Lehrer[4]). Er hat oft auf der Grundlage aufgebaut, die von Dirichlet gelegt worden war, und hat ihm neben Gauß, seinem höchsten Vorbild[5]), stets die größte Bewunderung gezollt[6]). Dirichlet seinerseits hat schon 1839 Kummer zum korrespondierenden und 1855 zum ordentlichen Mitglied der Berliner Akademie vorgeschlagen[7]). Damals, 1839, war Kummer noch Lehrer am Gymnasium zu Liegnitz, unter seinen Schülern dort stand ihm Leopold Kronecker am nächsten. Nach seinem — anfangs als Theologe begonnenen — Studium in Halle bei Scherk, dem in Berlin promovierten Mathematiker[8]), und einem Probejahr in Sorau, war Kummer 11 Jahre bis 1842 in Liegnitz Gymnasiallehrer, schon hier durch Humboldt gefördert[9]). Diese Zeit ist seine analytische Periode[10]). Im Mittelpunkt seiner funktionentheoretischen Arbeiten stand die Abhandlung über die hypergeometrische Reihe[11]), das war die, um derentwillen ihn Dirichlet zum Korrespondenten der Akademie wählen ließ. 1842 nach Breslau auf Empfehlung Dirichlets berufen, leitete er die zwei Jahrzehnte anhaltende Periode seiner zahlentheoretischen Untersuchungen ein und vollbrachte die größte Leistung, die Schöpfung der „idealen Zahlen". Etwa fünf Jahre nach seinem Ruf nach

---

[1]) K. Weierstraß 1923. S. 213.

[2]) K.-R. Biermann 1960a. S. 20—21.

[3]) H. Weber 1891/92. S. 12. — E. Lampe 1899. S. 28.

[4]) K. Hensel 1910. S. 10. — Auch familiäre Beziehungen bestanden: Kummer war in erster Ehe mit einer Kusine von Dirichlets Frau verheiratet. — Zu Kummer s. auch K.-R. Biermann 1973c.

[5]) E. Lampe 1894. S. 16.

[6]) E. E. Kummer 1860.

[7]) K.-R. Biermann 1960a. S. 9 u. 23.

[8]) s. 12.3., Nr. 2.

[9]) K.-R. Biermann 1959b. S. 98.

[10]) Diese Periodisierung, die dann von Lampe 1894 und Hensel 1910 übernommen wurde, findet sich erstmals: Berlin 1881.

[11]) Journal f. d. reine u. angew. Math. **15.** 1836, S. 39—83 u. 127—172.

Berlin setzte seine dritte und letzte Schaffensperiode ein, die, wesentlich geometrisch bestimmt, der Theorie der Strahlensysteme gewidmet war, aber auch physikalische und ballistische Probleme einschloß[1]).

Einfach und gerade, nüchtern und sachlich, konservativ auch im mathematischen Bereich, so daß ihm Weierstraß vorwarf[2]), er sei gleichgültig gegen das geworden, was in der Mathematik geschehen ist, war er andererseits ein fürsorglicher[3]) und glänzender Lehrer, wovon noch Zeugnis abzulegen sein wird.

5.1.3. Weierstraß

Der „unbestrittene Beherrscher" des späteren mathematischen „Betriebs" an der Universität[4]), Karl Weierstraß, kam durch Kummer zu seinem Extraordinariat. 1815 geboren, hatte er nach abgebrochenem Studium der Kameralistik in Bonn 1839 bei Gudermann in Münster als einziger Hörer elliptische Funktionen belegt und in seiner Staatsexamensarbeit über elliptische Funktionen den höchsten Beifall Gudermanns gefunden. Sein Lehrer bescheinigte ihm, daß er „ebenbürtig in die Reihe der ruhmgekrönten Erfinder" eingetreten sei und daß es ihm nicht zu wünschen wäre, „daß er Gymnasiallehrer werde, sondern daß günstige Umstände es dereinst ihm gestatten möchten, als akademischer Dozent zu fungieren"[5]). Vorläufig mußte Weierstraß aber doch in den Schuldienst gehen und blieb 13 Jahre in Deutsch-Krone bzw. in Braunsberg, bis die schon erwähnte Arbeit die Aufmerksamkeit der wissenschaftlichen Welt auf ihn zog. Die Universität Königsberg promovierte ihn auf Betreiben Richelots ehrenhalber, er wurde zum Oberlehrer ernannt und auf seinen Antrag hin von Michaelis 1855 ab zur Wiederherstellung seiner Gesundheit und zur Vollendung jener Arbeit über die Abelschen Funktionen[6]) für ein Jahr beurlaubt. Sicher hätte das Ministerium diese ungewöhnliche Maßnahme nicht getroffen, wenn nicht Crelle ganz von sich aus aus dem Ruhestand sich zu Wort gemeldet, den Minister zweimal nachdrücklich auf Weierstraß aufmerksam gemacht und für ihn mehr Muße für seine Forschungen erbeten hätte[7]). Das ist das letzte Mal, daß uns Crelle als Förderer junger Talente begegnet. Noch in dem gleichen Jahr, in dem er den Kultusminister mahnend an die frühzeitig zugrunde gegangenen Abel und Eisenstein erinnerte, verstarb dieser uneigennützige Freund und Helfer der Berliner (und nicht etwa nur dieser) Mathematiker[8]).

Auch Dirichlet, von Johannes Schulze um ein Gutachten gebeten, äußerte sich höchst positiv über die Leistungen von Weierstraß[9]). Er ließ aber doch einige, wenn auch nur

---

[1]) E. Lampe 1894. S. 17—18.

[2]) K. Weierstraß an S. Kovalevskaja. 27. 8. 1883 (G. Mittag-Leffler 1923a. S. 190—191).

[3]) E. Lampe 1894. S. 20.

[4]) A. Kneser 1925. S. 211. — Zu Weierstraß als Mathematiker s. P. Dugac 1973. Ferner K.-R. Biermann 1966b, 1976a; P. Ja. Kočina 1985.

[5]) Zuerst bei W. Killing 1897. S. 711. Dann öfter, zuletzt G. Mittag-Leffler 1923b. S. 21—22.

[6]) s. ob. 5.1.1. — Die Frucht des Urlaubs erschien unter dem Titel „Theorie der Abelschen Funktionen". In: Journal f. d. reine u. angew. Math. 52. 1856.

[7]) A. L. Crelle an K. v. Raumer. 27. 11. 1854 (K.-R. Biermann 1960c. S. 219) und am 4. 1. 1855 (DZA Merseburg. Rep. 76 VI, Sect. II Z, Spec. Nr. 2, Bd. 11, Bl. 1—2). — Zu den Einzelheiten der Berufung von Weierstraß nach Berlin s. K.-R. Biermann 1966a.

[8]) s. W. Eccarius 1977b.

[9]) G. L. Dirichlet an K. v. Raumer. 19. 5. 1855 (K.-R. Biermann 1965. S. 309—312).

vorsichtig angedeutete, Einschränkungen einfließen, weil noch nicht eine vollständige, allen Forderungen wissenschaftlicher Strenge genügende Begründung der von Weierstraß aufgestellten Sätze, sondern bisher nur eine vorläufige Darstellung vorliege, in der alle Zwischenentwicklungen fehlten. Indessen bliebe kaum ein Zweifel, daß alles nur Angedeutete noch vollständig begründet werden würde. Auch Dirichlet bezeichnete es als äußerst wünschenswert, daß Weierstraß bald in eine Lage komme, in der er sich ganz der Wissenschaft werde widmen können.

Als Weierstraß erfuhr, daß Kummer für Dirichlet nach Berlin gehen werde, bat er am 27. Juli J. Schulze und am 10. 8. 1855 den Kultusminister wie auch die Breslauer Fakultät um Berücksichtigung bei der Wiederbesetzung der Kummerschen Stelle in Breslau[1]). Ein sehr ungewöhnlicher Schritt, der zeigt, daß Weierstraß auf jeden Fall den Schuldienst verlassen und lieber Gefahr laufen wollte, in falschem Licht zu erscheinen, als eine Chance zu verpassen. Er hatte Erfolg; die Breslauer Fakultät setzte auf Grund des ihr mitgeteilten Dirichletschen Gutachtens Weierstraß neben Joachimsthal und Hesse auf die Vorschlagsliste. Dabei ging sie über den Antrag Kummers hinweg, Joachimsthal, Hesse und Heine vorzuschlagen, Weierstraß und Rosenhain lediglich hors de concours zu nennen[2]). Kummer gab sich nicht geschlagen; er orientierte am 14. 8. 1855[3]) Schulze und sagte in diesem Brief klar und eindeutig, daß er den „Vorschlag Weierstraß" ablehnen müsse. Das, was bisher von Weierstraß vorliege, reiche zwar aus, um den Autor zur Zierde jeder Akademie und jeder Universität zu machen, die über größere Mittel und Lehrkräfte verfüge und an der er nur solche Vorlesungen zu halten brauche, die dem Problemkreis seiner jeweiligen Untersuchungen entstammten. In Breslau aber müsse er den gesamten mathematischen Unterricht der Studenten übernehmen, und die bisherigen Leistungen böten noch nicht die nötigen Garantien, daß er zum Halten aller erforderlichen Vorlesungen in der Lage sei. Es ist anzunehmen, daß Kummer schon damals die feste Absicht hatte, Weierstraß nach Berlin zu holen[4]).

Kummers Einspruch hatte Erfolg; Joachimsthal wurde berufen. Nun begann man, sich in Österreich für Weierstraß zu interessieren. Man zog Erkundigungen über ihn bei Alexander von Humboldt ein, der unverzüglich dem Direktor des Gewerbeinstituts in Berlin, Druckenmüller, einen Wink gab. Druckenmüller gelang es unter geschickter Verwendung der ihm durch Humboldt bekannt gemachten österreichischen Intentionen rasch, Weierstraß an das Gewerbeinstitut berufen zu lassen[5]). Am 14. 6. 1856, verlieh der Handelsminister A. von der Heydt, dem die Anstalt unterstand, Weierstraß die erste mathematische Lehrerstelle am Gewerbeinstitut mit 1500 Talern Jahresgehalt und dem Professortitel. Dergestalt verdanken wir indirekt Humboldt auch noch die endliche Berufung von Weierstraß nach Berlin. Es war sein letztes Eingreifen zugunsten eines deutschen Mathematikers, drei Jahre danach starb er.

Fünf Tage vor der Ernennung von Weierstraß brachte Kummer in der Berliner

---

1) DZA Merseburg, Rep. 92, Joh. Schulze, Nr. 39. Bl. 227. — DZA Merseburg, Rep. 76 Va, Sect. 4, Tit. 4, Nr. 36, Bd. 3. Bl. 325.

2) E. E. Kummer an J. Schulze. 14. 8. 1855 (DZA Merseburg, Rep. 76 Va, Sect. 4, Tit. 4, Nr. 36, Bd. 3. Bl. 337—340).

3) ebd.

4) K. Hensel 1910. S. 12.

5) DZA Merseburg, Rep. 76 Vb, Sect. 4, Tit. 1, Nr. 1, Bd. 5. Bl. 53—56, 62, 69. — Vgl. auch E. Knobloch 1978/79.

Fakultät den Antrag[1]) ein, Weierstraß und Borchardt eine außerordentliche Professur zu verleihen (s. Kapitel 11, Dok. 3). Kummer bezog sich bei Weierstraß auf das erwähnte Dirichletsche Gutachten und ergänzte, daß die Ausführung der damals erst im Umriß angedeuteten Entdeckungen inzwischen erfolgt sei und sie die erregten hohen Erwartungen vollständig erfüllt, ja übertroffen habe. Er, Kummer, stehe nun mit ihm in wissenschaftlichem Verkehr und habe vielfach Gelegenheit gehabt, die Tiefe seiner mathematischen Gedanken, den Umfang seiner gediegenen Kenntnisse und die Klarheit seiner Mitteilungen zu bewundern. Die Fakultät erkannte zwar einstimmig an[2]), daß es in höchstem Grade wünschenswert sei, ein so hervorragendes Talent wie Weierstraß zu besitzen, aber es wurde gleichzeitig geltend gemacht, daß es doch völlig genügen würde, wenn Weierstraß nach seiner bevorstehenden Wahl in die Berliner Akademie[3]) von dem ihm in dieser Eigenschaft zustehenden Recht zum Halten von Vorlesungen Gebrauch mache. Und mit dieser weisen Feststellung vertagte sich die Fakultät.

Als neue direkte Schritte durch den österreichischen Kultusminister Graf Thun auf der Naturforscher-Versammlung in Wien im September 1856 unternommen wurden, um Weierstraß für Österreich zu gewinnen, zögerte Kummer nach der Rückkehr keinen Augenblick, wandte sich am 28. September[4]) unter Umgehung der Fakultät unmittelbar an den Minister von Raumer und bat dringend unter Hinweis auf den drohenden Verlust, Weierstraß ein zusätzliches Extraordinariat an der Universität mit einem etatsmäßigen Gehalt zu verleihen. Schon am 1. Oktober teilte von Raumer Weierstraß mit[5]), daß er beim König seine Anstellung als außerordentlicher Professor der Universität beantragt habe. Weierstraß sagte zu, und er hat später erklärt, er habe die Ablehnung der österreichischen Angebote nie bereut[6]).

Das ist die Geschichte der Berufung des 41jährigen Weierstraß nach Berlin in ihren Umrissen. Sie ist eng verflochten mit den Männern, die vor ihm oder mit ihm gewirkt haben. Wie er mit dem 39jährigen Borchardt schon befreundet war, wie er zu dem 46-jährigen Kummer rasch in freundschaftliche Beziehungen kam, so bahnte sich auch zu dem jüngsten, dem 33jährigen Kronecker, bald ein gutes Einvernehmen an. Mit Wehmut erinnerte er sich später, als es zum Bruch zwischen ihm und Kronecker gekommen war, der vielen genußreichen Stunden im wissenschaftlichen Gespräch[7]).

Ja, sogar zu Steiner, der, fast gänzlich isoliert, sich selbst mit einem „ausgebrannten Krater" vergleichend[8]), am Ende seiner Laufbahn und seines Lebens stand, fand Weierstraß einen erträglichen Modus vivendi. Er hatte schon auf dem Gymnasium in Paderborn Crelles Journal studiert, und da waren es vor allem Steiners Abhandlungen gewesen, die sein Interesse geweckt hatten[9]). Als er 1844, noch von Deutsch-Krone aus, an einem Turnkursus in Berlin teilnahm, hatte er auch bei Steiner einen Besuch gemacht[10]). Diese Aufmerksamkeit hatte ihm Steiners Wohlwollen verschafft. Bis 1873

---

1) P-6-3. Bl. 112—113.
2) S-7-3. Bl. 196.
3) Weierstraß wurde am 19. 11. 1856 ordentliches Mitglied der Berliner Akademie.
4) DZA Merseburg, Rep. 76 Va, Sect. 2, Tit. 4, Nr. 47, Bd. 3. Bl. 372—375.
5) P-3-5. Bl. 47.
6) K. Weierstraß an H. A. Schwarz. 1. 4. 1884 (Archiv der Ak. Wiss. d. DDR, Nachlaß Schwarz).
7) K. Weierstraß an H. A. Schwarz. 12. 8. 1885 (ebd.).
8) C. F. Geiser 1874. S. 36.
9) W. Lorey 1915a. S. 597.
10) W. Lorey 1916. S. 89.

hat Weierstraß siebenmal Vorlesungen über synthetische Geometrie gehalten, ein Versprechen einlösend, das er Steiner vor dessen Tode gegeben hatte[1]), und ab 1881 hat er Steiners Werke herausgegeben[2]), ebenso wie er Jacobi ein unvergängliches Denkmal durch Herausgabe seiner Werke gesetzt und wie er maßgebenden Anteil am Zustandekommen der Werkausgaben für Dirichlet und Borchardt hat[3]).

5.1.4. Kronecker

Leopold Kronecker war, wie schon gesagt, auf der Schule bereits mit seinem Mathematiklehrer Kummer befreundet, auf der Universität stand ihm sein Promotor Dirichlet am nächsten, und beiden Männern hat er sich immer im Leben wie in der Wissenschaft engstens verbunden gefühlt. Mit Dirichlet in Göttingen hat er in fortgesetztem Briefwechsel gestanden und sich oft mit ihm getroffen; mit Kummer korrespondierte er schon seit 1842. Er bezeichnete sich gern als Schüler Dirichlets, aber „so weit Kronecker Schüler war, war er der Schüler von Kummer“[4]).

Kronecker hatte sich nach dem Studium (in Berlin bei Jacobi, Steiner und vor allem Dirichlet, in Bonn, in Breslau bei Kummer und dann wieder in Berlin, wo er auch die Bekanntschaft Humboldts machte[5])) auf Wunsch seines Vaters der Verwaltung eines Gutes und der Liquidation eines Bankgeschäftes widmen müssen. Aber er setzte seine mathematischen Studien fort und blieb insbesondere mit Kummer im wissenschaftlichen Briefwechsel. Finanziell völlig unabhängig, zog er 1855 nach Berlin, um dort im Kreise kongenialer Freunde seine Gedanken zu entwickeln und seine Ideen auszutauschen. „Unersättlich in seiner Lust an wissenschaftlichem Gespräch konnte er den, der ihm mit Verständnis zuhörte und auf seine Ideen einging, bis in die tiefe Nacht hinein festhalten, und wen er nicht zu überzeugen vermocht hatte, der durfte sicher sein, schon am nächsten Morgen ein Schreiben über den besprochenen Gegenstand vorzufinden“[6]). Hatte er schon kurz vor seiner Übersiedlung nach Berlin mit wissenschaftlicher Publikation wieder begonnen, so folgte vom neuen Wohnsitz aus in schneller Folge eine große Anzahl von Arbeiten, die sich in der Zahlentheorie, in der Theorie der elliptischen Funktionen und in der Algebra bewegten und insbesondere diejenigen Gebiete betrafen, in denen sich der innere Zusammenhang dieser Disziplinen offenbart[7]). Derart errang er sich schnell einen hervorragenden Ruf, und schon 1860 schlug ihn Kummer, assistiert von Borchardt und Weierstraß, zum ordentlichen Mitglied der Berliner Akademie vor. Nach seiner Wahl begann Kronecker, von Kummer dazu veranlaßt[8]), als lesendes Akademiemitglied im WS 1861/62 seine Vorlesungen. Von da ab datiert seine sich über 30 Jahre erstreckende Verbindung zur Universität.

Neben dem zurückhaltenden und gemessenen Borchardt, dem disziplinierten und pflichtbewußten Kummer, dem kritischen und tiefen Denker Weierstraß war es der temperamentvolle und vielbewegliche Kronecker, der das mathematische Leben in Ber-

---

[1]) H. Schubert 1897. S. 230. — W. Ahrens 1907. S. 45.

[2]) J. Steiner 1881/82.

[3]) C. G. J. Jacobi 1881/91. — G. L. Dirichlet 1889/97. — C. W. Borchardt 1888.

[4]) G. Frobenius 1893. S. 8. — Zu Kronecker s. auch K.-R. Biermann 1973b, 1985c.

[5]) H. Weber 1891/92. S. 7.

[6]) ebd. S. 9.

[7]) Vgl. K.-R. Biermann 1960a. S. 31—34.

[8]) P-3-7. Bl. 290.

lin bestimmte und ihm Farbe gab. Hinter ihnen traten Ohm, der zu ihnen ebensowenig wie früher zu Dirichlet, Jacobi oder Steiner Fühlung hatte, und die beiden Privatdozenten Arndt und Hoppe, die sich nicht lange vor Dirichlets Ausscheiden habilitiert hatten, völlig zurück.

5.2. Die Privatdozenten Arndt und Hoppe

Arndt starb bereits, als Kummer und Weierstraß eben dabei waren, den Höhepunkt ihres Wirkens in Berlin zu erreichen. Hoppe aber hat nicht nur diese Ära vom ersten bis zum letzten Tag mitgemacht, er hat noch bis zur Jahrhundertwende gewirkt. Er stand aber immer allein, hatte gar keinen Anteil an dieser Blütezeit der Mathematik, war eine solche Ausnahmeerscheinung, daß es gerechtfertigt erscheint, auch über ihn an dieser Stelle zu sprechen unter dem Gesichtspunkt, daß er wie Arndt von Kummer, Weierstraß und Kronecker schon vorgefunden wurde.

5.2.1. Arndt

Friedrich Arndt hatte in Greifswald studiert und promoviert und war anschließend ab 1845 acht Jahre im höheren Schuldienst in Stralsund tätig. 1853 habilitierte er sich in Berlin[1]), nachdem Dirichlet einen sehr anerkennenden Bericht über seine wissenschaftlichen Leistungen vorgelegt hatte. Auch im Kolloquium wurde seinen Kenntnissen, Einsichten und seinem Scharfsinn ein gutes Zeugnis erteilt. Seine Vorlesungen richteten sich vorzugsweise an die Neuimmatrikulierten und wollten den Übergang von der Schul- zur Hochschulmathematik erleichtern, die Studenten zum Verständnis der höheren Vorlesungen vorbereiten. Es ist anzunehmen, daß er in seiner eigenen Laufbahn das Bedürfnis nach solchen vermittelnden bzw. einführenden Lektionen festgestellt hatte. Seine Vorlesungen wurden denn auch gern gehört und erfreuten sich zunehmender Frequenz. Als Arndt daher am 27. 4. 1861 den Antrag stellte, ihm ein Extraordinariat zu verleihen, unterstützte die Fakultät sein Gesuch dem Ministerium gegenüber[2]). Er wurde auch im nächsten Jahr zum außerordentlichen Professor ernannt, starb aber schon vier Jahre später 1866. Im WS 1860/61 hatte Arndt z. B. in der Differentialrechnung 38, im SS 1861 in der analytischen Geometrie 24 Hörer. Nach seinem Tode sah sich die Fakultät, die sich fünf Jahre zuvor bei der Befürwortung von Arndts Beförderungsgesuch prinzipiell gegen eine Vermehrung der Extraordinarien ausgesprochen hatte, veranlaßt, das Ministerium zu bitten, Arndts Gehalt für einen Nachfolger zu reservieren, um wieder einen Dozenten besolden zu können, der wie sein Vorgänger die Studenten in das tiefere Studium der Mathematik einführe. So hat sich aus der Initiative eines einzelnen allmählich eine stehende Einrichtung entwickelt. Arndts Nachfolger wurde Lazarus Fuchs, auf den jedoch an anderer Stelle zurückzukommen sein wird.

5.2.2. Hoppe

Ein Einsiedler und Sonderling war Reinhold Hoppe. Er lebte gewissermaßen neben den Koryphäen der Mathematik an der Berliner Universität als ein isolierter Einzelgänger in geradezu trostloser finanzieller Lage. Nach dem Studium in Kiel, Greifswald

[1]) s. 12.4., Nr. 12.
[2]) P-6-3. Bl. 298—300.

und Berlin war er zunächst als Lehrer für Mathematik und Englisch tätig und promovierte 1850 in Halle. 1853 habilitierte er sich in Berlin[1]), wobei Dirichlet an seinen Arbeiten gute, selbständige Gedanken hervorhob, ihm in gewissem Umfang Geschick und Eleganz attestierte und ihn als einen in der Handhabung der Methoden der Analysis geübten Gelehrten anerkannte[2]), der auch von A. F. Möbius in Leipzig geschätzt werde.

Mangelnde Lehrbefähigung ließ ihn jedoch an der Berliner Universität nicht festen Fuß fassen, so daß er 1858/59 in den Schuldienst zurückzukehren suchte. Nach dem Scheitern dieser Absicht blieb er als Privatdozent (ab 1870 mit dem Prädikat Professor) an der Universität Berlin bis zu seinem Tode. Fast ohne Hörer in dürftigsten Verhältnissen lebend, auf Remunerationen angewiesen, erfreute er sich dank seiner Aufrichtigkeit, Ehrenhaftigkeit, Unabhängigkeit des Urteils, Selbstgenügsamkeit und seinen unbeirrbaren wissenschaftlichen Bestrebungen allgemeiner Achtung. Von 1872 bis zu seinem Tode gab Hoppe das von J. A. Grunert gegründete Archiv der Mathematik und Physik heraus, in dem er selbst 195 Arbeiten publizierte. Seine gediegenen Beiträge zur Analysis, Algebra, Zahlentheorie, Wahrscheinlichkeitsrechnung und vor allem zur Differentialgeometrie, zur analytischen Mechanik und mathematischen Physik zeichnen sich durch Vielseitigkeit der Interessen aus, haben aber keinerlei tiefergehende Wirkung ausgeübt. Hier wie in seinen zahlreichen, teilweise äußerst kritischen Rezensionen äußert sich nicht selten sein Unvermögen, in fremde Gedanken einzudringen, und mit zunehmendem Alter Ignorierung der Fortschritte der Mathematik. Ganz in seinem eigenen Ideenkreis lebend, verharrte Hoppe in starrem Ernst auf dem von ihm aus den Schriften C. G. J. Jacobis gewonnenen Standpunkt. Mehrfach bewarb er sich um ein Extraordinariat, aber regelmäßig lehnte die Fakultät eine Unterstützung seiner Gesuche ab, wobei sie stets sein gründliches Wissen, sein fleißiges Streben und seinen ehrenvollen Charakter hervorhob, aber auch immer auf das Fehlen des erforderlichen Lehrtalents hinwies[3]).

Als die Nachfolge Arndts zur Diskussion stand, bezeichnete Kummer Hoppe als „durchaus ungeeignet" und bestand darauf, daß dieser Passus in die Eingabe an das Ministerium aufgenommen wurde[4]). Später war die Fakultät in ihrer Ausdrucksweise Hoppe gegenüber konzilianter, in der Sache aber unverändert ablehnend. Dafür schloß sie häufig Hoppe bei Gelegenheit der seit 1845 üblichen Beantragung von jährlich einmaligen außerordentlichen Unterstützungen von bedürftigen Privatdozenten (75 Taler) ein. Es wurde ihr jedoch im Laufe der Jahrzehnte peinlich, Hoppe je nach steigender oder sinkender Hörerzahl zu einer solchen „Remuneration" vorzuschlagen oder ihn von der Liste auszuschließen[5]). Sie hat daher mehrmals für den schon betagten Mann um eine ständige Unterstützung gebeten, die wenigstens seine elementaren Lebensbedürfnisse sichere[6]). Als Hoppe 1875 bei der Neubesetzung zweier freier Extraordinariate wieder einmal übergangen werden mußte, bat die Fakultät auf Vorschlag von Weierstraß, Hoppe künftig eine stehende jährliche Unterstützung von 1000 Mark zu zahlen[7]).

---

[1]) s. 12.4., Nr. 13.

[2]) P-6-4. Bl. 180—181.

[3]) z. B. P-6-4. Bl. 215. 303—304. — P-3-7. Bl. 117.

[4]) P-3-6. Bl. 132 bzw. 133—134.

[5]) P-6-4. Bl. 180—181.

[6]) ebd.

[7]) P-6-4. Bl. 303—305.

Der Minister Falk lehnte am 23. 12. 1875 ab; es stünden nicht nur prinzipielle Bedenken entgegen, sondern es seien auch keinerlei Fonds für einen solchen Zweck vorhanden[1]). Ja, als 1896 für Hoppe die nun schon zur Tradition gewordene Remuneration beantragt wurde, lehnte das Ministerium den Vorschlag ab, da Hoppe im Monat zuvor zu seinem 80. Geburtstag eine außerordentliche Zuwendung von 1000 Mark erhalten habe[2]) ... So mußte denn Hoppe ständig unter drückendsten Sorgen leben, was er aber mit Gleichmut und Gelassenheit ertragen hat[3]). Hoppe ist nicht nur wegen seiner langen Vorlesungstätigkeit erwähnenswert (er hat nach Ohm das höchste Dienstalter aller Berliner Mathematikdozenten erreicht), sondern noch aus einem anderen Grunde.

Er hatte schon 1853 die Venia legendi auch für Philosophie beantragt; sie wurde ihm verweigert. 1870 erneuerte Hoppe seinen Antrag, auch philosophische Vorlesungen halten zu dürfen; er betrachte Mathematik und Philosophie als so eng zusammengehörig, daß er im Ausschluß der einen eine Beschränkung der anderen erblicken müsse[4]). Seine eingereichte Probeschrift „Über die Bedeutung der psychologischen Begriffsanalyse"[5]) bewog die Fakultät nicht, von ihrem Beschluß von 1853 abzugehen und die Lehrerlaubnis zu erweitern. Hoppe gab sich damit nicht zufrieden, sondern reichte eine neue Arbeit ein, „Überwegs Kritik der Berkeleyschen Lehre"[6]). Diesmal fand er in A. Trendelenburg einen beredten Fürsprecher, der in seinem Gutachten vom 7. 2. 1871 u. a. folgendes ausführte:

„In der Geschichte der Wissenschaften wie des Universitätsunterrichts haben Mathematik und Philosophie sich vielfach berührt. Der Zusammenhang liegt in der Sache. Wenn dem Dr. Hoppe philosophische Vorlesungen gelingen, so regt er unter den Studirenden eine andere Art der Betrachtung an [...], einer solchen ähnlich, welche heute in England Anhänger hat. Wenn er des Erfolgs entbehrte, so hätte ihn wenigstens der Versuch befriedigt. Ob die Sache ihn fördert, fragt sich, aber ich sehe keinen Nachtheil in der Gewährung des Gesuchs."

Das gab den Ausschlag. Die Fakultät willigte nun in die Ausdehnung der Venia legendi auf die Philosophie ein, und zwar ohne Beschränkung, während anfangs dafür plädiert worden war, ihm nur Vorlesungen über Logik und Psychologie zu gestatten.

Aber auch in seinen philosophischen Vorlesungen blieben die Hörer aus. In seinen regelmäßigen mathematischen Kollegs las Hoppe Differentialrechnung und Reihentheorie, analytische Geometrie, Integralrechnung, elliptische Funktionen, analytische Mechanik. Die Zahl seiner Hörer betrug 3, manchmal 6 bis 7, selten stieg sie über 10, und das in einer Zeit, in der bei Kummer und Weierstraß 200 und mehr Hörer eingeschrieben waren. Den Grund für den mangelnden Lehrerfolg Hoppes entnehmen wir einer Erinnerung E. Lampes, der im SS 1862 elliptische Funktionen bei Hoppe gehört hatte[7]):

„Wie verlegen schob er sich durch die nur halb geöffnete Türe; ohne einen Blick auf die Hörerschaft zu werfen, bestieg er das Katheder, entnahm der Rocktasche das sehr sorgfältig ausgearbeitete Manuskript, wandte den Hörern den Rücken zu, um, aus den damals schon vergilbt

---

1) ebd.
2) E. Lampe 1901. S. 47.
3) G. Schubring 1985c. S. 155—156.
4) Der Vorgang der Erweiterung der Venia legendi nach P-6-4. Bl. 201—207.
5) Bergmanns philos. Monatsh. 1868.
6) ebd. 1869 u. 1871.
7) E. Lampe 1901. S. 47. — Zu Hoppe s. auch K.-R. Biermann 1972.

aussehenden Blättern lesend, die Formeln an der Wandtafel niederzuschreiben. Der freien Rede gar nicht mächtig, konnte er in der Eintönigkeit des so gesprochenen Vortrags die Studenten nicht fesseln. [...] Bald blieb ich mit nur noch einem Hörer zurück, [...] und ich muß bekennen, daß der Inhalt der nach Jacobis Muster gehaltenen und von mir ausgearbeiteten Vorlesung durchaus gediegen war."

So verharrte denn Hoppe außerhalb des mächtig dahinströmenden mathematischen Lebens, ein Eigenbrötler und Sonderling, anfangs geduldet, später geachtet und schließlich geehrt wegen seiner unerschütterlichen Liebe zur Wissenschaft, die Gehenden und Kommenden überdauernd, ein geräuschloser, permanenter Bestandteil der Dozentenschaft, dessen Tod trotzdem und deshalb eine Lücke riß.

5.3. Die Zeit bis zur Beförderung von Weierstraß zum Ordinarius (1856—1864)

Die gesonderte Behandlung der Anfangsperiode der Wirksamkeit von Kummer und Weierstraß leitet ihre Berechtigung daraus ab, daß Weierstraß erst allmählich die Meisterschaft erreichte, die seine Vorlesungen zu einem Anziehungspunkt ersten Ranges machte, und zudem in dieser Zeit einige Vorbedingungen wie die Gründung des Mathematischen Seminars geschaffen wurden, die Kummer wie Weierstraß und später Kronecker es ermöglichten, ihre Kräfte als Hochschullehrer zur vollen Entfaltung zu bringen. Zunächst ging es Weierstraß so wie ehedem Dirichlet; er war Extraordinarius und damit allen den Einschränkungen unterworfen, die den außerordentlichen vom ordentlichen Professor trennten.

5.3.1. *Die Vorlesungen von Kummer und Weierstraß*

Nachdem Kummer als Lehrer schon in Liegnitz mit seiner erwähnten Arbeit über die hypergeometrische Reihe Aufsehen und Ruhm errungen hatte (Jacobi soll beim Empfang der Abhandlung, die ihm der gerade seine militärische Dienstzeit ableistende Autor zusandte, gesagt haben, wenn schon die Soldaten solche ausgezeichneten Arbeiten schrieben, dann möchte er einmal die der Unteroffiziere sehen[1])), eröffnete er in Berlin seine Vorlesungen gerade mit diesem Thema, insbesondere die mit der hypergeometrischen Reihe zusammenhängenden bestimmten Integrale betrachtend. Überhaupt hat er *bis* zur Gründung des Mathematischen Seminars die öffentlichen Vorlesungen der Wiedergabe seiner eigenen Forschungsergebnisse vorbehalten und seine Studenten zu weiterführenden Untersuchungen auf den betreffenden Gebieten angeregt. *Nach* der Gründung des Mathematischen Seminars hingegen hat Kummer diese Art der Thematik in den Vorlesungen ganz fallengelassen und ausschließlich im Seminar über aktuelle Fragen gesprochen, während er dann in seinen Vorlesungen nur vollständig abgeschlossene Gebiete der Mathematik behandelte. In der Anfangsperiode aber finden wir Vorlesungen wie Theorie der elliptischen Funktionen (WS 1856/57), Theorie der komplexen Zahlen (SS 1857 u. SS 1859), ausgewählte Abschnitte aus der Algebra (WS 1857/58 und SS 1858), Aufgaben aus der Physik und Mechanik (SS 1860), die Dirichletschen Methoden der Anwendung der Analysis auf die Zahlentheorie (SS 1861). Daneben zeichnet sich auch bereits der Zyklus zweijähriger Kursvorlesungen ab, der nachher ausschließlich

---

[1]) K. Hensel 1910. S. 10.

zum Gegenstand seiner Vorlesungen gemacht wurde und über den noch berichtet werden wird. Kummer hatte bereits eine lange Praxis als Universitätslehrer; er sprach klar, ruhig, sorgfältig vorbereitet. Ganz anders verhielt es sich mit Weierstraß. Er hatte in jener Zeit durchaus noch nicht die Beherrschung des Vortrags erreicht, die er später besaß. Das geht sowohl aus unveröffentlichten Erinnerungen von E. Gieseler[1]) an seine Tätigkeit am Gewerbeinstitut wie aus den Berichten Leo Koenigsbergers über die Vorlesung von Weierstraß an der Universität über die Theorie der elliptischen Funktionen im SS 1857 hervor: Von imponierender äußerer Erscheinung, war Weierstraß fast immer befangen und verlegen, seine Ausarbeitungen gerieten während des Vortrages in Unordnung, und die Vorlesungen erlitten mancherlei Unterbrechungen; die ohnehin geringe Zahl der Hörer schrumpfte allmählich auf vier bis fünf zusammen[2]). Zur gleichen Zeit hatte Kummer schon etwa 40 bis 50 Hörer[3]). Es geschah nicht selten, daß Weierstraß sich versah, dann ganze Stücke seiner Ausführungen zurücknahm und in der nächsten Vorlesung erneut behandelte[4]). Aber Ursprünglichkeit und Tiefe der Gedanken sowie Reichtum an Gesichtspunkten zeichneten seine Vorlesungen bereits in dieser ersten Zeit aus, überall schöpfte er aus seinem eigenen Ideengut. Er begann seine Vorlesungen im WS 1856/57 mit ausgewählten Kapiteln der mathematischen Physik. Im WS 1857/58 las er neben Anwendungen der elliptischen Funktionen (eine Vorlesung, die später fester Bestandteil im Kreislauf seiner mehr oder weniger regelmäßig sich abwechselnden Kollegs wurde) über Theorie und Anwendung der trigonometrischen Reihen und bestimmten Integrale, welche zur Darstellung willkürlicher Funktionen dienen. An diese Vorlesung erinnerte sich Weierstraß 1885 mit folgenden Worten[5]):

„Ich habe hier einmal, in meinem dritten Semester eine Vorlesung über die Anwendung der Fourierschen Reihen und Integrale auf mathematisch-physikalische Probleme gehalten. Der Mangel an Strenge aber, den ich in allen mir zugänglichen einschlagenden Arbeiten wahrnahm, und die Fruchtlosigkeit meiner damaligen Bemühungen, diesem Mangel abzuhelfen, haben mich so verdrossen, daß ich niemals das Colleg noch einmal zu lesen mich entschließen konnte."

Diese Ausführungen sind hier deshalb von Interesse, weil wir aus ihnen unmittelbar den Schlüssel für die Weierstraßschen Erfolge entnehmen können; er trug keine fertigen Theorien vor, sondern sprach über Gebiete, die er gerade zum Zeitpunkt der Lektionen selbst bearbeitete. Als die Verlegenheit der ersten Jahre überwunden war, kam die tiefe Eindrucksfähigkeit des Gedankens in statu nascendi zur vollen Wirkung. Auch hiervon wird noch weiteres zu sagen sein.

Zu den Vorlesungen, die für die Anfangszeit charakteristisch sind, insofern, als sie später nie mehr wiederholt wurden, gehört die über die Formeln der analytischen Dioptrik (WS 1859/60). Im WS 1862/63 entwickelte Weierstraß erstmals die Theorie der

---

[1]) Eberhard Gieseler (1839—1921) studierte von 1855 bis 1859 am Gewerbeinstitut; er war später Professor für Physik und Maschinenwesen an der landwirtschaftlichen Akademie in Bonn-Poppelsdorf. Die Aufzeichnungen verdanke ich seiner Enkelin, Frau Oberstudienrätin L. Sauermann in Oberhausen. Gieseler hebt aber neben der Verlegenheit und äußeren Ungeschicklichkeit von Weierstraß doch schon hervor, daß er Bedeutendes sagte — was allerdings seine Hörer meist nicht verstanden.

[2]) L. Koenigsberger 1919. S. 22—24.

[3]) K. Hensel 1910. S. 15.

[4]) E. Lampe 1915a. S. 434.

[5]) K. Weierstraß an H. A. Schwarz. 14. 3. 1885 (Archiv d. Ak. Wiss. d. DDR, Nachlaß Schwarz).

„Weierstraßschen Funktionen" $\wp(u)$ und $\sigma(u)$ in der Vorlesung[1]). Aber 12 Wochenstunden Vorlesungen am Gewerbeinstitut und 5 bis 6 Wochenstunden an der Universität[2]) überforderten die Kräfte von Weierstraß. Hinzu kamen die aus dem freundschaftlichen Verkehr mit den Kollegen resultierenden Anregungen und Impulse für neue Arbeiten und die Aufregungen, die ihm aus dem Zusammentreffen seiner ersten Bearbeitung der allgemeinen Abelschen Funktionen mit den Untersuchungen Riemanns 1857 erwuchsen. Schon in Braunsberg hatten sich schwere Schwindelanfälle eingestellt, die ihn nach 1850 fast zwei Jahre an jeder geistigen Arbeit gehindert hatten. Jetzt, im Sommer 1859, mußte er vor Beendigung des Semesters Urlaub nehmen, im März 1860 überfielen ihn die Anfälle während der Vorlesung in der Universität, am 16. 12. 1861 traten die Gleichgewichtsstörungen wieder während einer Vorlesung in so starkem Maße ein, daß er abbrechen und sich nach Hause bringen lassen mußte[3]). Erst im WS 1862/63 konnte der Arzt ihm wissenschaftliches Arbeiten in geringem Umfange wieder gestatten. Nie wieder aber hat Weierstraß eine Vorlesung an der Tafel stehend halten können; er mußte sich eines fortgeschrittenen Studenten als Anschreiber an der Tafel bedienen. Ein Gutes hatte diese Erkrankung für ihn; er wurde von der Pflicht der Vorlesungen am Gewerbeinstitut entbunden, und dort wurde S. Aronhold als Vertreter eingestellt, ohne daß die Weierstraßschen Einkünfte dadurch geschmälert worden wären. Die Berufung zum Ordinarius, auf die weiter unten eingegangen wird, befreite ihn gänzlich von dieser lästigen Bürde.

Ganz im Gegensatz dazu hat Kummer seine Nebenämter wie die Tätigkeit an der Kriegsakademie als Nachfolger Dirichlets (bis 1874) oder als Beständiger Sekretar der Berliner Akademie (1863 bis 1878) als eine Art Erhohlung betrachtet, deren der Gelehrte bedürfe, um neue Kräfte für wissenschaftliche Arbeiten zu sammeln[4]). Auch die zweimalige Amtsführung als Dekan und sein Rektorat[5]) hat Kummer mit Umsicht und souverän wahrgenommen, während Dekanat und Rektorat[6]) für Weierstraß eine Störung seiner Forschungen bedeuteten, eine Störung und Behinderung freilich, der er sich nicht entziehen mochte und die er mit Glanz überstand.

5.3.2. Promotionen und Habilitationen

Die Last der Gutachten für Dissertationen und über eingereichte Probeschriften lag in dieser Periode fast gänzlich auf den Schultern von Kummer, da, wie gesagt, Weierstraß noch Extraordinarius war.

5.3.2.1. Promotionen

Von der Gründung der Universität bis 1854 hatten 29 mathematische Promotionen stattgefunden. In den Jahren 1855 bis zur Beförderung von Weierstraß, also bis Juli 1864, waren es bereits 25 Mathematiker, die in Berlin doktorierten[7]). Darunter finden

---

[1]) E. Lampe 1899. S. 40.

[2]) E. Lampe 1899. S. 30—31. — Ein Verzeichnis der Weierstraßschen Universitätsvorlesungen findet sich in: K. Weierstraß 1894/1927. Bd. 3. S. 355—360.

[3]) E. Lampe 1899. S. 30—31.

[4]) E. Lampe 1894. S. 19.

[5]) s. 12.2.

[6]) ebd.

[7]) s. 12.3., Nr. 30 bis 54.

wir die Namen künftiger Universitätsprofessoren wie Christoffel, Fuchs, P. du Bois-Reymond, Koenigsberger, Gordan, P. Bachmann, Prym, Pochhammer. Schon in diesen Zahlen und Namen drückt sich der große Aufschwung aus, den die Mathematik in Berlin in diesen Jahren nahm.

Daß Kummer die Verantwortung bei der Begutachtung der Dissertationen nur formell mit Ohm teilte, versteht sich. Dafür ein Beispiel. Bei der Beurteilung der Arbeit von W. Wagner[1]) führte Ohm am 28. 10. 1855 aus, „das Latein abgerechnet" sei die Abhandlung, die übrigens die von Dirichlet für 1853 als Preisfrage gestellte Thematik aufgriff[2]), „im Allgemeinen eine gute zu nennen". Einige Unklarheiten dürften der Ungewandtheit im Gebrauch der lateinischen Sprache zuzuschreiben sein. Demgegenüber stellte Kummer am 13. November fest, daß die Unklarheit in der ganzen Arbeit nicht allein eine Folge schlechter Latinität sei, sondern in der ganzen Art und Weise liege, wie der Kandidat den Gegenstand behandelt habe. Zu einer klaren Anschauung sei der Verfasser nicht vorgedrungen. Die Lösung sei mangelhaft und nicht auf die rechte Weise angegriffen. Trotzdem stimmte auch Kummer für Zulassung zum Examen, unausgesprochen wohl, um Ohm nicht zu desavouieren, und offiziell, weil zu erkennen sei, daß der Verfasser sich Mühe gegeben habe, die Arbeit auch einiges Gute enthalte und einen gewissen Vorrat an Kenntnissen dokumentiere[3]). Nach dieser Erfahrung bei der ersten zu begutachtenden Dissertation hat Kummer nur noch bei den folgenden beiden Promotionen Ohm das Erstgutachten überlassen, dann in keinem Fall mehr. Ohm seinerseits beschränkte sich darauf, sein Einverständnis mit dem Kummerschen Votum zu erklären, und machte höchstens zusätzlich einige nebensächliche und meist ganz überflüssige Bemerkungen.

Die erste Dissertation, die unter dem Einfluß von Kummer entstanden ist, ist die des späteren Berliner Ordinarius Lazarus Fuchs[4]). 1856 hatte Kummer die Preisfrage nach Auffindung noch nicht bekannter Krümmungslinien von Flächen gestellt[5]). Fuchs hatte eine Bewerbungsschrift eingereicht und das Accessit sowie einen Sonderpreis von 40 Talern, aber nicht den regulären Preis erhalten. 1858 reichte er als Dissertation eine neue Redaktion seiner damaligen Bewerbungsschrift ein, wobei er alle die Hinweise benutzt hatte, die im veröffentlichten Urteil der Fakultät gegeben worden waren. Kummer nahm daran keinen Anstoß, sondern sprach sich unter ausdrücklicher Darlegung dieser Umstände für die Zulassung zur Promotion aus. Gleichzeitig plädierte er für die Erlassung der Promotionsgebühren. Fuchs habe zwar die Hälfte der Gebühren zusammengespart, „ich möchte aber von diesem Gelde nicht gern etwas annehmen, weil Hunger und Entbehrungen daran haften"[6]). (Dieser sympathische Zug Kummers, seine „liebenswürdige Freigebigkeit und seine Fürsorge für seine Schüler"[7]), begegnet uns oft in den Akten. Als die Fakultät beispielsweise dem Doktoranden O. Röthig die Hälfte der Gebühren erlassen hatte, verzichtete Kummer zusätzlich auch auf die Hälfte des auf ihn entfallenden Anteils[8]). Nachdem alle Fakultätsmitglieder für die Zulassung gestimmt und auf

---

1) P-4-22, Vorgang Wagner.

2) s. oben 4.1.2.3 und unten 11, Dok. 1, sowie 12.5, Nr. 10.

3) P-4-22, Vorgang Wagner.

4) s. 12.3., Nr. 34.

5) s. 12.5., Nr. 12, sowie 11, Dok. 4.

6) P-4-24, Vorgang Fuchs.

7) E. Lampe 1894. S. 20.

8) P-4-23, Vorgang Röthig.

die Gebühren verzichtet hatten, erfolgte am 15. 7. 1858 die Prüfung. Um die damaligen Anforderungen zu charakterisieren und wegen der Bedeutung, die der Examinand für Berlin gewonnen hat, sei auch bei Fuchs wie oben bei Kronecker das Prüfungsprotokoll wiedergegeben[1]).

„Der Professor Kummer prüfte zuerst in dem Hauptfache und zwar von der Analysis ausgehend über Integration der Differentialgleichungen, der gewöhnlichen und der partiellen, ferner über mehrfache Integrale, Potentiale, Attraction und über Zahlentheorie. Der Candidat war mit allen diesen Gegenständen nicht nur bekannt, sondern wußte auch, wenn ins Einzelne gegangen wurde, stets genügende Auskunft zu geben. Er hat daher nicht nur gute Kenntnisse, sondern auch eine gute mathematische Bildung in der Prüfung documentiert.

Der Professor Encke prüfte den Candidaten in der Anwendung der Dynamik auf die Keplerschen Gesetze. Obgleich der Candidat sich nicht mit Astronomie speciell beschäftigt hat, so konnte er doch von den verschiedenen Schritten, die getan werden müssen, um den Ort als reine Funktion der Zeit darzustellen, recht gute Rechenschaft geben. Es schloß sich daran eine Prüfung über das Lagrangesche Theorem und über die Auflösung der Gleichungen, bei welchen Gegenständen der Candidat eine recht genügende Vertrautheit mit den Gründen, auf welchen die Ableitung beruht, zeigte. Prof. Magnus richtete an den Cand. mehrere Fragen aus dem Gebiet der Optik und des Galvanismus. Die Antworten waren zwar nicht ganz sicher, aber sie genügten, insofern die Physik nur ein Nebenfach des Cand. ist.

Prof. Trendelenburg ging mit dem Cand. in die Principien der kantischen Philosophie ein, da derselbe erklärt hatte, Kants Kritik der reinen Vernunft gelesen zu haben. Der Cand. bewies dies in der Prüfung. Er war orientirt und das Ergebniß im Ganzen befriedigend."

Als Note wurde „multa cum laude" erteilt; die Dissertation bekam das Prädikat „diligenter et cum successu elaborata".

Die erste Promotion eines Weierstraß-Schülers war die Leo Koenigsbergers, des späteren langjährigen Heidelberger Ordinarius, der sich in seiner Dissertation die Aufgabe gestellt hatte, die Größen, von denen die Bewegung eines von zwei Zentren angezogenen Punktes abhängt, durch die Jacobischen Thetafunktionen auszudrücken[2]). Die Methoden, die Koenigsberger zur Lösung des Problems anwandte, waren ihm von Weierstraß angedeutet worden, der auch das Thema selbst gestellt hatte[3]). An der Unterstützung durch Weierstraß nahm übrigens Encke zunächst Anstoß, zog aber seine Bedenken nach einer Aussprache mit Kummer zurück[4]). In der mündlichen Prüfung wurde Koenigsberger u. a. von Ohm „examiniert", wie oben schon angedeutet wurde[5]).

Kummer soll die Stellung eines Themas für die Doktorarbeit prinzipiell abgelehnt haben; nach einem Thema fragen wäre vergleichbar mit der Frage nach einem empfehlenswerten hübschen jungen Mädchen, das man heiraten könne[6]). Dieser Aussage seines Biographen Kurt Hensel steht die Bemerkung von Kummer selbst entgegen, die er am 14. 6. 1861 bei der Beurteilung der Arbeit von R. Meibauer abgab, der einen von Kummer aufgestellten Satz über die Beschaffenheit der Strahlenbündel in doppelt brechenden Medien bewiesen hatte[7]). Kummer sagte nämlich in seinem Referat ausdrücklich, daß

---

[1]) P-4-24, Vorgang Fuchs.

[2]) s. 12.2., Nr. 38.

[3]) P-4-53, Vorgang Koenigsberger. — Vgl. L. Koenigsberger 1919. S. 26—27.

[4]) P-4-25, Vorgang Koenigsberger.

[5]) L. Koenigsberger 1919. S. 27—28.

[6]) K. Hensel 1910. S. 17.

[7]) s. 12.3., Nr. 42. — P-4-26, Vorgang Meibauer.

er vor einem Jahr dem Kandidaten dieses Thema zur Bearbeitung vorgeschlagen habe. Erwähnenswert scheint ferner die Promotion von F. August[1]), da August unabhängig von Schläfli und vor dem Eintreffen von dessen Publikation die von Steiner offengelassene Frage, ob und unter welchen Bedingungen die 27 Geraden, die auf der allgemeinen Fläche dritten Grades liegen, reell oder imaginär sind, gelöst hat.

Auch andere Dissertationen sind noch von Steiner beeinflußt, so die von J. Brutkowski[2]) und von J. Raatz[3]). Hervorgehoben zu werden verdient ferner die Promotion von F. Prym, dem späteren Ordinarius in Würzburg, der durch seine funktionentheoretischen Arbeiten bekannt geworden ist. Prym war nämlich Riemann-Schüler. In seiner Dissertation[4]) wandte Prym die Riemannsche Methode auf die spezielle Theorie derjenigen hyperelliptischen Transzendenten an, welche durch Integration von Quadratwurzeln entstehen, unter denen die Variable bis auf den 5. und 6. Grad steigt. In seinem Gutachten führte Kummer am 14. 1. 1863 aus[5]), daß Prym sich „eine Riemann ganz eigenthümliche Methode der Behandlung algebraischer Funktionen und der Integrale derselben angeeignet" habe, „welche auf geometrischen Anschauungen beruht". Weiter schreibt Kummer:

„Die Riemannsche Methode ist noch wenig verbreitet. Das Studium derselben aus den Riemannschen Abhandlungen ist sehr schwierig, weil sie in denselben nicht mit derjenigen Ausführlichkeit auseinandergesetzt ist, welche zu wünschen wäre; die ausgearbeitete Anwendung derselben auf eine bestimmte und begrenzte Aufgabe, welche der Kandidat gegeben hat, ist darum eine nützliche, für viele Mathematiker brauchbare Arbeit."

Wir sehen daraus, daß Kummer sich nur in gewissem Umfang die Vorbehalte zu eigen gemacht hat, die man damals vielfach gegen die so ganz unkonventionelle Art der von Riemann, dem Nachfolger Dirichlets in Göttingen, angewandten Darstellung hatte, noch ehe dann 1869 durch die Weierstraßsche Kritik an der Stützung der Riemannschen Existenzsätze mit Hilfe des Dirichletschen Prinzips für längere Zeit das Vertrauen zu Riemann erschüttert wurde. Prym erhielt übrigens im Examen die bestmögliche Note: eximia cum laude.

Ein differentialgeometrisches Thema, das mehrfach behandelt worden ist, taucht auch in dieser Epoche auf: P. Gordan, der spätere, durch seine Arbeiten zur Invariantentheorie bekannt gewordene Ordinarius in Erlangen, promovierte 1862 mit einer Dissertation „De linea geodetica"[6]). Kaustiken, Strahlensysteme, elliptische Funktionen, Substitutionstheorie, um noch einige der Themen zu nennen,werden in weiteren Dissertationen untersucht.

Als Kuriosa seien schließlich noch drei Vorkommnisse angeführt.

Die Dissertation von P. Du Bois-Reymond[7]), dem späteren Ordinarius in Freiburg, Tübingen und an der TH Berlin, war, wie Kummer in seinem Referat vom 28. 12. 1858 schrieb[8]), in so schlechtem Latein abgefaßt und durch Schreibfehler und grammati-

---

[1]) s. 12.3., Nr. 45. — P-4-27, Vorgang August.

[2]) s. 12.3., Nr. 35.

[3]) ebd. Nr. 43.

[4]) s. 12.3., Nr. 51.

[5]) P-4-28, Vorgang Prym.

[6]) s. 12.3., Nr. 46.

[7]) ebd. Nr. 36.

[8]) P-4-24, Vorgang Du Bois-Reymond.

kalische Versehen dermaßen entstellt, daß es kaum möglich war, den Sinn der Sätze zu erraten. Die Dissertation wurde daher zur Verbesserung der Fehler zurückgegeben und erst angenommen, nachdem „die anstößigsten Stellen" entfernt worden waren, obwohl auch die Umarbeitung die Mängel der ursprünglichen Fassung nicht ganz beseitigt hatte.

Ein Zeugnis für die menschliche Einstellung der Examinatoren gegenüber den Prüflingen ist im Protokoll der Promotionsprüfung von A. Harprecht vom 27. 1. 1862 zu finden[1]):

„Nachdem der Candidat [Adalbert Harprecht] für einen Augenblick in Ohnmacht gefallen, sich wieder erholt hatte, und er ausdrücklich wünschte, die Prüfung weiter fortzusetzen, prüfte ihn der Professor Kummer über die Berechnung der Wurzeln, die numerischen Gleichungen, über die in der Theorie der elliptischen Funktionen vorkommenden Gleichungen, Reihenentwicklungen und über Flächen zweiten Grades. Prompte Antworten konnten bei dem gegenwärtigen Gesundheitszustand des Candidaten nicht erwartet werden; er bedurfte der Nachhilfe, zeigte aber, daß ihm die Sachen bekannt sind und daß er sie nicht bloß äußerlich gelernt, sondern auch gut verstanden hat. Der Ausfall der Prüfung ist daher als ein befriedigender zu bezeichnen."

Auch in den Protokollnotizen von Ohm und Dove ist vom Unwohlsein des Prüflings die Rede. Nachdem Kummer erklärt hatte, er habe von Harprecht einen vorteilhaften Eindruck erhalten, beschloß die Fakultät mit 15 gegen 4 Stimmen die Promotion „cum laude".

Ob die Feststellung von Trendelenburg bei der Promotion von J. Scholz, „es fiel auf, daß der Cand. von Euklids Elementen nichts gehört zu haben schien", scherzhaft gemeint war, muß unentschieden bleiben ...[2]).

5.3.2.2. Habilitationen

In der in Rede stehenden Zeit habilitierten sich in Berlin zwei Mathematiker[3]), von denen der eine, A. Clebsch, berühmt, der andere, E. Christoffel, bekannt werden sollte. In beiden Fällen wirkte Kummer als Erstgutachter; beide Privatdozenten sind jedoch nur kurze Zeit in Berlin geblieben. Christoffel hatte in Berlin studiert und promoviert[4]); man kann ihn als Schüler Dirichlets bezeichnen. Clebsch hingegen hat zwar nicht mehr bei Jacobi studiert, entstammt aber der Königsberger Schule. Auf ihre Lehrtätigkeit in Berlin wird weiter unten noch eingegangen werden.

5.3.3. Preisaufgaben

Bis 1864 hat Kummer zwei Preisaufgaben gestellt. Die erste, für 1857[5]), wurde bereits erwähnt, weil sich aus ihrer Behandlung die Dissertation von Fuchs entwickelt hat. Die zweite stellte er für 1863[6]); aus der gekrönten Preissschrift für diese Aufgabe von H. A. Schwarz, dem späteren Ordinarius der Berliner Universität, hat sich dessen Disser-

[1]) s. 12.3., Nr. 44. — P-4-27, Vorgang Harprecht.

[2]) s. 12.3., Nr. 50. — P-4-28, Vorgang Scholz.

[3]) s. 12.4., Nr. 14 u. 15.

[4]) s. 12.3., Nr. 32. — Zur Einschätzung Christoffels aus heutiger Sicht s. P. L. Butzer 1978/79. — P. L. Butzer 1981.

[5]) s. 12.5., Nr. 12, u. 11, Dok. 4.

[6]) s. 12.5., Nr. 15, u. 11, Dok. 5.

tation über die abwickelbaren Flächen entwickelt, über die später zu berichten sein wird, weil sie in den nächsten Zeitraum fällt. So haben die beiden Kummerschen Preisaufgaben auf drei bedeutende Forscher als erstes Stimulans gewirkt, denn auch J. Weingarten, späterer Ordinarius an der Bauakademie bzw. Technischen Hochschule Berlin, der eigentliche Preisträger von 1857, ist auf dem Wege, den ihm die Aufgabe gewiesen hatte, weiter fortgeschritten.

Die durch den Astronomen Encke für 1861 gestellte und für 1862 wiederholte Aufgabe, die eine kritische Untersuchung und den Vergleich der Methoden der geographischen Längenmessung in Vergangenheit und Gegenwart verlangte, blieb ohne Bewerber[1]).

Eine umfangreiche Gutachtertätigkeit entfaltete Kummer bei der Beurteilung der sogenannten kleinen Prämien. Es ist offensichtlich, daß unter den Mathematikstudenten der Anteil der unbemittelten Studierenden hoch war. Kummer hat sich in seiner schon erwähnten Anteilnahme am Ergehen seiner Hörer nie der zeitraubenden und mühevollen Pflicht entzogen, die eingereichten Fleißarbeiten zu bewerten. Immer wieder begegnet uns sein Name als Referent[2]). Weierstraß scheint nur ein einziges Mal (1870) als Gutachter fungiert zu haben[3]); allerdings sind die Akten nicht vollständig. Aber Weierstraß wie auch Hoppe treten als Anreger von eingereichten Arbeiten in Erscheinung[4]). Da später auf diese Prämien nicht wieder eingegangen werden wird, sei gleich hier erwähnt, daß sie 1884 ebenso wie die Seminarprämien, mit denen wir uns noch zu beschäftigen haben, aus „allgemeinen Erwägungen“[5]) abgeschafft worden sind. Daß die Bedürftigkeit bei den Studierenden der Mathematik häufig anzutreffen war, geht beispielsweise daraus hervor, daß 1861 von 24 eingereichten Arbeiten allein 4 mathematischen Inhalts (1863: 6 von 25) waren; nur 11 konnten prämiiert werden, darunter 2 von Mathematikern.

Um schließlich noch einen Eindruck zu geben, wie Kummer seine Urteile fällte, sei das Gutachten vom 9. 7. 1863 über die Arbeit von Franz Josef Mertens, dem wir weiter unten wieder begegnen werden, zitiert[6]):

> „Die Arbeit des Stud. Mertens ‚Über die Anziehung eines Ellipsoids auf einen äußeren Punkt‘ giebt eine Lösung dieses vielfach behandelten Problems, welche Jacobi in einem Briefe an Liouville den Grundzügen nach angedeutet hatte. Der Verfasser hat mit großer Sachkenntniß und mit großem Geschick nach diesen Andeutungen die vollständige und direkte Lösung gegeben.“

Mertens und drei weitere Mathematikstudenten erhielten eine Prämie von je 10 Talern. Vier von elf Prämien gingen damit an Mathematiker.

5.3.4. Vorbereitung und Gründung des Mathematischen Seminars. Bildung des Mathematischen Vereins

Das wichtigste und folgenreichste Ereignis in dieser Zeit war für das mathematische Leben an der Universität die Gründung des Mathematischen Seminars. Es sei die Geschichte des Entstehens dieser Institution geschildert und erst danach auf die Wirksam-

---

[1]) s. 12.5., Nr. 13 u. 14.

[2]) P-2-4. Bl. 56, 124, 142, 143, 153, 154, 176, 183, 206, 221, 259.

[3]) P-2-4. Bl. 287.

[4]) Dies wird in P-2-4 für 1861 erwähnt.

[5]) P-2-5. Bl. 7.

[6]) P-2-4. Bl. 183.

keit der lesenden Akademiemitglieder und der Privatdozenten eingegangen. Mit der Einrichtung des Seminars wurde auch der Mathematische Verein ins Leben gerufen. Daher soll auch er im Anschluß an das Seminar kurz behandelt werden.

5.3.4.1. Die Entstehung des Mathematischen Seminars

Es ist heute nicht mehr zu entscheiden, ob Kummer oder Weierstraß der Urheber der Idee gewesen ist, in Berlin ein mathematisches Seminar einzurichten. Das Konzept der ersten Eingabe vom 6. 4. 1860 ist von Kummer entworfen und von Weierstraß mitgezeichnet[1]). Lorey hielt es für möglich, daß jenes „private" Seminar Dirichlets, von dem oben gesprochen wurde, als Vorbild oder Anregung gedient haben könnte[2]). Näher liegt der Gedanke, daß sich Kummer des „Mathematischen Vereins"[3]) erinnert hat, den der einst in Berlin promovierte Scherk gerade zu der Zeit in Halle mit Seminarcharakter gegründet hatte, als Kummer dort studierte. Außerdem bestanden mathematisch-physikalische Seminare in Königsberg (seit 1834[4])) und in Göttingen (seit 1850[5])), ein Seminar für Mathematik und Naturwissenschaften in Halle (seit 1839[6])) sowie eine „Mathematische Gesellschaft" gleichfalls mit Seminarcharakter in Greifswald (seit 1825[7])). Das erste naturwissenschaftliche Seminar war 1825 in Bonn entstanden[8]). Es hat also an Vorbildern nicht gefehlt. Die nachhaltigsten Wirkungen auf dem Gebiet mathematischer forschender Lehre hatte das Königsberger Seminar, wie schon gesagt, durch Jacobis Tätigkeit ausgeübt.

Es ist aber anzunehmen, daß noch ein anderer Gesichtspunkt für Kummer und Weierstraß ausschlaggebend gewesen ist. In Berlin bestand nämlich seit 1855 ein Mathematisch-pädagogisches Seminar zur Ausbildung von angehenden Lehrern in der Unterrichtspraxis unter der Leitung des bereits genannten K. Schellbach, der ein Schüler von Dirichlet und ein von enthusiastischer Begeisterung für die Mathematik erfüllter Schulmann war. Er hatte, nebenbei bemerkt, die Begabung Eisensteins bei der Reifeprüfung richtig erkannt[9]) und war andererseits tolerant genug, Verständnis für das völlige Versagen eines anderen Schülers, des späteren Literatur-Nobelpreisträgers Paul Heyse, aufzubringen[10]), so wie Steiner einst, ungeachtet seiner Grobheit, die „grandiose Nicht-Beanlagung" Theodor Fontanes erheitert geduldet hatte[11]). Schellbach hatte, wie erwähnt in Übereinstimmung mit Jacobi, im Oktober 1844, in Fortschreibung der noch wenige Jahre zuvor diskutierten Crelleschen Pläne für ein polytechnisches Institut, beim Kultusminister Eichhorn die Gründung eines von der Universität unabhängigen

---

1) MSA.
2) W. Lorey 1916. S. 120.
3) ebd. S. 112—113.
4) ebd. S. 114—116.
5) ebd. S. 118—119.
6) ebd. S. 117.
7) s. ebd. 116—117.
8) W. v. Dyck 1912. S. 334. — G. Schubring 1985a. — Zu den Seminargründungen überhaupt s. auch G. Schubring 1983b. S. 16—23. Zu der mathematischen Seminarabteilung, die 1831/33 in Münster bestanden hatte, s. G. Schubring 1985b. S. 163—166.
9) F. Rudio 1895. S. 146.
10) P. Heyse 1901. S. 31—32.
11) K.-R. Biermann 1963c. S. 32.

mathematischen Instituts für Lehrerbildung und Verbreitung mathematischer Kenntnisse beantragt[1]). Dieser Plan war aber ebenso wie die Crellesche Absicht unverwirklicht geblieben, hingegen wurde das erwähnte Mathematisch-pädagogische Seminar am Friedrich-Wilhelms-Gymnasium in Berlin für Schellbach geschaffen. Diese für die jungen Math.-Lehrer bestimmte Einrichtung erfreute sich besten Rufes, u. a. haben A. Clebsch, F. Woepcke, L. Koenigsberger, L. Fuchs und G. Cantor an dem Seminar teilgenommen[2]). Wir wissen andererseits, daß die Berliner Mathematiker an der Universität Schellbach durchaus nicht unkritisch gegenübergestanden haben, insbesondere hat Weierstraß Schellbach als den „allerungeeignetsten" eventuellen Nachfolger Crelles in der Herausgabe von dessen Journal bezeichnet[3]). Schellbach seinerseits hat am 3. 6. 1860 in einem Bericht an das Ministerium ziemlich unumwunden zum Ausdruck gebracht, daß in Berlin, wo die Studenten auf die Vorlesungen allein angewiesen seien, das Niveau der Hochschulabsolventen schlecht sei. Er meinte, die Vorlesungen seien zu schwierig, als daß sie ohne besondere Führung, wie sie etwa in Königsberg den Studenten zuteil würde, recht genutzt werden könnten[4]). Ob also mit der Seminargründung durch Kummer und Weierstraß nicht auch eine gewisse Rivalität gegenüber Schellbach, „faktisch ‚Sprecher' der Mathematiklehrer in Preußen"[5]) verbunden war, der für sein Seminar kräftig die Werbetrommel rührte und dazu auch noch das Ohr seines früheren Schülers, des Prinzen Friedrich Wilhelm (späteren Kaisers Friedrich III.) in so weitgehendem Maße besaß, daß er ihn z. B. beim drohenden Weggang Dirichlets nach Göttingen zu einer Gegenaktion veranlassen konnte[6]), bleibe dahingestellt. Aber sei dem, wie ihm wolle: Schellbach konnte für sich in Anspruch nehmen, einen Anstoß zur Gründung des Universitätsseminars gegeben zu haben.

Auf jeden Fall haben Kummer und Weierstraß in ihrem Initiativvorschlag vom 6. 4. 1860[7]) die zu schaffende Einrichtung ausdrücklich als „mathematisch-wissenschaftliches" Seminar bezeichnet und über die Ausbildung von Mathematiklehrern nur gesagt, daß es dazu beitragen würde, die Gründlichkeit und Klarheit der mathematischen Kenntnisse künftiger Lehrer zu fördern. Damit war eine eindeutige Abgrenzung gegen die Ziele des Schellbachschen Seminars vorgenommen.

Im übrigen sahen Kummer und Weierstraß in der Gründung des Seminars nicht nur eine Hilfe, das in den Vorlesungen Vorgetragene besser zu begreifen, sondern vor allem die Möglichkeit, denen, die sich schon eine gewisse Summe von Kenntnissen erworben haben, Anleitung zur selbständigen Anwendung ihres Wissens zu geben. Bezüglich der äußeren Einrichtung bezogen sich die Initiatoren auf die Statuten des Philologischen Seminars, das schon einst, wie oben erwähnt, auf Jacobi so nachhaltigen Eindruck gemacht hatte. Es solle nur eine beschränkte Anzahl von Mitgliedern aufgenommen werden, und zwar als ordentliche nur solche, die sich bereits eine gewisse mathematische Bildung erworben und ihren Fleiß bewiesen hätten. Die Anlegung einer Handbibliothek und die Einrichtung von Seminarprämien wurden für nötig erachtet.

---

[1]) s. Abschnitt 4.4. sowie G. Schubring 1981a. S. 186—192.

[2]) DZA Merseburg. Rep. 76 VI, Sect. 14bb, Bd. 1 u. 2. — F. Müller 1880. — F. Müller 1905.

[3]) K. Weierstraß an P. Du Bois-Reymond. 6. 6. 1875 (K. Weierstraß 1923. S. 213).

[4]) W. Lorey 1916. S. 98—99. — G. Schubring 1983a. S. 113.

[5]) G. Schubring 1985c. S. 146.

[6]) K. Schellbach 1890. S. 12—16. — W. Ahrens 1905. S. 51—52.

[7]) MSA.

Auch ein Hinweis auf das Königsberger Seminar fehlt nicht (siehe den vollen Wortlaut im Kapitel 11, Dok. 6).

Am 23. 4. 1861, also nach einem Jahr, antwortete der Kultusminister A. v. Bethmann-Hollweg[1]), daß er von der Gründung eines mathematischen Seminars in Berlin „die günstigsten Folgen für den mathematischen Unterricht erwarte“, mit allen wesentlichen Punkten des Vorschlags einverstanden sei und einen Entwurf für das Reglement des Seminars wünsche. Er hoffe, die finanzielle Seite in Jahresfrist regeln zu können, und stelle vorab für das laufende Jahr 250 Taler für die Anschaffung von Büchern zur Verfügung. Zugleich ermächtigte er Kummer und Weierstraß, sofort Übungen im Einklang mit den in ihrer Eingabe enthaltenen Grundsätzen anzukündigen.

Wir übergehen die verschiedenen Vorschläge und Änderungswünsche für die Statuten, wie auch nur am Rande erwähnt sei, daß das Finanzministerium hartnäckigen Widerstand gegen die geplante Einrichtung leistete, indem es vorgab, „eine Einschränkung der akademischen Freiheit“ zu befürchten, und sich zu der Behauptung verstieg, es liege, „kein echtes Bedürfnis“ für ein Seminar vor[2]). Als dann am 4. 12. 1862 das Finanzministerium zustimmte, wurde im Kultusministerium die Randbemerkung „endlich!“ hinzugesetzt[3]). Am 7. 10. 1864 wurde das „Reglement für das mathematische Seminar an der Universität Berlin“ bestätigt und damit der Schlußstrich unter die Verhandlungen zur Gründung des ersten rein mathematischen Universitätsseminars gezogen[4]).

Der wichtigste Paragraph des Reglements ist sicherlich § 8, in dem die Art und Weise umrissen wird, wie die Seminaristen zur selbständigen Anwendung des Gelernten und zu eigener Forschung angeleitet werden sollen. Daraus geht hervor, daß das Seminar von Anfang an sowohl als Aufgaben- wie als Vortragsseminar vorgesehen worden ist. Fast 50 Jahre später stellten die seinerzeitigen Berliner Lehrstuhlinhaber für Mathematik fest[5]): „Die leitenden Gedanken von Kummer und Weierstraß erwiesen sich in fast allen Beziehungen als so wohl überlegt, daß sie mit geringen Abänderungen bis auf den heutigen Tag für die Führung des Seminars maßgebend blieben.“

Die beiden Gründer hatten nicht gewartet, bis alle finanziellen Voraussetzungen geklärt und das Reglement bestätigt waren; sie hatten vielmehr von der ihnen am 23. 4. 1861 erteilten Ermächtigung Gebrauch gemacht und am 29. April den Studenten von der neuen Einrichtung durch folgenden Anschlag Kenntnis gegeben[6]):

„Den Herren Studirenden der mathematischen Wissenschaften machen wir hierdurch bekannt, daß des Herrn Ministers von Bethmann-Hollweg Excellenz die Gründung eines mathematischen Seminars an der hiesigen Königlichen Friedrich Wilhelms Universität beschlossen hat, dessen Zweck die Förderung der wissenschaftlichen Ausbildung der Mathematik Studirenden durch Uebungen und Anleitung zu eigenen Arbeiten sein soll, und daß wir mit der Einrichtung und Leitung desselben beauftragt sind.

Demnach fordern wir diejenigen Herren Studirenden, welche sich an den Uebungen des mathematischen Seminars als thätige Mitglieder betheiligen wollen und welche in ihren Studien bereits so weit fortgeschritten sind, daß sie mit gutem Erfolge daran Antheil nehmen können, hierdurch

---

1) ebd.

2) DZA Merseburg. Rep. 76 Va, Sect. 2, Tit. 10, Nr. 77, Bd. 1.

3) ebd. Bl. 28. — W. Lorey 1916. S. 122.

4) s. 11, Dok. 7.

5) M. Lenz 1910/18. Bd. 3. S. 274.

6) MSA.

auf, sich binnen acht Tagen bei einem der beiden Unterzeichneten, in dessen Wohnung persönlich zu melden, wo ihnen das Nähere mündlich mitgetheilt werden wird.

Berlin den 29ten April 1861
Kummer Weierstraß"

Es meldeten sich 17 Bewerber, aus denen Kummer und Weierstraß 12 auswählten. Rund zwei Wochen nachdem der Minister seine Einwilligung gegeben hatte, begannen bereits die Übungen des Seminars[1]).

Über die Tätigkeit im Seminar, die Bibliothek und die Seminarprämien wird weiter unten im Zusammenhang berichtet; es wäre unzweckmäßig, die Periode bis 1864 hier gesondert darzustellen. Nur sei noch auf das Fehlen eines in der Heranbildung von Mathematiklehrern für höhere Schulen bestehenden Seminarziels in dem Berliner Reglement hingewiesen; für Kummer und Weierstraß war die wissenschaftliche Ausbildung von Lehrern gleichbedeutend mit der Bildung wissenschaftlicher Forscher[2])!

5.3.4.2. Die Bildung des Mathematischen Vereins

Von Mathematikstudenten, die wegen der Beschränkung der Zahl der Seminarmitglieder nicht in das neue Seminar aufgenommen werden konnten, wurde ein „Mathematischer Verein" gegründet mit der Absicht, mathematische Kenntnisse unter den Studenten durch Vorträge, Diskussionen, Stellen und Lösen von Aufgaben zu fördern. Als Gründungsdatum gilt der 25. 11. 1861, der Tag, an dem beschlossen wurde, von den Mitgliedern Beiträge zu erheben. Zu den Gründungsmitgliedern gehörten u. a. H. A. Schwarz und E. Lampe, 1864/65 war G. Cantor Vorsitzender des Vereins[3]). Es war ein Akt der Selbsthilfe, der die ganz oder vorläufig vom Seminar ausgeschlossenen Studenten zur Bildung dieses Vereins führte. Später hat der Verein, der übrigens zahlreichen weiteren Vereinen an anderen deutschen Universitäten als Vorbild gedient hat, mehr den Charakter einer Korporation angenommen; aber nie hat er darüber seine wissenschaftlichen Absichten ganz vergessen, wenn sie auch zeitweise etwas in den Hintergrund getreten sind. Der Verein besaß eine eigene Bibliothek und bezog laufend mathematische Zeitschriften[4]). Im WS 1862 betrug die Anzahl der aktiven Mitglieder 12, später ist sie bis an 80 gestiegen[5]); es wird weiter unten noch gelegentlich auf den Verein zurückgekommen werden.

5.3.5. Die lesenden Akademiemitglieder und die Privatdozenten

Über Borchardt, Arndt und Hoppe ist das Nötige schon gesagt worden. Kronecker als lesendes Akademiemitglied hielt ab WS 1861/62, und zwar die ersten 20 Jahre lang ausschließlich in den Wintersemestern, Vorlesungen über Algebra und Zahlentheorie. Im hier behandelten Zeitraum las er über algebraische Gleichungen und die Theorie der quadratischen Formen. Clebsch hat in Berlin nur im SS 1858 nach seiner Habilita-

---

[1]) Am 8. 5. 1861. Dies geht aus einem Schreiben Kummers und Weierstraß' an den Minister vom 15. 5. 1861 hervor (MSA).

[2]) Hierauf weist auch W. Lorey 1916. S. 123 besonders hin.

[3]) E. Lamla 1911. S. 11 bzw. S. 84. — Zu Cantor allgemein s. J. Dauben 1979 und I. Grattan-Guinness 1971.

[4]) E. Lamla 1911. S. 95.

[5]) ebd. S. 84—87.

tion im Dezember 1857 eine Vorlesung über die mathematische Theorie des Lichts gehalten, und zwar nur eine einzige Stunde, denn am gleichen Tage erhielt er die Berufung nach Karlsruhe[1]). Am 22. 9. 1858 informierte er die Fakultät von seinem bevorstehenden Ausscheiden[2]). So ist das Wirken dieses hervorragenden Mathematikers in Berlin ebenso wie seinerzeit das von Plücker ohne Spuren geblieben. Etwas länger hat Christoffel in Berlin gewirkt. Er hat nach seiner Habilitierung 1859 vom WS 1859/60 bis zum SS 1862 vor allem über partielle Differentialgleichungen mit Anwendungen, über Methoden zur angenäherten Berechnung bestimmter Integrale und die Theorie der Elastizität fester Körper gelesen, bis er im September 1862 als Nachfolger von Dedekind an das Polytechnikum in Zürich berufen wurde. Weierstraß hat gelegentlich Christoffel einen „wunderlichen Kauz" geheißen[3]), wie er sich auch Clebsch gegenüber reserviert verhielt[4]); es sind auch keine Anzeichen dafür zu finden, daß man versucht hätte, den einen oder anderen in Berlin zu halten.

Um die Entwicklung des mathematischen Universitätsunterrichts wieder durch eine Aufstellung der Vorlesungen zu verdeutlichen, sei hier noch angegeben, welche Kollegs für das WS 1858/1859 angekündigt worden sind:

Kummer:	Zahlentheorie.
	Über die Konvergenz und Divergenz der unendlichen Reihen.
Weierstraß:	Allgemeine Lehrsätze, betreffend die Darstellung analytischer Funktionen durch unendliche Reihen.
Borchardt:	Determinanten und ihre Anwendung.
Ohm:	Höhere Algebra und Analysis des Endlichen.
	Höhere Gleichungen.
Arndt:	Differentialrechnung.
	Analytische Geometrie.

Es ist also bereits die koordinierende Hand Kummers bei der Gestaltung eines Lehrplans deutlich sichtbar.

5.3.6. *Die Beförderung von Weierstraß zum Ordinarius*

Am 19. 3. 1864 forderte der Kultusminister von Mühler die Fakultät auf, ihm „baldmöglichst" eine gutachtliche Äußerung darüber zuzustellen, ob Weierstraß nicht zum Ordinarius befördert werden solle. Es seien jetzt ausreichende Mittel vorhanden, um Weierstraß zur „Aufgebung" der Stelle am Gewerbeinstitut und zur „Beschränkung seiner Lehrthätigkeit auf die Universität veranlassen zu können"[5]). Da sich Weierstraß ja ohnehin, wie bereits erwähnt, am Gewerbeinstitut durch Aronhold vertreten ließ, sollte es wahrlich nicht schwerfallen, ihn zur gänzlichen Aufgabe dieser Tätigkeit zu „veranlassen". In ihrer Antwort vom 12. 5. 1864[6]) bat die Fakultät, man solle doch möglichst alle ordentlichen Professoren finanziell so stellen, daß sie sich ausschließlich

---

[1]) A. Clebsch 1873. S. 198.
[2]) P-6-3. Bl. 205.
[3]) K. Weierstraß an S. Kovalevskaja. 24. 3. 1885 (G. Mittag-Leffler 1923a. S. 194). — Vgl. C. F. Geiser 1901. S. 330—331.
[4]) K. Weierstraß an H. A. Schwarz. 21. 4. 1875 (Archiv d. Ak. Wiss. d. DDR, Nachlaß Schwarz).
[5]) P-3-6. Bl. 49.
[6]) Konzept von der Hand Magnus'. P-3-6. Bl. 50—51.

der Universität widmen könnten. Was nun Weierstraß betreffe, so habe sie sich zwar wiederholt gegen eine Vermehrung der Zahl der Ordinarien ausgesprochen. Da aber Ohm „wegen seiner schwachen Augen" Dissertationen etc. nicht mehr lesen und beurteilen könne, so sei es wünschenswert und „fast notwendig", daß die Fakultät neben Kummer einen zweiten fachmännischen Gutachter bekomme. Außerdem habe sich Weierstraß in der Leitung des Mathematischen Seminars bewährt, und so spreche sich die Fakultät für die Beförderung aus. Überschwenglich klingt das nicht, wenn auch aus dem Schreiben hervorgeht, daß sich Kummer sehr nachdrücklich für die Beförderung ausgesprochen hat[1]). Die Einstellung der Fakultät hat sich nach dem Eintritt von Weierstraß sehr rasch geändert. Als sich 1872 die Möglichkeit abzeichnete, Weierstraß an Göttingen zu verlieren, beschwor die Fakultät am 20. 12. 1872 in eindringlichen Worten den Kultusminister Falk[2]), sie „ein für alle Mal gegen die Gefahr" zu schützen, Weierstraß „anders als durch den Tod zu verlieren". Die Universität Berlin würde „eine wissenschaftliche Capacität ersten Ranges [...], die philosophische Facultät im besonderen ein Mitglied [...], welches sie auch von Seiten seines Charakters hochschätzt und um keinen Preis in ihrer Mitte missen möchte", einbüßen.

Mit der Beförderung von Weierstraß zum ordentlichen Professor am 2. 7. 1864[3]) endet diese erste Periode der neuen großen Zeit der Mathematik an der Berliner Universität.

5.4. Die Zeit bis zur Entpflichtung Kummers (1864—1883)

Die Jahre 1864 bis 1892 stellen einen Höhepunkt in der Geschichte der mathematischen Lehre und Forschung an der Berliner Universität dar. A. Kneser hat von einem „heroischen Zeitalter" gesprochen[4]). Diese Periode zerfällt in zwei Abschnitte, deren Grenze untereinander durch die Entpflichtung von Kummer markiert wird.

5.4.1. Allgemeine Charakterisierung

Weierstraß hat diese Zeit wie folgt charakterisiert[5]):

Durch das Zusammenwirken von Kummer, Weierstraß und Kronecker wurde es möglich, „nach einem umfassenden [...] Plan, dem sich später auch herangezogene jüngere Kräfte willig und erfolgreich anschlossen, den mathematischen Unterricht in der Weise zu organisieren, daß den Studirenden Gelegenheit gegeben ist, in einem zweijährigen Cursus eine beträchtliche Reihe von Vorträgen über die wichtigsten mathematischen Disciplinen in angemessener Aufeinanderfolge zu hören, darunter nicht wenige, die an anderen Universitäten gar nicht oder doch nicht regelmäßig gelesen werden. Dies hat denn auch den Erfolg gehabt, daß seit Jahren schon, zumal seit der Zeit, wo auch Vorlesungen über mathematische Physik hier in größerer Vollständigkeit wie anderwärts gehalten wurden[6]), nicht nur aus allen Gegenden Deutschlands Studirende der Mathematik,

---

[1]) s. 11, Dok. 8.

[2]) P-3-6. Bl. 424.

[3]) ebd. Bl. 52.

[4]) A. Kneser 1925. S. 211.

[5]) P-3-7. Bl. 289.

[6]) Die Berufung von G. Kirchhoff 1874 als Ordinarius für mathematische Physik nach Berlin geschah auf Initiative von Weierstraß. Auch an der Berufung von H. v. Helmholtz 1871 hat Weierstraß maßgeblich mitgewirkt.

die eine höhere Ausbildung in ihrer Wissenschaft erstreben, sondern auch aus dem Auslande, aus Oesterreich-Ungarn, Italien, aus der Schweiz, Schweden, Dänemark, Rußland, Amerika und in den letzten Jahren selbst aus Frankreich junge Männer, die sich für den akademischen Beruf vorbereiten, in nicht geringer Zahl, zum Theil von ihren Regierungen geschickt, sich hier in Berlin zusammenfinden und größtentheils einen vollständigen Cursus absolviren."

Die Zahl der Mathematikstudenten nahm stetig zu. Zwischen 1860 und 1870 verdoppelte sie sich und betrug 1872 in jedem Semester durchschnittlich 125[1]); 1882 war fast jeder vierte an der Philosophischen Fakultät Immatrikulierte ein Studierender der Mathematik[2]). Ein großer Teil der Studenten hatte seine Studien im üblichen Sinne bereits absolviert und kam nach Berlin, um bestimmte Vorlesungen, vor allem bei Weierstraß, zu hören[3]). Andere waren bereits promoviert oder gar schon Dozenten[4]).

Eine Zunahme der Studentenzahlen war nicht nur in Berlin zu verzeichnen. Sie hing teilweise mit der Gründung vieler höherer Schulen nach dem Kriege 1870/71 und dem dadurch bedingten Lehrerbedarf zusammen. Aber keine deutsche Universität hatte solche früher unbekannten Hörerzahlen im Fach der Mathematik aufzuweisen, wie sie besonders bei Kummer und Weierstraß die Regel waren. Im WS 1868/69 hörten 50 Studenten Theorie der elliptischen Funktionen bei Weierstraß. Im WS 1870/71 sank die Hörerzahl durch den Krieg auf 20 ab. Im SS 1885 wurden in der gleichen Vorlesung 100 Hörer gezählt. Im WS 1884/85 war ein solcher Andrang zur Weierstraßschen Einleitung in die Theorie der analytischen Funktionen, daß das Auditorium maximum sich als zu klein erwies und man das Barackenauditorium im Garten hinter dem Universitätsgebäude benutzen mußte. Allerdings galt auch in diesem Falle das Wort, daß zuerst der Raum die Hörer nicht faßte und dann die Hörer den Vortrag nicht faßten: Nach einiger Zeit konnte in einen dritten, kleineren Hörsaal übergesiedelt werden, der an 200 Hörer aufnehmen konnte, aber nicht mehr voll wurde. So war die Zahl der ursprünglich eingeschriebenen über 250 Studenten zusammengeschmolzen[5]). Kronecker hat solchen Andrang nie gehabt, wohl aber Kummer, der fast immer in jenem Barackenauditorium lesen mußte. Es wird zu untersuchen sein, inwiefern Kummer und Weierstraß solche Anziehungspunkte darstellten.

5.4.2. Kummer und Weierstraß in den Vorlesungen und im Mathematischen Seminar

Es war bereits von dem prinzipiellen Unterschied zwischen den Vorlesungen von Kummer und Weierstraß die Rede.

Kummer behandelte in sorgfältig vorbereiteten Vorlesungen leichtere, vollständig

---

[1]) P-3-6. Bl. 377.

[2]) P-3-7. Bl. 285a.

[3]) P-3-6. Bl. 378.

[4]) Von vielen seien hier nur genannt die bereits promovierten Hermann Hankel (vgl. J. E. Hofmann 1965. S. X), Jacob Lüroth und Felix Klein sowie der Privatdozent Otto Stolz (vgl. H. Schubert 1897. S. 230, und F. Klein 1926/27. T. 1. S. 133).

[5]) Im SS 1869 begann Weierstraß seine Vorlesung über Abelsche Funktionen vor 107 Hörern, von denen nur 7 bis zum Schluß des Semesters durchhielten (L. Kiepert 1926. S. 59). — Die Hörerzahlen von Weierstraß sind entnommen: K. Weierstraß an L. Koenigsberger, 25. 10. 1870 (K. Weierstraß 1923. S. 230). — K. Weierstraß an S. Kovalevskaja. 16. 5. 1885 (Mittag-Leffler-Institut in Djursholm/Schweden). — Aufzeichnungen von M. Tichomandrickij (aus dem Russ. übersetzt, Archiv d. Ak. Wiss. d. DDR, Nachlaß Schwarz).

abgeschlossene Gebiete der Mathematik; „freilich mit unvergleichlicher Klarheit"[1]). Sein regelmäßiger zweijähriger Kurs umfaßte: analytische Geometrie, Mechanik, Flächentheorie, Zahlentheorie. Ihm bereitete das Halten von Vorlesungen Freude; er selbst sagte, daß nach dem Erkennen einer Wahrheit der größte Genuß sei, diese empfänglichen Menschen darzulegen[2]). Es nimmt daher nicht wunder, daß Kummers Ruhm als glänzender Lehrer sich immer mehr verbreitete und Studenten nach Berlin zog. „Während man bei Kummer die Wahrheit des Jacobischen Ausspruches verspürte: ‚Die Mathematik ist die Wissenschaft, bei der sich alles von selbst versteht', merkte man bei Weierstraß, wie zutreffend ein anderer Ausspruch von Jacobi sei: ‚Es gibt keinen Königsweg zur Mathematik.'"[3])

Im Gegensatz zu Kummer, der nur im Seminar auf eigene Forschungen einging, schöpfte Weierstraß nicht selten aus Überlegungen der letzten Tage oder improvisierte sogar. Mit den eleganten, leicht faßlichen Vorträgen von Kummer konnte er nicht wetteifern, handelte es sich doch oft um erst im Entstehen begriffene Theorien. Zudem war er nicht Mitglied der Prüfungskommission, die das Staatsexamen abnahm. Aber ihm strömten die Hörer deshalb zu, weil er so vieles brachte, was aus keinem Lehrbuch und nur bei ihm gelernt werden konnte. Keinem Mathematikdozenten der Berliner Universität sind so zahlreiche Erinnerungen gewidmet wie Weierstraß und seinen Vorlesungen[4]); in Einzelheiten differieren diese Erinnerungen, wie könnte es anders sein, ja sie widersprechen sich sogar in unwesentlichen Punkten. Sie stehen aber alle unter dem Eindruck der großen Persönlichkeit, und in der Hauptsache sind sie sich einig: Weil Weierstraß in seinem Streben nach einem immer höheren Grad der Vollendung wenig publizierte, waren seine Vorlesungen als Spiegel seiner fortschreitenden Untersuchungen von unschätzbarem Wert; freilich nur für den, der sich die Mühe machte, die Vorlesung hinterher sorgfältig auszuarbeiten. Sein großer Vorlesungszyklus, der sich im Laufe der Jahre herausbildete, bestand aus folgenden Kollegs: Einleitung in die Theorie der analytischen Funktionen, Theorie der elliptischen Funktionen (und zwar einmal von der Differentialrechnung ausgehend und das andere Mal vom funktionentheoretischen Standpunkt mit dem algebraischen Additionstheorem als Ausgangspunkt), Anwendungen der elliptischen Funktionen auf Probleme der Geometrie und Mechanik, Theorie der Abelschen Funktionen, Anwendung der Abelschen Funktionen zur Lösung ausgewählter geometrischer Probleme und daneben Variationsrechnung. In diesem Zyklus baute Weierstraß das ganze Gebäude seiner Mathematik lückenlos von unten auf, „ohne etwas vorauszusetzen, was er nicht selbst bewiesen hatte"[5]). Die speziellen Funktionen, die Weierstraß behandelte, haben ihr Interesse später weitgehend verloren. Fr. Schottky las das letzte Mal über die einst im Mittelpunkt der Weierstraßschen Forschung stehenden Abelschen

---

[1]) L. Koenigsberger 1919. S. 114.

[2]) K. Hensel 1910. S. 15—16.

[3]) L. Kiepert 1926. S. 60. — Noch 1875 stellte Mittag-Leffler fest, in *formaler* Hinsicht sei Weierstraß' Vortragsweise „unter aller Kritik, und auch der unbedeutendste französische Mathematiker würde sich mit einem solchen Vortrag als Lehrer für komplett unfähig ansehen". (Mittag-Leffler an H. Holmgren. 19. 2. 1875. O. Frostman 1966. S. 55.)

[4]) L. Heffter 1952. S. 44. — A. Kneser 1925. S. 211—212. — L. Kiepert 1926. S. 59—61. — W. Killing 1897. S. 719—720. — L. Koenigsberger 1919. S. 22—23. — E. Lampe 1899. S. 40 bis 42. — E. Lampe 1915a. S. 433—434. — R. v. Lilienthal 1931. S. 167—169. — C. Runge 1916. S. 161—162. — C. Runge 1926. S. 175—178.

[5]) C. Runge 1926. S. 176.

Funktionen im WS 1918/19; elliptische Funktionen wurden immer seltener zum Vorlesungsgegenstand; G. Feigl las über sie letztmals im WS 1931/32. L. Bieberbach hat die Riemannsche und die Weierstraßsche Funktionentheorie 1922 verschmolzen. Was aber die Zeiten überdauert hat, das ist „das Gerüst, das Weierstraß zur Sicherung seiner Theorie konstruierte“[1]), sein Vorbild in der Forderung nach Strenge, nach Schaffung fester Grundlagen, nach Klärung der Begriffe und nach Ausschaltung anschaulicher Momente bei der Begründung rein analytischer Sätze[2]).

Neben die Vorlesungstätigkeit trat Kummers und Weierstraß' Wirken im Mathematischen Seminar. Anfangs war es ein reines Aufgabenseminar. Hier knüpfte auch Kummer an seine eigenen Forschungen und Veröffentlichungen an[3]) und stellte Aufgaben, die beispielsweise der Theorie der Strahlensysteme entstammten, mit der er sich gerade befaßte[4]). Allmählich aber wurde das Seminar mehr und mehr ein Vortragsseminar[5]). Einzelne Mitglieder trugen über ihre selbständigen Untersuchungen vor. In den Bemerkungen hierzu gab Weierstraß eine Fülle von eigener Forschung entsprungenen Anregungen, die den Ausgangspunkt für weiterführende Arbeiten, oft für Dissertationen gebildet haben[6]). „Aus der Fülle seiner Ideen schöpfend, kümmerte er sich nicht darum, was aus den Gaben wurde, die er als königlicher Spender um sich ausstreute“[7]). Er konnte es nur nicht vertragen, wenn seine Hinweise in einer seinen Forderungen an Strenge und Sicherung der Schlüsse widersprechenden Art verwendet wurden. Zufällig sind gerade aus dem Ende der hier in Rede stehenden Zeit einige Ausarbeitungen erhalten geblieben, die die Grundlage für Seminarvorträge bildeten, z. B.[8]):

K. Hensel: Untersuchungen der außerordentlichen Teiler der Diskriminantenformen von Kreisteilungsgleichungen (23. 5. 1883);
A. Kneser: Über den Affekt algebraischer Funktionen einer Variabeln (20. 6. 1883);
D. Selivanov: Die Zerlegung ganzer algebraischer Funktionen in irreduktible Faktoren (4. 7. 1883);
G. Wallenberg: Behandlung einiger elliptischer Funktionen (WS 1883/84).

Weierstraß hat stets großen Wert auf die Bibliothek des Seminars gelegt. Er hat sich nicht nur der Berliner Bibliothek angenommen, die zunächst in seiner Wohnung aufgestellt wurde, sondern er hat auch später seinen Einfluß aufgeboten, um den Bibliotheken anderer preußischer mathematischer Seminare Mittel zukommen zu lassen[9]).

---

1) H. Behnke 1966. S. 24.
2) A. Dinghas 1960. S. 768.
3) K. Hensel 1910. S. 16—17.
4) E. Lampe 1916. S. 127—128.
5) W. Lorey 1916. S. 127.
6) W. Killing 1897. S. 720.
7) E. Lampe 1899. S. 41—42.
8) MSA.
9) K. Weierstraß an H. A. Schwarz. 7. 3. 1883 (Archiv d. Ak. Wiss. d. DDR, Nachlaß Schwarz). — Weierstraß erwähnt in diesem Brief ausdrücklich, daß er Einfluß auf den neuen Dezernenten im Kultusministerium Fr. Althoff (ernannt am 10. 10. 1882) besitze und hoffe, daß die Bibliotheken aller mathematischen Seminare künftig mehr Mittel erhielten. Das ist um so bemerkenswerter, als man Althoff u. a. das Epitheton ornans eines „großen Reformators der preußischen

Bald wurde ein Schrank angeschafft, der im Auditorium 17 aufgestellt wurde. Dieser Hörsaal spielt eine große Rolle in allen Erinnerungen der Hörer jener Jahre[1]). In ihm fand mittwochs abends auch das Seminar statt[2]). Es ist noch der erste Katalog der Bibliothek vorhanden[3]), der in der zeitlichen Ordnung des Bücherzugangs vervollständigt wurde und dem man daher entnehmen kann, welches die ersten Werke waren:

1. Cauchy, Augustin-Louis: Excercices de mathématiques. T. 1—5. Paris 1826/30.
2. ders.: Résumées analytiques. Turin 1833.
3. ders.: Nouveaux exercices de mathématiques. Prag 1835
4. ders.: Exercices d'analyse et de physique mathématique. T. 1—4. Paris 1840/47.
5. ders.: Leçons sur les applications du calcul infinitésimal à la Géométrie. T. 1—2. Paris 1826.
6. Abel, Niels Henrik: Oeuvres complètes. T. 1—2. Christiania 1839.
7. Poisson, Siméon Denis: Théorie mathématique de la chaleur. Avec un supplément. Paris 1835.
8. Monge, Gaspard: Application d'analyse à la géométrie. 5. Aufl. Hrsg. v. J. Liouville. Paris 1850.
9. Euler, Leonhard: Institutiones calculi integralis. Vol. 1—4. St. Petersburg 1792/1845. (Vol. 1 = 2. Aufl.; Vol. 2—4 = 3. Aufl.)

Es folgen als Geschenk der Berliner Akademie aus deren Schriftenreihen die akademischen Abhandlungen von Lagrange, Lambert, J. (III) Bernoulli, l'Huillier, E. G. Fischer, Poselger, Dirksen, Bessel, Dirichlet, Hagen, Encke, Crelle, Steiner, Kummer, Pfaff, Neumann, Woepcke und Hansen. Die Akademie schenkte weiter zwei Exemplare des Canon arithmeticus von C. G. J. Jacobi (Berlin 1839); Gauß und W. Weber, Resultate aus den Beobachtungen des magnetischen Vereins in den Jahren 1838—1841, 4 Hefte in 2 Bänden (Leipzig 1838/41) und, von denselben, Atlas des Erdmagnetismus (Leipzig 1840). Unter den folgenden Autoren findet man u. a. E. Heine, Joachimsthal, Steiner, Hesse, Duhamel, Lamé, Poisson, Poinsot, Schloemilch, G. Salmon, Clebsch, Euler, Gauß und Newton. Frühzeitig wurden Crelles und Liouvilles Journale angeschafft. Hinzu kamen dann die Zeitschrift für Mathematik und Physik, die Mathematischen Annalen, das Jahrbuch über die Fortschritte der Mathematik, das Archiv der Mathematik und Physik sowie führende ausländische Fachzeitschriften.

Daß die Akademie von Anfang an in verhältnismäßig starkem Maße Abhandlungen spendete, ist sicher auf Fürsprache von Weierstraß geschehen, denn gerade er hat in der Rede, die er bei der Übernahme des Rektorats der Berliner Universität am 15. 10. 1873 gehalten hat[4]), ausdrücklich auch auf „die älteren, wenig mehr gelesenen Schriften der Gesellschaften" hingewiesen und bemerkt, daß in ihnen ebenso wie in der wissenschaftlichen Korrespondenz der Gelehrten früherer Zeit „eine außerordentliche Fülle

Bibliotheken" (E. Paunel 1965. S. 320) zugelegt hat und es nun ganz so aussieht, als sei es Weierstraß gewesen, der zuerst Althoffs Aufmerksamkeit auf die Seminarbibliotheken gelenkt hat.

[1]) A. Kneser 1925. S. 212.

[2]) M. Lenz 1910/18. Bd. 3. S. 274.

[3]) MSA. — Außerdem befindet sich in der Bibliothek der Sektion Mathematik der Humboldt-Universität ein am 1. 7. 1861 begonnenes, bis etwa 1891 alphabetisch nach Verfassern geführtes Verzeichnis, in das die Zugänge eingetragen worden sind.

[4]) K. Weierstraß 1894/97. Bd. 3. S. 331—339.

von Stoff aufgehäuft“ sei, aus welchem der, der „zu finden weiß, vielerlei zu eigenen Arbeiten ihn Anregendes herauslesen und nebenbei noch mancherlei Nützliches lernen“ könne.

In der gleichen Rektoratsrede hat Weierstraß Grundsätze des „akademischen Unterrichts“ formuliert. Da er sich selbst von diesen in den Vorlesungen wie im Seminar hat leiten lassen und dieser Tatsache seine Erfolge mit zu verdanken sind, sei noch eine diesbezügliche Passage aus der Ansprache zitiert:

„Der Erfolg [...] beruht [...] zum großen Teile darauf, daß der Lehrer den Lernenden fortwährend zu eigener Forschung leitet. Dies geschieht aber nicht etwa durch pädagogische Anweisung, sondern zunächst und hauptsächlich dadurch, daß der Lehrer beim Vortrag einer Disziplin in seiner Darstellung selbst durch Anordnung des Stoffes und Hervorhebung der leitenden Gedanken angemessen den Lernenden erkennen läßt, auf welchem Wege der gereifte und das bereits Erforschte beherrschende Denker folgerichtig vorschreitend zu neuen Ergebnissen oder besserer Begründung schon vorhandener gelangt. Dann versäumt er es nicht, ihm die zurzeit nicht überschrittenen Grenzen der Wissenschaft zu bezeichnen und diejenigen Punkte anzudeuten, von denen aus ein weiteres Vordringen zunächst möglich erscheint. Auch einen tieferen Einblick in den Gang seiner eigenen Forschungen versagt er ihm nicht, verschweigt selbst nicht begangene Irrtümer und getäuschte Erwartungen.“

Zum Rektor war Weierstraß gegen so starke Konkurrenten wie Mommsen und Helmholtz gewählt worden; es zeigt dies, wie in relativ kurzer Zeit seine Stellung innerhalb der Universität zu einer führenden geworden war. Die Fakultät, von der 1856 der erste Antrag Kummers, Weierstraß ein Extraordinariat zu geben, so dilatorisch behandelt worden war, hatte, wie gesagt, bald eingesehen, was sie an ihm besaß[1]).

Während seiner Amtszeit als Rektor soll Weierstraß „zahlreiche Übelstände“ beseitigt und „viel Neues“ geschaffen haben, was „noch vielen Generationen zum Segen gereichte“. Auch von seinen Vorgängern im Amt seien die Mißstände erkannt worden, aber jene hätten sich im Gegensatz zu Weierstraß gescheut, während des nur einjährigen Rektorats tiefgreifende Neuerungen einzuführen. Leider sind die Rektoratsakten jener Jahre nicht mehr vorhanden, und es läßt sich daher nicht ermitteln, welche Reformen die Berliner Universität einem Mathematiker zu verdanken hatte; es muß mit den hier zitierten Äußerungen von Kiepert[2]) sein Bewenden haben. Auch das Gutachten, das Weierstraß gegen die in den siebziger Jahren erwogene Teilung der Philosophischen Fakultät in eine historisch-philosophische und eine mathematisch-naturwissenschaftliche ausgearbeitet und das damals die Trennung verhindert haben soll[3]), konnte nicht gefunden werden.

In welchem Umfang die Vorlesungen und das Seminar von Kummer und Weierstraß zu einer Schule späterer Universitätsprofessoren geworden sind, wird ersichtlich, wenn man beispielsweise die Liste der Prämienempfänger des Mathematischen Seminars 1862 bis 1884 betrachtet. In dieser Zeit erhielten 49 Seminarteilnehmer insgesamt 56 Prämien auf Grund von 27 Vorschlägen[4]). Übrigens hat 24 dieser Vorschläge Kummer aufgesetzt. Man darf also Kummers Rolle keineswegs unterschätzen; in administrativer Hinsicht trug er die Hauptlast. Zwei Vorschläge (1882 und 1883) stammen

---

[1]) s. oben 5.3.6.

[2]) L. Kiepert 1926. S. 62—63.

[3]) W. Killing 1897. S. 707.

[4]) DZA Merseburg, Rep. 76 Va, Sect. 2, Tit. 10, Nr. 77, Bd. 1. Bl. 25—115.

von Weierstraß und einer (1884) von Kronecker. 24 Vorschläge sind von Weierstraß, einer (1880) von H. Bruns, einer (1882) von A. Wangerin und einer (1883) von Kronecker und Kummer mitgezeichnet worden. 1884 wurden an allen preußischen Seminaren diese Prämien abgeschafft. Ihre Höhe betrug 50 Taler bzw. 150 Mark. (Nur die erste Prämie 1862 belief sich auf 40 Taler). Das war für einen jungen Mann in der damaligen Zeit ein recht ansehnlicher Betrag. Kronecker hat schon 1886 darauf hingewiesen[1]), daß die Statistik der Prämienempfänger ein eindrucksvolles Bild davon vermittle, wie kommende Talente von den Seminardirektoren frühzeitig erkannt worden sind. Wir finden unter den 49 Prämiierten nicht weniger als 22 spätere Hochschuldozenten. Genannt seien: H. A. Schwarz (dreimal prämiiert), F. J. Mertens, E. Lampe, M. Simon, H. Bruns (zweimal prämiiert), E. Netto (zweimal prämiiert), L. Kiepert (zweimal prämiiert), G. Frobenius, W. Killing, G. Hettner, A. Schönflies, J. Knoblauch, Fr. Schur, F. Rudio, Fritz Kötter, A. Kneser, K. Hensel und P. Stäckel. Sie sind fast alle in Berlin promoviert worden. 14 der Prämiierten wurden Direktoren bzw. Lehrer an höheren Schulen (wie H. Schubert) oder höhere Beamte (wie der spätere Bibliotheksdirektor G. Valentin) bzw. Wissenschaftler in der Industrie (wie F. Caspary). Vier sind jung verstorben. Nur bei neun Prämienempfängern konnte nichts über ihren späteren Lebenslauf ermittelt werden; wahrscheinlich sind sie in den Schuldienst gegangen.

Unter den Prämiierten befand sich 1870 auch Felix Klein, der, wie schon erwähnt, als junger Doktor nach Berlin gekommen war, um am Seminar teilzunehmen. Daß Klein eine Prämie bekommen hat, ist aus mehreren Gründen bemerkenswert. Klein hat später gesagt[2]), er habe damals, was er später bedauert hätte, ebenso wie Sophus Lie (der mit ihm und dem gleichfalls schon promovierten Otto Stolz nach Berlin gekommen war[3])) aus Widerspruchsgeist kein Kolleg bei Weierstraß gehört und im Seminar immer nur eigene Gedanken verfochten. Die Hörer hätten die Weierstraßschen Lehren als unanfechtbare Norm hingenommen, ohne sie „im tieferen Sinne recht aufgefaßt zu haben“. Ein Zweifel hätte nicht aufkommen dürfen, und eine Kontrolle sei schwer möglich gewesen, weil Weierstraß wenig zitiert und seinen methodischen Aufbau so eingerichtet habe, daß er nur auf sich selbst zurückzugreifen brauchte. Die Spontaneität der Hörer sei unterdrückt worden, und der gebotene Stoff wäre nur für den voll verständlich gewesen, der sich mit ihm schon anderweitig vertraut gemacht hätte. Die Zuhörer wären eher niedergedrückt als zu eigenem Schaffen ermutigt worden. Wir sehen indessen an der Prämiierung, daß es Kummer und Weierstraß nicht übelnahmen, wenn Teilnehmer des Seminars nicht zu ihren kritiklosen Verehrern gehörten, sondern ihre Selbständigkeit behaupteten; sie bescheinigten in ihrem Prämienvorschlag[4]) Klein, seine Seminarvorträge seien „namentlich in formaler Beziehung ganz ausgezeichnet“ gewesen, und drückten die Erwartung aus, daß Klein sich wissenschaftlich auszeichnen und eine „sehr ersprießliche Wirksamkeit ausüben“ werde. Da jeder dieser Vorschläge an das Kultusministerium ging, ist das Gewicht eines solchen Gutachtens nicht gering zu schätzen.

---

[1]) L. Kronecker 1886. S. 118—119.

[2]) F. Klein 1926/27. T. 1. S. 284 u. 291.

[3]) H. Schubert 1897. S. 230.

[4]) DZA Merseburg, Rep. 76 Va, Sect. 2, Tit. 10, Nr. 77, Bd. 1. Bl. 66—67. — W. Lorey 1926. S. 150, Anm. 6.

Aber noch aus einem weiteren Grunde ist die Prämiierung Kleins hervorzuheben. W. Lorey hat, sicherlich nach persönlichen Mitteilungen Kleins, berichtet[1]), in einem Seminarvortrag in Berlin habe dieser einen Zusammenhang zwischen der Cayleyschen Maßbestimmung und der nichteuklidischen Geometrie behauptet. Dem hätte Weierstraß, dem die Kleinschen Ideen, Brücken zwischen scheinbar weit auseinanderliegenden Gebieten zu schlagen, nicht gelegen hätten, entschieden widersprochen. Wenn also auch Weierstraß bei der Prämiierung, wie es sich versteht, objektive Gesichtspunkte hat walten lassen, so ist doch die Möglichkeit nicht auszuschließen, daß die absprechenden Urteile von Weierstraß über Klein in späteren Jahren[2]) und die ausgesprochene Aversion, die die Nachfolger von Weierstraß und Kronecker, Schwarz und Frobenius, gegen Klein und Lie (bei letzterem ebenfalls nach dem Vorbilde von Weierstraß) in Wort und Tat bewiesen, in eben jener Teilnahme Kleins am Berliner Seminar ihren Ursprung haben. Das darf auch deshalb nicht ganz übergangen werden, weil sowohl in Kleins historischen Vorlesungen[3]) als auch in späteren Berliner Berufungsverhandlungen eine gewisse Voreingenommenheit, eine Reserviertheit gegen Berlin resp. gegen Göttingen deutlich spürbar wird.

Um einen Eindruck zu vermitteln, in welcher Form die Prämien beantragt und welche Gründe geltend gemacht wurden, wird im Kapitel 11 als Dokument 9 der Antrag wiedergegeben, mit dem am 31. 10. 1863 durch Kummer und Weierstraß die Prämiierung von F. J. Mertens vorgeschlagen wurde. Mertens wurde 1869 Ordinarius in Krakau und 1894 in Wien. Es muß dabei bemerkt werden, daß in späteren Jahren (hier handelt es sich um den zweiten Antrag, der überhaupt eingereicht wurde), nachdem die Prämienbeantragung mehr zu einer Sache der Routine geworden war, die Ausführungen kürzer und weniger „ehrfurchtsvoll" geworden sind.

Sind oben schon Repräsentanten der Berliner mathematischen Schule als prämiierte Seminaristen oder bei anderer Gelegenheit aufgeführt worden und werden diese und weitere unten als Doktoranden zu nennen sein, so seien hier noch einige namhafte Forscher und Universitätslehrer verzeichnet[4]), die einen Teil ihrer wissenschaftlichen Bildung in Berlin empfangen haben: O. Biermann, O. Bolza[5]), A. Brill, H. Burkhardt, F. Engel, J. Franz, R. Fricke, L. Gegenbauer, A. Gutzmer, M. Hamburger, E. L. Henneberg, E. Haentzschel, A. Hurwitz, O. Hölder, H. Kortum, M. Lerch, S. Lie, J. Lüroth[6]), R. Mehmke, H. Minkowski, G. Mittag-Leffler, M. Planck, A. Pringsheim, O. Stolz, G. Wallenberg. Auch der Philosoph E. Husserl hat beispielsweise, von der Universität Leipzig kommend, 6 Semester bis zum WS 1880/81 in Berlin studiert und war nach der Promotion (WS 1882/83 in Wien) noch einmal in Berlin. Er hat in seinem dem Habilitationsgesuch in Halle beigefügten Lebenslauf Weierstraß als den Mathematiker genannt, dem er am meisten zu Dank verpflichtet sei[7]). Seine Doktorarbeit „Beiträge zur Varia-

---

[1]) W. Lorey 1926. S. 138.

[2]) K. Weierstraß an H. A. Schwarz, 20. 12. 1885 (Archiv d. Ak. Wiss. d. DDR, Nachlaß Schwarz).

[3]) F. Klein 1926/27. T. 1.

[4]) Aufstellungen von Weierstraß-Schülern bzw. -Hörern geben: G. Mittag-Leffler 1910. S. 11. — C. Runge 1926. S. 178. — H. Behnke 1966. S. 35—40.

[5]) O. Bolza 1936. S. 13 u. 16.

[6]) Lüroth hat nicht, wie bei H. Gericke 1955. S. 68 angegeben, in Berlin, sondern in Heidelberg promoviert.

[7]) Schriftliche Auskunft des Leiters des Archivs der Martin-Luther-Universität Halle—Wittenberg, Dr. H. Schwabe, v. 2. 11. 1965 nach Rep. 21, Abt. III, Nr. 193.

tionsrechnung“ stand noch ganz unter Weierstraßschem Einfluß. Es wird dies hier besonders erwähnt, weil in der Literatur über Husserl nähere Angaben zu dessen früherem Werdegang fehlen[1]). Band 7 der Werkausgabe von Weierstraß (Variationsrechnung) fußt u. a. auf einer Ausarbeitung, die auf Veranlassung des Mathematischen Vereins angefertigt worden und an der auch Husserl beteiligt gewesen ist[2])!

Bekanntlich hat Weierstraß die meisten seiner Entdeckungen nicht publiziert, sondern in seinen Vorlesungen vorgetragen. Der Druck wurde nicht etwa aufgeschoben, weil, wie Klein es irrtümlich deutete[3]), Weierstraß „eine prinzipielle Abneigung gegen Druckerschwärze“ gehabt hätte, sondern weil er nach einem immer höheren Grad der Vollendung strebte, weil er sich über einige Punkte immer noch nicht hinreichend klar geworden war, weil seine Funde sich überstürzten und weil schließlich häufige Erkrankungen (vor allem Bronchitiden und Venenentzündungen) ihn an der abschließenden Überarbeitung hinderten[4]). Es liefen daher ungezählte Nachschriften und Abschriften solcher Aufzeichnungen um, und es wurden auch Lehrbücher publiziert, die sich zum Teil auf eine ihm mehr oder weniger abgeschwatzte Autorisierung beriefen, seinen Ansprüchen aber keineswegs genügten[5]). (Als er sich dann schließlich zu einer Werkausgabe entschloß, war es zu spät; davon wird noch berichtet werden.)

Diese Umstände trugen dazu bei, begabte Mathematiker und Physiker nach Berlin zu ziehen, die sich an der Quelle selbst unterrichten wollten. Es lief damals ein geflügeltes Wort um, das schon 1854 von Richelot geprägt worden ist und das dann z. B. von Ch. Hermite in der Form „Weierstraß est notre maître à tous“ bei verschiedenen Anlässen verwendet wurde. Die Professorengeneration, die den Fortschritt in Mathematik und theoretischer Physik von etwa 1890 bis 1920 bestimmend beeinflußt hat, nahm zu einem erheblichen Teil die Erkenntnisse von Weierstraß, Kummer und Kronecker unmittelbar auf. Nicht nur für Deutsche gilt das, sondern auch für Österreicher und viele andere Ausländer. Einige wurden schon genannt. Von weiteren muß hier noch Sonja Kovalevskaja erwähnt werden. Sie kam im Herbst 1870 nach Berlin, dorthin von Koenigsberger empfohlen, bei dem sie in Heidelberg gehört hatte. (Einer Anfrage von Weierstraß bei Koenigsberger vom 25. 10. 1870 über die Befähigung S. Kovalevskajas zu „tieferen mathematischen Studien“ verdanken wir einen Beleg dafür, daß der Krieg 1870/71 in seinen Auswirkungen auf die Mathematiker in keiner Weise mit den Ereignissen von 1848/49 verglichen werden kann, heißt es doch in diesem Brief u. a.[6]): „Hoffentlich wird das kommende Jahr uns friedfertigen Leuten wenigstens den ungestörten Genuß der Ferien gewährleisten.“) Weierstraß konnte ihre Zulassung zum ordentlichen Studium nicht erreichen; die Einzelheiten lassen sich nicht mehr rekonstruieren, da, wie gesagt, die Rektorats- und Senatsakten aus dieser Zeit nicht mehr

---

[1]) Vgl. z. B. D. Mahnke 1923. S. 34. — Die Anregung, den Beziehungen von Husserl zu Weierstraß nachzugehen, verdanke ich einer Diskussionsbemerkung von Herrn W. S. L. Huemmer, Bamberg, zu meinem Vortrag „Die Weierstraß-Werkausgabe ist ein Torso geblieben“ auf dem XI. Internationalen Kongreß für Geschichte der Wissenschaften am 26. 8. 1965 in Warschau. Vgl. K.-R. Biermann 1968a u. 1969.

[2]) K. Weierstraß 1894/1927. Bd. 7. S. V.

[3]) F. Klein 1926/27. T. 1. S. 283.

[4]) Das geht eindeutig aus den Briefen von Weierstraß an H. A. Schwarz hervor (Archiv d. Ak. Wiss. d. DDR, Nachlaß Schwarz).

[5]) K. Weierstraß an H. A. Schwarz. 22. 6. 1888 (Archiv d. Ak. Wiss. d. DDR, Nachlaß Schwarz).

[6]) L. Koenigsberger 1919. S. 114.

vorliegen. Weierstraß unterrichtete sie privat und erreichte durch seine Beziehungen zu L. Fuchs, daß sie 1874 in Göttingen in absentia promoviert wurde. So sind dieser vertrauten und einzigen Schülerin von Weierstraß[1]) nähere Beziehungen zur Berliner Universität verwehrt geblieben.

5.4.3. Kronecker als Hochschullehrer

Auch Kronecker trug, ebenso wie Weierstraß, gerade erst im Entstehen begriffene Gedanken vor, oft solche, mit denen er sich erst in der Nacht zuvor „abgemüht" hatte[2]), aber seinen Vorlesungen fehlte „das Fundamentale der Weierstraßschen Vorlesungen"[3]). Er „liebte es, mit einer schön gefaßten Einleitung zu beginnen, in die eine Menge scharfgeschliffener, geistvoller Aussprüche eingeflochten waren, die jedem Zuhörer ins Ohr fielen und bei allen die angenehme Illusion erweckten, man verstünde etwas von der Sache"[4]). Es wurde daher der eifrige Mathematikstudent damals so charakterisiert: „Er ist's, der ohne Unterlaß zu Kummer läuft und Weierstraß, bei Kronecker kein Wort verliert, die Aperçus stenographiert"[5]). Der geistreichen Einleitung folgte dann aber bald ein so „rasches Aufsteigen", daß es dem „Treppenverstand"[6]) der Studenten oft nicht möglich war, ihm zu folgen. Jener Hörsaal 17, der die Kummerschen und Weierstraßschen Zuhörerscharen nicht mehr zu fassen vermochte, erwies sich denn regelmäßig für die Kroneckerschen Kollegs als zu geräumig, und es blieben immer nur einige wenige, die bis Semesterende durchhielten. Dennoch gehörten seine Vorlesungen „zu dem Wertvollsten und Eigenartigsten, was die Berliner Universität den Mathematikern bot"[7]).

In der Periode, von der in diesem Abschnitt berichtet wird, war Kronecker noch lesendes Akademiemitglied. Er trat daher weder bei den Promotionen noch im Mathematischen Seminar in Erscheinung. Eine Berufung nach Göttingen schlug er indessen 1868 ab[8]). Seine Hauptvorlesungen befaßten sich mit der Theorie der algebraischen Gleichungen, mit der Zahlentheorie, der Theorie der Determinanten und der Theorie der einfachen und mehrfachen Integrale. Frobenius hat gezeigt, wie die Vorlesungen und die Abhandlungen Kroneckers, die Lehr- und die Forschungstätigkeit miteinander verknüpft waren und sich gegenseitig bedingten[9]). Kroneckers Bemühen, vorliegende Theorien zu vereinfachen, zu verfeinern und von neuen Seiten zu beleuchten, hat dazu geführt, daß seine Bedeutung unterschätzt worden ist. Unglaublich beweglich und vielseitig, hat er in den einzelnen Disziplinen nicht die Bedeutung erlangt, wie sie Cauchy und Jacobi in der Analysis, Riemann und Weierstraß in der Funktionentheorie, Dirichlet und Kummer in der Zahlentheorie, Abel und Galois in der Algebra erreicht haben[10]).

---

[1]) Ungedruckte Archivalien zum Verhältnis zwischen Weierstraß und seiner Schülerin werden benutzt von K.-R. Biermann 1966b. Danach wurden die Briefe von Weierstraß an S. Kovalevskaja publiziert: P. Ja. Kočina 1973.

[2]) G. Frobenius 1893. S. 18—19. — A. Kneser 1925. S. 213.

[3]) C. Runge 1916. S. 162.

[4]) A. Kneser 1925. S. 213.

[5]) ebd. S. 212.

[6]) G. Frobenius 1893. S. 19.

[7]) H. Weber 1891/92. S. 20.

[8]) ebd. S. 21.

[9]) ebd. S. 19—20.

[10]) ebd. S. 3.

Seine Größe liegt in der Vielseitigkeit, in der Verbindung von Zahlentheorie, Algebra und Analysis. Von seinen Schülern wurde Kronecker hoch verehrt[1]). Er war ihnen gegenüber von äußerster Liebenswürdigkeit und respektierte auch des bescheidenen Anfängers Forscherpersönlichkeit[2]). Gerade deshalb liebte er den Ausdruck „Schüler" nicht.

Wie Weierstraß war auch Kronecker stets bereit, erbetenen wissenschaftlichen Rat zu erteilen. Aber Weierstraß besaß die Kunst, zunächst aufmerksam zuzuhören und dann auf die Anliegen des Fragestellers einzugehen. Anders Kronecker. Er vermochte es nicht, sich auf die vorgetragene Problematik einzustellen, sondern neigte dazu, von seinen „eigenen Arbeiten und Ideen zu erzählen"[3]). Ungeachtet dessen war er ständig von einem Kreis ihm treu ergebener „Jünger"[4]) umgeben.

Als reicher und völlig unabhängiger Privatmann pflegte er eine Gastfreundschaft zu gewähren, die sein Haus zu einem Vereinigungspunkt der Mathematiker machte. Seine großen und ausgedehnten Verbindungen benutzte er, um junge Talente zu fördern. Es ist schwer zu entscheiden, ob in jenen Jahren Weierstraß oder Kronecker den größeren Einfluß bei der Besetzung von deutschen mathematischen Lehrstühlen ausgeübt hat. Die Ratschläge beider wurden auch im Ausland gehört und oft genug respektiert.

Mit Kummer verband Kronecker andauernde, innige Freundschaft. Das Verhältnis zu Weierstraß wurde, nachdem es zwanzig Jahre hindurch ungetrübt gewesen war, wie noch darzustellen sein wird, zunehmend gespannter.

5.4.4. *Promotionen und Habilitationen*

Führt man die Statistik weiter bis zur Bildung der Mathematisch-naturwissenschaftlichen Fakultät (1936), so stellt man fest, daß weder vor noch nach Kummer und Weierstraß ein Dozent der Mathematik an der Berliner Universität die Zahl ihrer Doktoranden erreicht hat. An der Spitze steht Kummer, der in 39 Fällen als einziger oder als Erstgutachter tätig war. Bei 15 dieser Promotionen war Weierstraß der Korreferent. 17 der von Kummer Promovierten sind Hochschullehrer geworden. Weierstraß hat für 28 Dissertationen das Hauptgutachten (24mal mit Kummer als Korreferenten) abgegeben, 18 seiner Doktoranden sind Universitätsdozenten, fast alle als Professoren, geworden. Es folgen I. Schur (21 Erstgutachten), L. Fuchs, der in 16 Fällen als Hauptreferent fungierte, und R. von Mises mit 13 Erstgutachten. Berücksichtigt man noch, daß in dem hier behandelten Zeitraum von August 1864 bis 1883 Kummer 18mal und Weierstraß 26mal als Promotor tätig waren, so wird ersichtlich, in welchem Ausmaß diese Glanzzeit durch Weierstraß bestimmt worden ist. Dem entspricht, daß von den fünf Habilitationen dieser Periode vier Weierstraß als Erstgutachter aufweisen.

5.4.4.1. Kummer als Promotor

Es können bei der Vielzahl der Promotionen hier nur einige Namen und Gesichtspunkte aufgeführt werden; im übrigen muß auf die Aufstellung 12.3. im Anhang verwiesen werden.

Die erste Promotion nach der Beförderung von Weierstraß zum Ordinarius war die

---

[1]) ebd. S. 21.

[2]) A. Kneser 1925. S. 213.

[3]) C. Runge 1926. S. 177.

[4]) A. Kneser 1925. S. 213.

von Hermann Amandus Schwarz[1]). Das Gutachten ist noch vor diesem Termin und daher von Kummer allein ausgearbeitet worden. Schwarz, späterer Schwiegersohn von Kummer, ist seinen beiden Lehrern verpflichtet gewesen und hat nie versäumt, sich einerseits einen Schüler von Weierstraß zu nennen[2]), wie er andererseits seine Werkausgabe Kummer gewidmet hat. In seiner Dissertation fußt Schwarz auf der gekrönten Preisschrift vom Vorjahr (s. oben 5.3.3.), dehnt aber seine Untersuchungen noch auf abwickelbare Flächen 6. und 7. Grades aus, denen bis dahin noch keine speziellen Untersuchungen in Publikationen galten. In der mündlichen Prüfung erhielt Schwarz die höchste, nur ausnahmsweise erteilte Note: eximia cum laude. Auch der folgende, gleichfalls schon verschiedentlich erwähnte Doktorand, F. J. Mertens, erhielt dieses Prädikat. Seine Dissertation über ein Problem der Potentialtheorie[3]) schloß sich an die Dirichletschen Arbeiten an. Bei beiden Kandidaten wies Kummer in seinen Gutachten darauf hin, daß sie ihm aus dem Mathematischen Seminar sehr genau bekannt „und unstreitig jetzt die an Talent, an Fleiß und an tieferem wissenschaftlichen Sinn am meisten hervorragenden unter den hiesigen Studirenden der Mathematik“ wären[4]). Die Dissertation von Schwarz gereiche ihrem Autor und der Fakultät zur Ehre, Mertens berechtige zu den besten Hoffnungen und verdiene jede Förderung durch die Fakultät. Ganz unüblich vermerkte der derzeitige Dekan A. Braun auf dem Promotionsvorgang von Mertens, zur Promotion habe sich ein großes Auditorium und auch Weierstraß eingefunden[5]).

Ebenfalls im Jahr 1864 promovierte „magna cum laude“ Emil Lampe[6]), später langjähriger Ordinarius an der Berliner Technischen Hochschule. Diesem „verdienstvollen, tüchtigen Mann“ (Weierstraß[7])) sind wir heute insbesondere auch deshalb verpflichtet, weil er uns viele persönliche Erinnerungen an seine mathematischen Lehrer und Kollegen hinterlassen hat. Diese unschätzbare Quelle verdanken wir der Verwirklichung seiner Devise[8]): „Nur die Zeitgenossen eines großen Mannes können der Nachwelt sagen, wie sie seine Natur, sein Wesen als Mensch angeschaut haben.“ Seine Doktorarbeit befaßte sich mit der Theorie der Flächen vierten Grades. Erstmals trat Weierstraß als Zweitgutachter auf. Als ein weiterer Höhepunkt ist die Promotion Georg Cantors[9]) über diophantische Gleichungen zweiten Grades zu nennen. Im Gutachten Kummers vom 27. 10. 1867 heißt es[10]):

„Die von dem Candidaten eingereichte Dissertation betrifft einen von den größten Meistern der Zahlentheorie Lagrange und Gauß bereits behandelten Gegenstand; die allgemeine Auflösung der unbestimmten Gleichungen zweiten Grades. Der Verfasser hat die von diesen gegebenen Methoden der Auflösung sehr gründlich studirt und zeigt, indem er dieselben kritisch beleuchtet, was in diesem Probleme noch zu leisten sei, um alle Lösungen desselben nicht nur zu erschöpfen, sondern auch in einer vollendeten Form darzustellen. Er zeigt hierbei eine gründliche Kenntniß und Einsicht in die neueren Methoden der Zahlentheorie und eine gesunde Kritik. Sodann entwickelt er

---

1) s. 12.3., Nr. 55.
2) K. Weierstraß an H. A. Schwarz. 16. 12. 1874 (Archiv d. Ak. Wiss. d. DDR, Nachlaß Schwarz).
3) s. 12.3., Nr. 56.
4) P-4-30, Vorgang Schwarz.
5) ebd., Vorgang Mertens.
6) s. 12.3., Nr. 57.
7) K. Weierstraß an H. A. Schwarz. 12. 7. 1889 (Archiv d. Ak. Wiss. d. DDR, Nachlaß Schwarz).
8) E. Lampe 1915a. S. 438.
9) s. 12.3., Nr. 64.
10) P-4-34, Vorgang Cantor.

eine eigenthümliche Methode der Auflösung dieses Problems, welche dasjenige leisten soll, was er von einer vollendeten Lösung verlangt, und welche dieses in gewissem Sinne auch wirklich leistet, wenngleich auch sie in vielfacher Beziehung der Vervollkommnung fähig und bedürftig erscheint. [...] Nach meinem Urtheile ist die vorliegende Schrift als eine vorzügliche Leistung zu bezeichnen. [...]"

Weierstraß hatte dem nichts hinzuzufügen und erklärte sich „durchaus einverstanden". In der mündlichen Prüfung am 14. 11. 1867 prüfte Kummer mit sehr gutem Erfolg über Zahlentheorie, dann Weierstraß über Grundlagen der Algebra und Funktionentheorie. Er hob im Protokoll hervor[1]), es sei besonders anzuerkennen, daß Cantor bereits eine große Anzahl klassischer mathematischer Schriften gelesen und sich mit deren Inhalt gründlich bekannt gemacht habe. In der Physikprüfung bei Dove erfolgten die Antworten „etwas langsamer, als es nach der persönlichen Bekanntschaft mit dem Candidaten zu erwarten war". Trendelenburg, der in der Philosophie nach den Grundgedanken und Zusammenhängen bei Spinoza fragte, attestierte dem Prüfling „gute Einsicht". Dergestalt konnte dem Schöpfer der Mengenlehre am Ausgangspunkt seiner wissenschaftlichen Laufbahn das Prädikat „magna cum laude" zuerkannt werden.

Erwähnt seien wenigstens noch die Promotionen von J. Grassmann mit einem Spezialthema aus der algebraischen Geometrie[2]) im Jahre 1875, von A. Schönflies mit synthetisch-geometrischen Untersuchungen[3]) im Jahre 1877, von Friedrich Schur[4]) im Jahre 1879 mit einem allgemeinen Thema aus der algebraischen Geometrie sowie von A. Wernicke[5]), der ebenso wie beispielsweise zuvor L. Kiepert[6]), G. Hettner und J. Knoblauch[7]) zeitweilig das erwähnte Amt des Anschreibers an der Tafel in den Weierstraßschen Vorlesungen ausgeübt hat[8]). Wernicke, später als Dedekinds Kollege Extraordinarius an der Technischen Hochschule Braunschweig und durch seine Bestrebungen zur Reform des mathematischen Schulunterrichts hervorgetreten[9]), verteidigte bei seiner Promotion u. a. folgende These[10]): „Die Physik kann und muß die Vorstellung von Molekülen und Atomen entbehren." ... Die beiden letzten der nachmals bekannt gewordenen Doktoranden Kummers waren 1880 F. Rudio[11]) und C. Runge[12]) mit differentialgeometrischer Thematik. Bei Rudios Arbeit ist zu bemerken, daß ihre Thematik auf einem Vorschlag Kummers beruht, nachdem Rudio im Mathematischen Seminar bereits einen besonderen Fall der Theorie der Flächen, deren Krümmungsmittelpunktsflächen konfokale Flächen zweiten Grades sind, behandelt hatte[13]). Man sieht, keine Regel ohne Ausnahme: Vereinzelt hat Kummer also doch Themen für die Dissertation vorgeschlagen, wie schon früher gesagt wurde.

---

[1]) ebd.

[2]) s. 12.3., Nr. 74. Justus Graßmann ist ein Sohn von Hermann G. sen.

[3]) s. 12.3., Nr. 80.

[4]) s. 12.3., Nr. 83.

[5]) s. 12.3., Nr. 87.

[6]) L. Kiepert 1926. S. 61.

[7]) R. Rothe 1915. S. 445.

[8]) C. Runge 1926. S. 176. — J. Elster 1916. S. 51.

[9]) W. Lorey 1916. S. 243, Anm. 2.

[10]) J. Elster 1916. S. 51.

[11]) s. 12.3., Nr. 89.

[12]) s. 12.3., Nr. 90.

[13]) P-4-44, Vorgang Rudio.

An allgemeinen Ereignissen bei den Promotionen sei erwähnt, daß 1870 die erste mathematische Dissertation in deutscher Sprache zugelassen und daß nach 1879 keine Dissertation in lateinischer Sprache mehr geschrieben wurde.

Daß Kummer auch gegen Ende seiner Laufbahn nicht an eine Milderung seiner Maßstäbe dachte, geht aus der Promotion von A. Piltz hervor[1]). Seine zahlentheoretische Dissertation wurde einmal zurückgewiesen, und auch die mündliche Prüfung mußte wiederholt werden.

An dieser Stelle sei schließlich noch ein Beispiel für das Nichtbestehen des Doktorexamens gebracht, um einen Begriff der damals angewandten Maßstäbe zu geben[2]).

Der Kandidat Lothar Marks hatte sich im September 1870 um Zulassung zur Promotion auf Grund einer Dissertation „Synthetische Untersuchungen über die Fläche der Hauptkrümmungscentra einer allgemeinen Fläche dritter Ordnung“ beworben. Die Arbeit wurde von Kummer dahingehend beurteilt, daß sie, wenngleich in ihr „nicht viel mehr als Grad und Klasse der in Rede stehenden Krümmungsmittelpunktsflächen bestimmt“ worden seien und sie auch „formal nicht so durchgearbeitet, wie zu wünschen wäre“, zur Zulassung genüge, zumal sie zeige, daß „der Verfasser nicht ohne Talent und mathematische Bildung ist“. Kummers Votum vom 29. 4. 1870 schloß sich Weierstraß am 5. 5. 1870 an. Am 12. 5. 1870 fand dann das mündliche Examen statt, in dessen Protokoll es heißt:

„Der Professor Kummer begann die Prüfung in der Mathematik, welche besonders die analytische Mechanik und einige geometrische Sätze betraf. Der Candidat zeigte sich mit vielen Hauptsätzen der Mechanik nicht hinreichend bekannt, namentlich kannte er nicht die Theorie der Trägheitsmomente, auch nicht die Sätze über Centrifugalkraft und die Gesetze des mathematischen Pendels. Wenn nicht eine momentane Verwirrung des Candidaten angenommen werden sollte, so müßte der Ausfall dieser Prüfung als ungenügend beurteilt werden. Professor Weierstraß stellte sodann an den Candidaten verschiedene Fragen aus dem Gebiete der synthetischen Geometrie, die zur Zufriedenheit beantwortet wurden. Dagegen erwiesen sich seine Kenntnisse in der Analysis als mangelhaft und unsicher. Schwer in's Gewicht fällt es namentlich, daß sehr einfache und fundamentale Sätze der Algebra und der Integralrechnung ihm so gut wie unbekannt waren.“

Auch in der anschließenden Physikprüfung genügte der Kandidat nicht, während die Prüfung in Philosophie und das Sprachexamen (Latein, da die Dissertation in deutscher Sprache abgefaßt war) ausreichende Resultate ergaben. Daraufhin wurde „ohne Widerspruch entschieden, daß der Candidat die Prüfung nicht bestanden habe“. Eine Wiederholung des Examens wurde nicht mehr möglich; der Vorgang trägt den abschließenden Vermerk von der Hand Weierstraß': „Der Cand. ist im Januar 1871 vor Paris gefallen.“

5.4.4.2. Von Weierstraß durchgeführte Promotionen

Die Reihe der Weierstraßschen Erstgutachten wird 1865 durch das für die Dissertation von Wilhelm Biermann abgegebene Referat eröffnet. Das Thema[3]) war aus der Vorlesung von Weierstraß über Anwendung der elliptischen Funktionen auf Probleme der Geometrie und Mechanik erwachsen. W. Biermann, später Gymnasiallehrer in Ber-

[1]) s. 12.3., Nr. 92.

[2]) Das Folgende nach P-4-36, Vorgang Marks.

[3]) s. 12.3., Nr. 59.

lin, ist übrigens nicht zu verwechseln mit Otto Biermann, der auch kurze Zeit bei Weierstraß gehört hat und später Ordinarius an der Technischen Hochschule in Brünn war. Dieser O. Biermann ist der Verfasser der bekannten „Theorie der analytischen Funktionen" (Leipzig 1887), eines Werks, das den Unmut von Weierstraß hervorgerufen hat[1]). Gleich der nächste Doktorand, W. Thomé, ebenfalls 1865, ist der erste der später in Berlin als Professoren tätig gewordenen Weierstraß-Schüler. Er leistete einen Beitrag zur Theorie der nach Kugelfunktionen eines komplexen Arguments fortschreitenden Reihen[2]). Die meisten der bei Weierstraß angefertigten Dissertationen stehen im Zeichen der Analysis.

Felix Müller promovierte 1867 bei Weierstraß mit einer Arbeit über elliptische Funktionen[3]), ein Gebiet, das die Mathematiker im vorigen Jahrhundert immer wieder angezogen hat, war es doch mit den Namen Legendre, Gauß, Abel, Jacobi und Weierstraß verknüpft. Müller, später Mitbegründer des Jahrbuchs über die Fortschritte der Mathematik, hat sich durch bio- und bibliographische Veröffentlichungen zur Mathematikgeschichte einen Namen gemacht.

Wie bei Kummer, so können auch bei Weierstraß nur einige Promotionen aus der Fülle herausgegriffen werden; auf keinen Fall darf aber die Doktorierung von G. Frobenius im Jahre 1870 übergangen werden. Frobenius ist nach Kronecker, Fuchs und Schwarz der vierte Berliner Ordinarius, der aus der Berliner Schule selbst hervorgegangen ist. Seine Dissertation[4]) erhielt eine glänzende Beurteilung durch Weierstraß[5]); er nannte sie „eine vorzügliche, aus gründlichen Studien hervorgegangene und auch in der Form vortreffliche Arbeit" und bescheinigte dem Kandidaten, daß er „ein entschiedenes Talent für selbständige mathematische Forschung" besitze. (Es fällt übrigens auf, daß Weierstraß sich in den ersten Jahren, in denen er Dissertationen begutachtete, recht knapp und kurz faßte. Später ging er viel mehr auf Einzelheiten der Arbeit, auf ihre Vorgeschichte u. a. m. ein. Diese Änderung ist nach dem Gutachten über Frobenius eingetreten.) Frobenius rechtfertigte in der Prüfung am 23. 6. die in ihn gesetzten Erwartungen[6]):

„Professor Weierstraß befragte den Candidaten über die Theorie der Abelschen Integrale und Functionen, sowie über die dieser Theorie zu Grunde liegenden Lehren. Der Candidat zeigte sich mit diesen schwierigen Gegenständen vollkommen vertraut und wußte selbst sehr schwierig zusammengesetzte Beweise und Entwicklungen ausführlich und genau darzustellen, sodaß der Ausfall der Prüfung als ein in hohem Grade befriedigender zu bezeichnen ist. Die Prüfung in der Mathematik wurde sodann von Prof. Kummer fortgesetzt, welcher mehrere Fragen über Anwendung der Theorie der elliptischen Functionen auf Zahlentheorie und auf Mechanik an den Candidaten richtete und zuletzt über einige geometrische Probleme. Der Candidat zeigte sich überall sehr gut unterrichtet, sodaß seine Kenntnisse sowie seine ganze mathematische Bildung und Befähigung als eine sehr gute zu beurtheilen ist."

Die Philosophieprüfung bei Harms ergab, daß Frobenius sich „tiefer und eingehender mit Kants Kritik der reinen Vernunft beschäftigt" hatte. Auch das physikalische Examen bei Dove über Erscheinungen aus dem Gebiet der Wärmelehre fiel gut aus, so daß

---

1) K. Weierstraß an H. A. Schwarz. 22. 6. 1888 (Archiv d. Ak. Wiss. d. DDR, Nachlaß Schwarz).
2) s. 12.3., Nr. 60.
3) s. 12.3., Nr. 62.
4) s. 12.3., Nr. 66.
5) P-4-36, Vorgang Frobenius.
6) ebd.

Frobenius als Gesamtnote „summa cum laude“ erhielt. Der Doktorarbeit wurde das Prädikat „eruditionis et ingenii insigne documentum“ zuerkannt.

Mit E. Netto[1]) und H. Bruns[2]) promovierten 1870 bzw. 1871 zwei weitere später in Berlin als Extraordinarien zeitweilig wirkende Ordinarien. Im Prüfungsprotokoll von Netto lesen wir[3]), daß Weierstraß höhere Algebra (!) und elliptische Funktionen, Kummer Zahlentheorie, analytische Mechanik und Flächentheorie prüfte. Interessant ist die Promotion L. Kieperts[4]), nicht etwa nur, weil dieser später wegen seiner Ausführungen über stetige Funktionen zu scharfer Kritik Anlaß gegeben hat, sondern weil wir die Vorgeschichte der Dissertation kennen und weil dieses Gutachten von Weierstraß bereits zu den tiefer eindringenden gehört. Kiepert, später langjährig Ordinarius an der Technischen Hochschule Hannover, berichtet[5]):

„Die außerordentliche Forschergabe, die Weierstraß selbst besaß, traute er auch seinen Schülern zu. Ja, er glaubte mitunter, sie könnten es noch besser als er selbst. Mir z. B. hatte Weierstraß ein Thema zur Doktordissertation empfohlen, an dem ich zwei Jahre hindurch mit rastlosem Eifer gearbeitet habe, aber ohne jeden Erfolg. In meiner Verzweiflung ging ich zu Weierstraß und zeigte ihm, was ich niedergeschrieben hatte. Nachdem er sich meine Rechnungen sorgfältig angesehen hatte, sagte er: ‚Ja, genau so habe ich es auch versucht, bin aber zu nichts gekommen.‘ Daß es mir nachher doch geglückt ist, etwas Brauchbares zu finden, und eine annehmbare Dissertation zu schreiben, bereitete mir dann eine um so größere Genugtuung.“

Weierstraß gab am 11. 7. 1870 folgendes Gutachten über die Kiepertsche Dissertation ab[6]):

„Die Aufgabe, mit der sich die vorliegende Dissertation beschäftigt, ist eine sehr interessante, zugleich aber so schwierige, daß man auf eine *vollständige* Lösung derselben verzichten und sich begnügen muß, sie in einzelnen Fällen, welche die Durchführung der im Allgemeinen nicht zu bewältigenden algebraischen Rechnungen gestatten, zu erledigen. Die Auffindung solcher Fälle ist aber keineswegs leicht; es gehört dazu klare Einsicht in das Wesen der allgemeinen Aufgabe, ein geübter mathematischer Blick, und überdies sind die einfachsten Fälle durch die bisherigen Bearbeitungen des Gegenstandes bereits vorweggenommen. Es verdient daher alle Anerkennung daß es dem Verfasser dieser Dissertation gelungen ist, den bis jetzt von verschiedenen Mathematikern erhaltenen Ergebnissen noch einige neue und werthvolle hinzuzufügen.

Serret, welcher sich mit dem in Rede stehenden Problem am eingehendsten beschäftigt hat, formuliert deshalb folgendermaßen: ‚alle ebenen Curven zu finden, deren Coordinaten sich rational durch eine elliptische Function, deren Argument der Bogenlänge proportional ist, ausdrücken lassen‘. Der Verf. bemerkt mit Recht, daß diese Fassung der Aufgabe eine zu enge sei und untersucht werden müsse, ob es nicht auch Curven der verlangten Art gebe, bei denen in den Ausdrücken der Coordinaten außer der elliptischen Function die erste Ableitung derselben vorkommt. Eine solche Curve würde nicht wie alle Serretschen zu der Gattung derjenigen gehören, welche so viele Doppelpunkte besitzen, als es bei dem jedesmaligen Grade möglich ist, bei welcher die Zahl dieser Doppelpunkte um eine Einheit niedriger ist.

Den Hauptgegenstand der Abhandlung bildet nun der Nachweis, daß es Curven dieser Art wirklich giebt, und daß man, ausgehend von dem in der Theorie der elliptischen Functionen ent-

[1]) s. 12.3., Nr. 68.
[2]) s. 12.3., Nr. 70.
[3]) P-4-36., Vorgang Netto.
[4]) s. 12.3., Nr. 69.
[5]) L. Kiepert 1926. S. 63.
[6]) P-4-36, Vorgang Kiepert.

wickelten allgemeinen Ausdrucke einer doppelt periodischen Function auf einem einfachen Wege nicht nur zu den Serretschen Curven, sondern auch zu verschiedenen Arten der in Rede stehenden Gattung gelangen kann. Als Beispiel wird die Gleichung einer bisher nicht bekannten Curve sechsten Grades ausführlich hergeleitet.

Am Schlusse der Abhandlung werden dann noch zwei Raumcurven von ähnlicher Beschaffenheit bestimmt, welche des Umstandes wegen, daß der Modul der elliptischen Function, durch welche die Coordinaten ausgedrückt werden, einen beliebigen Werth erhalten kann, von Interesse sind. Eine dieser Curven ist bereits von M. Roberts gefunden worden, die andere aber, so viel mir bekannt, neu. Die Dissertation ist nach meinem Urtheil als eine aus gründlichen Studien hervorgegangene, mit großer Sorgfalt durchgeführte und werthvolle Resultate enthaltende Arbeit zu bezeichnen."

Weierstraß würdigte dann noch zwei andere Abhandlungen geometrischen Inhalts, die Kiepert vorgelegt hatte, als Beweis dafür, daß ihr Verfasser ein besonderes Geschick für die Behandlung geometrischer Gegenstände besitze. Die Klarheit der Darstellung unterstrich Weierstraß noch besonders. Kummer erklärte sich als „vollständig übereinstimmend" mit dem Urteil von Weierstraß.

Der Ausfall der mündlichen Prüfung führte zu dem Ergebnis „magna cum laude", während der Dissertation das Prädikat „accuratae eruditionis et fructuosae diligentiae specimen" beigelegt wurde[1]).

Von weiteren bekannt gewordenen Weierstraß-Doktoranden seien noch W. Killing[2]), 1872, H. von Mangoldt[3]), 1878, und R. von Lilienthal[4]), 1882, genannt. Charakteristisch ist eine der Thesen von Mangoldts, wie solche damals noch verteidigt wurden: „Zur Lösung der Probleme, welche die Physik der Mathematik darbietet, reicht das Studium der analytischen Funktionen aus." ...

Zwei spätere Berliner Professoren unter den Doktoranden sind G. Hettner[5]), 1877, und J. Knoblauch[6]), 1882. Das erste rein algebraische Thema[7]) bearbeitete 1874 L. Stickelberger, nachmals langjährig Ordinarius in Freiburg, der Weierstraß versprochen hat, für dessen Werkausgabe Vorlesungen über die Theorie der hyperelliptischen Funktionen zu bearbeiten, sein Versprechen aber nicht eingelöst hat. Erst 1882 behandelte K. Weltzien wieder ein algebraisches Problem[8]), das aber nach Weierstraß nicht so, wie es der Autor tat, hätte formuliert werden dürfen, sondern das richtiger lauten sollte: „Über die Bedingungen, unter denen eine ganze und homogene Funktion von drei und mehr Veränderlichen einen oder mehrere lineare Faktoren enthält"[9]).

Endlich sei noch auf die Promotion von F. Schottky[10]), 1875, eingegangen. Schottky ist der fünfte spätere Berliner Ordinarius, der in Berlin selbst doktoriert hat.

---

[1]) ebd. — Voraussetzung für die Gesamtprädikate summa resp. magna cum laude war, daß die Dissertation wenigstens als opus laudabile bezeichnet wurde.

[2]) s. 12.3., Nr. 71.

[3]) s. 12.3., Nr. 82.

[4]) s. 12.3., Nr. 94.

[5]) s. 12.3., Nr. 81.

[6]) s. 12.3., Nr. 93.

[7]) s. 12.3., Nr. 73.

[8]) s. 12.3., Nr. 95.

[9]) P-4-48, Vorgang Weltzien.

[10]) s. 12.3., Nr. 75.

Am 21. 4. 1875 schrieb Weierstraß an Schwarz[1]), den „Meister der Abbildungskunst", wie er ihn gelegentlich genannt hat[2]):

„Kürzlich habe ich von einem meiner bisherigen Zuhörer eine Dissertation erhalten, die auch Ihnen Freude machen wird, um so mehr, als sie von Ihren Untersuchungen über Abbildungen und die Differential-Gleichung $\frac{\partial^2\varphi}{\partial x^2} + \frac{\partial^2\varphi}{\partial y^2} = 0$ ausgeht. Sie beschäftigt sich unter anderem mit den nothwendigen und hinreichenden Bedingungen, unter denen eine $(n+1)$-fach zusammenhängende ebene Fläche auf eine andere, ebenso gestaltete abgebildet werden kann, und enthält eine ganze Reihe so schöner und, so viel ich weiß, durchaus neuer Sätze, daß ich lange Zeit gezweifelt habe, ob dieselben auch alle wohlbegründet seien (was in der That nicht durchgehend der Fall war, sodaß die Dissertation, bevor sie gedruckt wird, theilweise umgearbeitet werden muß). [...] Der Verfasser ist ein sinniger, etwas träumerischer Mensch, der zuweilen nur instinktmäßig das Rechte zu finden weiß (‚ich kann's nicht beweisen, aber richtig ist es doch', ist eine gewöhnliche Redensart bei ihm), für das praktische Leben dabei bis jetzt kaum brauchbar."

Schottky sei letzte Weihnachten verhaftet worden, weil er „vergessen" hatte, sich zum Militärdienst zu melden, aber nach sechs Wochen wegen Unbrauchbarkeit wieder entlassen worden. Weierstraß als Rektor habe ihn schon im Album löschen lassen, weil er keine Vorlesung mehr belegt hatte und unauffindbar gewesen war.

In der Zeit saß Schottky „in irgendeinem Winkel der Stadt und brütete über die Abbildung von mehrfach zusammenhängenden Figuren, deren Begrenzung aus geraden Linien und Kreisbogen zusammengesetzt ist, auf eine andere, von lauter Kreisen begrenzte, und fand, daß diese Aufgabe auf lineare Differential-Gleichungen führt, deren Coefficienten aus den von mir [Weierstraß] in die Theorie der Abelschen Integrale eingeführten transcendenten Primfactoren algebraischer Functionen zusammengesetzt werden. [...] Sie sehen also, das richtige mathematische Genie vergangener Zeit mit anderen Neigungen."

Diese für die Biographie Schottkys so wichtige Briefstelle ersetzt in etwa den Verlust, den wir dadurch erlitten haben, daß das Weierstraßsche Gutachten über Schottkys Dissertation zu den L. Darmstaedter zum Opfer gefallenen Autographen (s. oben 2.4.) gehört und nur durch eine fehler- und lückenhafte Abschrift ersetzt worden ist.

Die Dissertation enthielt eine Untersuchung aus dem „in neuerer Zeit zuerst und vorzugsweise von Riemann cultivirten Theile der Functionen-Theorie, in welchem es sich darum handelt, Functionen einer complexen Größe zu bestimmen, welche innerhalb eines gegebenen, irgendwie begrenzten Bereichs ihres Arguments, einzelne Stellen ausgenommen, sich stetig ändern, an der Grenze dieses Bereichs aber und den Unstetigkeits-Stellen vorgeschriebenen Bedingungen genügen sollen"[3]).

Ihr wurde das Prädikat „ingeniosa et bonae frugis plena" zuerkannt. Die mündlich Prüfung am 13. 4. 1875 hingegen fiel nicht sehr glanzvoll aus[4]).

Kummer prüfte über „Linien doppelter Krümmung, namentlich die Bestimmung der beiden Krümmungen und mehrere damit zusammenhängende Fragen aus der Algebra und über die Flächen zweiten Grades". Er mußte feststellen, daß die Beantwortung der gestellten Fragen, auch der leichteren, nur mit „Nachhilfe" gelang. Bei Weierstraß zeigte Schottky sich „in der allgemeinen Functionenlehre" wohlbewandert, aber weniger

---

1) K. Weierstraß an H. A. Schwarz. 21. 4. 1875 (Archiv d. Ak. Wiss. d. DDR, Nachlaß Schwarz).

2) K. Weierstraß an H. A. Schwarz. 3. 3. 1883 (Archiv d. Ak. Wiss. d. DDR, Nachlaß Schwarz).

3) P-4-39, Vorgang Schottky.

4) ebd.

geläufig waren ihm die zur Auflösung numerischer Gleichungen dienenden Methoden; „den Sturmschen Satz z. B. kannte er wohl, ohne jedoch in Betreff desselben ganz sicher zu sein". Immerhin bezeichnete der Examinator das Resultat dieses Teils der Prüfung „als ein gutes". Helmholtz prüfte über die mathematische Theorie der Elektrizität. Er attestierte dem Prüfling zwar gute Kenntnisse, „doch kamen die Antworten langsam und schwerfällig". In der Philosophieprüfung über die Geschichte der griechischen Philosophie, namentlich Plato und seine Vorgänger, fand Zeller die Antworten „im ganzen genügend". Als Gesamturteil wurde denn auch nur „cum laude" beschlossen.

Weierstraß hat an seinem guten Urteil über Schottky stets festgehalten, während er Kummer als Lehrer „durchaus unbrauchbar" erschien[1]). Beide behielten recht; Schottky ist ein hervorragender Wissenschaftler geworden und ein mäßiger Lehrer geblieben. Wie die Berliner Fakultät ihn gegen den erklärten Willen des Ministeriums berief, wird noch darzustellen sein.

Zum Abschluß sei noch die Dissertation von L. Milewski von 1876 genannt[2]), weil wir von ihr genau wissen, daß auf das in ihr behandelte Problem durch Weierstraß in seiner Vorlesung über Abelsche Funktionen hingewiesen worden ist. Ein Beispiel für viele.

5.4.4.3. Habilitationen

Nach der Beförderung von Weierstraß zum Ordinarius habilitierten sich bis 1883 L. Fuchs, W. Thomé, L. Pochhammer, J. Knoblauch und C. Runge[3]). Nur noch bei Fuchs gab Kummer das Hauptreferat ab, bei allen anderen war Weierstraß Erstgutachter. Sie sind sämtlich aus der Berliner Schule hervorgegangen und haben alle in Berlin, wenigstens eine Zeitlang, gewirkt. Es wird daher von ihnen weiter unten noch zu sprechen sein. Fuchs wurde im Zweitgutachten durch Weierstraß am 15. 7. 1865 seine Befähigung zur Forschung bestätigt[4]) (s. Kapitel 11, Dok. 10). Pochhammer hatte schon 1870 die Habilitation versucht, war aber nach seinem Probevortrag vor der Fakultät über die Lehre von den Differentialgleichungen zeitweilig zurückgewiesen worden[5]). Knoblauch war der erste, welcher sich nicht mit vorliegenden Veröffentlichungen, sondern mit einer speziellen Habilitationsschrift habilitierte. Interessant erscheint, daß für die öffentliche Probevorlesung „Geschichte der Theorie der elliptischen Funktionen" gewählt wurde. Knoblauch hat auch später historische Neigungen bewiesen und hin und wieder ein historisches Kolleg gehalten. Auch davon wird noch berichtet werden.

5.4.5. *Preisaufgaben*

Bei den Preisaufgaben dieses Zeitraums fällt auf, daß der Anteil der Aufgaben, die ohne Bearbeitung blieben, höher ist als vorher oder später. Neun Aufgaben wurden in zehn Ausschreibungen[6]) gestellt, fünf Ausschreibungen fanden kein Echo bei den Stu-

---

[1]) K. Weierstraß an S. Kovalevskaja. 26. 7. 1882 (Mittag-Leffler-Institut, Djursholm/Schweden).

[2]) s. 12.3., Nr. 77.

[3]) s. 12.4., Nr. 16—20.

[4]) H-1-10, Vorgang Fuchs.

[5]) H-1-11, Vorgang Pochhammer.

[6]) s. 12.5., Nr. 16—25.

denten. Drei der Aufgaben rühren von Kummer, sechs von Weierstraß her. Auf keine der drei von Kummer formulierten Aufgaben ging eine Bewerbungsschrift ein, erst die dritte — die letzte von ihm überhaupt gestellte Preisfrage — fand bei der Wiederholung 1874 drei Bearbeiter, von denen zwei gekrönt wurden. Die Preisträger, C. Rohovsky und F. Caspary, treffen wir im gleichen Jahr auch als prämiierte Seminaristen[1]). Die Beträge, die sie auf diese Weise erhielten, reichten aus, den Lebensunterhalt etwa für ein halbes Jahr zu bestreiten. Aber es war natürlich ein Sonderfall, daß Prämie und Preis in ein und demselben Jahr an die gleiche Person fielen. Es ist wieder beachtenswert, daß ein Preisträger, F. Caspary, durch die Aufgabe auf ein Gebiet geleitet wurde, dem er dann treu blieb und das er auch in der Dissertation behandelt hat; Caspary, später Leiter des Patentbüros von Siemens, hat in der Doktorarbeit die Krümmungsmittelpunktsfläche des elliptischen Paraboloids untersucht[2]), nach ihr war auch in jener Kummerschen Preisaufgabe gefragt worden[3]). Auch Ernst Kötter hat die Thematik, die er bei der Preisfrage 1882 behandelt hat[4]), später in der Dissertation weiter verfolgt[5]). So spricht eine ganze Anzahl von Beispielen dafür, daß Preisaufgaben für eine nachmalige Forschungsrichtung bestimmend gewesen sind. Das gilt freilich erst für die mit Dirichlets Beteiligung an der Aufgabenstellung beginnende Zeit.

Eine ungewöhnlich große Beteiligung erzielte die von Weierstraß für 1868 gestellte Frage[6]). Zwei der sieben Bewerbungsschriften wurden gekrönt. L. Loewenherz, nachmals Abteilungsleiter in der Physikalisch-technischen Reichsanstalt, erhielt den Preis und G. Frobenius (im 2. Semester!) eine lobende Anerkennung, verbunden mit 50 Talern.

Dergestalt begegnen wir bei den Prämien, bei den Preisfragen und bei den Stipendien (wie noch zu zeigen sein wird) häufig den gleichen Namen, und zwar oft solchen, die später rühmlich bekannt geworden sind.

Die von Weierstraß stammenden Fragen erfreuten sich größerer Beliebtheit als die Kummerschen. Freilich blieben auch seine für 1871 bzw. 1872 gestellten Aufgaben[7]) ohne Resultat, aber die anderen Fragen fanden im ganzen 14 Bearbeitungen. Um schließlich auch ein Beispiel dafür zu bringen, wie Weierstraß die Bewerbungen um von ihm gestellte Preisaufgaben beurteilte, wird im Kapitel 11 als Dok. 11 sein Urteil über die vier eingegangenen Lösungen der für 1878 ausgeschriebenen Aufgabe[8]) im vollen Wortlaut wiedergegeben.

5.4.6. Die Affäre Dühring

Wurde im Vorstehenden Kummers und Weierstraß' Tätigkeit vor allem als Lehrer der Mathematik betrachtet, so kann nicht zu den Studenten und den Dozenten übergegangen werden, ohne einer Angelegenheit zu gedenken, die damals das größte Aufsehen

---

[1]) DZA Merseburg, Rep. 76 Va, Sect. 2, Tit. 10, Nr. 77, Bd. 1, Bl. 78 u. 80.
[2]) s. 12.3., Nr. 76.
[3]) s. 12.5., Nr. 22/23.
[4]) s. 12.5., Nr. 25.
[5]) s. 12.3., Nr. 101.
[6]) s. 12.5., Nr. 18.
[7]) s. 12.5., Nr. 20 u. 21.
[8]) s. 12.5., Nr. 24.

erregt und die Fakultät in höchste Erregung versetzt hat. Wenn ihre Darstellung gerade hier eingeschoben wird, dann deshalb, weil einmal der Mann, um den es sich handelt, Eugen Dühring, in seiner *Promotion* Kummer als zweiten Gutachter gehabt hat[1]) und zum anderen seine Ausfälle, die sich nicht nur gegen Helmholtz richteten (was bisher stets im Vordergrund des Interesses gestanden hat), sondern auch speziell gegen Kummer und insbesondere Weierstraß (was bis jetzt unbeachtet blieb), in der zweiten Auflage einer durch die Philosophische Fakultät der Universität Göttingen gekrönten *Preisschrift* enthalten sind.

Der Name Dühring ist eigentlich durch die vernichtende Kritik erhalten geblieben, die Friedrich Engels 1878 in seinem „Anti-Dühring" an den Dühringschen philosophischen und ökonomischen Anschauungen geübt hat[2]). Vor rund 110 Jahren war das anders. Damals war Dühring im Begriff, erheblichen Einfluß auf die Arbeiterbewegung zu gewinnen. Die einen waren seine Anhänger, weil sie in ihm einen Theoretiker der Sozialdemokratie erblickten, die anderen waren seine Feinde aus dem gleichen Grunde, und vor Engels erkannten nur wenige, daß die eklektischen und verworrenen Gedanken des erklärten Antisemiten Dühring mit der Philosophie und den Zielen der Sozialdemokratie nicht nur nichts zu tun hatten, sondern ihnen geradezu entgegenstanden[3]).

Hier interessiert ausschließlich die Fehde Dührings mit Weierstraß, und die oben gemachten Bemerkungen sollen nur die Tatsache beleuchten, daß Dühring, mit einer gerade auch unter Studenten äußerst zahlreichen Anhängerschaft (seine Vorlesungen an der Universität waren ständig überfüllt), als Erblindeter und als Gegner des herrschenden Systems auf breite Sympathien rechnen konnte, wenn ihm die Lehrerlaubnis als Privatdozent entzogen würde. Und doch hat sich die Fakultät unter ausdrücklicher Zustimmung von Kummer und Weierstraß zur „Removierung" Dührings entschlossen. Welche Gründe waren für die Mathematiker bestimmend? Um das zu untersuchen, muß zunächst kurz auf die Vorgeschichte eingegangen werden.

Dühring war ursprünglich Jurist (Repetitor) und hatte sich dann wegen eines Augenleidens philosophischen und mathematischen Studien zugewandt. 1861 promovierte er an der Philosophischen Fakultät, zunächst mit der Absicht, wissenschaftlicher Schriftsteller zu werden. Kummer beurteilte als Zweitgutachter den mathematischen Teil seiner Dissertation „De tempore, spatio, causalitate atque de analysis infinitesimalis logica" am 4. 6. 1861 dahingehend, daß ihm dieser keinen objektiven Wert zu besitzen scheine. Die philosophische Betrachtung der mathematischen Begriffe halte er für verfehlt. Da die Dissertation aber für den Scharfsinn, für Kenntnisse und Forschungen des Autors sowie für dessen wissenschaftliche Bildung ein sehr günstiges Zeugnis ablege, stimme er ebenso wie der philosophische Erstreferent Trendelenburg für die Zulassung zur Promotion[4]). Das Resultat der Prüfung war ein gutes; es wurde Dühring das Prädikat „magna cum laude" zuerkannt[5]). Daraufhin beschloß Dühring, die Hochschul-

---

1) Die Promotion E. Dührings ist in die Aufstellung 12.3., entsprechend den in Anm. 5 zu Abschnitt 2.3. aufgeführten Grundsätzen nicht aufgenommen worden: Kummer war Zweitgutachter, Erstgutachter war ein Philosoph; überdies handelt es sich um eine überwiegend philosophische Dissertation. — Zu Dühring s. auch K.-R. Biermann 1979a.

2) Herrn Eugen Dührings Umwälzung der Wissenschaft. 3. Aufl. Stuttgart 1894.

3) desgl. 5. Aufl. Berlin 1952. S. V—XXIII.

4) P-4-27, Vorgang Dühring.

5) Am 7. 11. 1861, ebd.

lehrerlaufbahn einzuschlagen, und habilitierte sich 1863 für Philosophie und Nationalökonomie. Er hat später Kummer gerade auch im Hinblick auf das Doktorexamen beschimpft und verhöhnt[1]). In seinen Vorlesungen griff er schon bald nach der Habilitation Mitglieder des Lehrkörpers an, so daß ihm am 23. 3. 1875 eröffnet wurde, er habe bei Wiederholung seiner anstößigen Äußerungen mit „unnachsichtlicher Remotion" zu rechnen[2]).

Im April 1869 hatte die Philosophische Fakultät der Universität Göttingen die öffentliche Preisaufgabe einer „Kritischen Geschichte der allgemeinen Principien der Mechanik" gestellt. Fünf Arbeiten gingen ein, einer von ihnen wurde der Preis zuerkannt. Als man den zu dem betreffenden Motto gehörigen Zettel öffnete, stellte man fest, daß die gekrönte Abhandlung Eugen Dühring zum Verfasser hatte. Die Beurteilung der Dühringschen Bewerbungsschrift ist in den schmeichelhaftesten Worten abgefaßt; sie soll von Wilhelm Weber herrühren. Liest man die Arbeit genau[3]), so findet man indessen, daß gewisse kleine Angriffe darin enthalten sind, und zwar speziell gegen Gauß, die Wilhelm Weber als langjähriger intimer Freund von Gauß bestimmt nicht mit diesem Lobe bedacht hätte[4]): „Den angenehmen Eindruck des Ganzen vollendet eine sehr einfache aber an glücklichen Wendungen reiche Schreibart, die warme Anerkennung jedes Verdienstes, die erklärende Entschuldigung des Mißlungenen und die vornehme Schonung, mit der über das Verkehrte hinweggegangen wird." Wahrscheinlich unterscheidet sich schon die erste gedruckte Fassung von der der Göttinger Fakultät eingereichten Bewerbungsschrift. Genau läßt sich das nicht mehr nachweisen, da die Preisschrift, wie üblich, dem Verfasser zurückgegeben worden ist und zudem die betreffende Akte ausgerechnet in dieser Zeit eine Lücke aufweist[5]).

Dühring hatte schon in der ersten Auflage das Göttinger Urteil mit abgedruckt und dadurch den Eindruck erweckt, als sei Wort für Wort seiner Ausführungen gebilligt worden; er tat das auch bei der zweiten Auflage[6]) und rief natürlich eben diesen Eindruck wieder hervor. Zwar sagte er in der Vorrede, daß die neue Auflage „durchgängig verbessert und an vielen Stellen, namentlich aber in den das Neuere enthaltenden Capiteln umgearbeitet worden" sei[7]), zwar wird auch auf dem Titelblatt vermerkt, daß es sich um die „zweite, theilweise umgearbeitete und mit einer Anleitung zum Studium der Mathematik vermehrte Auflage" handele, aber welcher unbefangene Leser kommt auf den Gedanken, daß es sich um ein Werk handeln könne, in welchem Dinge stehen, die nicht nur nicht mit dem vorn wiedergegebenen überschwenglichen Lob der Göttinger Fakultät bedacht worden sind, sondern die darüber hinaus das größte Ärgernis bei allen Mathematikern erregen mußten?

Hier können nicht alle die betreffenden Stellen angeführt werden[8]); es genüge, die

---

[1]) E. Dühring 1903. S. 94–96.

[2]) Berlin 1877. S. 9–10.

[3]) E. Dühring 1873.

[4]) Göttingen 1872. S. 152. — Schon W. Ahrens ist die Komik, die in dem Kontrast zwischen dem Lob durch die Göttinger Fakultät und den beleidigenden Ausführungen von Dühring (E. Dühring 1877. S. 504–505) gegen Cauchy, Gauß und Jacobi liegt, aufgefallen, und er hat diese Stellen daher einander gegenübergestellt (W. Ahrens 1904. S. 131–132).

[5]) Schriftliche Auskunft des Universitäts-Archivs Göttingen vom 1. 12. 1965.

[6]) E. Dühring 1877. S. VII–VIII.

[7]) ebd. S. X.

[8]) s. W. Ahrens 1904. S. 29, 58, 131–132, 409, 416–417, 450.

gegen Kummer und vor allem Weierstraß zielenden Angriffe zu rekapitulieren. Auf Seite 529 beklagt Dühring, daß die Berliner Universität für Steiner kein Ordinariat „übrig hatte oder vielmehr keines übrig haben wollte", und fährt dann fort:

„Und doch hat diese Universität in ihrem ganzen bisherigen Dasein, wenn man nicht etwa den vorübergehenden Aufenthalt Dirichlets in Rechnung bringen will, in ihren ordentlichen Professuren nicht nur keinen einzigen Namen, der auch nur entfernt mit dem Steiners verglichen werden könnte, sondern sogar überhaupt keine Namen aufzuweisen gehabt, deren Klang jemals mehr als ein blosses Echo der Professur und des Einflusses derselben auf die Stellenbesetzung und sonstige Patronage gewesen wäre. Steiner war nicht der Mann gewesen, derartige Autoritätchen sonderlich zu honorieren, und auch jetzt noch haben die Erben seiner ursprünglichen Feinde nicht aufgehört, sich, so gut es gehen will, gegen die Consequenzen seines Geistes zu verschanzen. Man hat dies am besten dadurch zu bewerkstelligen geglaubt, daß man sich den Anschein gab, die neue Geometrie an die Analysis gleichsam zu annectiren, um so das Publicum glauben zu machen, man vertrete dasselbe, was die reinen Synthetiker treiben, und ausserdem noch weit mehr, nämlich die Macht der Analysis. In Wahrheit ist aber diese von den Analytikern beliebte Annexion in eine äusserst zerfahrene Anarchie ausgeschlagen. Sie sollte ein pfiffiges Mittel sein, das, was man nicht hatte am Aufkommen verhindern können, nun dem eignen Monopol zu unterstellen [...]" und so weiter in dieser Tonart.

„Verworrene Haltlosigkeit", „Charakterlosigkeit" u. a. wird der „Mathematik des jüngsten Professorengeschlechts" vorgeworfen[1]).

Man kann sich unschwer vorstellen, in welche Stimmung Kummer und Weierstraß beim Lesen dieser Zeilen gerieten. Als Dühring zur Rede gestellt wurde unter Hinweis auf jene ihm schon 1875 angedrohte Removierung, behauptete er, er habe keine lebenden Mitglieder der Fakultät gemeint, sonst hätte er sie ebenso beim Namen genannt, wie er dies mit Helmholtz getan habe, dem er vorwarf, Robert Mayer totgeschwiegen zu haben[2]). Nun, der Wortlaut ist eindeutig genug, um die Unwahrheit dieser Ausrede sofort erkennen zu lassen. Dühring hat aber auch später noch diese Version aufrechterhalten[3]):

„Der Mangel an Namen gestattete aber der Einbildung der beiden zeitigen Mathematikprofessoren [...] eines Herrn Kummer [...] und eines Herrn Weierstraß, in der Meinung von ihrer persönlichen Wichtigkeit bis zu der völlig falschen Unterschiebung auszugreifen, ich hätte [...] mit der analytischen Verderberei grade sie gemeint. [...] Sie wollten sich aber durchaus zwischen den Zeilen getroffen wissen und schienen eifersüchtig auf den namhaften Ehrenplatz zu sein, dessen Herr Helmholtz durch Nennung seines Namens theilhaft geworden war. Es war eine hochkomische Mischung von Pedanterie und von einem gegen mich gekehrten Gelehrtenneid, [...] beide [Kummer und Weierstraß] hatten auch nicht einmal im Verkehrten etwas an sich, was sie dazu berechtigt hätte, von mir genannt zu werden."

Die Fakultät hat in ihrem Antrag an den Minister, Dühring die Lehrbefugnis zu entziehen, am 8. 6. 1877 bezüglich der Dühringschen Beleidigungen der Mathematiker u. a. geschrieben[4]):

„Nur auf einen von diesen Männern [Berliner Mathematik-Ordinarien] kann es sich auch beziehen, wenn im Folgenden [von Dühring] gesagt wird, die Verbindung der Steiner'schen Geometrie mit der Analysis habe ‚ein pfiffiges Mittel' sein sollen, das, was man nicht hatte am Aufkommen

---

1) E. Dühring 1877. S. 529—530.
2) Berlin 1877. S. 15. — E. Dühring 1877. S. 444—445, 460.
3) E. Dühring 1903. S. 191.
4) Berlin 1877. S. 22—23.

verhindern können, nun dem eigenen Monopol zu unterstellen', wenn also diese Verbindung nicht etwa nur aus wissenschaftlichen Gesichtspunkten getadelt wird, sondern ihr auch unlautere und unehrenhafte Motive unterstellt werden."

In der Behauptung Dührings, die Berliner Mathematikprofessoren verdankten den Klang ihres Namens nur ihrer Professur, ihrem Einfluß auf Berufungen und „sonstiger Patronage", erblickte die Fakultät eine Kränkung der Mathematik-Ordinarien an wissenschaftlicher und persönlicher Ehre und eine erneute Verunglimpfung von Universitätsprofessoren, wie eine solche schon zwei Jahre zuvor Veranlassung zu der Dühring erteilten Verwarnung gewesen sei. Auf dem Konzept dieses Antrags hat Weierstraß schriftlich sein Einverständnis erklärt[1]). Die Helmholtz betreffenden und alle anderen Darlegungen der Fakultät können hier ausgelassen werden; es genügt die Mitteilung des Ergebnisses: Der Kultusminister Falk entzog Dühring am 7. 7. 1877 die Lehrbefugnis, indem er sich ausdrücklich auch auf dessen „schmähende Äußerungen" gegen die Vertreter der Mathematik an der Berliner Universität bezog[2]).

Ganz wider alle Regeln und Bräuche veröffentlichte die Fakultät Aktenstücke dieser Angelegenheit mit Zustimmung des Kultusministers[3]). Sie konnte nicht verhindern, daß doch der Eindruck entstand, Dühring sei nicht aus sachlichen Gründen, sondern wegen seiner Gesinnung gemaßregelt worden. Es kam zu Adressen und Resolutionen an einer ganzen Anzahl von deutschen Universitäten mit zahlreichen Unterschriften. Die Kritik betraf allerdings, soweit Namen genannt wurden, immer Helmholtz. Da Kummer und Weierstraß von Dühring nicht namentlich aufgeführt waren, blieb ihnen wenigstens in dieser Hinsicht Ärger erspart.

Beim Studium der Dühringschen Schriften von der zweiten Auflage der hier in Rede stehenden kritischen Geschichte der Prinzipien der Mechanik an kommt man zu der Schlußfolgerung, daß es sich bei dem Autor nicht um einen ernst zu nehmenden wissenschaftlichen, sondern um einen pathologischen Fall handelt.

5.4.7. *Einrichtungen für die Studenten*

Es erscheint angebracht, an dieser Stelle etwas darüber zu sagen, welche Möglichkeiten für die Mathematikstudenten, unter denen doch offensichtlich der Anteil der unbemittelten Studierenden besonders hoch war, bestanden, einen finanziellen Zuschuß zu erhalten, und in welchen Formen sich ihr fachlicher Zusammenschluß weiterentwickelt hat.

5.4.7.1. Stipendien und Stiftungen

Vom finanziellen Gesichtspunkt aus waren für den Studenten in einer Zeit, die die heutige großzügige Stipendiengewährung nicht kannte, Stiftungen mindestens ebenso wichtig wie Preisaufgaben und Seminarprämien, zumal letztere ebenso wie die „kleinen Prämien" 1884 abgeschafft wurden. Wenn hier ein Überblick gegeben wird, welche Möglichkeiten für den Mathematikstudenten zur Erlangung eines Stipendiums vorhanden waren[4]), dann beschränken wir uns einerseits auf solche Legate, in deren Bestimmungen ausdrücklich das Mathematikstudium (allein oder neben dem Studium anderer Fächer)

[1]) D-4-1, Adhibenda D 9. Bl. 55.
[2]) Berlin 1877. S. 31.
[3]) Berlin 1877.
[4]) A. Guttstadt 1886. S. 67—105. — G. Roethe 1912.

als Voraussetzung für die Gewährung genannt wurde, und berücksichtigen also alle die Stiftungen nicht, auf die der Mathematiker die gleiche Anwartschaft hatte wie der Student jedes beliebigen anderen Faches oder die für Studenten, die aus bestimmten Orten gebürtig waren bzw. aus namentlich festgelegten Familien stammten, reserviert waren, und wir greifen andererseits in die folgenden Perioden vor, da auf dieses Thema nicht noch einmal eingegangen wird.

Als älteste ist die von dem Rentier Eduard Kleemann herrührende „Kleemannsche Stiftung“ (ab 1855) zu nennen. Es standen zwei Stipendien jährlich von je 50 Talern für Studierende der Mathematik (einschl. Astronomie) oder der Naturwissenschaften (Mineralogie, Botanik, Zoologie, Physiologie, Chemie, Physik) zur Verfügung. Unter den Verfassern der Bewerbungsschriften treffen wir bekannte Namen[1]): O. Röthig[2]), L. Fuchs, L. Pochhammer, H. A. Schwarz, W. Biermann, F. J. Mertens, E. Lampe, E. Netto, L. Kiepert, G. Frobenius, E. Kötter, P. Schafheitlin. Als Gutachter sind u. a. Kummer[3]) und Weierstraß vertreten[4]).

Seit 1869 bestand das Dr.-Gotthold-Eisenstein-Stipendium. Die Eltern Eisensteins hatten der Universität 3000 Taler mit der Bestimmung vermacht, daß die Zinsen (rund 350 Mark pro Jahr) zur Unterstützung von einem oder zwei bedürftigen Mathematikstudenten zu verwenden seien. Gutachten und Bewerbungsschriften waren nicht erforderlich; die Ordinarien reichten fristgemäß Anträge ein, wem das Stipendium verliehen werden sollte[5]).

Die bedeutendste Stiftung war die Gustav-Magnus-Stiftung (ab 1883). Die Witwe des Physik-Ordinarius Gustav Magnus hatte der Universität 60000 Mark geschenkt. Aus den Zinsen wurden jährlich zwei Stipendien zu je 1200 Mark an ausgezeichnete Studenten der Mathematik oder der Naturwissenschaften vergeben. Es ist bezeichnend, daß Weierstraß die Mühe nicht gescheut hat, das Statut dieser Stiftung mit ihren für die damalige Zeit wirklich namhaften Beträgen selbst zu entwerfen und zu verteidigen[6]). Unter den von den Bewerbern einzureichenden Zeugnissen mußte sich eines befinden, das ihm auf Grund einer eingehenden Sonderprüfung in seinem Hauptfach von einem Fakultätsmitglied ausgestellt worden war. Unter den Mathematikstipendiaten sind wiederum hier bereits genannte oder weiter unten noch auftretende Namen verzeichnet: 1888/89 Max Meyer[7]), 1892/93 E. Zermelo[8]), 1895/96 und 1896/97 R. Rothe[9]), 1903/04 P. Koebe[10]). Zweimal (1885/86 und 1886/87) erhielt auch der spätere langjährige Professor an der TH Darmstadt J. Horn das Stipendium.

Die übrigen Stipendien seien nur noch summarisch aufgeführt: Ludwig Zeitlers Studienhaus (freie Wohnung auf drei Jahre vom 3. Semester an für Studenten der neueren

---

1) V-10-1. Bl. 15, 30, 34, 40, 80, 92, 96, 103, 121, 124, 125, 128, 164, 166.

2) s. 12.3., Nr. 33.

3) V-10-1. Bl. 15, 18, 28, 34, 40, 49, 68—69, 80, 91—92, 96, 103.

4) ebd. Bl. 103, 138—139. — Ab ca. 1865 befinden sich keine Gutachten mehr bei den Akten (enden 1897); offenbar referierten die Gutachter dann mündlich.

5) E-7-1.

6) M-13-1. Bl. 4—11. (Auseinandersetzung mit den Einwürfen des Universitätsrichters, ebd. Bl. 14—15.)

7) s. 12.3., Nr. 112.

8) s. 12.3., Nr. 119.

9) s. 12.3., Nr. 126.

10) s. 12.3., Nr. 134.

Sprachen, Mathematik oder Naturwissenschaften[1]); Stolle-Stiftung (seit 1881, 600 Mark je Jahr. Mathematiker kamen nur insoweit in Frage, als sie ein naturwissenschaftliches Problem mit mathematischen Methoden gelöst hatten); Elsa-Neumann-Stiftung (seit 1902, 1000 Mark je Jahr für eine hervorragende physikalische oder mathematische Arbeit, die der Fakultät im Jahr zuvor eingereicht worden war).

Alles in allem gab es also nur eine sehr begrenzte Anzahl von Stipendien, und diese waren stets an besondere Leistungen geknüpft. Die Hauptverdienstmöglichkeit für den unbemittelten Mathematikstudenten war Privatunterricht. Auf die verschiedenen Regelungen, gegen Vorlage von Zeugnissen, die die Bedürftigkeit bescheinigten, Stundung oder Erlaß von Gebühren zu erhalten, kann hier nicht eingegangen werden.

5.4.7.2. Der Mathematische Verein und andere fachliche Zusammenschlüsse

Adolf Kneser hat eine sehr lebendige Schilderung des Charakters des Mathematischen Vereins in diesen Jahren überliefert. Er schreibt[2]):

„Der Mathematische Verein war damals eine lockere, ich möchte sagen modern großstädtische Vereinigung junger Leute, die einander kaum durchweg kannten und die im ganzen nicht geneigt waren, sich einer Erziehung durch die Vereinsgenossen zu unterwerfen. In dieser Freiheit des einzelnen war der Verein aber vom wissenschaftlichen Interesse durchaus beherrscht. Studentischen Wichs besaß er nicht; die höchsten Ehrenstellen waren die Posten der Referenten, die die neueste mathematische Literatur den Vereinsgenossen genießbar zu machen hatten; die meisten Referenten von damals sind in das wissenschaftliche Leben übergetreten.“

Die mittlere Mitgliederzahl belief sich auf etwa 50. Unter den Vorsitzenden finden wir wiederum bekannte Namen wie E. Netto, J. Knoblauch, F. Schur, F. Rudio, P. Stäckel und L. Heffter. Weierstraß selbst nahm an/Stiftungsfesten teil[3]). Auch andere Ordinarien und Extraordinarien beteiligten sich am Vereinsleben, so insbesondere K. Hensel.

Da der Verein nicht weiter erwähnt werden wird, sei auch in diesem Fall die folgende Entwicklung schon gestreift: M. Hamburger hielt am 26. 4. 1902 im Mathematischen Verein die Gedächtnisrede auf L. Fuchs[4]), und G. Hamel sprach dort am 14. 1. 1922 den Nekrolog auf H. A. Schwarz[5]); einen weiteren Beweis für das Ansehen, dessen sich diese Institution erfreute, können wir in der Tatsache erblicken, daß kein Geringerer als H. Poincaré am 13. 10. 1910 vor den Vereinsmitgliedern einen Vortrag über „Einige Gleichungen in der Theorie der Hertzschen Wellen“ hielt[6]). Die Bibliothek des Vereins umfaßte 1911 bereits 1370 Bände, 7350 Abhandlungen, 844 Zeitschriftenjahrgänge. 16 mathematische Fachorgane wurden laufend gehalten[7]). Später ist diese Bibliothek mit der der heutigen Sektion Mathematik verschmolzen worden.

Der Mathematische Verein hatte wachsende Bedeutung, Bestand und Dauer erhalten, so daß er eine wirkungsvolle Ergänzung des Mathematischen Seminars bildete; andere,

---

[1]) Anzahl nicht angegeben.
[2]) A. Kneser 1925. S. 214.
[3]) E. Lampe 1915a. S. 419—420.
[4]) M. Hamburger 1902.
[5]) G. Hamel 1922.
[6]) E. Lamla 1911. S. 75.
[7]) ebd. S. 95.

ähnliche Zusammenschlüsse konnten sich hingegen nicht behaupten. Vom 4. 2. 1881 bis zum 28. 5. 1884 gab es noch einen „Verein für Mathematik und Naturwissenschaften" mit maximal 26 Mitgliedern. Seine Aufgabenstellung bestand laut Statuten vom 4. 2. 1881, § 1, unter anderem darin, „das Studium und die Kenntnisse seiner Mitglieder zu fördern"[1]). Vom 8. 1. 1901 bis zum 7. 6. 1909 existierte ein „Akademischer Verein für Mathematik und Physik" mit maximal 18 Mitgliedern, der es sich nach seinen Satzungen vom 26. 6. 1902, § 1, zum Ziel gesetzt hatte, „seinen Mitgliedern wissenschaftliche Förderung und Unterstützung bei ihrem Studium zu bieten"[2]).

5.4.8. Extraordinarien und Privatdozenten

Der vieljährigen Berliner Wirksamkeit von Kummer, Weierstraß und Kronecker steht der häufige Wechsel der außerordentlichen Professoren gegenüber. Das ist nicht zu verwundern, denn Mathematiker, die auf Veranlassung von Kummer und Weierstraß berufen wurden, unter ihren Auspizien lehrten und ihre Anerkennung fanden, konnten sicher sein, bald einen Ruf als Ordinarius zu bekommen. Erst gegen Ende der hier zu schildernden Periode trat 1882 mit Hettner ein Mann als Extraordinarius ein, der 32 Jahre an der Universität blieb, das aber nur, weil er sein Extraordinariat auch dann noch beibehielt, als er Ordinarius an der Charlottenburger Technischen Hochschule geworden war. Und auch mit dem zweiten Extraordinarius, der der Universität ein Vierteljahrhundert erhalten blieb, Knoblauch, hat es eine besondere Bewandtnis. Das gehört aber in einen späteren Abschnitt der Darstellung.

Zunächst muß über die sich in kurzen Zwischenräumen abwechselnden außerordentlichen Professoren, einsetzend mit der Beförderung von Weierstraß zum Ordinarius, berichtet werden.

5.4.8.1. Fuchs

Lazarus Fuchs ist bereits mehrfach als bedürftiger Student, als Preisträger, Doktorand und Habilitand genannt worden. Er stammte aus Moschin bei Posen, wo er am 5. 5. 1833 als Sohn eines Lehrers geboren wurde. Während des Gymnasialbesuchs in Posen mußte er sich durch Erteilen von Privatunterricht ernähren. Dabei kam er mit L. Koenigsberger in Berührung, den er als Hauslehrer zur Mathematik hingeführt hat. 1854 bezog er die Berliner Universität. Er hat noch Vorlesungen bei Dirichlet gehört, dann bei Kummer, Borchardt und Weierstraß[3]). Nach der Promotion legte er, wie es damals noch die Regel war, das Examen pro facultate docendi ab und war dann an verschiedenen Berliner Anstalten als Lehrer tätig, zuletzt an der Friedrichs-Werderschen Gewerbeschule. Dort veröffentlichte er zu Ostern 1865 im Programm dieser Anstalt seine Abhandlung „Zur Theorie der linearen Differentialgleichungen mit veränderlichen Koeffizienten", die seinen Namen zuerst bekannt gemacht hat und die er auch seinem Habilitationsgesuch im gleichen Jahr beifügte. Weierstraß erblickte in ihr den Beweis, daß Fuchs „mit den Prinzipien der neueren Functionen-Theorie wohl vertraut und zu selbständigen Forschungen auf dem Gebiete der Analysis befähigt" sei[4]).

---

[1]) Sect. II, Nr. 84.

[2]) Sect. II, Nr. 230, Bd. 1.

[3]) M. Hamburger 1902. S. 178.

[4]) H-1-10, Vorgang Fuchs.

Fuchs hatte gerade im SS 1866 seine Kollegs mit einer Vorlesung über Fouriersche Reihen und Integrale begonnen, als Arndt starb. Die Kommission, die beauftragt war, Vorschläge für die Wiederbesetzung der Arndtschen Stelle auszuarbeiten, hatte zu wählen zwischen den beiden Berliner Privatdozenten Hoppe und Fuchs. Außerdem war die Fakultät vom Ministerium veranlaßt worden[1]), sich über die Qualifikation des Breslauer Privatdozenten P. Bachmann, der 1862 durch Kummer promoviert worden war[2]), zu äußern. Hoppe wurde sofort als ungeeignet bezeichnet; darüber ist oben schon berichtet worden. Aber auch Bachmann fand nicht den Beifall der Kommission und damit auch nicht den der Fakultät. Sie schlug vielmehr Fuchs vor und lenkte die Aufmerksamkeit des Ministers schon auf H. A. Schwarz, der damals gerade am Schellbachschen Seminar teilnahm. In dem Schreiben der Fakultät vom 1. 11. 1866 heißt es[3]): „Es ist nothwendig, daß an der hiesigen Universität ununterbrochene Vorträge über die elementaren Theile der höheren Mathematik gehalten und so die Bildung der Mathematiker aus dem Schulunterricht zu den höheren Gebieten vermittelnd übergeleitet werde." Es werden an Fuchs umfassende mathematische Kenntnisse, große Klarheit und Leichtigkeit, sich in neuere Richtungen der Wissenschaft einzuarbeiten, gerühmt. Er sei der gegebene Mann für die Arndtsche Stelle. Seine Lehrbefähigung habe er mit Erfolg bewiesen. Fuchs wurde daraufhin am 7. 12. 1866 berufen[4]).

Bereits zwei Jahre danach erhielt Fuchs einen Ruf nach Greifswald, um dort die Nachfolge seines Freundes Koenigsberger anzutreten. Der für ihn vorgesehenen Aufgabe entsprechend, hat er in Berlin Differential- und Integralrechnung gelesen, daneben Differentialgleichungen sowie Reihentheorie. Seine Stelle in Berlin erhielt Thomé, ein Mathematiker, der später auch in Greifswald seine Nachfolge antrat und der sich auf wissenschaftlichem Gebiet ebenfalls auf den Spuren von Fuchs bewegte. Fuchs selbst hatte sich der fortdauernden fördernden Anteilnahme von Weierstraß zu erfreuen[5]), der schließlich dafür gesorgt hat, daß Fuchs 1884 als Nachfolger von Kummer wieder nach Berlin zurückkehrte. Bei der Behandlung der späteren Tätigkeit von Fuchs in Berlin wird über ihn als Universitätslehrer zu sprechen sein.

5.4.8.2. Thomé

Der Rheinländer Wilhelm Thomé hatte sich zunächst in Bonn und München vorwiegend naturwissenschaftlichen Studien gewidmet, bis er sich nach der Übersiedlung nach Berlin im SS 1863 im Alter von 22 Jahren ganz der Mathematik zuwandte. Er hörte bei Kummer, Weierstraß und Hoppe und war zwei Semester Teilnehmer des Mathematischen Seminars. Er hat in Kummer und Weierstraß seine eigentlichen Lehrer verehrt, und Weierstraß insbesondere hat immer viel von Thomé, der bei ihm 1865 promoviert hatte, gehalten[6]). Besonders eng war Thomé mit Cantor befreundet[7]). Als Fuchs nach Greifswald ging, redeten Kummer und Weierstraß Thomé zu, sich zu habilitieren[8]). Schon bald nachdem die Habilitation erfolgt war, erffönete sich dem jungen Privat-

[1]) P-3-6. Bl. 130.
[2]) s. 12.3., Nr. 47.
[3]) P-3-6. Bl. 133–134.
[4]) P-3-6. Bl. 135.
[5]) L. Schlesinger 1920. — L. Koenigsberger 1919.
[6]) F. Engel 1911. S. 266, Anm. 1.
[7]) E. Lampe 1911. S. 265.
[8]) F. Engel 1911. S. 264, Anm. 1.

dozenten die Aussicht, einen Ruf an das Polytechnikum nach Zürich zu erhalten. Kummer und Weierstraß waren sich einig, Thomé zu halten, da er „als Ersatz für Fuchs unentbehrlich sei“[1]). Der Physiker und Meteorologe H. W. Dove hätte lieber Christoffel, der inzwischen aus Zürich zurückgekehrt war und eine Professur an der Berliner Gewerbeakademie erhalten hatte, als Nachfolger von Fuchs gesehen; aber Weierstraß betonte, daß er die Bedeutung Christoffels keineswegs verkenne, ihn aber für die jetzt zu besetzende Professur nicht für geeignet halte[2]). Die Fakultät schlug infolgedessen am 28. 11. 1869 Thomé vor[3]). Man habe bei Fuchs' Weggang nach Greifswald keinen Privatdozenten der Berliner Universität namhaft machen können, hätte aber schon damals das Augenmerk auf Thomé gerichtet. Inzwischen habe dieser sich nun habilitiert und eine erfolgreiche Lehrtätigkeit begonnen. Seine Arbeiten seien nach Form und Inhalt ausgezeichnet. Thomé lebe nur seinen Studien, habe sich den Bestand an mathematischem Wissen mit großem Fleiß angeeignet und erkenne mit sicherem Blick, von wo aus das Gebiet des Wissens in methodischem Fortschreiten zu erweitern sei. Besonders wurde hervorgehoben, Thomé sei „kein einseitiger Mathematiker, sondern mit Physik und Chemie, sowie mit den beschreibenden Naturwissenschaften wohl bekannt“. Das Ministerium gab dem Antrag statt, und Thomé wurde am 16. 4. 1870 Extraordinarius.

Während seiner Tätigkeit als außerordentlicher Professor in Berlin hat Thomé die Arbeiten begonnen, die sich an die von Fuchs anschlossen und die ihn sein ganzes Leben hindurch beschäftigt haben, die funktionentheoretische Behandlung der linearen Differentialgleichungen.

Thomé war ein außerordentlich zurückhaltender, ja verschlossener, beherrschter und ausgeglichener Mann. Wie er nie Begeisterung oder emotionale Aufwallungen verriet, so konnte er auch keinen Enthusiasmus wecken. Seine Vorlesungen zeichneten sich durch strenge Sachlichkeit aus, „entbehrten aber des Reizes eines lebendigen Vortrags“[4]). Um das Urteil anderer bekümmerte er sich nicht, „weil er sich selbst seines Wertes bewußt war“[5]). In Berlin hat er vor allem wieder wie sein Vorgänger Differential- und Integralrechnung gelesen, daneben Potentialtheorie und einige weitere, ohne Wiederholung gebliebene Themen behandelt. Die mittlere Hörerzahl belief sich auf 24[6]); sein Lehrerfolg, hieran gemessen, war also nicht schlecht. Als Fuchs im Frühjahr 1874 nach Göttingen ging, wurde Thomé als Ordinarius nach Greifswald berufen.

Schon mehrfach hatten die Mathematiker die Fakultät darauf hingewiesen, daß eine Vermehrung der mathematischen Lehrkräfte unbedingt erforderlich sei. Ohms Tod am 1. 4. 1872 machte die Fakultät geneigt, dem Drängen ihrer mathematischen Mitglieder nachzugeben. Eine Kommission wurde eingesetzt, der unter anderen neben Kummer und Weierstraß auch Helmholtz angehörte. Sie einigte sich am 28. Mai darauf, ein neues Extraordinariat und eine Gehaltserhöhung für Thomé zu beantragen[7]), und beschloß am 12. Juni, G. Frobenius für die neu zu schaffende Stelle vorzuschlagen[8]).

---

[1]) P-6-4. Bl. 197.

[2]) ebd.

[3]) P-6-4. Bl. 198—199.

[4]) E. Lampe 1911. S. 273.

[5]) ebd.

[6]) Berechnet nach der von der Quästur 1872 angefertigten Aufstellung (P-3-6. Bl. 375).

[7]) P-3-6. Bl. 376.

[8]) P-3-6. Bl. 377.

5.4.8.3. Frobenius

Der von der genannten Kommission beschlossene und von der Fakultät angenommene Vorschlag vom 22. 6. 1872 ist von Weierstraß konzipiert. In den folgenden Jahren hat er fast alle Berufungsvorschläge ausgearbeitet, ein Zeichen, daß Kummer jetzt doch allmählich die Zügel Weierstraß überließ, wenn er auch die Direktoratsgeschäfte im Seminar uneingeschränkt weiter führte.

Der Antrag auf Errichtung einer weiteren außerordentlichen Professur und auf die Berufung von Frobenius[1]) ist ein so wichtiges Dokument, daß es ungeachtet seiner Länge fast ungekürzt wiedergegeben zu werden verdient (s. Kapitel 11, Dok. 12). Dieser Antrag legt einmal Zeugnis davon ab, von welchen Gesichtspunkten sich Kummer und Weierstraß bei der Organisation des mathematischen Unterrichts an der Universität leiten ließen (es wurde daher gelegentlich darauf schon Bezug genommen) und wie sich die Stellung der Mathematik innerhalb der Philosophischen Fakultät im Laufe der Zeit entwickelt hat. Andererseits wird in ihm überzeugend begründet, warum die Berufung des noch nicht habilitierten Frobenius für höchst wünschenswert erachtet wurde. Gerade im Hinblick darauf, daß in der nächsten Ära Frobenius der aktivste und in Berufungsverhandlungen entscheidende Mann gewesen ist und daß es andererseits keine eigentliche Frobenius-Biographie gibt, ist diese Eingabe mit ihrer ausführlichen Würdigung der Persönlichkeit und der wissenschaftlichen Verdienste des jungen Frobenius ebenfalls von erheblichem Interesse.

Das Hauptargument, das Weierstraß für die Errichtung eines zusätzlichen Extraordinariats ins Feld führt, besteht darin, daß andernfalls Spezialvorlesungen aufgegeben und dafür Anfängervorlesungen übernommen werden müßten, weil die Lehrkräfte für die ersten Semester nicht ausreichten. Die Gründe, die für die Stelle und die für die Person angegeben worden waren, erschienen dem Minister zwingend; es ergab sich nur noch eine Verzögerung daraus, daß zunächst die Mittel in den Staatshaushaltsetat aufgenommen werden mußten[2]), aber am 27. 3. 1874 wurde der Fakultät eröffnet, daß der Lehrer an der Sophien-Realschule in Berlin Dr. Georg Frobenius auf die neubegründete außerordentliche Professur für Mathematik berufen worden sei[3]).

Der noch nicht 25jährige Berliner, der außer dem ersten, in Göttingen verbrachten Semester seine ganze mathematische Bildung in Berlin erhalten und von Anfang an die Aufmerksamkeit seiner dortigen Lehrer erregt hatte, blieb nur anderthalb Jahre in seiner Stellung als Extraordinarius. Dann wurde er an das eidgenössische Polytechnikum in Zürich berufen, wo er 17 Jahre hindurch wirkte, bis er 1892 als Nachfolger von Kronecker wieder in die Heimatstadt zurückkehrte. Die spätere ETH hat eine ganze Zeitlang ihre Professoren aus der Berliner Schule rekrutiert; neben den bereits erwähnten seien noch Prym, Schwarz, Schottky und Rudio genannt.

Frobenius hat während dieser ersten kurzen Tätigkeit in Berlin Differential-, Integralrechnung und analytische Geometrie gelesen sowie Übungen in der Integralrechnung abgehalten.

---

[1]) P-3-6. Bl. 377—382.
[2]) P-3-6. Bl. 430.
[3]) P-3-7. Bl. 21.

5.4.8.4. Wangerin und Bruns; Pochhammer

Nachdem durch den Weggang von Thomé und Frobenius beide Extraordinariate so rasch nacheinander vakant geworden waren, konnte die Fakultät erst am 29. 11. 1875 „mehrere wirklich ausgezeichnete jüngere Gelehrte" als Ersatz in Vorschlag bringen, um möglichst bald die angesichts der „reichen Entwicklung" der mathematischen Studien um so fühlbarere Lücke zu schließen[1]). Sie betonte, daß die zu Berufenden den Unterricht für die ersten Semester übernehmen sollten.

Während sonst die Protokolle der Kommissionen, die von der Fakultät mit der Erarbeitung von Vorschlägen für die Wiederbesetzung offener Stellen beauftragt worden waren, meist in lakonischer Kürze abgefaßt sind, liegen in diesem Fall zwei recht ausführliche Niederschriften vor[2]), die Aufschluß geben, warum es relativ lange gedauert hat, bis die Fakultät sich schlüssig wurde, und sie sogar noch eine Mahnung des Ministeriums[3]) in Kauf nehmen mußte.

Der Kommission gehörten neben dem Dekan noch Helmholtz, Kirchhoff, Kummer und Weierstraß an. Auf der Sitzung vom 29. 10. 1875 legte Kummer eine Liste von nicht weniger als 13 Persönlichkeiten vor, die als Nachfolger von Thomé und Frobenius in Frage kämen. Von diesen hatten sich Cantor in Halle, Pochhammer in Kiel und Hoppe in Berlin selbst für die Besetzung gemeldet, die ersten beiden durch private Mitteilungen, der letztgenannte durch eine Eingabe an die Fakultät. Hoppe wurde sogleich wieder gestrichen, und gegen Pochhammer wandte sich Weierstraß wegen dessen „literarischer Hyperproduktion". (Pochhammer hatte nach seiner Habilitierung in Berlin vom SS 1872 bis zum WS 1873/74 über Differentialgleichungen sowie über bestimmte Integrale gelesen und war dann im Frühjahr 1874 als Extraordinarius nach Kiel berufen worden. Dort ist er geblieben, ab 1877 als Ordinarius.) Dafür lenkte Weierstraß die Aufmerksamkeit der Kommission auf A. Wangerin, Oberlehrer an der Sophien-Realschule in Berlin, in Halle Schüler von E. Heine und in Königsberg Schüler Franz Neumanns, sowie auf den Tübinger Privatdozenten S. Gundelfinger. Weiterhin empfahlen Kummer und Weierstraß dringend den aus der Berliner Schule hervorgegangenen H. Bruns[4]), derzeit Observator in Dorpat. Weierstraß wurde zunächst aufgetragen, nähere Nachrichten über Gundelfinger einzuziehen, und Kummer übernahm es, sich von Bruns eine Erklärung zu verschaffen, daß er einen Ruf nach Berlin annehmen werde. Nachdem diese Aufträge ausgeführt waren, beschloß die Kommission am 26. November[5]), in erster Linie G. Cantor und H. Bruns, secundo loco S. Gundelfinger und A. Wangerin als Kandidaten aufzustellen.

Entsprechend ist der Antrag der Fakultät am 29. November gestellt worden[6]). An Cantors Arbeiten werden Originalität der Gedanken und „eine erfreuliche Richtung in die Tiefe" gerühmt. Bei Bruns wird erwähnt, daß er als Astronom tätig sei, sich aber in Dorpat auch für Mathematik habilitiert habe. Seine Vorträge, die er im Berliner Seminar gehalten habe, berechtigten zu der Überzeugung, daß er für die in Frage kommende Stelle ganz besonders geeignet sei. Die Arbeiten Gundelfingers auf dem Gebiet der

---

[1]) P-3-7. Bl. 118—120.

[2]) P-3-7. Bl. 114—115 u. 117.

[3]) P-3-7. Bl. 116.

[4]) s. 12.3., Nr. 70.

[5]) P-3-7. Bl. 117.

[6]) P-3-7. Bl. 118—120.

Algebra und analytischen Geometrie legten ein sehr vorteilhaftes Zeugnis für ihren Verfasser ab, heißt es weiter in dem Antrag der Fakultät. Und bei Wangerin endlich werden seine Abhandlungen auf dem Gebiet der mathematischen Physik hervorgehoben.

Aus mehreren Gründen ist diese Berufungsfrage hier relativ breit dargestellt worden. Erstens, weil sie beweist, mit welcher Sorgfalt und mit welchem Verantwortungsbewußtsein die Auswahl von passenden Kandidaten erfolgte. Zweitens, weil es sich zeigt, daß Kummer und Weierstraß keineswegs einseitig Mathematiker bevorzugten, die ihre Schüler gewesen sind: Gundelfinger hatte in Heidelberg und Tübingen studiert, Wangerin in Halle und Königsberg. Drittens, weil die Leistungen im Berliner Mathematischen Seminar das Urteil Kummers und Weierstraß' wesentlich mitbestimmt haben. Viertens, weil Weierstraß ausdrücklich hervorhob, daß Bruns durch diesen Ruf Deutschland wiedergewonnen würde[1]). So fern Weierstraß nationalistische Regungen lagen, so hat er doch andererseits stets begrüßt, wenn deutsche Mathematiker nach einer Auslandsprofessur eine Berufung an eine deutsche Universität erhielten[2]). Fünftens schließlich, weil erneut in einer fehlenden Habilitierung kein Hindernis erblickt wird; es heißt im Antrag der Fakultät ausdrücklich, von Wangerin könnten, „nach einer solchen Vorbildung, wie der Gymnasialunterricht für den mathematischen Docenten sie bietet, auch an der Universität die besten Erfolge" erwartet werden. Dabei mag wohl eine Rolle gespielt haben, daß Kummer und Weierstraß selbst über die Schullaufbahn ohne Habilitierung Universitätslehrer geworden sind. Daß der pädagogisch geschulte und geübte frühere Lehrer dem ohne solche Ausbildung und Praxis gebliebenen Privatdozenten in didaktischer Hinsicht oft überlegen ist, steht auf einem anderen Blatt.

Cantor blieb in Halle, wo er 1879 ein Ordinariat bekam. Dafür erhielt der 32jährige Wangerin die Stelle von Frobenius. Bruns, 28 Jahre alt, wurde Nachfolger Thomés[3]). Bruns und Wangerin blieben sechs Jahre in Berlin. Ihre Vorlesungen waren sorgfältig aufeinander abgestimmt. Beide lasen Differentialrechnung und Einleitung in die Analysis mit Übungen, Integralrechnung mit Übungen. Neben diesen regelmäßig sich wiederholenden Vorlesungen las Bruns häufiger über Differentialgleichungen, Wangerin dafür über analytische bzw. synthetische Geometrie. Außerdem hatte jeder von ihnen gelegentlich Spezialthemen: Bruns z. B. mathematische Geographie oder Anwendung elliptischer Funktionen, Wangerin Besselsche Funktionen oder konforme Abbildung. Erwähnenswert ist eine Wangerinsche Vorlesung im WS 1878/79 „Elemente der höheren Mathematik für Nichtmathematiker". Leider liegen keine Hörerzahlen vor. Wangerin hat in gewissenhafter Gründlichkeit seine Hauptaufgabe darin gesehen, künftige Mathematiker für die höheren Schulen auszubilden[4]). Stäckel berichtet, daß Bruns die Bedürfnisse der Anfänger, denen doch gerade die Vorlesungen der Extraordinarien genügen sollten, nicht erfüllt hat. Bruns hatte Schellbach als Mathematiklehrer auf der Schule gehabt und setzte voraus, daß auch seine Studenten mit der gleichen Vorbildung ausgerüstet seien. So seien für die meisten Hörer seine Vorlesungen „Kaviar" geblieben[5]).

---

[1]) P-3-7. Bl. 119.

[2]) K. Weierstraß an H. A. Schwarz. 21. 4. u. 5. 6. 1875 (Archiv d. Ak. Wiss. d. DDR, Nachlaß Schwarz).

[3]) P-3-7. Bl. 121 u. 122. — Wir wissen heute, daß Cantor in jener Zeit noch gern einen Ruf nach Berlin angenommen hätte: G. Cantor an Ch. Hermite. 22. 1. 1894 (H. Meschkowski 1965. S. 514).

[4]) W. Lorey 1915b. S. 53.

[5]) W. Lorey 1916. S. 164.

Seine volle mathematische Kraft hat Bruns in der Behandlung des n-Körper-Problems, in der Theorie der optischen Instrumente (Brunssches Eikonal) und in der Kollektivmaßlehre erst in Leipzig entfaltet[1]), wohin er zum Frühjahr 1882 als Ordinarius für Astronomie (Nachfolge von K. Bruhns) berufen wurde[2]). Wangerin ging im Herbst des gleichen Jahres als Ordinarius für Mathematik nach Halle, um die Nachfolge seines früheren Lehrers E. Heine anzutreten[3]).

Als Nachfolger von Bruns schlug die Fakultät am 15. 12. 1881 in erster Linie den Göttinger Privatdozenten G. Hettner, an zweiter Stelle den früheren Berliner Gymnasiallehrer und seit 1879 Straßburger Extraordinarius Netto vor[4]), beide aus der Berliner Schule hervorgegangen. Hettner wurde berufen.

Für Wangerins Stelle wurde von der Fakultät am 8. 6. 1882 wiederum Netto vorgeschlagen; an zweiter Stelle wurde der außerordentliche Professor Kortum in Bonn, auch er ein Weierstraß-Schüler, namhaft gemacht[5]). Schließlich nannte die Fakultät dem Minister von Goßler noch einige Privatdozenten, die zu den besten Hoffnungen berechtigten, sich aber als Lehrer noch nicht so bewährt hätten, daß sie schon jetzt für die zu besetzende Stelle empfohlen werden könnten: Schottky in Breslau, von Mangoldt und Hurwitz, beide in Göttingen. Die ersten beiden waren in Berlin promoviert worden, der dritte hatte dort wenigstens eine Zeitlang studiert. Berufen wurde Netto. Da die Wirksamkeit Hettners und Nettos in Berlin außerhalb des hier behandelten Zeitabschnitts liegt, wird auf sie erst weiter unten eingegangen werden. Das gleiche gilt für die beiden Privatdozenten Knoblauch und Runge.

5.4.9. *Die Entpflichtung Kummers und die Berufung von Kronecker und Fuchs*

Am 23. 2. 1882 überraschte Kummer die Fakultät durch eine am folgenden Tag schriftlich wiederholte Erklärung des Inhalts, daß er eine Schwächung seines Gedächtnisses und der für mathematische Vorlesungen notwendigen Gabe der freien Gedankenentwicklung in konsequenten, zusammenhängenden, abstrakten Schlußfolgerungen bemerke. Er beantrage daher, daß die Fakultät sich beizeiten nach einem Ersatz umschaue. Es könne sehr bald der Fall eintreten, daß er nicht mehr imstande sein werde, weiter Vorlesungen zu halten[6]). Kummer, 72 Jahre alt und 26 Jahre Ordinarius in Berlin, hat mit dem Entschluß, sich rechtzeitig zurückzuziehen, einen Beweis für seine hohe Auffassung des Gelehrten- und Lehrerberufs geliefert, wie K. Hensel sehr mit Recht betont hat[7]). Schon in den sechziger Jahren hatte Kummer seinen Entschluß kundgetan, er werde aufhören, etwas zu publizieren, sobald er eine Abnahme der geistigen Kräfte spüre. Daß er diesem Vorsatz treu geblieben ist, hat ihm den Ruf eines „antiken Charakters“ eingetragen[8]).

---

1) G. Herglotz 1919.

2) P-3-7. Bl. 267.

3) P-3-7. Bl. 272. — Wangerin wurde XVII. Präsident der Leopoldina.

4) P-3-7. Bl. 268—269.

5) P-3-7. Bl. 293—294.

6) P-3-7. Bl. 285.

7) K. Hensel 1910. S. 36.

8) E. Lampe 1894. S. 14. — M. Lenz 1910/18. Bd. 2. H. 2. S. 308, erkennt das Epitheton eines „antiken Weisen“ außer Kummer auch Weierstraß und Hoppe zu.

Weierstraß hatte zwar bemerkt, daß sein „lieber Freund“ Kummer sich gleichgültig gegen neue Forschungen in der Mathematik verhielt[1]), aber ebensowenig wie seine Kollegen eine Schwächung seiner Leistungsfähigkeit feststellen können[2]). Indessen sah die Fakultät die Berechtigung des begreiflichen Wunsches Kummers ein und stellte einen von Weierstraß am 13. 3. 1882 konzipierten Antrag an Minister von Goßler auf Einstellung eines dritten Ordinarius für Mathematik[3]). Es wird in diesem Antrag hervorgehoben, daß keine deutsche Universität auch nur annähernd eine gleich große Anzahl von Studierenden der Mathematik besitze wie Berlin und daß trotzdem an fast allen Universitäten zwei ordentliche Professuren für Mathematik bestünden, in Göttingen und Leipzig sogar drei. Wenn nicht Kronecker seit 20 Jahren mehrere Hauptfächer vertreten würde, hätten die Lehrkräfte der Universität nie ausgereicht. Um so dringender sei es, nun eine jüngere Kraft so bald wie möglich zu gewinnen. Namen wurden in diesem Antrag noch nicht genannt.

Am 25. Mai teilte der Minister der Fakultät mit, sie möge für ein künftig wieder wegfallendes Ersatzordinariat Besetzungsvorschläge einreichen[4]). Auf die weitergehenden Wünsche der Fakultät ging von Goßler nicht ein. Daraufhin entwarf Weierstraß eine neue Eingabe an den Minister, in der die Wünsche klar und präzise formuliert sind. Dieses Schreiben vom 6. 7. 1882[5]) ist wiederum so charakteristisch, so reich an historischen und damals aktuellen Bemerkungen, daß es gleichfalls verdient, wiedergegeben zu werden (s. Kapitel 11, Dok. 13). Die Vorschläge der Fakultät liefen darauf hinaus, eine dritte ordentliche Professur als bleibende Einrichtung zu schaffen und sie Kronecker zu verleihen sowie L. Fuchs als Ordinarius zur Entlastung und als späteren Nachfolger von Kummer zu berufen. Der denkbare Ausweg, Kronecker ein Ordinariat zu geben und zur Unterstützung von Kummer einen außerordentlichen Professor zu ernennen, sei nicht gangbar, weil keine geeignete Persönlichkeit namhaft gemacht werden könne. Die beiden kürzlich vorgeschlagenen Hettner und Netto kämen in naher Zukunft noch nicht für die Beförderung zum Ordinarius in Frage.

Der Erfolg bestand darin, daß der Minister am 11. 3. 1883 mitteilte, daß Kronecker zum ordentlichen Professor ernannt und ihm die Mitdirektion des Mathematischen Seminars übertragen worden sei[6]). Von einer Berufung von Fuchs war nicht die Rede. Da Kummer zu dieser Zeit auf die Fortsetzung seiner vorherigen Lehrtätigkeit mit Genehmigung des Ministeriums verzichtete (im WS 1883/84 hat er sich dann gänzlich zurückgezogen), mußte die Fakultät am 24. 5. 1883[7]) noch einmal vorstellig werden. Wieder entwarf Weierstraß das Gesuch. Darin wird ausgeführt, daß mit dem Eintritt Kroneckers in die Fakultät die entstandene Lücke nur teilweise ausgefüllt werde, weil dieser fortfahren werde, über höhere Teile der Algebra und Zahlentheorie zu lesen, und deshalb nur eine der hauptsächlich für Studenten der mittleren Semester bestimmten Kummerschen Vorlesungen übernehmen könne. Ein ausreichender Ersatz Kummers

---

[1]) K. Weierstraß an S. Kovalevskaja. 27. 8. 1883 (Mittag-Leffler-Institut, Djursholm/Schweden).
[2]) P-3-7. Bl. 285a.
[3]) P-3-7. Bl. 285a—286.
[4]) P-3-7. Bl. 287.
[5]) P-3-7. Bl. 288—292.
[6]) P-3-8. Bl. 4.
[7]) P-3-8. Bl. 18—19.

derart, daß seine jüngeren Kollegen sich in seine Vorlesungen teilten, käme ebenfalls nicht in Frage:

„Denn es liegt in der Natur der Sache, daß der mathematische Unterricht [...] nur dann rechten Erfolg haben kann, wenn die Lehrthätigkeit der Docenten in innigem Zusammenhange mit ihrer rein wissenschaftlichen Thätigkeit steht; dadurch aber ist bedingt, daß der einzelne auch als Lehrer nur auf einem beschränkten Gebiete der Wissenschaft Tüchtiges zu leisten vermag und deshalb die Vertretung des einen durch den anderen in der Regel dem Geiste des Universitäts-Unterrichts zuwider ist."

In diesen goldenen Worten erkennen wir den ganzen Weierstraß. Im ferneren Verlauf der Darlegungen wird ausgeführt, daß Weierstraß selbst aus Gesundheitsrücksichten seine Vorlesungen habe einschränken müssen und daß somit nochmals dringend um die Berufung von Fuchs gebeten werden müsse.

In einem weiteren Schreiben vom 14. 11. 1883, dessen Entwurf in Abwesenheit des krankheitshalber beurlaubten Weierstraß durch Helmholtz, Kronecker und Kirchhoff gezeichnet ist[1]), machte die Fakultät nochmals den Vorschlag, Fuchs zu berufen. Am 24. 4. 1884 teilte dann endlich von Goßler der Fakultät mit, daß Fuchs mit dem 7. April berufen sei[2]), und am 5. Mai fügte er hinzu, daß die dritte ordentliche Professur für Mathematik nunmehr geschaffen sei und daß Fuchs, dem sie übertragen wurde, sich auch an der Leitung des Seminars beteiligen werde[3]). Damit war das Ziel erreicht, auf das Weierstraß so lange hingearbeitet hatte. Mit dem Ausscheiden von Kummer und der Berufung von Kronecker und Fuchs geht diese glorreiche Periode zu Ende. Die nächsten Jahre gehören zwar noch der gleichen Ära an, aber sie stehen doch nicht mehr auf der gleichen Höhe. Fuchs hatte nicht das Format von Kummer; Kronecker und Weierstraß waren entzweit, und Weierstraß selbst war ein leidender Mann. Zudem waren Kroneckers Jahre bereits gezählt.

Wie verschiedentlich bereits geschehen, soll am Ende auch dieses Abschnitts eine Übersicht über Vorlesungen ihren Platz finden, um den Wandel des Programms zu veranschaulichen. Es werden dafür in dem schon angewandten angenäherten Zehnjahresintervall die WS 1868/69 und 1879/80 ausgewählt.

Für das WS 1868/69 waren angekündigt:

Kummer:	Zahlentheorie.
Weierstraß:	Elliptische Funktionen.
Kronecker:	Algebraische Gleichungen.
Ohm:	Analytische Mechanik.
Fuchs:	Reihentheorie.
	Differential- und Integralrechnung.
Hoppe:	Integralrechnung.
	Analytische Geometrie.

---

[1]) P-3-8. Bl. 29. — Das Ministerium hatte eigenartigerweise am 27. 9. 1883 (P-3-8. Bl. 27) um Besetzungsvorschläge für die noch nicht gesicherte dritte ordentliche Professur ersucht. Es handelte sich wohl um einen Akt reiner Bürokratie, denn der Vorschlag für Fuchs lag ja mehrfach vor.

[2]) P-3-8. Bl. 30.

[3]) P-3-8. Bl. 31.

Elf Jahre später werden für das WS 1879/80 angezeigt:

Kummer:	Analytische Mechanik.
Weierstraß:	Abelsche Funktionen.
Kronecker:	Anwendung der Infinitesimalrechnung auf die Zahlentheorie.
Borchardt:	Determinanten und ihre Anwendungen.
Bruns:	Differentialrechnung und Einleitung in die Analysis.
	Ausgewählte Kapitel der Theorie der Differentialgleichungen.
Wangerin:	Ausgewählte Kapitel der analytischen Geometrie.
	Integralrechnung.
	Übungen zur Integralrechnung.
	Anwendungen der linearen partiellen Differentialgleichungen auf die mathematische Physik.
Hoppe:	Differentialrechnung und Reihentheorie.
	Analytische Geometrie.

Es fällt die Zunahme der Vielfalt der Thematik sowie die Tatsache, daß Hoppe in die Koordinierung offensichtlich nicht mit einbezogen wurde, ins Auge.

5.5. Die Jahre bis zur Regelung der Nachfolge von Kronecker und Weierstraß (1883—1892)

Das frühere harmonische Zusammenwirken der Ordinarien war seit etwa Mitte der siebziger Jahre gestört. Diese Tatsache ist schon angedeutet worden. Es ist jetzt an der Zeit, hierauf näher einzugehen, weil die Universität aus diesem Grunde beinahe Weierstraß verloren hätte.

5.5.1. Die Entfremdung und der Bruch zwischen Weierstraß und Kronecker

Zunächst waren wohl Verschiedenheiten des Temperaments und des Charakters Ursache für die allmählich einsetzende Entfremdung der einst dem gleichen Freundeskreis Angehörenden. Bald kamen wissenschaftliche Gründe hinzu, die sich im persönlichen Gebiet auswirkten. Weierstraß schrieb an Schwarz, Kronecker habe die Abneigung, mit der er G. Cantors Arbeiten betrachte, auch auf ihn, Weierstraß, übertragen[1]). Tatsächlich hat Kronecker bis zu seinem Tode nie ein Hehl aus seiner Abneigung gegen die Cantorschen Ideen gemacht. Weierstraß wiederum erkannte sofort deren Wert und Zweckmäßigkeit. Ja, die erste analytische Benutzung des Abzählbarkeitsbegriffs durch Cantor geht auf eine Weierstraßsche Anregung zurück. Kronecker dagegen war in seinem Denken so stark arithmetisiert, „daß er in arithmetisch idealer Denkweise die ganze Mathematik auf ganzzahliger Basis aufbauen wollte"[2]). „Während ich [Weierstraß] sage, daß eine sogenannte irrationale Zahl eine so reelle Existenz habe wie irgend etwas anderes in der Gedankenwelt, ist es bei Kronecker jetzt ein Axiom, daß es nur Gleichungen zwischen ganzen Zahlen gibt", heißt es in einem Brief

---

[1]) K. Weierstraß an H. A. Schwarz. 14. 3. 1885 (Archiv d. Ak. Wiss. d. DDR, Nachlaß Schwarz). — Zu den Anfängen der Meinungsverschiedenheiten zwischen Weierstraß und Kronecker s. K.-R. Biermann 1985c.

[2]) A. Schönflies in Jahr. Ber. Dt. Math.-Vereinig. **31.** 1922, S. 99.

von Weierstraß an Sonja Kovalevskaja vom 24. 3. 1885[1]). Kronecker ging aber noch weiter. Er schrieb an Schwarz[2]):

„Wenn mir [Kronecker] noch Jahre und Kräfte genug bleiben, werde ich selber noch der mathematischen Welt zeigen, daß nicht bloß die Geometrie, sondern auch die Arithmetik der Analysis die Wege weisen kann — und sicher die strengeren. Wenn ich's nicht mehr thue, so werden's die thun, die nach mir kommen, und sie werden auch die Unrichtigkeit aller jener Schlüsse erkennen, mit denen jetzt die sogenannte Analysis arbeitet."

Diese Kritik Kroneckers an der „sogenannten Analysis" traf Weierstraß zutiefst. Er teilte sie seiner Schülerin mit und fügte hinzu[3]):

„Ein solcher Ausspruch von einem Manne, dessen hohe Begabung für mathematische Forschung und eminente Leistungen von mir sicher ebenso aufrichtig und freudig bewundert werden, wie von allen seinen Fachgenossen, ist nicht nur beschämend für diejenigen, denen zugemutet wird, daß sie als Irrtum anerkennen und abschwören sollen, was den Inhalt ihres unablässigen Denkens und Strebens ausgemacht hat, sondern es ist auch ein direkter Appell an die jüngere Generation, ihre bisherigen Führer zu verlassen und um ihn als Jünger einer neuen Lehre, die freilich erst begründet werden *soll*, sich zu scharen. Wirklich, es ist traurig und erfüllt mich mit bitterem Schmerz, daß das wohlberechtigte Selbstgefühl eines Mannes, dessen Ruhm unbestritten ist, ihn zu Äußerungen zu treiben vermag, bei denen er nicht einmal zu empfinden scheint, wie verletzend sie für andere sind."

Bei solchen Gegensätzen waren ständige Reibungen unvermeidlich. An ein einträchtiges Zusammenwirken in der Fakultät war nicht mehr zu denken. Weierstraß wurde die Tätigkeit an der Universität gänzlich verleidet[4]). Die verschiedenen unliebsamen Begegnungen bei einer schwedischen Preisfrage, bei der Herausgabe von Borchardts Werken usw. können hier nicht rekapituliert werden; sie haben vor allem im Briefwechsel zwischen Weierstraß und Schwarz und in den Briefen von Weierstraß an S. Kovalevskaja ihren Niederschlag gefunden. Genug, am 22. 9. 1885 teilte Weierstraß Sonja Kovalevskaja mit, er habe sich entschlossen, Berlin zu verlassen und seinen Wohnsitz in der Schweiz zu nehmen[5]). Daß die Kontroverse so außerordentliche Folgen hatte haben können, war bisher ganz unbekannt. Wir finden zwar Andeutungen in den Erinnerungen von Zeitgenossen und Schülern, daß es gewisse Spannungen zwischen Weierstraß und Kronecker gegeben hat[6]), aber wie tief diese gingen, wurde nicht gesagt. Es konnte dies auch nicht gesagt werden, denn Gründe des Taktes gegenüber Lebenden geboten Zurückhaltung, bzw. es standen nicht die Quellen zur Verfügung, die wir heute benutzen können.

Es ist nun die Frage zu stellen, warum Weierstraß seinen Entschluß, Deutschland den Rücken zu kehren, nicht ausgeführt hat. Die Antwort ist relativ leicht zu geben.

---

1) K. Weierstraß an S. Kovalevskaja. 24. 3. 1885 (Mittag-Leffler-Institut, Djursholm/Schweden).

2) Von H. A. Schwarz, an den Kronecker diese Zeilen gerichtet hatte, Weierstraß mitgeteilt (Archiv d. Ak. Wiss. d. DDR, Nachlaß Schwarz) und von Weierstraß mit geringen Abweichungen an S. Kovalevskaja weitergegeben im Brief v. 24. 3. 1885 (Mittag-Leffler-Institut, Djursholm/Schweden).

3) K. Weierstraß an S. Kovalevskaja. 24. 3. 1885 (Mittag-Leffler-Institut, Djursholm/Schweden).

4) K. Weierstraß an H. A. Schwarz. 12. 8. 1885 (Archiv d. Ak. Wiss. d. DDR. Nachlaß Schwarz).

5) K. Weierstraß an S. Kovalevskaja. 22. 9. 1885 (Mittag-Leffler-Institut Djursholm/Schweden).

6) Ein genaueres Bild vermittelten erst G. Mittag-Leffler 1912 und 1923a. Aber auch aus diesen Publikationen sind die Wirkungen des Konflikts nicht voll zu ersehen.

Am 27. 6. 1888 schrieb Weierstraß an Mittag-Leffler[1]: „Neuerdings ist der Bruch zwischen uns beiden vollständig geworden.“ In einer solchen Situation konnte Weierstraß nicht daran denken, die Fakultät für einen Nachfolger aus dem Kreise seiner Schüler gegen den Willen von Kronecker zu gewinnen. Das aber lag Weierstraß ebenso am Herzen wie die in dieser Zeit von ihm beschlossene Ausgabe seiner mathematischen Werke. Weierstraß' bemächtigte sich nämlich damals eine Zwangsvorstellung, die ihn unsagbar gequält hat und die ihn bis zu seinem Tode, auch nach dem Ableben Kroneckers und als er für sich selbst und für Kronecker Nachfolger nach seinem Wunsch durchgesetzt hatte, nicht wieder verließ: Er glaubte, sich dem Zusammenbruch all dessen, wofür er ohne Unterlaß gearbeitet hatte, gegenüberzusehen. Die leitenden Gedanken und die Klarstellung seiner Methoden waren noch unpubliziert; das Lebensziel, die Abelschen Funktionen zu einem wirklichen Abschluß zu bringen, war noch nicht erreicht; unter seinen Schülern herrschten Zwistigkeiten; er glaubte, sein Werk werde, eben weil es noch in seinen wichtigsten Partien unveröffentlicht war, den Kroneckerschen Angriffen erliegen[2].

Seit dem Tode Borchardts stand Weierstraß ziemlich allein in Berlin. Mit Kummer war nicht zu rechnen; dieser ließe sich von Kronecker „immer wieder blenden“, beklagte sich Weierstraß[3]. Allerdings waren die alten freundschaftlichen Bindungen, die bis in die Schulzeit Kroneckers zurückgingen, zu stark, als daß Weierstraß auf Kummer hätte zählen können. Von Fuchs fühlte Weierstraß sich enttäuscht, menschlich wie wissenschaftlich; er arbeite ihm entgegen, meinte Weierstraß, teils weil er sich Kroneckers Autorität beuge, teils aus „mangelhafter Kenntnis der Frage, um die es sich handelt“[4]. Zuweilen entwickelte Fuchs Ansichten, von denen Weierstraß meinte, sie seien doch längst widerlegt[5]:

„So hat er [Fuchs] kürzlich in der Akademie eine Abhandlung gelesen, worin er zu zeigen glaubt, daß auch durch gewöhnliche lineare Differentialgleichungen in manchen Fällen Funktionen definiert werden, *die keine analytischen Funktionen seien, weil sie für jeden Wert des Arguments jeden beliebigen Wert annehmen könnten.* Also immer noch muß wiederholt werden, daß es zwei ganz verschiedene Dinge sind, einen Wert *annehmen* und einem Wert *beliebig nahe kommen.*“

Es darf bezweifelt werden, daß Kronecker die Wirkung seiner Äußerungen und Handlungen auf Weierstraß in ihrem vollen Umfang erkannt, geschweige denn vorausgesehen hat. Er hat bei offiziellen Anlässen seine Verehrung für Weierstraß betont[6], aber Weierstraß war zu tief verstimmt, als daß er zu einer Aussöhnung die Hand hätte reichen können. Aus heutiger Sicht müssen wir sagen, daß Weierstraß die Dinge zu schwer genommen hat. Er hätte auf die weitere Entwicklung vertrauen und die „revolutionären“ Aussprüche Kroneckers als eine „heitere Laune“ nehmen sollen, wie es andere getan haben[7], das war ihm jedoch seiner Veranlagung nach nicht möglich.

Dergestalt war das Einvernehmen der Ordinarien dahin, und die letzten Jahre dieser Ära waren nur noch äußerlich der vorherigen Glanzzeit vergleichbar.

---

[1]) G. Mittag-Leffler 1912. S. 49.
[2]) K. Weierstraß an H. A. Schwarz. 16. 8. 1888 (Archiv d. Ak. Wiss. d. DDR, Nachlaß Schwarz).
[3]) K. Weierstraß an H. A. Schwarz. 29. 3. 1886 (Archiv d. Ak. Wiss. d. DDR, Nachlaß Schwarz).
[4]) K. Weierstraß an S. Kovalevskaja. 24. 3. 1885 (Mittag-Leffler-Institut, Djursholm/Schweden).
[5]) K. Weierstraß an H. A. Schwarz. 14. 3. 1885 (Archiv d. Ak. Wiss. d. DDR, Nachlaß Schwarz).
[6]) K. Weierstraß an H. A. Schwarz. 29. 3. 1886 (Archiv d. Ak. Wiss. d. DDR, Nachlaß Schwarz).
[7]) A. Kneser 1925. S. 221.

5.5.2. Das Wirken von Weierstraß, Kronecker und Fuchs

Weierstraß führte seine Vorlesungstätigkeit weiter. Mehrfach mußte es allerdings wegen seines schlechten Gesundheitszustandes bei der Ankündigung bleiben; in den WS 1883/84 und 1887/88 konnte er nicht lesen. 1887 hielt er zum letzten Mal eine Vorlesung während des SS. Ab Anfang Januar 1889 hat Weierstraß noch eine „kleine Vorlesung" gehalten, mußte sie aber krankheitshalber in den ersten Märztagen abbrechen[1]). Auch die letzte überhaupt von ihm angekündigte Vorlesung im WS 1889/90 scheint nicht mehr stattgefunden zu haben[2]).

Der „lebensprühende" Kronecker[3]) hingegen wurde immer aktiver und temperamentvoller. Er hörte nicht auf, auch in seinen Vorlesungen, die er durch das früher von Kummer gehaltene Kolleg über Zahlentheorie vermehrte, von neuen Ergebnissen seiner Forschungen und aus „dem reichen Schatz seiner früheren Entdeckungen Mitteilung über Mitteilung zu machen. Da traf ihn mitten im frischen Schaffen und kühnen Entwerfen der schwere Schlag, seine Gattin zu verlieren, und selbst das Prinzip seines Lebens, die rastlose Arbeit, vermochte seine Verzweiflung über den unersetzlichen Verlust nicht zu lindern. Wenige Monate später erlag er am 29. Dezember 1891 einem Anfalle von Bronchitis"[4]).

Erst anderthalb Jahre später folgte ihm sein 13 Jahre älterer Freund Kummer, der ihm, wie er es selbst ausgedrückt hat[5]), „den wesentlichsten Teil seines geistigen Lebens gegeben" hatte.

Fuchs wurde von den Berliner Studenten, die ehrfurchtsvoll zu Kummer, Weierstraß und Kronecker aufblickten, „in jugendlicher Exklusivität" mit „einer gewissen Geringschätzung" empfangen — sehr zum Ärger von L. Heffter und einigen anderen Kommilitonen, die bei Fuchs schon in Heidelberg gehört hatten[6]). Diese erblickten in ihm einen „ausgezeichneten Dozenten, sowohl für Anfänger als für höhere Semester". Erinnerungen an seine Vorlesungen weisen einige Widersprüche auf[7]), aber sie stimmen darin überein, daß sie höchst lehrreich gewesen seien. Besonders anschaulich schildert Heffter den Eindruck, den er schon in Heidelberg von Fuchs erhielt[8]):

> „Im behaglichen Tempo verlief sein beständig aus dem Innern reproduzierter, nie aus dem Gedächtnis geschöpfter Vortrag. [...] Fuchs gehörte zu denjenigen Dozenten, die es nicht richtig finden, schon vor den ‚von des Gedankens Blässe noch nicht angekränkelten' Anfängern alle tiefer liegenden Schwierigkeiten zu enthüllen. Aber er vermied es trotzdem, unstreng zu werden. [...] Die Vorlesung führte den Anfänger in die Schwierigkeiten ein, warb für die Sache und regte zur Weiterarbeit an."

---

1) K. Weierstraß an G. Mittag-Leffler. 3. 4. 1889 (G. Mittag-Leffler 1912. S. 59).

2) Das geht aus den Briefen von K. Weierstraß an H. A. Schwarz vom Winter 1889/90 hervor, in denen fortlaufend von schwerer Erkrankung berichtet wird (Archiv d. Ak. Wiss. d. DDR, Nachlaß Schwarz).

3) A. Kneser 1925. S. 210.

4) G. Frobenius 1893. S. 21.

5) K. Hensel 1910. S. 103.

6) L. Heffter 1950/51. S. 8.

7) W. Ahrens 1920. S. 28—29. — M. Hamburger 1902. S. 185. — L. Heffter 1950/51. S. 7. — L. Heffter 1952. S. 36.

8) L. Heffter 1952. S. 36.

In den ersten Semestern seiner neuerlichen Berliner Wirksamkeit las Fuchs noch neben Invariantentheorie ausgesprochene Anfängervorlesungen. Dann ging er von einer Einleitung in die Theorie der Funktionen bzw. der Differentialgleichungen über zu linearen Differentialgleichungen, Darstellung der durch Differentialgleichungen definierten Funktionen, elliptischen Funktionen und ihren Anwendungen, hyperelliptischen (bzw. an ihrer Stelle Abelschen) Funktionen, linearen partiellen Differentialgleichungen mit Anwendungen. Ein ausgesprochener Zyklus ist eigentlich nicht feststellbar. Auch über Mechanik und andere Spezialthemen hat er gelegentlich gelesen. Das Wort, Fuchs habe durch seine Arbeiten zur Theorie der Differentialgleichungen und der Funktionen, die sich durch Differentialgleichungen definieren lassen, der Mathematik „eine neue Provinz erschlossen", ist oft reproduziert worden[1]). Andere wie F. Klein haben seine und die von ihm angeregten Untersuchungen nicht sehr hoch geschätzt. Er sei „nicht auf dem von Riemann gebahnten Weg weiter" gegangen, sondern habe „in elementarer Weise wieder direkt an die Formel" angeknüpft[2]). Hamburger hingegen hob lobend hervor, Fuchs habe in Berlin als erster in seinen Vorlesungen die Studenten „in die Riemannsche Anschauungsweise" eingeführt[3]). Wie dem auch sei, ob „neue Provinz" oder ob „eng begrenzte ‚Schule'"[4]), fest steht, daß Fuchs nicht zu den größten Berliner Mathematikern gehört, daß aber andererseits die von ihm eingeschlagene Richtung Jahrzehnte hindurch anregend gewirkt hat.

Unentschlossen und ängstlich, zaudernd und schwankend[5]), dabei aber humorvoll und von aufopfernder Güte[6]), ordnete Fuchs sich natürlich der Autorität eines zu herrschen gewohnten Kronecker unter, wie er später auch hinter Frobenius und Schwarz zurückgetreten ist. Er verbindet die Ära Kummer-Weierstraß-Kronecker mit der folgenden Ära, in der er ebenso lange noch gewirkt hat. Er hat aber keiner der beiden Perioden maßgeblich das Gepräge verliehen.

5.5.3. *Das Mathematische Seminar*

Nominell war Weierstraß noch im Direktorat des Mathematischen Seminars vertreten, die eigentlichen Geschäfte wurden aber durch Kronecker und Fuchs geführt. Beide haben im Seminar über ihre eigenen Untersuchungen wenig gesprochen. So gern Kronecker in der Vorlesung und im Gespräch seine Funde darlegte — ein allzu eifriges Eingehen auf seine Gedanken war ihm nicht recht[7]). Bei Fuchs konnten sich die Teilnehmer Themen wählen, die sich an seine Hinweise auf neuere Arbeiten anschlossen, oder nach Belieben auch eigene Ergebnisse vortragen. Die Forschungen von Fuchs selbst wurden „höchstens

---

[1]) Zuerst wohl von M. Hamburger 1902. S. 177. Er schreibt aber bereits: „Das oft zitierte Wort ..." — In dem von Kronecker entworfenen Antrag vom 31. 1. 1884, Fuchs zum ordentlichen Mitglied der Berliner Akademie zu wählen, wird Fuchs unter Bezugnahme auf H. Poincarés bekannte Arbeit „Mémoire sur les fonctions Fuchsiennes" (Acta Math. 1. 1882, S. 193—294) bereits „Schöpfer eines neuen Theiles der Analysis" genannt (K.-R. Biermann 1960a. S. 56).

[2]) F. Klein 1926. S. 270.

[3]) M. Hamburger 1902. S. 185.

[4]) F. Klein 1926. S. 270.

[5]) L. Koenigsberger 1919. S. 56, 80.

[6]) L. Heffter 1950/51. S. 7.

[7]) A. Kneser 1925. S. 214.

ganz verblümt erwähnt"[1]). Die Bibliothek erfuhr weitere Vergrößerungen, insbesondere 1888 durch den Ankauf des Bücherbestandes von Georg Rosenhain. Die Benutzung scheint allerdings recht erschwert gewesen zu sein. Heffter erinnerte sich, daß etwa 1885 die Bücher „in wunderschönen Einbänden in ebensolchen Glasschränken verschlossen" waren; er konnte sich nicht entsinnen, daß je ein Buch daraus entliehen wurde. „Der Student holte sich das Nötige aus der Universitätsbibliothek, aus der Königlichen Bibliothek, aus dem Mathematischen Verein oder aus der Technischen Hochschule"[2]). Das Fehlen eines Bibliothekars machte sich bemerkbar. 1891 ging man dazu über, an jedem Wochentag den Seminarteilnehmern für einige Stunden die Bibliotheksbenutzung unter Aufsicht eines dazu bestimmten Seminaristen zu ermöglichen.

1890 wurden Umbauten vorgenommen, und den Mathematikern wurden nun an Stelle des Hörsaals 17 die Hörsäle 28 und (für die Bibliothek) 29 zugewiesen. Aber bald war der Raum schon wieder so beengt, daß die Unterbringung der Neuanschaffungen Schwierigkeiten bereitete.

Im SS 1890 fiel die Unterscheidung zwischen „ordentlichen" und „außerordentlichen" Mitgliedern des Seminars, die sich ohnehin weder in Rechten noch in Pflichten je irgendwie bemerkbar gemacht hatte.

5.5.4. Promotionen und Habilitationen

Noch übte Berlin die Anziehungskraft der beiden vorherigen Jahrzehnte aus, aber sie ließ doch schon spürbar nach. In jenen Jahren sank an allen Universitäten die Zahl der Mathematikstudenten, wenn aber in der Zeit von Kroneckers Ernennung zum Ordinarius bis zu seinem Tode nur noch zwölf Promotionen erfolgten, so liegt hier offenbar eine Verstärkung der allgemeinen Tendenz vor.

5.5.4.1. Promotionen

Weierstraß trat nur noch zweimal als Erstgutachter in Erscheinung[3]). Erwähnenswert ist davon die Promotion Ernst Kötters[4]), bei dem, wie gesagt, wiederum ein Zusammenhang zwischen der Bearbeitung einer Preisaufgabe[5]) und dem Promotionsthema zu konstatieren ist. 1889 scheint Weierstraß zum letzten Mal an einer Prüfung teilgenommen zu haben, und zwar an dem Promotionsexamen von K. Färber[6]), der mit Kronecker als Doktorvater über ein Thema der analytischen Algebra promovierte.

Kronecker hat sechs Dissertationen als Erstgutachter betreut. Bekannt geworden sind seine Doktoranden A. Kneser[7]), K. Hensel[8]) (bei beiden noch Kummer als Korreferent) und P. Stäckel[9]). Hensel, dessen Dissertationsthema schon ganz in seiner späteren Forschungsrichtung liegt, Kneser und Färber dürften am stärksten von Kronecker

---

1) L. Heffter 1950/51. S. 8—9.
2) L. Heffter 1952. S. 45—46.
3) s. 12.3., Nr. 101 u. 106.
4) s. 12.3., Nr. 101.
5) s. 12.5., Nr. 25.
6) s. 12.3., Nr. 108.
7) s. 12.3., Nr. 99.
8) s. 12.3., Nr. 100.
9) s. 12.3., Nr. 103.

beeinflußt worden sein[1]). Um auch Kronecker als Gutachter kennenzulernen, wird der Promotionsvorgang Hensel im Kapitel 11, Dok. 14, wiedergegeben, was auch daraus seine Berechtigung herleitet, daß bei den anderen Doktoranden von Kronecker sein Einfluß weniger deutlich hervortritt.

Hingegen sind alle vier Dissertationen, die Fuchs betreute, ganz eindeutig auf dessen Anregung zurückzuführen[2]). Sein erster Doktorand war L. Heffter[3]), viele Jahre lang Nestor der deutschen Mathematiker und bis zuletzt ein Verehrer von Fuchs. Noch stärker ist der zweite Fuchssche Doktorand von seinem Doktorvater und späteren Schwiegervater beeinflußt worden: L. Schlesinger[4]), der ebenso wie Thomé einer der typischen Vertreter der „Fuchsschen Schule" geworden ist. 1889 promovierte P. Günther[5]) bei Fuchs über lineare Differentialgleichungen, deren Integrale nur einen singulären Punkt im Endlichen besitzen und im Unendlichen sich regulär verhalten. Im Kapitel 11, Dok. 15, wird der Promotionsvorgang wiedergegeben, um an diesem Beispiel die Tätigkeit von Fuchs als Gutachter zu kennzeichnen und weil der hochbegabte Günther das Prädikat „summa cum laude" erhielt.

5.5.4.2. Habilitationen

Vier der Doktoranden dieses Zeitabschnitts habilitierten sich in Berlin: Hensel, E. Kötter, Schlesinger und der soeben erwähnte Günther[6]). Während die drei erstgenannten längere Zeit in Berlin gewirkt haben und von ihnen daher noch berichtet werden muß, starb Günther nach langer Krankheit ein Jahr nach der Habilitation. Er berechtigte zu den höchsten Erwartungen[7]) und gehört zu den früh vollendeten Talenten, deren die Mathematik eine ganze Anzahl kennt. Bemerkenswert ist, daß Günther in seiner Probevorlesung ein historisches Thema behandelt hat[8]), während Hensel sich sogar im Probevortrag vor der Fakultät geschichtlicher Thematik zuwandte[9]). Das Gutachten von Weierstraß für die Habilitationsschrift von Schlesinger[10]) dürfte eine seiner letzten Amtshandlungen gewesen sein.

5.5.5. Preisaufgaben

Die beiden Kroneckerschen Preisaufgaben[11]) konnten sich keines besonderen Erfolges erfreuen. Die erste fand trotz Wiederholung keinen Bearbeiter; auf die andere gingen nur ungenügende Bewerbungen ein. Die preisgekrönte Bewerbungsschrift von L. Schlesinger

---

1) H. Hasse 1950. S. 6.
2) s. 12.3., Nr. 104, 105, 107 u. 109.
3) s. 12.3., Nr. 104.
4) s. 12.3., Nr. 105.
5) s. 12.3., Nr. 107.
6) s. 12.4., Nr. 21—24.
7) P-4-78, Vorgang Günther. — A. Gutzmer 1892.
8) s. 12.4., Nr. 24.
9) s. 12.4., Nr. 21.
10) s. ob. Abschn. 2.3. und L. Schlesinger 1923.
11) s. 12.5., Nr. 26 u. 29.

um die für 1886 von Fuchs gestellte Preisaufgabe[1]) ist ein Beispiel mehr für die Erscheinung, daß Dissertationen aus den Bewerbungsschriften um Preise erwachsen sind.

5.5.6. Extraordinarien und Privatdozenten

Wenn wir von Hoppe absehen, so sind alle außerordentlichen Professoren und Privatdozenten, die in dieser Zeit in Berlin wirkten, aus der Schule Kummer-Weierstraß-Kronecker hervorgegangen.

5.5.6.1. Hettner

G. Hettner wurde am 21. 8. 1854 in Jena geboren und wuchs in Dresden auf. Nach drei in Leipzig verbrachten Semestern ging er nach Berlin, wo er bei Kummer und vor allem bei Weierstraß hörte. Er gehörte zu jenen Studenten, denen von Weierstraß zeitweise das verantwortungsvolle Amt eines Anschreibers an der Tafel übertragen wurde. Mit seinem Freund Knoblauch zusammen erarbeitete er eine Nachschrift der Weierstraßschen Vorlesung vom WS 1875/76 und SS 1876 über die Theorie der Abelschen Funktionen. Diese Ausarbeitung hat später die Grundlage für den 4. Band der Weierstraß-Werkausgabe gebildet. Die Dissertation Hettners[2]) ging auf Anregungen zurück, die er in den Weierstraßschen Vorlesungen erhalten hatte. Nach der Promotion ging Hettner nach Göttingen zu H. A. Schwarz. Dort erwarb er die Facultas docendi und habilitierte sich 1879. Von Göttingen wurde er als Extraordinarius im Januar 1882 nach Berlin berufen. 1885 lehnte er zum Verdruß von Weierstraß[3]) einen Ruf als Ordinarius nach Göttingen ab, übernahm dann aber 1894 eine ordentliche Professur an der Charlottenburger Technischen Hochschule, ohne indessen das Extraordinariat an der Universität aufzugeben, das er bis zu seinem Tode am 24. 5. 1914 innegehabt hat.

Mit eigenen Veröffentlichungen trat Hettner selten hervor; sie stehen unter dem Einfluß von Weierstraß und Schwarz. Er war in erster Linie Lehrer. Dafür hat er außer an der Weierstraß-Ausgabe noch an der Werkausgabe von Borchardt (als Herausgeber) und an der von Jacobi mitgewirkt. Von großem Verantwortungsbewußtsein erfüllt, erwarb er sich durch Sorgfalt, Umsicht und Gewissenhaftigkeit die höchste Anerkennung von Weierstraß. Ohne jeden Ehrgeiz, zurückhaltend und beherrscht, hat er in gelassener Sachlichkeit danach gestrebt, das ihm von Weierstraß geschenkte Vertrauen zu rechtfertigen[4]). Es ist Hettner wie Knoblauch von Mittag-Leffler der Vorwurf gemacht worden, sie hätten die ihnen von Weierstraß anvertraute Aufgabe[5]) nicht zufriedenstellend lösen können, weil ihnen die mathematische Kraft dazu ermangelte[6]). Was Mittag-Leffler verschweigt, ist, daß er selbst Weierstraß seine Mitarbeit an der Werk-

---

[1]) s. 12.5., Nr. 28.

[2]) s. 12.3., Nr. 81 u. E. Lampe 1915b. S. 53.

[3]) K. Weierstraß an H. A. Schwarz 12. 8. 1885 (Archiv d. Ak. Wiss. d. DDR, Nachlaß Schwarz).

[4]) E. Lampe 1915b. S. 58.

[5]) Die gemeinsame Bearbeitung des 4. Bandes der Werkausgabe (Vorlesungen über die Theorie der Abelschen Transcendenten, erschienen 1902, nachdem beim Tode von Weierstraß 1897 18 Bogen gesetzt waren).

[6]) G. Mittag-Leffler 1923b. S. 53.

ausgabe versprochen, sein Wort aber ebensowenig wie andere Mathematiker eingelöst hat[1]).

Die Vorlesungen Hettners erfreuten sich großer Beliebtheit. „Pflichtgetreu bereitete er sich für seine Vorlesungen auf das genaueste vor; die schwierigsten Gedankengänge entwickelte er in streng logischer Folge und einleuchtender Klarheit, und er fesselte den Zuhörer durch eine eindringliche, stets sachliche Sprache“[2]). In der Zeit bis zu seiner Berufung an die Technische Hochschule hat Hettner zahlreiche Vorlesungen mit vielfältiger Thematik gehalten. Neben den ausgesprochenen Anfängervorlesungen über Infinitesimalrechnung (stets mit Übungen) und analytische Geometrie übernahm er auch die Weierstraßsche Vorlesung über die Anwendung der elliptischen Funktionen zur Lösung ausgewählter Probleme der Geometrie und Mechanik. Ferner las er u. a. über Potentialtheorie, Minimalflächen (hier zeigt sich der Schwarzsche Einfluß), Wahrscheinlichkeitsrechnung, Zahlentheorie, Mechanik, Flächentheorie, die Transzendenz von e und π.

5.5.6.2. Netto

Wie zuvor die Vorlesungen von Wangerin und Bruns aufeinander abgestimmt waren, so ergänzten sich auch die Vorlesungen Hettners mit denen von Netto, der im Frühjahr 1883 im Alter von 42 Jahren einem Ruf als Ordinarius nach Gießen folgte. Neben den für die ersten Semester bestimmten gleichen Kollegs und Übungen las Netto auch höhere Algebra, Variationsrechnung, Potentialtheorie, Mechanik, Fouriersche Reihen und Integrale. Im Unterschied zu Hettner trug Netto über synthetische Geometrie und über ausgewählte Kapitel der neueren Geometrie vor. Er galt als bedeutender Algebraiker, der durch seine „Substitutionentheorie“[3]) der Gruppentheorie zur Verbreitung verholfen hat[4]). Nach Nettos Weggang schlug die Fakultät, dem Entwurf Kroneckers folgend[5]), für die Nachfolge in erster Linie den Dozenten an der Charlottenburger Technischen Hochschule M. Hamburger vor. An zweiter Stelle nannte sie ihren Privatdozenten Knoblauch und in dritter Linie O. Hölder, Privatdozent in Göttingen. Hors de concours wurden noch die Privatdozenten A. Kneser (Breslau), K. Hensel (Berlin) und H. Minkowski (Bonn) aufgeführt (s. Kapitel 11, Dok. 16). Wenngleich gewisse Vorbehalte gegenüber Knoblauch geltend gemacht wurden (über den Grad der mathematischen Begabung und die wissenschaftliche Leistungsfähigkeit Knoblauchs seien die Meinungen geteilt), so wurde doch andererseits hervorgehoben, die elf Semester, die Knoblauch bereits als Privatdozent in Berlin wirke, hätten gezeigt, daß er dem Lehrbedürfnis der Berliner Universität in besonderem Maße entspräche und daß in *dieser* Beziehung auch Hamburger nicht vorzuziehen sei. Dieses Argument scheint den Ausschlag gegeben zu haben. Nachdem die Fakultät auf Veranlassung von Weierstraß[6])

---

[1]) Das ergibt sich aus einem Vergleich des Briefes von K. Weierstraß an die phys.-math. Klasse der Berliner Akademie v. 11. 7. 1893 mit den Mitarbeiterangaben in der Weierstraß-Werkausgabe sowie aus weiteren Schreiben in dem Aktenstück, das auch den genannten Brief enthält (Archiv d. Ak. Wiss. d. DDR, II—VIIb 1—1, H. 1 u. 2).

[2]) E. Lampe 1915b. S. 57.

[3]) E. Netto 1882.

[4]) E. Ullrich 1957. S. 275. — Zu Netto s. auch K.-R. Biermann 1974.

[5]) P-3-8. Bl. 164—166.

[6]) P-3-8. Bl. 172.

am 17. 11. 1888 beim Minister die ausstehende Entscheidung in Erinnerung gebracht hatte[1]), wurde Knoblauch am 4. 4. 1889 durch den Kultusminister von Goßler zum Extraordinarius ernannt. Vertraulich fügte der Minister hinzu, er könne vorläufig für Knoblauch keine Besoldung zur Verfügung stellen, da „mit Allerhöchster Genehmigung" über das Nettosche Extraordinariat vorübergehend anderweitig verfügt worden sei ...[2]).

Übrigens geht man wohl in der Annahme nicht fehl, daß die „geteilten Meinungen" über Knoblauchs Befähigung die von Weierstraß und die von Kronecker waren; denn, wie oben bereits gesagt wurde, es kulminierten zu dieser Zeit die Differenzen zwischen beiden. Es wäre aber auch an eine Opposition durch Fuchs zu denken.

5.5.6.3. Knoblauch

Johannes Knoblauch, geboren am 27. August 1855 in Halle, war der Vertraute des alten Weierstraß. Nach der Schulzeit in Halle studierte er in der Vaterstadt, in Berlin und Heidelberg und kehrte dann wieder nach Berlin zurück. Nach kurzer Tätigkeit als Lehrer promovierte er 1882 in Berlin mit einer Arbeit über die allgemeine Wellenfläche[3]), ob von Weierstraß oder von Kirchhoff dazu angeregt, läßt sich nicht mehr feststellen[4]). Im folgenden Jahr habilitierte er sich auf Wunsch von Kummer und Weierstraß. Es entstand dann „allmählich ein wohl einzig dastehendes Verhältnis" zwischen Weierstraß und Knoblauch[5]). Weierstraß schätzte an seinem Schüler die unbedingte Zuverlässigkeit, den persönlichen Takt, umfassende Bildung, Verschwiegenheit, Pünktlichkeit und wissenschaftliche Fähigkeiten; Knoblauch seinerseits brachte dem Altmeister eine unbegrenzte Verehrung und Liebe entgegen. Von Weierstraß auch zum Vertrauten seiner persönlichen Verhältnisse gemacht, mit der Herausgabe seiner Werke beauftragt und als Vormund seines Pflegesohnes Franz Weierstraß[6]) bestellt, vergalt Knoblauch das in ihn gesetzte Vertrauen mit einer nicht zu überbietenden Hingabe an die Edition der Werke von Weierstraß, worin ihm später sein Schüler Rudolf Rothe gleichkam. Was Rothe in dieser Beziehung an warmherzigen Worten über Knoblauch gesagt hat[7]), kann ebensogut auf Rothe selbst Anwendung finden. Die Selbstverleugnung, die Knoblauch bei der Erfüllung der eingegangenen Verpflichtungen bewies, ging so weit, daß er darüber seine eigenen, vorzugsweise der Differentialgeometrie gewidmeten Forschungen und Publikationen hintanstellte und daher Extraordinarius geblieben ist.

Die Vorlesungen von Knoblauch „zeichneten sich durch die Fülle des behandelten Materials aus"[8]). Ihm wurden ebenso wie seinem wesensverwandten Freund und Kollegen Hettner sorgfältigste Vorbereitung auf die Kollegs und hochentwickeltes Pflichtgefühl nachgerühmt. Nie benutzte er ein Manuskript; bei allzu langen Formeln bediente

---

[1]) P-3-8. Bl. 173.

[2]) P-3-8. Bl. 174. — Knoblauch erhielt ab 28. 5. 1890 die planmäßige Besoldung.

[3]) s. 12.3., Nr. 93.

[4]) R. Rothe 1915. S. 448.

[5]) ebd. S. 446.

[6]) Ein Enkel des geisteskranken Onkels von Karl Weierstraß, des Bruders seines Vaters (?). Dies geht aus Aufzeichnungen im Nachlaß von H. A. Schwarz hervor (Archiv d. Ak. Wiss. d. DDR), die aber Nachprüfungen nicht standhielten. Die Frage der Herkunft bleibt offen.

[7]) R. Rothe 1915. S. 447.

[8]) ebd. S. 453.

er sich höchstens eines Merkzettels. Hettner wie Knoblauch haben in ihrer langen Wirksamkeit neben den Ordinarien auf alle Mathematikstudenten über 30 Jahre hinweg den größten Einfluß ausgeübt.

Als Privatdozent hat Knoblauch über Differential- und Integralrechnung, Determinanten, Differentialgleichungen, analytische und synthetische Geometrie, Mechanik, algebraische Kurven und Flächen vor durchschnittlich 23 Hörern vorgetragen. Auch als Extraordinarius hat er von einführenden bis zu schwierigen Themen gelesen, häufiger über Theorie der Raumkurven und der krummen Flächen (I und II). Schon in seiner Probevorlesung hatte er ein historisches Thema behandelt[1]); im WS 1883/84 trug er über berühmte Mathematiker des 18. Jahrhunderts, im WS 1885/86 über Leonhard Euler vor. Auch später hat er noch gelegentlich solche Spezialvorlesungen gehalten. Im WS 1888/89 vermittelte er mathematische Grundlagen für Anfänger; daraus haben sich seine Übungen für jüngere Semester entwickelt, die ebenso wie seine Vorlesungen großen Anklang gefunden haben. Im WS 1912/13, das sei hier vorweggenommen, sprach er über mathematische Probleme, die im Anschluß an den Schulunterricht auftreten.

Den Studenten war Knoblauch ein väterlicher Freund und Berater. Dem Mathematischen Verein, dem er einst selbst angehört hatte, galt seine fürsorgliche Aufmerksamkeit[2]). R. Rothe hielt dort eine Gedenkrede auf ihn[3]). Knoblauch und Hettner haben nicht zu den Mathematikern gehört, denen Berlin seinen mathematischen Ruf verdankt; aber sie waren für den allgemeinen Vorlesungsbetrieb wertvoll und unentbehrlich.

5.5.6.4. Runge

Carl Runge, Schüler von Kummer, Weierstraß und Kronecker, später fast 20 Jahre Professor an der Technischen Hochschule Hannover und dann seit 1905 Ordinarius für angewandte Mathematik in Göttingen, hat seine Laufbahn in Berlin als Privatdozent begonnen. Er las vom WS 1883/84 bis zum SS 1886, und zwar mehrfach über algebraische Gleichungen (im WS 1883/84 vor 131 Hörern!) und Differentialgleichungen (mit Übungen), außerdem je einmal über Determinanten, Reihentheorie, Mechanik sowie analytische Geometrie (mit Übungen). Seine Vorlesungen waren ausgezeichnet besucht; soweit Hörerzahlen vorliegen, ergeben diese einen Durchschnitt von 44 Studenten je Vorlesung. Seinen nachmaligen Spezialgebieten, der numerischen Behandlung mathematisch schwieriger Probleme und der physikalischen Optik, hat er sich erst in Hannover zugewandt. Sein Name wurde 1902 und 1919 bei Berufungsverhandlungen in Berlin wieder genannt[4]); der Ruf erfolgte aber nicht. Das erste Mal wollte ihn die Fakultät nicht, das zweite Mal war er bereits zu alt.

5.5.6.5. Hensel

Über Kurt Hensels Wirken als Privatdozent unterrichten die folgenden Dokumente, die zudem Zeugnis dafür ablegen, daß Weierstraß genügend Objektivität besaß, um seine Abneigung gegen Kronecker nicht auch auf einen diesem nahestehenden Mathe-

---

[1]) s. 12.4., Nr. 19.

[2]) R. Rothe 1915. S. 454.

[3]) W. Lorey 1916. S. 337.

[4]) P-3-10. Bl. 342. — P-3-15. Bl. 168.

matiker zu übertragen. Hensel, ein Großneffe Dirichlets[1]), der zu den schon auf dem Gymnasium für die Mathematik gewonnenen Schülern Schellbachs gehörte, war einer der wenigen Auserwählten, die Kroneckers Vorlesungen voll verstanden und aus ihnen Anregungen für die eigene Forschung erhielten; er trat zu diesem bald in engste wissenschaftliche und menschliche Beziehungen[2]).

Am 7. 12. 1890 stellte Hensel den Antrag, die Fakultät möge beim Ministerium seine Beförderung zum außerordentlichen Professor vorschlagen[3]). Seit der Habilitierung[4]) hatte Hensel folgende Vorlesungen gehalten[5]):

		Hörer	
		priv.	publ.
WS 1886/87	Allg. Theorie der Strahlensysteme	5	
WS 1887/88	Differentialrechnung	24	
	Übungen hierzu		16
SS 1888	Integralrechnung	14	
	Übungen hierzu		12
WS 1888/89	Analytische Geometrie	27	
	Übungen hierzu		22
SS 1889	Algebraische Kurven	12	
WS 1889/90	Analytische Geometrie	21	
	Algebraische Funktionen	7	
SS 1890	Theorie der krummen Flächen und der Kurven doppelter Krümmung	8	

Es ergibt sich also eine mittlere Hörer- bzw. Teilnehmerzahl von 15 (zum Vergleich[6]): Kötter hatte während etwa des gleichen Zeitraums durchschnittlich 9 Hörer; bei Schlesinger wurden ab WS 1889/90 im Durchschnitt 11 Hörer je Semester gezählt). Weierstraß, vom derzeitigen Dekan Fuchs[7]) um Stellungnahme gebeten, führte am 15. 1. 1891 u. a. aus[8]):

„Als Dr. Hensel im Sommer 1887 [muß heißen: 1886] sich habilitirte, habe ich nicht ohne Bedenken dafür stimmen können, dass ihm die venia legendi im Fache der Mathematik ertheilt werde und darüber mich auch in der Facultät offen ausgesprochen. Seine Probevorlesung befriedigte allerdings nach Inhalt und Form vollständig und auch die eingereichten Habilitationsschriften entsprachen allen billigen Anforderungen, indem sie zeigten, daß der Verfasser in einem wichtigen und ausgedehnten mathematischen Gebiete nicht nur gründliche und umfassende Kennt-

[1]) Die Großmutter Hensels und die Frau Dirichlets waren Schwestern.

[2]) H. Hasse 1950. S. 2—3. — Vgl. auch A. Fraenkel 1967. S. 96—99.

[3]) P-6-6. Bl. 7—8.

[4]) s. 12.4., Nr. 21.

[5]) Hier liegt einer jener relativ seltenen Fälle vor, in denen uns Hörerzahlen überliefert worden sind, weil die Quästur um eine Aufstellung ersucht und die Liste dann zu den Akten genommen worden ist (P-6-6. Bl. 10).

[6]) Die folgenden Hörerzahlen sind wie die meisten anderen hier benutzten den Listen entnommen, die die Quästur zur Vorbereitung der Remunerationsvorschläge für Privatdozenten eine Zeitlang ziemlich regelmäßig angefertigt hat (P-6-3 bis P-6-6).

[7]) s. 12.2.

[8]) P-6-6. Bl. 8.

nisse besitze, sondern auch, auf gegebener Grundlage weiterbauend, selbständige Untersuchungen auszuführen im Stande sei. Indessen war nicht zu verkennen und zeigte sich auch in dem an die Probevorlesung sich anschliessenden Colloquium in auffallender Weise, dass Dr. Hensel in den letzten Jahren seine Studien in einseitiger Weise betrieben habe [...] Bei diesem Stande der Dinge wäre es an sich gerechtfertigt gewesen, die Ertheilung der venia legendi an Dr. Hensel noch einige Zeit zu vertagen; bei seinem entschiedenen mathematischen Talente und ungewöhnlichem Fleisse glaubte aber die Facultät, sich der Hoffnung hingeben zu können, er werde, sofort in die praktische Thätigkeit eintretend, die in seinem Wissen noch vorhandenen Lücken alsbald erkennen und in nicht zu langer Zeit auszufüllen im Stande sein.

Es freut mich, heute aussprechen zu können, dass diese Hoffnung nicht getäuscht worden ist. Ich habe Dr. Hensel nach seiner Habilitation näher kennengelernt und mit grosser Befriedigung die Fortschritte seiner mathematischen Bildung, sowie auch die Erfolge seiner Lehrthätigkeit beobachtet und kann nur sagen, dass ich in der Gewährung seines Gesuchs eine gerechte Anerkennung nicht nur seines Talentes, sondern auch seines Eifers und seiner wissenschaftlichen Tüchtigkeit erblicken würde."

Die eingesetzte Kommission (Fuchs, Kronecker, Helmholtz und der Astronom W. Förster) beauftragte daraufhin Kronecker[1]), eine Eingabe an den Minister aufzusetzen (s. Kapitel 11, Dok. 17). Dem Antrag[2]) war kein Erfolg beschieden. Hensel wurde erst bei einer anderen Gelegenheit, über die unten berichtet wird, befördert.

5.5.6.6. E. Kötter und Schlesinger

E. Kötter und Schlesinger haben sich rasch nacheinander habilitiert[3]); sie schieden nahezu gleichzeitig im Frühjahr 1897 aus. Kötter erhielt eine Professur für darstellende Geometrie in Aachen, auf der er geblieben ist; Schlesinger ging als Extraordinarius nach Bonn und war dann Ordinarius in Klausenburg, Budapest und Gießen. Die Wirksamkeit beider als Berliner Privatdozenten erstreckt sich zwar noch in die folgende Periode; es sei aber bereits hier das Notwendige über sie gesagt.

Während Schlesinger in seinen Vorlesungen die verschiedensten Zweige der Analysis behandelte, befaßte sich Kötter vornehmlich mit analytischer und synthetischer Geometrie, wobei er an Steiner anknüpfte. Bemerkenswert ist, daß Kötter schon vor der Habilitierung den Steiner-Preis der Berliner Akademie für die Lösung einer von Weierstraß für 1886 gestellten Aufgabe erhalten hat[4]). Als 1893 Schlesinger und Kötter kurz nacheinander um Beförderung zum außerordentlichen Professor einkamen[5]), kam die zur Beurteilung eingesetzte Kommission (hier erscheint unter den Mitgliedern zum ersten Mal Max Planck, der von nun an einen nicht zu unterschätzenden Einfluß auf die Besetzung der mathematischen Professuren ausgeübt hat) zu dem Entschluß, die Gesuche nicht zu befürworten, weil bei dem Vorhandensein von drei Ordinarien und drei Extraordinarien kein Bedürfnis für weitere außerordentliche Professoren bestehe, zugleich aber beide sehr zu empfehlen. Besonders hatte sich Weierstraß, der konsultiert worden war, für Kötter eingesetzt[6]). Die beiden Stellungnahmen der Fakultät[7]) geben ein aus-

---

1) P-6-6. Bl. 9.
2) P-6-6. Bl. 12.
3) s. 12.4., Nr. 22 u. 23.
4) K.-R. Biermann 1964a. S. 194.
5) P-6-6. Bl. 154 u. 157.
6) P-6-6. Bl. 160.
7) P-6-6. Bl. 156 u. 161—162.

gezeichnetes Bild, wie sie die Fähigkeiten Schlesingers und Kötters als Forscher sowohl wie als Lehrer beurteilte (s. Kapitel 11, Dok. 18 und 19). Hervorzuheben ist, daß Kötter keinen Gehaltsanspruch stellte. Das wurde indessen von Fuchs scharf kritisiert, weil es dem „von der Fakultät akzeptierten Usus“ zuwiderlaufe[1]). Der Kultusminister Bosse verlieh den beiden Antragstellern das Prädikat Professor[2]), gewissermaßen als Trostpflaster; eine Ernennung zum Extraordinarius erfolgte nicht. Indessen war das Ministerium aufmerksam gemacht worden, und das mag dazu beigetragen haben, daß die noch verbleibende Zeit als Privatdozent relativ kurz war.

5.6. Die Berufung von Schwarz und Frobenius

Den Plan, Deutschland zu verlassen, hatte Weierstraß nicht ausgeführt. Er wollte, wie gesagt, seine Werkausgabe wenigstens beginnen und ihre Weiterführung nach seinem Tode sicherstellen. Dieser Entschluß kam zu spät. Nicht nur war die Wissenschaft nicht stehengeblieben, sondern es kamen auch andere Umstände hinzu, die sich von Anfang an hemmend bemerkbar machten, insbesondere seine zunehmende Kränklichkeit. Er wollte weiterhin auf seinem Posten ausharren, da er einen Nachfolger nach seinem Willen nicht durchsetzen konnte. Von Anfang an hatte er Schwarz hierfür vorgesehen. Eine Aussprache mit Kronecker ergab, daß dieser auf keinen Fall für Schwarz an erster Stelle stimmen werde[3]). Von Fuchs war nicht zu erwarten, daß er gegen Kronecker stimmen werde; zudem war er auf Schwarz nicht gut zu sprechen, weil dieser sich ganz überflüssigerweise in eine Auseinandersetzung zwischen Fuchs und Hurwitz eingemischt hatte[4]). Da starb Kronecker plötzlich am 29. 12. 1891. Nun war das größte Hindernis beseitigt. Weierstraß war entschlossen, die Nachfolge für sich selbst und für Kronecker in seinem Sinne zu regeln.

Es erscheint notwendig, die Verhandlungen, die die Ära Kummer — Weierstraß — Kronecker abschließen, in ihren Einzelheiten darzustellen, entbehren sie doch nicht dramatischer Akzente und bemerkenswerter Urteile.

Am 5. 1. 1892 forderte der Kultusminister Graf Zedlitz die Fakultät zu Vorschlägen für die Besetzung der beiden Ordinariate auf[5]). Am folgenden Tage wandte sich Weierstraß an den Dekan der Fakultät H. Diels und teilte ihm mit, daß er, der er schon seit zwei Jahren wegen seines Gesundheitszustandes den Verhandlungen der Fakultät hätte fernbleiben müssen, sich auch an den vorbereitenden Schritten in der Berufungsangelegenheit nicht beteiligen könne, wenn nicht die zu wählende Kommission bereit wäre, wie früher schon gelegentlich, in seiner Wohnung zusammenzutreten[6]). Am 7. Januar beschloß die Fakultät, eine Kommission einzusetzen, zu deren Mitgliedern außer Weierstraß, Fuchs und Helmholtz noch der Physiker A. Kundt, die Astronomen W. Förster und F. Tietjen sowie der Dekan gewählt wurden. Es wurde ferner beschlossen, daß die Kommission in der Wohnung von Weierstraß zusammentreten solle. Schon am 11. Januar schrieb Weierstraß erneut an den Dekan, diesmal selbst zur Feder greifend[7]).

[1]) P-6-6. Bl. 160.
[2]) P-6-6. Bl. 195 u. 196.
[3]) K. Weierstraß an H. A. Schwarz. 19. 12. 1889 (Archiv d. Ak. Wiss. d. DDR, Nachlaß Schwarz).
[4]) ebd.
[5]) P-3-9. Bl. 54.
[6]) P-3-9. Bl. 55 (von Schreibers Hand mit Unterschrift von Weierstraß).
[7]) P-3-9. Bl. 55a.

Es ist erschütternd, zu sehen, welche Mühe ihm das Schreiben bereits verursachte. Die Formulierungen sind von der gewohnten Klarheit und Eindringlichkeit, aber die Feder gehorchte der Hand nicht mehr. Weierstraß bat den Dekan, ihn zu einer vertraulichen Aussprache vor der Kommissionssitzung zu besuchen.

„Es finden nämlich zwischen den Herren, die in erster Linie bei unseren Vorschlägen in Betracht kommen müssen, sehr einschneidende persönliche Differenzen statt, von denen nur sehr wenige Facultätsmitglieder genauere Kenntniß haben und die sich auch im Plenum der Commission nicht gut erörtern lassen. Über diese möchte ich Ihnen gern vorher einigen Aufschluß geben, sonst fürchte ich, werden Sie über die eigentlichen Motive der voraussichtlich sehr auseinander gehenden Ansichten im unklaren bleiben, und die Abstimmung der Commission würde lauten: A Nein, B Nein, C Nein usw.“

Über die Sitzung der Kommission am 22. 1. 1892 unterrichtet eine protokollarische Niederschrift von der Hand von Diels (s. Kapitel 11, Dok. 20). Überraschend, fast sensationell ist die zutage tretende, geradezu vernichtende Kritik an Felix Klein[1]), die auch in den auf Grund der Kommissionssitzung an den Minister gesandten Besetzungsvorschlag vom 8. 2. 1892[2]) Eingang gefunden hat (s. Kapitel 11, Dok. 21). Wie kam es, daß Klein als „Blender“, „Faiseur“, „Kompilator“ etc. bezeichnet wurde[3])? Einen Hinweis zur Beantwortung dieser Frage erhalten wir aus dem Besetzungsvorschlag, wo es heißt, die „ganze Wirksamkeit“ von Klein „in Schrift und Lehre“ widerspreche der Tradition der Berliner Universität, die Studenten „zu ernster und selbstloser Vertiefung in die mathematischen Probleme“ anzuleiten[4]). Ohne Zweifel spielt hier aber auch die heute längst vergessene Abneigung zwischen der Riemannschen und der Weierstraßschen Schule hinein, aus der Klein selbst ja ebenfalls keinen Hehl gemacht hat[5]). Nach Bieberbach hat erst Schwarz „eine Art Ausgleich zwischen den feindlichen Schulen“ gebracht[6]). Wir werden aber weiter unten noch nachweisen, daß besonders Frobenius von einer ausgesprochenen Animosität gegen Klein erfüllt war und daß Schwarz ihm bei seinen Ausfällen zumindest nicht widersprochen hat[7]). 25 Jahre später reagierte Frobenius noch äußerst allergisch, wenn er nur vermutete, daß Berufungswünsche des Ministeriums auf Klein zurückgehen könnten.

Den Wünschen von Weierstraß gemäß wurden Frobenius in Zürich als Nachfolger

---

[1]) P-3-9. Bl. 56—57. — In der Niederschrift sind, wie es bei solchen eilig hingeworfenen Notizen zu sein pflegt, nicht alle Sätze voll ausgeführt, nicht alle angedeuteten Gedanken in ihrem ganzen Umfang widergespiegelt. Es handelt sich um eine „Gedächtnisstütze“ des Dekans — eines klassischen Philologen! Es fällt aber auf, daß gerade die ablehnenden Urteile über Klein sehr deutlich formuliert sind. Offenbar hat Diels hier wörtlich mitgeschrieben und nicht nur, wie an anderen Stellen, den Inhalt der Ausführungen des jeweiligen Redners dem Sinne nach wiedergegeben.

[2]) P-3-9. Bl. 58—61. — Das Schreiben war der Fakultät am 4. 2. 1892 vorgelesen worden und wurde von ihr einstimmig gebilligt (S-7-7. Bl. 306).

[3]) Über Helmholtz' Abneigung gegen Klein vgl. W. Ahrens 1927. S. 137.

[4]) P-3-9. Bl. 58.

[5]) F. Klein 1926/27. T. 1. Insbes. S. 284 u. 291. — Klein scheint großen Wert darauf gelegt zu haben, nach Berlin berufen zu werden; vgl. H. A. Schwarz an K. Weierstraß. 11. 2. 1892 (Archiv d. Ak. Wiss. d. DDR, Nachlaß Schwarz).

[6]) L. Bieberbach 1922. S. 48.

[7]) Während der Zeit, in der Klein und Schwarz zugleich in Göttingen tätig waren (1886/92), war ihr Verhältnis denkbar schlecht; vgl. K.-H. Manegold 1970. S. 99, 114, 196.

von Kronecker (in zweiter Linie M. Noether in Erlangen und R. Dedekind in Braunschweig), Schwarz in Göttingen für das Weierstraßsche Ersatzordinariat (in zweiter Linie H. Weber in Marburg und L. Koenigsberger in Heidelberg) vorgeschlagen. Hors de concours wurde R. Lipschitz in Bonn genannt, der nur wegen seines Alters und Gesundheitszustandes nicht mehr in Frage käme. Ferner wurde im gleichen Schreiben der Antrag erneuert, Hensel zum Extraordinarius zu befördern, damit dieser, ganz in die Kroneckerschen Methoden der Algebra und Zahlentheorie eingeweiht, Vorlesungen im Sinne seines Lehrers halten und einen Ruf an die TH Darmstadt ablehnen könne. Am 8. März wurde Schwarz mit Wirkung vom 1. April berufen[1]), und am 4. April erging der Ruf an Frobenius zum Beginn des folgenden Wintersemesters[2]). Hensel wurde am 7. März zum außerordentlichen Professor befördert. Damit ist die große, klassische Ära beendet.

Weierstraß lebte noch einige Jahre, die letzte Zeit in fast völliger Bewegungslosigkeit an den Rollstuhl gefesselt. Knoblauch, Hettner, Hensel, Kötter und andere treue Schüler besuchten ihn, so oft es angängig war. Bis zu seinem Tode am 19. 2. 1897 war er bemüht, die Edition seiner Werke zu beschleunigen. Das Erscheinen des ersten und zweiten Bandes konnte er noch erleben.

Den Abschluß dieses Kapitels möge eine Übersicht der Vorlesungen des WS 1887/88 bilden. Sie bringt zum Ausdruck, wie bereits neue (in bezug auf Selbständigkeit) Thematik (Minimalflächen) ihren Einzug gehalten, wie sich die Differenzierung des Vorlesungsprogramms verfeinert und wie die Zahl der Dozenten sich vermehrt hat. In einigen Fällen ist es möglich, die Zahl der Hörer mit aufzuführen.

Weierstraß:	Variationsrechnung (nur angekündigt).
Kronecker:	Zahlentheorie.
Fuchs:	Theorie der Abelschen Funktionen.
	Lineare Differentialgleichungen.
Hettner:	Anwendung der elliptischen Funktionen auf Probleme der Geometrie und Mechanik.
	Minimalflächen.
Netto:	Differentialrechnung und Einleitung in die Analysis (mit Übungen).
	Potentialtheorie.
Hoppe:	Analytische Geometrie (4 Hörer).
Knoblauch:	Mechanik (22 Hörer).
	Analytische Geometrie (19 Hörer).
	Mathematische Übungen (20 Teilnehmer).
Hensel:	Differentialrechnung (24 Hörer).
	Übungen zur Differentialrechnung (16 Teilnehmer).
Kötter:	Synthetische Geometrie (3 Hörer).
Lehmann-Filhés:	Wahrscheinlichkeitsrechnung (43 Hörer).

(Der Astronom R. Lehmann-Filhés hielt gelegentlich mathematische Vorlesungen; vom SS 1898 an entlastete er dann durch regelmäßige Kollegs für die ersten Semester die Mathematiker[3]). Die ihm 1909 verliehene ordentliche Honorarprofessur wurde daher ausdrücklich auch auf Mathematik ausgedehnt.)

---

[1]) Vor der Berufung von Schwarz hatte Althoff den ihm befreundeten Klein konsultiert; K.-H. Manegold 1970. S. 114.

[2]) P-3-9. Bl. 63 u. 64.

[3]) s. 12.1., Nr. 35.

6. Die Ära Schwarz – Frobenius – Schottky (1892–1917)

Die gleichzeitige Berufung zweier neuer Ordinarien gefährdete in keinem Augenblick die Kontinuität der Entwicklung, weil Fuchs schon acht Jahre im Amt war und in der neuen Ära noch weitere zehn Jahre wirkte — er hat allerdings weder in der einen noch in der anderen mit starker Hand die Zügel ergriffen — und weil Schwarz und Frobenius aus der Berliner Schule hervorgegangen waren — das war auch Fuchs —, die beide ihrer Veranlagung und ihrer Erziehung nach ihre Aufgabe darin erblickten, das bewährte Alte zu erhalten.

6.1. Schwarz

Hermann Amandus Schwarz, Schwiegersohn Kummers, war 49 Jahre alt, als er den Ruf nach Berlin erhielt. 1890 bereits hatte er seine eigenen „Gesammelten mathematischen Abhandlungen" herausgegeben[1]). G. Hamel hat den Sachverhalt mit den pietätvollen Worten angedeutet[2]), vielleicht habe „Schwarz zu früh seine eigene Entwicklung abgeschlossen". Und L. Bieberbach prägte das treffende Wort, Schwarz habe sich auf den Berliner Lehrstuhl zurückgezogen[3]). Damit ist die Situation eindeutig gekennzeichnet. Seine hervorragenden Verdienste in der Forschung (diese wurden in neuerer Zeit von R. Nevanlinna wieder gewürdigt[4]), der seinen Einfluß auf die spätere Entwicklung der Funktionen- und Potentialtheorie, die Tragweite seiner Keime künftiger Erkenntnisse enthaltenden Arbeiten hervorhob) liegen fast ausnahmslos vor seiner Berliner Zeit. Die großen Erfolge auf seinen Hauptarbeitsgebieten, der konformen Abbildung und der Theorie der Minimalflächen[5]), die bahnbrechende Methode der sukzessiven Approximation bei Differentialgleichungen, die Begründung der modernen Variationsrechnung für Doppelintegrale und der Theorie der Eigenfunktionen partieller Differentialgleichungen, die Rettung der Riemannschen, auf dem Dirichletschen Prinzip beruhenden Existenztheoreme mit Hilfe des „alternierenden Verfahrens von H. A. Schwarz", Ansätze der Uniformisierungstheorie — all das liegt vor der Berufung nach Berlin.

---

[1]) H. A. Schwarz 1890.

[2]) G. Hamel 1922. S. 9.

[3]) L. Bieberbach 1922. S. 47.

[4]) R. Nevanlinna 1966. S. 105.

[5]) Auf diesem Gebiet erhielt Schwarz schon 1867 einen Preis der Berliner Akademie (K.-R. Biermann 1964a. S. 192).

Bieberbach sagt[1]), nach dem Amtsantritt in Berlin sei sein Wirken durch „eine eigentümliche Pflichttreue, die es ihm verbot, zwischen Wichtigem und Unwichtigem zu scheiden", gelähmt gewesen. Sollte diese „Pflichttreue" sich erst in Berlin eingestellt haben? Das ist wohl undenkbar. Jeder Brief, jede handgeschriebene Zeile, jede Veröffentlichung atmen ein geradezu pedantisches Pflichtbewußtsein, und zwar schon von dem Moment an, in dem Schwarz begann, wissenschaftlich zu arbeiten. Und eine solche Pflichttreue hätte ihn veranlassen müssen, die Gedächtnisrede auf seinen Vorgänger und immer zitierten „hochverehrten Lehrer" Weierstraß zu halten, die Verpflichtungen einzuhalten, die er Weierstraß gegenüber bei dessen Werkausgabe übernommen hatte[2]). Er hat dies und anderes unterlassen. Dafür hat er als Lokalpolitiker in der Kolonie Grunewald eine Rolle gespielt. Es ist müßig, über die Ursachen Spekulationen anzustellen. Die wahrscheinlichste ist ein frühzeitig einsetzender Altersabbau. Diese Vermutung wird durch zahlreiche jener Anekdoten gestärkt, die bis heute über „H. A." umlaufen. Es ist selbstverständlich, daß ein so konservativ veranlagter und dazu noch durch Alterserscheinungen in seinem Hang zum Althergebrachten bestärkter Mann kaum Reformen vornahm. Jedoch wäre es ganz falsch, in ihm *nur* einen Schüler von Weierstraß zu erblicken. Sicher, seine Hauptaufgabe hat er wohl darin gesehen, „den von Weierstraß erreichten Stand der mathematischen Exaktheit festzuhalten und weiter zu überliefern"[3]). Aber in ihm vereinigten sich „Riemannscher Schwung" mit „Weierstraßscher Strenge"[4]). „Ich habe die meisten Beweise mit Ausnahme der schwierigsten [in der Festschrift zum 70. Geburtstag von Weierstraß] durch geometrische Betrachtungen gefunden, die ich dann der leichteren Darstellung und des besseren Verständnisses wegen in das analytische Gewand gekleidet habe, wodurch auch die ganze Darstellung an Kürze gewonnen hat", schreibt Schwarz gelegentlich seinem Lehrer[5]). Eine Antwort von Weierstraß hierauf fehlt leider, aber 20 Jahre zuvor hatte er schon an Schwarz geschrieben, es sei vorteilhaft, wenn sich jemand mit analytischen Spezialkenntnissen auch die Hilfsmittel der reinen Geometrie zu eigen mache[6]). Und wenn auch Runge, der berichtet, wie es bei Weierstraß verpönt gewesen sei, einen Schluß aus einer geometrischen Figur zu entnehmen, sich des Verdachts nicht erwehren konnte, daß Weierstraß „insgeheim sich wohl eine Sache an einer Figur klarmachte; aber gerade wie bei Gauß mußten die Spuren solcher anschaulichen Hilfsmittel sorgfältig verwischt werden"[7]), so ist doch zweifellos bei Schwarz der geometrische Sinn ausgeprägter. Erhard Schmidt hat die Merkmale der Schwarzschen Eigenart wie folgt charakterisiert[8]):

„Die geometrische Anschauung, die logische Kunst, d. h. die Gabe zum Aufbau kunstreich geknüpfter logischer Schlußketten, und die kritische Abstraktionsfähigkeit, d. h. die Fähigkeit, durch Sonderung dessen, was wir vermengt zu denken gewohnt sind, vom Komplizierten zum

---

1) L. Bieberbach 1922. S. 47.

2) Schwarz hatte mit Weierstraß vereinbart, daß er dessen Vorlesungen über Variationsrechnung außerhalb der Werkausgabe edieren werde. 1915 „verzichtete" Schwarz auf dieses ihm zugestandene Recht. R. Rothe übernahm die Bearbeitung und gab die Vorlesungen 1927 als Bd. 7 der Werkausgabe heraus.

3) G. Hamel 1922. S. 9.

4) L. Bieberbach 1922. S. 48.

5) H. A. Schwarz an K. Weierstraß. 29. 7. 1887 (Archiv d. Ak. Wiss. d. DDR, Nachlaß Schwarz).

6) K. Weierstraß an H. A. Schwarz. 27. 11. 1868 (ebd.).

7) C. Runge 1926. S. 178.

8) E. Schmidt 1922. S. LXXXV—LXXXVI.

Einfacheren vorzudringen, — das sind die drei Quellen der mathematischen Produktion im menschlichen Geist. Nach dem Vorwalten der einen oder der anderen lassen sich die Mathematiker vortrefflich klassifizieren. Ihre gleichmäßige Vereinigung ist nur wenigen Auserwählten beschieden. Zu diesen gehörte Schwarz, wenn auch seine Interessenrichtung dem Abstrakten nicht zuneigt. Das gibt seinen Arbeiten die Harmonie der durch die abstrakte Kritik vor Fehlschlüssen gesicherten Anschauung und der durch die Intuition der Anschauung vor Unfruchtbarkeit bewahrten Präzision mit der überraschenden Führung verschlungener Gänge analytischer Deduktion."

Und so, wie er in seinem Werk über Weierstraß hinausgewachsen ist, so hat er auch in seinen Vorlesungen nicht nur dessen Gedanken reproduziert, sondern natürlich seine eigenen, weiterführenden Ansätze vorgeführt. Insbesondere hat er in den von ihm 1896 eingeführten „Mathematischen Kolloquien" seine Abhandlungen vortragen lassen[1]). Seine Vorlesungen zeichneten sich nicht durch überwältigende Fülle des Stoffes oder durch überraschende Neuheit der Gedanken, sondern durch Klarheit, durchsichtige Logik und Anschaulichkeit aus[2]). Das Versiegen der Produktivität wirkte sich wenig auf seine Tätigkeit als Hochschullehrer aus. Dergestalt blieb Berlin ein Anziehungspunkt, und viele der mathematischen Forscher der nächsten Generation „verdanken seinem Unterricht bestimmende Einflüsse auf ihre wissenschaftliche Entwicklung"[3]); nur zwei solcher Hörer seien genannt: C. Carathéodory und E. Schmidt. Aber was bei diesen festzustellen ist, hat repräsentativen Charakter: Sie blieben nicht in Berlin, um zu promovieren, sondern gingen nach Göttingen. Carathéodory war allerdings im Kolloquium bei Schwarz zu dem Entschluß gekommen, in Deutschland zu bleiben[4]). In der vorangegangenen Ära war Berlin das „Mekka" der Mathematiker, jetzt mußte Berlin diesen Ruf an Göttingen abtreten, das einen universelleren Charakter gewonnen hatte[5]). Es handelt sich eben doch um eine Art „Postklassik", die mit der Berufung von Schwarz und Frobenius eingeleitet worden ist.

6.2. Frobenius

Neben den naiven[6]), pathetischen[7]), derb, fast polternd auftretenden[8]), nach außen sehr selbstsicher und bestimmt wirkenden, aber in Wahrheit recht unsicheren und geschäftsuntüchtigen[9]) Schwarz trat der fast sieben Jahre jüngere Georg Frobenius. Leider können wir uns von ihm nur nach seinen Äußerungen in Fakultätsangelegenheiten ein Bild machen. Erinnerungen von Zeitgenossen oder andere Archivalien stehen kaum zur Verfügung. Er zeigt sich uns als ein außerordentlich streitbarer, aggressiver, zu Ausfällen neigender und in seiner Abneigung gegen Personen wie Dinge bisweilen maßloser Mann. Es ist daher nicht verwunderlich, daß er schon nach kurzer Zeit sowohl

---

1) G. Hamel 1922. S. 8–9. — W. Lorey 1916. S. 336.

2) G. Hamel 1922. S. 8.

3) E. Schmidt 1922. S. LXXXVII.

4) O. Perron 1952. S. 40.

5) A. Dinghas 1960. S. 771.

6) G. Hamel 1922. S. 7. — E. Schmidt 1922. S. LXXXVII.

7) G. Hamel 1922. S. 7.

8) ebd.

9) Das geht ganz eindeutig aus Briefen hervor, die H. Diels während des Dekanats von Schwarz (s. 12.2.) an E. G. Zeller geschrieben hat (Archiv d. Ak. Wiss. d. DDR, Nachlaß Diels).

Fuchs wie Schwarz bei allen Berufungsangelegenheiten die Feder aus der Hand nahm und sämtliche Eingaben an den Minister konzipierte. Selten tritt der konziliantere und mildernde Einfluß von Schwarz zutage. Kompromißlose Schärfe und eine gewisse Reizbarkeit sind hervortretende Merkmale der Frobeniusschen Schreiben. Er glaubte bei jeder Gelegenheit, eine Tendenz des Ministeriums spüren zu müssen, das Niveau der Berliner Universität zu senken, sie, um mit den eigenen Worten von Frobenius zu sprechen, „auf die Stufe des Technicum Mittweida" zu drücken[1]). Gelegentlich mußte er sich dann von Max Planck sagen lassen, sein Entwurf sei „zu animos, nicht sachlich genug"[2]).

Die Abneigung von Frobenius gegen Klein und S. Lie kannte keine Grenzen, wie noch gezeigt werden wird. Auch D. Hilbert gegenüber war Frobenius keiner uneingeschränkten Objektivität fähig. Seine Laudatio für Hilbert[3]) steckt voll kleiner Seitenhiebe und Malicen. Frobenius war herzkrank; wahrscheinlich bedingten sich Reizbarkeit und Herzleiden gegenseitig. Fuchs und Schwarz haben sich ihm ebenso gefügt wie später Schottky, der ihm allein seinen Ruf nach Berlin zu verdanken hatte. Frobenius ist der die Geschicke der Mathematik an der Berliner Universität 25 Jahre hindurch leitende Mann gewesen. Es blieb ihm natürlich nicht verborgen, daß die Zahl der Doktoranden, Habilitanden und Dozenten langsam, aber sicher zurückging, obwohl die Studentenzahl wieder erheblich anstieg. Daß er das nicht verhindern konnte, daß er nicht sein Ziel, die Zeiten von Weierstraß, Kummer und Kronecker auch in ihren äußerlichen Kennzeichen unverändert zu erhalten, erreichen konnte, sondern dieser Entwicklung ohnmächtig zusehen mußte, war für ihn bei seiner cholerischen Veranlagung doppelt unerträglich.

In seinen Vorlesungen (Zahlentheorie, Algebra, Determinanten, analytische Geometrie) zählte Frobenius bis zu 250 Hörer, ein Beweis, daß die Erinnerung eines Ungenannten, seine Vorlesungen seien „in ihrer Abrundung, Reichhaltigkeit und Vertiefung" ausgezeichnet gewesen[4]), zutreffen dürfte. Zahlentheorie las er oft, Algebra fast stets zweisemestrig, im ersten Semester behandelte er die elementaren Teile, im zweiten Semester Idealtheorie und Theorie der diskreten Gruppen.

Als Forscher genoß Frobenius einen ausgezeichneten Ruf. Nachdem er zu Anfang seiner Laufbahn unter dem Einfluß von Weierstraß funktionentheoretische Hilfsmittel angewendet hatte, um die Theorie der linearen Differentialgleichungen zu bereichern, wandte er sich bald der Gruppentheorie und der Theorie der Formen zu. Auf diesem und anderen Gebieten lieferte er Beiträge von bleibendem Wert. Eines seiner größten Verdienste aber bleibt es, daß er Größe und Bedeutung von I. Schur vom ersten Tage an richtig erkannt und ihn bei jeder sich nur bietenden Gelegenheit zu fördern gesucht hat. Schur zu einer Stellung zu verhelfen, auf der er seine Kräfte frei entfalten konnte, ist immer erneut das Bestreben von Frobenius gewesen.

Zusammenfassend ist zu sagen, daß die neuen Männer bei all ihrer unbestrittenen Bedeutung und ihren Vorzügen, bei aller engen Bindung, der eigenen und der ihrer Kollegen, an Geist und Buchstaben der Vorgänger, einen vorübergehenden Abstieg Berlins auf mathematischem Gebiet nicht haben aufhalten können.

---

[1]) G. Frobenius an E. Norden. 18. 2. 1917 (P-3-14. Bl. 224).

[2]) P-3-14. Bl. 225.

[3]) K.-R. Biermann 1964b.

[4]) W. Lorey 1916. S. 335—336. — Vgl. auch A. Fraenkel 1967. S. 118.

6.3. Die Zeit bis zum Tode von Fuchs (1892—1902)

Da der Dozentenbestand sich nicht vermehrte, sondern im Gegenteil abnahm, eine einzige Habilitation erst gegen Ende dieser Periode erfolgte, kann hier eine von der bisherigen Disposition abweichende Gliederung zugrunde gelegt werden, sind uns doch alle Mathematiker dieses Zeitabschnittes bereits begegnet.

6.3.1. Vorlesungen und Seminar

Mit dem Ruf nach Berlin erhielten Schwarz und Frobenius zugleich die Ernennung zu Mitdirektoren des Mathematischen Seminars. Es lief alles in den bisherigen Formen weiter, an deren Herausbildung Schwarz einst als Student und Doktorand teilgenommen hatte und an deren Handhabung Frobenius zwanzig Jahre zuvor als Extraordinarius beteiligt gewesen war. Noch lebte Weierstraß, und Schwarz versäumte nicht, ihn über Erhaltung und Weiterführung der bewährten Einrichtungen zu beruhigen. Dazu gehörte auch die koordinierte Aufstellung eines Programms, welche Vorlesungen in jedem Semester gehalten werden mußten und welche zusätzlich angezeigt werden konnten. Dem Mathematischen Verein wandte Schwarz eine noch größere Aufmerksamkeit zu, als es früher von seiten der Ordinarien üblich gewesen war; denn Schwarz, als eines der Gründungsmitglieder, betrachtete ihn gewissermaßen als *seine* Schöpfung. Die Einführung eines mathematischen Kolloquiums, das sich bald großer Beliebtheit erfreute, wurde oben erwähnt.

Über die Vorlesungen von Fuchs, Frobenius, Kötter und Schlesinger wurde schon das Erforderliche bzw. Mögliche gesagt. Schwarz las für die ersten Semester Differential- und Integralrechnung sowie analytische Geometrie, dann Theorie der analytischen Funktionen (oft zweisemestrig), Theorie der elliptischen Funktionen sowie deren Anwendungen. Alle drei Jahre etwa las er über Variationsrechnung. Daneben hielt er Vorlesungen über synthetische Geometrie. Schwarz mit seiner Anschauungskraft ist wohl der letzte Ordinarius in Berlin, der noch als ein geistiger Schüler Steiners betrachtet werden kann. Neben diesen mehr oder weniger regelmäßig wiederkehrenden Kollegs hat Schwarz noch eine ganze Anzahl spezieller Vorlesungen in unregelmäßigen Abständen gehalten, wie etwa über konforme Abbildung, über Raumkurven und krumme Flächen, über die hypergeometrische Reihe, die arithmetische Theorie der komplexen Zahlengrößen und natürlich über Minimalflächen, so daß auch die Differentialgeometrie vertreten war. An dieser breiten Vorlesungsthematik hat sich bis zu seiner Entpflichtung nichts geändert.

Hettner hat seit seinem Ruf an die Technische Hochschule Charlottenburg im Jahre 1894 an der Universität nur noch ein zweistündiges gut besuchtes Kolleg[1]) in jedem Semester außer in seinem Rektoratsjahr 1904 gelesen. Im Laufe der Zeit kehrten folgende Themen immer wieder: Fouriersche Reihen und Integrale, Wahrscheinlichkeitsrechnung, unendliche Reihen, Produkte und Kettenbrüche, Potentialtheorie, Determinanten, Transzendenz von e und π sowie Theorie der gewöhnlichen Differentialgleichungen.

Der Unterricht der Lehramtskandidaten lag nach der Einschränkung der Tätigkeit Hettners fast ganz in Händen von Knoblauch. Er las analytische Geometrie, Differen-

[1]) W. Lorey 1916. S. 336.

tial- und Integralrechnung, Mechanik, elliptische Funktionen, deren Anwendungen, partielle Differentialgleichungen, Theorie der Raumkurven und Flächen, aber auch nichteuklidische Geometrie. Für die Anfängervorlesungen leistete eine früher mehr geduldete Hilfe der Astronom Lehmann-Filhés (seit 1891 Extraordinarius), dessen Unterstützung aber bei der Abnahme der Zahl der Mathematikdozenten im Laufe der Jahre ganz unentbehrlich wurde. Mit den Jahren bildete sich sein regelmäßig wiederkehrender Kurs über vier Semester analytische Geometrie, Differential- und Integralrechnung, Mechanik heraus. Auch Lehmann-Filhés hatte keinen Mangel an Hörern[1]).

Bis kurz nach dem Tode von Fuchs nahm Hensel sein Extraordinariat wahr, das ihm in der Zeit der Berufung von Schwarz und Frobenius verliehen worden war. Er übernahm die Edition der Werke Kroneckers und nach dem Tode von Fuchs auch noch die Herausgabe von Crelles Journal. (Nach Borchardt hatte Kronecker, eine kurze Zeit gemeinsam mit Weierstraß, und dann Fuchs die Herausgebergeschäfte besorgt.) Neben seinen Forschungen zur linearen Algebra und seiner Schöpfung der Theorie der p-adischen Zahlen hat er an der Berliner Universität eine außerordentlich vielseitige Vorlesungstätigkeit entfaltet. Hatte er nach Kroneckers Tode dessen Vorlesung über die Anwendung der Analysis des Unendlichen auf Probleme der Zahlentheorie (diese noch aus der ersten Hälfte des Jahrhunderts stammende Ausdrucksweise verschwand in jener Zeit) unter Benutzung von nachgelassenen Manuskripten gehalten, so ließ er diese Thematik wieder fallen, vermutlich, um nicht mit Frobenius zu kollidieren. Nach einigen Anfängervorlesungen finden wir in seinen Ankündigungen Gruppen- und Substitutionstheorie, komplexe Multiplikation der elliptischen Funktionen, Theorie der algebraischen Raumkurven und Oberflächen und der zugehörigen mehrfachen Integrale, ausgewählte Kapitel aus der Theorie der Abelschen Integrale und Funktionen sowie schließlich in den letzten Semestern mehrfach Geometrie der Zahlen mit Anwendung auf Arithmetik und Algebra. Als Schottky nach dem Tode von Fuchs nach Berlin berufen wurde, trat Hensel Schottkys Nachfolge in Marburg an.

Daß Hoppe seit mehr als 45 Jahren unbekümmert um Erfolg, oder besser gesagt Mißerfolg, mit pünktlicher Regelmäßigkeit seine Vorlesungen weiter hielt, sei nur erwähnt. Im SS 1892 hatten sich für seine Vorlesungen über Integralrechnung, Mechanik, elliptische Funktionen je ein Hörer eingetragen ... Auch jetzt wurden seine Vorlesungen bei der „Lehrplangestaltung", wenn ein modernes Wort Verwendung finden darf, unberücksichtigt gelassen. Im WS 1899/1900 hat Hoppe die letzten Vorlesungen gehalten.

Schon seit 1886 hat über ein Jahrzehnt lang der Physik-Privatdozent P. Glan über Quaternionen gelesen[2]). Als sich die Zahl der Privatdozenten der Mathematik immer mehr verringerte und sich niemand zur Habilitation meldete, werden die Mathematiker die Hilfe nicht ungern gesehen haben, die ihnen hin und wieder von anderen Physikern zuteil wurde. Im SS 1887 las O. Krigar-Menzel über Hyperbelfunktionen; M. B. Weinstein, gleichfalls Privatdozent für Physik, trug wiederholt ab 1892 über Wahrscheinlichkeitsrechnung und Mechanik vor.

Einen repräsentativen Querschnitt möge schließlich auch das Vorlesungsverzeichnis des WS 1899/1900 geben:

---

[1]) ebd. S. 338. Er war ein Studienfreund von Max Planck.

[2]) Von den Mathematikern wurde das nicht gerade gefördert. Vgl. K. Weierstraß an H. A. Schwarz, 15. 5. 1884 (Archiv d. Ak. Wiss. d. DDR, Nachlaß Schwarz).

Fuchs:	Theorie der linearen partiellen Differentialgleichungen, nebst Anwendung auf physikalische Probleme. Theorie der Abelschen Funktionen.
Schwarz:	Maxima und Minima in elementargeometrischer Behandlungsweise. Analytische Geometrie. Elliptische Funktionen. Mathematische Kolloquien.
Frobenius:	Theorie der Determinanten. Zahlentheorie.
Hettner:	Wahrscheinlichkeitsrechnung.
Knoblauch:	Differentialrechnung. Übungen zur Differentialrechnung. Anwendungen der elliptischen Funktionen.
Hensel:	Synthetische Geometrie. Die Geometrie der Zahlen und ihre Anwendung auf die Arithmetik und Algebra. Übungen zur Geometrie der Zahlen.
Lehmann-Filhés:	Integralrechnung.
Hoppe:	Analytische Geometrie. Differentialrechnung und Reihentheorie.

Im WS 1890/91 waren noch vier Privatdozenten tätig, jetzt war noch einer übrig, und dieser war fast 84 Jahre alt ...

Die Zahl der Mitglieder des Seminars, seit der Aufhebung der Unterscheidung von ordentlichen und außerordentlichen Mitgliedern nicht mehr beschränkt, hatte im WS 1899/1900 eine „Rekordhöhe“ von 34; diese Zahl wurde erst 1910/11 wieder erreicht. (Zur Zeit von Weierstraß hatte die Zahl der ordentlichen Mitglieder 12 betragen, und hinzu waren einige außerordentliche Mitglieder, meist etwa 6, gekommen.)

Als ein Ereignis, das auch für die Mathematiker an der Universität eine Bedeutung etwa der vergleichbar besaß, die seinerzeit der Konstituierung der Deutschen Mathematiker-Vereinigung (1890) zugekommen war, soll die Gründung der Berliner Mathematischen Gesellschaft (BMG) im Herbst 1901 wenigstens am Rande erwähnt werden. Zwar hatte es schon früher ein mathematisches „Kränzchen“ gegeben, dem einst bereits Riemann in seiner Berliner Studentenzeit 1847/49, später u. a. L. Fuchs, L. Koenigsberger, J. Weingarten, P. du Bois-Reymond, M. Hamburger angehörten, aber erst jetzt fand die Organisation des allgemeinen mathematisch-wissenschaftlichen Lebens in Berlin eine feste Form. Zunächst blieben die Ordinarien der Universität auf Distanz. Erst 1910 wurde Schwarz, 1911 Schottky Mitglied. Frobenius blieb der BMG ganz fern. Später änderte sich die Beteiligung der Ordinarien; aber auch dann waren es, wie in zeitlichem Vorgriff hier schon bemerkt sei, mehr die Privatdozenten bzw. die außerordentlichen Professoren, die im wissenschaftlichen Leben der BMG hervortraten, soweit dieses von Universitätsmathematikern geprägt wurde. Indessen erinnerte sich E. Schmidt 1951: Die BMG ist „eine Gründung meines unvergeßlichen Lehrers Kneser, der in der Zeit von 1901 bis 1905 in der damaligen Bergakademie in Berlin wirkte. Bei den alten Berliner Ordinarien fand er mit seiner Idee keinen Anklang, er zog aber die Jugend nach sich. Wenn ich auch die Sitzungen der BMG nicht regelmäßig besuchen konnte, so erinnere ich mich doch lebhaft des Gewinnes, den ich von vielen dort gehaltenen Vorträgen heimbrachte"[1]).

Gelegentlich machte das Mathematische Seminar gern von der Unterstützung Gebrauch, die ihm von einem Mitglied der BMG angeboten wurde: Die von W. Lorey 1950/51, S. 23, ohne näheren Kommentar erwähnte „Fermat-Klinik" war nichts anderes als eine Art mathematische „Ferntherapie" im Auftrage des Seminars. Laut brieflicher Mitteilung von Prof. Dr. Kurt Hirsch (†) vom 9. 7. 1986 hatte es in den zwanziger Jahren Dr. Albert Fleck, Mitglied der BMG seit 1902, Arzt von Beruf und Zahlentheoretiker aus Leidenschaft (vor seinem Medizinstudium hatte er in Berlin Mathematik und Physik studiert), übernommen, dem Seminar zugesandte „Beweise" der Fermatschen Vermutung, Winkeldreiteilungen, Kreisquadraturen durchzusehen und die Autoren auf ihre oft ganz elementaren Fehler aufmerksam zu machen. Freilich ging es auch bei dieser „klinischen" Behandlung nicht ohne Rückfälle ab — oft traf nach einiger Zeit eine „verbesserte" Lösung ein. Schon 1915 hatte Fleck für seine Beurteilung mathematischer Einsendungen die Silberne Leibniz-Medaille der Berliner Akademie auf Vorschlag von Frobenius, Schottky und Schwarz erhalten.

6.3.2. Promotionen und Habilitationen

In dem knappen Jahrzehnt bis zum Tode von Fuchs ist nochmals ein Anstieg der Zahl der Promotionen zu verzeichnen; es promovierten mehr Mathematiker als in den folgenden beiden Jahrzehnten; aber es wurde nur eine einzige Habilitation vorgenommen.

6.3.2.1. Die letzten Doktoranden von Fuchs

12 Dissertationen begutachtete Fuchs als Erstreferent. Bemerkenswert ist das von H. Kühne 1892 gewählte Thema, das der „n-fachen Mannigfaltigkeit" gewidmet ist[2]), während alle vorangegangenen differentialgeometrischen Dissertationen die Geometrie der Ebene und des Raumes behandelt hatten. Die Anregung scheint noch von Kronecker ausgegangen zu sein. Auch die von dem später durch seine politischen Verirrungen unrühmlich hervorgetretenen T. Vahlen 1893 gegebenen Beiträge zur additiven Zahlentheorie[3]) stehen unter dem Einfluß Kroneckers. Mit Ausnahme der Studien von E. Wendt über den sog. Großen Fermatschen Satz[4]) bewegen sich die übrigen von Fuchs an erster Stelle begutachteten Dissertationen auf seinen Spezialgebieten; ihre Fragestellungen sind der Theorie der linearen Differentialgleichungen n-ter Ordnung oder der Funktionentheorie entnommen. Unter diesen Doktoranden befindet sich keiner, der später wissenschaftlich hervorgetreten wäre.

---

[1]) Berlin 1951, S. 10. — Angaben über die aktive Beteiligung der Berliner Universitätsmathematiker an der BMG bringt R. Tobies 1982a. S. 64—68, 82, 83; vgl. auch R. Tobies 1982b. S. 146, Anm. 19. — Zur Geschichte der Deutschen Mathematiker-Vereinigung s. H. Gericke 1966.

[2]) s. 12.3., Nr. 111.

[3]) s. 12.3., Nr. 114. — s. R. Siegmund-Schultze 1984b und 1984c.

[4]) s. 12.3., Nr. 116.

6.3.2.2. Die ersten von Schwarz vorgenommenen Promotionen

Nachdem Schwarz zunächst, wie es sich von selbst versteht, als Zweitgutachter tätig war, betreute er 1894 als ersten seiner Berliner Doktoranden E. Zermelo, der mit einer Arbeit zur Variationsrechnung promovierte[1]); ein Beispiel mehr dafür, wie die in der Dissertation getroffene Stoffwahl schon auf die künftige Richtung schließen läßt. Zwei der sechs von Schwarz an erster Stelle begutachteten Arbeiten sind augenscheinlich von ihm unmittelbar angeregt worden; die über Minimalflächen von J. Rebstein[2]) und die von F. Busse über eine spezielle konforme Abbildung[3]). Neben Zermelo finden wir noch R. Rothe[4]) und G. Hessenberg[5]) als später bekannt gewordene Mathematiker unter den Schwarzschen Doktoranden. Rothe befaßte sich mit der Theorie der krummen Flächen, deren Krümmungslinien die Fläche in unendlich kleine Quadrate zu teilen vermögen. Bei der Begutachtung wurde Knoblauch von Schwarz konsultiert. Hessenberg, der über die Invarianten linearer und quadratischer binärer Differentialformen sowie deren Anwendung auf die Deformation der Flächen promovierte, ist später Ordinarius in Breslau gewesen und wurde 1919 für eine Berufung nach Berlin ins Auge gefaßt[6]). Rothe hat als Ordinarius an der Charlottenburger TH und zeitweiliger Inhaber eines Lehrauftrags an der Universität sowie als Mitherausgeber der Weierstraßschen Werke immer enge Beziehungen zur Berliner Universität unterhalten.

6.3.2.3. Frobenius als Promotor

Auch Frobenius mußte sich anfangs auf die Abgabe von Zweitgutachten für Fuchssche Doktoranden beschränken. Sein erster Schüler war A. Radzig, der 1895 mit einem algebraischen Thema[7]) bei ihm promovierte. 1897 wurde durch Frobenius der Sohn von Fuchs, R. Fuchs, promoviert[8]), natürlich ein Schüler seines Vaters, später ein Opfer jener Politik, der sich Vahlen verschrieben hat.

Unter den fünf durch Frobenius betreuten Doktoranden befinden sich zwei, die zu ersten Größen ihres Faches wurden: E. Landau und I. Schur.

Über die Doktorarbeit Landaus „Neuer Beweis der Gleichung $\sum_{k=1}^{\infty} \frac{\mu(k)}{k} = 0$“ urteilte Frobenius am 29. 3. 1899[9]) wie folgt:

„Der von Euler ausgesprochene Satz, der durch die Formel $\sum_{k=1}^{\infty} \frac{\mu(k)}{k} = 0$ ausgedrückt wird, ist zuerst von Herrn von Mangoldt streng, aber auf einem sehr umständlichen Wege bewiesen worden. In der vorliegenden Arbeit nimmt Herr Landau diese Untersuchung von neuem auf. Er benutzt eine Anzahl der Hülfssätze, auf die auch Herr Mangoldt seinen Beweis stützt, gelangt aber dann schneller zum Ziele, indem er den Satz $\lim_{x=\infty} \frac{\vartheta(x)}{x} = 1$ anwendet, wo $\vartheta(x)$ die Summe der Log-

---

[1]) s. 12.3., Nr. 119.
[2]) s. 12.3., Nr. 121.
[3]) s. 12.3., Nr. 123.
[4]) s. 12.3., Nr. 126.
[5]) s. 12.3., Nr. 127.
[6]) P-3-15. Bl. 145 u. 147—152.
[7]) s. 12.3., Nr. 120.
[8]) s. 12.3., Nr. 125.
[9]) P-4-140, Vorgang Landau.

arithmen aller Primzahlen $\leqq x$ ist. Die einschlägige Literatur hat Herr Landau gründlich studirt. Die Kürze der Arbeit bildet gerade ihren Vorzug gegenüber der älteren, viel längeren Darstellung. Ich beantrage daher, Herrn Landau zur mündlichen Prüfung zuzulassen und schlage für die Dissertation das Prädicat vor: assiduitatis et acuminis testimonium probabile."

Fuchs erklärte sich hiermit einverstanden.

Bei der Prüfung am 15. 6. konstatierte Fuchs befriedigende, zum Teil recht gute Kenntnisse. Planck fand sie „etwas ungleichmäßig", aber doch im ganzen befriedigend. Frobenius hingegen gab zu Protokoll: „Überall zeigte der Candidat die gründlichsten Kenntnisse und das beste Verständnis, trotzdem in allen berührten Gebieten die höchsten und schwierigsten Probleme besprochen wurden." Auch in der Philosophieprüfung bei Stumpf wurde „vorzügliche Sachkenntnis und ein promptes und scharfes Urteil" festgestellt. Aber das Gesamtergebnis lautete nur „cum laude". Die Dissertation gab den Ausschlag.

Ließen weder die Dissertation noch die Prüfung Landaus erkennen, daß dieser später ein schöpferischer Mathematiker werden würde, so war dies bei Schur anders.

Das Gutachten von Frobenius von Ende Mai 1901 hebt mit folgenden Worten an[1]):

„In neuerer Zeit sind mehrfach, am eingehendsten von Hurwitz und Molien, lineare Substitutionen untersucht worden, deren Coefficienten ganze Functionen der Coefficienten einer gegebenen Substitution A sind und welche sich in derselben Weise wie A componiren. In recht wissenschaftlichem Geiste stellte sich der Verfasser, und zwar ganz selbständig, das Problem, *alle* Substitutionen der Art zu bestimmen."

Nachdem Frobenius sodann in großer Ausführlichkeit die Hauptergebnisse Schurs referiert hatte, schloß er mit den Worten:

„Die angeführten Resultate sind nur die wichtigsten aus dem überreichen Inhalt der Arbeit. Zwischen ihnen findet sich noch eine Fülle der interessantesten Sonderergebnisse. Von diesen minder wichtigen Anwendungen der Theorie würden manche schon für den Inhalt einer guten Dissertation ausreichen. Hätte der Verfasser nur das schöne Problem aufgestellt, von dem er ausgeht, und seine Reduction auf die Gestalt gezeigt, in der er es schließlich behandelt, so müßte die Arbeit als hervorragend bezeichnet werden. Er hat aber weiter das schwierige Problem vollständig und mit den einfachsten Mitteln gelöst und, was einer mathematischen Entwicklung stets einen besonderen Reiz verleiht, die Theorie der invarianten Formen auf eine scheinbar ganz verschiedene, die Lehre von den Darstellungen der symmetrischen Gruppe, so zu sagen conform abgebildet.

Für diese ausgezeichnete Leistung, wodurch sich der Verfasser mit einem Schlage als ein Meister algebraischer Forschung erwiesen hat, beantrage ich das Prädikat: ingenii et sagacitatis documentum egregium."

Fuchs schloß sich dem Antrag auf Zulassung und dem vorgeschlagenen Prädikat an.

Die Hoffnungen, die Frobenius auf die mündliche Prüfung gesetzt hatte, wurden am 6. 6. 1901 in vollem Umfange verwirklicht, heißt es doch in dem Protokoll des Examens:

„Die Prüfung eröffnete Herr Frobenius in der Mathematik als Hauptfach. Er fragte den Candidaten nur nach den schwierigsten Theilen der Algebra und der Zahlentheorie, ließ ihn die Galoissche Theorie in großer Ausführlichkeit auseinandersetzen und die wichtigsten Sätze der Idealtheorie entwickeln. Der Candidat zeigte überall ausgedehnte Kenntnisse und tief eindringendes Verständnis. Fuchs setzte die Prüfung im Hauptfache fort. Es wurden besprochen der Residuensatz von Cauchy mit Anwendungen auf die Berechnung bestimmter Integrale, die verschiedenen

---

[1]) P-4-159, Vorgang Schur.

Definitionen des Geschlechts der algebraischen Curven, der Verlauf der Abelschen Integrale in einer Riemannschen Fläche, die Umkehrung des elliptischen Integrals erster Gattung sowohl vom Standpunkte der Integration der Differentialgleichungen als auch unter Anwendung der Thetafunktionen, endlich die Lamésche Differentialgleichung. Die Antworten des Candidaten waren überall recht befriedigend. Planck setzte die Prüfung fort in Physik als Nebenfach. Die Fragen bezogen sich zuerst auf die Pendelgesetze und die Messung der Beschleunigung der Schwere, sodann auf die Herstellung optischer Spektren durch Dispersion und Diffraktion, wobei auch die Polarisationserscheinungen des Lichtes zur Sprache kamen. Die Antworten des Candidaten waren überall sehr befriedigend. Stumpf prüfte in Philosophie als Nebenfach. Seinen Gegenstand bildete zuerst die stoische Lehre und ihre Nachwirkungen, dann die englische Philosophie und besonders Hume. Der Cand. erwies sich vorzüglich unterrichtet."

Nach diesem Ausfall der Promotionsprüfung konnte das Ergebnis nicht fraglich sein; es lautete „summa cum laude".

Frobenius bleibt, wie schon erwähnt, das Verdienst, sofort die Meisterschaft Schurs erkannt und ihn fortlaufend gefördert zu haben.

6.3.2.4. Die Habilitation Landaus

Am 20. 5. 1901 meldete sich Landau bei dem gerade als Dekan amtierenden Frobenius[1]) zur Habilitation und legte seine „Untersuchungen zur Theorie der Dirichlet'schen Reihen" sowie fünf Veröffentlichungen vor. Frobenius und Fuchs übernahmen die Begutachtung. Frobenius hat, wie schon bei der Promotion, die spätere Bedeutung Landaus nicht erkannt, und, zugegebenermaßen, er konnte sie wohl auch nach den bis dahin vorliegenden Ergebnissen noch nicht voraussehen. Im Frobeniusschen Gutachten vom 6. 4. 1901 heißt es[2]):

„Im Jahre 1890 stellte die Pariser Akademie für ihren großen mathematischen Preis die Aufgabe, die Anzahl der Primzahlen unterhalb einer gegebenen Größe zu bestimmen, die berühmte Arbeit, die Riemann darüber verfaßt hat, zu enträthseln und fortzusetzen. Den Preis erhielt Hadamard 1892 für den Nachweis, daß Riemanns Funktion $\zeta(t)$ das Geschlecht 1 hat. Dagegen ist Riemanns Vermuthung, daß die Wurzeln der Gleichung $\zeta(t) = 0$ alle reell sind, oder daß die complexen Wurzeln der Gleichung $\zeta(s) = 0$ alle die Abscisse $^1/_2$ haben, bis heute noch nicht bewiesen. Riemann konnte nur beweisen, daß diese Abscissen zwischen 0 und 1 liegen, und es galt schon als große Leistung, daß Hadamard zeigen konnte, daß sie nicht gleich 1 sind. Aus den Bemühungen, die Richtigkeit der Vermuthung Riemanns zu prüfen, hat sich eine umfangreiche Litteratur entwickelt. Auf dem bezeichneten Gebiete bewegen sich fast alle Arbeiten des Herrn Landau, speciell die Habilitationsschrift, die eine Reihe ziemlich lose untereinander zusammenhängender Fragen behandelt."

Nach einer eingehenden Analysierung des Inhalts der Landauschen Habilitationsschrift gelangte Frobenius zum Ergebnis:

„Alle diese mannigfaltigen Untersuchungen zeigen, daß sich der Verfasser auf dem bezeichneten Felde die ausgedehntesten Kenntnisse und eine anerkennenswerthe Fertigkeit erworben hat. Es ist aber sehr zu wünschen, daß er aufhört, seine Untersuchungen auf dies außerordentlich enge Gebiet zu beschränken, und anfängt, sich anderen Fragen von allgemeinerem Interesse und höherer Bedeutung zuzuwenden. Indessen halte ich seine bisherigen Leistungen für genügend, um seine Zulassung zur Habilitation beantragen zu können."

---

[1]) s. 12.2.

[2]) H-1-27, Vorgang Landau.

Für den Probevortrag vor der Fakultät schlug Landau folgende Themen vor[1]:

1. Über die Analogien zwischen den linearen Differentialgleichungen und den algebraischen Gleichungen.
2. Über die Darstellung willkürlicher Funktionen durch Fouriersche Reihen.
3. Über die an die Gaußsche Differentialgleichung anknüpfenden Probleme (dieses Thema wurde von der Fakultät ausgewählt).

Für seine Antrittsvorlesung stellte er zur Wahl[2]:

1. Geschichte der analytischen Zahlentheorie (wurde angenommen).
2. Die Potenzreihe als Grundlage der Theorie der analytischen Funktionen.
3. Über die Bedeutung des Gruppenbegriffs in der Mathematik.

Mit der Habilitierung Landaus hatte die Fakultät endlich wieder einen Mathematik-Privatdozenten gewonnen. Ein zweiter, nicht minder bedeutender, I. Schur, trat kurz danach in den Lehrkörper ein[3].

6.3.3. Preisaufgaben

Die Preisaufgaben dieses Zeitraums wurden zweimal durch Fuchs und vorher je einmal durch Schwarz und Frobenius gestellt[4]. Mit Ausnahme der letzten (von Fuchs für 1901 gestellten und für 1902 wiederholten) Preisaufgabe, in der übrigens an Riemann angeknüpft wird, haben die Aufgaben Bearbeiter gefunden; sie alle haben einen Preis oder das Accessit erhalten. Auch R. Rothe gehörte zu ihnen[5], und es kann als sicher gelten, daß er durch die notwendigerweise mit Literaturstudien verbundene Herstellung der Bewerbungsschrift zu dem Thema seiner späteren Dissertation geführt wurde[6]. Auch hinsichtlich der Preisfragen haben sich Schwarz wie Frobenius ganz den vorherigen Gepflogenheiten angepaßt.

6.4. Die Berufung von Schottky

Am 26. 4. 1902 starb plötzlich Fuchs, im Alter von noch nicht 69 Jahren. Im Jahr zuvor hatte er noch das Amt des Rektors bekleidet, nachdem er neun Jahre früher schon einmal zum Dekan gewählt worden war[7]. Er hat nach solchen Ämtern nicht gestrebt; „es ist so unbehaglich, so ohne leitende tröstliche [wissenschaftliche] Arbeit zu sein", schrieb er im Sommer 1891 an Heffter[8]. Wahren Lohn erblickte er nicht in Ehrungen, sondern in der Freude an der Arbeit: „Dieser Lohn ist invariabel und namentlich keine Funktion des Wohlwollens der Mitmenschen"[9].

Bereits am 12. Mai ersuchte das Ministerium um Ersatzvorschläge für Fuchs „in der

---

[1]) ebd.

[2]) ebd.

[3]) s. 6.5.2.2.

[4]) s. 12.5., Nr. 31—35.

[6]) s. 12.5., Nr. 31.

[5]) P-4-130. Bl. 99.

[7]) s. 12.2.

[8]) L. Heffter 1950/51. S. 9.

[9]) L. Fuchs an M. Hamburger. o. D. (M. Hamburger 1902. S. 185).

üblichen Dreizahl"[1]). Am 27. Mai trat die von der Fakultät zur Ausarbeitung von Vorschlägen eingesetzte Kommission zusammen. Ihr gehörten neben Schwarz und Frobenius noch Max Planck, die Astronomen Förster und J. Bauschinger, der Geodät R. Helmert sowie der Dekan C. Stumpf, ein Philosoph, an.

Die nun beginnenden Verhandlungen und die verschiedenen Vorschläge sind für die Charakterisierung der beiden Ordinarien, insbesondere für Frobenius, von so entscheidender Wichtigkeit, daß sie in ihren Einzelheiten geschildert zu werden verdienen.

Schwarz empfahl an erster Stelle Hilbert (Göttingen[2])), an zweiter Stelle Schottky (Marburg) und an letzter Stelle Hölder in Leipzig. Er äußerte, daß er die Berufung von Klein „für einen Fehlgriff" halten würde[3]). Frobenius stimmte den Schwarzschen Vorschlägen zu und beantragte zusätzlich ein Gehalt oder eine sonstige Beförderung für Hensel[4]). Weiter heißt es wörtlich im Protokoll: „Hr. Planck, unterstützt von Hrn. Förster, regt an, daß die Facultät ausdrücklich erwähne, daß und warum sie von Klein absehen müsse, und zwar mit Beziehung auf das Votum von 1892[5]) und auf die Mängel seiner bisherigen wissenschaftlichen Thätigkeit." Die Kommission stimmte einmütig den Vorschlägen von Schwarz, Frobenius und Planck zu und beauftragte die beiden erstgenannten mit der Abfassung des von der Fakultät an den Minister einzureichenden Vorschlags.

Wie zu erwarten, ist der Vorschlag[6]) von Frobenius konzipiert (s. Kapitel 11, Dok. 22). Zunächst sagt Frobenius, daß es wünschenswert gewesen wäre, für Fuchs einen Nachfolger ähnlicher wissenschaftlicher Richtung zu gewinnen, aber seine Schüler in Deutschland seien noch jung und müßten ihre Befähigung zum Lehramt erst noch beweisen. Auf dem Rande des Konzepts ist an dieser Stelle sehr richtig von fremder Hand[7]) bemerkt: „Schlesinger? Das paßt doch nicht auf ihn?" Die Bemerkung ist durchgestrichen. Wir wissen nicht, ob der Einwand mit dem Hinweis auf die ungarische Herkunft Schlesingers bzw. auf seine derzeitige Lehrtätigkeit in Klausenburg widerlegt worden ist. Wahrscheinlicher dürfte sein, daß Schwarz und Frobenius einen Mathematiker wünschten, „der alle Zweige der Mathematik beherrscht und sich daher leicht in die Einzelheiten jedes Sondergebietes" einarbeiten kann, wie es im nächsten Absatz des Vorschlags gesagt wird. Mit anderen Worten, sie wünschten keine Fortsetzung der „Fuchsschen Schule" in Berlin. „Den eigentlichen Kern der Unterweisung muß immer die Analysis und die Functionentheorie bilden, und daher müssen wir einen tüchtigen Analytiker an Stelle von Fuchs zu gewinnen suchen", heißt es an anderer Stelle)[8]. Dann folgt also der Vorschlag, Hilbert zu berufen. Bei aller Würdigung der Hilbertschen Verdienste fehlen kleine boshafte Bemerkungen nicht (ebensowenig wie elf Jahre später in

[1]) P-3-10 Bl. 330.

[2]) Schwarz hatte sich 1892 dagegen ausgesprochen, daß Hilbert sein Nachfolger in Göttingen würde. H. A. Schwarz an K. Weierstraß. 4. 3. 1892 (Archiv d. Ak. Wiss. d. DDR, Nachlaß Schwarz).

[3]) P-3-10. Bl. 331.

[4]) Offenbar erhielt Hensel auf seinem Extraordinariat noch kein Gehalt. Ein Antrag vom 20. 12. 1894, die früher durch Hettner in Anspruch genommene und nach dessen Ruf an die TH frei gewordene Besoldung auf Hensel zu übertragen, blieb erfolglos (P-3-9. Bl. 176 u. 178–179).

[5]) P-3-9. Bl. 58–61 (s. Kapitel 11, Dok. 21).

[6]) P-3-10. Bl. 332–334.

[7]) P-3-10. Bl. 332.

[8]) P-3-10. Bl. 339.

dem Wahlvorschlag für Hilbert als korrespondierendes Mitglied der Akademie[1])). Es heißt z. B.: „Hilbert erhielt sich selbst und Andere in dem Glauben, nur der Invariantentheorie zu leben, [...] An dieser Kärrnerarbeit betheiligte sich [...] zuerst auch Hilbert selbst." Von Schottky, der an zweiter Stelle, wie beschlossen, namhaft gemacht wird, wird gesagt: „Für den Gegenstand seiner Forschung wußte er stets, darin geschickter als Hilbert, die für die Entwicklung der Wissenschaft wichtigsten Probleme zu wählen." Ja, die eigentlichen Wünsche kommen ganz offen zum Ausdruck, wenn direkt eingeflochten wird, daß Schottky die beiden jetzigen Ordinarien besser als Hilbert ergänzen würde! Im Vergleich mit Hilbert und Schottky wird Hölder sehr sparsam mit Lob bedacht; die Fakultät „müsse mit ihren Ansprüchen schon sehr heruntergehen", wenn sie als dritten Hölder vorschlage, „dessen Begabung mehr in der kritischen, als in der schöpferischen Richtung liege". Die Gründe, die vor zehn Jahren die Fakultät bewogen hätten, Klein nicht vorzuschlagen, beständen „nicht nur unvermindert fort, sondern haben sich inzwischen noch verstärkt, weil er während dieser Zeit seine Thätigkeit weit mehr organisatorischen als wissenschaftlichen Fragen zugewandt" habe. Ursprünglich stand an dieser Stelle eine noch schärfere Formulierung. Endlich wird von H. Weber gesagt, er sei nicht mehr jung genug, Hettner habe fast keine eigenen wissenschaftlichen Leistungen aufzuweisen, die Knoblauchs beträfen ein etwas enges Gebiet, die Differentialgeometrie. Anders verhalte es sich mit Hensel, der jeder kleineren Universität als Ordinarius zur Zierde gereichen würde; für ihn wird ein angemessenes Gehalt beantragt. Soweit der erste, am 7. 6. 1902 eingereichte Vorschlag für die Nachfolge von Fuchs.

An dieser Stelle erscheint es angebracht, auf die in Berlin 1892 schon vorhandene, 1902 andauernde und 1917 unvermindert fortwirkende Antipathie gegen Felix Klein näher einzugehen.

Es war bereits gesagt worden, daß eine Wurzel in den Gegensätzen zwischen der Riemannschen und der Weierstraßschen Schule liege. Eine andere Wurzel ist ohne Zweifel die Tatsache, daß Klein, für Weierstraß ganz unerwartet, seinen Leipziger Lehrstuhl S. Lie verschaffte, als er selbst nach Göttingen ging. „Ein schöner Anfang der neuen Aera, die unter Kleins Präsidentschaft beginnen soll! P. Dubois trifft doch zuweilen den Nagel auf den Kopf; er nannte vor Jahren schon das Trifolium Klein — Lie — [Adolf] Mayer die ‚société thuriféraire'", hatte 1885 bei dieser Gelegenheit Weierstraß in ungewöhnlicher Schärfe ausgerufen[2]). Damit sind wir aber auch bei der Hauptquelle der Abneigung angelangt: Kleins organisatorische Tätigkeit[3]). Diese war es in allererster Linie, die ihn in Berlin im Laufe der Jahre in zunehmendem Maße verdächtig machte, kein ernsthafter Wissenschaftler mehr zu sein. Kleins Bemühungen um die Verschmelzung von Universität und Technischer Hochschule, um die Förderung des mathematischen und naturwissenschaftlichen Unterrichts an den höheren Schulen, seine Bestrebungen, nach amerikanischem Vorbild (das er 1893 kennengelernt hatte, als er als Kommissar des Preußischen Kultusministeriums die anläßlich der Weltausstellung in Chicago stattfindende Unterrichtsausstellung besuchte und an dem Mathematikerkongreß teilnahm) private Mittel zur Finanzierung von Hochschulinstituten zu be-

---

[1]) K.-R. Biermann 1964b.

[2]) K. Weierstraß an H. A. Schwarz. 20. 12. 1885; vgl. H. A. Schwarz an K. Weierstraß. 22. 8. 1885 (Archiv d. Ak. Wiss. d. DDR, Nachlaß Schwarz).

[3]) Vgl. K.-H. Manegold 1970. Insbes. S. 85—248. — R. Tobies 1979a und 1979b.

schaffen, sein Eintreten für das Frauenstudium, seine Verbindungen zum Verein Deutscher Ingenieure, seine Schöpfung „Göttinger Vereinigung zur Förderung der angewandten Physik und Mathematik", sein Wirken als Präsident der Internationalen Unterrichtskommission („als ‚Außenminister' der deutschen Mathematik"[1]) — alle diese vielfältigen wissenschaftsorganisatorischen Tätigkeiten, deren Aufzählung sich fortsetzen ließe, hatten ihn in Berlin in den Geruch kommen lassen, ein Manager, wie man heute sagen würde, und kein Gelehrter zu sein. Als 1917 das Ministerium bei der Besetzung des Ersatzordinariats für Schwarz die Fakultät bat, besonders Gelehrte mit organisatorischem Talent namhaft zu machen[2]), brach Frobenius in höchster Empörung in die Worte aus[3]): „Die famose Wendung vom organisatorischen Talent läßt auf Felix Klein schließen", und er bezeichnete diesen als „unverantwortlichen Schieber", der dem Ministerium Vorschläge für die Nachfolge von Schwarz unterbreite.

Unsere Interpretation gewinnt noch an Wahrscheinlichkeit, wenn wir berücksichtigen, daß jene Wendung im Vorschlag vom 7. 6. 1902, Klein habe sich seit 1892 weit mehr organisatorischen als wissenschaftlichen Fragen zugewandt, erst eine nachträgliche Änderung darstellt. Anfänglich war der schärfere, aber diffusere Passus von Frobenius konzipiert worden, daß Klein kaum eine wissenschaftliche Leistung von Bedeutung seit 1892 aufzuweisen habe und seine Gedanken mehr und mehr anderen Interessen zuzuwenden scheine. Man wollte also dem Minister direkt sagen, daß es die organisatorische Tätigkeit sei, die Klein in Berliner Augen ungeeignet erscheinen lasse. 1917, bei den erwähnten Verhandlungen zur Berufung eines Ersatzordinarius für Schwarz, hat Frobenius nochmals seiner ganzen Abneigung gegen die Hochschätzung eines Mathematikers wegen seiner Organisationsbefähigung Luft gemacht[4]), wobei ihm allerdings in blindem Eifer ganz entging, daß er an I. Schur pries, er habe sich als „ein vortrefflicher Organisator" einer Art Proseminar erwiesen:

„Die Fakultät wird weiter aufgefordert, darauf zu achten, daß die zu berufenden Herren auch organisatorisches Talent haben. Sie hat bisher nur darauf geachtet, daß sie ausgezeichnete Gelehrte und gute Lehrer in Vorschlag bringt. Organisation ist militärisch von entscheidender Wichtigkeit, hat Bedeutung für die Geschichtswissenschaft, Astronomie und andere Disziplinen, bei denen die Sammlung vieler Erfahrungen die Kräfte des Einzelnen übersteigt. Sie spielt aber in der Mathematik nur eine höchst untergeordnete Rolle. Hier gilt nur der Einzelne. Die geringste Idee eines Riemann oder Weierstraß ist mehr wert als alle organisatorischen Bestrebungen. Diese haben sich allerdings in neuerer Zeit etwas in den Vordergrund gedrängt, werden aber nur von Leuten vertreten, die wissenschaftlich nichts oder nichts mehr zu sagen haben. Es gibt keinen Königsweg zur Mathematik."

Nach dieser Abschweifung zurück zu der weiteren Entwicklung der Schottkyschen Berufung. Am 1. 7. 1902 teilte der für die Universitätsangelegenheiten zuständige Ministerialdirektor Fr. Althoff, ein Jurist und früherer Universitätsprofessor, mit, daß Hilbert es „vorgezogen" habe, in Göttingen zu bleiben, und „daß die Berufung der sonst noch vorgeschlagenen Gelehrten nicht in Aussicht genommen werden" könne[5]). Das

---

[1]) A. Fraenkel 1967. S. 152 u. 163.

[2]) P-3-14. Bl. 131.

[3]) Frobenius an E. Norden. 14. 1. 1917 (P-3-14. Bl. 223).

[4]) P-3-14. Bl. 226—229. — Der zitierte Passus wurde nicht in die Eingabe an den Minister aufgenommen.

[5]) P-3-10. Bl. 335.

war der erste Fall, daß von der Fakultät vorgeschlagene Mathematiker glatt zurückgewiesen wurden. Althoff[1]), seit 1885 25 Jahre hindurch der allmächtige Mann im Kultusministerium, zuvor Ordinarius in der Juristischen Fakultät in Straßburg, wurde von den Professoren je nach Temperament und Einstellung verehrt, gefürchtet oder gehaßt. Es ist nicht die Aufgabe dieser Darstellung, eine eingehendere Charakteristik von Althoff zu geben, aber um seinen Einspruch zu erklären, muß wenigstens soviel gesagt werden, daß er sich in fast allen Fällen selbst ein Bild von den Lehrstuhlkandidaten und darüber hinaus von Nachwuchswissenschaftlern gemacht hat, auch auf dem Gebiete der Mathematik[2]). „Er war ein höchst interessanter, in gewissem Sinne sehr gefährlicher Mensch, von einem psychologischen Blick, der an Genie grenzte"; mit diesen Worten hat ihn, „den Tyrannen der Universitäten", der Erfinder der Infiltrationsanästhesie C. L. Schleich nach persönlicher Bekanntschaft charakterisiert[3]). Es ist mit an Sicherheit grenzender Wahrscheinlichkeit anzunehmen, daß Althoff um die mangelnde Befähigung Schottkys für den Unterricht wußte und daß er für Berlin einen gerade auf diesem Gebiet befähigteren Gelehrten wünschte. Er hatte sich lange Zeit bei der Besetzung der preußischen Ordinariate durch Weierstraß beraten lassen[4]), und es ist möglich, daß er schon aus dieser Zeit um Schottkys schwache Stelle wußte. Was ihn gegen Hölder einnahm, muß dahingestellt bleiben. Althoff, übrigens mit F. Klein freundschaftlich verbunden und ein Förderer von dessen Idee privater Finanzierung[5]), begnügte sich bei seiner Ablehnung nicht mit dem bloßen Nein, sondern forderte die Universität auf, sich bei ihren neuen Vorschlägen über Friedrich Schur in Karlsruhe, H. von Mangoldt (Aachen), F. Engel in Leipzig und C. Runge in Hannover gutachtlich zu äußern[6]).

Man kann sich die Aufregung in der Fakultät und insbesondere den Unmut von Frobenius unschwer vorstellen. Zunächst wurde Schwarz in das Ministerium gesandt, um die Hintergründe der Ablehnung zu eruieren. Auf der nächsten Kommissionssitzung am 14. Juli berichtete er[7]) über seine Aussprachen mit Mitarbeitern des Ministeriums (zu Althoff selbst ist er wohl vorsichtshalber nicht gegangen). Hölder solle kränklich, Schottky „kein anregender Lehrer" sein. Dann sprach er über andere mögliche Kandidaten: Da H. Weber zu alt, bei F. Lindemann „Mangel an Selbstkritik, verschiedene verunglückte Beweise" festzustellen seien, käme wohl nun doch Hensel in Frage.

Frobenius dachte nicht daran, sich Althoff zu fügen. Er war mit Schottky schon lange eng befreundet (sie hatten von 1882 an zehn Jahre gemeinsam in Zürich gewirkt)[8]) und fest entschlossen, seinen Willen durchzusetzen. Er charakterisierte auf der Sitzung vom 14. Juli W. Wirtinger (Innsbruck) und kam dann auf Schottky zurück. In Berlin müsse für die höchsten Semester gesorgt werden, und dafür sei Schottky der rechte Mann. Alle Bedenken der Kommission, einen vom Ministerium bereits abgelehnten Mann noch-

---

1) vgl. Anm. 9 auf S. 105.

2) Vgl. L. Heffter 1952.

3) Schleich, Carl Ludwig: Besonnte Vergangenheit. Berlin: Vier Falken Verlag (1934). 416. bis 465. Tausend. S. 245. — Weitere Lit. über Althoff s. W. Lorey 1916. S. 3, Anm. 3.

4) K. Weierstraß an H. A. Schwarz. 7. 3. 1883; 14. 3. 1885; 14. 6. 1885 (Archiv d. Ak. Wiss. d. DDR, Nachlaß Schwarz).

5) A. Sachse 1907. S. 184. — A. Sachse 1928. S. 277—279.

6) P-3-10. B. 335.

7) P-3-10. Bl. 336.

8) Schottky seinerseits nannte Frobenius einen „unersetzlichen Freund" (P-3-14. Bl. 287).

mals vorzuschlagen, rang Frobenius nieder. Ihm wurde aufgetragen, gemeinsam mit Schwarz (das war nur eine Geste, tatsächlich stammt das Konzept allein von Frobenius) den neuen Vorschlag aufzusetzen, Schottky an erster, Weber an zweiter und Hensel an dritter Stelle zu nennen sowie über die von Althoff erwähnten Mathematiker sich „gemäßigt aber entschieden" zu äußern[1]).

Der Vorschlag von Frobenius läßt eben diese Mäßigung vermissen, er ist maßlos und daher blind. Es werden, um den Informationsverlust möglichst klein zu halten, im Kapitel 11, Dok. 23, auch die wichtigsten gestrichenen, auf der Sitzung der Kommission vom 19. Juli[2]) durch (von Schwarz herrührende) „mildere Wendungen" ersetzten Passagen wiedergegeben. Ganz besonders Anstoß erregend waren wohl solche Formulierungen wie etwa die, in welcher dem Minister K. von Studt nach dem Wunsch von Frobenius gesagt werden sollte, man sei seinen „nicht verantwortlichen Rathgebern" (dieser „unverantwortliche" Ratgeber war natürlich Althoff) dankbar, daß sie sich nur auf vier Gegenvorschläge beschränkt hätten ... Ungeachtet aller „Milderungen" war Schwarz nicht wohl zumute. Er warf die Frage auf, ob es nicht ratsam wäre, das Votum der Fakultät durch eine an Althoff zu entsendende Delegation zu unterstützen. Man entschloß sich aber, erst *nach* Absendung des Antrags bei Althoff anzufragen, ob ihm mündliche Erläuterungen durch Frobenius „genehm seien"[3]).

In dem von der Fakultät am 28. Juli abgesandten neuerlichen Ersatzvorschlag für Fuchs[4]) werden nun nochmals die Leistungen Schottkys hervorgehoben, wobei das Bestreben zu spüren ist, die Bedenken gegen Schottkys Lehrbefähigung zu mindern. Man habe sich in Marburg erkundigt und erfahren, daß Schottky „in den letzten Jahren wesentlich an Gewandtheit gewonnen" habe. Helmholtz sei als Lehrer wenig gewandt gewesen; auch Weierstraß am Gewerbeinstitut wird beschworen — kurz, Frobenius zieht alle Register. Minkowski wird erwähnt; seine Berufung nach Berlin komme nur deshalb nicht in Frage, weil die Zahlentheorie in Berlin ausreichend vertreten sei. An zweiter und dritter Stelle werden beschlußgemäß Weber und Hensel vorgeschlagen. Sodann folgt eine geradezu vernichtende Kritik der durch Althoff genannten Mathematiker. H. von Mangoldt kommt noch am besten weg; er sei der einzige der vier, der „auf eine gewisse Beachtung Anspruch" erheben könne. Für eine technische Hochschule möge er in Frage kommen, nicht aber für Berlin, denn er stünde nicht höher als Hettner, Knoblauch oder Landau. Runge sei ein „feiner geistreicher Kopf, aber seit langer Zeit nicht mehr Mathematiker, sondern ausschließlich Physiker". Früher hätte er einige mathematische Aufsätze veröffentlicht, in denen er das von seinen Lehrern Weierstraß und Kronecker Gelernte auf spezielle Fragen angewendet habe. Als Seminararbeiten (!) würden diese Aufsätze ja ganz beachtenswert sein, aber einen Anspruch auf eine mathematische Professur in Berlin vermöchten sie nicht zu begründen. Über Engel und F. Schur hingegen ergießt Frobenius die ganze Schale seines Zornes, und zwar weil sie sich an Sophus Lie anlehnten. Und dann folgt eine am 14. Juli auf Antrag von Frobenius ausdrücklich beschlossene[5]) Auseinandersetzung mit Lie. Die Kritik, die Frobenius dabei an Lie übt, eine wahre Verketzerung, kann als glattes Fehlurteil auf Grund der

---

[1]) P-3-10. Bl. 336.
[2]) P-3-10. Bl. 337.
[3]) ebd.
[4]) P-3-10. Bl. 338—343.
[5]) P-3-10. Bl. 336.

bisherigen Entwicklung bezeichnet werden. Und wenn Weierstraß, wie ihn Frobenius zitiert, gesagt hat, Lies „Arbeiten müßten alle von Grund aus noch einmal gemacht werden", so wendet sich diese Kritik ja nur gegen die Form, nicht gegen den Gehalt, sie tadelt die Unstrenge, nicht die Ideen, sie wendet sich gegen die Ausführung, nicht gegen das Fundament. Freilich, 1885 urteilte Weierstraß in dem Brief, aus dem schon über Klein zitiert wurde[1]):

„Lie hat ja, das will ich nicht leugnen, einige wertvolle Arbeiten geliefert, ist aber weder in wissenschaftlicher Beziehung noch als Lehrer ein Mann von solcher Bedeutung, daß man ihn, den Ausländer, allen in Betracht kommenden Inländern vorzuziehen berechtigt wäre. Nun wird es heißen, er sei ein zweiter Abel, den man um jeden Preis habe gewinnen müssen."

Aber dieser Brief ist 1885, nicht 1902, geschrieben und entsprang dem Unmut darüber, daß durch Klein die Weierstraßschen eigenen Pläne für die Wiederbesetzung von dessen Leipziger Ordinariat durchkreuzt worden waren. Bei Lie läßt Frobenius immerhin noch „spärliche Goldkörner" gelten; bei Engel und Schur wird nur konstatiert, sie hätten „einiges Flickwerk an dem schwachen Fundamente der Lieschen Theorien" geleistet. Für Berlin seien sie, wie schlicht und einfach gesagt wird, „beide unmöglich".

Die Fakultät, oder genauer gesagt, Frobenius, setzte ihren bzw. seinen Willen durch: Am 20. 8. 1902 ließ der Minister die Fakultät benachrichtigen[2]), Schottky werde zum 1. Oktober das Fuchssche Ordinariat übertragen, und er werde zum Mitdirektor des Mathematischen Seminars ernannt. Seine Lehrtätigkeit sollte Schottky „vornehmlich den höchsten Gebieten der Mathematik, wie der Lehre von den Abelschen Funktionen, von den automorphen Funktionen, den Grundproblemen der Funktionentheorie" zuwenden. Durch diese dem Antrag entnommene Formulierung sollte wohl zum Ausdruck gebracht werden, daß man die ersten Semester und die Lehramtskandidaten Schottky besser nicht anvertrauen solle. Die Bedenken, heißt es weiter in dem Ministerialschreiben, die gegen die Berufung Schottkys bestanden, seien „nach den überzeugenden Darlegungen" der Fakultät „gern" zurückgestellt worden.

6.5. Die anderthalb Jahrzehnte bis zur Emeritierung von Schwarz und zum Tode von Frobenius (1902—1917)

Mit der Berufung von Schottky beginnt die zweite Periode der „postklassischen" Ära.

6.5.1. Schottky

„Ein reiner Vertreter jenes Gelehrtentums, das gleichgültig gegen die Güter dieser Welt die bescheidene und weise Einfalt besitzt, die das Zeichen hoher Gedanken ist und die den Dichter und Träumer verrät" — mit diesen Worten kennzeichnete die ETH Zürich Friedrich Schottky anläßlich seines 80. Geburtstages[3]). Und in der Tat, dieser „stille beschauliche Mann"[4]), von dem Drang getrieben, „grübelnd die Wahrheit zu erforschen"[5]), ist immer „das richtige mathematische Genie vergangener Zeiten mit

---

[1]) K. Weierstraß an H. A. Schwarz. 20. 12. 1885 (Archiv d. Ak. Wiss. d. DDR, Nachlaß Schwarz).

[2]) P-3-10. Bl. 351.

[3]) Zit. nach Göttingen 1936. S. 7.

[4]) L. Bieberbach 1936. S. CVI.

[5]) Berlin 1925. S. 503.

anderen Neigungen" geblieben, als das ihn Weierstraß schon während seiner Promotion bezeichnet hatte[1]). Ohne jedes Geltungsbedürfnis, weltfremd und mit geringer Lehrbefähigung, erinnert er uns in vielen Zügen an R. Hoppe, nur daß Schottky wissenschaftlich auf einer unvergleichlich höheren Stufe stand. Allerdings, der glänzende Lehrer, wie sich Althoff einen solchen für diesen Lehrstuhl, der einst der Kummersche gewesen war, gewünscht hatte, war er nicht. Und eben deshalb hat seine Berufung dazu beigetragen, Berlin weiter hinter Göttingen zurücktreten zu lassen.

Schottky (geb. 24. 7. 1851 in Breslau) war nur zwei Jahre jünger als sein Freund Frobenius. Aber als jener bereits Extraordinarius in Berlin war, promovierte Schottky erst. Über Breslau, wo er sich habilitierte, führte ihn der weitere Weg nach Zürich, wo er erneut mit Frobenius zusammentraf. Seine Arbeiten befaßten sich einmal, von der Dissertation[2]) ausgehend, mit der Theorie der automorphen Funktionen, zum anderen mit den Abelschen Funktionen, dabei an Weierstraß anknüpfend, der neben Helmholtz den größten Einfluß von allen seinen Lehrern auf ihn ausgeübt hat. Die Theorie der analytischen Funktionen verdankt ihm insbesondere den „Schottkyschen Satz", eine Verallgemeinerung des Picardschen Satzes von 1879. Auch die Wertschwankungen harmonischer Funktionen sind mit seinem Namen verbunden. So hat Schottky als Forscher einen bleibenden Platz in der Geschichte der Mathematik zu beanspruchen.

Schottky las an der Berliner Universität über seine zum 31. 3. 1921 erfolgte Emeritierung[3]) hinaus noch bis zum SS 1926 (mit einer Unterbrechung 1924/25) und verband dergestalt die vorangegangene Ära mit der folgenden, wie es einst sein Vorgänger Fuchs getan hatte. Seine Vorlesungen in dem hier in Rede stehenden Zeitraum behandelten im wesentlichen folgende Thematik in lockerem Zyklus: allgemeine und spezielle Funktionentheorie, Potentialtheorie der Ebene und des Raumes sowie Theorie der krummen Linien und Flächen. In den ersten Jahren bis 1906, dann noch einmal im WS 1918/19 trug er die Theorie der Abelschen Funktionen vor. Einige Male las er über elliptische Funktionen bzw. deren Anwendungen, außerdem über automorphe Funktionen, Thetareihen, Thetafunktionen, Flächen 2. Ordnung. Mit Anfängervorlesungen hat man ihn fast ganz verschont. Erst als der Dozentenmangel im ersten Weltkrieg es unvermeidlich werden ließ, hat er mehrfach analytische Geometrie der Ebene und des Raumes gelesen. In den Kollegen- bzw. Freundeskreis fügte er sich still und unauffällig ein. Nach dem Tode seines Freundes Frobenius trat er in der Fakultät hier und da hervor, meist um Wünschen des Toten noch zur Verwirklichung zu verhelfen.

6.5.2. Promotionen und Habilitationen

Nur 12 Promotionen und eine Habilitation wurden in diesem Zeitabschnitt vollzogen, darunter die postume eines Gefallenen. Auch wenn man die Wirkung des ersten Weltkrieges ganz außer Betracht läßt (1915 bis 1919 einschließlich ist nicht eine mathematische Promotion zu verzeichnen), ist der Rückgang außerordentlich. Von 1862 bis 1874 promovierten 30 Mathematiker!

---

[1]) K. Weierstraß an H. A. Schwarz. 21. 4. 1875 (Archiv d. Ak. Wiss. d. DDR, Nachlaß Schwarz); s. oben S. 119—120.

[2]) s. 12.3., Nr. 75

[3]) P-3-16. Bl. 429.

6.5.2.1. Promotionen

Unter den drei Verfassern der von Schwarz an erster Stelle begutachteten Dissertationen befinden sich zwei, deren Namen später sehr bekannt wurden: P. Koebe[1]) und L. Lichtenstein[2]). Koebe erhielt für seine funktionentheoretische Arbeit das Prädikat „valde laudabile" und wurde „mit Auszeichnung" promoviert[3]). Der Promotionsvorgang mit Gutachten und Prüfungsprotokoll wird im Kapitel 11 als Dokument 24 wiedergegeben. Koebe brachte in seiner Arbeit Gedanken von Weierstraß zur Theorie der Funktionen, die ein algebraisches Additionstheorem besitzen, zu einem glücklichen Abschluß. Drei der fünf Doktoranden von Frobenius sind Hochschullehrer geworden: E. Jacobsthal[4]), R. Remak[5]) und R. Jentzsch[6]). Je näher wir an die Gegenwart heranrücken, desto häufiger stoßen wir auch bei den Mathematikern auf Opfer der unheilvollen Vergangenheit. Dazu gehört Lichtenstein ebenso wie Remak; Jentzsch und der 1925 postum promovierte E. Stiemke fielen im ersten Weltkrieg. Jacobsthal und Remak promovierten mit algebraisch-zahlentheoretischen Arbeiten; Stiemke über unendliche algebraische Zahlkörper[7]).

Nur drei Doktoranden haben bei Schottky promoviert: A. Hamburger[8]), K. Knopp[9]) und W. Schnee[10]). Knopp, dem wir noch begegnen werden, erhielt für seine Arbeit über Grenzwerte von Reihen bei der Annäherung an die Konvergenzgrenze von Schottky nur das Prädikat „laudabilis", sonst hätte bei dem glanzvollen Ausgang der mündlichen Prüfung auch für ihn das Ergebnis „summa cum laude" sein müssen; so mußte er sich „magna cum laude" begnügen[11]). Um auch Schottky als Gutachter vorzustellen, enthält Kapitel 11 als Dokument 25 Knopps Promotionsvorgang. Schnee ist ebenso wie Knopp mehr Landau- als Schottky-Schüler; Hamburger wurde mehr von Kneser als von Schottky beeinflußt. Schnee wie Koebe gehören zu den aus der Berliner Schule Hervorgegangenen, deren Namen mehrfach bei Berufungsverhandlungen für Berlin genannt wurden. Aber im Gegensatz zu I. Schur und Knopp sind sie nicht wieder nach Berlin zurückgekehrt.

6.5.2.2. Habilitationen

Drei Privatdozenten haben sich in Berlin nach der Berufung von Schottky bis zum Ausscheiden von Schwarz und Frobenius habilitiert: Issai Schur[12]), Knopp[13]) und Jentzsch[14]); alle drei Berliner Doktoranden.

---

[1]) s. 12.3., Nr. 134. — L. Bieberbach 1968. S. 148.
[2]) s. 12.3., Nr. 140.
[3]) P-4-192, Vorgang Koebe.
[4]) s. 12.3., Nr. 136.
[5]) s. 12.3., Nr. 143.
[6]) s. 12.3., Nr. 144.
[7]) s. 12.3., Nr. 161.
[8]) s. 12.3., Nr. 135.
[9]) s. 12.3., Nr. 137.
[10]) s. 12.3., Nr. 139.
[11]) P-4-219, Vorgang Knopp.
[12]) s. 12.4., Nr. 26.
[13]) s. 12.4., Nr. 27.
[14]) s. 12.4., Nr. 28.

Die Habilitationsschrift Schurs über die Darstellung der endlichen Gruppen durch gebrochene lineare Substitutionen fand wiederum den uneingeschränkten Beifall von Frobenius. In seinem Gutachten von Anfang Dezember 1902 führte er aus[1]):

„In dieser inhaltsreichen Arbeit zeigt der Verfasser, wie schon vorher in seiner Dissertation, seine hervorragende Begabung für die Aufstellung, Umformung, Zerlegung und Lösung großer algebraischer Probleme. In seiner ausgedehnten Studienzeit hat er sich auf allen Gebieten der Mathematik gründliche, umfassende Kenntnisse erworben. Daher erscheint er in besonderem Maße für die akademische Laufbahn vorbereitet und geeignet."

Schritt für Schritt hatten sich Form und Inhalt der Thematik der Vorlesungen, der Dissertationen und Habilitationsschriften sowie der Prüfungen dem angenähert, was seither noch üblich geblieben ist. Etwa die Jahrhundertwende bezeichnet den Zeitpunkt, von dem ab sich auf allen diesen Gebieten dem Betrachter ein „modernes" Bild darbietet. So verhält es sich denn auch mit den Vorschlägen von Schur für seinen Probevortrag vor der Fakultät bzw. seine Antrittsvorlesung, respektive mit den von der Fakultät daraus gewählten Themen[2]).

In der Thematik der von Schottky begutachteten Habilitationsschrift Knopps von 1911, betreffend Divergenzcharaktere gewisser Dirichletscher Reihen, zeigt sich erneut der Einfluß Landaus.

Während Knopp und vor allem Schur, der erste kurze, der andere lange Zeit, in Berlin gewirkt haben, war dem dritten Habilitanden, R. Jentzsch, nur ein einziges Semester (SS 1917) zum Halten von Vorlesungen vergönnt. Nachdem er über synthetische Geometrie sowie die Galoissche Theorie mit ihren Anwendungen vorgetragen hatte, mußte er zurück zum Militär und fiel ein Jahr danach. Jentzsch hatte schon als Student die Aufmerksamkeit seiner Lehrer erregt, und seine hervorragende Doktorarbeit sowie die glanzvolle Prüfung[3]) brachten ihm das Prädikat „summa cum laude" ein. (Es haben mit dem höchsten Prädikat zwischen 1810 und 1933 in Berlin promoviert: Prym, Schwarz und Mertens (sämtlich „eximia cum laude"), Frobenius, Günther, I. Schur, Koebe, Jentzsch, H. Hopf, R. Brauer, Cremer, A. Brauer und Rado (alle „summa cum laude").) Bei den hohen Ansprüchen, die Frobenius stellte, ist es um so bemerkenswerter, daß er Jentzsch 1915 zum Extraordinarius (an zweiter Stelle hinter Schur als Nachfolger von Knoblauch) vorschlug, noch ehe er sich habilitiert hatte[4])! Seine Habilitationsschrift, in der er Untersuchungen über die Abschnitte von Potenzreihen vorführte, wurde durch Schottky als Erstreferent begutachtet[5]).

6.5.3. Preisaufgaben

Drei Preisaufgaben wurden gestellt; die erste, die Bestimmung des Newtonschen Potentials eines nicht homogenen Polyeders in einem bestimmten Fall fordernd[6]), rührte von Schottky her; die beiden nächsten, die einen kritischen Vergleich der verschiedenen Beweise der beiden Sätze von E. Picard bzw. die Bestimmung desjenigen Ellipsoids mit dem kleinsten Volumen unter allen, die durch vier gegebene Punkte gehen,

[1]) H-1-28, Vorgang Schur.
[2]) s. 12.4., Nr. 26.
[3]) P-4-349, Vorgang Jentzsch.
[4]) P-3-14. Bl. 18c u. 18d.
[5]) s. 12.4., Nr. 28.
[6]) s. 12.5., Nr. 36.

verlangten[1]), von Frobenius. Alle Fragen fanden Bearbeiter, die letztere sogar deren vier, unter ihnen H. Prüfer (Doktorand I. Schurs von 1921) und W. Kramer, 1951 bis 1959 Lehrbeauftragter bzw. Dozent für Mathematik an der Humboldt-Universität zu Berlin, die beide einen Preis erhielten, und zwar auf Grund nachstehenden Urteils von Frobenius[2]), das als repräsentatives Beispiel zitiert wird:

„Für diese Aufgabe sind vier Bearbeitungen eingegangen mit den Kennworten: 1. „Emiljan"; 2. „La vie n'est bonne qu'à étudier et à enseigner les mathématiques (Poisson)"; 3. „Determinanten"; 4. „Tetraeder-Ellipsoid". Die Aufgabe kann mit Hilfe der Differentialrechnung behandelt werden oder unter Benutzung der Verwandtschaft der Affinität auf elementarem Wege. Die erste Arbeit wählt nur den ersten Weg, die vierte nur den andern, die zweite und die dritte Arbeit benutzen beide Methoden. Die erste und die zweite Arbeit verwenden die Methode von Lagrange.

Die erste Arbeit, worin die Rechnung mit geringem Geschick durchgeführt ist und kein Versuch zu ihrer geometrischen Deutung gemacht ist, kommt für die Preiserteilung nicht in Betracht.

Der zweite und der dritte Bearbeiter sind in der Rechnung mit Determinanten außerordentlich gewandt. In ihrer elementaren Herleitung setzen sie als bekannt voraus, daß das größte einer Kugel einbeschriebene Tetraeder das reguläre ist, beweisen also nicht lückenlos und einwandfrei den die volle Lösung der gestellten Aufgabe enthaltenden Satz, daß das kleinste durch die Ecken eines regulären Tetraeders gehende Ellipsoid die ihm umschriebene Kugel ist.

Das komplizierte Gleichungssystem, auf das der zweite Bearbeiter durch die Methode von Lagrange geführt wird, vereinfacht er durch eine Annahme, deren Zulässigkeit er nicht genügend begründet. Er entwickelt, ebenso wie der dritte Bearbeiter, die geometrische Bedeutung seiner analytischen Ergebnisse, und gibt sogar für die Lage des minimalen Ellipsoids eine sehr entsprechende mechanische Deutung. Aber ebenso wenig, wie einer der andern Bearbeiter, ist er dadurch auf den Gedanken gekommen, die Gleichung dieses Ellipsoids in baryzentrischen Koordinaten aufzustellen. Der an sich vortrefflichen Arbeit wird ein Preis nur darum nicht zuerkannt, weil in der dritten Arbeit die analogen Entwicklungen noch besser durchgeführt sind.

Der dritte Bearbeiter wählt gleich von vornherein das geschickteste Koordinatensystem. Dadurch macht er in dem analytischen Teile das Affinitätsprinzip entbehrlich, und die 10 unbekannten Koeffizienten sondern sich sofort in 6 unabhängige und 4 von ihnen abhängige Variable, so daß auch die Methode von Lagrange entbehrlich wird. Daher kann er dann mittelst der zweiten Variation zeigen, daß der gefundene extreme Inhalt ein Minimum ist. Eine ganz besondere Anerkennung verdient die sorgfältige und geschickte geometrische Konstruktion des minimalen Ellipsoids mit den Hilfsmitteln der darstellenden Geometrie.

Die vierte Arbeit leitet alles aus dem Prinzip der Affinität ab, nicht nur die geometrische, sondern auch die genaue analytische Bestimmung des gesuchten Körpers. Die Klarheit und Verständigkeit, mit der die ganze Untersuchung angelegt ist, veranlaßt die Fakultät, dieser Arbeit mit dem Kennwort „Tetraeder-Ellipsoid" den vollen Preis zu erteilen.

Verfasser derselben ist stud. phil. Heinz Prüfer aus Wilhelmshaven.

Aber auch die dritte Arbeit mit dem Kennwort „Determinanten" ist so vortrefflich angelegt, und mit so großem Fleiße durchgeführt, daß die Fakultät auch ihr den Betrag des vollen Preises zuerkennt, nachdem sie zu dieser außerordentlichen Preiserteilung die Genehmigung des vorgeordneten Ministeriums erhalten hat.

Verfasser dieser Arbeit ist stud. phil. Werner Kramer aus Lippehne, Brandenburg."

---

[1]) s. 12.5., Nr. 37 resp. 38.

[2]) „Bericht über die Bearbeitung der im Jahre 1915 gestellten Preisaufgaben und Anzeige der neuen Preisaufgaben, wie solche [...] am 3. August 1916 von dem zeitigen Rektor der Universität verkündet worden sind", S. 2—4.

6.5.4. Extraordinarien und Privatdozenten

Die Tätigkeit der Extraordinarien Knoblauch und Lehmann-Filhés (dieser seit 1909 als ordentlicher Honorarprofessor) sowie des Ordinarius an der TH Charlottenburg Hettner, der auch fernerhin in beschränktem Umfange sein Extraordinariat an der Universität versah, wickelte sich weiterhin in den geschilderten Formen ab. Neben ihnen und den Lehrstuhlinhabern wirkten zunächst die beiden Privatdozenten Landau und I. Schur.

6.5.4.1. Landau

Der Nachruf, den K. Knopp seinem früheren Lehrer Edmund Landau gewidmet hat[1]), spiegelt, 45 Jahre nach der Studentenzeit Knopps geschrieben, in unverminderter Frische die Begeisterung wider, mit der Landau der Mathematik leidenschaftlich ergeben war und die er auch in seinen Vorlesungen bei den Studenten zu wecken und wachzuhalten wußte. Die unbändige Schaffensfreude und das „hinreißende Temperament"[2]) hatte er mit Kronecker gemeinsam; durch den erst im Laufe der Zeit „immer stärker sich entwickelnden Trieb zur unerbittlichen Strengeund Sachlichkeit"[3]) erinnert er an Weierstraß, in seinen Forschungsneigungen allerdings grundsätzlich von diesem verschieden. Zwar hat er neben der analytischen Zahlentheorie auch die Funktionentheorie bereichert, aber doch mit einer ganz anderen Zielsetzung als jener. Neben den originellen Leistungen Landaus war es ein Charakteristikum seines Forschens, Ergebnisse und Beweise anderer Mathematiker zu vereinfachen und zu verallgemeinern. Wie Kronecker und Weierstraß trug auch Landau gern in den Vorlesungen seine neuesten Funde vor. Knopp entsann sich noch genau, daß Landau 1904[4]) „mit strahlendem Stolz"[5]) bei der Wiedergabe des Borelschen Beweises des Satzes von Picard den später „Landauschen" genannten Satz vortrug. (Aus der weiteren Verallgemeinerung dieses Satzes entstand dann der oben genannte Schottkysche Satz). Ein solcher Lehrer zog die Studenten an, und es mußte der Fakultät ein dringendes Anliegen sein, ihn zu behalten. Am 10. 12. 1904 richtete die Fakultät denn auch an den Minister von Studt den Antrag[6]), Landau zum Extraordinarius zu befördern, entweder als Hensels Nachfolger oder indem das noch von Hettner besetzte Extraordinariat durch dessen Ernennung zum ordentlichen Honorarprofessor frei gemacht werden sollte (s. Kapitel 11, Dok. 26). Die Fakultät wies auf den Rückgang der Zahl der Mathematikdozenten, auf die steigenden Studentenzahlen und die Bevorzugung von Göttingen und Breslau hin, um ihren Wunsch zu motivieren. Hinsichtlich Landaus berichtigte sie das frühere Urteil über ihn, indem sie darlegte, wie dieser den damals geäußerten Wunsch, sich nicht nur einem engen Spezialgebiet zu widmen, sondern sich auch anderen Fragen von allgemeinerem Interesse und höherer Bedeutung zuzuwenden, inzwischen erfüllt hatte. An zweiter Stelle

---

[1]) K. Knopp 1951.

[2]) ebd. S. 55.

[3]) ebd. S. 56.

[4]) Gemeint ist wohl WS 1903/04.

[5]) K. Knopp 1951. S. 60.

[6]) P-3-11. Bl. 154—158. Das Konzept stammt ausnahmsweise von Schwarz, wurde aber durch H. Diels redigiert.

wurde Schur vorgeschlagen, der sich erst im Vorjahr habilitiert hatte, und an dritter Stelle der Marburger Privatdozent H. Jung, der übrigens zeitweise in Berlin studiert hatte. Der Antrag blieb erfolglos; das einzige Ergebnis bestand darin, daß Landau am 29. 9. 1905 das Prädikat Professor verliehen wurde[1]).

Am 4. 12. 1908 wurde erneut die Initiative ergriffen, um Landau ein Extraordinariat zu verschaffen. Frobenius, der den Antrag entwarf, führte u. a. aus[2]):

„Vor 4 Jahren hat die Fakultät in einer ausführlichen Darlegung den Zustand und die Bedürfnisse des mathematischen Unterrichts an unserer Universität geschildert. Die Anzahl der Studierenden, auf deren Anwachsen wir damals hinwiesen, hat inzwischen noch zugenommen. Die Reihe neuer Disziplinen, die so weit gereift sind, um den Studierenden übermittelt werden zu können, hat sich weiter entwickelt. Um den Bedürfnissen der großen Anzahl von Studierenden zu genügen, die halbjährlich neu eintreten, haben wir gesucht, das Prinzip aufrecht zu erhalten, daß die elementaren Vorlesungen in jedem Semester gehört werden können. Dies ist uns nur durch die opferwillige Tätigkeit unserer beiden Privatdozenten, der Herren Schur und Landau, möglich geworden. Außerdem hat sich Herr Landau ganz besonders um die Einführung der neuen Disziplinen der Mengenlehre und der Theorie der Integralgleichungen verdient gemacht.

Sowohl in diesen neuen Vorlesungen wie in den elementaren hat es Herr Landau vorzüglich verstanden, durch seine lichtvolle und lebendige Darstellung das Interesse der Zuhörer zu erregen und zu fesseln. Wie die beiliegende Frequenzliste zeigt, haben seine Vorlesungen einen außerordentlich zahlreichen Besuch gefunden; auch ist es ihm gelungen, besonders begabte Studierende zu eigenen Forschungen anzuregen. Neben den Vorlesungen hat Herr Landau eine ausgedehnte wissenschaftliche Tätigkeit entfaltet. Seine Untersuchungen behandeln außer zahlreichen speziellen Fragen besonders wichtige funktionentheoretische Probleme (Satz von Picard) und die analytische Zahlentheorie. Seine Arbeiten haben bei den Fachgenossen große Anerkennung und Beachtung gefunden und haben zu vielen weiteren Untersuchungen Veranlassung gegeben."

Dem Umstand, daß eine Liste der von Landau gehaltenen Vorlesungen mit den Hörerzahlen beigefügt worden ist[3]), verdanken wir eine genaue Kenntnis seiner Berliner Wirksamkeit:

		Hörer	
		publ.	priv.
WS 1901/02	Algebra (4 St.)		49
	Theorie der ganzen transzendenten Funktionen (1 St.)	72	
	Übungen zur Algebra (1 St.)	29	
SS 1902	Einleitung in die Theorie der Differentialgleichungen (4 St.) (für den verstorbenen Fuchs)		63
	Höhere Algebra (Gruppen- und Substitutionstheorie) (4 St.)		23
	Übungen in der höheren Algebra (1 St.)	16	
	Über die Bestimmung der Klassenzahl binärer quadratischer Formen (1 St.)	37	
WS 1902/03	Zahlentheorie I (4 St.)		50
	Theorie der linearen Differentialgleichungen (4 St.)		31
	Mengenlehre (1 St.)	84	

[1]) P-6-8. Bl. 20.
[2]) P-6-8. Bl. 89.
[3]) P-6-8. Bl. 91—93.

		Hörer	
		publ.	priv.
SS 1903	Zahlentheorie II (Theorie der algebraischen Zahlen und der Ideale) (4 St.)		15
	Einleitung in die Funktionentheorie (4 St.)		96
	Theorie der Riemannschen Zetafunktion (mit Anwendung auf die Zahlentheorie) (1 St.)	29	
WS 1903/04	Theorie der Determinanten (4 St.)		57
	Funktionentheorie II (4 St.)		38
	Über die Transzendenz von e und π (1 St.)	124	
SS 1904	Differentialrechnung (4 St.)		72
	Theorie der Irrationalzahlen (1 St.)	207	
	Übungen in der Differentialrechnung (1 St.)	85	
	Übungen in der höheren Funktionentheorie (1 St.)	16	
WS 1904/05	Integralrechnung (4 St.)		63
	Theorie der Flächen 2. Ordnung (2 St.)		47
	Mengenlehre (1 St.)	119	
	Übungen in der Integralrechnung (1 St.)	57	
SS 1905	Einleitung in die Funktionentheorie (4 St.)		61
WS 1905/06	Algebra (4 St.)		56
SS 1906	Über den Picardschen Satz (4 St.)		16
WS 1906/07	Zahlentheorie (4 St.)		29
SS 1907	Variationsrechnung (3 St.)		48
	Wahrscheinlichkeitsrechnung (1 St.)	181	
WS 1907/08	Integralgleichungen (4 St.)		16
SS 1908	Differentialrechnung (4 St.)		83
	Über die Verteilung der Primzahlen (4 St.)		13
WS 1908/09	Integralrechnung (4 St.)	Hörerzahlen lagen noch nicht vor.	
	Mengenlehre mit Anwendung auf die Theorie der Funktionen reeller Veränderlicher (4 St.)		

Diese Aufstellung zeigt, wie Landau einmal eigenes Forschungsfeld zum Vorlesungsgegenstand gemacht hat, aber andererseits auch hochmoderne, von anderen Mathematikern gepflegte Thematik den Studenten nahezubringen suchte. Daneben entzog er sich nicht der Verpflichtung, hin und wieder mit Anfängervorlesungen einzuspringen. Die Hörerzahlen sind imponierend.

Aber auch diesmal blieb dem Antrag der Erfolg versagt. Das Ministerium erklärte am 25. 1. 1909, eine Ernennung von Landau käme nicht in Frage, da die erforderlichen Voraussetzungen nicht gegeben seien[1]), berief den 32jährigen jedoch schon einen Monat später als Nachfolger von Minkowski auf dessen Göttinger Ordinariat[2]). An diesem Beispiel wird deutlich, wie man nun ganz bewußt Göttingen als „mathematischem Schwerpunkt" den Vorzug vor Berlin gab, wo Althoff († 1908) ein Zentrum der Altertums- und der Geschichtswissenschaft hatte bilden wollen[3]).

[1]) P-6-8. Bl. 90. — Unter den „Voraussetzungen gem. Erlaß vom 10. 9. 1906" wurde verstanden: 1. Vorhandensein einer etatsmäßigen Stelle oder 2. daß das Ministerium die Schaffung einer solchen Stelle für erforderlich erachtete.

[2]) P-6-8. Bl. 107. — Zur Einschätzung Landaus vom heutigen Standpunkt s. W. Kluge 1983.

[3]) A. Sachse 1907. S. 181.

6.5.4.2. I. Schur

„Schur ist ein Gelehrter von dem umfassendsten und eindringlichsten Wissen und zugleich einer der produktivsten und ideenreichsten Mathematiker.“ Mit diesen Worten hat Frobenius seinen Schüler charakterisiert[1]), und er fügte hinzu: „Wie nur wenige Mathematiker übt er die große Abelsche Kunst, die Probleme richtig zu formulieren, passend umzuformen, geschickt zu teilen und dann einzeln zu bewältigen.“ Der 1875 in Mogilew geborene Issai Schur lebt als glänzender Forscher und anregender Lehrer noch in der Erinnerung mancher Mathematiker der Gegenwart, daß es unpassend wäre, ohne die Voraussetzung persönlicher Kenntnis erfüllen zu können, mehr über ihn zu sagen, als es sein Promotor und Förderer getan hat.

Schur war in Berlin zunächst zehn Jahre als Privatdozent tätig. Während dieser Zeit las er in etwa rhythmischem Zyklus algebraische Gleichungen I und II (gruppentheoretischer Teil), Zahlentheorie I und II (algebraische Zahlen und Ideale), lineare Substitutionen. Außerdem hielt er Anfängervorlesungen und trug Funktionentheorie sowie Differentialgleichungen vor. Daneben hielt er Spezialvorlesungen wie algebraische Theorie der quadratischen Formen, Theorie der Irrationalzahlen. Ab WS 1910/11 hat er auch über Integralgleichungen vorgetragen, die drei Jahre zuvor von Landau in den Vorlesungsstoff aufgenommen worden waren. Später, als Extraordinarius, nahm er dann noch Mengenlehre hinzu. Auch elliptische Funktionen hat er gelegentlich gelesen. (Die Vorlesungen, die Schur als Ordinarius gehalten hat, liegen jenseits der für dieses Kapitel gewählten Grenze und bleiben folglich hier unberücksichtigt.) Es konnte nicht ausbleiben, daß ein so vielseitiger und beliebter Lehrer, der sich durch seine Forschungen zunächst auf dem Gebiet der endlichen und unendlichen Gruppen von linearen Substitutionen, dann auf dem der Integralgleichungen bekannt gemacht hatte, einen Ruf erhielt. Und doch ließ ein solcher über Gebühr lange auf sich warten. Ob seine zurückhaltende Bescheidenheit die Ursache ist, ob andere Gründe vorlagen, läßt sich nicht entscheiden. Das einzige, was das Ministerium für ihn tat, war 1909 die Verleihung des Professorenprädikats[2]). Am 21. 4. 1913 wurde er dann als Extraordinarius nach Bonn berufen[3]). Auf Betreiben von Frobenius kehrte er im Frühjahr 1916 als Nachfolger von Knoblauch nach Berlin zurück[4]). In nicht weniger als neun Berufungsvorschlägen der Berliner Fakultät wird der Name Schur genannt, meist auf Veranlassung von Frobenius, häufiger als der irgendeines anderen Mathematikers vorher oder nachher. Ein Zeichen, daß die Fakultät getan hat, was sie tun konnte. Aber erst Ende 1919 gelang es, für ihn ein persönliches Ordinariat zu erhalten, und einen Lehrstuhl bekam er gar erst 1921 nach dem Ausscheiden von Schottky. 1935 wurde er gezwungen, sein Ordinariat aufzugeben[5]) und Deutschland zu verlassen (siehe 8.9.).

6.5.4.3. Knopp

Konrad Knopp, 1882 in Berlin geboren, hatte schon vor der Promotion die Prüfung für die „Kandidaten des höheren Lehramts“ abgelegt und ging 1908 für anderthalb Jahre an die Handelshochschule Nagasaki. Nach einer weiteren Lehrtätigkeit in Tsing-

---

[1]) P-3-13. Bl. 309. — Vgl. auch A. Fraenkel 1967. S. 119—120.

[2]) P-6-8. Bl. 149.

[3]) P-6-9. Bl. 5.

[4]) s. im Abschnitt 6.5.5.3.

[5]) P-3-28. Bl. 5.

tau habilitierte er sich 1911 und übernahm die Stelle eines Lehrers der Mathematik an der Kriegsakademie, die vor ihm Lehmann-Filhés bekleidet hatte. Seine Arbeiten auf dem Gebiet der Funktionentheorie, insbesondere über Konvergenzprobleme, und vor allem der außerordentliche Erfolg seiner Vorlesungen als Berliner Privatdozent führten dazu, daß sein Name schon früh bei Berufungsverhandlungen der Universitäten Tübingen und Leipzig genannt worden ist[1]). Was er an von Mangoldt gerühmt hatte[2]), die Vereinigung von Strenge und Faßlichkeit, gelang ihm selbst in ausgezeichneter Weise, und wie sein Vorbild Landau verstand er es, seine Hörer zu begeistern und mitzureißen unter ständiger Berücksichtigung der besonderen Situation der Lernenden[3]). Neben Vorlesungen für die ersten Semester trug er vor allem zweisemestrig Funktionentheorie, Reihentheorie (I: unendliche Reihen, Produkte und Kettenbrüche, II: Reihen mit veränderlichen Gliedern, insbesondere Potenzreihen, Fouriersche und Dirichletsche Reihen), aber auch Algebra und Differentialgleichungen vor. Vereinzelt tauchen ferner Zahlentheorie, elliptische Funktionen, Mengenlehre in seinen Ankündigungen auf. Amüsant ist es, zu lesen, daß Frobenius in dem Vorschlag vom 10. 2. 1915, in dem Knopp an zweiter Stelle als Nachfolger von Lehmann-Filhés vorgeschlagen wird, schon „den Knopp" erwähnt, der Generationen von Studenten zur Prüfungsvorbereitung gedient hat und noch dient[4]): „In der Sammlung Göschen hat er zwei recht brauchbare Bändchen über analytische Funktionen erscheinen lassen." Knopp wurde tatsächlich zum Extraordinarius für Lehmann-Filhés ernannt und damit dem in erster Linie vorgeschlagenen Schur vorgezogen. Nach vorübergehendem Kriegsdienst konnte Knopp, von einer Verwundung genesen, seine Tätigkeit in Berlin wieder aufnehmen, bis er zum 1. 10. 1919 Ordinarius in Königsberg wurde[5]).

6.5.5. *Sonstige Personen und Ereignisse*

Es bleibt noch zu berichten über den Seminarbetrieb und die Vorlesungen, die von nicht eigentlich zu den Mathematikdozenten der Fakultät gehörigen Lehrkräften gehalten wurden, sowie über die Versuche, eine Verstärkung der so sehr zurückgegangenen Zahl der Mathematiker zu erreichen.

6.5.5.1. Seminar und Proseminar

Das Mathematische Seminar wurde in den herkömmlichen Formen von Schwarz, Frobenius und Schottky weitergeführt[6]). Die Teilnehmerzahl erreichte im WS 1913/14 einen Höchststand von 63, im folgenden Winter, dem ersten Kriegswinter, ging die Zahl auf 22 zurück. C. L. Siegel rühmt an Frobenius, daß er sich ebenso wie Max Planck besonders um die Anfängerübungen gekümmert habe[7]). Eine neue Einrichtung schufen Schur und Knopp gemeinsam, indem sie im WS 1916/17 mit mathematischen Übungen

---

[1]) P-3-14. Bl. 18a u. 18b.
[2]) K. Knopp 1927. S. 339.
[3]) E. Kamke u. K. Zeller 1957. S. 47.
[4]) P-3-14. Bl. 18a u. 18b
[5]) K-106.
[6]) A. Fraenkel 1967. S. 119.
[7]) C. L. Siegel 1965. S. 13.

für mittlere Semester begannen. Diese Übungen hatten einen solchen Erfolg, daß ab WS 1917/18 daraus ein Proseminar entstand, das bis zum Ausscheiden von Knopp fortgeführt wurde.

6.5.5.2. Zusätzliche Vorlesungen

Mehrfach erhielten die Mathematiker willkommene Unterstützung. R. Rothe, der unermüdliche Helfer und Nachfolger Knoblauchs bei der Herausgabe der Werke von Weierstraß, erhielt als ordentlicher Professor der TH Charlottenburg 1915 einen Lehrauftrag (hier wird dieser Begriff im mathematischen Bereich zum ersten Mal verwendet) und hat vom SS 1915 bis zum SS 1919 Vorlesungen über Differential- und Integralrechnung gehalten sowie eine Einführung in die Differentialgeometrie gegeben. Hatte Hettner den Studenten der ersten Semester die Gelegenheit gegeben, seine Vorlesungen an der TH zu hören, so half Rothe auf die genannte Weise, die entstandene Lücke zu schließen.

Der Geophysiker A. Schmidt, Honorarprofessor an der Universität, las verschiedentlich seit 1913 über die elementare Theorie und Anwendungen der Kugel- und Zylinderfunktionen sowie Kollektivmaßlehre. L. von Bortkiewicz, damals Extraordinarius für Staatswissenschaft und Statistik, hatte noch vor A. Schmidt mit Vorlesungen über Versicherungsrechnung begonnen; ab WS 1917/18 las er Statistik für Mathematiker. Der Physik-Privatdozent F. Henning trug im SS 1918 eine Einführung in die Vektoranalysis vor. Früher waren solche Ergänzungen des Lehrprogramms mehr geduldet als erwünscht; jetzt wurde jede zusätzliche Vorlesung als Hilfe dankbar begrüßt, denn die Lage war katastrophal geworden. Im Mai 1914 starben Hettner und Lehmann-Filhés; im Juli 1915 starb auch Knoblauch. Knopp war einberufen, Schur in Bonn. Übrig geblieben waren die drei Ordinarien, von denen der eine über 70 und zwei Mitte 60 waren. Besonders fühlbar war das Fehlen eines Geometers.

Ehe zu den Versuchen übergegangen wird, neue Kräfte nach Berlin zu holen, sei wieder ein abschließender Blick auf die Vorlesungen eines Semesters geworfen. Dieses Mal sei das 200., das Jubiläumssemester Sommer 1910, ausgewählt.

Schwarz:	Raumkurven und krumme Flächen.
	Elliptische Funktionen.
	Mathematische Kolloquien.
Frobenius:	Theorie der Determinanten.
Schottky:	Elementare Funktionentheorie.
	Automorphe Funktionen.
Hettner:	Einführung in die Theorie der gewöhnlichen Differentialgleichungen.
Knoblauch:	Anwendungen der elliptischen Funktionen.
Lehmann-Filhés:	Analytische Mechanik.
Schur:	Differentialrechnung mit Übungen.
	Theorie der algebraischen Zahlen II.

Berücksichtigt man, daß außerdem die Hettnerschen Vorlesungen in der Technischen Hochschule mitgehört werden durften, so ist das „Angebot“ immer noch vielseitig und koordiniert. Streicht man indessen die außerordentlichen Professoren und den Privatdozenten, so bietet sich annähernd die Situation, wie sie sich deutlicher vor Kriegsbeginn abzuzeichnen begann und dann nach Ausbruch des ersten Weltkrieges tatsächlich eintrat.

6.5.5.3. Versuche zur Verstärkung des mathematischen Lehrkörpers

Natürlich haben die Ordinarien frühzeitig erkannt, daß der Nachwuchs ausblieb. Lediglich Knopp hatte sich habilitiert, Schur war nach Bonn gegangen. Aber erst der Tod von Hettner und Lehmann-Filhés bildete den Anstoß zu energischen Maßnahmen. Am 22. 6. 1914 sandte die Fakultät ein von Frobenius entworfenes Schreiben an den Minister von Trott (s. Kapitel 11, Dok. 27), in dem die entstandene Situation geschildert und die Berufung eines neuen Ordinarius beantragt wurde[1]). An erster Stelle wurde noch einmal wie 12 Jahre zuvor Hilbert vorgeschlagen. Es ist mit Sicherheit anzunehmen, daß die verspätete Wahl Hilberts zum Korrespondenten der Berliner Akademie im Vorjahr ein günstiges Klima hatte schaffen und diesen geneigter machen sollen, einen Ruf nach Berlin nicht wieder abzulehnen[2]). Jetzt ließ Frobenius dem Vorgeschlagenen volle Gerechtigkeit widerfahren; es fehlen alle früher eingestreuten einschränkenden Bemerkungen, und der „kraftvolle Forscher und erfolgreiche Lehrer“ wurde nach Verdienst gewürdigt. An zweiter Stelle wurde Erhard Schmidt, damals Ordinarius in Breslau, namhaft gemacht. Frobenius findet für ihn goldene Worte: „Am besten paßt auf ihn das Wort vom Meister in der Beschränkung, aber mit dem Ton auf dem Meister. Meisterhaft ist die Einfachheit und Angemessenheit seiner Methoden, meisterhaft die Klarheit und Durchsichtigkeit seiner Darstellung, [...] dieselbe Klarheit und Besonderheit, die seine Schriften zeigen, zeichnen auch seine Vorlesungen aus.“ Die Einschätzung, die Frobenius dem an dritter Stelle nominierten I. Schur zuteil werden ließ, wurde bereits zitiert.

Inzwischen brach der Krieg aus, und das Ministerium bequemte sich lediglich zu der Mitteilung, die durch den Tod von Lehmann-Filhés frei gewordene außerordentliche Professur solle in Zukunft wieder für das Fach der Mathematik verwendet werden[3]). Es ist unklar, wieso das Ministerium der Ansicht sein konnte, die ordentliche Honorarprofessur mit der Besoldung eines Extraordinarius von Lehmann-Filhés sei ursprünglich eine mathematische gewesen. Vermutet kann werden, daß man im Ministerium Lehmann-Filhés als Nachfolger von Hensel geführt und aus diesem Grunde auch die Ernennung von Landau zum Extraordinarius abgelehnt hatte.

In der wieder von Frobenius entworfenen Antwort vom 10. 2. 1915[4]) wurde darauf hingewiesen, daß eine vollständige Abhilfe des „unhaltbaren gegenwärtigen Zustandes“ nur durch Berufung eines neuen Ordinarius möglich sei, so dankbar man auch die Wiederbesetzung der außerordentlichen Professur begrüße. An erster Stelle wurde für diese I. Schur, an zweiter Stelle Knopp und an dritter Stelle der Breslauer Privatdozent Schnee namhaft gemacht, also drei aus der Berliner Schule hervorgegangene Mathematiker. Bezüglich der Leistungen von Schur bezieht sich Frobenius auf den vorangegangenen Antrag vom 22. 6. 1914. An Knopp rühmt er neben seinen wissenschaftlichen Verdiensten und dem außerordentlichen Lehrerfolg, daß er bei aller Weltgewandtheit bescheiden sei und seinen durch Klarheit und Sicherheit sich auszeichnenden Vortrag mit der größten Sorgfalt vorbereite. Die Untersuchungen von Schnee über die Eigenschaften der Dirichletschen Reihen würden auch von Landau für recht beachtenswert

---

[1]) P 3-13. Bl. 306—309.

[2]) K.-R. Biermann 1964b. — s. Kapitel 0., S. 9.

[3]) P-3-14. Bl. 17.

[4]) P-3-14. Bl. 18a u. 18b.

gehalten; Schnee sei ein scharfsinniger und geübter Denker und Forscher. Das Ministerium entschied sich am 1. 5. 1915 für Knopp. Damit war also keinerlei Verstärkung des Lehrkörpers erreicht; Knopp war zwar nach seiner im September 1914 erlittenen Verwundung zurückgekehrt und konnte wieder lesen, aber er hatte ja schon als Privatdozent in Berlin gewirkt.

Da starb am 22. 7. 1915 auch noch Knoblauch. Die Fakultät entsprach am 2. 8. 1915 der Aufforderung des Ministers vom 27. Juli[1]) und machte ihre wieder von Frobenius konzipierten Ersatzvorschläge[2]). Erneut wurden I. Schur an erster und Schnee an dritter Stelle vorgeschlagen. An zweiter Stelle wurde der noch nicht habilitierte H. Jentzsch genannt[3]). Diesmal wurde nun tatsächlich dem Wunsche der Fakultät Rechnung getragen und I. Schur berufen[4]).

Aber auch damit war ja noch nichts Entscheidendes gewonnen. Zwar war Hettner in gewissem Umfange durch Rothe ersetzt worden, Knopp an die Stelle von Lehmann-Filhés und Schur an die von Knoblauch getreten, aber ein neuer Privatdozent für Knopp war nicht vorhanden (Jentzsch habilitierte sich erst Ende des Jahres 1916 und wurde nach einem Vorlesungssemester eingezogen), und die geistigen Kräfte von Schwarz nahmen weiter ab, der Gesundheitszustand von Frobenius verschlechterte sich laufend. Nun ergriff Max Planck am 29. 7. 1916 die Initiative und setzte einen Brief an den Minister von Trott auf[5]), in welchem nochmals auf die Eingabe vom 22. 6. 1914 Bezug genommen und ganz energisch die Gründung eines vierten Ordinariats oder, wenn sich diese nicht ermöglichen lasse, die Errichtung eines Ersatzordinariats verlangt wurde, um endlich eine Vermehrung der Lehrkräfte zu erreichen. Wieder dauerte es vier Monate, bis der Minister Vorschläge für die Besetzung eines Ersatzordinariats anforderte[6]).

6.5.6. Die Berufung von E. Schmidt und Carathéodory

Für die Besetzung dieses Ersatzordinariats hielt sich Schottky[7]), dem der Entwurf übertragen worden war, ganz an die alte Vorlage von Frobenius vom 22. 6. 1914, nur nannte er, einem Kommissionsbeschluß vom 17. November entsprechend[8]), an zweiter Stelle diesmal Schmidt *und* Schur pari passu, primo loco erneut Hilbert, der jedoch wiederum den Ruf ablehnte. Indem der Minister dies der Fakultät am 12. 2. 1917 bekanntgab, ersuchte er die Fakultät zugleich, ihre Vorschläge zu erweitern und „dabei besonders solche Gelehrte namhaft zu machen, die organisatorisches Talent besitzen, und sich auch über die Professoren Landau in Göttingen und Stäckel in Heidelberg zu äußern“[9]). Frobenius geriet in furchtbare Erregung. Er vermutete in F. Klein den Urheber der ministeriellen Namensnennungen; es wurde dies oben bereits geschildert. Frobenius war dafür, auf das energischste zu protestieren; die Fakultät müsse auf ihren

---

[1]) P-3-15. Bl. 51.
[2]) P-3-14. Bl. 18c u. 18d.
[3]) s. im Abschnitt 6.5.2.2.
[4]) P-3-14. Bl. 41.
[5]) P-3-14. Bl. 104—105.
[6]) P-3-14. Bl. 124.
[7]) P-3-14. Bl. 127—130.
[8]) P-3-14. Bl. 125.
[9]) P-3-14. Bl. 131.

wohlerwogenen Vorschlägen fest bestehen und alle Versuche, ihr Hindernisse zu bereiten, ablehnen[1]).

Frobenius, der wegen seines Herzleidens jede Erregung meiden sollte, nahm trotzdem an der nächsten Kommissionssitzung am 21. Februar[2]) teil und las seinen Entwurf eines Antwortschreibens (an erster Stelle Schmidt, an zweiter Schur) an den Minister vor. Schwarz war zwar einverstanden, aber Planck sorgte für eine Versachlichung und Streichung bzw. Modifizierung der gar zu polemischen Stellen. Dem Vorschlag von Frobenius, Koebe an dritter Stelle zu nennen, wurde zugestimmt. Planck berichtete über die Erkundigungen, die er inzwischen über Erhard Schmidt eingezogen hatte, und konnte mitteilen: „Sommerfeld äußerte sich sehr günstig über Erh. Schmidt, desgl. Einstein und Hilbert." Auch über Schur habe sich Sommerfeld günstig ausgesprochen, und über Koebe habe er, Planck, ebenfalls günstige Urteile gehört.

Schottky übernahm es, den Vorschlag für Koebe, damals Ordinarius in Jena, zu formulieren und dem Frobeniusschen Entwurf hinzuzufügen. In dieser Fassung[3]) ging das Schreiben am 9. 3. 1917 an den Minister (s. Kapitel 11, Dok. 28). Erhard Schmidt wurde daraufhin zum 1. 10. 1917 als Nachfolger von H. A. Schwarz, der sich zum 31. März hatte emeritieren lassen, berufen[4]).

Kurz bevor Schmidt in sein neues Ordinariat eintrat, starb am 3. August Frobenius. Auch die Regelung seiner Nachfolge ging nicht ohne Zwischenfälle und komplizierte Verhandlungen vonstatten. Es würde zu weit führen, alle Einzelheiten der Beratungen der für die Erarbeitung von Vorschlägen eingesetzten Kommission[5]) zu rekapitulieren. Nur eine Zusammenfassung sei dargeboten[6]).

Schwarz und Schottky waren dafür, I. Schur an erster Stelle vorzuschlagen. Beide machten geltend, daß Frobenius selbst Schur als seinen gegebenen Nachfolger bezeichnet habe. Für Schur sei er ferner „wegen seines Scharfsinns, seiner ungewöhnlichen Kenntnis der mathematischen Forschungen auf allen Gebieten, auch dem geometrischen —, und nicht zuletzt wegen seines durchaus noblen Charakters", schrieb Schottky[7]). Planck wandte sich gegen eine Änderung des am 11. 10. 1917 gefaßten Beschlusses, Schur und Carathéodory aequo loco an erster Stelle vorzuschlagen[8]):

„Alle Bedenken, die mir dagegen bekannt geworden sind, gehen auf persönliche Rücksichten zurück, einerseits auf Schur, andererseits auf Frobenius. Nun finde ich solche Erwägungen, besonders die der Pietät gegen den dahingeschiedenen Kollegen, durchaus berechtigt und beachtenswert, aber andererseits muß ich grundsätzlich daran festhalten, daß sie bei der Entscheidung der Fakultät nicht in Betracht kommen dürfen. Diese hat sich einzig und allein an die sachlichen Bedürfnisse zu halten."

Es blieb dann bei der getroffenen Entscheidung, obwohl Schottky auf der nächsten Sitzung der Kommission[9]), der übrigens u. a. auch W. Nernst angehörte, erklärte, er halte Schur für bedeutender als Carathéodory; Schur sei der strengere, Carathéodory

[1]) P-3-14. Bl. 223 u. 224.

[2]) P-3-14. Bl. 225.

[3]) P-3-14. Bl. 226—229.

[4]) Pers. Akte E. Schmidt (Verw.-Dir.).

[5]) Die Fakultät war am 13. 8. 1917 zur Einreichung von Vorschlägen für die Wiederbesetzung des Ordinariats von Frobenius aufgefordert worden (P-3-14. Bl. 267).

[6]) Nach P-3-14. Bl. 275—276, 288—289.

[7]) P-3-14. Bl. 287.

[8]) P-3-14. Bl. 288—289.

[9]) ebd.

der geistreichere. Schmidt führte aus, daß es ungemein schwierig sei, die Bedeutung von Mathematikern wie Schur und Carathéodory zu vergleichen. Wenn aber schon ein Vergleich gezogen werden müsse, so würde er Carathéodory nicht für den weniger bedeutenden halten. Schweren Herzens beugten sich Schwarz und Schottky. Auch um die Nennung an zweiter Stelle entspannen sich heftige Erörterungen. Schmidt stellte H. Weyl in Zürich, E. Hecke in Basel, G. Herglotz in Leipzig und A. Kneser in Breslau zur Diskussion. Man einigte sich zunächst auf Weyl und Hecke an zweiter Stelle, gleichfalls aequo loco. Hiergegen erhob Schottky Einspruch, der gegen die Nennung von Hecke Bedenken anmeldete[1]). Planck war bereit, Hecke gegen Kneser auszutauschen, und dies „um so lieber, als ich Kneser persönlich kenne und auch deswegen schätze, weil er, wie ich weiß, in Breslau auch auf die dortige Physik einen anregenden und fördernden Einfluß ausgeübt hat"[2]). Schließlich wurde secundo loco Weyl allein eingesetzt, obgleich Schmidt gern gesehen hätte, wenn neben Weyl auch Herglotz nominiert worden wäre.

Der von Schmidt entworfene, dem Kommissionsbeschluß entsprechende Vorschlag der Fakultät vom 22. 10. 1917[3]) für die Nachfolge von Frobenius zeigt seinen Verfasser als einen Meister der Beurteilungs- und Formulierungskunst und auch hierin seinen Vorgängern ebenbürtig (s. Kapitel 11, Dok. 29). Carathéodory wurde am 1. 4. 1918 in die Fakultät versetzt, sein Dienstantritt jedoch auf den 1. Oktober verschoben[4]).

Mit dieser Berufung endet die Ära Schwarz-Frobenius-Schottky, und es beginnt eine kurze Übergangsperiode, die bereits im Zeichen der kommenden neuen Blütezeit der Mathematik an der Universität Berlin steht[5]).

---

[1]) P-3-14. Bl. 275—276.

[2]) P-3-14. Bl. 288—289.

[3]) P-3-14. Bl. 278—281.

[4]) Pers. Akte Carathéodory. (Verw.-Dir.).

[5]) Anmerkung bei der Korrektur (nachträgliche Hinweise): Zu 6.3.1.: Biermann, Kurt.-R.: Für die „Fermat-Klinik" eine Leibniz-Medaille. In: Spectrum 18. 1987, H. 3. S. 26. Zu 6.5.2.1.: Die Dissertation von Erich Stiemke „Über unendliche algebraische Zahlkörper" wurde 11 Jahre nach dem Tod des Verfassers von Emmy Noether herausgegeben (Berlin 1926). Sie zollte ihr hohes Lob („mit wunderbarem Blick für das Wesentliche der Dinge", „durch die seitherige Entwicklung an keiner Stelle überholt").

7. Die Übergangsperiode Schmidt – Carathéodory – Schur (1918/19)

Dieses Zwischenstadium unterscheidet sich von den früheren Perioden dadurch, daß zwar einerseits durch Schottky und Schur[1]) noch enge Verbindungen mit der Tradition bestanden, aber andererseits doch die beiden neuen Ordinarien, auch wenn sie beide zeitweilig in Berlin studiert hatten, entscheidende Impulse in Göttingen, wo sie promoviert wurden, empfangen haben. Außerdem handelt es sich um einen kurzen Entreakt, in dem, hauptsächlich durch Schmidt, der Grundstein für die nächste Ära gelegt wurde.

7.1. Allgemeine Kennzeichnung

Carathéodory schied schon mit Ablauf des Jahres 1919 wieder aus. Er folgte einem Ruf seiner Regierung, um in dem damals griechischen Smyrna eine Universität einzurichten[2]). Als Smyrna 1922 an die Türkei fiel, kehrte „Cara" über Athen wieder nach Deutschland zurück, wo er ab 1924 in München wirkte. Dieser glänzende Mathematiker hat in Berlin nur $2^1/_2$ Semester vom WS 1918/19 an gelesen. Die erste Vorlesung deckt sich mit einem seiner Hauptarbeitsgebiete: Er trug Variationsrechnung vor. Im nächsten Semester wählte er projektive Geometrie und Mechanik I zum Vorlesungsgegenstand, den höheren Teil der Mechanik konnte er schon nicht mehr zu Ende bringen. Eine Promotion führte er durch, die von Erich Bessel-Hagen[3]). Carathéodory konnte seinem Doktoranden bescheinigen, daß dessen Dissertation den ersten großen Fortschritt in der Theorie der diskontinuierlichen Lösungen der Variationsrechnung seit seinen eigenen Arbeiten von 1904/05 darstelle. Auch eine Habilitationsschrift hat Carathéodory noch kurz vor seinem Weggang als Erstgutachter beurteilt[4]).

Erhard Schmidt hat während dieser Zeit ebenfalls eine Habilitationsschrift beurteilt[5]). Sein Habilitand, H. Hamburger, erhielt 1922 das Schursche Extraordinariat, das dadurch frei geworden war, daß Schur nach Schottkys Emeritierung endlich ein Ordina-

---

[1]) In einem Antrag vom 19. 12. 1919 war für Schur ein persönliches Ordinariat beantragt worden (P-3-15. Bl. 320), das diesem am 29. 12. 1919 übertragen wurde (P-3-15. Bl. 321). Sein Einkommen blieb indessen noch das eines etatsmäßigen Extraordinarius. Am 20. 1. 1920 wurde Schur auch zum Mitdirektor des Mathematischen Seminars bestellt (P-3-15. Bl. 322).

[2]) DZA Merseburg, Rep. 76 Va, Sect. 2, Tit. 4, Nr. 68c. Bl. 80. — O. Perron 1952. S. 40.

[3]) s. 12.3., Nr. 145.

[4]) s. 12.4., Nr. 30.

[5]) s. 12.4., Nr. 29.

riat bekommen hatte[1]). Hamburger folgte 1924 einem Ruf nach Köln. Der Carathéodorysche Habilitand, H. Rademacher, ging schon 1922 nach Hamburg.

Schmidt hat während der kurzen Übergangsperiode vor allem Mengentheorie, Funktionentheorie (I und II) und Differentialgleichungen gelesen. Bemerkenswert sind ferner seine im WS 1919/1920 und im SS 1920 durchgeführten Ergänzungskurse in der Elementarmathematik für Notabiturienten und Kriegsteilnehmer zur Vorbereitung auf das Studium. Es handelte sich um zwei Kurse, jeder sechsstündig: a) Arithmetik, Algebra, numerisches Rechnen, ebene und sphärische Trigonometrie und b) Planimetrie, Stereometrie, Kegelschnitte, analytische Geometrie. Außer dem Tod des Privatdozenten Jentzsch und des Doktoranden Stiemke, dem Rückgang der Studentenzahlen und Reklamationsverhandlungen für Schur und Knopp sind dies die einzigen *unmittelbar* im mathematischen Leben an der Universität sichtbar gewordenen Auswirkungen des Krieges und der Revolution.

Aber eine „unabweisbare Forderung der Zeit" wurde von Erhard Schmidt benutzt[2]), um der angewandten Mathematik wieder Eingang in die Universität zu verschaffen. Am 10. 6. 1918 stellte auf seine Initiative die Fakultät den Antrag, ein Ordinariat für angewandte Mathematik zu schaffen. In dieser Eingabe an den Kultusminister F. Schmidt-Ott heißt es u. a.[3]):

„Die mit der Entwicklung der Technik in den letzten Jahren vor dem Kriege immer weitergehende Durchdringung der Praxis mit mathematischen Methoden und vor allem das ungeahnte durch den Krieg zu Tage getretene Bedürfnis nach praktisch und theoretisch durchgebildeten Mathematikern [...] machen es [...] zur unabweisbaren Notwendigkeit, daß die angewandte Mathematik an der größten Landesuniversität eine vollwertige Vertretung erhält, umso mehr als auch die neue Prüfungsordnung für Kandidaten des höheren Lehramts in Abweichung von der alten von jedem Kandidaten für die Lehrbefähigung erster Stufe in Mathematik die Übung im mathematischen Rechnen und Zeichnen fordert. Die Betrauung eines Dozenten mit einem Lehrauftrag würde nicht genügen. Es bedarf eines neuen Ordinariats, um einerseits das Universitätsstudium vor theoretischer Einseitigkeit zu bewahren und andererseits die mathematische Praxis durch den Platz, der ihr an der Universität eingeräumt wird, zum Gegenstande des Studiums auch der mehr theoretisch gerichteten Geister zu machen und dadurch zu befruchten. Bei den Universitätsstudenten findet sich vielfach das Vorurteil eingewurzelt, daß die angewandte Mathematik ein Fach von untergeordneter Bedeutung sei, dem man seine volle Kraft nicht zu widmen brauche. Um hierin eine neue Tradition zu schaffen, bedarf es einer bedeutenden Persönlichkeit von anerkanntem Namen und an hervorragendem Platze, welche die Studenten anzieht, und deren bisherige Wirksamkeit eine Gewähr dafür bietet, daß hier ein neues Zentrum gebildet wird nicht nur für den Unterricht in der darstellenden Geometrie, sondern vor allem auch für die Lehr- und Forschungstätigkeit in den Methoden des numerischen, graphischen und instrumentellen Rechnens und in den andern oben schon erwähnten für die Aufgaben des praktischen Lebens ausgebildeten Disziplinen. Eine solche Persönlichkeit ist nur für ein Ordinariat zu gewinnen."

Das Bedürfnis nach diesem Lehrstuhl sei schon längst vorhanden gewesen. „Vernachlässigung der praktischen Mathematik und der für die Ausbildung der Raumanschauung unentbehrlichen darstellenden Geometrie" wurde als „größter Mißstand im mathematischen Unterricht" der Universität bezeichnet. Welche Wandlungen der Ansichten! Wie

---

1) Im Antrag vom 3. 3. 1921 wurde von der Fakultät nur ein einziger Kandidat vorgeschlagen, Schur (P-3-16. Bl. 431—432). Am 21. 5. 1921 wurde dann Schur endlich Ordinarius (P-3-16. Bl. 433).

2) P-3-14. Bl. 355.

3) P-3-14. Bl. 356—357.

hatte doch Frobenius 1902 erklärt[1])? „Die Fürsorge [für die darstellende Geometrie] ist ihrer Natur nach Sache der technischen Hochschulen"; bei allen Vertretern dieser Disziplin, die eine „technische Fertigkeit lehrt, die aber der Ehrgeiz ihrer Vertreter durchaus zum Range einer Wissenschaft erheben möchte", seien die geometrischen Leistungen „herzlich unbedeutend".

7.2. Die Berufung eines Ordinarius für angewandte Mathematik und die Gründung eines Instituts für Angewandte Mathematik

Ehe der Fortgang in den Bestrebungen zur Schaffung eines Lehrstuhls für die Anwendungen verfolgt wird, scheint es angebracht, einen Blick zurück zu werfen, um die Einstellung der hervorragendsten Berliner Mathematiker zur angewandten Mathematik kennenzulernen und die ganze Bedeutung der Bemühungen von Schmidt verstehen zu können.

7.2.1. Die Berliner Mathematiker und die Anwendungen

Im Anfang des 19. Jahrhunderts wirkten noch die Utilitätsanschauungen der Aufklärung nach; die angewandte Mathematik hatte ihren festen Platz in den Akademien und an den Universitäten, bzw. es waren die Anwendungen in Astronomie, Physik, Mechanik, Technik Bestandteil der mathematischen Lehre und Forschung. Allmählich aber setzten sich neuhumanistische Ideen von der „reinen Wissenschaft" als Selbstzweck durch[2]). An die Stelle des Nutzens trat die Mehrung der Erkenntnis als Ziel der Wissenschaft. Es nimmt daher nicht wunder, daß die Professur von Oltmanns nicht wieder besetzt worden ist, sondern es ist das nur der Ausdruck der Ansichten, die bei den in der Fakultät den Ton angebenden Altphilologen herrschten. Die Anwendungen wurden den Vertretern der Physik usw. überlassen. Unter den Mathematikern selbst war es vor allem Jacobi, der diese Tendenzen unterstützt hat, und wenn er es nicht selbst tat, dann seine Schule mit ihrem großen Einfluß[3]).

Für Jacobi waren die Anwendungen auf astronomische Probleme schon dem eigentlichen Sinn reiner Mathematik widersprechend; er erblickte „die Ehre der Wissenschaft" darin, „keinen Nutzen zu haben", und sagte, „das Höchste in der Wissenschaft wie in der Kunst ist immer unpraktisch"[4]). Jacobi hat sich oft in einer gewissen Freude an Formulierungen, die Widerspruch herausforderten, überspitzt geäußert. Er selbst hat sich mit Himmelsmechanik befaßt und den Nutzen der darstellenden Geometrie gepriesen[5]); aber seine Grundeinstellung war doch die, daß wirklich ehrenvoll nur solche mathematischen Forschungen seien, die zur Praxis keine unmittelbaren Beziehungen haben.

---

[1]) P-3-10. Bl. 342.

[2]) F. Klein 1926/27. T. 1. S. 95, erblickt mit Recht einen Beweis für diese Erscheinung darin, daß in Crelles doch ausdrücklich auch für die Anwendungen bestimmtem Journal die angewandte Mathematik nahezu überhaupt nicht vertreten ist.

[3]) W. Lorey 1916. S. 105.

[4]) W. Ahrens 1907b. S. 90 u. 115.

[5]) C. G. J. Jacobi 1881/91. Bd. 7. S. 328—331, insbes. S. 331.

Auch Kummer teilte solche Anschauungen. In seiner Antrittsrede in der Berliner Akademie am 3. 7. 1856 führte er u. a. aus[1]):

„Wenn ich aber [...] meinen wissenschaftlichen Standpunkt noch näher angeben soll, so kann ich ihn füglich als einen theoretischen bezeichnen, und zwar nicht allein darum, weil die Erkenntniß allein das Endziel meiner Studien ist, sondern namentlich auch darum, weil ich vorzüglich nur diejenige Erkenntniß in der Mathematik erprobt habe, welche sie innerhalb der ihr eigenthümlichen Sphäre, ohne Rücksicht auf ihre Anwendungen gewährt. Die Mathematik hat auch als Hilfswissenschaft namentlich in ihren Anwendungen auf die Natur, manche großartigen Triumphe gefeiert, und es ist nicht zu leugnen, daß sie diesen hauptsächlich die allgemeine Achtung verdankt, in welcher sie steht; aber ihre höchste Blüthe kann sie nach meinem Dafürhalten nur in dem ihr eigenen Elemente des abstrakten reinen Quantums entfalten, wo sie unabhängig von der äußeren Wirklichkeit der Natur nur sich selbst zum Zwecke hat."

Kronecker kam es gleichfalls „nur auf das Entdecken und Erkennen" an[2]); aber er hat 1869 zur Feder gegriffen, um in einer Frage der „politischen Arithmetik" sich auf dem Gebiete der Anwendungen selbst zu betätigen: Er opponierte (vergeblich) in einer von ihm verfaßten Broschüre gegen den Gesetzentwurf „über die Consolidation der Preußischen Staatsschuld"[3]).

Weierstraß war es nicht einerlei, ob seine Untersuchungen für die Anwendungen nutzbar gemacht werden könnten. Er sagte[4]):

„Glücklich aber würde ich mich schätzen, wenn ich späterhin aus meinen Studien auch für die Anwendungen der Mathematik, namentlich auf Physik, einigen Gewinn ziehen könnte. Ich habe schon angedeutet, daß es mir keineswegs gleichgültig ist, ob eine Theorie sich für solche Anwendungen eigne oder nicht. Dabei fürchte ich nicht, es werde die Bedeutung, welche die Mathematik als reine Wissenschaft mit vollstem Recht beansprucht, herabgesetzt, wenn ich sie ganz besonders auch darum hochstelle, weil durch sie allein ein wahrhaft befriedigendes Verständniß der Natur-Erscheinungen vermittelt wird. Niemand kann zwar bereitwilliger als ich es anerkennen, daß man den Zweck einer Wissenschaft nicht außerhalb derselben suchen darf und daß es nicht nur ihre Würde beeinträchtigen, nein, daß es geradezu an ihr sich versündigen heißt, wenn man, statt sich ihr mit vollster Liebe und Hingebung zu widmen, nur *Dienste* von ihr verlangt, nur sie brauchen will für irgendeine andere Disciplin oder für die Bedürfnisse des Lebens, und darum wohl gar sich vermißt, der weiterschreitenden Forschung ihren Weg vorzeichnen zu wollen, und jede Richtung verwirft, die nicht sofort zu praktisch verwerthbaren Resultaten zu führen scheint. Ich meine aber, es muß das Verhältniß zwischen Mathematik und Naturforschung etwas tiefer aufgefaßt werden, als es geschehen würde, wenn etwa der Physiker in der Mathematik nur eine wenn auch unentbehrliche Hülfs-Disciplin achten, oder der Mathematiker die Fragen, die jener ihm stellt, nur als eine reiche Beispiel-Sammlung für seine Methoden ansehen wollte."

Weierstraß' Einstellung nähert sich etwa der von Gauß, der sich dahingehend geäußert hat, die Wissenschaft solle „die Freundin der Praxis sein, aber nicht ihre Sclavin"[5]). Als Weierstraß sich mit der Darstellung eindeutiger Funktionen einer reellen Veränderlichen durch trigonometrische Reihen befaßte, betonte er ausdrücklich[6]): „Ich habe dabei wesentlich die Bedürfnisse der mathematischen Physik im Auge gehabt."

---

1) E. E. Kummer 1856. S. 377—378.
2) H. Weber 1891/92. S. 20.
3) ebd. S. 22. — L. Kronecker 1869.
4) K. Weierstraß 1857. S. 349—350.
5) M. A. Stern 1877. S. 15.
6) K. Weierstraß an H. A. Schwarz. 14. 3. 1885 (Archiv d. Ak. Wiss. d. DDR, Nachlaß Schwarz).

Er betrieb die Berufung von Kirchhoff nach Berlin mit der erklärten Absicht, dieser solle dort ein vollständiges System der „mathematischen Physik", heute würde man sagen: der theoretischen Physik, ausarbeiten[1]). Mit seiner Schülerin Sonja Kovalevskaja verlor er sich auch wohl „in wissenschaftliche Träume"[2]) „über endliche und unendliche Räume, über die Stabilität des Weltsystems, und all die anderen großen Aufgaben der Mathematik und Physik der Zukunft"[3]). Aber das tiefe Interesse an den mathematischen Aufgaben der Astronomie und Physik spielte in seinen Unterricht kaum hinein[4]). Nur gelegentlich hat er sich im Seminar über solche Fragen geäußert. So sprach er dort im WS 1880/81 „ausführlich über die bisherigen Methoden zur Bestimmung der Planetenbewegungen unter den in unserem Planetensystem stattfindenden Umständen"[5]). Er gab dabei der Überzeugung Ausdruck, daß die von den Astronomen „bisher versuchten Annäherungsmethoden unbrauchbar seien"[6]), und forderte, „es müßten diejenigen, welche mit der Störungstheorie sich beschäftigen, zunächst die Ergebnisse der neueren Functionenlehre — im weitesten Sinne des Worts — sich gehörig zu eigen zu machen suchen"[7]).

Frobenius dann verfocht die Meinung, daß alles, was mit Anwendung zu tun habe, in die technischen Hochschulen gehöre. Gerade die Bemühungen von Felix Klein, den Anwendungen wieder zu Ansehen und zu neuerlichem Eingang in die Universitäten zu verhelfen[8]), waren ihm im höchsten Grade verdächtig und anstößig.

Analytische Mechanik fehlte freilich nie im Vorlesungsprogramm. Die Studenten „lernten allgemeine mechanische Probleme auf elliptische oder gar hyperelliptische Funktionen zurückzuführen, blieben aber häufig einfachen konkreten Einzelproblemen, die numerisch durchzuführen waren, gegenüber hilflos"[9]).

Wenn man die Grundsätze der Berliner Mathematiker seit Jacobi betrachtet, wird erst deutlich, welche radikale Änderung sich in der oben zitierten Feststellung offenbart, die Vernachlässigung der praktischen Mathematik und der darstellenden Geometrie sei der größte Mißstand. Schmidt hatte in Göttingen die 1892 von Klein durchgesetzte Vertretung der Anwendungen im mathematischen Unterrichtsbetrieb kennen- und C. Runge schätzen gelernt. Außerdem zwangen die schon 1898 durch Althoff auf Anregung von Klein[10]) eingeführte Lehrbefähigung für angewandte Mathematik für Lehrer an höheren Schulen sowie die neue Prüfungsordnung[11]), auch an der Berliner Universität nun endlich die Voraussetzungen dafür zu schaffen, daß Studenten in der angewandten Mathematik Vorlesungen hören konnten. Es bleibt aber das Verdienst von Erhard Schmidt, schon ein halbes Jahr nach seinem Eintritt in die Fakultät diese Frage energisch aufgegriffen und bis zur Erreichung des angestrebten Ziels durch alle zeitbedingten Hindernisse weiterverfolgt zu haben.

---

1) K. Weierstraß an S. Kovalevskaja. 21. 9. 1874 (Mittag-Leffler-Institut, Djursholm/Schweden).
2) desgl. 16. 12. 1874 (ebd.).
3) desgl. 20. 8. 1873 (ebd.).
4) C. Runge 1926. S. 178.
5) K. Weierstraß an S. Kovalevskaja. 6. 3. 1881 (Mittag-Leffler-Institut, Djursholm/Schweden).
6) K. Weierstraß an G. Mittag-Leffler. 8. 3. 1883 (G. Mittag-Leffler 1912. S. 35).
7) desgl. 7. 8. 1885 (ebd. S. 37).
8) W. Lorey 1916. S. 244—247. — F. Klemm 1966. S. 89—90.
9) W. Lorey 1916. S. 241—242.
10) A. Sachse 1907. — Vgl. W. Lorey 1911. S. 66—73.
11) s. den oben zitierten Antrag v. 10. 6. 1918 (P-3-14. Bl. 356—357).

7.2.2. Die Berufung von R. von Mises und die Gründung seines Instituts

Der Antrag der Fakultät vom 10. 6. 1918, ein Ordinariat für angewandte Mathematik zu schaffen[1]), wurde am 7. 1. 1919 vom Ministerium abgelehnt[2]). Trotz der Ungunst der Zeitverhältnisse war jedoch Schmidt entschlossen, die Angelegenheit nicht auf sich beruhen zu lassen. Zunächst wurde in Erwägung gezogen, für R. Rothe eine ordentliche Honorarprofessur mit einem Lehrauftrag für angewandte Mathematik zu beantragen[3]). Dann gelangte die eingesetzte Kommission, der neben Schmidt und Carathéodory u. a. auch Planck angehörte[4]), zu der Entscheidung, doch den ursprünglichen Antrag zu erneuern und gleich Besetzungsvorschläge mit einzureichen. In dieser Eingabe vom 5. 7. 1919 (Kapitel 11, Dok. 30) wurden an erster Stelle C. Runge in Göttingen, an zweiter Stelle G. Hessenberg in Breslau (beide aus der Berliner Schule hervorgegangen) und an dritter Stelle R. von Mises in Dresden namhaft gemacht[5]). Ein Vergleich zwischen der Einschätzung, die Frobenius 1902 Runge zuteil werden ließ[6]), und dem jetzigen Urteil über Runge ist sehr aufschlußreich. Die Fakultät war sich wohl darüber klar, daß einerseits die Aussichten, ein neues Ordinariat zu begründen, sehr gering waren und daß andererseits Runge im Alter von 63 Jahren schwerlich noch einen Ruf nach Berlin annehmen werde. Als daher Ende Juli 1919 die Fakultät aufgefordert wurde, Ersatzvorschläge für den nach Königsberg berufenen Knopp zu machen[7]), benutzte die von ihr eingesetzte Kommission einen neuen Entwurf von Schmidt[8]). Darin heißt es u. a.:

„Wie die Fakultät in ihrem Antrag auf Neuschaffung eines Ordinariats für angewandte Mathematik ausgeführt und in der Wiederholung des Antrages nochmals betont hat, bildet bei dem bestehenden Interesse für die praktischen Anwendungen der mathematischen Wissenschaften das Vakuum, das der Student in dieser Hinsicht gegenwärtig an der größten Landesuniversität vorfindet, einen Mißstand, für dessen längere Fortdauer die Fakultät die Verantwortung nicht länger übernehmen kann.

Angesichts dieser Notlage sieht sich die Fakultät veranlaßt, indem sie an der Unentbehrlichkeit des vakanten Extraordinariats für die reine Mathematik nicht minder wie an der Notwendigkeit des beantragten Ordinariats für angewandte Mathematik festhält, zunächst die Besetzung des Extraordinariats durch einen der in dem Antrag unter dem 5. 7. 1919 für das neu zu schaffende Ordinariat in Vorschlag gebrachten Vertreter der angewandten Mathematik unter Ernennung zum persönlichen Ordinarius zu beantragen.

Da die Annahme eines solchen Rufes durch den dort an I. Stelle genannten Professor Runge, Göttingen, ausgeschlossen erscheint, so schlägt die Fakultät an I. Stelle Professor Hessenberg, Breslau, und an II. Stelle Professor von Mises, Dresden, vor. Von der Nennung eines dritten muß die Fakultät mangels eines geeigneten Kandidaten absehen."

Dieser Ausweg schien dem Ministerium gangbar. Nachdem Hessenberg aus familiären Gründen einen Ruf nach Tübingen dem nach Berlin vorgezogen[9]) und von Mises am 3. 1. 1920 das ihm angetragene persönliche Ordinariat für angewandte Mathematik in

---

1) ebd.
2) P-3-15. Bl. 147.
3) P-3-15. Bl. 145.
4) ebd.
5) P-3-15. Bl. 147–152.
6) s. Kapitel 11, Dok. 22 (P-3-10. Bl. 338–343, insbes. Bl. 342).
7) P-3-15. Bl. 166.
8) P-3-167 u. 168.
9) R. Rothe 1927. S. 318.

der Annahme übernommen hatte, daß die Stelle so bald wie möglich in die eines planmäßigen Ordinariats umgewandelt werden würde[1]), erfolgte seine Ernennung[2]). Zum 1. 4. 1920 übernahm er das durch den Abgang von Knopp frei gewordene Extraordinariat unter Übertragung eines persönlichen Ordinariats[3]). Noch im gleichen Jahr wurde ein Institut für Angewandte Mathematik gegründet, an dessen Praktika sich schon 1920 22 Studenten beteiligten. Das Institut diente drei Aufgaben:

1. dem *Unterricht* der Studenten auf allen Gebieten der angewandten Mathematik, vorzüglich ihrer Ausbildung in den numerischen, zeichnerischen und instrumentellen Verfahren der höheren Mathematik,
2. der Durchführung und Förderung wissenschaftlicher *Forschungsarbeiten*,
3. der Ausführung einschlägiger *Arbeiten auf Antrag* sowohl für wissenschaftliche wie für technisch-industrielle Zwecke.

Schon aus dieser Zielsetzung ist zu erkennen, daß eine neue Zeit angebrochen war. Es ist daher keine willkürliche Grenzziehung, wenn mit dem Eintreten von v. Mises bzw. dem von L. Bieberbach am 1. 4. 1921 als Carathéodorys Nachfolger eine neue Ära datiert wird.

---

[1]) DZA Merseburg, Rep. 76 Va, Sect. 2, Tit. 4, Nr. 68c. Bl. 90.

[2]) P-3-16. Bl. 45.

[3]) DZA Merseburg, Rep. 76 Va, Sect. 2, Tit. 4, Nr. 68c. Bl. 92.

8. Die Ära Schmidt – Schur – Bieberbach – von Mises (1920–1933)

Es ist bereits erwähnt worden[1]), daß Schur, seit dem 29. 12. 1919 Inhaber eines „persönlichen Ordinariats", am 21. 5. 1921 das mit der Emeritierung Schottkys frei gewordene planmäßige Ordinariat erhielt. So problem- und reibungslos diese Nachfolgeregelung vonstatten ging — Schur wurde als einziger vorgeschlagen[2]), nachdem er vorher weder die Nachfolge von Schwarz noch die von Frobenius hatte antreten können —, so langwierig und kompliziert wurde die Suche nach einem geeigneten Ersatz Carathéodorys.

8.1. Die Berufung von Bieberbach

Wir sind nun in die Zeit eingetreten, in denen Berufungsvorschläge maschinenschriftlich zu den Akten genommen wurden und die Autorschaft infolgedessen nicht mehr ohne weiteres ersichtlich ist. Indessen hat E. Schmidt berichtet[3]), er habe sich nachdrücklich für den Niederländer L. E. J. Brouwer in Amsterdam, den Schöpfer des „Intuitionismus", eingesetzt. So ist anzunehmen, daß der entsprechende Vorschlag vom 19. 12. 1919[4]), von Schmidt und noch von Carathéodory als ersten unterzeichnet, auch von Schmidt herrührt. Wenn Brouwer primo loco als Nachfolger Carathéodorys vorgeschlagen wurde, so wurde zu seinen Gunsten nicht nur eine ganze Anzahl der „großen Ergebnisse seiner Forschung" angeführt, sondern darüber hinaus geltend gemacht: „In der Originalität seiner Methoden wird Brouwer von keinem Mathematiker der jüngeren Generation erreicht. Brouwer verfügt über sehr ausgebreitete und tiefgründige Kenntnisse nicht nur in der reinen, sondern auch in der angewandten Mathematik." An zweiter Stelle wurde erneut Hermann Weyl vorgeschlagen, der bereits an zweiter Stelle als Nachfolger von Frobenius empfohlen worden war, und man bezog sich auf die seinerzeitige Würdigung seiner Leistungen (s. Kapitel 11, Dok. 29), fügte jedoch hinzu, „die großen Hoffnungen, die schon damals auf ihn gesetzt wurden", seien inzwischen bestätigt worden. An dritter Stelle schließlich wurde G. Herglotz in Leipzig namhaft gemacht[5]), dessen Vielseitigkeit man hervorhob. Jede seiner nicht zahlreichen Arbeiten

---

1) s. die Abschnitte 6.5.4.2. und 7.1.

2) Am 3. 3. 1921. P-3-16. Bl. 431.

3) A. Dinghas 1970. S. 6.

4) P-3-15. Bl. 312–314.

5) s. Abschnitt 6.5.6.

trage „den Stempel der Vollendung“ und zeige, daß „der Verfasser alle Register des mathematischen Wissens mit gleicher Souveränität“ beherrsche, zudem sei er „ein Lehrer allerersten Ranges“.

Der emeritierte H. A. Schwarz, Planck, der im Jahr zuvor den Nobelpreis für Physik erhalten hatte, Nernst, der den Chemie-Nobelpreis 1920 bekam, und der Astronom Fritz Cohn schlossen sich diesem Votum an.

Jedoch blieb diesem Vorschlag jeder Erfolg versagt. In dieser Zeit der Kämpfe zur Verteidigung der Errungenschaften der Novemberrevolution von 1918 gegen Kapp-Putsch (13. 3. 1920) und andere Anstrengungen der Reaktion, die darauf abzielten, das Kräfteverhältnis in der Republik zugunsten der nach rückwärts gerichteten Kräfte zu verändern, in einer Zeit scharfer Klassenauseinandersetzungen, sozialer Not, Unsicherheit, Teuerung, war keiner der Vorgeschlagenen bereit, den Ruf in die in ihren Augen unattraktiv gewordene Hauptstadt anzunehmen.

Die Verhandlungen blieben ohne Ergebnis, und das Ministerium sah sich gezwungen, nach zehn Monaten, am 19. 10. 1920, mitzuteilen[1]), daß alle drei ins Auge gefaßten Mathematiker, darüber hinaus auch der zwischenzeitlich von der Fakultät namhaft gemachte E. Hecke in Hamburg[2]) abgelehnt hätten, nach Berlin zu kommen.

Am 6. 12. 1920, also rund ein Jahr nach ihrem ersten Vorschlag, reichte die Fakultät neue Vorschläge ein[3]), indem sie zu Anfang ausführte, sie erkenne in der Ablehnung einen weiteren Beweis dafür, daß „die Berliner Universität, die vor 100 Jahren zu Zeiten schweren äußeren Drucks gegründet und sogleich auf den höchsten Stand wissenschaftlicher Blüte gebracht wurde, gegenwärtig unter ähnlichen äußeren Verhältnissen einer absteigenden Entwicklung entgegengehen könnte“. (Wozu allerdings bemerkt werden muß, daß, wie gezeigt, es nicht die Mathematik gewesen ist, die in den Anfangsjahren der Gründung Wilhelm von Humboldts Glanz und Ansehen verliehen hat.)

In ihrem neuen Vorschlag orientierte sich die Fakultät an dem Bedarf nach einem „Geometer“. Dessen Fehlen mache sich im Unterricht immer stärker fühlbar. Es wurden daher vier Vertreter dieses Fachs namhaft gemacht. Einschränkend wurde zwar gesagt, keiner der vier könne wohl wissenschaftlich den zuvor vorgeschlagenen Mathematikern gleichgestellt werden, jedoch hinzugefügt, jeder von ihnen gebe „durchaus die Gewähr für eine würdige Besetzung des Lehrstuhls“.

An erster Stelle wurde der gebürtige Österreicher W. Blaschke in Hamburg vorgeschlagen. Er sei innerhalb der jüngeren Mathematikergeneration der ausgesprochenste Vertreter der Geometrie. Seine Wertschätzung komme in zahlreichen Berufungen zum Ausdruck, die er in den letzten Jahren erhalten habe. Neben der Geometrie beherrsche er die modernen Hilfsmittel der Analysis „in ausgezeichnetster Weise“. Ein großer Reichtum an geistvollen Einfällen und eine außerordentliche Anziehungskraft auf seine Hörer wurden hervorgehoben.

Secundo loco wurde dann Ludwig Bieberbach in Frankfurt/Main empfohlen. Es wurden seine Leistungen auf geometrisch-gruppentheoretischem Gebiet, danach in der algebraischen Gruppentheorie gewürdigt. Später habe er sich der geometrischen Funktionentheorie zugewandt, die er durch eine Reihe schöner Ergebnisse bereichert habe. Wörtlich fuhr die Fakultät so fort: „Wenn auch seine Darstellung mitunter die wün-

---

[1]) P-3-16. Bl. 151.

[2]) s. Abschnitt 6.5.6.

[3]) P-3-16. Bl. 154–158.

schenswerte Sorgfalt vermissen läßt, wird dies bei weitem aufgewogen durch die Lebhaftigkeit seiner wissenschaftlichen Initiative und die großzügige, in die Tiefe gehende Anlage seiner Untersuchungen. Bieberbachs Vortrag wird allgemein als anregend und klar gerühmt, seine Erfolge als Lehrer zeigen sich in einer größeren Zahl von jüngeren Forschern, die er als Schüler in Frankfurt herangezogen hat. Wenn wir Bieberbach, den wir Blaschke als Forscher gleichstellen, erst an zweiter Stelle vorschlagen, so hat das seinen Grund darin, daß Blaschkes rein geometrische Arbeitsrichtung den unmittelbaren Bedürfnissen des zu besetzenden Lehrstuhls genauer entspricht."

G. Hessenberg in Tübingen wurde an dritter Stelle vorgeschlagen, wobei sich die Fakultät auf ihr Votum vom 5. 7. 1919 (s. Kapitel 11, Dok. 30) beziehen konnte. Zusätzlich wurden seine Vielseitigkeit hervorgehoben, sein Beitrag zum axiomatischen Aufbau der Geometrie, seine Arbeiten über Differentialgeometrie, ganz besonders schließlich seine künstlerisch-zeichnerische Begabung, die hervorragend im geometrischen Unterricht zur Geltung komme.

Endlich empfahl die Fakultät E. Steinitz in Kiel, der eine reizvolle Verbindung des Arithmetikers mit dem Geometer darstelle. Seine sämtlichen Arbeiten zeichneten sich durch Scharfsinn, Tiefe und Vollkommenheit der Darstellung aus. Wenn er erst an vierter Stelle genannt wurde, dann nur deshalb, weil er als Lehrer nicht die gleiche Wirkungskraft wie die vor ihm genannten ausübe.

Auch dieser Antrag liegt maschinenschriftlich vor, so daß wir uns zur Frage der Urheberschaft nicht äußern können. Neben den drei Mathematikordinarien haben ihn die beiden Emeriti Schwarz und Schottky, aber u. a. auch die Nobel-Preisträger Planck, von Laue und Nernst mit unterzeichnet.

Diesmal hatte der Vorschlag Erfolg: Bieberbach teilte am 2. 1. 1921 der Fakultät mit, daß er sich „glücklich schätzen" würde, wenn man ihn auf den Platz stelle, den „so hervorragende Männer", „am längsten wohl sein väterlicher Gönner Frobenius" eingenommen hätten[1]). Am 31. Januar ernannte das Ministerium Bieberbach zum Ordinarius und zum Mitdirektor des Mathematischen Seminars mit Wirkung vom 1. 4. 1921[2]).

Damit waren alle Lehrstühle durch ausgezeichnete Mathematiker auf der Höhe ihrer Leistungskraft besetzt, und nichts schien einer erfolgreichen, lang andauernden Zusammenarbeit von Schur (46jährig), Schmidt (45jährig), Bieberbach (35jährig) und von Mises (38 Jahre alt) im Wege zu stehen.

Die Kontinuität wurde einerseits durch Schottky gewährleistet, der auch nach seiner Emeritierung, von 1924/25 abgesehen, weiter bis zum Sommersemester 1926 Vorlesungen hielt und so seine 1902 begonnene Lehrtätigkeit über fast 50 Semester erstreckte, zum anderen vor allem durch Schur, der von 1903 bis 1913 in Berlin gelesen hatte und nun wieder seit 1916 der Professorenschaft angehörte. Zudem waren zum Zeitpunkt der Berufung Bieberbachs Schmidt bereits dreieinhalb und von Mises fünfviertel Jahre im Amt. Die Häufung personeller Veränderungen war also nicht so ausgeprägt wie etwa 1855/56. Und doch markiert das Jahr 1920 den Beginn einer neuen Ära. 1919 waren Carathéodory, Knopp und R. Rothe ausgeschieden, H. Hamburger und Rademacher, wenn auch beide nur für kurze Zeit, in die akademische Dozentenschaft eingetreten. Von 1920 an traten dann Zug um Zug ganz neue Kräfte in Erscheinung, die, zusammen mit den Ordinarien, der mathematischen Lehre und Forschung an der Berliner Uni-

---

[1]) ebd. Bl. 448.
[2]) ebd. Bl. 449.

versität ein unverwechselbares Profil und ganz außergewöhnlich starke Anziehungs- und Ausstrahlungskraft verliehen. Es bildeten sich in Berlin die Forschungsschwerpunkte Funktionentheorie, Topologie, Gruppentheorie und, in der angewandten Mathematik, Wahrscheinlichkeitsrechnung heraus; für die Mathematikstudenten waren die große Lehrbefähigung der Dozenten und die umfassende Studienförderung durch die „Mapha" (siehe Abschnitt 8.6.) von enormer Attraktivität, welche durch die Massierung von Nobelpreisträgern in Berlin, vor allem auf dem Gebiet der Physik, dem von Mathematikern bevorzugten Nebenfach, noch verstärkt wurde.

Der „postklassischen" Ära mit ihrer Überalterung, dem Ausbleiben begabter Nachwuchskräfte, Stillstand und Rückgang, folgte nach dem geschilderten kurzen Übergang, in dem bereits hoffnungsträchtige Zeichen gesetzt worden waren, ein neuer, geradezu stürmisch verlaufender Aufschwung, der in vielem an den Höhepunkt der Ära Kummer — Weierstraß — Kronecker erinnert, folgte eine neue Blütezeit, in der viel Terrain, das an Göttingen verloren gegangen war, zurückgewonnen wurde.

Die Vorlesungsprogramme für das jeweils folgende Semester wurden aufeinander abgestimmt, sogar unter Beteiligung von Vertretern der Studenten, d. h. der „Mapha". Wenn wir lesen, daß es beispielsweise 1930 in Jena zwei mathematische Institute mit je einem Direktor gab, die verfeindet waren und versuchten, unabhängig voneinander je einen „vollen Ausbildungsplan für Mathematiker durchzuziehen"[1]), Mangel an „Treue" aber in der Prüfung bestraften, dann kann man ermessen, welche Vorteile die Koordinierung der Lehrveranstaltungen in Berlin für die Studenten, für die es noch keinen festen Studienplan gab, mit sich brachte. Hier blieb es der schon von Weierstraß formulierte (s. Kapitel 11, Dok. 13) und durch Frobenius bekräftigte (s. Dok. 23) Ehrgeiz der Ordinarien, den mathematischen Unterricht so zu organisieren, daß die Studierenden Gelegenheit hatten, Vorlesungen in den wichtigsten mathematischen Disziplinen in angemessener Aufeinanderfolge zu hören. Als Bieberbach doch einmal eine Vorlesung halten wollte, die üblicherweise der Extraordinarius Hammerstein hielt, zog er, darauf aufmerksam gemacht, seine Ankündigung mit einer Entschuldigung zurück[2]).

Aversionen, wie zur Zeit von Weierstraß und Kronecker, trübten nicht die Atmosphäre, und doch sollte der Kooperation der Ordinarien nach zwölf Jahren ein abruptes Ende gesetzt werden: Abgebrochen wurde die Zusammenarbeit durch die Errichtung des faschistischen Regimes im Januar 1933; zusätzlich wurde sie durch Bieberbach aufgekündigt, der plötzlich sein Herz für die neuen Machthaber und ihre Ideologie entdeckte.

8.2. Die Lehrstuhlinhaber der neuen Ära

Zunächst seien die wichtigsten Vertreter der Mathematik an der Berliner Universität in der Periode 1920 bis 1933 vorgestellt.

8.2.1. I. Schur

Eine Vorstellung von Issai Schur erübrigt sich, da der Leser ihn bereits kennengelernt hat, wurde er doch 1901 in Berlin durch Frobenius promoviert und war dort nach der Habilitierung 1903 bis Anfang 1913 als Privatdozent und dann wieder ab 1916 als

[1]) T. Ellwein 1985. S. 271.

[2]) H. Freudenthal 1985.

Extraordinarius, ab 1919 als Ordinarius tätig. Zudem wurde er in nicht weniger als neun Berufungsvorschlägen namentlich erwähnt. Seine „große Bescheidenheit, seine Hilfsbereitschaft und sein menschliches Interesse an seinen Studenten“[1]) verschafften ihm ungewöhnliche Beliebtheit. Sein ehemaliger langjähriger Assistent Alfred Brauer konnte daher am 8. 11. 1960 auf der Schur-Ehrung im Rahmen der 150-Jahr-Feier der Humboldt-Universität feststellen, daß alle, die diesen hervorragenden Gelehrten, der vor allem die Darstellungstheorie der Gruppen bereichert hat, kannten, „ihn hoch verehrten. Nicht nur seine Doktoranden, sondern alle, die je bei ihm eine Vorlesung gehört hatten, werden seiner stets in Dankbarkeit gedenken.“[2]) Der freundliche, etwas scheue Schur[3]) strahlte „eine unaufdringliche geistige Aristokratie“ aus[4]); von den Studentinnen wurde er als Prüfer bevorzugt[5]).

8.2.2. E. Schmidt

Von dem vor allem durch seine fundamentalen Beiträge zur Theorie der Integralgleichungen und zur Theorie des isoperimetrischen Problems bekannten Erhard Schmidt und seinem Werdegang wurde ein erster Eindruck im Kapitel 7 und mit den Dokumenten 27 und 28 vermittelt. Es ist erforderlich, über diese herausragende Persönlichkeit noch mehr zu sagen, um ein genaueres Bild von ihm zu entwerfen. Die Schwerpunkte seiner Forschung lagen auf den Gebieten der Integralgleichungen, der Funktionentheorie und der Potentialtheorie. „Imponierend“ wird er im Dokument 28 genannt, und in der Tat strahlte er auch noch im vorgeschrittenen Alter eine Souveränität aus, die beeindruckte. Als der Verfasser 1956 anläßlich der Vorbereitung des Euler-Jubiläums mehrfach mit ihm sprach, regte er gelegentlich eine Schilderung der Geschichte des mathematischen Unterrichts und seiner Lehrkräfte an der Berliner Universität an. Diesem Anstoß verdankt die vorliegende Darstellung mit ihre Verwirklichung. Bei jenen Gesprächen empfing der Autor noch eine Vorstellung der von Schmidt ausgehenden Wirkung.

Die „eindrucksvolle, originelle und für begabte Studenten mitreißende Art des Vortrags“[6]), übrigens ohne Manuskript[7]), hat mehr als einen talentierten Studenten, der sich über sein Studienziel noch nicht im klaren war, für die Mathematik gewonnen oder in der Wahl seiner Forschungsrichtung beeinflußt. So berichtet Heinz Hopf:

> „Mein erstes Zusammentreffen mit der Topologie fand im Sommer 1917 statt, in einer Vorlesung über ‚Mengenlehre‘, die Erhard Schmidt an der Universität Breslau hielt [...] Ich war fasziniert; diese Faszination — durch die Kraft der Methode des Abbildungsgrades — hat mich nicht wieder verlassen, sondern große Teile meiner Produktion entscheidend beeinflußt.“[8])

---

1) A. Brauer 1973. S. XIII.
2) ebd. S. XIV.
3) W. Fenchel 1980. S. 162.
4) L. Görke 1986.
5) ebd.
6) A. Dinghas 1970. S. 3.
7) H. Begehr 1979. S. 154.
8) H. Hopf 1966. S. 182.

Die „Eindringlichkeit und mitreißende Begeisterung des Vortrages“ Schmidts veranlaßten Hopf, 1920 dem bewunderten Lehrer an die Berliner Universität zu folgen[1]). Auf Schmidts Vorlesungen und die seiner Kollegen wird im Abschnitt 8.4. näher eingegangen; es sei aber hier bereits gesagt, daß „viel Schmidtscher Geist“ auch in den Kollegs anderer bedeutender Berliner Hochschullehrer jener Tage zu spüren war[2]). Da Schmidt zudem mit bedeutenden, wenn auch nicht zahlreichen Arbeiten als Frucht intensivster Forschung hervortrat[3]), war er mit Schur ohne Zweifel der Mittelpunkt der Berliner Mathematik, ohne daß das je einer der beiden in unangenehmer Weise geltend gemacht hätte. Die geschäftsführende Direktion des Seminars als Institution überließen sie gern Bieberbach.

Es gibt manche Unterschiede und manche Übereinstimmung zwischen Weierstraß und Erhard Schmidt. Zu den Parallelen gehört das beiden gemeinsame Streben nach „Definitivheit und Abgeschlossenheit der Ergebnisse“[4]), die relativ nicht große Zahl an Veröffentlichungen, die sich dafür durch Tiefe auszeichnen, die dominierende, aber nie hervorgekehrte Stellung im mathematischen „Betrieb“ an der Berliner Universität und die inspirierende Wirkung der Vorlesungen; schließlich auch der Umstand, daß Schmidt wie Weierstraß je einmal als Dekan und als Rektor amtierten[5]).

8.2.3. Bieberbach

Auch der jüngste Ordinarius, Ludwig Bieberbach, war ein anregender Lehrer und bedeutender, schon von Frobenius hochgeschätzter Mathematiker[6]), zudem ein Mann von großer Arbeitsenergie. Zwar war er nicht *der* Wunschkandidat der Fakultät — erinnern wir uns daran, daß er, alles in allem genommen, erst an sechster Stelle vorgeschlagen wurde, daß, wie oben zitiert, in seinen Arbeiten gelegentlich die „wünschenswerte Sorgfalt“ vermißt worden war (auch später sind an seinen Büchern und Vorlesungen „Schlampereien“ moniert worden[7])) —, aber seine Berufung war doch weit von einer Notlösung entfernt, wie aus dem Berufungsantrag zu ersehen ist. Er war vielmehr ein auch im Ausland als bedeutend anerkannter Funktionentheoretiker, der überdies in der Geometrie und Gruppentheorie, Topologie und auf anderen Gebieten[8]) hervorgetreten ist und der auch insofern hinter Schmidt und Schur nicht zurückstand, als nach ihm ebenfalls fachliche Benennungen (Bieberbachsche Vermutung, Bieberbachscher Flächensatz) erfolgt sind.

Seine Wandlung zum aktiven Antisemiten[9]) und zu einem der tonangebenden Propagandisten für die Integration der Mathematik in die faschistische Gesellschaft[10]) erfolgte

---

1) ebd. S. 183.
2) Berlin 1951. S. 17.
3) H. Rohrbach 1968. S. 218.
4) ebd.
5) s. Abschnitt 12. 2.
6) H. Lindner 1980. S. 113.
7) W. Fenchel 1980. S. 161.
8) Analysiert durch H. Grunsky 1986.
9) E. Quaisser 1970. S. 22—23, bringt ein besonders starkes Beispiel aus dem Jahr 1938. (Ebenso E. Quaisser 1984. S. 38, dort aber versehentlich: 1937.)
10) R. Siegmund-Schultze 1986.

nach der für diese Publikation gewählten Zeitgrenze. Gegenstand unserer Untersuchung muß es sein, ob sich in seiner Tätigkeit als Ordinarius *vor* dem Sommer 1933, als sein Sinneswandel offenkundig wurde (er brachte erstmals am 13. 7. 1933 in einem Vortrag vor der Physikalisch-mathematischen Klasse der Berliner Akademie der Wissenschaften mathematisches anschauliches Denken mit „Rassen" in Verbindung[1])), seine späteren negativen Aktivitäten angekündigt haben.

Zeitzeugen berichten, Bieberbachs Metamorphose sei seinen Kollegen und Schülern ein Rätsel gewesen[2]). Er galt als „guter Republikaner", „links" oder „freisinnig"[3]). Wenn Heinrich Behnke von der Universität Münster berichtet, daß von den „Professoren im allgemeinen bis zum Beweis des Gegenteils angenommen" wurde, sie seien „deutsch-national, was nicht exakt hieß, daß man Hugenberg wählen mußte"[4]), so traf das mit nicht sehr wesentlichen Nuancierungen auch auf die Berliner Universitätsmathematiker zu. Ausgesprochen linksbürgerliche Orientierung, wie etwa die Rademachers[5]), war eine Ausnahme.

Unter den Studenten ging der Rechtsradikalismus um, wenn er auch bei den Berliner Mathematikstudierenden verhältnismäßig wenige Anhänger gefunden zu haben scheint[6]). Bei den Dozenten war eine Vorstufe dazu, die Ablehnung des „politischen Systems von Weimar"[7]) aus rechter Position, oder wenigstens starke Reserviertheit ihm gegenüber, die Regel.

Ihrer sozialen Herkunft nach entstammten die Hochschullehrer, vor allem aber die Lehrstuhlinhaber, ganz überwiegend solchen Klassen und Schichten, die in der Monarchie Privilegien genossen hatten und von der Arbeiterbewegung Siriusweiten entfernt waren. Konkret auf die vier Berliner Mathematikordinarien bezogen: Die Väter dreier von ihnen gehörten der Intelligenz an (der medizinischen: Schmidt und Bieberbach, der technischen: von Mises), Schurs Vater war Großkaufmann. Allgemein wurde Demokratisierung mit dem Abbau „wohlerworbener Rechte" gleichgesetzt und daher abgelehnt. Der Schritt vom Kaiserreich zur Republik war von den meisten Professoren innerlich noch nicht vollzogen worden. Man hing weiter dem „aufgeklärten Geheimratsprinzip" an. In Berlin war zudem die Distanz zwischen Ordinarien und dem akademischen Mittelbau besonders groß, während sich in Göttingen etwa diese Kluft weiter „unten" in der hierarchischen Gliederung, nämlich zwischen Assistenten und Studenten, auftat[8]). Gewiß, konservativ eingestellte Gelehrte mit bürgerlich-humanistischer Gesinnung und unerschütterlichem Pflichtgefühl, wie etwa Erhard Schmidt und Max Planck, verweigerten sich der Republik nicht, aber auch sie hatten ihre Vorbehalte.

---

[1]) Sitzungsberichte der Preußischen Akademie der Wissenschaften. 1933, S. 643. (Hinweis von Herrn Dr. R. Siegmund-Schultze.) Der aus Berlin vertriebene Mathematiker Kurt Hirsch (†) erinnert sich in einem Brief vom 9. 7. 1986, daß Bieberbach noch am 1. 4. 1933, dem „Boykott-Tag" jüdischer Geschäfte, am Beginn der Vorlesung öffentlich bedauert habe, daß sein (so wörtlich) „lieber Freund und Kollege Schur heute nicht mehr unter uns sein darf".

[2]) H. Freudenthal 1985.

[3]) H. Lindner 1980. S. 105. — H. Freudenthal 1985. — W. Fenchel 1980. S. 161.

[4]) H. Behnke 1978. S. 103.

[5]) R. Siegmund-Schultze 1984c. S. 54.

[6]) W. Fenchel sagt in einer schriftlichen Auskunft vom 15. 4. 1986, daß bis zu seinem Weggang nach Göttingen 1928 unter den Berliner Mathematikstudenten keine antisemitischen Tendenzen zu verzeichen gewesen seien.

[7]) H. Behnke 1978. S. 103.

[8]) H. Freudenthal 1985.

Zu der differenzierten, aber doch insgesamt nicht vorurteilsfreien Haltung der Ordinarien an deutschen Universitäten, aus der heraus der Republik die Folgen des verlorenen Krieges angelastet wurden, trugen auch die Einkommensminderungen bei, die sich Anfang der zwanziger Jahre in der Inflation in Form einer Senkung des Realeinkommens durch rapiden Kaufkraftverfall und, nach einer Periode relativer Stabilisierung (1924/28), Ende des Jahrzehnts während der Weltwirtschaftskrise in Form von Gehaltskürzungen manifestierten.

In Anbetracht einer solchen unter den Ordinarien vorherrschenden „Opposition von rechts" will es also schon etwas heißen, wenn Bieberbach als ein „Linker" galt. Freilich fiel er einmal durch „nationalistische Bemühungen gegen die Teilnahme der deutschen Mathematiker am internationalen Mathematiker-Kongreß 1928 in Bologna und gegen den dort vorgesehenen Beitritt Deutschlands in die ‚International Union for Mathematics'" auf[1]), wobei jedoch anzumerken ist, daß auch Schmidt und von Mises seinen Standpunkt teilten[2]); aber sonst gibt es kaum Anzeichen, die auf den späteren radikalen Umschwung seiner Ansichten hindeuten: Vor 1933 hat er, zu dessen Lehrern der jüdische Mathematiker A. Schönflies zählte[3]), sich seinen jüdischen Kollegen gegenüber, aber auch zu jüdischen Habilitanden, Doktoranden und Studenten loyal verhalten. Mit Schur, der ihn zur Wahl in die Berliner Akademie (1924) vorgeschlagen hatte[4]), hat er sogar zusammen publiziert[5]). Es lassen sich keine antisemitischen Äußerungen oder Handlungen nachweisen[6]); im Gegenteil: Als sich beispielsweise 1923 der jüdische Gruppen- und Zahlentheoretiker Robert Remak, ein Nachfahre des gleichnamigen, durch Alexander von Humboldt geförderten Histologen und Neurologen, erneut zur Habilitation meldete (er war 1919 bereits einmal zurückgewiesen worden), stimmte Bieberbach für die Zulassung zu den Habilitationsleistungen, während Planck und andere sie strikt ablehnten und damit durchdrangen. (Hiervon und von Remaks im dritten Anlauf geglückter Habilitierung ist noch zu sprechen; siehe Abschnitt 8.3.5.) Einem Ondit zufolge soll sich Bieberbach bei Gelegenheit einer Diskussion über die Zulassung eines jüdischen Kandidaten ganz dezidiert dahingehend ausgesprochen haben, daß nicht die Herkunft, sondern die wissenschaftliche Leistung allein zu entscheiden habe[7]).

Verschiedene Möglichkeiten bieten sich an, um die exzeptionelle Anfälligkeit Bieberbachs für die faschistische Ideologie und seine unerwartete Wendung zu erklären:

Wurde er aus Überzeugung zum Konvertiten, oder war er ein opportunistischer Überläufer? Wollte er aus einer schon 1919 durch Einstein an ihm festgestellten Eitelkeit[8])

---

[1]) H. Lindner 1980. S. 105. — E. Quaisser 1984. S. 35.

[2]) München 1969. S. 138—139.

[3]) H. Freudenthal 1985.

[4]) W. Schlicker 1975. S. 229.

[5]) Über die Minkowskische Reduktionstheorie der positiven quadratischen Formen. In: Sitzungsberichte der Preußischen Akademie der Wissenschaften, Phys.-math. Klasse. 1928, S. 510 bis 533.

[6]) Auch Frau M. L. Mendel, die von 1924 bis 1929 in Berlin Mathematik studiert hat und später aus „rassischen Gründen" verfolgt wurde, erinnert sich brieflich am 10. 4. 1986 daran, daß von Antisemitismus bei Bieberbach nichts zu verspüren gewesen sei. — W. Fenchel, 1933 aus Göttingen vertrieben, berichtet in einem Brief vom 15. 4. 1986, daß er von Bieberbach noch zur Sylvesterfeier 1932/33 eingeladen worden sei.

[7]) Mündliche Mitteilung H. Reichardts vom 29. 1. 1986.

[8]) „Ganz köstlich ist Herrn Bieberbachs Liebe und Verehrung für sich und seine Muse." (München 1969. S. 31—32.)

heraus die nun herrschende Ideologie benutzen, um die Superiorität seiner geometrischen Funktionentheorie über die Algebra und das Primat Berlins vor Göttingen zu sichern? War Abneigung gegen axiomatische und mengentheoretische Methoden eine Triebfeder? Brachte ihn Geltungsbedürfnis zu dem Versuch, als Exponent der „Deutschen Mathematik" dem Physiker P. Lenard in Heidelberg mit seiner ebenso abstrusen „Deutschen Physik" den Rang ablaufen? Spielte der Umstand eine Rolle, daß er nachweislich[1]) nie mit seinen Einkünften auskam? Oder gab es noch andere, bis heute verborgen gebliebene Gründe, die ihn zu einer „Flucht nach vorn" getrieben haben[2])?

Es ist nicht nur möglich, sondern wahrscheinlich, daß später noch zugänglich werdende Quellen (Bieberbach ist erst 1982 im Alter von 96 Jahren verstorben) das Zustandekommen bzw. Überwiegen einzelner der in Frageform genannten potentiellen Beweggründe und Wurzeln verdeutlichen und Einsichten vermitteln, die über die Erkenntnisse hinausgehen, welche z. B. bereits von H. Lindner, E. Quaisser, N. Schappacher, H. Mehrtens und R. Siegmund-Schultze gewonnen worden sind[3]).

8.2.4. R. von Mises

Neben dem aus Mogilew in Belorußland stammenden Schur, dem in Dorpat (Tartu) geborenen Balten Schmidt und dem Hessen Bieberbach, die die „reine Mathematik" vertraten, wirkte der im seinerzeit österreichischen Lemberg (Lwow) gebürtige angewandte Mathematiker Richard von Mises, oder vollständig: Richard Mises, Edler von Rechtenstamm, der allerdings nur ein „persönliches Ordinariat" innehatte und wie ein etatsmäßiger Extraordinarius bezahlt wurde. Aus den Geburtsorten ist bereits ersichtlich, daß die Mathematik in Berlin nicht durch „Preußen" repräsentiert wurde und daß das Gegenteil von provinzieller Einseitigkeit und Begrenztheit anzutreffen war. Auch der Bildungsgang war alles andere als uniform: Allein Schurs akademischer Werdegang hatte fast ausschließlich an der Berliner Universität stattgefunden. Schmidt hatte in Berlin und in Göttingen studiert und war Schüler sowohl von H. A. Schwarz wie von Hilbert. Bieberbach und von Mises hingegen hatten nie in Berlin studiert; ersterer in Heidelberg und Göttingen, letzterer war Absolvent der Wiener Technischen Hochschule. Auch dadurch war jeder Fixierung auf *eine* Schule vorgebeugt. Schur war in Göttingen und Berlin, Schmidt in Bonn, Zürich, Erlangen und Breslau, Bieberbach in Zürich, Königsberg, Basel und in Frankfurt a. M., von Mises schließlich in Brünn (Brno), Straßburg (Strasbourg) und in Dresden tätig gewesen.

Im Gegensatz zu seinen Mitordinarien war Mises eng mit der Praxis verbunden, insbesondere mit dem Flugwesen, zu dessen Entwicklung er während des ersten Weltkriegs kurze Zeit als Pilot, vor allem als Konstrukteur und als Lehrer beigetragen hatte. Später in Berlin war sein Interesse nicht auf flugtechnische Probleme beschränkt; er befaßte sich vielmehr mit vielerlei praxisorientierten Forschungen, aber auch mit Pro-

---

1) Verw.-Dir.: Bieberbach B 220.

2) W. Fenchel berichtet brieflich am 15. 4. 1986 von einem ihm nach dem Kriege zu Ohren gekommenen Gerücht: Nazistische Studenten hätten den als Lehrer unbeliebten Bieberbach dadurch loswerden wollen, daß sie ihm jüdische Vorfahren nachzuweisen suchten.

3) E. Quaisser 1970. — H. Lindner 1980. — R. Siegmund-Schultze 1984a. — E. Quaisser 1984. — N. Schappacher 1984. — H. Mehrtens 1985. — R. Siegmund-Schultze 1986. — H. Mehrtens 1986.

blemen der reinen Mathematik und mit Grundlagenfragen. Er selbst hat seine Forschungen acht Themengruppen zugeordnet: praktische Analysis, Integral- und Differentialgleichungen, Mechanik, Hydro- und Aerodynamik, konstruktive Geometrie, Wahrscheinlichkeitsrechnung, Statistik und Philosophie[1]). Seinen Mittelbedarf konnte die Universität nicht befriedigen, zumal in jener Zeit der ständigen inflationistischen Geldentwertung. Von Mises scheute sich nicht, sich der Gefahr der Einflußnahme wirtschaftlicher Interessen auf seine Forschungen auszusetzen, nutzte den durch die Entwicklung der Produktivkräfte bedingten Trend zur Förderung der angewandten Mathematik und nahm wiederholt Geld von der „Notgemeinschaft der deutschen Wissenschaft" an[2]), in der übrigens Bieberbach im Fachausschuß für Mathematik eine Schlüsselrolle spielte[3]). Viel trug zu Mises' Bekanntheit im internationalen Maßstab seine Definition der Wahrscheinlichkeit als Grenzwert der relativen Häufigkeit in einem Kollektiv bei[4]). Sein verbindlich-weltmännisches, dabei aber doch bestimmtes Auftreten, saloppe Eleganz mit einem Touch von Aristokratie gaben ihm Autorität, aber auch Beliebtheit.

Selten nur sind Anzeichen einer gelinden Reibung zwischen von Mises und seinen „reinen" Mitordinarien in den Akten anzutreffen; auch hierauf wird unten noch eingegangen. Aber trotz seines internationalen Rufes, trotz seines nicht nachlassenden Bemühens um die gleiche Exaktheit in der angewandten wie in der reinen Mathematik blieb er, wie gesagt, „persönlicher Ordinarius", und seine Mitordinarien brachten ihn nicht in die Berliner Akademie der Wissenschaften, der sie selbst als Mitglieder angehörten: Schmidt seit 1918, Schur seit 1921 und Bieberbach seit 1924. Das mag unterschwellig doch zu einer gewissen Distanz beigetragen haben, an der auch die Tatsache nichts änderte, daß er 1931/32 als Dekan der Philosophischen Fakultät tätig war. Erst 1950 konnte jenes Versäumnis ausgeglichen und der in den USA lebende von Mises zum Korrespondierenden Mitglied der Deutschen Akademie der Wissenschaften zu Berlin, der heutigen Akademie der Wissenschaften der DDR, gewählt werden. Indessen konnte von Mises unter den damaligen politischen Verhältnissen in den USA die Wahl nicht annehmen.

Was Richard von Mises, das von ihm geleitete Institut für Angewandte Mathematik und den Misesschen Beitrag zur Grundlegung der Wahrscheinlichkeitsrechnung in unserem Jahrhundert anbetrifft, so liegen bereits Spezialuntersuchungen vor, so daß wir hier darauf verweisen[5]) und uns bei der Schilderung der Aktivitäten im Universitätsbereich kürzer fassen können, um nicht bereits Bekanntes zu wiederholen.

Nach außen wirkten von den Ordinarien vor allem Bieberbach und von Mises. Der Erstgenannte fungierte als „Geschäftsführender Direktor" des Mathematischen Seminars der Universität, als Leiter der akademischen Kommission für das 1927 von der Berliner Akademie übernommene Referateorgan „Jahrbuch über die Fortschritte der Mathematik"[6]) — bei dem in den Zeiten der Massenarbeitslosigkeit mehrere Mathematiker ein wenn auch kärgliches Existenzminimum fanden —, aber auch als Schriftführer

---

1) H. Bernhardt 1979. S. 40—42. — H. Bernhardt 1984. S. 24—25.

2) H. Bernhardt 1979. S. 45.

3) R. Tobies 1981. S. 86, 87, 89.

4) Ausführlich dargestellt von H. Bernhardt 1984. Kap. 3 und 4.

5) H. Bernhardt 1979; 1980; 1982; 1984. — Zur Biographie s. auch N. T. Gridgeman 1974.

6) R. Siegmund-Schultze 1984a.

und Mitherausgeber der „Jahresberichte der Deutschen Mathematiker-Vereinigung“[1]) sowie in der genannten „Notgemeinschaft“ und als Mitherausgeber der „Mathematischen Annalen“, von Mises wirkte als Institutsdirektor, als geschäftsführendes Vorstandsmitglied der „Gesellschaft für angewandte Mathematik und Mechanik“, GAMM, und als Herausgeber der Zeitschrift ZAMM auf dem gleichen Gebiet von 1922 bis 1933[2]).

Wenn „der mathematische Schwerpunkt der Weimarer Republik“ im „Dreieck Göttingen—Berlin—Hamburg“ lag[3]) — wobei ihn Landau etwas näher an Göttingen heranverlegt wissen wollte[4]) —, Berlin aber auf alle Fälle viel von seinem Glanz zurückgewann, dann war dies nicht nur ein Verdienst der Berliner Ordinarien, sondern auch der außerordentlichen Professoren und Privatdozenten.

8.3. Die Extraordinarien, Privatdozenten und Assistenten

8.3.1. H. Hamburger

Bereits im Abschnitt 7.1. ist erwähnt, daß der Schmidtsche Habilitand Hans Hamburger 1922 das Schursche Extraordinariat erhielt, als dieser endlich zum Ordinarius aufgerückt war. Er folgte aber schon 1924 einem Ruf an die Universität in Köln.

Nachgetragen sei noch, daß Hamburger sich bei der Wiederbesetzung der außerordentlichen Professur Schurs gegen Mathematiker von so hohem Rang wie C. L. Siegel in Göttingen und A. Ostrowski in Hamburg durchsetzte, die von der Fakultät am 6. 3. 1922 an erster bzw. zweiter Stelle vorgeschlagen worden waren[5]). Dabei wurde Siegel als die bemerkenswerteste Erscheinung unter den Mathematikern, die in den letzten Jahren hervortraten, bezeichnet, Ostrowski aber als das nächst ihm stärkste Talent unter den jüngeren Mathematikern, die in Deutschland lebten und wirkten. Die Nennung Siegels primo loco ist insofern besonders bemerkenswert, als man in Göttingen der Ansicht war, in Berlin habe man Siegels Bedeutung verkannt[6]). Nach Hamburger wurde an vierter Stelle G. Szegö namhaft gemacht. Berufen wurde am 12. 7. 1922 wie gesagt Hamburger[7]).

8.3.2. Szegö, Löwner und Hammerstein

Als Hamburger Berlin verließ, schlug die Fakultät am 18. 7. 1924 erneut Ostrowski vor[8]), diesmal an erster Stelle, weil es unter den für ein Extraordinariat in Frage kommenden Mathematikern keinen gebe, der mit ihm an Bedeutung auf eine Linie zu stellen sei. Szegö, der secundo loco im Vorschlag figurierte, stehe ihm in Scharfsinn und Originalität am nächsten. An dritter Stelle wurde P. Finsler in Köln, der an Begabung Szegö kaum nachstehe, und an vierter Stelle G. Hoheisel in Breslau, 1920 in Berlin

---

[1]) H. Gericke 1966. S. 71—73.
[2]) R. Tobies 1982c.
[3]) M. Pinl 1967. S. 54.
[4]) ebd.
[5]) P-3-17. Bl. 217—220.
[6]) E. Hlawka 1985. S. 374.
[7]) P-3-17. Bl. 222a.
[8]) P-3-18. Bl. 198—199.

Schmidts erster Doktorand, als jung und vielversprechend vorgeschlagen. Offensichtlich blieb dieser Vorschlag ohne Erfolg, denn Szegö wurde erst nach einem erneuten Antrag Schurs vom 11. 3. 1925 zum „nichtbeamteten außerordentlichen Professor" ernannt, nachdem er sich als Dozent außerordentlich bewährt hatte[1]). Die Bezeichnung „n. b. a. o. Professor" entsprach in etwa dem Prädikat Professor, das früher an verdiente Privatdozenten verliehen wurde, den Staat nichts kostete und ihn zu nichts verpflichtete.

Der liebenswürdig-charmante Ungar Gábor Szegö, ein Schüler von Lipót Fejér, hatte mit kriegsbedingten Unterbrechungen in Budapest, Berlin, Göttingen und Wien studiert und war dann ab Juli 1920 in Berlin in der Redaktion des damals von L. Lichtenstein herausgegebenen „Jahrbuchs über die Fortschritte der Mathematik" tätig. Freilich langte das Honorar kaum aus, um auch nur das Existenzminimum bestreiten zu können. Er meldete sich zur Habilitierung mit einer Arbeit über die Entwicklung einer willkürlichen Funktion nach den Polynomen eines Orthogonalsystems, die von Schmidt als Erstgutachter und von Schur positiv beurteilt wurde. Die Habilitation erfolgte am 29. 6. 1921, nachdem es beinahe noch Schwierigkeiten wegen des Ausländerstatus des Habilitanden gegeben hätte[2]). 1926 folgte er einem Ruf als Ordinarius an die Universität Königsberg, nachdem er, wie erwähnt, im Jahr zuvor in Berlin zum nichtbeamteten außerordentlichen Professor ernannt worden war. 1934 aus Deutschland vertrieben, wurde er in den USA zu einem der führenden Mathematiker auf dem Gebiet der Analysis[3]).

Einer der ersten, die sich selbst ab 1922 als wissenschaftlicher Assistent (dazu siehe auch Abschnitt 8.3.9.) am Mathematischen Seminar der Universität Berlin bezeichneten, war Karl (Charles) Löwner. Vor ihm war bei Schur bereits Rademacher als Assistent tätig gewesen, der 1922 als Extraordinarius nach Hamburg gegangen war. Löwner war von der Deutschen Universität Prag gekommen. Seinem Antrag auf Habilitation wurde stattgegeben, und am 9. 5. 1923 wurde sie vollzogen, nachdem Bieberbach als Hauptgutachter die Habilitationsschrift mit Untersuchungen über schlichte konforme Abbildungen des Einheitskreises zustimmend beurteilt und Schur sich dieser Einschätzung angeschlossen hatte[4]). Löwner lieferte damit den ersten bedeutenden Beitrag zur sogenannten Bieberbachschen Vermutung (Koeffizientenproblem). Seine Hilfsbereitschaft, Bescheidenheit und Freundlichkeit machten ihn bei seinen Hörern sehr beliebt[5]).

Wie Szegö blieb auch Löwner nur fünf Jahre im Berliner Lehrkörper; 1928 wurde er als nichtbeamteter außerordentlicher Professor an die Universität Köln berufen[6]). Die gelegentlich anzutreffende Annahme, zwischen Szegö und Löwner habe sich Alfred Klose für angewandte Mathematik habilitiert, entspricht nicht den Tatsachen[7]). Klose erhielt die Lehrbefugnis für theoretische Astronomie und wurde, nach vorübergehender Tätigkeit in Riga, 1929 zum nichtbeamteten Extraordinarius für Astronomie ernannt. Erst 1934, außerhalb des hier betrachteten Zeitraums, wurde seine Lehrbefugnis auch

---

1) ebd. Bl. 381–382.
2) H-1-40. Bl. 267–278, Vorgang Szegö; s. 12.4, Nr. 31.
3) E. Hlawka 1986.
4) H-1-42, Vorgang Löwner; s. 12.4., Nr. 32.
5) W. Fenchel 1980. S. 162–163 – L. Görke 1986.
6) s. auch H. Freudenthal 1973.
7) J. Asen 1955. S. 98.

auf angewandte Mathematik ausgedehnt, nachdem er zuvor schon kurz als Assistent am Institut für Angewandte Mathematik tätig gewesen war[1]).

Noch ehe Löwner Berlin wieder verließ, habilitierte sich Adolf Hammerstein. Er war damals der Senior unter den Berliner Habilitanden, nur anderthalb Jahre jünger als Bieberbach. Kriegsbedingt hatte er nach dem Studium in Heidelberg, Göttingen und Tübingen erst 1919 bei Landau in Göttingen promovieren können. Seine Habilitationsschrift über die asymptotische Darstellung der Eigenfunktionen linearer Integralgleichungen wurde von Schmidt, Bieberbach und Schur akzeptiert; am 17. 5. 1924 erfolgte seine Habilitation[2]), nachdem er bereits seit dem 1. 9. 1923 als Bieberbachs Assistent wirkte. Auf dessen Betreiben[3]) wurde er am 22. 12. 1927 zum nichtbeamteten Extraordinarius ernannt[4]).

Hammerstein war ein Mathematiker „des zweiten Gliedes", übrigens sehr konservativ eingestellt[5]), und hat sich — nach seiner zahlentheoretischen Dissertation — ausschließlich mit Analysis, Variationsrechnung, Integralgleichungen, Randwertproblemen befaßt.

8.3.3. H. Hopf und G. Feigl

Von anderer wissenschaftlicher Bedeutung war der sich in zeitlicher Folge als nächster habilitierende Privatdozent, nämlich Heinz Hopf.

Wie gesagt, war Hopf 1920 Schmidt nach Berlin gefolgt, der ihn ermutigte, weiter Topologie zu treiben. 1925 promovierte Hopf, etwas spät, aber dafür summa cum laude, mit einer von Schmidt und Bieberbach begutachteten Dissertation über Zusammenhänge zwischen Topologie und Metrik von Mannigfaltigkeiten, für die Hopf die höchste, nur extrem selten erteilte Note „eximium" erhielt. Das Gutachten mit den prophetischen Worten Schmidts über die Zukunft der Topologie und das Prüfungsprotokoll sind als Dokument 31 im Kapitel 11 abgedruckt[6]). Hopf begab sich für ein Jahr nach Göttingen, wo es sein „wichtigstes Erlebnis" wurde, daß er dort Pavel Sergeevič Aleksandrov (Paul Alexandroff) traf, „bereits einer der großen Männer in der rein-mengentheoretischen Topologie"[7]). Aus dieser Begegnung erwuchs eine lebenslange, enge und kreative Freundschaft[8]). Es war nicht nur die gegenseitige wissenschaftliche Anregung, die für beide Mathematiker von fortwirkender Bedeutung war und sich auch in gemeinschaftlicher Produktion und Publikation niederschlug, — ein weiteres Moment ist noch hervorzuheben.

Die imperialistischen Siegermächte hatten Deutschland nach dem ersten Weltkrieg in wissenschaftliche Isolation gedrängt. Das führte hier zu einem besonderen Interesse an der Sowjetwissenschaft, die gerade auf mathematischem Felde in dynamischer Vorwärtsentwicklung war und um die Mitte der zwanziger Jahre Weltgeltung erlangt

---

[1]) P-3-25. Bl. 305, 307.

[2]) H-1-43, Vorgang Hammerstein; s. 12.4., Nr. 33.

[3]) R. Tobies 1982a. S. 77, Anm. 50; vgl. auch S. 66.

[4]) P-3-20. Bl. 209—212.

[5]) H. Freudenthal 1985.

[6]) P-4-421, Vorgang H. Hopf; s. 12.3., Nr. 159.

[7]) H. Hopf 1966. S. 184.

[8]) ebd. — Berlin 1966. S. 437—440. — P. Alexandroff 1976. — P. S. Aleksandrov 1977. — Mündliche Mitteilungen von P. S. Aleksandrov in Berlin am 7. 4. 1965.

hatte[1]). Die fruchtbare Kontaktnahme der Mathematiker lief im wesentlichen an Berlin vorbei[2]) und konzentrierte sich in Göttingen, wo namhafte sowjetische Mathematiker zum Studienaufenthalt weilten, Erfahrungsaustausch pflogen und Vorträge hielten. Durch Hopfs dortigen Aufenthalt und seine Freundschaft mit P. S. Aleksandrov erhielt nun auch Berlin Anschluß an diese Entwicklung, die für Hopf später zu Gastvorträgen und Vorlesungen in der Sowjetunion führte[3]).

Bereits im Jahr nach der Promotion, am 29. 10. 1926, habilitierte sich Hopf, auch darin eine Ausnahmeerscheinung, mit einer Arbeit über Abbildungsklassen und Vektorfelder in n Dimensionen[4]). In seinem Gutachten über die Habilitationsschrift führte Schmidt aus, Hopf müsse nach seiner Überzeugung „schon jetzt als in der ersten Linie der Mathematiker Deutschlands stehend angesehen werden".

Nachdem Hopf gemeinsam mit Aleksandrov das akademische Jahr 1927/28 als Stipendiat in Princeton, New Jersey, verbracht hatte[5]), wirkte er in Berlin noch als Privatdozent bis 1931. Im selben Jahr wurde er als Ordinarius an die Eidgenössische Technische Hochschule in Zürich berufen.

Zusammen mit dem als nächstem Privatdozenten zu nennenden Georg Feigl hielt er neben seinen Vorlesungen ein mathematisches Proseminar ab, veranstaltete er Kolloquien über ausgewählte geometrische Fragen bzw. solche aus der Topologie. Über die Lehrveranstaltungen beider wird weiteres im Abschnitt 8.4. gesagt.

Feigl war bereits 1919 nach Berlin gekommen, nachdem er im Jahr zuvor in Jena promoviert hatte, und wurde Schmidts Assistent. Freudenthal nennt ihn „einen der sympathischsten Menschen, denen ich begegnet bin"[6]). Er war mit einem außerordentlichen pädagogischen Geschick begabt; seine Stärke lag mehr auf dem Gebiet des Dozierens als auf dem des Produzierens. Seine für Schmidt gehaltenen Anfängervorlesungen von 1920 bis 1934, also auch schon vor der Habilitierung, erfreuten sich wegen ihrer Übersichtlichkeit[7]) der höchsten Beliebtheit und wurden nach seinem frühen Tod (1945) von H. Rohrbach bearbeitet und 1953 herausgegeben[8]).

Als sich Hopf „auf dem Weg zur Topologie befand, auf dem er viele der Jüngeren mitgenommen hat"[9]), meldete sich auch der vier Jahre ältere Feigl mit einer topologischen Arbeit „Fixpunktsätze für spezielle n-dimensionale Mannigfaltigkeiten"[10]) zur Habilitation.

Diese Habilitierung ist eines der wenigen Beispiele dafür, daß es zwischen den Ordinarien nicht ganz ohne Reibungen abging. Daher soll auf sie etwas näher eingegangen werden.

Schmidt faßte sein Urteil über die Habilitationsschrift seines Assistenten am 26. 10. 1926 dahingehend zusammen, daß „Feigl eine gründliche Schulung und ausgebreitete

---

1) R. Tobies 1985 mit weiteren Angaben über die Beziehungen deutscher und sowjetischer Mathematiker zur Zeit der Weimarer Republik.

2) s. dazu auch Berlin 1966. S. 441–443; insbes. S. 441. – A. O. Gel'fond 1977, insbes. S. 246.

3) R. Tobies 1985. S. 68, 70.

4) H-1-44, Vorgang H. Hopf; s. 12.4., Nr. 34.

5) H. Hopf 1966. S. 185.

6) H. Freudenthal 1985.

7) H. Begehr 1979. S. 155.

8) G. Feigl 1953.

9) Berlin 1951. S. 18.

10) H-1-45, Vorgang Feigl; s. 12.4., Nr. 35.

Kenntnisse besitzt, in seiner Forschung mit Strenge und äußerster Sorgfalt vorgeht, eine lebendige geometrische Anschauung mit logischer Schärfe, einen feinen Sinn für die ästhetische Seite der mathematischen Beweisführung mit einem ausgesprochenen Talent zu klarer und durchsichtiger Darstellung verbindet".[1]) Schur erklärte sich mit dieser Einschätzung einverstanden. Am 25. 11. pflichtete Bieberbach in einem ausführlichen Separatgutachten[2]) dem Urteil seiner Kollegen nachdrücklich bei und bewertete die Habilitationsschrift Feigls sowie dessen sonstige Publikationen als „überaus wertvolle Leistungen". Alles schien in bester Ordnung zu sein, als Mises am gleichen Tag noch, an dem Bieberbach votiert hatte, folgendes Verdikt formulierte[3]):

> „Weder aus den Gutachten der Referenten noch aus eigener Kenntnis des Habilitanden kann ich die Überzeugung gewinnen, daß hier ‚ausgezeichnete' Leistungen im Sinne unserer Satzungen vorliegen. Auch die Urteile anderer Mathematiker, die ich um private Informationen gebeten habe, stimmen darin überein, daß die vorgelegten Arbeiten kaum den Durchschnitt dessen erreichen, was heute auf diesem Gebiet geleistet wird. Gleichwohl will ich dem einstimmigen Antrag der drei Vertreter der reinen Mathematik nicht widersprechen, da ich der Ansicht bin, daß für eine Habilitation in erster Linie die engsten Fachvertreter verantwortlich sind."

Es fällt schwer, zu glauben, daß es nur sachliche Erwägungen und Einsichten waren, die von Mises zu diesem Schritt veranlaßt haben. Viel näher liegt die Vermutung, daß die Verdammung der Habil-Schrift der Misesschen Assistentin Hilda Pollaczek (siehe den folgenden Abschnitt 8.3.4.), die Bieberbach am 4. 3. 1926 und erneut wenige Tage vor Mises' Gutachten über Feigl ausgesprochen hatte, die eigentliche Motivation gewesen ist.

Übrigens blieben die Misesschen Bedenken ohne Folgen. Der Habilitationsausschuß, u. a. Planck und von Laue, votierte einstimmig für Feigls Zulassung[4]), und am 11. 2. 1927 konnte die Habilitierung durchgeführt werden. 1928 wurde Feigl die Schriftleiterstelle des mehrfach erwähnten „Jahrbuchs über die Fortschritte der Mathematik" übertragen. Sie sicherte ihm neben der fortgesetzten Tätigkeit als Privatdozent eine zusätzliche Einnahme[5]), bürdete aber dem Magenleidenden auch weitere Lasten auf.

Am 20. 1. 1933 beantragten dann die vier mathematischen Ordinarien sowie die Physiker Planck und von Laue die Ernennung Feigls zum Extraordinarius[6]). Nach einer kurzen Würdigung seiner wissenschaftlichen Beiträge in bezug auf die Axiome der Geometrie und auf die Topologie wurde seine Leistung als Herausgeber des Jahrbuchs bewertet. Die Verbindung von organisatorischem Geschick mit Tatkraft und ein weiter kritischer Überblick hätten ihn in den Stand gesetzt, die mathematische Weltliteratur vortrefflich zu referieren. Ungewöhnlich erfolgreich und für den mathematischen Unterricht geradezu unentbehrlich sei seine Tätigkeit als akademischer Lehrer. Eine seltene Darstellungsgabe und Kunst der Erklärung, verbunden mit ausgezeichneter Kenntnis der zur Verfügung stehenden Methoden befähigten ihn, schwierige mathematische Entwicklungen ohne jede Konzession auf Kosten des höchsten mathematischen Niveaus wissenschaftlicher Strenge dem Verständnis der Zuhörer nahezubringen. Daraufhin

---

[1]) ebd. Bl. 66.
[2]) ebd. B. 68—70.
[3]) ebd. Bl. 66.
[4]) ebd. Bl. 67.
[5]) M. Pinl 1967. S. 55. — R. Siegmund-Schultze 1984a. S. 95.
[6]) P-3-24. Bl. 182a—m.

wurde Feigl am 29. 6. 1933 zum nichtbeamteten außerordentlichen Professor ernannt, d. h. ohne jeden Anspruch an den Staat, insbesondere nicht auf Übertragung eines planmäßigen Lehrstuhls.

1935 wurde er an die Universität Breslau berufen. Dergestalt wirkte Feigl während der gesamten Ära Schmidt — Schur — Bieberbach — von Mises an der Berliner Universität und war durch seine Lehrbefähigung einer ihrer herausragenden Repräsentanten. So sagte Hans Freudenthal 1951 zum 75. Geburtstag von Erhard Schmidt: Georg Feigls ganz im Geiste Schmidts gehaltene „Einführung war für viele Berliner die erste große mathematische Offenbarung und ein Ereignis, das für ihre mathematische Existenz entscheidend war".[1])

8.3.4. Hilda Pollaczek-Geiringer und J. von Neumann

Der in chronologischer Abfolge nächste Habilitand war eine Frau, für das mathematische Berlin, ja für ganz Deutschland, ein absolutes Novum: Hilda Pollaczek, geb. Geiringer. Beinahe sechs Jahrzehnte waren vergangen, seit Weierstraß sich vergeblich bemüht hatte, für S. Kovalevskaja die Zulassung zum Mathematikstudium in Berlin zu erreichen, mehr als fünf Jahrzehnte waren verstrichen, seit es ihm geglückt war, seine Schülerin in Göttingen in absentia promovieren zu lassen. Eigentlich hätte Hilda Pollaczek noch vor Feigl habilitiert werden müssen, denn sie hatte ihre Arbeit über starre Gliederungen von Fachwerken mehr als ein ganzes Jahr früher, im Herbst 1925, eingereicht. Aber es sollte unerwartete Hindernisse geben. Erst im zweiten Anlauf erhielt sie am 11. 11. 1927 die Lehrbefugnis, ein dreiviertel Jahr nach Feigl.

Hier kurz die Geschichte dieser Habilitation.

Frau Pollaczek hatte 1917 in Wien promoviert und war Richard von Mises nach Berlin gefolgt, wo sie 1921 seine Assistentin wurde. Mises beurteilte am 16. 11. 1925 ihre Arbeit als eine „vorzügliche Leistung"[2]), während Bieberbach am 4. 3. 1926 als Zweitgutachter dahingehend votierte, er habe einen „wahrhaft niederschmetternden Eindruck" von den „rein mathematischen Fähigkeiten und Leistungen der Habilitandin" gewonnen und könne nicht für die Zulassung zu den weiteren Habilitationsleistungen stimmen[3]). Schur trat diesem Urteil bei [4]). Daraufhin zog H. Pollaczek den zweiten Teil ihrer Arbeit über starre Gliederungen von Fachwerken zurück und legte eine neue Arbeit über die Poissonsche Verteilung und die Entwicklung willkürlicher Verteilungen vor. Am 12. 11. 1926 empfahl von Mises die Zulassung „auf das wärmste"[5]), ohne daß die Leistungen der Habilitandin Gnade vor Bieberbachs Augen gefunden hätten; er erklärte sich allenfalls bereit, für eine Zulassung auf den „Anwendungsgebieten der Mathematik zu stimmen'[6]). Die „Revanche" sollte nicht ausbleiben, wie die im Abschnitt 8.3.3. geschilderte negative Beurteilung der Feiglschen Leistungen durch von Mises zeigt. Wiederum trat Schur dem Votum Bieberbachs bei[7]). Nachdem sich Schmidt am 29. 6.

---

[1]) Berlin 1951. S. 18.

[2]) H-1-45, Vorgang Pollaczek. Bl. 254; s. 12.4., Nr. 36.

[3]) ebd. Bl. 261—263.

[4]) ebd. Bl. 247.

[5]) ebd. Bl. 259—260.

[6]) ebd. Bl. 265—268.

[7]) ebd. Bl. 269.

1927 für eine Zulassung allein für angewandte Mathematik ausgesprochen hatte, Planck, von Laue u. a. sich diesem Antrag anschlossen[1]), wurde zwei Jahre nach Abgabe der Unterlagen endlich, wie gesagt, am 11. 11. 1927 die Habilitierung vollzogen. Immerhin konnte von Mises als positives Ergebnis verbuchen, daß die angewandte Mathematik nun als ein besonderes Habilitationsfach anerkannt worden war.

Für Berlin, wo Frauen bis 1908 noch die spezielle Erlaubnis des Dozenten benötigten, um dessen Vorlesungen zu hören[2]), blieb Hilda Pollaczek als Privatdozentin eine Einzelerscheinung. Sie wurde 1929 Oberassistentin bei von Mises (siehe Abschnitt 8.3.9.) und ging nach ihrer Vertreibung aus Berlin 1933 über Brüssel nach Istanbul, wo sie in zweiter Ehe Richard von Mises heiratete[3]). Hier seien noch die Daten festgehalten, die einen solchen Leidensweg der Verjagung markieren: 13. 5. 1933 — Beurlaubung; 28. 6. — Kündigung zum 31. Dezember; 4. 9. — Entzug der Lehrbefugnis; 25. 9. — Entlassung; 5. 10. — Rücknahme der Entlassung, dafür Versetzung in den „Ruhestand", aber ohne geldliche Ansprüche[4]). Von der Türkei führte sie ihr Weg mit ihrem zweiten Mann in die USA[5]). Sie arbeitete u. a. über Wahrscheinlichkeitstheorie, mathematische Statistik, Grenzschichttheorie, Plastizitätstheorie[6]). Eine starke Breitenwirkung in der Popularisierung des Wahrscheinlichkeitskonzepts von Mises' erzielte sie 1932 in Deutschland durch ihre eingehende Kommentierung des von ihrem Institutsdirektor herausgegebenen Philosophischen Versuchs über die Wahrscheinlichkeit von P. S. de Laplace[7]).

Wie u. a. an der Habilitierung von Hilda Pollaczek deutlich wird, ließ die Ausübung der Funktion eines Assistenten oft der eigenen Qualifizierung, soweit sich diese in akademischen Graden ausdrückt, wenig Spielraum. Das zeigt sich bei Frau Pollaczek, die erst mit 34 Jahren[8]) die Gelegenheit zur Habilitierung erhielt, ebenso wie bei Georg Feigl (Habilitationsalter: 37 Jahre) oder bei Schurs Assistenten Alfred Brauer (Habilitierung mit 38 Jahren), während allgemein Professorenberufungen und -ernennungen vor Vollendung des 30. Lebensjahres keine Seltenheit waren.

Kurz nach H. Pollaczek bat ein Mathematiker um Zulassung zur Habilitation, der ebenfalls aus der österreichisch-ungarischen Doppelmonarchie stammte: Johann (János) Neumann von Margitta. John von Neumann, wie er sich später nannte, stammte aus Budapest und war schon als Kind, ganz ähnlich wie einst Gauß, durch sein Rechentalent aufgefallen. Wie Szegö hatte auch er bei Fejér promoviert (März 1926), zusätzlich noch im Oktober 1926 in Zürich in Chemie diplomiert[9]). „Doctor miraculus", so nannten ihn seine Freunde in Anlehnung an die Figur in „Hoffmanns Erzählungen" wegen seiner

---

[1]) ebd. Bl. 272.

[2]) W. Fenchel 1980. S. 156.

[3]) Übrigens war ihr erster Ehemann Felix Pollaczek ein Schüler Schurs, bei dem er 1922 promovierte; s. 12.3., Nr. 153. Er ging 1933 nach Frankreich, wo es ihm gelang, zu überleben. Er war dort als wissenschaftlicher Angestellter im Nationalen Forschungszentrum tätig.

[4]) Verw.-Dir.: Institut für Angew. Math. Nr. 933. Bl. 94—102.

[5]) H. Freudenthal 1985.

[6]) M. Pinl 1969. S. 189. — H. Bernhardt 1979. S. 47. — H. Bernhardt 1984. S. 23—24.

[7]) R. von Mises 1932. S. 172—211.

[8]) M. Pinl 1969. S. 189 gibt als Geburtsjahr 1895 nach Mitteilung von Frau von Mises an. Dem widersprechen Nachschlagewerke und aktenkundliche Datierungen, die 1893 als Geburtsjahr verzeichnen.

[9]) H-1-45, Vorgang von Neumann. Bl. 296 (eigene Angabe Neumanns).

an das Wunderbare grenzenden blitzschnellen Auffassung und seines universellen Wissens in der reinen und angewandten Mathematik sowie in den Naturwissenschaften, legte als Habil-Schrift eine Arbeit zum Thema „Der axiomatische Aufbau der Mengenlehre" vor. Neben Schmidt als Hauptgutachter, Schur und von Mises gab auch Schottky noch einmal sein Urteil ab.

Ein schwacher Nachdonner erinnerte bei dieser Gelegenheit an das oben geschilderte Gewitter anläßlich der Habilitierungen von G. Feigl und H. Pollaczek: Richard von Mises bescheinigte in seinem Gutachten am 5. 11. 1927 dem Habilitanden eine außerordentliche Begabung, glaubte aber andererseits eine „gewisse Unreife und Übereiltheit des Urteils" feststellen zu müssen[1]). Zwar wollte er angesichts der ausgezeichneten Beurteilung der rein mathematischen Leistungen von Neumanns keinen Einwand gegen die Zulassung erheben, aber immerhin versagte er sich nicht den Zusatz: „Im Interesse des Kandidaten wäre es vielleicht gelegen gewesen, wenn man ihm etwas mehr Zeit zu ruhiger Entwicklung gelassen hätte."[2])

Neumanns Probevortrag behandelte das Grundlagenproblem der Mathematik, seine Probevorlesung hatte das allgemeine Problem des Maßes zum Gegenstand. Nach der Prüfung im Kolloquium durch Schmidt und Schur am 9. 12. 1927 wurde die Habilitierung des 24jährigen mit dem 13. Dezember vollzogen[3]). Das Wirken dieser „säkularen Erscheinung"[4]) in Berlin dauerte nicht lange. Zwar wurde ihm vom WS 1928/29 an ein Lehrauftrag für Vorlesungen über die logischen Grundlagen der Mathematik erteilt, aber im SS 1929 ließ er sich beurlauben, um in Hamburg über Axiomatik der Mengenlehre zu lesen, vom 1. 1. bis 30. 9. 1930 meldete er sich in die USA ab, und vom WS 1931/32 an ließ er sich für drei Wintersemester nach Amerika beurlauben. Letztmals hat er für das SS 1933 in Berlin eine Vorlesung angekündigt, die er auch, einem Brief aus Budapest vom 12. 1. 1933 nach zu urteilen, zu halten beabsichtigte[5]). Diese Absicht konnte natürlich nicht verwirklicht werden, denn auch von Neumann gehörte zu den aus „rassischen Gründen" Verfolgten. Er verzichtete auf seine venia legendi in Berlin und ging endgültig in die Vereinigten Staaten, wo er, allgemein „Johnny" genannt, durch weitere grundlegende Beiträge zur reinen Mathematik, zur Quantenmechanik, zur Spiel- und Computertheorie Weltberühmtheit erlangte[6]).

8.3.5. R. Remak

Eine Ausnahme unter den Habilitanden stellte Robert Remak in mehrfacher Hinsicht dar. Die Gesuche des 1911 (!) von Frobenius Promovierten[7]) um Zulassung zur Habilitation waren zweimal (1919 und 1923) abgelehnt worden, weniger aus fachlichen Gründen, sondern weil an der Art seines Auftretens Anstoß genommen wurde. 1919

---

[1]) ebd. Bl. 303; s. 12.4., Nr. 37.

[2]) ebd.

[3]) H-1-45, Vorgang J. von Neumann; s. 12.4., Nr. 37.

[4]) Zit. nach H. Meschkowski 1964. S. 191.

[5]) Die Angaben über die Vorlesungen und Beurlaubungen J. von Neumann nach Verw.-Dir.: J. von Neumann. Bd. 44, sowie Vorlesungsverzeichnis der Universität Hamburg, SS 1929, dankenswerterweise durch Prof. Dr. C. J. Scriba übermittelt.

[6]) M. Pinl 1969. S. 187–188. — J. Dieudonné 1976. — Bulletin 1958.

[7]) s. Abschnitt 6.5.2.1. und 12.3., Nr. 143.

stimmten für seine Zulassung u. a. Carathéodory und Schmidt, dagegen u. a. Schwarz, Schottky, Planck und Nernst. 1923 waren es Bieberbach, Schur und Schmidt, die für eine Zulassung votierten, während sich u. a. von Mises, Schottky, Planck und von Laue dagegen aussprachen[1]). Erst der dritte Anlauf 1928 gelang, nachdem Schur als Erstgutachter seine Habil-Schrift über minimale invariante Untergruppen in der Theorie der endlichen Gruppen angenommen hatte[2]). Nur von Mises machte noch einen Vorbehalt: Er stimmte unter der Voraussetzung zu, daß Remaks Lehrbefugnis auf reine Mathematik beschränkt würde! Er hatte nämlich gehört, Remak beabsichtige, u. a. Versicherungsmathematik zu lesen (was er dann auch tatsächlich getan hat), wozu ihm nach Mises' Meinung jede Voraussetzung fehlte. Indessen blieb dieser Vorbehalt ohne Wirkung. Nach Erfüllung aller geforderten Leistungen wurde Remak am 11. 1. 1929 habilitiert und war so mit 41 Jahren der seit Gründung der Universität älteste mathematische Privatdozent bei Erreichung dieser Stellung. Er war als ein äußerst kritischer Kopf bekannt und galt als etwas rechthaberisch[3]); seine Wortmeldungen im mathematischen Seminar Schurs, auf Kolloquien und Veranstaltungen wissenschaftlicher Gesellschaften waren gefürchtet[4]). Dem Umstand, daß er vom 1. 8. 1926 an (also schon vor der Habilitierung) eine Beihilfe (Stipendium) erhielt, die alljährlich neu beantragt werden mußte, verdanken wir einige Beurteilungen Remaks durch Bieberbach. Dieser stellt zwar die Bedürftigkeit in Frage, und das, soweit heute bekannt ist, nicht ganz grundlos, beurteilte ihn aber sonst wohlwollend. So bescheinigte er ihm am 10. 1. 1931 einen „Ruf als anständiger Mensch", der durch seine, „den Umgang mit ihm schwierig" machenden „Eigentümlichkeiten" nicht leide[5]). Ein Jahr später, am 20. 1. 1932, plädierte Bieberbach erneut für Weitergewährung, wenn er auch erstaunt war, daß wirtschaftliche Notlage vorliegen sollte. Entgegen der Prognose habe Remak in seiner Vorlesung über Versicherungsmathematik erhebliche Hörerzahlen erzielt[6]). Am 26. 11. 1932 sprach er sich unter Anspielung auf Remaks Aktienbesitz dann gegen eine weitere Verlängerung der Unterstützung aus[7]). Dies Schreiben kann nicht mehr als wohlwollend bezeichnet werden. Wir erfahren aus ihm, daß Remaks Einführung in die Mathematik für Nationalökonomen wenig Hörer gefunden hat, was Bieberbach als schlechten Lehrerfolg bezeichnet.

Am 2. 9. 1933 wurde auch Robert Remak die Lehrbefugnis entzogen. Von allen Mitgliedern des Lehrkörpers war ihm das schwerste Los beschieden. Nachdem er Ende 1938 für zwei Monate in das Konzentrationslager Sachsenhausen verschleppt worden war, wo er bleibende gesundheitliche Schäden davontrug, gelang ihm die Flucht nach Amsterdam. Dort fiel er erneut in die Hände seiner Peiniger, wurde nach Auschwitz gebracht und dort ermordet. Seine Frau hat zuletzt 1942 von ihm gehört[8]). Über den Tod des einstigen Schülers von Frobenius (s. Abschnitt 6.5.2.1.), der u. a. die Gruppentheorie, die Geometrie der Zahlen und die Anwendung der Mathematik in der Ökonomie bereichert hat, ist nie Näheres bekannt geworden.

---

[1]) H-1-46, Vorgang Remak; insbes. Bl. 214—216, 224—227, 235—237.

[2]) S. 12.4., Nr. 38.

[3]) W. Fenchel 1980. S. 164.

[4]) R. von Mises in H-1-46. Bl. 226.

[5]) Verw.-Dir.: Robert Remak. Bd. 91. Bl. 17.

[6]) ebd. Bl. 22.

[7]) ebd. Bl. 29.

[8]) M. Pinl 1969. S. 190—193.

8.3.6. E. Hopf und S. Bergmann

Wie Heinz Hopf und Robert Remak war auch der aus Salzburg stammende Eberhard Hopf ein Habilitand, der bereits in Berlin den akademischen Grad eines Doktors der Philosophie erhalten hatte: 1926 war er durch Schmidt promoviert worden mit einer Arbeit über höhere Differenzenquotienten[1]). Die venia legendi erwarb er am 2. 8. 1929 für Astronomie und Mathematik mit einer Habilitationsschrift zur mathematischen Theorie des Strahlungsgleichgewichts, mit den Astronomen A. Kopff und P. Guthnick als den ersten beiden Gutachtern und E. Schmidt als Drittgutachter[2]). E. Hopf war von 1926 bis 1930 am Berliner Astronomischen Recheninstitut tätig. Er gehörte dem Lehrkörper zwar nominell bis 1937 (Ruf als Ordinarius an die Universität Leipzig) an, arbeitete aber von 1932 bis 1936 an dem bekannten MIT (Massachusetts Institute of Technology) in den USA und ging 1947 in die Vereinigten Staaten zurück. Bekannt geworden ist er u. a. durch seine Beiträge zur Ergodentheorie und zur topologischen Dynamik[3]).

Aus Częstochowa (damals Czenstochau) stammte Stephan Bergmann (später Stefan Bergman), ein in Wien graduierter Ingenieur, der sich der Mathematik widmen wollte. Er ließ sich von v. Mises ein Dissertationsthema geben und promovierte am 13. 8. 1921 als dessen erster Doktorand mit einer Arbeit über die Entwicklung der harmonischen Funktionen der Ebene und des Raumes nach Orthogonalfunktionen[4]). Neben Bergmanns Doktorvater gab Schmidt das Gutachten ab. Im SS 1922 vertrat Bergmann Frau Pollaczek als Assistent von Mises', als diese durch die Geburt ihrer Tochter an der Wahrnehmung jener Funktion verhindert war[5]). Er ernährte sich 1922—26 durch Arbeiten für die Industrie und durch kommerzielle Unternehmungen im In- und Ausland[6]). Von 1926 an arbeitete er wieder wissenschaftlich, u. a. über Festigkeitsfragen im Flugzeugbau, und setzte seine mathematischen Untersuchungen über die nach ihm benannten Integraloperatoren fort[7]). 1932, im Alter von 37 Jahren zur Habilitation zugelassen, erwarb er am 2. 3. des Jahres die venia legendi mit einer Schrift über die Mehrdeutigkeitsfragen bei Potentialströmungen mit freien Grenzen, die durch von Mises als Hauptgutachter sowie von Bieberbach und Schmidt beurteilt wurde[8]). Nur kurze Zeit konnte er als Privatdozent tätig sein; das Jahr 1933 setzte auch seinem Wirken in Berlin ein Ende. Er folgte einem Ruf nach Tomsk (UdSSR), von wo er über Tbilissi und Paris in die USA ging[9]). Als Dozent war er dadurch behindert, daß die deutsche Sprache für ihn ein Handicap darstellte[10]). Im Gegensatz etwa zu Schur, der in ausgezeichnetem Deutsch vortrug, so daß nie jemand auf den Gedanken hätte kommen können, diese Sprache sei nicht seine Muttersprache[11]), redete Bergmann mit einem recht prononcierten

---

[1]) P-4-427, Vorgang E. Hopf; s. 12.3., Nr. 162.

[2]) H-1-46, Vorgang E. Hopf; s. 12.4., Nr. 39.

[3]) H. Bauer 1984. — Zu E. Hopf; s. auch N. Wiener 1965. S. 171—172.

[4]) P-4-396, Vorgang Bergmann; s. 12.3., Nr. 148.

[5]) H. Bernhardt 1980. S. 24.

[6]) W. Fenchel 1980. S. 165. — H-1-48, Vorgang Bergmann, Bl. 379—380.

[7]) M. Pinl 1969. S. 175. — H-1-48, Vorgang Bergmann, Bl. 379—380.

[8]) H-1-48, Vorgang Bergmann; s. 12.4., Nr. 40.

[9]) M. Pinl 1969. S. 174.

[10]) W. Fenchel 1980. S. 165.

[11]) A. Brauer 1973. S. XII.

Akzent[1]). Er gab selbst zu, kein akademischer Lehrer zu sein, aber er war von seiner Arbeit besessen und unendlich fleißig[2]). Der Bekanntheitsgrad, den er im Laufe der Jahre durch seine Publikationen erreichte, hat seine Mühen belohnt.

8.3.7. A. Brauer

Der letzte mathematische Privatdozent, der sich in der Weimarer Republik habilitierte, war Alfred Brauer. Er hat die gesamte hier in Rede stehende Ära als Student und als Assistent nicht nur miterlebt, sondern entscheidend mitgestaltet. Sein Name ist auch heute noch für alle, die damals in Berlin Mathematik oder Physik studiert haben, ein fester Begriff. 1913/14 und von 1919 bis 1927 hat er fast ausschließlich in Berlin studiert; er war eines der herausragenden Häupter und Mittelpunkt der Mathematisch-physikalischen Arbeitsgemeinschaft „Mapha", jenes Zusammenschlusses sämtlicher Berliner Mathematik- und Physikstudenten von beispielloser Effizienz, über den im Abschnitt 8.6. gesondert berichtet wird. Alfred Brauer hat die Aufgaben dieser Fachgruppe entscheidend mitbestimmt und ihr die Wege zum Erreichen der gesteckten Ziele gewiesen. Wenn er von den Studenten allgemein „Alfred" genannt wurde[3]), so geschah das nicht nur, um ihn von seinem Bruder Richard zu unterscheiden, sondern es spiegelte sich in dieser familiären Benennung zugleich Dankbarkeit und Anerkennung, ging doch das enorme Berliner Angebot an Übungen, Proseminaren, Ergänzungskursen und Kolloquien, aber auch an kulturellen Veranstaltungen und sozialen Hilfen ganz wesentlich mit auf seine Initiative zurück. So wurden beispielsweise die von den Ordinarien gegründeten „Schriften des Mathematischen Seminars und des Instituts für Angewandte Mathematik der Universität Berlin" von den Kommilitonen „Alfreds Annalen" genannt[4]), wodurch deutlich gemacht wurde, wer der eigentliche Organisator war. Da eine Promotion nicht mit der mündlichen Prüfung, sondern erst dann vollzogen wurde, wenn der Kandidat in der Regel 200 Exemplare der gedruckten Dissertation abgeliefert hatte, Zeitschriften es oft ablehnten, Dissertationen zu publizieren, und andererseits viele Doktoranden nicht über die Mittel zum Druck auf eigene Kosten verfügten, waren „Alfreds Annalen" eine hochwillkommene Möglichkeit, die Ausgaben zu senken, denn die Universitätsbibliothek kaufte einen Teil der Auflage für ihren Schriftentausch[5]),

Brauers vielfältige Inanspruchnahme erlaubte ihm erst in seinem 21. Semester, 1928, zu promovieren. Kurz zuvor bereits hatte er durch Schurs Vermittlung den Beweis einer Vermutung seines Lehrers in den Sitzungsberichten der Berliner Akademie der Wissenschaften veröffentlicht[6]). Dabei kam es zu einem Kuriosum: Es war üblich, bei Beiträgen von Akademiemitgliedern deren Namen keine Titel voranzustellen. Titel bzw. akademische Grade wurden nur den Namen der Autoren beigegeben, die nicht Mitglieder der Akademie waren. Nun hatte aber Brauer keinen Titel; seine Promotion war ja noch im Gange. Schur erreichte, daß die Arbeit dennoch aufgenommen wurde, obwohl der Eindruck entstehen konnte, der ohne Titel auftretende Brauer sei Akademiemitglied[7]).

---

[1]) H. Behnke 1978. S. 254.
[2]) ebd. S. 255.
[3]) W. Fenchel 1980. S. 156.
[4]) M. Pinl 1969. S. 176.
[5]) A. Brauer 1973. S. X—XI.
[6]) A. Brauer 1928.
[7]) A. Brauer 1973. S. XIV.

Alfred Brauers Dissertation über diophantische Gleichungen mit endlich vielen Lösungen, von Schur als Erst- und Schmidt als Zweitgutachter beurteilt (s. Kapitel 11, Dok. 32), und das ausgezeichnete Ergebnis der mündlichen Prüfung führten zu dem Gesamtprädikat „summa cum laude". Am 19. 12. 1928 wurde die Promotion vollzogen[1]), nachdem sein sieben Jahre jüngerer Bruder Richard schon 1926 ebenfalls bei Schur doktoriert hatte[2]). Am 2. 3. 1932 konnte A. Brauer mit einer Habil-Schrift über Sequenzen von Potenzresten auf Grund von Gutachten Schurs, Schmidts und Schottkys die venia legendi erwerben[3]). Der späte Zeitpunkt seiner Habilitierung (er war, wie oben bereits gesagt, 38 Jahre alt) ist wohl nicht nur auf die verlorenen Kriegsjahre, auf seine Belastungen durch die „Mapha" und als Schurs Assistent (seit 1928) zurückzuführen, sondern auch darauf, daß kein ökonomischer Zwang zu raschem Abschluß vorlag — die Brüder Brauer stammten aus wohlhabendem Hause[4]).

Alfred Brauer harrte bei Schur bis zu dessen Vertreibung aus. 1939, als Schur über die Schweiz nach Palästina ging, gelang Brauer noch die Übersiedlung in die USA, wo er seine wichtigen algebraischen und matrizentheoretischen Untersuchungen weiterführte[5]).

8.3.8. Rohrbach

Da wir in diesem Abschnitt neben den Extraordinarien und Privatdozenten auch die Assistenten vorstellen, haben wir noch einen Mathematiker zu nennen, der, obwohl nicht habilitiert, als einer der Köpfe der „Mapha" das mathematische Leben der Studenten an der Berliner Universität maßgeblich mitgestaltet hat: Hans Rohrbach. Auch sein Name fehlt in keiner Erinnerung an das Mathematikstudium in Berlin während der Weimarer Republik. (Vgl. die Ausführungen über die „Mapha", Abschnitt 8.6.) Rohrbach studierte von 1921 bis 1928 in Berlin (mit einer Unterbrechung 1924, als er in Philadelphia hörte) und wurde 1929, noch nicht promoviert, Schmidts Assistent. Für ihn gilt ebenfalls das oben Gesagte: Die Assistententätigkeit schob den Erwerb akademischer Grade hinaus. Erst 1932 promovierte Rohrbach, 29 Jahre alt, mit einer von Schur und Schmidt begutachteten Arbeit über die Charaktere der binären Kongruenzgruppen mod p^2 [6]). Er ging 1936 als Oberassistent nach Göttingen, wo er sich 1937 habilitierte.

8.3.9. Einrichtung der Assistenz und andere Neuerungen

Mehrfach war oben die Rede davon, daß hier namentlich erwähnte Mathematiker als Assistenten tätig waren. Da wir vor 1920 diesem Begriff nicht begegnet sind, ist es erforderlich, einiges über die Institution der Assistenz zu sagen.

In den zwanziger Jahren waren die mathematischen Universitätsseminare auf dem

---

1) P-4-465, Vorgang A. Brauer; s. 12.3., Nr. 172, und Dok. 32.

2) vgl. unten Abschnitt 8.5.

3) H-1-48, Vorgang A. Brauer; s. 12.4., Nr. 41.

4) W. Fenchel 1980. S. 157.

5) M. Pinl 1969. S. 176.

6) P-4-525, Vorgang Rohrbach; s. 12.3., Nr. 186.

Weg, Institute nach heutigen Maßstäben zu werden[1]). Damit machte sich die Beschäftigung von „Hilfsarbeitern", sprich Assistenten, erforderlich. Denn die Zahl der Studenten wuchs so an, daß die Direktoren der Seminare nicht mehr in der Lage waren, die von der Prüfungsordnung „für das Lehramt an höheren Schulen" vom 28. 7. 1917 geforderten schriftlichen Übungsarbeiten allein durchzusehen und zu beurteilen. Erhard Schmidt war es, der für das mathematische Fach die Einrichtung der Assistenz nach Berlin mitbrachte. Er hatte nämlich bereits 1913 in Breslau einen Assistenten gefordert[2]) und beantragte an seinem neuen Wirkungsort Berlin eine solche Unterstützung noch im Jahr seines Eintreffens[3]).

Die Aktenlage erschwert die Angabe, ab wann in Berlin außerplanmäßige Assistentenstellen bewilligt worden sind; aber Rademacher (bei Schur) und später Hammerstein (bei Bieberbach), Feigl (bei Schmidt) dürften die ersten gewesen sein, die längere Zeit in dieser Funktion tätig waren. Worin bestanden ihre Aufgaben? Sie begleiteten den Ordinarius in seine Vorlesungen und Übungen, standen den Studenten zur Konsultierung zur Verfügung und sahen die Übungsarbeiten durch. Weitere Aufgaben hat Alfred Brauer so beschrieben: „Die gesamte Verwaltungsarbeit, insbesondere die Verwaltung der Seminarbibliothek und die Zusammenarbeit mit den Studenten, lag in den Händen der drei Assistenten" der Lehrstuhlinhaber für reine Mathematik[4]). Die Ordinarien selbst hielten Vorlesungen, begutachteten Dissertationen und Habil-Schriften, formulierten Anträge auf Berufungen oder Ernennungen, hielten Prüfungen ab — im übrigen aber konnten sie wissenschaftlich arbeiten bzw. sich ihren wissenschaftsorganisatorischen Aufgaben außerhalb der Universität widmen; letzteres traf vor allem auf Bieberbach und von Mises zu.

In den Akten findet sich ein Beleg für die den Assistenten übertragenen administrativen Aufgaben, der einer gewissen Kuriosität nicht entbehrt: Auch für das Mathematische Seminar war ein Kontobuch zu führen, in dem die Verwendung der geringen, dem Seminar zur Verfügung gestellten Mittel nachgewiesen werden mußte. 1924 wurde eingeführt, daß solche Kontobücher monatlich einmal der Universitätskasse zur Kontrolle und zum Vergleich mit den von der Kasse tatsächlich getätigten Zahlungen vorzulegen waren. 60 Einrichtungen kamen dieser Pflicht nach, nicht aber das Mathematische Seminar. Auf die entsprechende Mahnung erwiderte Bieberbach, das Kontobuch sei am 10. 11. 1924 ordnungsgemäß vorgelegt, aber nachdem ein Monat ohne Vornahme der Kontrolle vergangen war, wieder abgeholt worden. Was war geschehen? Das Kontobuch des Mathematischen Seminars trug versehentlich keine Beschriftung — die Kasse wußte daher nicht, wem es gehörte. Zudem hatte der Verantwortliche bei der Kontrolle anwesend zu sein und sich an ihr zu beteiligen. Der betreffende Assistent hatte jedoch das Buch einfach hingelegt und war verschwunden. Überdies hätte das Seminar zwei (und nicht einen) Monat verstreichen lassen — auf diese Feststellung legten die Kassenbeamten besonderen Wert —, bis das Buch wieder abgeholt wurde. Und zu allem Überfluß hätte sich auch noch eine Differenz von 20 (zwanzig) Pfennigen ergeben ...[5])

An der ökonomischen Lage der Privatdozenten hatte sich nichts geändert; sie war

---

1) G. Schubring 1983b. S. 31—34. — G. Schubring 1985a. S. 159.
2) G. Schubring 1983b. S. 28.
3) ebd. S. 31—33.
4) A. Brauer 1973. S. XIII.
5) Verw.-Dir.: Math. Seminar Nr. 285. Bl. 21.

durch den Kaufkraftschwund des Geldes eher noch bedrängter geworden. Die meisten Privatdozenten — und ebenso die nichtbeamteten außerordentlichen Professoren — sahen sich nach wir vor, wenn sie nicht von Hause aus wohlhabend waren, auf Nebenverdienst, z. B. durch Mitarbeit am „Jahrbuch über die Fortschritte der Mathematik", angewiesen, denn die ihnen in Abhängigkeit von der Zahl der Hörer (soweit diese nicht Gebührenerlaß erhalten hatten) gezahlten sogenannten Kolleggelder reichten oft nicht für den Lebensunterhalt aus. Zwar wurden gelegentlich schon gering dotierte Lehraufträge erteilt (z. B. an Johann von Neumann ab WS 1928/29 zu Vorlesungen über die logischen Grundlagen der Mathematik[1])), aber das waren Ausnahmen. Hin und wieder wurde eine „Beihilfe" gezahlt, auch Stipendium genannt, die an die Stelle der einstigen „Remunerationen" getreten war. Diese Beihilfe mußte jährlich neu beantragt werden. Remak, der seit dem 1. 8. 1926 zu den wenigen gehörte, die eine solche Unterstützung erhielten, bekam anfangs 160 Mark im Monat; als ihm zum 1. 10. 1932 wegen Mittelknappheit der Universität die Beihilfe entzogen wurde, betrug sie nur noch ganze 56 Mark monatlich[2]).

In dieser Situation boten die Assistentenstellen einen bescheidenen, aber dennoch hochwillkommenen Zuverdienst. Doch es gab eben bei jedem Ordinarius für reine Mathematik nur eine außerplanmäßige, immer wieder neu zu beantragende Stelle. Sie waren nacheinander besetzt durch:

Ordinariat Schmidt: Feigl (bis 31. 1. 1928), Arnold Scholz (bis 31. 3. 1929)[3]), H. Rohrbach (anschließend bis April 1936).

Ordinariat Schur: Rademacher (bis 1922), Löwner (bis 31. 3. 1928), anschließend Alfred Brauer bis zur Vertreibung.

Ordinariat Bieberbach: Hammerstein (seit 1. 9. 1923); er blieb Bieberbachs Assistent auch als nichtbeamteter außerordentlicher Professor bis Anfang 1935[4]).

Finanziell etwas günstiger sah es beim Institut für Angewandte Mathematik aus. Richard von Mises hatte sich von Anfang an einen Assistenten ausbedungen, und es gelang ihm, zum 1. 4. 1923 die außerplanmäßige in eine planmäßige Assistenz umwandeln zu lassen. Ja, er erreichte noch mehr: Zum 1. 1. 1928 wurde die Stelle zu einer Oberassistentenstelle aufgewertet.

Nachdem zunächst Walter Breidenbach vom 31. 1. 1920 bis zum 31. 3. 1921 Mises' Assistent gewesen war — er ging in den höheren Schuldienst —, blieb Hilda Pollaczek-Geiringer vom 1. 4. 1921 an in der gesamten hier behandelten Zeit bis zu ihrer Vertreibung die Institutsassistentin, abgesehen von einer kurzen, bereits erwähnten Vertretung durch S. Bergmann im SS 1922. Die Oberassistentenstelle konnte sie anfangs als Österreicherin nur verwalten, aber nachdem sie die preußische Staatsangehörigkeit erworben hatte, wurde ihr die Stelle zum 1. 8. 1929 übertragen[5]). Es handelte sich jedoch

[1]) Verw.-Dir.: Johann von Neumann. Bd. 44. Bl. 5.

[2]) Verw.-Dir.: Robert Remak. Bd. 91. Bl. 5–27.

[3]) s. 12.3., Nr. 174. — A. Scholz ging nach Freiburg/Br.

[4]) Von den vorherigen Assistenten Bieberbachs ist nur bekannt, daß Wilhelm Süß, der Gründer des Mathematischen Forschungsinstituts Oberwolfach (BRD), diese Funktion kurz ausgeübt hat, bis er 1922 nach Japan ging (H. Gericke 1968. S. 162). — Inwieweit auch Hamburger und Szegö assistiert haben, muß dahingestellt bleiben.

[5]) Verw.-Dir.: Institut für Angew. Math. Nr. 933. Bl. 37. — Die weiteren Angaben über die Assistenten und Hilfsassistenten des Instituts nach dieser Akte bzw. nach der Chronik (Berlin u. Halle 1888/1938).

auch bei den planmäßigen Stellen nur um eine befristete Anstellung; die Überlassung an eine bestimmte Person mußte in der Regel alle zwei Jahre neu beantragt werden. Um einen Einblick in die Vergütung zu gewähren, sei gesagt, daß Frau Pollaczeks Besoldung 1929 monatlich 493,67 Mark (einschließlich Kindergeld) betrug; bald danach erfolgte im Rahmen der allgemeinen Gehaltskürzungen eine Reduzierung um 21%.

Mit Stipendien der „Notgemeinschaft" arbeiteten am Institut für Angewandte Mathematik 1927/28 Erich Rothe, der ein Verzeichnis von Funktionentafeln aufstellte, und danach bis zum Oktober 1930 R. Iglisch, der am gleichen Verzeichnis weiterarbeitete und u. a. ein Lehrbuch über die Differential- und Integralgleichungen der Mechanik und Physik vorbereitete.

Die wachsenden Hörerzahlen brachten es mit sich, daß neben den Assistenten noch Hilfsassistenten zum Korrigieren der Übungsarbeiten beschäftigt werden mußten. Zwei von ihnen (A. Brauer und Rohrbach) wurden später Assistenten; unter den übrigen Hilfsassistenten waren mehrere, die später als Wissenschaftler bekannt wurden, wie etwa Fenchel (1927/29), Freudenthal (1929/30), Pietsch (1929/30), Tiedeken (1929/30), Meschkowski (1931/32); am Institut für Angewandte Mathematik Rehbock (1926/28), dem G. Schulz bis zur Vertreibung von v. Mises folgte.

Neben der Einrichtung der Assistenz sind noch einige andere Wandlungen und Neuerungen bemerkenswert.

Zunächst ist festzuhalten, daß die Zahl der Mathematikstudentinnen in Berlin gewaltig anstieg, und zwar nach der Erinnerung von Frau Prof. Dr. Lilly Görke, geb. Buchhorn, nachmals Leiterin der Abteilung Methodik des Mathematikunterrichts an der Pädagogischen Fakultät der Humboldt-Universität, ab 1923 Mathematikstudentin in Berlin, sichtlich über das aus dem Frauenüberschuß nach dem ersten Weltkrieg erklärbare Maß hinaus[1]). Die Habilitierung einer Frau wurde bereits erwähnt, auf die Promotion von Doktorandinnen wird im Abschnitt 8.5. eingegangen.

Die Zeiten, in denen die Ordinarien jedes Gutachten, jedes Zeugnis, jeden Antrag selbst handschriftlich zu Papier bringen mußten, waren vorbei. Die Schreibmaschine hatte sich allgemein durchgesetzt. So konnte Mises' umfangreiche Korrespondenz, die seine Zusammenarbeit mit Auftraggebern mit sich brachte, bereits durchweg maschinenschriftlich abgewickelt werden. Schlechter sah es am Seminar aus. Ihm stand für alle drei Ordinarien nur eine verkürzt arbeitende Stenotypistin zur Verfügung, die 1928 ganze 50 Mark im Monat erhielt[2]). Man kann sich bei dieser Sachlage vorstellen, daß noch genug von Hand zu schreiben übrig blieb. Allerdings hatte das Telefon verstärkt seinen Einzug gehalten, und viele Personal- und Verwaltungsfragen, die früher ihren Niederschlag in den Akten gefunden hatten, wurden nunmehr fernmündlich abgewickelt — eine Erleichterung für die damaligen Akteure, eine Erschwernis für den späteren Historiker.

In mancher Hinsicht brachten die zwanziger Jahre eine gewisse Lockerung der überkommenen Regelungen mit sich. Genannt sei die Tatsache, daß von einem Lehrstuhlinhaber (Schmidt) angekündigte Vorlesungen durch seinen Assistenten (Feigl) gehalten wurden, der noch nicht habilitiert war. Oder daß in Ausnahmefällen Privatdozenten (Hammerstein, H. Hopf) als Erstgutachter für Dissertationen zugelassen wurden.

---

[1]) L. Görke 1986.

[2]) Verw.-Dir.: Math. Seminar. Nr. 285. Bl. 37.

Aber diese Abweichungen vom Hergebrachten waren wohlbegründet und wirkten sich positiv aus. Es sollte noch angemerkt werden, daß die Honorare für die durch Assistenten gehaltenen Vorlesungen diesen von den Ordinarien abgetreten wurden.

8.4. Lehrveranstaltungen

Im Abschnitt 5.4.1. ist vom Wachsen der Hörerzahlen nach dem Kriege 1870/71 berichtet und die Gründe dafür sind erörtert worden. Jetzt, nach dem ersten Weltkrieg, war ein noch stärkeres Anschwellen der Immatrikulationszahlen an den Universitäten zu verzeichnen. Da war zunächst die in das Zivilleben zurückkehrende Generation der Kriegsteilnehmer mit ihrem Nachholbedarf; aber nicht sie allein verursachte das Wachstum. In den Zeiten der Inflation und später der Weltwirtschaftskrise wuchs die Zahl der Absolventen höherer Schulen, die normalerweise eine Tätigkeit im mittleren kaufmännischen oder technischen Dienst in der Privatindustrie gewählt hätten, sich nun jedoch für das Hochschulstudium entschieden, um die Krisenjahre an der Universität zu überbrücken, und die zum anderen hofften, der Arbeitslosigkeit dadurch zu entgehen, daß sie eine Stellung im Schul- oder anderweitigen höheren Staatsdienst anstrebten. Das führte auch auf den vorgeschalteten Schulen (Gymnasien, Realgymnasien, Oberrealschulen) zur Vergrößerung der Abiturientenzahlen, ganz abgesehen davon, daß die Reifeprüfung eine Voraussetzung schon für den mittleren Staatsdienst zu werden begann. Neben diesen allgemein zum Wachsen der Studentenzahlen führenden Gründen kam auf dem Gebiet des Mathematikstudiums noch hinzu, daß mit dem erreichten Entwicklungsstand der Produktivkräfte die Bedeutung der Mathematik für Physik und Technik, für Forschung und Produktion ganz erheblich zugenommen hatte. Was nun das überdurchschnittliche Anwachsen der Zahl der Mathematik Studierenden an der Berliner Universität anbetrifft, so war dafür maßgebend, daß hier ausgezeichnete Dozenten mit einem Angebot an hochmodernen Lehrveranstaltungen aufwarteten, das allen Bedürfnissen genügte, aber auch, wie schon gesagt, die Berliner Physiker eine erhebliche Anziehungskraft ausstrahlten.

Einige Zahlen mögen zunächst die Entwicklung verdeutlichen:

Im WS 1928/29 übertraf die Zahl der Mitglieder des Mathematischen Seminars mit 618 bereits das Elffache der Mitgliederzahl vom WS 1920/21. Nachdem das Institut für Angewandte Mathematik 1920 mit 22 Praktikumsteilnehmern begonnen hatte, nahmen im SS 1927 bereits 137 Studenten (darunter 30 weibliche Studierende) am Praktikum teil.

An den Übungen beteiligten sich in SS 1929 (a) bzw. WS 1929/30 (b):

Algebra	476 Hörer	(b)
Differential- und Integralrechnung I	307 Hörer	(b)
Differential- und Integralrechnung II	191 Hörer	(a)
Differentialgleichungen	132 Hörer	(a)
Funktionentheorie I	169 Hörer	(b)
Funktionentheorie II	56 Hörer	(a)
Analytische Geometrie	276 Hörer	(a)
Projektive Geometrie	79 Hörer	(b)
Differentialgeometrie	30 Hörer	(a)
Determinanten	200 Hörer	(a)
Ausgewählte topologische Fragen	24 Hörer	(a)

Insgesamt nahmen an den Übungen, Seminaren und Proseminaren für reine Mathematik teil:

SS 1929 = 1316 Hörer
WS 1929/30 = 1310 Hörer.

Einige weitere Zahlen sind zusätzlich geeignet, die neue Blütezeit und das jähe Ende 1933 zu illustrieren[1]):

Semester	Anzahl der Übungen; Seminare und Proseminare	Teilnehmerzahl
SS 1927	8	883
SS 1929	12	1316
WS 1930/31	12	1428
SS 1933	11	532
SS 1934	7	216

Die Mitgliederzahl des Mathematischen Seminars erreichte im WS 1931/32 mit 883 Studenten ihr Maximum; sie blieb bis zum WS 1932/33 annähernd konstant. Dann sank sie rapide immer weiter; im WS 1937/38 hatte das Seminar nur noch 300 Mitglieder. Diese Zahlen sprechen eine deutlichere Sprache als alle Worte. Welche Lehrveranstaltungen waren es, die eine so magnetische Kraft ausüben konnten?

8.4.1. Vorlesungen

Zunächst seien die Vorlesungen der Ordinarien charakterisiert.

8.4.1.1. E. Schmidt

Schmidts Vorlesungen „waren äußerst anregend, obwohl nicht immer in allen Einzelheiten vorbereitet“[2]). In seiner Ansprache zum 75. Geburtstag Schmidts würdigte H. Freudenthal im Namen aller ehemaligen Kommilitonen die von Schmidt in seinen Vorlesungen angewandte Methode, „die darin bestand (wenigstens in den niederen Vorlesungen)“, daß jener „immerzu Fehler machte, die von einem — manchmal recht ausgelassenen — Auditorium eilends korrigiert wurden. Das war die Aufforderung zur Mit- und Selbstarbeit“[3]), die von allen Schmidtschen Kollegs ausging. Die Methode, den Hörer in den „begeisternden schöpferischen Prozeß des Suchens und des Aufdeckens der Wahrheit“ einzubeziehen[4]), sein Interesse dadurch zu wecken und seine Mitarbeit herauszufordern, daß ihm eine aktive Rolle in den Vorlesungen zugewiesen wird, ist übrigens auch von anderen hervorragenden mathematischen Hochschullehrern mit größtem Erfolg angewandt worden, so z. B. in Moskau etwa um die gleiche Zeit von dem bekannten sowjetischen Funktionentheoretiker N. N. Luzin, wie es A. P. Juškevič sehr anschaulich beschreibt[5]).

Seit Dirichlet war es in Berlin eine Selbstverständlichkeit geworden, daß der Dozent (der Mathematik, wohlgemerkt) nicht aus einem selbstverfaßten, geschweige denn aus einem fremder Feder entstammenden Buch „vor-las“ und daß sein Vortrag mehr war

---

[1]) Zahlen nach der Chronik (Berlin u. Halle 1888/1938).
[2]) W. Fenchel 1980. S. 162.
[3]) Berlin 1951. S. 17. — Vgl. auch H. Rohrbach 1981. S. 126.
[4]) A. P. Juškevič 1976. S. 101. Hier aus dem Russischen übersetzt.
[5]) ebd. S. 101—102.

als die Referierung des Inhalts gedruckt vorliegender Schriften. Es spricht für Schmidts Souveränität, daß er sich nicht scheute, aus aktuellem Anlaß auch einmal von dieser Regel abzuweichen, um brandneue Ergebnisse zu erörtern[1]). Seine wichtigsten Vorlesungen waren im Wechsel Funktionentheorie I und II, Differential- und Integralrechnung I und II, Differentialgleichungen sowie Mengenlehre. Hinzu kamen gelegentlich bestimmte Integrale und Einführung in die Theorie der Fourier-Reihen (z. B. SS 1921), Lebesguesches Integral, z. B. WS 1923/24.

8.4.1.2. I. Schur

„Zu Schur kam man nicht vor dem dritten oder vierten Semester."[2]) Seine Vorlesungen erfreuten sich ganz außerordentlicher Beliebtheit; sie „waren äußerst klar, aber nicht immer leicht und erforderten Mitarbeit"[3]), insbesondere wegen des raschen Fortschreitens[4]). Im Gegensatz zu Schmidt arbeitete er seine Vorlesungen lange vor Beginn des Semesters mit größter Gewissenhaftigkeit aus, jedoch benutzt er seine Aufzeichnungen nur selten während des Vortrags. Er schrieb äußerst schnell, aber seine deutliche Aussprache unterstrich sein, sich auch in der ganzen Art der Darbietung zeigendes Bestreben, verstanden zu werden und Interesse zu wecken. Wie stark der Andrang zu seinen Vorlesungen war (fast die Hälfte der Hörer sollen Studentinnen gewesen sein[5])), geht daraus hervor, daß im WS 1930/31 der zweitgrößte Hörsaal der Universität mit 500 Plätzen die Hörer nicht fassen konnte und sein Assistent Alfred Brauer, damals noch nicht habilitiert, auf seine Veranlassung eine Parallelvorlesung hielt[6]). „Es galt damals als selbstverständlich, daß jeder Student, der sich nur irgendwie für Mathematik interessierte, wenigstens eine der Schurschen Vorlesungen hörte, auch wenn sein Hauptinteresse auf anderen Gebieten lag."[7]) Von den Hörern, die Schurs Vorlesungen besuchten, sei der bald danach 1928 im Alter von 22 Jahren verstorbene Musikforscher Wolfgang Graeser genannt, der durch seine Neubearbeitung von Bachs „Kunst der Fuge" berühmt geworden ist[8]).

Schur las in zwei Vorlesungszyklen Zahlentheorie (d. h. Zahlentheorie, Theorie der algebraischen Zahlen, analytische Zahlentheorie I und II) und Algebra (Determinantentheorie, Algebra, Galoissche Theorie, Invariantentheorie, Idealtheorie).

8.4.1.3. Bieberbach und Hammerstein

Bieberbachs Vorlesungen wurden von der Mehrzahl der Hörer als „sehr schwierig" angesehen[9]), so daß meist Arbeitszirkel (siehe Abschnitt 8.6.) veranstaltet werden mußten, um dem Verständnis nachzuhelfen. Werner Fenchel — er hatte 1928 bei Bieberbach promoviert[10]) und ging im gleichen Jahr nach Göttingen, wo er Landaus Assistent

---

[1]) A. Dinghas 1970. S. 9.
[2]) L. Görke 1986.
[3]) A. Brauer 1973. S. XI.
[4]) L. Görke 1986.
[5]) H. Begehr 1979. S. 155.
[6]) A. Brauer 1973. S. XI.
[7]) ebd.
[8]) L. Görke 1986. — H. Freudenthal 1985.
[9]) W. Fenchel 1980. S. 161.
[10]) P-4-463, Vorgang Fenchel; s. 12.3., Nr. 170.

wurde und von wo er 1933 vertrieben wurde — schreibt, es sei nicht leicht, zu sagen, was der Grund für die Unpopularität der Bieberbachschen Vorlesungen sei; er jedenfalls habe viel bei Bieberbach gelernt[1]). Er erinnert sich weiter, Bieberbach sei freundlich gewesen, wenn man es vermieden hätte, „Schlampereien in seinen Vorlesungen und Büchern zu berühren“[2]). Vielfach wurde er aber als „schroff und unnahbar“ empfunden[3]). Indessen pflichtet Hans Reichardt, der in Berlin vom WS 1928/29 bis zum SS 1930 und im SS 1931 studiert hat, aus eigener Erfahrung der Fenchelschen Einschätzung bei, daß die Bieberbachschen Vorlesungen gute Lernmöglichkeiten boten[4]). Unbezweifelbar ist, daß Bieberbach in stärkerem Maße über seine Leitfäden und Lehrbücher als durch seine Vorlesungstätigkeit wirksam geworden ist[5]).

Wie Schmidt las auch Bieberbach Funktionentheorie I und II, außerdem aber analytische Geometrie I und II („damals äußerst modern“[6])), projektive Geometrie, konforme Abbildung, Uniformisierung, darstellende Geometrie I und II, Differentialgeometrie I und II; gelegentlich auch (WS 1922/23, 1929/30) „Geschichte der mathematischen Ideen“, ohne daß sich dabei, nach allem was wir wissen, Ansätze für seine späteren rassistischen Einbildungen gezeigt hätten, wie sie etwa schon aus der Thematik seiner im WS 1933/34 gehaltenen Vorlesung „Große deutsche Mathematiker in rassekundlicher Betrachtung“ hervorgehen.

Obwohl Extraordinarius, sei hier auch gleich Bieberbachs langjähriger Assistent Hammerstein mit genannt, dessen Vorlesungen stets auf die Bieberbachschen Kollegs abgestimmt waren. Er las seit dem WS 1924/25 vor allem Differentialgleichungen, Funktionentheorie I und II, Differentialgeometrie, Variationsrechnung, seltener Differenzrechnung, fastperiodische Funktionen und nichtlineare Integralgleichungen, gelegentlich Fourier-Reihen sowie unendliche Reihen. In den Erinnerungen später bekannt gewordener Mathematiker scheinen seine Vorlesungen keine Spuren hinterlassen zu haben.

8.4.1.4. von Mises

Der persönliche Ordinarius für angewandte Mathematik Richard von Mises war „ein anregender Lehrer, charmant und amüsant“. Manchmal wurde von den Studenten „sein Auftreten etwas arrogant“ gefunden, „was aber keineswegs seine Popularität herabsetzte“[7]). Die von ihm gehaltenen Vorlesungen waren von seltener Vielseitigkeit[8]). Da sind zunächst seine Hauptvorlesungen zu nennen, in denen er in einem aufeinander abgestimmten ungefähren Dreijahresrhythmus folgendes behandelte: darstellende Geometrie, praktische Analysis, Mechanik I und II, Geometrie der Bewegungen und Kräfte, Differential- und Integralgleichungen der Physik, Wahrscheinlichkeitsrechnung und ihre Anwendungen in der Physik. Seine Nebenvorlesungen betrafen anfangs geometrische Konstruktionen (bis WS 1922/23), dann projektive Geometrie (reine Mathematik!) sowie Vektoranalysis (bis SS 1926 bzw. WS 1926/27) und Einführung in die Flugtechnik

---

[1]) W. Fenchel 1980. S. 161.
[2]) ebd.
[3]) H. Grunsky 1986. S. 2a.
[4]) Mündliche Mitteilung vom 29. 1. 1986. Auch H. Freudenthal bestätigt das.
[5]) H. Grunsky 1986. S. 12.
[6]) W. Fenchel 1980. S. 161.
[7]) ebd. S. 162.
[8]) Eine Zusammenstellung der Vorlesungen von Mises' gibt H. Bernhardt 1980. S. 28.

(zuletzt für WS 1933/34 angekündigt). Dazu kamen noch Spezialkollegs, von denen hier nur geometrische Optik bzw. Probleme der Aero- und Hydrodynamik genannt seien, ebenfalls im Dreijahresabstand, und schließlich Grundzüge der physikalischen Statistik (SS 1929 und WS 1931/32).

8.4.1.5. Extraordinarien und Privatdozenten

Aus den Vorlesungen der Extraordinarien und Privatdozenten seien einige hervorgehoben.

8.4.1.5.1. Feigl

Da ist an erster Stelle Georg Feigl zu nennen, der die gesamte Ära auf dem Gebiet der Lehrveranstaltungen, anfangs als Nichthabilitierter, maßgeblich mitgestaltet hat.

Seine Einführungsvorlesung war „didaktisch meisterhaft, anschaulich, temperamentvoll, sogar witzig"[1]). Von seinem ungewöhnlichen Lehrerfolg wurde bereits berichtet. „Er hat", so hieß es in dem Antrag vom 20. 1. 1933, ihn zum nichtbeamteten außerordentlichen Professor zu ernennen, „vor hunderten von Zuhörern Vorlesungen über Einführung in die Mathematik, projektive Geometrie, Axiome der Geometrie, Topologie, Flächentheorie, bestimmte Integrale, elliptische Funktionen, Integralgleichungen gehalten"[2]), und zwar, wie hinzuzufügen ist, zeitweise im Auditorium maximum. Auch über unendliche Reihen und Differentialgeometrie hat Feigl gelesen. „Der Inhalt" seiner Einführung war „damals für eine Anfängervorlesung einzigartig: Lineare Algebra, Gruppen, Mengenlehre, Einführung der reellen Zahlen", urteilt W. Fenchel mehr als ein halbes Jahrhundert nach der Teilnahme an Feigls Kolleg[3]). Es ist in zweifacher Hinsicht maliziös, wenn gelegentlich gesagt worden ist, Feigls Vorlesungen seien besonders von Studentinnen besucht worden; Feigl habe es verstanden, „auch dem plattesten Idioten Mathematik beizubringen"[4]). Richtig ist vielmehr, daß „seine Begabung, junge Menschen für Mathematik zu begeistern", „einmalig" war[5]).

8.4.1.5.2. Szegö

Wenn Szegö am 11. 3. 1925 von Schur bescheinigt wurde, er habe sich als Dozent außerordentlich bewährt[6]), so wird dieses Urteil durch L. Görke, die ihn in Berlin gehört hat[7]), und durch H. Reichardt aus späterer eigener Erfahrung in Königsberg[8]) bestätigt. Klarheit und Übersichtlichkeit zeichneten seine Vorlesungen u. a. über Differential- und Integralrechnung, algebraische Analysis, Entwicklungen nach Kreis- und Kugelfunktionen, unendliche Reihen, Determinanten, aus. Szegös temperamentvoller Vortrag weckte das Interesse seiner Hörer und Hörerinnen, die er auch durch seine Eleganz und Selbstsicherheit beeindruckte[9]).

---

[1]) L. Görke 1986.
[2]) P-3-24. Bl. 182e–f.
[3]) W. Fenchel 1980. S. 161.
[4]) H. Begehr 1979. S. 155.
[5]) H. Rohrbach 1961. S. 56.
[6]) P-3-18. Bl. 381–382.
[7]) L. Görke 1986.
[8]) Mündliche Mitteilung vom 29. 1. 1986.
[9]) L. Görke 1986.

8.4.1.5.3. Löwner

An den Feiglschen Vorlesungen gemessen, galten die Kollegs Löwners als „schwierig"[1]). Im Gegensatz zu Szegö legte er auf seine äußere Erscheinung wenig Wert; er wirkte zudem schüchtern und sprach ein „unbeholfenes Deutsch" mit einem starken Akzent[2]). L. Görke glaubte zuerst, sie sei „versehentlich in eine Vorlesung über eine Art höherer Philosophie geraten"[3]). Der Zugang zu den Anfängervorlesungen Löwners wurde ihr und ihren Kommilitonen, die bis dahin „kein Wort" verstanden hatten, erst durch die Einführungsvorlesung Feigls erschlossen, der ihnen die erforderlichen Verständnishilfen gab.

Löwner las u. a. über kontinuierliche Gruppen, Differentialgeometrie, lineare Differentialgleichungen im komplexen Gebiet, Potentialtheorie, Funktionentheorie. Seine Beliebtheit bei den nicht allzu zahlreichen, ihn hoch achtenden Hörern wurde dadurch erhöht, daß er sich ihnen immer freundlich, ohne Zeitbegrenzung und mit unendlicher Geduld zur Diskussion und Erläuterung zur Verfügung stellte[4]).

8.4.1.5.4. H. Hopf

Heinz Hopfs Vorlesungen profitierten von seiner Stärke, „neue zentrale Probleme zu sehen und zu ihrem einfachen Kern durchzudringen"[5]). Wenn man die Mathematiker danach in zwei Gruppen einteilt, ob sie leicht und schnell wie Euler, oder mühevoll und langsam wie Gauß produzieren[6]), dann gehörte Hopf, wie etwa auch Weierstraß, zur zweiten, Johann von Neumann, wie etwa auch Jacobi, zur ersten Gruppe. Aber das langsame Vordringen zur Lösung kam gerade seinen Vorlesungen zugute, „wo alles äußerst einfach erschien"[7]). In seinen Kollegs behandelte er vorzugsweise die aktuelle Topologie (Einleitung — ausgewählte Kapitel — Grundbegriffe). Seine gemeinsam mit Feigl abgehaltenen Kolloquien zu ausgewählten geometrischen Fragen bzw. solchen aus der Topologie sind bereits erwähnt. Daß ein solcher Mann, gleichbedeutend als Forscher und als Lehrer, der „wie wenige andere zu selbständiger Arbeit anregen" konnte und dieser „mit nie versagendem Interesse" folgte[8]), bald einen Ruf als Ordinarius erhalten würde, versteht sich. So blieb auch er nur fünf Jahre in Berlin.

8.4.1.5.5. J. von Neumann

Auch Johann von Neumanns Bleiben in Berlin war, wie oben gesagt, nicht von langer Dauer. Er begann im SS 1928 seine Vorlesungen in Anlehnung an sein Habilitationsthema mit „Axiomatik der Mengenlehre und mathematische Logik" und las dann als Lehrbeauftragter mit Unterbrechungen in insgesamt fünf Semestern bis SS 1932 u. a. über die Hilbertsche Beweistheorie, spezielle Funktionen der mathematischen Physik, Relativitätstheorie, überall seine Hörer durch seine „einzigartigen Fähigkeiten"[9]),

---

1) W. Fenchel 1980. S. 162.
2) L. Görke 1986.
3) ebd.
4) W. Fenchel 1980. S. 162—163. — L. Görke 1986.
5) W. Fenchel 1980. S. 163.
6) K.-R. Biermann 1985b. S. 18.
7) W. Fenchel 1980. S. 163.
8) ebd.
9) ebd.

seine enzyklopädischen Kenntnisse in der reinen wie in der angewandten Mathematik, die Originalität seiner Ideen und die schier unglaubliche Schnelligkeit des Erfassens und Verarbeitens in staunende Bewunderung versetzend[1]). Von Anfang an erfreute er sich des förderlichen Interesses Erhard Schmidts, der in ihm einen Partner für tiefe fachliche Gespräche fand.

8.4.1.5.6. Remak

R. Remaks originelle Vorlesungen über Geometrie der Zahlen, geometrische Theorie der quadratischen Formen, unendliche Gruppen, aber auch über Versicherungsmathematik u. a. schlossen sich an eigene Forschungen an und waren nicht einfach[2]). Die Zahl seiner Hörer blieb klein; aber er hielt die Vorlesungen auch dann, wenn nur ein einziger Student sie belegt hatte, und ignorierte so die sonst als untere Grenze geltende Dreizahl; es genügte ihm, daß überhaupt ein Hörer Interesse zeigte. Wie einst Eisenstein, so las auch Remak in einem solchen Fall in seiner Wohnung[3]).

8.4.1.5.7. H. Pollaczek-Geiringer

Weiter sei das Wirken Hilda Pollaczeks als Dozentin hervorgehoben. Sie las vom SS 1928 an darstellende Geometrie, angewandte Elementarmathematik, Vektor- und Tensorrechnung, synthetische Geometrie, Geometrie der Bewegungen und Kräfte (Statik und Kinematik) und hielt Praktika für Anfänger und fortgeschrittene Studenten der angewandten Mathematik bis zu ihrer Vertreibung ab.

8.4.1.5.8. A. Brauer

Noch ehe sich Alfred Brauer 1932 habilitierte, hatte er Parallelvorlesungen zu Schurs Hauptvorlesungen gehalten. Als Privatdozent las er u. a. über abstrakte Algebra, Determinantentheorie, quadratische Formen, mathematische Spiele u. a.; außerdem hielt er die Übungen zu Schurs Vorlesungen ab. Wenngleich ihm als ehemaligem Kriegsteilnehmer nach 1933 zunächst die Lehrbefugnis nicht entzogen worden war, wurde er mehr und mehr behindert, bis auch er seine Vorlesungstätigkeit mit dem SS 1935 ganz einstellen mußte.

8.4.1.5.9. Zusätzliche Vorlesungen

Während der ganzen Ära wurde der Vorlesungsstoff dadurch angereichert, daß wieder, wie schon früher, Dozenten, die nicht zur „Sektion Mathematik“ (um einen Ausdruck von heute zu benutzen) gehörten, Spezialkollegs übernahmen. Zu ihnen zählten die bereits in der vorhergehenden Periode derart tätig gewesenen Adolf Schmidt (statistische Methoden in den Naturwissenschaften, Kollektivmaßlehre, elementare Theorie der Kugel- und Zylinderfunktionen u. a.) und L. von Bortkiewicz (Versicherungsmathematik, ausgewählte Kapitel der mathematischen Statistik), aber auch in dieser Hinsicht neue Kräfte wie E. Kohlschütter (höhere Geodäsie), P. Guthnick (Methode der

---

[1]) s. auch J. Dieudonné 1976.

[2]) Mündliche Mitteilung H. Reichardts vom 29. 1. 1986.

[3]) ebd.

kleinsten Quadrate), Eugen Meyer (ausgewählte Kapitel der technischen Mechanik), Alfred Byk (nichteuklidische Geometrie und Mechanik), Hans Reichenbach (philosophische Probleme der Wahrscheinlichkeitsrechnung) und andere.

8.4.2. Übungen, Praktika, Proseminare, Seminare, Kolloquien

Groß war in Berlin das Angebot an Lehrveranstaltungen, die der Aneignung und selbständigen Anwendung sowie der Diskussion des in den Vorlesungen gehörten Stoffes, aber auch dem Vortrag eigener Forschungsergebnisse dienten. In der Reihenfolge nach steigendem Schwierigkeitsgrad sind hier folgende zu nennen: die Arbeitszirkel, die Übungen und (auf dem Gebiet der angewandten Mathematik) die Praktika, Proseminare bzw. Kolloquien zu ausgewählten Fragen, Seminare (nicht als Institution, sondern als Lehrveranstaltung), das mathematische Kolloquium. Über die Arbeitszirkel, eine Einrichtung studentischer Selbsthilfe, wird noch in Abschnitt **8.6.** gesprochen.

An die Vorlesungen der Ordinarien schlossen sich Übungen an, die im Vorlesungsverzeichnis angekündigt wurden und die entweder von den Lehrstuhlinhabern selbst oder von anderen Dozenten bzw. Assistenten abgehalten wurden. Schur beispielsweise stellte in der ersten der beiden wöchentlichen Übungsstunden etwa acht Aufgaben zu schriftlicher Bearbeitung, die jeweils in der zweiten Übungsstunde der folgenden Woche vom Assistenten durchgesprochen wurden[1]).

In der angewandten Mathematik wurden die Vorlesungen durch Seminarübungen und durch Praktika ergänzt. Die Seminarübungen sollten den in den Hauptvorlesungen gebotenen Stoff vertiefen und, wie es in dem von v. Mises im Dezember 1921 aufgestellten Entwurf eines Lehrplans hieß, die Teilnehmer in das Studium der Originalliteratur einführen. Es handelte sich seinem Charakter nach um ein Vortragsseminar. Die Praktika für Anfänger I und II bzw. für Fortgeschrittene I bis IV vermittelten die erforderlichen Kenntnisse in rechnerischen, zeichnerischen und instrumentellen Verfahren bzw. vertieften sie[2]). Aufgaben der darstellenden Geometrie wurden ebenso gestellt wie solche aus der praktischen Analysis und Algebra. Binnen weniger Jahre verfünffachte sich die Zahl der Praktikanten[3]), wobei zu berücksichtigen ist, daß das Anfängerpraktikum den Stoff vermittelte, dessen Beherrschung von den späteren Lehrern an höheren Schulen mit Mathematik als Hauptfach verlangt wurde. Etwa ein Drittel der Praktikanten nahm am Praktikum für Fortgeschrittene teil. In diesem Zusammenhang sind auch die durch Richard von Mises nach Vereinbarung erteilten Anleitungen zu wissenschaftlichen Arbeiten zu nennen.

Die Proseminare (bis zu vier pro Semester) wandten sich vor allem an Studenten der mittleren Semester; gelegentlich wurden für diese Zielgruppe auch spezielle Übungen abgehalten. An diese Studenten richteten sich ferner Spezialseminare (z. B. über ausgewählte geometrische Fragen: Feigl) und Spezialkolloquien (wie etwa über ausgewählte topologische Fragen: Feigl und Hopf).

An Seminaren, in denen Studenten höherer Semester die Lösung ihnen gestellter Aufgaben vortrugen, gab es in der in Rede stehenden Zeit drei, eines, das von Schmidt und Bieberbach geleitet wurde (in der Regel stellte Bieberbach die Vortragsthemen,

---

[1]) A. Brauer 1973. S. XII.
[2]) H. Bernhardt 1980. S. 29.
[3]) Verw.-Dir.: Math. Seminar Nr. 285. Bl. 26.

während Schmidt „etwas lernen wollte"[1]), eines unter der Leitung Schurs und ein Seminar für angewandte Mathematik, das durch von Mises abgehalten wurde. Am Schmidt-Bieberbachschen sowie am Schurschen Seminar nahmen auch bereits promovierte Mathematiker zu postgradualer Weiterbildung teil. Es handelte sich dabei sowohl um solche, die an der Berliner Universität doktoriert hatten, wie etwa Remak oder die Schmidt-Schüler Bochner und E. Rothe[2]), als auch um Mathematiker, die an anderen Universitäten den akademischen Grad eines Doktors erworben hatten, wie etwa St. Cohn-Vossen.

In noch höherem Maße galt der Besuch von Gästen dem wöchentlich an einem Abend stattfindenden Mathematischen Kolloquium, das zuletzt von Hammerstein, Rohrbach und A. Brauer geleitet wurde. Die Lehrstuhlinhaber nahmen daran ebenso teil wie die Extraordinarien, Privatdozenten und Assistenten sowie ein großer Teil der fortgeschrittenen Studenten[3]). Aus der erheblichen Zahl von nicht zur Universität gehörenden Vortragenden seien genannt: Pólya, Hurewicz, Wiener, René de Possel, Julia, Nevanlinna[4]). Nichts ist besser geeignet, die Ausstrahlung der in Berlin betriebenen Mathematik zu verdeutlichen, als dieses Auftreten namhafter auswärtiger bzw. ausländischer Gelehrter. Insgesamt ist die Fülle und Anziehungskraft der Lehr-, Übungs-, Vortrags- und Diskussionsveranstaltungen ein Kriterium der damaligen mathematischen Berliner Blütezeit.

8.4.3. Sommersemester 1930 als repräsentatives Beispiel

Im Abschnitt 6.5.5.2. ist eine Aufstellung der Vorlesungen im Jubiläumssemester 1910 wiedergegeben. Hier findet nun zum Abschluß eine Übersicht über die für das SS 1930 angekündigten Lehrveranstaltungen ihren Platz. Ein Vergleich der beiden Zusammenstellungen ist geeignet, den Wandel in der Thematik wie im Umfang zu verdeutlichen, der sich in den zwanzig Jahren seit 1910 vollzogen hat.

		Wochenstunden
Schmidt:	Differential- und Integralrechnung II	5
Schur:	Ausgewählte Kapitel der Idealtheorie	4
	Invariantentheorie	4
Bieberbach:	Analytische Geometrie	5
	Übungen dazu (246 Teilnehmer)	2
	Differentialgeometrie	4
	Übungen dazu (147 Teilnehmer)	1
	Theorie der geometrischen Konstruktionen	2
von Mises:	Praktische Analysis	4
	Probleme der Hydro- und Aerodynamik	3
Feigl:	Einführung in die höhere Mathematik	6
	Übungen dazu (231 Teilnehmer)	2
	Übungen zur Differential- und Integralrechnung II (238 Teilnehmer)	2
	Grundlagen der Geometrie	4

1) W. Fenchel 1980. S. 162.
2) P-4-394, Vorgang Bochner; s. 12.3., Nr. 147. — P-4-445, Vorgang E. Rothe; s. 12.3., Nr. 167.
3) A. Dinghas 1970. S. 5.
4) ebd. S. 6.

		Wochen-stunden
Hammerstein:	Differentialgleichungen	4
	Übungen dazu (176 Teilnehmer)	2
	Variationsrechnung	4
H. Hopf:	Geometrie der Punktmengen	2
	Funktionentheorie II	4
Remak:	Endliche Gruppen	4
E. Hopf:	Potentialtheorie	4
H. Pollaczek-Geiringer:		
	Darstellende Geometrie	3
	Praktikum für Anfänger II (graphische Methoden)	3
von Mises:	Seminarübungen zur Mechanik	2
	Anleitung zur wissenschaftlichen Arbeit für Fortgeschrittene	nach Vereinbarung
Schmidt und Bieberbach:		
	Seminar (28 Teilnehmer)	2
Schur:	Seminar (25 Teilnehmer)	2
Feigl:	Proseminar (49 Teilnehmer)	2
Hammerstein:	Proseminar (16 Teilnehmer)	2
H. Hopf:	Proseminar (24 Teilnehmer)	2
Feigl und H. Hopf:	Kolloquium über ausgewählte geometrische Fragen (17 Teilnehmer)	2
Schmidt, Bieberbach, Schur, Feigl, Hammerstein, H. Hopf, Remak, E. Hopf:		
	Mathematisches Kolloquium	2

An den 11 Übungen, Seminaren und Proseminaren nahmen insgesamt 1197 Hörer teil. Das Mathematische Seminar hatte 798 Mitglieder.

Ferner:

Gehrke:	Einführung in die höhere Mathematik unter besonderer Berücksichtigung der Anwendungen in den Naturwissenschaften	2
Reichenbach[1]):	Die philosophischen Probleme des Wahrscheinlichkeitsbegriffs, mit einer Einführung in die mathematische Wahrscheinlichkeitsrechnung	3

[1]) Hans Reichenbach, zuvor Assistent an der Technischen Hochschule Stuttgart, hatte sich im Juni 1925 in Berlin zur Umhabilitierung gemeldet. Die positiven Gutachten erstatteten von Laue und Planck. Sie stießen jedoch auf entschiedenen Widerstand in der Fakultät, u. a. von Bieberbach. Dieser bezog sich vor allem auf ein briefliches Urteil von Weyl vom 11. 1. 1926, konnte sich jedoch nicht durchsetzen. Zwar verzögerten die Auseinandersetzungen die Habilitierung, aber schließlich wurde sie am 29. 6. 1926 doch vollzogen, und zwar für Physik. Reichenbach erhielt einen Lehrauftrag für erkenntnistheoretische Grundlagen der Physik und wurde am 11. 8. 1926 zum nichtbeamteten außerordentlichen Professor ernannt. (Verw.-Dir.: Reichenbach R 54. — H-1-44. Bl. 305—340. — P-3-19. Bl. 150. — P-3-21. Bl. 248. — P-3-25. Bl. 91.) An Hand der Berufung Reichenbachs nach Berlin haben H. Hecht und D. Hoffmann untersucht, „wie eine bestimmte Fassung des Verhältnisses von Philosophie und Naturwissenschaften politische Dimension erlangen kann“ (H. Hecht und D. Hoffmann 1982. S. 662), und dabei die Bedenken Bieberbachs erwähnt (ebd. S. 654). Ob speziell Bieberbachs Einspruch auf Reichenbachs linksbürgerlichen politischen bzw. pazifistisch weltanschaulichen oder auf dessen empirisch philosophischen Standort zurückzuführen ist, bedarf noch weiterer Klärung. — Auch Reichenbach wurde vertrieben (Entzug der Lehrbefugnis am 25. 9. 1933). Er ging über die Türkei in die USA.

8.5. Promotionen

Die größte Anziehungskraft als Promotor ging 1920 bis 1933 von Schur aus, der 17 Doktoranden promovierte, indem er über ihre algebraischen und zahlentheoretischen Dissertationen das Erstgutachten abgab. (Nach 1933 hat Schur noch zu vier weiteren Dissertationen das Hauptgutachten erstattet.)

Bei von Mises promovierten 1920 bis 1933 13 Doktoranden (darunter ein Doktorand, der zwar erst 1934 promovierte, aber bereits 1933 die mündliche Prüfung ablegte), bei Schmidt 8, bei Bieberbach 6, bei H. Hopf 3 und bei Hammerstein 2 Doktoranden.

Als Zweitgutachter für Doktoranden mit dem Hauptfach Mathematik trat am häufigsten Schmidt in Erscheinung, gefolgt von Bieberbach und — mit großem Abstand — von Schur und von Mises, die ja als Promotoren an der Spitze lagen.

Hochschullehrer oder Wissenschaftler wurden von den 1920 bis einschließlich 1933 Doktorierten: 14 Schüler Schurs, 6 Schmidt-Schüler, 4 Schüler von v. Mises, je 3 Schüler Bieberbachs bzw. Hopfs und 2 Hammerstein-Schüler. Die Zahl der von den drei Ordinarien Schur, Schmidt und Bieberbach 1920 bis 1933 betreuten und begutachteten Dissertationen entsprach der Zahl der im Vergleichszeitraum 1870 bis 1883 durch Kummer und Weierstraß Promovierten. Die Zahl der von dem *einzelnen* Ordinarius als Hauptverantwortlichem zu prüfenden Dissertationen und damit die daraus resultierende Belastung war also erheblich zurückgegangen, während der Anteil der späteren Hochschullehrer und der wissenschaftlich Tätigen (Pädagogen nicht berücksichtigt) 1920 bis 1933 wie 1870 bis 1883 bei rund 66 Prozent lag. Die Schüler von v. Mises haben wir in diesen Vergleich nicht einbezogen, weil es 1870 bis 1883 kein Ordinariat für angewandte Mathematik gegeben hat.

Die Anziehungskraft eines Mathematikstudiums in Berlin auf Doktoranden, die von vornherein eine spätere Laufbahn als Dozent oder Wissenschaftler anstrebten und nicht den Schuldienst ansteuerten, war also in dieser Ära der Attraktivität in den Zeiten von Weierstraß ebenbürtig.

Soweit die Privatdozenten und Assistenten in Berlin selbst doktoriert haben, sind die Promotionen bereits im Abschnitt 8.3. behandelt. Eine vollständige Übersicht sämtlicher Promotionen bis 1933 findet sich im Abschnitt 12.3. Hier seien noch einige weitere bemerkenswerte Promotionsvorgänge genannt.

Einen Schritt vorwärts auf dem Wege zur Gleichberechtigung der Frau bedeutete es, daß 1922 zum ersten Male eine Doktorandin (Dora Prölß) bei Schur promovierte. Ihr folgten bis 1933 noch drei weitere Frauen, davon zwei Schur-Schülerinnen, und schließlich 1936, als letzte Doktorandin Schurs, Rose Pelterson[1]). Wir nennen sie hier, weil sie ihr Studium vor 1933 begonnen hatte. Die Habilitierung einer Frau in Berlin (1927, Dr. Hilda Pollaczek) ist oben bereits erwähnt. Wenn also die neue Zeit auch auf diesem Gebiet an Berlin nicht ganz spurlos vorübergegangen ist, so hinkte die Hauptstadt doch erheblich hinter Göttingen her. Zum Vergleich: In Göttingen haben allein zwischen 1895 und 1915 acht Frauen mit mathematischen Dissertationen promoviert![2])

---

[1]) P-4-403, Vorgang Prölß; s. 12.3., Nr. 152. — P-4-414, Vorgang Ille; s. 12.3., Nr. 156. — P-4-520, Vorgang Heinicke; s. 12.3., Nr. 181. — P-4-544, Vorgang Pannwitz; s. 12.3., Nr. 190. — P-4-608, Vorgang Pelterson. — Bei Erika Pannwitz war Heinz Hopf der Hauptgutachter, für alle übrigen fungierte Schur als Erstgutachter.

[2]) Briefliche Mitteilung von Martha Küssner (†), Göttingen, 6. 9. 1977.

8.5.1. R. Brauer

Eine besonders glanzvolle Promotion war die Richard Brauers, des jüngeren Bruders von Alfred Brauer; sie soll hier herausgehoben werden, weil Richard Brauer als derjenige Schüler Schurs angesehen wird, der dessen Wirken als Lehrer und Forscher am vollkommensten fortgeführt hat[1]). Schur beurteilte am 6. Juni 1925 seine Dissertation über die Darstellung der Drehungsgruppe durch Gruppen linearer Substitutionen mit „valde laudabile“[2]). Schmidt schloß sich als Zweitgutachter diesem Urteil an. Am 10. Juli fand die Promotionsprüfung statt. Wertheimer eröffnete das Examen; er beurteilte die philosophischen Kenntnisse Brauers mit „sehr gut“. Planck setzte die Prüfung fort und bescheinigte dem Kandidaten „allenthalben ausgezeichnete Kenntnisse“. Danach prüfte Schur im Hauptfach Mathematik. Er gab die Note „ausgezeichnet“. Nachdem Schmidt, der die Prüfung im Hauptfach fortsetzte, Brauers Kenntnisse ebenfalls mit „ausgezeichnet“ bewertet hatte, wurde als Gesamtnote „summa cum laude“ festgesetzt. Nach Abgabe der Pflichtexemplare der Dissertation wurde die Promotion am 16. 3. 1926 vollzogen. Ein Jahr danach ging Brauer als Privatdozent an die Universität Königsberg. Von dort 1933 vertrieben, begab er sich in die USA, wo er in Princeton 1934/35 Assistent von Hermann Weyl war und zuletzt eine Professur an der Harvard-Universität innehatte.

Das bestmögliche Prädikat hatte im Berichtszeitraum zuvor schon Heinz Hopf erzielt; nach Richard Brauer promovierten summa cum laude noch Hubert Cremer, Alfred Brauer und Richard Rado. Bei Hopf fungierte Schmidt, bei Cremer Bieberbach als Hauptgutachter, die übrigen waren Schur-Schüler. Auch Wielandt, der zwar erst 1934 sein Doktorexamen summa cum laude ablegte, aber sein Studium im wesentlichen in der Weimarer Republik absolvierte, hatte Schur als Erstgutachter[3]).

8.5.2. Freudenthal

Besonders genannt sei noch die Promotion Hans Freudenthals, der später mit tiefgehenden Forschungen die verschiedensten Gebiete der Mathematik grundlegend bereichert, wertvolle Beiträge zur Philosophie, Didaktik und Geschichte der Mathematik geleistet hat und als Rezensent und Referent hervorgetreten ist. Aus Luckenwalde stammend, hatte er von 1923 an in Berlin studiert (1927 verbrachte er ein Semester in Paris), gehörte bald zum „inneren Kreis“ der hochtalentierten jungen Berliner Mathematiker und wirkte als Hilfsassistent. Er wurde der erste Doktorand Heinz Hopfs mit einer Arbeit aus dem Gebiet der Topologie, der auch später seine Vorliebe gehört hat und die in Deutschland damals noch keine besondere Rolle spielte. Daß der Mittellose studieren konnte, verdankte er der „Mapha“, über die wir noch berichten werden. Sein Dissertationsthema lautete: „Über die Enden topologischer Räume und Gruppen“; es wurde, wie gesagt, von Hopf als Erstgutachter beurteilt. Als zweiter Gutachter fungierte Bieberbach, der auch zusammen mit Schur und Planck in Physik und Koehler in Philosophie am 20. 2. 1930 die mündliche Prüfung vornahm. Die Promotion wurde

---

[1]) H. Rohrbach 1981. S. 126.

[2]) P-4-429, Vorgang R. Brauer; s. 12.3., Mr. 163.

[3]) P-4-421, Vorgang H. Hopf; s. 12.3., Nr. 159. — P-4-446, Vorgang Cremer; s. 12.3., Nr. 168. — P-4-540, Vorgang Rado; s. 12.3., Nr. 187. — P-4-571, Vorgang Wielandt.

am 6. 10. 1931 vollzogen[1]). Nachdem ihm durch Feigl eine Stelle am „Jahrbuch über die Fortschritte der Mathematik" angeboten worden war, an dem er auch später noch mitwirkte, ging er Ende 1930 nach Amsterdam als Assistent L. E. J. Brouwers. Es gelang ihm nach der Okkupation der Niederlande, der Deportation, aber nicht zeitweiliger Inhaftierung zu entgehen; 1946 wurde er Ordinarius an der Universität Utrecht. Am 12. 11. 1960 promovierte ihn die Humboldt-Universität zum Ehrendoktor (Dr. rer. nat. h. c.).

8.5.3. Anforderungen in den mündlichen Promotionsprüfungen

Was wurde in jenen Jahren in den Promotionsprüfungen verlangt? Zur Beantwortung dieser Frage bringen wir einige Beispiele aus Examensprotokollen[2]). Bei ihrer Lektüre ist zu berücksichtigen, daß sich die Fragen natürlich nicht nur nach den speziellen Interessen des Prüfers, sondern auch danach richteten, welcher der drei Ordinarien nicht am jeweiligen Examen beteiligt war, damit auch dessen Gebiet mit abgedeckt wurde. Wenn also etwa Schur nicht teilnahm, stellten Schmidt oder Bieberbach auch Fragen algebraischen oder zahlentheoretischen Inhalts, et vice versa. Von Schur ist überliefert, daß er einen Kandidaten, dessen Schwäche in Algebra er kannte, nicht nach Galois-Theorie fragte, sondern über Funktionentheorie prüfte[3]).

Aus Fragen Schmidts seien genannt: Charakterisierung der Flächen II. Ordnung nach den linearen Transformationsgruppen; Modelle der nichteuklidischen Geometrie; Gaußsche Krümmung; geodätische Linien; Berührungstransformationen; Invarianz der Dimensionenzahl; Elemente der Mengenlehre; elliptische Funktionen; konvexe Körper; konforme Abbildung; Klammerausdrücke bei partiellen Jacobischen Differentialgleichungen; Mittag-Lefflerscher Satz; Lebesguessches Integral; Definitionen der Endlichkeit.

Schur machte u. a. zum Prüfungsgegenstand: die Galoissche Theorie; das Hauptresultat von Loewy; die Steinitzsche Theorie; algebraische Funktionen, den Lürothschen Satz; Elementarteiler im rationalen Gebiet; Abelsche Gleichungen; Anwendungen der Gruppentheorie; Fortsetzung der Zeta-Funktion; Klassenanzahlformeln; Idealtheorie; diophantische Gleichungen; lineare Differentialgleichungen; Reduktion der definiten ternären Formen; Irreduzibilität bei Differentialausdrücken.

Bieberbach fragte u. a. nach Hilberts Satz über die Realisierung der Lobačevskijschen Ebene im dreidimensionalen euklidischen Raum; Curvatura integra als interne Invariante der Mannigfaltigkeit; Realisierung der reellen mehrdimensionalen projektiven Räume in euklidischen Räumen; Realisierung Cliffordscher Flächen in euklidischen Räumen; Verteilung der quadratischen Reste einer Primzahl.

Von den Fragen, die R. von Mises bei Promotionsprüfungen stellte, seien genannt: Klassifikation partieller Differentialgleichungen hinsichtlich der Randwertprobleme, Schwarzsches alternierendes Verfahren, Methode der Integralgleichungen und der

---

[1]) P-4-510, Vorgang Freudenthal; s. 12.3., Nr. 179. Für die biographischen Angaben wurden H. Freudenthal 1985 sowie weitere dankenswerte briefliche Mitteilungen Freudenthals benutzt.

[2]) Die Auswahl wurde nach den Prüfungsprotokollen von H. Hopf (P-4-421; hierzu siehe auch Dok. 31 im Kapitel 11), R. Brauer (P-4-429), A. Brauer (P-4-465), R. Rado (P-4-540), St. Bergmann (P-4-396), A. Lauck (P-4-422), R. Iglisch (P-4-466) und H. Heinicke (P-4-520) getroffen.

[3]) H. Begehr 1979. S. 156.

unendlich vielen Variablen, approximative Lösung gewöhnlicher Differentialgleichungen, Lipschitz-Bedingung, Mechanik (Pendelbewegung, Hydromechanik, Potentialbewegung), Differentialgleichung der schwingenden Saite, Fredholmsche Theorie, Tensorrechnung, Kollineation im Raum und in der Ebene, ideale Flüssigkeit, Stromfunktion, Kräfte im Raum, Dyname, ebenes Kräftesystem, ebenes Fachwerk, Interpolation, mechanische Quadratur.

Um auch einen Einblick in die Anforderungen im Nebenfach Physik zu geben, sei noch etwas von dem angeführt, wonach Planck als Prüfer fragte: Die verschiedenen Formen der Bewegungsgleichungen materieller Punkte (d'Alembert, Lagrange, Hamilton, Jacobi); Drehung eines starren Körpers um einen festen Punkt (Euler, Poinsot); Deformation und Elastizität fester Körper; Gesetze der Wirbelbewegungen nach Helmholtz; das Prinzip der kleinsten Wirkung; Relativitätstheorie; Kugelwellen; magnetische Wirkungen galvanischer Ströme; Magnus-Effekt; Thermodynamik (Gibbssche Phasenregel).

Fast immer wurde Physik als Nebenfach gewählt, nur in wenigen Fällen ein anderes Fach wie Chemie, Astronomie oder Meteorologie[1]). Indessen waren die Kandidaten in Physik nicht immer so vorbereitet, wie es die Examinatoren erwarteten. Im Berichtszeitraum mußte bei drei Promovenden die mündliche Prüfung wiederholt werden, weil im ersten Anlauf in Physik den Anforderungen nicht genügt wurde. Die Prüfer waren in diesen Fällen die Nobelpreisträger Planck bzw. von Laue bzw. Schrödinger. Sogar ein späterer Ordinarius für Mathematik befand sich unter den zunächst Durchgefallenen! Es liegt nahe, dabei die Erinnerungen A. P. Juškevičs an das Mathematikstudium in Moskau etwa zur gleichen Zeit zu assoziieren, geht doch aus ihnen hervor, daß auch die dortigen Mathematikstudenten nicht immer die nötige Aufmerksamkeit auf die Nebenfächer verwandten[2]).

Es sei noch ein Beispiel für die Bildung der Gesamtbewertung der Promotionsleistungen zusätzlich zu den im Kapitel 11 gebotenen exemplarischen Belegen gebracht, an Hand einer Doktorierung, die auch zu den herausragenden Promotionen gehörte, der des wiederholt genannten Werner Fenchel, der später mit Beiträgen zur Theorie der komplexen Körper und mit vielen anderen Arbeiten hervorgetreten ist. Bieberbach schlug als Erstgutachter für die Dissertation über Krümmung und Windung geschlossener Raumkurven das Prädikat „valde laudabile" vor. Schmidt schloß sich dieser Bewertung an. In der mündlichen Prüfung am 21. 6. 1928 erhielt Fenchel von drei Prüfern die Benotung „sehr gut", von einem im Nebenfach die Note „gut". Das wurde zu der Gesamtnote „magna cum laude" zusammengezogen[3]). Übrigens zeigt diese Promotion, daß das Verfahren auch rasch abgewickelt werden konnte: Zwischen der Einreichung der Dissertation und der mündlichen Prüfung lagen nur zwei Monate; keine vier Monate danach war die Promotion vollzogen.

Wenn wir den hohen Anteil der späteren Universitätslehrer und Wissenschaftler an

---

[1]) Es kam auch vor, daß ein Mathematiker Philosophie als Hauptfach wählte; so Kurt Hirsch mit seiner Dissertation „Intuition und logische Form. Zur gegenwärtigen Philosophie der Mathematik" (P-4-543; Promotion am 12. 7. 1933, die mündliche Prüfung bereits drei Jahre zuvor). Nach seiner Vertreibung wirkte Hirsch als Gruppentheoretiker und Hochschullehrer in England (M. Pinl 1969. S. 179).

[2]) A. P. Juškevič 1976. S. 105.

[3]) P-4-463, Vorgang Fenchel; s. 12.3., Nr. 170.

den Promovierten[1]) bedenken, derjenigen, die bis in das siebente Jahrzehnt dieses Jahrhunderts den mathematischen Fortschritt sehr wesentlich mitbestimmt haben, dann wird ersichtlich, daß im Berlin der zwanziger und zu Beginn der dreißiger Jahre nicht minder als in Göttingen jene „kongeniale Atmosphäre“ herrschte, in der Nobelpreisträger M. Eigen eine Vorbedingung für wissenschaftliche Höchstleistungen sieht[2]). Entscheidend zur Erzeugung dieses Klimas hat in Berlin die „Mapha“ beigetragen, deren Wirken nunmehr charakterisiert wird.

8.6. Die „Mapha“ und ihre Stellung im mathematischen Leben der Universität

Eine herausragende Rolle in den Erinnerungen ehemaliger Mathematik- und Physikstudenten an der Berliner Universität in den zwanziger Jahren und Anfang der dreißiger Jahre spielt die am 27. November 1919 gegründete Mathematisch-Physikalische Arbeitsgemeinschaft, kurz „Mapha“, ein Zusammenschluß von Studenten zur Förderung des Studiums und mit sozialen Aufgaben. Als Interessenvertretung gegründet, stellte sie sich bald weitere Aufgaben: „Wissenschaftliche Arbeit, Vertiefung des Studiums, Hebung des Durchschnittsniveaus, Erziehung zu einem Verantwortungsgefühl gegenüber der Gemeinschaft“[3]). Diese anspruchsvolle Zielsetzung sicherte der Mapha die Unterstützung durch die Dozenten. Zunächst wurden „Arbeitszirkel“ (von den Mitgliedern „Arbeitszirkusse“ genannt[4])) eingerichtet, die durch „Ferienarbeitszirkel“ ergänzt und zur bleibenden Einrichtung wurden. Sie erfreuten sich auch bei Studenten anderer Universitäten großer Beliebtheit, die in den Semesterferien nach Berlin kamen, um an dieser Einrichtung zu partizipieren. Auch auf die Abhaltung zahlreicher Übungen und der Proseminare nahm die Mapha Einfluß. Viele soziale Einrichtungen wurden geschaffen, so in der Inflation die Möglichkeit zum Ankauf von Papier und Schreibutensilien durch die Studenten zu herabgesetzten Preisen, so die Organisation verbilligter Ausflüge und Konzerte, so ein Fond zur Unterstützung bedürftiger Studenten. Als dem mathematischen Seminar in der Inflation keine Mittel zur Anschaffung ausländischer Literatur zur Verfügung standen, organisierte die Mapha die handschriftliche Kopierung besonders dringend benötigter Werke. Mehr als 100 Mitglieder der Mapha opferten unentgeltlich Zeit und beteiligten sich am Abschreiben der geliehenen Bücher. Diese Aktion erregte besonderes Aufsehen und führte dazu, daß die Mapha zahlreiche Spenden erhielt, auch aus dem Ausland[5]). Die von der Mapha organisierte Studienberatung war für Neuimmatrikulierte, für die besonders Alfred Brauer immer Zeit fand, eine große Hilfe, da man noch kaum Studienpläne kannte[6]).

Für ein „geringes Entgelt erhielt man den Schlüssel zu den Räumen“ des Seminars und war „damit Mitglied der ‚Mapha‘“[7].) Die Voraussetzung für die Mitgliedschaft war

---

[1]) Siehe die Kennzeichnung späterer Hochschuldozenten und Wissenschaftler unter den Doktoranden im Abschnitt 12.3.

[2]) M. Eigen 1985. S. 363, 366.

[3]) Berlin 1930. S. 9.

[4]) W. Fenchel 1980. S. 157.

[5]) Die vorstehenden Einzelheiten nach H. Rohrbach: Berlin 1930. S. 10—15.

[6]) W. Fenchel 1980. S. 156. — L. Görke 1986.

[7]) M. Pinl 1969. S. 175.

„ein ernstes mathematisches Interesse, von dem man vielleicht auch Erfolge erwarten konnte“[1]). Die Mitgliedschaft ermöglichte nicht nur die Bibliotheksbenutzung, sondern gab auch ein Anrecht auf die Teilnahme an Ergänzungskursen (wie den Arbeitszirkeln), in denen der Vorlesungsstoff erläutert wurde. Die Probleme, die der Übergang von der höheren Schule zum Universitätsstudium mit sich brachte, wurden auf diese Art „in vorbildlicher Weise“ gelöst[2]). Darüber hinaus wurden hervorragende Gelehrte zu Vorträgen gewonnen, so etwa Einstein, der im Herbst 1931 über kosmologische Theorien sprach. Er wie auch Planck und einige andere Referenten überließen ihr Honorar der Mapha zur Aufbesserung ihrer Finanzen[3]).

„War man in wirtschaftlicher Not oder Verlegenheit, so wurde durch vorzüglich organisierte Nebenarbeit geholfen, Privatstunden vermittelt, Industrieprojekte zur rechnerischen Durchführung in Auftrag gegeben, ja selbst billige Ferienreisen organisiert.“[4]) Gemeinsam wurde gewandert, musiziert, gesungen[5]). Da es kaum Stipendien gab, mußten viele Studenten ihr Studium selbst finanzieren. Sie waren „Werkstudenten“, d. h., sie arbeiteten neben dem Studium, um den Lebensunterhalt und, wenn sie nicht Gebührenfreiheit erlangt hatten, die Studiengebühren zu bestreiten. Für sie hatte die Arbeitsvermittlung der Mapha eine unschätzbare Bedeutung. H. Freudenthal stellt z. B. fest: „Der Arbeitsvermittlung der Mapha verdanke ich die Studienmöglichkeit.“[6])

Folgendes Beispiel zeigt, daß die Mapha von der Universitätsverwaltung bei der Vergabe und Abrechnung von bezahlten Sonderarbeiten als Vertragspartner vollständig akzeptiert wurde.

Anfang 1926 wurde durch Neuverteilung von Räumen ein teilweiser Umzug innerhalb des Universitätshauptgebäudes erforderlich. Die Mapha übernahm die Organisation und Durchführung. Sie stellte dafür den Tariflohn (damals 70 Pfennige je Stunde) in Rechnung. Die von H. Rohrbach unterzeichnete Rechnung über 147 Stunden, die der Umzug in Anspruch genommen hatte, wurde von der Administration unbürokratisch anerkannt, und die beteiligten Kommilitonen erhielten insgesamt 102,90 Mark, eine damals nicht unbeträchtliche Summe[7]).

Auch beim Ankauf von Lehrbüchern wurden bedürftige Studenten unterstützt[8]).

Hervorhebenswert ist, daß zwei Vertreter der Mapha an den Vorlesungskonferenzen der Dozenten teilnahmen, auf denen die im folgenden Semester beabsichtigten Vorlesungen bekanntgegeben und koordiniert wurden. Wenn auch die Einwirkung der Mapha-Vertreter nicht allzu groß gewesen sein mag, so gab es doch „Verhandlungsmöglichheiten“[9]), d. h., es konnten Wünsche zur zeitlichen Abstimmung der Termine, zur Abhaltung von Übungen, zur Berücksichtigung bestimmter Gebiete und dergleichen vorgetragen werden. Allerdings haben die Physikdozenten der Mapha solche Mitsprache nicht eingeräumt[10]). Sogenannte Fachschaften gab es auch auf anderen Studiengebieten,

1) ebd.
2) M. Pinl 1967. S. 54.
3) A. Dinghas 1970. S. 4.
4) M. Pinl 1969. S. 176.
5) H. Freudenthal 1985. — W. Fenchel 1980. S. 157. — L. Görke 1986.
6) H. Freudenthal 1985.
7) Verw.-Dir.: Institut für Angew. Math. Nr. 291. Bl. 26.
8) A. Dinghas 1970. S. 4.
9) W. Fenchel 1980. S. 158.
10) ebd.

und es hat an Versuchen nicht gefehlt, das Mapha-Beispiel auf andere Universitäten zu übertragen, aber Umfang und Rolle der Mapha in Berlin blieben unerreicht[1]).

M. Pinl erinnert sich daran, daß die Mapha in ihren „besten Jahren vor 1933 gegen 1000 Mitglieder" zählte[2]) und daß sie „etwas Einzigartiges und Einmaliges" dargestellt habe[3]); niemals habe er „einen Verband von dieser Stärke" kennengelernt, „in welchem so wenig geschwätzt und so viel gelernt wurde"[4]). Freudenthal sagt, die Mitglieder der Mapha hätten sich „wie eine große Familie" gefühlt; „Streitigkeiten und Gehässigkeiten" habe es nicht gegeben[5]). Auch W. Fenchel nennt die Mapha in seinen Erinnerungen eine „im wörtlichen Sinne einzigartige Organisation"[6]).

In erster Linie waren es Alfred Brauer, Schurs Assistent, und Schmidts Assistent H. Rohrbach, die der Tätigkeit der Mapha mit „Energie, pädagogischem Geschick und Verantwortungsbewußtsein" Wege und Richtung wiesen[7]).

In seiner Ansprache auf dem Festakt zum zehnjährigen Bestehen der Mapha am 26. November 1929 legte Erhard Schmidt, damals gerade Rektor, großen Wert auf die Feststellung, daß die Mapha sich von aller „Parteipolitik" fernhalte und sich zu einer „erfrischenden, fruchtbaren Oase in der Wüste von parteipolitischer und Rassenverhetzung, die uns vielfach umgibt und deren Eindringen in die Universität" er „für die größte Gefahr halte, die den deutschen Universitäten überhaupt droht", entwickele[8]). Auch in anderen bei dieser Gelegenheit gehaltenen Ansprachen wurde Wert auf die „strengste Neutralität" der Mapha in partei- und hochschulpolitischen Fragen gelegt[9]).

Offensichtlich fehlte die Einsicht in die Notwendigkeit aktiven politischen Kampfes gegen jene recht unbestimmt bezeichnete „größte Gefahr", von deren wachsender Aktualität Schmidt sich gerade während seines Rektorats persönlich überzeugen lassen mußte. Er erinnerte sich später:

> „Der Zusammenschluß der Berliner Mathematiker und Physiker in der ‚Mapha' entwickelte unter Leitung von Alfred Brauer, Rohrbach u. a. eine menschlich wie wissenschaftlich höchst segensreiche Wirksamkeit, und wir Dozenten fühlten uns mit der Mapha verbunden in gemeinsamer Arbeit und gemeinsamem Frohmut. [...] Das war wirklich ein wohltuender Zusammenhalt zwischen Lehrenden und Lernenden, und er bewährte sich auch, wenn es darauf ankam: Als ich Rektor war, kam es zu einem schweren Konflikt mit der damals so großen Gruppe von nationalistischen Rowdys, weil ich einen ihrer Obermacher nicht empfing, nachdem er mich hintergangen hatte. Sie veranlaßten eines Morgens eine Protestversammlung gegen mich auf dem Platze hinter dem Universitätsgebäude, an die sich rohe Skandalszenen durch die Korridore der Universität anschlossen. Die ganze Stadt war in Aufregung [...]"[10]).

Am Nachmittag jenes Tages war es Schmidt dann nur unter dem Schutz von etwa 600 „Maphaisten" möglich, seine Vorlesung ohne nazistische Störungen zu halten[11]).

---

1) ebd. S. 159.
2) M. Pinl 1967. S. 54.
3) M. Pinl 1969. S. 175.
4) M. Pinl 1967. S. 54.
5) H. Freudenthal 1985.
6) W. Fenchel 1980. S. 156.
7) M. Pinl 1967. S. 54. Pinl nennt hier in diesem Zusammenhang auch Feigl, der jedoch Dozent und damit nicht Mitglied der Mapha war.
8) Berlin 1930. S. 6–7.
9) ebd. S. 13.
10) Berlin 1951. S. 19–20.
11) ebd. S. 20–21.

Es ist heute schwer zu verstehen, wie man angesichts solchen Anschauungsunterrichts, der handfest belehrte, daß Neutralität tödlich war, der Utopie huldigen konnte, man müsse dem antifaschistischen Kampf fern, neutral bleiben. Muß noch gesagt werden, daß durch 1933 auch für die Mapha das Todesurteil gefällt wurde? Von Bieberbach als „jüdisch beeinflußt" hingestellt, mußte sie 1935 ihre Tätigkeit in aller Stille beenden.

Zum Abschluß noch einige Worte darüber, wo sich das pulsierende mathematische Leben an der Universität, von Freudenthal als „gewaltig" charakterisiert[1]), eigentlich abspielte. Das Mathematische Seminar, in dem man sich praktisch „den ganzen Tag sah" und das für viele „wie eine Wohnung" war[2]) bestand aus einem etwas dunklen Dozentenzimmer nach hinten heraus, und aus einem später dazugekommenen kleineren Aufenthaltsraum mit Blick auf die Straße Unter den Linden, das sich im Sommer so erhitzte, daß „der Aufenthalt dort ziemlich unmöglich war"[3]).

Und dennoch: „Trotz dieser räumlichen Beengung lief das Institutsleben gut, und die mathematischen Diskussionen am langen Korridor [...] im ersten Stock der Universität [...] nahmen kein Ende. Man trat sich zwar auf die Füße, das bedeutete aber in dem allgemeinen Diskussionslärm nicht viel. Sobald die Vorlesungen zu Ende waren, stürzten viele Studenten an die langen Tafeln [...] und besprachen die Vorlesung."[4])

Das genannte Dozentenzimmer war zugleich die Bibliothek des Seminars. Es „hatte eine Galerie, und die Wände waren mit Bücherregalen bedeckt"[5]). Erst der Initiative der Mapha war es zu verdanken, daß 1924 ein Lesezimmer mit den wichtigsten Lehrbüchern für die Studenten eingerichtet wurde[6]). Ihr endgültiges Aussehen erhielten die Räume des Seminars in einem Um- und Ausbau von August bis Oktober 1930, der mit einer dringend nötigen Renovierung verbunden war. Zu erreichen war das Seminar über eine hinter dem linken Nebeneingang der Universität beginnende schmale Treppe; die Räume sind heute nach weiteren Umbauten nicht mehr erhalten[7]). Die ebenfalls unzureichenden Räumlichkeiten des Instituts für Angewandte Mathematik waren im Erdgeschoß mit Blick auf die Universitätsstraße untergebracht[8]).

Wie man sieht, brauchen beschränkte räumliche Bedingungen ein blühendes geistiges Leben nicht unbedingt zu beeinträchtigen.

8.7. Stipendien

Von den Stipendien dieser Zeit nennen wir nur die Gustav-Magnus-Stiftung, die bereits im Abschnitt 5.4.7.1. besonders hervorgehoben worden ist. Von den 1200 Mark, die früher jährlich an zwei Studenten der Mathematik oder der Naturwissenschaften vergeben werden konnten, waren nach der Inflation immerhin noch zweimal 480 Mark übriggeblieben. Freilich kamen auf einen Stipendiaten etwa vier notleidende Bewerber, die leer ausgingen, wie uns die erhalten gebliebenen Verhandlungen von 1928 belehren[9]).

---

1) H. Freudenthal 1985.
2) ebd.
3) A. Dinghas 1970. S. 4.
4) ebd. S. 4—5.
5) W. Fenchel 1980. S. 157.
6) ebd. S. 158.
7) L. Görke 1986.
8) Verw.-Dir.: Institut für Angew. Math. Nr. 291. Bl. 17.
9) M-13-1.

Hans Pietsch, der als redaktioneller Mitarbeiter des „Jahrbuchs über die Fortschritte der Mathematik" und später des „Zentralblatts für Mathematik und ihre Grenzgebiete" bekannt geworden ist, erzählte wenige Jahre vor seinem Tode dem Verfasser aus eigener Erfahrung, daß auch eine wärmste Empfehlung von Erhard Schmidt noch keine Gewähr bot, das begehrte Stipendium zu erlangen.

8.8. Preisaufgaben

In dem Zeitabschnitt 1920 bis 1933 stellte jeder der vier Ordinarien eine Preisaufgabe: Schmidt für 1920, Bieberbach für 1922, Schur für 1928 und von Mises für 1931 (siehe Abschnitt 12.5.).

Während die von Schmidt und Bieberbach aufgeworfenen Fragen ohne Bearbeitung blieben, fanden die beiden übrigen Preise je zwei Bewerber. Zu der Aufgabe für 1928 ist zu bemerken, daß Schur durch Freudenthal darauf aufmerksam gemacht wurde, die Lösung sei trivial; dennoch veranlaßte Schur ihn, seine Lösung einzureichen[1]). Indessen wurde Freudenthal nur eine ehrenvolle Erwähnung zuerkannt; den vollen Preis erhielt der Autor der zweiten Lösung, der Student Tiedeken. Über den Grund gibt das Gutachten Schurs Auskunft: Tiedeken hatte seine Antwort „mit großer Sorgfalt durchgeführt", während bei Freudenthal, als „offenbar recht begabter Verfasser" apostrophiert, zwar „der Ausgangspunkt der Untersuchung einfacher und durchsichtiger" hervortrat, er sich aber bei der Behandlung der Einzelfälle „vielfach nur mit allzu kurzen Andeutungen begnügt" hatte[2]).

Die durch von Mises gestellte Frage wurde als „naturwissenschaftliche Preisaufgabe" deklariert. Sie ist trotzdem in der Zusammenstellung im Abschnitt 12.5. berücksichtigt, weil sie von einem Mathematiker herrührt und sich an angewandte Mathematiker richtet. Im Gegensatz dazu bleiben die „mathematisch-physikalischen" Aufgaben von 1924 und 1926 hier außer Betracht, weil sie von einem Physiker bzw. zwei Chemikern gestellt wurden und sich an Studenten der theoretischen Physik bzw. der Chemie wandten.

Wir zitieren aus der Misesschen Begutachtung der beiden Bewerbungsschriften, um wiederum ein repräsentatives Beispiel zu bringen. Von Mises schrieb Ende Juni 1931:

> „Beide Arbeiten gehen von einer kurzen, sachgemäßen Darstellung der Heaviside-Methode aus. Die erstgenannte wendet sich dann der funktionentheoretischen Begründung zu und erörtert den Zusammenhang mit der Laplace-Transformation. An den Beispielen der Telegraphengleichung und der Wellengleichung werden die verschiedenen Gesichtspunkte, die sich aus der voranstehenden Ableitung ergeben, näher erörtert. Die zweite Arbeit stellt in den Vordergrund den Zusammenhang des Heaviside-Verfahrens mit der Riemannschen Interpretationsmethode und gibt als Erläuterung hierzu ebenfalls einige Ausführungen über die Telegraphengleichung und die eindimensionale Wellengleichung"[3]).

---

[1]) Mitteilung von H. Freudenthal vom 24. 12. 1985.

[2]) Es ist zwar das Schursche Gutachten nicht mehr vorhanden, da jedoch die gedruckte Verlautbarung der Universität über die Preisverteilung stets dem Gutachten der Autoren der Preisfragen folgte, steht außer Zweifel, daß die oben zitierten Wendungen von Schur herrühren. Die Aufforderung an Schur, sein Urteil abzugeben, liegt zudem in P-9-5 vor.

[3]) P-9-5. Bl. 111.

Anerkannt wurde das erfolgreiche Bestreben beider Verfasser, Klarheit in eine Frage zu bringen, die in der Literatur nur unzulänglich behandelt worden war. Daher plädierte von Mises dafür, jeder der ungefähr gleichwertigen, sorgfältigen und sachkundigen Arbeiten den halben Preis zuzuerkennen, auch wenn in der Hauptsache nur bekannte Ergebnisse dargestellt und keine wesentlich neuen Resultate vermittelt wurden. Entsprechend wurde auch verfahren.

Zu bemerken ist, daß der staatliche Preis durch Krieg und Krisen arg zusammengeschrumpft war — aus der wertvollen goldenen Medaille waren ganze 200 Mark und eine bronzene Denkmünze geworden. Kennzeichnend genug: Im März 1933 war auch dafür kein Geld mehr vorhanden: Der Preis wurde erneut um 50% reduziert[1]) und büßte noch mehr an stimulierender Wirkung ein.

8.9. Das Ende der dritten Blütezeit; Epilog

Mit historischen Maßstäben gemessen, war das Ende der Blüte der Mathematik an der Berliner Universität in der Weimarer Republik jäh, obwohl es nicht von heute auf morgen eintrat. Für den, der scharfe Augen besaß und kritisch sah, hatten die Zeichen der Zeit schon längere Zeit auf Sturm gestanden, und wir gehen sicher nicht fehl in der Annahme, daß etwa bei dem vor 1933 gefaßten Entschluß Johann von Neumanns oder H. Freudenthals, Deutschland zu verlassen, der zunehmende Terror nazistischer Studenten erheblich mit ins Gewicht gefallen ist. Auch Heinz Hopf hätte bei einem Bleiben nach 1933 Diskriminierung oder Schlimmeres zu befürchten gehabt. Zwei Monate nach Errichtung der faschistischen Diktatur wurde am 7. 4. 1933 das sogenannte Gesetz zur Wiederherstellung des Berufsbeamtentums verkündet, das die Handhabe bot, alle aus politischen oder rassistischen Gründen mißliebigen Personen aus dem Staatsdienst zu entlassen oder zur Ruhe zu setzen. Diese Vertreibung traf von den vier Mathematikordinarien zwei, von den sechs Privatdozenten fielen ihr vier zum Opfer. Ja, wenn man berücksichtigt, daß Johann von Neumann und der nicht betroffene Eberhard Hopf im Ausland weilten, kann man sagen, daß sämtliche Privatdozenten der Mathematik vertrieben worden sind[2]).

Zunächst gab es einige Ausnahmen. Schur beispielsweise fiel nicht unter jenes „Gesetz", da er schon vor dem ersten Weltkrieg Beamter gewesen war. Dennoch wurde er zum 1. 5. 1933 beurlaubt. Zwar gelang es Schmidt[3]), daß die Beurlaubung im Oktober 1933 rückgängig gemacht wurde[4]), aber er durfte nur noch Spezialkollegs halten, und unablässige Schikanen zwangen ihn, sich zum Ende September 1935 emeritieren zu lassen. Was es für Schur etwa bedeutete, nicht einmal mehr die Bibliothek des von ihm so lange geleiteten Seminars benutzen zu dürfen, hat sein treuer Assistent Alfred Brauer mit bewegenden Worten geschildert[5]). Nach Überwindung vieler Fährnisse konnte er

---

[1]) ebd, Bl. 148.

[2]) Feigl, der am 29. 6. 1933 aufgrund eines Antrages vom 20. 1. 1933 nichtbeamteter Extraordinarius wurde, ist hier nicht als Privatdozent gezählt.

[3]) A. Brauer 1973. S. VI.

[4]) DZA Merseburg. Rep. 76 Va, Sect. 2, Tit. 4, Nr. 68c. Bl. 327. — P-3-25. Bl. 120. — Verw.-Dir.: Schur Sch 342.

[5]) A. Brauer 1973. S. VII—VIII.

im Januar 1939 als gebrochener Mann in die Schweiz ausreisen, von wo er nach Palästina ging. Er starb am 10. 1. 1941; die Nachricht, daß ihm die deutsche Staatsangehörigkeit entzogen sei[1]), erreichte ihn nicht mehr.

Auch Richard von Mises war als Teilnehmer des ersten Weltkrieges anfangs nicht in unmittelbarer Gefahr, aber auch er konnte selbstverständlich nicht bleiben. Er nahm im Oktober einen Ruf an die Universität Istanbul an[2]).

H. Pollaczek-Geiringer, R. Remak, St. Bergmann wurde im September 1933 die Lehrbefugnis entzogen; J. von Neumann verzichtete vorher auf die Venia legendi; vor Beginn des Wintersemesters 1935/36 wurden die letzten jüdischen Mitglieder des Lehrkörpers aus ihren Ämtern entfernt[3]), unter ihnen auch Dozent Alfred Brauer, der anfangs als „Kriegsteilnehmer" zu den Ausnahmen gehörte. Dergestalt wurden sie, wie oben bereits geschildert, sämtlich ins Ausland vertrieben.

Rechnet man die Studenten in höheren Semestern und die Doktoranden sowie die in Berlin zu postgradualem Studium weilenden Mathematiker hinzu, so wird das ganze Ausmaß der menschen- und wissenschaftsverachtenden Vertreibung deutlich[4]).

Die Verjagten, die an der Berliner Universität als Lehrer und Forscher oder als Lernende entscheidende Jahre ihrer wissenschaftlichen Laufbahn oder ihrer mathematischen Bildung verbracht, das mathematische Leben in Berlin maßgebend mitbestimmt hatten oder von ihm geprägt worden waren, trugen den Geist, der dieser dritten Berliner mathematischen Blüte sein unverwechselbares Flair gegeben hatte, in alle Welt hinaus, vor allem in die USA, aber auch in die UdSSR, nach Großbritannien, nach Dänemark, ja bis nach Südamerika und Australien[5]). Es gab Universitäten, an denen mehrere aus Berlin Vertriebene zusammentrafen, so etwa die Stanford University in Kalifornien, wo Szegö, Löwner und Bergmann eine Reihe von Jahren gleichzeitig wirkten. Aber nicht allen gelang der Aufbau einer neuen Existenz. Neben Robert Remaks Ermordung in Auschwitz ist auch der vorzeitige, durch die ewigen Demütigungen und die ständige Angst vor dem nächsten Tag verursachte Tod Emund Landaus (siehe Abschnitt 6.3.2.4.) im 62. Lebensjahr in Berlin zu nennen, wo er nach seiner Vertreibung aus Göttingen vegetierte. Wenn Issai Schur Anfang 1941, 66 Jahre alt, in Tel Aviv starb, ist auch sein Ableben auf die Folgen der ihm in Berlin zugefügten Verletzungen seiner persönlichen Würde zurückzuführen, die ein schweres Herzleiden verursacht hatten. Wer sich von den verfolgten Studenten nicht ins Ausland retten konnte, wer von denen, die einst in Berlin Mathematik studiert hatten, dem zweiten Weltkrieg zum Opfer gefallen ist — darüber belehrt uns keine Statistik.

Hier sei eine Zahl vom Anfang des Abschnitts 8.4. wiederholt, um den schwersten Rückschlag in der Geschichte mathematischer Lehre und Forschung an der Berliner Universität zu charakterisieren: In rund drei Jahren ging die Zahl der Teilnehmer an mathematischen Übungen, Proseminaren etc. von etwa anderthalb Tausend auf ca. zweihundert zurück. Nähere Einzelheiten sind in Publikationen über die Mathematik im

---

[1]) Verw.-Dir.: Schur Sch 342.

[2]) H. Bernhardt 1979. S. 46—47.

[3]) A. Brauer 1973. S. VII.

[4]) s. M. Pinl 1969. — M. Pinl 1971. — M. Pinl 1972. — M. Pinl 1974. — M. Pinl 1976. — H. Mehrtens 1985.

[5]) Die Länder, in denen die Vertriebenen zeitweilige oder dauernde Zuflucht fanden, sind in den vorstehend genannten Arbeiten M. Pinls aufgeführt.

faschistischen Deutschland zu erwarten, die von anderen Autoren vorbereitet werden. Sie werden auch die Rolle, die Bieberbach bei der Verfolgung seiner vormaligen Kollegen und allgemein als Exponent faschistischer Wissenschaftspolitik auf dem Gebiet der Mathematik gespielt hat, genauer zu untersuchen haben. Sie werden weiter die Haltung solcher Mathematiker unter dem Faschismus zu würdigen wissen, die sich wie E. Schmidt hohe Anerkennung erworben haben. H. Freudenthal sagte 1951 auf seiner Ansprache anläßlich des 75. Geburtstages von E. Schmidt:

„Es klingt wohl etwas merkwürdig, wenn man jemandem ausdrücklich bescheinigt, daß er ein ehrlicher Mann ist, und doch wissen wir alle, daß Jahre hinter uns liegen, in denen es einem schwer gemacht wurde, ein ehrlicher Mensch zu sein. Ach ja, es ist ja so leicht, die Ehrlichkeit, die die Mathematik erfordert, in der *Mathematik* zu üben, denn tut man es nicht, so rächt es sich schnell und bitter. Es ist so viel schwerer, dieser an Zahlen und Figuren erprobten Charaktereigenschaft auch treu zu bleiben unter den Menschen und gegenüber den Freunden. Daß wir draußen, denen Deutschland jahrelang verschlossen und feind war, das wissen und daß wir nie [an Erhard Schmidt] gezweifelt haben, beweist die große Zahl der Beiträge, die von dort die Herausgeber der Festschrift [zum 75. Geburtstag von E. Schmidt] erreicht haben.“[1])

Von den Vertriebenen unter den Autoren, die Schmidt dergestalt ehrten, seien hier nur genannt:[2]) Alfred Brauer, Richard Brauer, Kurt Hirsch, Richard von Mises, Bernhard Neumann[3]), Johann von Neumann, Erich Rothe[4]) ...

Erhard Schmidt verbindet auch die Vergangenheit mit der Gegenwart. 33 Jahre war er Ordinarius (1917—1950), 35 Jahre Mitdirektor des Seminars bzw. I. Mathematischen Instituts (1917—1952). Schon 1921/22 Dekan und 1929/30 Rektor, hat er der Universität die Treue gehalten, in guten wie in schlechten Tagen:

„Ich liebte eben meine Schüler. Genau dasselbe gilt auch für die Universität als Ganzes. Ich liebe die Berliner Universität, ob sie sich nun in glücklicherer Lage befindet oder nicht — das ändert daran nichts. Ich liebe sie, seit ich in Berlin bin, und werde ihr Treue halten.“[5])

Nicht nur das am 8. Mai 1945 begonnene neue Kapitel in der Geschichte auch der mathematischen Lehre und Forschung an der Berliner Universität, seit dem 8. 2. 1949 „Humboldt-Universität“, hat er mitgeschrieben. Ebenso stellte er sein Können und seine Erfahrung dem Forschungsinstitut für Mathematik der Akademie der Wissenschaften der Deutschen Demokratischen Republik als Mitglied des Institutsdirektoriums zur Verfügung. So hat er den Beginn der folgenden, jetzigen Ära, in der die Mathematik eine Förderung erfährt wie nie zuvor, mit Rat und Tat an der Universität wie an der Akademie einleiten geholfen und bis kurz vor seinem Tode am 6. 12. 1959 begleitet. Ganz in seinem Sinne war es, wenn die Akademie am 24. 5. 1985 ihrem mathematischen Institut den verpflichtenden Namen „Karl-Weierstraß-Institut für Mathematik“ verlieh und damit die Verwurzelung in einer reichen Tradition zum Ausdruck brachte, einer der Kraftquellen für das Voranschreiten in eine lichte Zukunft.

---

[1]) Berlin 1951. S. 18.

[2]) s. den Festband: Math. Nachrichten. 4. 1950/51. 511 Seiten.

[3]) Bernhard Neumann, s. 12.3., Nr. 184. Er war mit seiner Frau Hanna, geb. von Caemmerer, die u. a. auch in Berlin studiert hat, nach Australien gegangen.

[4]) Erich Rothe (s. 12.3., Nr. 167) hatte sich in die USA retten können.

[5]) Berlin 1951. S. 19.

9. Zusammenfassung

Im Zeitalter der Aufklärung hat sich die Mathematik außerordentlicher Wertschätzung erfreut; das 18. Jahrhundert ist geradezu als ein mathematisches bezeichnet worden. Es klafft aber ein tiefer Spalt zwischen den Leistungen der bahnbrechenden Forscher und dem niedrigen Niveau der mathematischen Lehre an den Universitäten. Diese Diskrepanz ist auch noch in den Jahren nach der Gründung der Berliner Universität stark ausgeprägt, zumal es nicht gelingt, Gauß aus Göttingen nach Berlin zu berufen, und es zunächst darum geht, Mathematiklehrer auszubilden. Die utilitaristische Ansicht des vorangegangenen Jahrhunderts, der Wert der Mathematik liege allein in ihrem Nutzen, ist in den ersten beiden Jahrzehnten an der neuen Universität vorherrschend.

Ein Wandel setzt um 1830 mit der Wirksamkeit von Dirichlet und Minding ein; entscheidende Unterstützung erhält die sich anbahnende neue Entwicklung durch den aus Paris nach Berlin zurückgekehrten Alexander von Humboldt und den mathematischen Berater des Kultusministeriums, Crelle. Die Forschung durchdringt nun die Lehre; die Studenten werden mit den neuesten Forschungsergebnissen bekannt gemacht. Jacobi, der bereits in Königsberg eine Schule von nachhaltigster Wirkung auf den mathematischen Universitätsunterricht gegründet hatte, verhilft in seiner kurzen Berliner Wirksamkeit (1845/50) der „Berliner Schule" zur endgültigen Anerkennung in der mathematischen Welt. Die Mathematik bestimmt seither maßgeblich den Ruhm der Universität Berlin mit.

Kein politisches Ereignis vom Befreiungskrieg 1813/14 bis zur Novemberrevolution 1918 hat auch nur im entferntesten die Mathematiker der Berliner Universität derart in seinen Bann gezogen wie die Märzrevolution 1848, an der sie handelnd oder leidend, aktiven (Jacobi) oder passiven (Eisenstein) Anteil genommen haben.

Die Errichtung der faschistischen Diktatur im Jahre 1933 führt zur Vertreibung einer Vielzahl hervorragender Mathematiker und zu einem Niedergang ohne vorheriges Beispiel.

Die Berliner Schule hat sich vor allem in zwei Hauptrichtungen manifestiert, in einer funktionentheoretischen, gekennzeichnet durch die Namen Jacobi, Weierstraß, Schwarz, Schottky, Schmidt und Bieberbach, und in einer algebraisch-zahlentheoretischen, die insbesondere durch Dirichlet, Kummer, Kronecker, Frobenius und Schur vertreten ist. Die Geometrie erfährt in den zwanziger Jahren unseres Jahrhunderts durch Bieberbach besondere Pflege. Zuvor war, von dem „reinen" Geometer Steiner und von individuell bedingten Modifikationen (z. B. in der Veranlagung und im Wirken von Schwarz) einmal abgesehen, für die Berliner Schule die Bevorzugung des logischen Aufbaus und der analytischen Strenge vor der geometrischen Intuition charakteristisch.

Der mathematische Unterricht empfängt 1861 seine folgenreichste und andauernde Formierung mit der Gründung des Mathematischen Seminars durch Kummer und Weierstraß. Die Betonung liegt auf dem rein wissenschaftlichen Anliegen; die Lehrerbildung wird als eine bei der Verwirklichung der Hauptzielsetzung — Ausbildung von Forschern — mit zu lösende Aufgabe betrachtet. Die Periode des überragenden Wirkens von Weierstraß (gemeinsam mit Kummer und Kronecker) in Berlin in der zweiten Hälfte des 19. Jahrhunderts stellt einen Höhepunkt sowohl in der Forschung als auch in der Verwirklichung ihrer Einheit mit der Lehre dar. In einem sorgfältig abgestimmten Lehrplan lesen die Mathematikdozenten einen vollständigen Kursus der wichtigsten Disziplinen (mit Ausnahme der angewandten Mathematik) von den einführenden Vorlesungen bis zu den jeweils „modernsten", teilweise gerade im Entstehen begriffenen Theorien regelmäßig und in pädagogisch sinnvoller Aufeinanderfolge. Berlin überflügelt in jener Zeit Göttingen und übt größte Anziehungskraft und Wirkung auf Mathematiker und mathematische Institutionen aus. Wenn auch die aus dem in polemischer Form geäußerten Streben Kroneckers nach umfassender Arithmetisierung und seiner Abneigung gegen die Ideen Cantors resultierende Verstimmung von Weierstraß in den achtziger Jahren die harmonische Zusammenarbeit innerhalb des Lehrkörpers trübt, so übertrifft doch diese Epoche die vorhergehende Ära Dirichlet—Steiner—Jacobi und die folgende, von Schwarz (dessen schöpferische Spitze vor seinem Ruf 1892 nach Berlin liegt), Frobenius und Schottky bestimmte Ära. Erst die der kurzen Übergangsperiode E. Schmidt — Carathéodory — Schur sich anschließende, von Schmidt, Schur und Bieberbach repräsentierte Ära, in der auch neue zukunftsreiche Gebiete wie die Topologie (Heinz Hopf) zum Gegenstand der Forschung gemacht werden, läßt Berlin in seiner Bedeutung erneut nahe an Göttingen heranrücken.

Das anfängliche starke Interesse an den Anwendungen schlägt bald in sein Gegenteil um: Die „Ehre" der Wissenschaft wird ab etwa 1830 mehr oder weniger in der Pflege der „reinen" Mathematik erblickt, die nicht nach Nutzen oder überhaupt nach Beziehungen zur Praxis fragt. Die Anwendungen werden der Physik zugerechnet oder den technischen Hochschulen zugewiesen. Die Mathematiker der Berliner Universität verharren, wieder mit individuell-graduellen Unterschieden, in dieser an anderen Universitäten längst preisgegebenen Einstellung, die in übersteigerter Übertragung auf den Forderungen der Zeit aufgeschlossener gegenüberstehende Mathematiker (wie Lie und Klein) zu blinden Vor- und Fehlurteilen (durch Frobenius) auch hinsichtlich ihrer Leistungen führt. Erst E. Schmidt bewirkt schon bald nach seinem Ruf nach Berlin die längst überfällige Änderung: Die Berufung von v. Mises 1920 und die Gründung eines Instituts für Angewandte Mathematik leiten auf diesem Gebiet die neue Ära ein mit einem Forschungsschwerpunkt auf dem Gebiet der Wahrscheinlichkeitsrechnung.

Mehrfach ist in dem behandelten Zeitraum Inbesitznahme, Durchdringung und anschließendes Verlassen mathematischer Gebiete zu verzeichnen. Typische Beispiele hierfür sind die elliptischen und die Abelschen Funktionen. Es ist das seit Dirichlet sorgsam und kompromißlos beobachtete Prinzip, nur als Forscher anerkannte Mathematiker für eine Berufung nach Berlin vorzuschlagen, das die Berliner Schule vor der Erstarrung bewahrt, auch wenn vorübergehend eine solche Gefahr — wie etwa bei den durch Fuchs durchgeführten und angeregten Arbeiten zur Theorie der Differentialgleichungen oder im zweiten Jahrzehnt dieses Jahrhunderts durch Überalterung der Lehrstuhlinhaber — bestanden hat. Die große Zahl hervorragender, in Berlin promovierter Mathematiker sowie die zeitweise hier tätig gewesenen Extraordinarien (Hensel, Szegö) und Privatdozenten (Landau, Feigl, Heinz Hopf, Johann von Neumann) haben den Geist der Berliner Schule im In- und Ausland verbreitet und ihm so zu vielfältiger Wirkung verholfen; eine ganze Anzahl aus der Berliner Schule hervorgegangener Mathematiker hat später hier wieder Lehrstühle eingenommen (Kronecker, Fuchs, Schwarz, Frobenius, Schottky, Schur). Auf das Studium der Mathematik schlechthin wirkten in bedeutendem Maße Lehrbuchautoren wie Knopp und Bieberbach ein.

Die Forschungsgebiete haben sich verändert oder werden erneut von höherem Standpunkt aus mit neuen Methoden bearbeitet, der Unterrichtsbetrieb hat noch manche Wandlung erfahren — die große Tradition ist aber auch heute für die Mathematik an der Humboldt-Universität in der Hauptstadt der DDR Nährboden und Verpflichtung zugleich. Wie sagte Alexander von Humboldt zu C. G. J. Jacobi? „Die Geschichte der Vergangenheit liegt in dem, was unsere Zeitgenossen treiben“[1]).

---

[1]) 27. 12. 1846 (K.-R. Biermann 1959b. S. 90).

10. Quellen- und Literaturverzeichnis

Vorbemerkung: Nach der Benutzung der Akten erhielt das Deutsche Zentralarchiv (DZA) die Bezeichnung „Zentrales Staatsarchiv“. Von einer Änderung derjenigen Anmerkungen, in denen dieses Archiv genannt wird, wurde abgesehen. Ebenso wurde Abstand davon genommen, Signaturänderungen, die seit dem Erscheinen der ersten Ausgabe dieses Bandes in den Archiven vorgenommen worden sind, in den Anmerkungen zu berücksichtigen. Mit Hilfe der in jedem Archiv geführten Konkordanzen läßt sich im Bedarfsfall ohne weiteres die neue Signatur und der damit gesuchte Vorgang finden.

10.1. Quellenverzeichnis

Folgende Archivalien (Akten, Briefe, Aufzeichnungen) wurden benutzt:

- Zentrales Archiv der Akademie der Wissenschaften d. DDR:
  II-VIIbl-1, H. 1 u. 2; II-VIc-3, II-VIc-4;
  Nachlaß H. A. Schwarz
  Nachlaß H. Diels
- Archiv der Humboldt-Universität Berlin:
  Rektorat: Sect. II, Nr. 84; Sect. II, Nr. 230 (neue Nrn.: 613 u. 755)
  Philosophische Fakultät: D-4-1, Adhib. D-9; D-5; E-7-1; H-1-1 bis H-1-48; M-13-1; P-2-3 bis P-2-5; P-3-1 bis P-3-28; P-4-1 bis P-4-617; P-5-1; P-6-1 bis P-6-9; P-7-1; P-9-1 bis P-9-5; S-7-1 bis S-7-13; V-10-1; Sect. II, Nr. 84; Sect. II, Nr. 230.
  Kurator: Personalakten A-42-1; C-41; F-49-1; F-50-1; F-64-1; H-65; K-54; K-65-1; K-106; M-80; N-16; O-1; S-137-1; S-172; S-210-1; T-33-1; W-38.
  Verw.-Dir.: Personalakten Schur Sch 342, Schmidt Sch 197, v. Mises M 220, Bieberbach B 220, H. Hamburger H 72, Reichenbach R 54; ferner Bd. 44 (J. v. Neumann), Bd. 91 (R. Remak).
  Math. Seminar Nr. 285; Institut für Angew. Math. Nr. 291 und 933.
  Akten des Mathematischen Seminars der Universität Berlin (Fragmente)
- Mittag-Leffler-Institut, Djursholm/Schweden:
  Briefe von Karl Weierstraß an Sonja Kovalevskaja
  Briefe Sonja Kovalevskajas an Klara und Elise Weierstraß
- Archiv der Martin-Luther-Universität Halle—Wittenberg:
  Rep. 21, Abt. III, Nr. 193 (schriftl. Auskunft)
- Deutsches Zentralarchiv, Abt. Merseburg (DZA Merseburg); siehe obige Vorbemerkung:
  Rep. 76 Va, Sect. 2, Tit. 4, Nr. 47, Bd. 3 u. 7.
  Rep. 76 Va, Sect. 2, Tit. 4, Nr. 68c.
  Rep. 76 Va, Sect. 2, Tit. 10, Nr. 77, Bd. 1.
  Rep. 76 Va, Sect. 4, Tit. 4, Nr. 36, Bd. 3.
  Rep. 76 Vb, Sect. 4, Tit. 1, Nr. 1, Bd. 5.

Rep. 76 VI, Sect. 2Z, Nr. 2, Bd. 9–11.
Rep. 76 VI, Sect. 5Z, Nr. 8, Bd. 2. u. 3.
Rep. 76 VI, Sect. 14 bb, Bd. 1. u. 2.
Rep. 92, Nachlaß Joh. Schulze Nr. 39.

– Familienarchiv L. Sauermann, Oberhausen:
Erinnerungen von Ehrhard Gieseler (schriftl. Mitteilung)

– Deutsches Zentralarchiv, Abt. Potsdam (DZA Potsdam); siehe obige Vorbemerkung:
Reichsmin. f. Wissensch., Erz. u. Volksbild. Betr. Inst. f. angew. Math. Univ. Berlin. Jan. 1920–Sept. 1942, Nr. 1447

10.2. Literaturverzeichnis

Das folgende Verzeichnis enthält diejenige Literatur, die nicht aus besonderen Gründen bereits im Text oder in den Anmerkungen mit *vollen* bibliographischen Daten zitiert worden ist. Es wird in alphabetischer Anordnung jeweils zuerst die in den Anmerkungen benutzte Kurzform aufgeführt, dann folgen die bibliographischen Angaben.

W. Ahrens 1904
Ahrens, Wilhelm: Scherz und Ernst in der Mathematik. Geflügelte und ungeflügelte Worte. Leipzig 1904.

W. Ahrens 1905
Ahrens, Wilhelm: Peter Gustav Lejeune Dirichlet.
In: Math.-naturwiss. Blätter. **2**. 1905, S. 36–39 u. 51–55.

W. Ahrens 1907a
Ahrens, Wilhelm: C. G. J. Jacobi als Politiker. Ein Beitrag zu seiner Biographie. Leipzig 1907.

W. Ahrens 1907b
Ahrens, Wilhelm: Briefwechsel zwischen C. G. J. Jacobi und M. H. Jacobi. Hrsg. Leipzig 1907.

W. Ahrens 1920
Ahrens, Wilhelm: Mathematiker-Anekdoten. 2. Aufl. Leipzig und Berlin 1920.

W. Ahrens 1927
Ahrens, Wilhelm: Kleine Geschichten von Astronomen, Mathematikern und Meteorologen.
In: Das Weltall. **26**. 1927, S. 37–41 u. 137–140.

P. S. Aleksandrov 1977
Aleksandrov, P. S.: Vospominanija o Göttingene.
In: Istoriko-matematičeskie issledovanija. **23**. 1977, S. 242–245.

P. Alexandroff [= P. S. Aleksandrov] 1976
Alexandroff, Paul: Einige Erinnerungen an Heinz Hopf.
In: Jahr.-Ber. Dt. Math.-Vereinigung. **78**. 1976, S. 113–125.

J. Asen 1955
Asen, Johannes: Gesamtverzeichnis des Lehrkörpers der Universität Berlin. I. 1810–1945. Leipzig 1955.

H. Bauer 1984
Bauer, Heinz: Eberhard Hopf.
In: Jahrbuch Bayerische Ak. Wiss. 1984, S. 254–256.

H. Beckert 1981
Beckert, Herbert, und Horst Schumann (Hrsg.): 100 Jahre mathematisches Seminar der Karl-Marx-Unversität Leipzig. Berlin 1981.

H. Begehr 1979
Begehr, Heinrich: Alexander Dinghas in memoriam.
In: Jahr.-Ber. Dt. Math.-Vereinigung. **81**. 1979, S. 153–176.

H. Behnke 1956/57

BEHNKE, HEINRICH: Wilhelm Lorey zum Gedächtnis.
In: Math.-phys. Sem. Ber. **5.** 1956/57, S. 1–3.

H. Behnke 1966

BEHNKE, HEINRICH: Karl Weierstraß und seine Schule.
In: Festschrift zur Gedächtnisfeier für Karl Weierstraß. 1815–1965. Köln u. Opladen 1966, S. 13–40.
(= Wiss. Abh. der Arbeitsgemeinschaft für Forschung des Landes Nordrhein-Westfalen, Bd. 33)

H. Behnke 1978

BEHNKE, HEINRICH: Semesterberichte. Ein Leben an deutschen Universitäten im Wandel der Zeit. Göttingen 1978.

Berlin 1877

Aktenstücke in der Angelegenheit des Privatdocenten Dr. Dühring. Veröffentlicht durch die Philosophische Fakultät der Königl. Universität zu Berlin. Berlin 1877.

Berlin 1881

Glückwunschadresse der Kgl. Pr. Ak. Wiss. zum fünfzigjährigen Doctor-Jubiläum von E. E. Kummer.
In: Mon. Ber. Kgl. Pr. Ak. Wiss. zu Berlin. 1881, S. 895–898.

Berlin 1887/1922

Jahresverzeichnis der an den Deutschen Universitäten und Technischen Hochschulen erschienenen Schriften. Bd. 1 (für 1885/86). Berlin 1887, bis Bd. 37 (für 1921). Berlin 1922.

Berlin u. Halle 1888/1938

Chronik der Friedrich-Wilhelms-Universität. Bd. 1 für das Rechnungsjahr 1887/88. Berlin 1888, bis Bd. 29 für das Rechnungsjahr 1915. Halle 1916. (Ab Bd. 12 Erscheinungsort Halle, vorher Berlin). Wieder erschienen ab 1927/28 ohne Bd.-Zählung in Berlin (aber 1928/29 bis 1931/32 in Goslar) bis 1937/38.

Berlin 1899

Verzeichnis der Berliner Universitätsschriften 1810–1885. Hrsg. v. d. Kgl. Universitäts-Bibliothek zu Berlin. Berlin 1899.

Berlin 1921

Jahrbuch der Dissertationen der Philosophischen Fakultät der Friedrich-Wilhelms-Universität zu Berlin. Dekanatsjahr 1919/20. Berlin 1921.

Berlin 1925

Adresse an Hrn. Friedrich Schottky zum fünfzigjährigen Doktorjubiläum am 14. 8. 1925.
In: Sitz. Ber. Pr. Ak. Wiss. 1925, phys.-math. Kl., S. 503–504.

Berlin 1930

Festakt [...] anläßlich des zehnjährigen Bestehens der Mathematisch-Physikalischen Arbeitsgemeinschaft an der Universität Berlin. 26. November 1929. Berlin [1930].

Berlin 1951

Ansprachen anläßlich der Feier des 75. Geburtstages von Erhard Schmidt durch seine Fachgenossen (13. 1. 1951). [Berlin 1951.] (Vervielfältigung; nicht im Druck erschienen.)

Berlin 1966

Deutschland–Sowjetunion. Aus fünf Jahrzehnten kultureller Zusammenarbeit. Berlin 1966.

H. Bernhardt 1979

BERNHARDT, HANNELORE: Zum Leben und Wirken des Mathematikers Richard von Mises.
In: NTM – Schriftenr. f. Geschichte d. Naturwiss., Technik und Medizin. **16.** 1979, H. 2, S. 40–49.

H. Bernhardt 1980

BERNHARDT, HANNELORE: Zur Institutionalisierung der angewandten Mathematik an der Berliner Universität 1920–1933.

In: NTM — Schriftenr. f. Geschichte d. Naturwiss., Technik und Medizin. **17**. 1980, H. 1, S. 23—31.

H. Bernhardt 1982
BERNHARDT, HANNELORE: Das Institut für angewandte Mathematik an der Berliner Universität. In: Kolloquien des Instituts für Theorie, Geschichte und Organisation der Wissenschaft der Ak. Wiss. der DDR. 1982, H. 30, S. 93—108.

H. Bernhardt 1984
BERNHARDT, HANNELORE: Richard von Mises und sein Beitrag zur Grundlegung der Wahrscheinlichkeitsrechnung im 20. Jahrhundert. Dissertation B. Humboldt-Universität Berlin 1984. (Ms.)

L. Bieberbach 1922
BIEBERBACH, LUDWIG: Hermann Amandus Schwarz.
In: Sitz. Ber. Berliner Math. Ges. **21**. 1922, S. 47—52.

L. Bieberbach 1936
BIEBERBACH, LUDWIG: Gedächtnisrede auf Friedrich Schottky.
In: Sitz. Ber. Pr. Ak. Wiss. 1936, phys.-math. Kl., S. CV—CVI.

L. BIEBERBACH 1968
BIEBERBACH, LUDWIG: Das Werk Paul Koebes.
In: Jahr. Ber. Dt. Math.-Vereinigung, **70**. 1968, S. 148—158.

K.-R. Biermann 1958a
BIERMANN, KURT-R.: Alexander von Humboldt als Protektor Gotthold Eisensteins und dessen Wahl in die Berliner Akademie der Wissenschaften.
In: Forsch. u. Fortschr. **32**. 1958, S. 78—81.

K.-R. Biermann 1958b
BIERMANN, KURT-R.: Zur Geschichte der Ehrenpromotion Gotthold Eisensteins.
In: Forsch. u. Fortschr. **32**. 1958, S. 332—335.

K.-R. Biermann 1959a
BIERMANN, KURT-R.: J. P. G. Lejeune Dirichlet. Dokumente für sein Leben und Wirken. Berlin 1959. 87 S. u. 5 Abb., 4°
(= Abh. Dt. Ak. Wiss. zu Berlin, Kl. f. Math., Phys. u. Techn. 1959, Nr. 2)

K.-R. Biermann 1959b
BIERMANN, KURT-R.: Über die Förderung deutscher Mathematiker durch Alexander von Humboldt.
In: Alexander von Humboldt. Gedenkschrift. Berlin 1959. S. 83—159.

K.-R. Biermann 1959c
BIERMANN, KURT-R.: Ferdinand Gotthold Max Eisenstein. Bibliografija ego sočinenij. In: Istoriko-matematičeskie issledovanija. **12**. 1959, S. 493—502.

K.-R. Biermann 1959d
BIERMANN, KURT-R.: A. L. Crelles Verhältnis zu Eisenstein.
In: Mon. Ber. Dt. Ak. Wiss. zu Berlin. **1**. 1959, S. 67—72.

K.-R. Biermann 1960a
BIERMANN, KURT-R.: Vorschläge zur Wahl von Mathematikern in die Berliner Akademie. Berlin 1960. 75 S., 4°
(= Abh. Dt. Ak. Wiss. zu Berlin, Kl. f. Math., Phys. u. Techn. 1960, Nr. 3)

K.-R. Biermann 1960b
BIERMANN, KURT-R.: Aus den Anfängen der wissenschaftlichen Laufbahn Franz Neumanns, des Begründers der mathematischen Physik in Deutschland.
In: Forsch. u. Fortschr. **34**. 1960, S. 97—101.

K.-R. Biermann 1960c
BIERMANN, KURT-R.: Urteile A. L. Crelles über seine Autoren.
In: Journal f. d. reine u. angew. Math. **203**. 1960, S. 216—220.

K.-R. Biermann 1960d
Biermann, Kurt-R.: Dirichletiana.
In: Mon. Ber. Dt. Ak. Wiss. zu Berlin. **2**. 1960, S. 386–389.

K.-R. Biermann 1960e
Biermann, Kurt-R.: F. Woepckes Beziehungen zur Berliner Akademie.
In: Mon. Ber. Dt. Ak. Wiss. zu Berlin. **2**. 1960, S. 240–249.

K.-R. Biermann 1961a
Biermann, Kurt-R.: Der Mathematiker Ferdinand Minding und die Berliner Akademie.
In: Mon. Ber. Dt. Ak. Wiss. zu Berlin. **3**. 1961, S. 128–133.

K.-R. Biermann 1961b
Biermann, Kurt-R.: Einige neue Ergebnisse der Eisenstein-Forschung.
In: NTM – Zeitschr. f. Geschichte d. Naturwiss., Technik u. Medizin. **1**. [1961], H. 2, S. 1 bis 12.

K.-R. Biermann 1961c
Biermann, Kurt-R.: Eine unveröffentlichte Jugendarbeit C. G. J. Jacobis über wiederholte Funktionen.
In: Journal f. d. reine u. angew. Math. **207**. 1961, S. 96–112.

K.-R. Biermann 1962
Biermann, Kurt-R., und Hans-Günther Körber: Zum wissenschaftlichen Briefwechsel zwischen Carl Friedrich Gauß und Alexander von Humboldt.
In: Forsch. u. Fortschr. **36**. 1962, S. 41–44.

K.-R. Biermann 1963a
Biermann, Kurt-R.: Ein Briefwechsel zwischen C. F. Gauß und der Berliner Akademie.
In: Mon. Ber. Dt. Ak. Wiss. zu Berlin. **5**. 1963, S. 43–46.

K.-R. Biermann 1963b
Biermann, Kurt-R.: N. H. Abel und Alexander von Humboldt.
In: Nordisk Matematisk Tidskrift. **11**. 1963, S. 59–63.

K.-R. Biermann 1963c
Biermann, Kurt-R.: Jakob Steiner. Eine biographische Skizze.
In: Nova Acta Leopoldina. N. F. Bd. 27. 1963, Nr. 127, S. 31–45.

K.-R. Biermann 1963d
Biermann, Kurt-R.: Einige Ergänzungen zur Biographie Jakob Steiners.
In: Archives Internat. d'Hist. des Sciences. **16**. 1963, S. 167–171.

K.-R. Biermann 1963e
Biermann, Kurt-R.: Lagrange im Urteil und in der Erinnerung A. v. Humboldts.
In: Mon. Ber. Dt. Ak. Wiss. zu Berlin. **5**. 1963, S. 445–450.

K.-R. Biermann 1964a
Biermann, Kurt-R.: Aus der Geschichte Berliner mathematischer Preisaufgaben.
In: Wiss. Zeitschr. Humboldt-Univ. zu Berlin, math.-nat. R. **13**. 1964, S. 185–198.

K.-R. Biermann 1964b
Biermann, Kurt-R.: David Hilbert und die Berliner Akademie.
In: Math. Nachr. **27**. 1964, S. 377–384.

K.-R. Biermann 1964c
Biermann, Kurt-R.: Aus dem mathematischen Berlin des vorigen Jahrhunderts.
In: NTM – Beiheft zur Schriftenr. f. Geschichte d. Naturwiss., Technik und Medizin. 1964, S. 11–20.

K.-R. Biermann 1964d
Biermann, Kurt-R.: Thomas Clausen, Mathematiker und Astronom.
In: Journal f. d. reine u. angew. Math. **216**. 1964, S. 159–198.

K.-R. Biermann 1964e
Biermann, Kurt-R.: Gotthold Eisenstein. Die wichtigsten Daten seines Lebens und Wirkens.

In: Journal f. d. reine u. angew. Math. **214/15**. 1964, S. 19–30.

K.-R. Biermann 1964f
BIERMANN, KURT-R.: Einige Episoden aus den russischen Sprachstudien des Mathematikers C. F. Gauß.
In: Forsch. u. Fortschr. **38**. 1964, S. 44–46.

K.-R. Biermann 1965
BIERMANN, KURT-R.: Dirichlet über Weierstraß.
In: Praxis der Mathematik. **7**. 1965, S. 309–312.

K.-R. Biermann 1966a
BIERMANN, KURT-R.: Die Berufung von Weierstraß nach Berlin.
In: Festschrift zur Gedächtnisfeier für Karl Weierstraß. 1815–1965. Köln u. Opladen 1966, S. 41–52. (= Wiss. Abh. der Arbeitsgemeinschaft für Forschung des Landes Nordrhein-Westfalen, Bd. 33)

K.-R. Biermann 1966b
BIERMANN, KURT-R.: Karl Weierstraß.
In: Journal f. d. reine u. angew. Math. **223**. 1966, S. 191–220.

K.-R. Biermann 1966c
BIERMANN, KURT-R.: Richard Dedekind im Urteil der Berliner Akademie.
In: Forsch. u. Fortschr. **40**. 1966, S. 301–302.

K.-R. Biermann 1967a
BIERMANN, KURT-R.: Auf den Spuren des mathematischen Glücksritters Ferdinand von Sommer.
In: Forsch. u. Fortschr. **41**. 1967, S. 235–238.

K.-R. Biermann 1967b
BIERMANN, KURT-R.: Zur Geschichte mathematischer Einsendungen an die Berliner Akademie.
In: Mon. Ber. Dt. Ak. Wiss. zu Berlin. **9**. 1967, S. 216–222.

K.-R. Biermann 1968a
BIERMANN, KURT-R.: O nezaveršennom izdanii trudov K. Weierstrassa.
In: Actes XIe Congrès Internat. Hist. Sci. **3**. 1968, S. 235–239.

K.-R. Biermann 1968b
BIERMANN, KURT-R.: Alexander von Humboldts wissenschaftsorganisatorisches Programm bei der Übersiedlung nach Berlin.
In: Mon. Ber. Dt. Ak. Wiss. zu Berlin. **10**. 1968, S. 142–147.

K.-R. BIERMANN 1969
BIERMANN, KURT-R.: Did Husserl take his doctor's degree under Weierstraß' supervision?
In: Organon. **6**. 1969, S. 261–264.

K.-R. Biermann 1970
BIERMANN, KURT-R.: Die Mathematik und ihre Dozenten an der Berliner Universität. 1810 bis 1920.
In: Mon. Ber. Dt. Ak. Wiss. zu Berlin. **12**. 1970, S. 400–404.

K.-R. Biermann 1971
BIERMANN, KURT-R.: Gotthold Eisenstein.
In: Dict. Scient. Biogr. **4**. 1971, S. 340–343.

K.-R. Biermann 1972
BIERMANN, KURT-R.: Reinhold Hoppe.
In: Neue Dt. Biogr. **9**. 1972, S. 614–615.

K.-R. Biermann: 1973a
BIERMANN, KURT-R.: Ferdinand Joachimsthal.
In: Dict. Scient. Biogr. **7**. 1973, S. 108–110.

K.-R. Biermann 1973b
BIERMANN, KURT-R.: Leopold Kronecker.

In: Dict. Scient. Biogr. **7.** 1973, S. 505–509.

K.-R. Biermann 1973c

BIERMANN, KURT-R.: Ernst Eduard Kummer.
In: Dict. Scient. Biogr. **7.** 1973, S. 521–524.

K.-R. Biermann 1974

BIERMANN, KURT-R.: Eugen Netto.
In: Dict. Scient. Biogr. **10.** 1974, S. 24.

K.-R. Biermann 1975

BIERMANN, KURT-R.: Carl Gustav Jacob Jacobi.
In: Biographien bedeutender Mathematiker. Hrsg. v. HANS WUSSING und WOLFGANG ARNOLD. Berlin 1975 (und öfter). S. 375–388.

K.-R. Biermann 1976a

BIERMANN, KURT-R.: Karl Weierstraß.
In: Dict. Scient. Biogr. **14.** 1976, S. 219–224.

K.-R. Biermann 1976b

BIERMANN, KURT-R.: Eine Selbstbiographie von G. Eisenstein.
In: Mitteilungen Math. Ges. DDR. 1976, H. 3/4, S. 150–153.

K.-R.: Biermann 1977

BIERMANN, KURT-R.: Briefwechsel zwischen Alexander von Humboldt und Carl Friedrich Gauß. Hrsg. Berlin 1977.
(= Beiträge zur Al. v. Humboldt-Forschg., Bd. 4)

K.-R. Biermann 1979a

BIERMANN, KURT-R.: „Herr Eugen Dühring" und die Berliner Mathematiker.
In: Mitteilungen Math. Ges. DDR. 1979, H. 4, S. 59–64.

K.-R. Biermann 1979b

BIERMANN, KURT-R.: Briefwechsel zwischen Alexander von Humboldt und Heinrich Christian Schumacher. Hrsg. Berlin 1979.
(= Beiträge zur Al. v. Humboldt-Forschg., Bd. 6)

K.-R. Biermann 1982

BIERMANN, KURT-R.: Briefwechsel zwischen Alexander von Humboldt und Peter Gustav Lejeune Dirichlet. Hrsg. Berlin 1982.
(= Beiträge zur Al. v. Humboldt-Forschg., Bd. 7)

K.-R. Biermann 1983

BIERMANN, KURT-R.: Die Wahlvorschläge für Betti, Brioschi, Beltrami, Casorati und Cremona zu Korrespondierenden Mitgliedern der Berliner Akademie der Wissenschaften.
In: Bolletino Stor. Sci. Mat. **3.** 1983, S. 127–136.

K.-R. Biermann 1985a

BIERMANN, KURT-R.: Alexander v. Humboldt. Vier Jahrzehnte Wissenschaftsförderung. Briefe an das preußische Kultusministerium 1818–1859. Hrsg. Berlin 1985.
(= Beiträge zur Al. v. Humboldt-Forschg., Bd. 14)

K.-R. Biermann 1985b

BIERMANN, KURT-R.: Über Stigmata der Kreativität bei Mathematikern des 17. bis 19. Jahrhunderts.
In: Rostocker Math. Kolloquium. 1985, H. 27, S. 5–22.

K.-R. Biermann 1985c

BIERMANN, KURT-R.: Kontroversen um den Steinerpreis und ihre Folgen. — Ein Kapitel aus den Beziehungen zwischen Weierstraß und Kronecker. —
In: Historia Scientiarum. 1985, No. 29, S. 117–124.

O. Bolza 1936

BOLZA, OSKAR: Aus meinem Leben. München 1936.

C. W. Borchardt 1888
Hettner, Georg: C. W. Borchardts Gesammelte Werke. Hrsg. Berlin 1888.
A. Brauer 1928
Brauer, Alfred: Sequenzen von Potenzresten
In: Sitz.-Ber. Preuß. Ak. Wiss. zu Berlin 1928.
A. Brauer 1973
Brauer, Alfred: Gedenkrede auf Issai Schur.
In: Issai Schur. Gesammelte Abhandlungen. Bd. 1, Berlin, Heidelberg, New York 1973. S. V–XIV.
K. Bruhns 1877
Bruhns, Karl: Briefe zwischen A. v. Humboldt und Gauß. Hrsg. Leipzig 1877.
E. Bukovics 1962
Bukovics, Erich: [Besprechung von: K.-R. Biermann 1960a].
In: Internat. Math. Nachr. **16**. 1962. H. 70, S. 43.
(s. S. **245**)
Bulletin 1958
John von Neumann 1903–1957. Bulletin of the American Mathematical Society. Mai 1958.
P. L. Butzer 1978/79
Butzer, P. L.: Leben und Wirken E. B. Christoffels (1829–1900).
In: Heimatblätter des Kreises Aachen. **34/35**. 1978/79, H. 3/4 bzw. 1, S. 5–21.
P. L. Butzer 1980.
Butzer, P. L., M. Jansen und H. Zilles: Zum 175. Geburtstag des Mathematikers Johann Peter Gustav Lejeune Dirichlet (1805–1859) — Mitbegründer der mathematischen Physik im deutschsprachigen Raum.
Arbeitsbericht Lehrstuhl A für Mathematik RWTH, Aachen 1980.
P. L. Butzer 1981
Butzer, Paul L.: An Outline of the Life and Work of E. B. Christoffel (1829–1900).
In: Historia Mathematica. **8**. 1981, S. 243–276.
E. K. Chil'kevič 1949
Chil'kevič, E. K.: Iz istorii rasprostranenija i razvitija idej N. I. Lobačevskogo v 60–70-ch godach 19 stoletija.
In: Istoriko-matematičeskie issledovanija. **2**. 1949. S. 168–230.
A. Clebsch 1873
Zum Andenken an Rudolf Friedrich Alfred Clebsch.
In: Math. Annalen. **6**. 1873, S. 197–202.
J. Dauben 1979
Dauben, Joseph Warren: Georg Cantor. His Mathematics and Philosophy of the Infinite. Cambridge, Mass., and London 1979.
I. Ja. Depman 1952
Depman, I. Ja.: Karl Michajlovič Peterson i ego dissertacija.
In: Istoriko-matematičeskie issledovanija. **5**. 1952. S. 134–164.
J. Dieudonné 1976
Dieudonné, Jean: Johann (John) von Neumann.
In: Dict. Scient. Biogr. **14**. 1976, S. 88–92.
A. Dinghas 1960
Dinghas, Alexander: Der Einfluß der Berliner mathematischen Schule auf die Entwicklung der Funktionentheorie.
In: Studium Berolinense. Berlin 1960. S. 763–773.
A. Dinghas 1970
Dinghas, Alexander: Erhard Schmidt (Erinnerungen und Werk).
In: Jahr. Ber. Dt. Math.-Vereinigung. **72**. 1970, S. 3–17.

G. L. Dirichlet 1852

DIRICHLET, GUSTAV LEJEUNE: Gedächtnisrede auf Carl Gustav Jacob Jacobi. Nach Abh. Kgl. Pr. Ak. Wiss. 1852, S. 1–27.
In: G. L. Dirichlet 1889/97. Bd. 2. S. 227–252.

G. L. Dirichlet 1889/97

KRONECKER, LEOPOLD, und LAZARUS FUCHS: G. Lejeune Dirichlet's Werke. Hrsg. Bd. 1 und 2. Berlin 1889/97.

E. Dühring 1873

DÜHRING, EUGEN: Kritische Geschichte der allgemeinen Principien der Mechanik. [1. Aufl.] Berlin 1873.

E. Dühring 1877

DÜHRING, EUGEN: Kritische Geschichte der allgemeinen Principien der Mechanik. 2., teilw. umgearb. u. m. einer Anleitung z. Studium d. Math. vermehrte Aufl. Leipzig 1877.

E. Dühring 1903

DÜHRING, EUGEN: Sache, Leben und Feinde. Als Hauptwerk und Schlüssel zu seinen sämtlichen Schriften. 2. Aufl. Leipzig 1903.

P. Dugac 1973

DUGAC, PIERRE: Eléments d'analyse de Karl Weierstrass.
In: Archive for History of Exact Sciences. **10**. 1973, Nr. 1/2, S. 41–176.

G. Dunken 1958/59

DUNKEN, GERHARD: Alexander von Humboldt und der Plan der Gründung einer höheren technischen Lehranstalt in Berlin.
In: Wiss. Zeitschr. Humboldt-Univ. zu Berlin, math.-nat. R. **8**. 1958/59, S. 131–134.

W. v. Dyck 1912

DYCK, WALTHER VON: Die mathematische, naturwissenschaftliche und technische Hochschulausbildung.
In: Die Kultur der Gegenwart. T. 1, Abt. 1. 2. Aufl. Berlin u. Leipzig 1912. S. 325–367.

W. Eccarius 1972

ECCARIUS, WOLFGANG: Die Förderung des Mathematikers Ferdinand Minding durch August Leopold Crelle.
In: NTM – Schriftenr. f. Geschichte d. Naturwiss., Technik und Medizin. **9**. 1972, H. 1, S. 25–39.

W. Eccarius 1976

ECCARIUS, WOLFGANG: August Leopold Crelle als Herausgeber des Crelleschen Journals.
In: Journal f. d. reine u. angew. Math. **286/287**. 1976, S. 5–25.

W. Eccarius 1977 a

ECCARIUS, WOLFGANG: Zur Gründungsgeschichte des Journals für die reine und angewandte Mathematik.
In: NTM – Schriftenr. f. Geschichte d. Naturwiss., Technik und Medizin. **14**. 1977, H. 2, S. 8–28.

W. Eccarius 1977 b

ECCARIUS, WOLFGANG: August Leopold Crelle als Förderer bedeutender Mathematiker.
In: Jahr. Ber. Dt. Math.-Vereinigung. **79**. 1977, S. 137–174.

W. Eccarius 1979

ECCARIUS, WOLFGANG: Alexander von Humboldts Bemühungen um Additionslogarithmen,
In: NTM – Schriftenr. f. Geschichte d. Naturwiss., Technik und Medizin. **16**. 1979, H. 1, S. 30–42.

W. Eccarius 1980

ECCARIUS, WOLFGANG: Der Gegensatz zwischen Julius Plücker und Jakob Steiner im Lichte ihrer Beziehungen zu August Leopold Crelle. Hintergründe eines wissenschaftlichen Meinungsstreites.

In: Annals of Science. **37**. 1980, S. 189–213.

W. Eccarius 1981

ECCARIUS, WOLFGANG: August Leopold Crelle und die Berliner Akademie.
In: Mathematical Perspectives. Essays on Mathematics and Its Historical Development. Ed. by JOSEPH W. DAUBEN. Presented to Professor Kurt-Reinhard Biermann on the Occasion of His 60th Birthday. New York, London, Toronto, Sydney, San Francisco 1981. S. 37–46.

M. Eigen 1985

EIGEN, MANFRED: Mozart — oder unser Unvermögen, das Genie zu begreifen.
In: Naturwiss. Rundschau. **38**. 1985, H. 9, S. 355–367.

G. Eisenstein 1847

EISENSTEIN, GOTTHOLD: Mathematische Abhandlungen besonders aus dem Gebiete der Höhern Arithmetik und der Elliptischen Functionen. Vorrede von C. F. Gauß. Berlin 1847. Nachdr. Hildesheim 1967.

G. Eisenstein 1848

EISENSTEIN, GOTTHOLD: Aussage.
In: Gefangene Berliner auf dem Transport nach Spandau am Morgen des 19. März 1848. Protocollarische Aussagen [...] ges. u. hrsg. v. ADALBERT ROERDANSZ. Berlin 1848, S. 130 bis 135.

G. Eisenstein 1975

EISENSTEIN, GOTTHOLD: Math. Werke. Bd. 1–2. New York 1975.

T. Ellwein 1985

ELLWEIN, THOMAS: Die deutsche Universität vom Mittelalter bis zur Gegenwart. Königstein/Ts. 1985. (Zit. von Erinnerungen Johannes Weissingers an das Math.-Studium in Jena und Hamburg: S. 271–274.)

J. Elster 1916

ELSTER, JULIUS, und HANS GEITEL: Alexander Wernicke.
In: Braunschweigisches Magazin. **22**. 1916, S. 50–53.

O. Emersleben 1955

EMERSLEBEN, OTTO: August Leopold Crelle (1780–1855) zum 100. Todestag.
In: Wiss. Annalen. **4**. 1955, S. 651–656.

F. Engel 1911

ENGEL, FRIEDRICH: Wilhelm Thomé.
In: Jahr. Ber. Dt. Math.-Vereinigung. **20**. 1911, S. 261–278.

A. Erman 1929

ERMAN, ADOLF: Mein Leben und mein Wirken. Leipzig 1929.

J. A. Eytelwein 1814/19

EYTELWEIN, JOHANN ALBERT: Untersuchungen über die Bewegung des Wassers, wenn auf die Contraction, welche beim Durchgange durch verschiedene Oeffnungen statt findet, und auf den Widerstand, welcher die Bewegung des Wassers längs den Wänden der Behältnisse verzögert, Rücksicht genommen wird.
In: Abh. Kgl. Pr. Ak. Wiss., math. Kl., 1814/15, S. 137–178; 1818/19, S. 9–18.

J. A. Eytelwein 1816

EYTELWEIN, JOHANN ALBERT: Über die Vergleichung der Differenz-Coefficienten mit den Bernoullischen Zahlen.
In: Abh. Kgl. Pr. Ak. Wiss. aus den Jahren 1816–1817, math. Kl., S. 28–41.

G. Feigl 1953

FEIGL, GEORG: Einführung in die höhere Mathematik. Vorlesungen an der Universität Berlin (1920–1934). Bearb. und hrsg. v. HANS ROHRBACH. Berlin, Göttingen, Heidelberg 1953.

W. Fenchel 1980

FENCHEL, WERNER: Erinnerungen aus der Studienzeit.
In: Jahrbuch Überblicke Mathematik. 1980, S. 155–160.

M. Folkerts 1983/84
FOLKERTS, MENSO: Der Mathematiker E. H. Dirksen und C. F. Gauß.
In: Gauß-Gesellschaft Göttingen, Mitteilungen. **20/21**. 1983/84, S. 66–76.
M. FOLKERTS 1986
FOLKERTS, MENSO: Jabbo Oltmanns (1783–1833), ein fast vergessener Geowissenschaftler.
Preprint 1986.
A. Fraenkel 1967
FRAENKEL, ABRAHAM A[DOLF]: Lebenskreise. Aus den Erinnerungen eines jüdischen Mathematikers. Stuttgart 1967.
H. Freudenthal 1959
FREUDENTHAL, HANS: Einige Züge aus der Entwicklung des mathematischen Formalismus. I.
In: Nieuw Archief voor Wiskunde. **7**. 1959, S. 1–19.
H. Freudenthal 1973
FREUDENTHAL, HANS: Charles (Karl) Loewner.
In: Dict. Scient. Biogr. **8**. 1973, S. 457–458.
H. Freudenthal 1985
FREUDENTHAL, HANS: Briefliche Auskünfte an Kurt-R. Biermann vom 4. 12. 1985 u. ö.
G. Frobenius 1893
FROBENIUS, GEORG: Gedächtnisrede auf Leopold Kronecker.
In: Abh. Kgl. Pr. Ak. Wiss. zu Berlin. 1893, S. 1–22.
O. Frostman 1966
FROSTMAN, OTTO: Aus dem Briefwechsel von G. Mittag-Leffler.
In: Festschrift zur Gedächtnisfeier für Karl Weierstraß. 1815–1965. Köln u. Opladen 1966, S. 53–56.
(= Wiss. Abh. der Arbeitsgemeinschaft für Forschung des Landes Nordrhein-Westfalen, Bd. 33)
L. Fuchs 1904/09
FUCHS, RICHARD, und LUDWIG SCHLESINGER: Lazarus Fuchs. Gesammelte math. Werke. Hrsg. Bd. 1–3. Berlin 1904/09.
C. F. Gauß 1863/1933
GAUSS, CARL FRIEDRICH: Werke. Hrsg. v. s. Ges. Wiss. zu Göttingen. Bd. 1–12. Leipzig und Berlin 1863/1933. [Ab Bd. 10,2 Erscheinungsort Berlin, vorher Leipzig]
C. F. Geiser 1874
GEISER, CARL FRIEDRICH: Zur Erinnerung an Jakob Steiner. Schaffhausen 1874.
C. F. Geiser 1901
GEISSER, CARL FRIEDRICH, und L. MAURER: Elwin Bruno Christoffel.
In: Math. Annalen. **54**. 1901, S. 329–341.
A. O. Gel'fond 1977
GEL'FOND, A. O.: Nekotorye vpečatlenija o naučnoj poezdke v Germaniju v 1930 g.
In: Istoriko-matematičeskie issledovanija. **23**. 1977, S. 246–251.
H. Gericke 1955
GERICKE, HELMUTH: Zur Geschichte der Mathematik an der Universität Freiburg i. Br. Freiburg i. Br. 1955.
(= Beiträge zur Freiburger Wissenschafts- und Universitätsgeschichte, H. 7)
H. Gericke 1966
GERICKE, HELMUTH: Aus der Chronik der Deutschen Mathematiker-Vereinigung.
In: Jahr.-Ber. Dt. Math.-Vereinigung. **68**. 1966, S. 46–74.
H. Gericke 1968
GERICKE, HELMUTH: Wilhelm Süss, der Gründer des Mathematischen Forschungsinstituts Oberwolfach.
In: Jahr.-Ber. Dt. Math.-Vereinigung. **69**. 1968, S. 161–183.

N. N. Glatzer 1964
GLATZER, NAHUM N.: Leopold Zunz. Jude — Deutscher — Europäer. Tübingen 1964.
L. Görke 1986
GÖRKE, LILLY: Autobiographische Notizen über die Studienzeit in Berlin 1923—1931 und ein R. Siegmund-Schultze am 19. 3. 1986 gewährtes Interview zum gleichen Betreff. Ms., Tonband und briefliche Auskunft vom 13. 4. 1986.
Göttingen 1872
[Beurteilung der eingegangenen Bewerbungen um die für 1871 von der Philosophischen Fakultät der Universität Göttingen aus der Benekeschen Stiftung ausgeschriebene Preisaufgabe.]
In: Nachrichten von der Kgl. Ges. Wiss. und der Georg-Augusts-Univ. aus dem Jahre 1871. Göttingen 1872, S. 145—153.
Göttingen 1936
Nachruf auf Friedrich Schottky.
In: Jahresbericht über das Geschäftsjahr 1935/36. Nachrichten d. Ges. Wiss. zu Göttingen. 1936, S. 6—7.
J. H. Graf 1897
GRAF, JOHANN HEINRICH: Der Mathematiker Jakob Steiner aus Utzensdorf. Bern 1897.
I. Grattan-Guinness 1971
GRATTAN-GUINNESS, IVOR: Towards a Biography of Georg Cantor.
In: Annals of Science. **27**. 1971, S. 345—391, Plates XXV—XXVIII.
H. Grell 1960
GRELL, HEINRICH: Große Traditionen unserer Berliner Mathematik.
In: Berliner Zeitung v. 2. 10. 1960, S. 13.
N. T. Gridgeman 1974
GRIDGEMAN, NORMAN T.: Richard von Mises.
In: Dict. Scient. Biogr. **9**. 1974, S. 419—420.
H. Grunsky 1986
GRUNSKY, HELMUT: Ludwig Bieberbach zum Gedächtnis.
In: Jahr.-Ber. Dt. Math.-Vereinigung. **88**. 1986, S. 190—205.
A. Guttstadt 1886
GUTTSTADT, ALBERT: Die naturwissenschaftlichen und medicinischen Staatsanstalten Berlins. Bearb. Berlin 1886.
(= Festschrift für die 59. Versammlung dt. Naturforscher u. Ärzte)
s. L. Kronecker 1886
A. Gutzmer 1892
GUTZMER, AUGUST: Zur Erinnerung an Paul Günther.
In: Zeitschr. f. Math. u. Physik. **37**. 1892, Hist.-lit. Abt., S. 46—49.
M. Hamburger 1902
HAMBURGER, MEYER: Gedächtnisrede auf Immanuel Lazarus Fuchs.
In: Archiv d. Math. u. Physik. R. 3. **3**. 1902, S. 177—186.
G. Hamel 1922
HAMEL, GEORG: Zum Gedächtnis an Hermann Amandus Schwarz.
In: Jahr. Ber. Dt. Math.-Vereinigung. **31**. 1922, S. 6—13.
A. Harnack 1900
HARNACK, ADOLF: Geschichte der Königlich Preussischen Akademie der Wissenschaften zu Berlin. Bd. 1, H. 2. Berlin 1900.
H. Hasse 1950
HASSE, HELMUT: Kurt Hensel zum Gedächtnis.
In: Journal f. d. reine u. angew. Math. **187**. 1950, S. 1—13.
F. Hasselberg 1939
HASSELBERG, FELIX: Aus den Märztagen des Jahres 1848. Ein Berliner Brief Adolf Overwegs.

In: Der Autogr.-Sammler. **4**. 1939, S. 123–128.

T. Hawkins 1981

HAWKINS, THOMAS: The Berlin School of Mathematics.
In: Social History of Nineteenth Century Mathematics. Boston 1981. S. 233–245.

H. Hecht und D. Hoffmann 1982

HECHT, HARTMUT, und DIETER HOFFMANN: Die Berufung Hans Reichenbachs an die Berliner Universität. Zur Einheit von Naturwissenschaft, Philosophie und Politik.
In: Deutsche Zeitschrift für Philosophie. **30**. 1982, Nr. 5, S. 651–662.

L. Heffter 1950/51

HEFFTER, LOTHAR: I. L. Fuchs.
In: Sitz. Ber. Berliner Math. Ges. 1950/51, S. 5–15.

L. Heffter 1952

HEFFTER, LOTHAR: Beglückte Rückschau auf neun Jahrzehnte. Freiburg i. Br. 1952.

K. Hensel 1910

HENSEL, KURT: Gedächtnisrede auf Ernst Eduard Kummer.
In: Festschrift zur Feier des 100. Geburtstages Eduard Kummers. Leipzig und Berlin 1910. S. 1–37.
ders.: Briefe Ernst Eduard Kummers an seine Mutter und an Leopold Kronecker. ebd. S. 39 bis 103.

K. Hensel 1927

HENSEL, KURT: [Vorwort zum Jubiläumsband].
In: Journal f. d. reine u. angew. Math. **157**. 1927, S. 1–2.

G. Herglotz 1919

HERGLOTZ, GUSTAV: Zum Gedächtnis an Heinrich Bruns.
In: Ber. üb. d. Verh. Sächs. Ak. Wiss. zu Leipzig, math.-phys. Kl. 1919, S. 365–374.

P. Heyse 1901

HEYSE, PAUL: Jugenderinnerungen und Bekenntnisse.
4. Aufl. Berlin 1901.

E. Hlawka 1985

HLAWKA, EDMUND: Carl Ludwig Siegel (31. 12. 1896 – 4. 4. 1981).
In: Journal of Number Theory. **20**. 1985, No. 3, S. 373–404.

E. Hlawka 1986

HLAWKA, EDMUND: Gabor Szegö (20. 1. 1895–7. 8. 1985).
Preprint 1986.

J. E. Hofmann 1954

HOFMANN, JOSEPH E.: Die Mathematik an den altbayerischen Hochschulen.
In: Abh. Bayer. Ak. Wiss., math.-nat. Kl. 1954, H. 62.

J. E. Hofmann 1959

HOFMANN, JOSEPH E.: Alexander von Humboldt in seiner Stellung zur reinen Mathematik und ihrer Geschichte.
In: Alexander von Humboldt. Gedenkschrift. Berlin 1959. S. 237–287.

J. E. Hofmann 1965

HOFMANN, JOSEPH E.: Hermann Hankel. Zur Geschichte der Mathematik in Altertum und Mittelalter. 2. Aufl. Hrsg. Hildesheim 1965.

H. Hopf 1966

HOPF, HEINZ: Ein Abschnitt aus der Entwicklung der Topologie.
In: Jahr.-Ber. Dt. Math.-Vereinigung. **68**. 1966, S. 182–192.

A. Hurwitz 1895

HURWITZ, ADOLF, und FERDINAND RUDIO: Briefe von G. Eisenstein an M. A. Stern.
In: Zeitschr. f. Math. u. Phys. **40**. 1895, Suppl., S. 169–203.

C. G. J. Jacobi 1881/91

BORCHARDT, CARL WILHELM, und KARL WEIERSTRASS: C. G. J. Jacobi's Gesammelte Werke. Hrsg. Bd. 1–7 u. Suppl. Berlin 1881/91.

A. P. Juškevič 1961
JUŠKEVIČ, ADOL'F PAVLOVIČ: [Besprechung von: K.-R. Biermann 1960a].
In: Dt. Lit. Ztg. **82**. 1961, Sp. 1031–1033.

A. P. Juškevič 1962
JUŠKEVIČ, ADOL'F PAVLOVIČ: [Besprechung von: K.-R. Biermann 1960a].
In: Voprosy istorii estestvoznanija i techniki. **12**. 1962, S. 216–218.

A. P. Juškevič 1976
JUŠKEVIČ, ADOL'F PAVLOVIČ: Iz studenčeskich vospominanij (1923–1929).
In: Sbornik ‚Matematika' Min. vysš. obraz. SSSR. Vyp. 6. Moskau 1976. S. 99–112.
Dt. Übers. v. K.-R. Biermann in: NTM. **23**, 1986, H. 1, S. 103–110 u. Spectrum. **17**, 1986, H. 5, S. 29–31.

E. Kamke u. K. Zeller 1957
KAMKE, ERICH, und KARL ZELLER: Konrad Knopp.
In: Jahr. Ber. Dt. Math.-Vereinigung. **60**. 1957, S. 44–49.

L. Kiepert 1926
KIEPERT, LUDWIG: Persönliche Erinnerungen an Karl Weierstraß.
In: Jahr. Ber. Dt. Math.-Vereinigung. **35**. 1926, S. 56–65.

W. Killing 1897
KILLING, WILHELM: Karl Weierstraß.
In: Natur und Offenbarung. **43**. 1897, S. 705–725.

F. Klein 1926/27
KLEIN, FELIX: Vorlesungen über die Entwicklung der Mathematik im 19. Jahrhundert. T. 1. Berlin 1926. T. 2. Berlin 1927.

F. Klemm 1958
KLEMM, FRIEDRICH: Die Berliner Philomathische Gesellschaft (Philomathie).
In: Sudhoffs Archiv. **42**. 1958, S. 39–45.

F. Klemm 1966
KLEMM, FRIEDRICH: Die Rolle der Mathematik in der Technik des 19. Jahrhunderts.
In: Technikgeschichte. **33**. 1966, S. 72–90.

W. Kluge 1983
KLUGE, WOLFGANG: Edmund Landau. Sein Werk und sein Einfluß auf die Entwicklung der Mathematik. Prüfungsarbeit Fachbereich 11, Mathematik, Universität Duisburg 1983.

A. Kneser 1900
KNESER, ADOLF: Übersicht der wissenschaftlichen Arbeiten Ferdinand Minding's nebst biographischen Notizen.
In: Zeitschr. f. Math. u. Physik, Histor.-liter. Abt. **45**. 1900, S. 113–128.

A. Kneser 1925
KNESER, ADOLF: Leopold Kronecker
In: Jahr. Ber. Dt. Math.-Vereinigung. **33**. 1925, S. 210–228.

E. Knobloch 1978/79
KNOBLOCH, EBERHARD: Die Berliner Gewerbeakademie und ihre Mathematiker.
In: Heimatblätter des Kreises Aachen. **34/35**. 1978/79, H. 3/4 bzw. 1, S. 55/64.

K. Knopp 1927
KNOPP, KONRAD: Hans von Mangoldt.
In: Jahr. Ber. Dt. Math.-Vereinigung. **36**. 1927, S. 332–348.

K. Knopp 1951
KNOPP, KONRAD: Edmund Landau.
In: Jahr. Ber. Dt. Math.-Vereinigung. **54**. 1951, S. 55–62.

F. v. Kobell 1873

KOBELL, FRANZ VON: Nekrolog auf Martin Ohm.
In: Sitz. Ber. Kgl. Bayr. Ak. Wiss., math.-phys. Cl. **3**. 1873, S. 132.

H. Koch 1981
KOCH, HELMUT: J. P. G. Lejeune Dirichlet zu seinem 175. Geburtstag.
In: Mitteilungen Math. Ges. DDR. 1981, H. 2/4, S. 153—164.

P. Ja. Kočina 1973
KOČINA, P[ELAGEJA] JA[KOVLEVNA]: Piśma Karla Weierstrassa k Sof'e Kovalevskoj 1871 bis 1891. Moskau 1973. Dies. Verf.n: G. Mittag-Leffler. Moskau 1987.

P. Ja. Kočina 1985
KOČINA, P[ELAGEJA] JA[KOVLEVNA]: Karl Weierstrass 1815—1897. Moskau 1985.

L. Koenigsberger 1904
KOENIGSBERGER, LEO: Carl Gustav Jacob Jacobi. Festschrift zur Feier der hundertsten Wiederkehr seines Geburtstages. Leipzig 1904.

L. Koenigsberger 1919
KOENIGSBERGER, LEO: Mein Leben. Heidelberg 1919.

L. Kronecker 1869
KRONECKER, LEOPOLD: Bedenken gegen die Annahme des Gesetzentwurfs betreffend die Konsolidation preussischer Staatsanleihen. Berlin 1869.

L. Kronecker 1886
[KRONECKER, LEOPOLD]: Das mathematische Seminar.
In: Die naturwissenschaftlichen und medicinischen Staatsanstalten Berlins. Bearb. von ALBERT GUTTSTADT. Berlin 1886.
(= Festschrift für die 59. Versammlung dt. Naturforscher u. Ärzte)

L. Kronecker 1895/1930
HENSEL, KURT: Leopold Kronecker's Werke. Hrsg. Bd. 1—5. Leipzig 1895/1930.

E. E. Kummer 1856
KUMMER, ERNST EDUARD: [Antrittsrede als ordentliches Mitglied in der Preußischen Akademie der Wissenschaften am 3. 7. 1856].
In: Mon. Ber. Kgl. Pr. Ak. Wiss. 1856, S. 377—379.

E. E. Kummer 1860
KUMMER, ERNST EDUARD: Gedächtnisrede auf Gustav Peter Lejeune Dirichlet.
Nach Abh. Kgl. Pr. Ak. Wiss. 1860, S. 1—36, in: G. L. Dirichlet 1889/97. Bd. 2. S. 311—344.

P. Lafargue 1953
LAFARGUE, PAUL: Karl Marx. Persönliche Erinnerungen.
In: Erinnerungen an Karl Marx. 2. Aufl. Berlin 1953. S. 149—172 (nach: Die Neue Zeit. **9**. 1890/91, I, S. 10—17 u. 37—42).

E. Lamla 1911
(LAMLA, ERNST): Geschichte des Mathematischen Vereins an der Universität Berlin. Berlin 1911.

E. Lampe 1894
LAMPE, EMIL: Nachruf für Ernst Eduard Kummer.
In: Jahr. Ber. Dt. Math.-Vereinigung. **3**. 1894, S. 13—28.

E. Lampe 1899
LAMPE, EMIL: Karl Weierstraß.
In: Jahr. Ber. Dt. Math.-Vereinigung. **6**. 1899, S. 27—44.

E. Lampe 1900
LAMPE, EMIL: Zur Biographie von Jacob Steiner.
In: Bibliotheca math. F. 3, Bd. **1**. 1900, S. 129—141.

E. Lampe 1901
LAMPE, EMIL: Reinhold Hoppe.
In: Jahr. Ber. Dt. Math.-Vereinigung. **9**. 1901, S. 33—58.

E. Lampe 1906
LAMPE, EMIL: Dirichlet als Lehrer der Allgemeinen Kriegsschule.
In: Naturwiss. Rundschau. **21**, 1906, S. 482–485.

E. Lampe 1911
LAMPE, EMIL: Erinnerungen an Wilhelm Thomé. (Aufgezeichnet für: F. Engel 1911. S. 264 bis 265, 272–273.)

E. Lampe 1915a.
LAMPE, EMIL: Zur hundertsten Wiederkehr des Geburtstages von Karl Weierstraß.
In: Jahr. Ber. Dt. Math.-Vereinigung. **24**. 1915, S. 416–438.

E. Lampe 1915b
LAMPE, EMIL: Zum Gedächtnis an Georg Hettner.
In: Jahr. Ber. Dt. Math.-Vereinigung. **24**. 1915, S. 51–58.

E. Lampe 1916
LAMPE, EMIL: Erinnerungen. (Aufgezeichnet für: W. Lorey 1916. S. 127–128.)

E. Landau 1917
LANDAU, EDMUND: Richard Dedekind.
In: Nachr. v. d. Ges. Wiss. zu Göttingen. Geschäftl. Mitt. 1917, S. 50–70.

J. Lange 1899
LANGE, JULIUS: Jacob Steiners Lebensjahre in Berlin 1821–1863. Berlin 1899.

M. Lenz 1910/18
LENZ, MAX: Geschichte der Kgl. Friedrich-Wilhelms-Universität zu Berlin. Bd. 1; Bd. 2, H. 1; Bd. 3; Bd. 4. Halle 1910. Bd. 2, H. 2. Halle 1918.

R. v. Lilienthal 1931
LILIENTHAL, REINHOLD VON: Karl Weierstraß.
In: Westfälische Lebensbilder, H. R. **2**. 1931, S. 164–179.

H. Lindner 1980
LINDNER, HELMUT: „Deutsche" und „gegentypische" Mathematik. Zur Begründung einer „arteigenen" Mathematik im „Dritten Reich" durch Ludwig Bieberbach.
In: Naturwissenschaft, Technik und NS-Ideologie. Beiträge zur Wissenschaftsgeschichte des Dritten Reichs. Hrsg. v. HERBERT MEHRTENS und STEFFEN RICHTER. Frankfurt am Main 1980. S. 88–115.
(= Suhrkamp Taschenbuch Wissenschaft. Bd. 303)

W. Lorey 1911
LOREY, WILHELM: Staatsprüfung und praktische Ausbildung der Mathematiker an den höheren Schulen in Preussen und einigen norddeutschen Staaten. Leipzig und Berlin 1911.
(= Abh. über den math. Unterricht in Deutschland. Bd. 1, H. 3)

W. Lorey 1915a
LOREY, WILHELM: Karl Weierstraß zum Gedächtnis.
In: Zeitschr. f. math. u. naturwiss. Unterricht. **46**. 1915, S. 597–607.

W. Lorey 1915b
LOREY, WILHELM: Zum 70. Geburtstag des Mathematikers Wangerin.
In: Zeitschr. f. math. u. naturwiss. Unterricht. **46**. 1915, S. 53–57.

W. Lorey 1916
LOREY, WILHELM: Das Studium der Mathematik an den deutschen Universitäten seit Anfang des 19. Jahrhunderts. Leipzig und Berlin 1916.
(= Abh. über den math. Unterricht in Deutschland. Bd. 3, H. 9)

W. Lorey 1926
LOREY, WILHELM: Felix Klein.
In: Leopoldina. Berichte. **1**. 1926, S. 136–151.

W. Lorey 1927
LOREY, WILHELM: August Leopold Crelle zum Gedächtnis.

In: Journal f. d. reine u. angew. Math. **157**. 1927, S. 3–11.

W. Lorey 1929
LOREY, WILHELM: Abels Berufung nach Berlin.
In: Norsk Matematisk Tidskrift. **11**. 1929, S. 2–13.

W. Lorey 1950/51
LOREY, WILHELM: Aus der mathematischen Vergangenheit Berlins.
In: Sitz. Ber. Berliner Math. Ges. 1950/51, S. 15–23.

D. Mahnke 1923
MAHNKE, DIETRICH: Von Hilbert zu Husserl.
In: Unterrichtsblätter f. Math. u. Naturwiss. **29**. 1923, S. 34–37.

K.-H. Manegold 1966
MANEGOLD, KARL-HEINZ: Eine École Polytechnique in Berlin.
In: Technikgeschichte. **33**. 1966, S. 182–196.

K.-H. Manegold 1970
MANEGOLD, KARL-HEINZ: Universität, Technische Hochschule und Industrie. Ein Beitrag zur Emanzipation der Technik im 19. Jahrhundert unter besonderer Berücksichtigung der Bestrebungen Felix Kleins. Berlin 1970.
(= Schriften zur Wirtschafts- und Sozialgeschichte. Bd. 16)

H. Mehrtens 1985
MEHRTENS, HERBERT: Die „Gleichschaltung" der mathematischen Gesellschaften im nationalsozialistischen Deutschland.
In: Jahrbuch Überblicke Mathematik. 1985, S. 83–103.

H. Mehrtens 1986
MEHRTENS, HERBERT: Ludwig Bieberbach and „Deutsche Mathematik".
Preprint 1986.

H. Meschkowski 1964
MESCHKOWSKI, HERBERT: Mathematiker-Lexikon. Mannheim und Zürich 1964.
(= Hochschultaschenbücher, Bd. 414/414a)

H. Meschkowski 1965
MESCHKOWSKI, HERBERT: Aus den Briefbüchern Georg Cantors.
In: Archive for History of Exact Sciences. **2**. 1965, S. 503–519.

F. Minding 1970
Ferdinand Minding. 1806–1885.
Leningrad 1970 (in russischer Sprache von einem Autorenkollektiv).

H. Minkowski 1911
MINKOWSKI, HERMANN: Peter Gustav Lejeune Dirichlet und seine Bedeutung für die heutige Mathematik. Nach Jahr. Ber. Dt. Math.-Vereinigung. **14**. 1905, S. 149–163, in: Ges. Abh. v. Hermann Minkowski. Hrsg. v. DAVID HILBERT. Bd. 2. Leipzig und Berlin 1911. S. 445 bis 461.

R. v. Mises 1932
MISES, R[ICHARD] VON: P. S. de Laplace (1814): Philosophischer Versuch über die Wahrscheinlichkeit. Leipzig 1932.
(= Ostwalds Klassiker der exakten Wissenschaften, Bd. 233)

G. Mittag-Leffler 1910
MITTAG-LEFFLER, GÖSTA: Sur les fondements arithmétiques de la théorie des fonctions d'après Weierstraß.
In: Compte rendu du Congrès des mathématiciens tenu à Stockholm 22.–25. 9. 1909. Leipzig und Berlin 1910. S. 10–31.

G. Mittag-Leffler 1912
MITTAG-LEFFLER, GÖSTA: Zur Biographie von Weierstraß.
In: Acta Math. **35**. 1912, S. 29–65.

G. Mittag-Leffler 1923a
MITTAG-LEFFLER, GÖSTA: Weierstraß et Sonja Kowalewsky.
In: Acta Math. **39**. 1923, S. 133–198.

G. Mittag-Leffler 1923b
MITTAG-LEFFLER, GÖSTA: Die ersten 40 Jahre des Lebens von Weierstraß.
In Acta Math. **39**. 1923, S. 1–57.

F. Müller 1880
MÜLLER, FELIX: Chronik des von dem Herrn Professor Schellbach geleiteten Mathematisch-pädagogischen Seminars. Zur Jubelfeier seines fünfundzwanzigjährigen Bestehens. Berlin 1880.

F. Müller 1905
MÜLLER, FELIX: Karl Schellbach. Rückblick auf sein wissenschaftliches Leben. Leipzig 1905. (= Abh. z. Gesch. der math. Wiss. H. 20, St. 1)

F. Müller 1908
MÜLLER, FELIX: Gedenktagebuch für Mathematiker.
In: B. G. Teubner's Verlag auf dem Gebiete der Mathematik, Naturwissenschaften, Technik nebst Grenzwissenschaften. 101. Ausgabe. Leipzig u. Berlin 1908. Hinter S. 392: S. 1–52 (gesonderte Zählung).

W. Müller-Erzbach 1887
MÜLLER-ERZBACH, W[ILHELM]: Heinrich Ferdinand Scherk.
In: Abhandlungen hrsg. vom naturwissenschaftlichen Vereine zu Bremen. 9. 1887, S. 257 bis 264.

München 1893
Verzeichnis der seit 1850 an den deutschen Universitäten erschienenen Doctor-Dissertationen und Habilitationsschriften aus der reinen und angewandten Mathematik. Hrsg. v. d. Dt. Math.-Vereinigung. München 1893.

München 1969
Albert Einstein, Hedwig und Max Born. Briefwechsel 1916–1955. München 1969.

E. Netto 1882
NETTO, EUGEN: Substitutionentheorie und ihre Anwendung auf die Algebra. Leipzig 1882.

F. Neumann 1826
NEUMANN, FRANZ ERNST: De tactionibus atque intersectionibus circulorum et in plano et in sphaera sitorum, sphaerarum atque conorum ex eodem vertice pergentium. Commentatio geometrica.
In: Isis. **18**. 1826, S. 349–367 u. 466–489.

L. Neumann 1904
NEUMANN, LUISE: Franz Neumann. Erinnerungsblätter von seiner Tochter. Tübingen u. Leipzig 1904.

R. Nevanlinna 1966
NEVANLINNA, ROLF: Entwicklung der Theorie der eindeutigen analytischen Funktionen einer komplexen Veränderlichen seit Weierstraß.
In: Festschrift zur Gedächtnisfeier für Karl Weierstraß. 1815–1965. Köln u. Opladen 1966. S. 97–122.
(= Wiss. Abh. der Arbeitsgemeinschaft für Forschung des Landes Nordrhein-Westfalen, Bd. 33)

M. Ohm 1831
OHM, MARTIN: Zwei Abhandlungen, a) Mitteilung einer neuen analytischen Entdeckung; b) Ein Beitrag zur richtigeren Beurtheilung der schriftstellerischen Arbeiten des Herrn Professors Dirksen zu Berlin. Berlin 1831.

W. Olbers 1900
SCHILLING, CARL: Wilhelm Olbers. Sein Leben und seine Werke. Hrsg. Bd. 2, Abt. 1. Berlin 1900.

W. Olbers 1909
SCHILLING, CARL, und I. KRAMER: Wilhelm Olbers. Sein Leben und seine Werke. Hrsg. Bd. 2, Abt. 2. Berlin 1909.

J. de Pablo 1965
PABLO, JEAN DE: Die Rolle der Französischen Kolonie zu Berlin in der Gelehrtenrepublik des 18. Jahrhunderts.
In: Hugenottenkirche. 1965, H. 4, S. 1–5.

E. Paunel 1965
PAUNEL, EUGEN: Die Staatsbibliothek zu Berlin. 1661–1871. Berlin 1965.

O. Perron 1952
PERRON, OSKAR: Constantin Carathéodory.
In: Jahr. Ber. Dt. Math.-Vereinigung. **55**. 1952, S. 39–51.

C. A. F. Peters 1860/65
PETERS, CHRISTIAN AUGUST FRIEDRICH: Briefwechsel zwischen C. F. Gauß und H. C. Schumacher. Hrsg. Bd. 1–6. Altona 1860/65.

H. Pieper 1982
PIEPER, HERBERT: Jacobi in Berlin.
In: Kolloquien des Instituts für Theorie, Geschichte und Organisation der Wissenschaft der Ak. Wiss. der DDR. 1982, H. 30, S. 1–35.

M. Pinl 1967
PINL, MAX: Georg Feigl zum Gedächtnis.
In: Jahr. Ber. Dt. Math.-Vereinigung. **70**. 1967, S. 53–60.

M. Pinl 1969
PINL, M[AXIMILIAN]: Kollegen in einer dunklen Zeit. [I. Teil.]
In: Jahr. Ber. Dt. Math.-Vereinigung. **71**. 1969, S. 167–228.

M. Pinl 1971
PINL, M[AXIMILIAN]: Kollegen in einer dunklen Zeit. II. Teil.
In: Jahr. Ber. Dt. Math.-Vereinigung. **72**. 1971, S. 165–189.

M. Pinl 1972
PINL, M[AXIMILIAN]: Kollegen in einer dunklen Zeit. III. Teil.
In: Jahr. Ber. Dt. Math.-Vereinigung. **73**. 1972, S. 153–208.

M. Pinl 1974
PINL, MAXIMILIAN, unter Mitarbeit von AUGUSTE DICK: Kollegen in einer dunklen Zeit. Schluß.
In: Jahr. Ber. Dt. Math.-Vereinigung **75**. 1974, S. 166–208.

M. Pinl 1976
PINL, MAXIMILIAN, unter Mitarbeit von AUGUSTE DICK: Kollegen in einer dunklen Zeit. Nachtrag und Berichtigung.
In: Jahr. Ber. Dt. Math.-Vereinigung. **77**. 1976, S. 161–164.

E. Quaisser 1970
QUAISSER, ERHARD: Zum Wirken des Mathematikers Ludwig Bieberbach in der Zeit von 1920 bis 1945.
Wissenschaftliche Hausarbeit im Rahmen der marxistisch-leninistischen Weiterbildung der Pädagogischen Hochschule Potsdam. 1970. (Manuskript, 60 S.)

E. Quaisser 1984
QUAISSER, ERHARD: Zur „Deutschen" Mathematik.
In: Wiss. Zeitschr. Ernst-Moritz-Arndt-Univ. Greifswald, math.-nat. R. **33**. 1984, H. 1–2, S. 35–39.

G. ROETHE 1912
ROETHE, GUSTAV: Verzeichnis der Stipendien, Stiftungen und Preisaufgaben, die für die

Studierenden der Philos. Fakultät der Univ. Berlin in Betracht kommen. Zusgest. 2. Ausg. Berlin 1912.

H. Rohrbach 1961
ROHRBACH, HANS: Georg Feigl.
In: Neue Dt. Biogr. **5**. 1961, S. 56–57.

H. Rohrbach 1968
ROHRBACH, HANS: Erhard Schmidt. Ein Lebensbild.
In: Jahr. Ber. Dt. Math.-Vereinigung. **69**. 1968, S. 209–224.

H. Rohrbach 1981
ROHRBACH, HANS: Richard Brauer zum Gedächtnis.
In: Jahr. Ber. Dt. Math.-Vereinigung. **83**. 1981, S. 125–134.

R. Rothe 1915
ROTHE, RUDOLF: Zur Erinnerung an Johannes Knoblauch.
In: Jahr Ber. Dt. Math.-Vereinigung. **24**. 1915, S. 443–457.

R. Rothe 1927
ROTHE, RUDOLF: Gerhard Hessenberg.
In: Jahr. Ber. Dt. Math.-Vereinigung. **36**. 1927, S. 312–332.

F. Rudio 1895
RUDIO, FERDINAND: Eine Autobiographie von Gotthold Eisenstein.
In: Zeitschr. f. Math. u. Physik. **40**. 1895, Suppl., S. 143–168.

C. Runge 1916
RUNGE, CARL: Universitätserinnerungen. (Aufgezeichnet für: W. Lorey 1916. S. 161–162.)

C. Runge 1926
RUNGE, CARL: Persönliche Erinnerungen an Karl Weierstraß.
In: Jahr. Ber. Dt. Math.-Vereinigung. **35**. 1926, S. 175–179.

K. Rychlík 1961
RYCHLÍK, KAREL: Preisaufgabe der Königlichen Böhmischen Gesellschaft der Wissenschaften zu Prag für das Jahr 1834.
In: Časopis pro pěstováni matematiky. **86**. 1961, S. 76–89.

A. Sachse 1907
SACHSE, ARNOLD: Friedrich Althoff.
In: Deutsche Revue. **32**. 1907, Bd. 4, S. 175–192.

A. Sachse 1928
SACHSE, ARNOLD: Friedrich Althoff und sein Werk. Berlin 1928.

N. Schappacher 1984
SCHAPPACHER, NORBERT: Das [Göttinger] Mathematische Institut. Preprint. Göttingen 1984.

K. Schellbach 1890
SCHELLBACH, KARL: Erinnerungen an den Kronprinzen Friedrich Wilhelm von Preußen. Breslau 1890.

L. Schlesinger 1920
SCHLESINGER, LUDWIG: Ein Beitrag zur Lebensbeschreibung von L. Fuchs.
In: Jahr. Ber. Dt. Math.-Vereinigung. **29**. 1920, S. 28–40.

L. Schlesinger 1923
SCHLESINGER, LUDWIG: Weierstraß über Poincarés Theorie der Fuchsschen Funktionen. II.
In: Acta Math. **39**. 1923, S. 244–245.

W. Schlicker 1975
SCHLICKER, WOLFGANG: Die Berliner Akademie der Wissenschaften in der Zeit des Imperialismus. T. 2. Von der Großen Sozialistischen Oktoberrevolution bis 1933. Berlin 1975.
(= Studien zur Geschichte der Akademie der Wissenschaften der DDR, Bd. 2/II)

E. Schmidt 1922
SCHMIDT, ERHARD: Gedächtnisrede auf Hermann Amandus Schwarz.
In: Sitz. Ber. Pr. Ak. Wiss. 1922, phys.-math. Kl., S. LXXXV–LXXXVII.

J. Schönbeck 1968
SCHÖNBECK, JÜRGEN: Mathematik.
In: Geschichte der Christian-Albrechts-Universität Kiel 1665–1965. Bd. 6. Neumünster 1968. S. 9–58.

K. Schröder 1960
SCHRÖDER, KURT: 150 Jahre Humboldt-Universität zu Berlin. Das Werden einer jungen Universität.
In: Forschen und Wirken. Festschrift z. 150-Jahr-Feier d. Humboldt-Univ. zu Berlin. 1810 bis 1960. Berlin 1960. S. 1–13.

K. Schröder 1964
SCHRÖDER, KURT: Nachruf auf Erhard Schmidt.
In: Jahrbuch Dt. Ak. Wiss. zu Berlin 1963. Berlin 1964. S. 199–200.

H. Schubert 1897
SCHUBERT, [HERMANN]: Zum Andenken an Karl Weierstraß.
In: Zeitschr. f. math. u. naturwiss. Unterricht. **28.** 1897, S. 228–231.

G. Schubring 1981a
SCHUBRING, GERT: Mathematics and Teacher Training: Plans for a Polytechnic in Berlin.
In: Hist. Studies in the Physical Sci. **12.** 1981, 1, S. 161–194.

G. Schubring 1981b
SCHUBRING, GERT: The Conception of the Pure Mathematics as an Instrument in the Professionalization of Mathematics.
In: Social History of Nineteenth Century Mathematics. (Hrsg. v. H. MEHRTENS et al.) Basel 1981. S. 111–134.

G. Schubring 1983a
SCHUBRING, GERT: Die Entstehung des Mathematiklehrerberufs im 19. Jahrhundert. Studien und Materialien zum Prozeß der Professionalisierung in Preußen (1810–1970). Weinheim und Basel 1983.
(= Bielefelder Beiträge zur Ausbildungsforschung und Studienreform, Bd. 2)

G. Schubring 1983b
SCHUBRING, GERT: Seminar — Institut — Fakultät: Die Entwicklung der Ausbildungsformen und ihrer Institutionen in der Mathematik (1810–1945). Methodologische Probleme der Sozialgeschichte der Mathematik. Bielefeld 1983.
(= Diskussionsbeiträge zur Ausbildungsforschung und Studienreform des IZHD, Universität Bielefeld, Nr. 1)

G. Schubring 1983c
SCHUBRING, GERT: Das Mathematische Leben in Berlin — Zu einer entstehenden Profession an Hand von Briefen des aus Erlangen stammenden Martin Ohm an seinen Bruder Georg Simon.
In: Erlanger Bausteine zur Fränkischen Heimatforschung, Jahrbuch. **30.** 1983, S. 221–249.

G. Schubring 1984a
SCHUBRING, GERT: Die Promotion von P. G. Lejeune Dirichlet. Biographische Mitteilungen zum Werdegang Dirichlets.
In: NTM — Schriftenr. f. Geschichte d. Naturwiss., Technik und Medizin. **21.** 1984, H. 1, S. 45–65.

G. Schubring 1984b
SCHUBRING, GERT: Martin Ohm und Friedrich August Pfeiffer. Eine Ergänzung zu „Das Mathematische Leben in Berlin" in „Erlanger Bausteine" 30 (1983).
In: Erlanger Bausteine zur Fränkischen Heimatforschung, Jahrbuch. **31.** 1984, S. 203–205.

G. Schubring 1985a
SCHUBRING, GERT: Die Entwicklung des Mathematischen Seminars der Universität Bonn 1864–1929.
In: Jahr. Ber. Dt. Math.-Vereinigung. **87**. 1985, S. 139–163.

G. Schubring 1985b
SCHUBRING, GERT: Das Mathematische Seminar der Universität Münster, 1831/1875 bis 1951.
In: Sudhoffs Archiv. **69**. 1985, H. 2, S. 154–191.

G. Schubring 1985c
SCHUBRING, GERT: Die Erinnerungen von Karl Emil Gruhl (1833–1917) an sein Studium der Mathematik und Physik in Berlin (1853–1856).
In: Jahrbuch Überblicke Mathematik. 1985, S. 143–173.

H. A. Schwarz 1890
SCHWARZ, HERMANN AMANDUS: Gesammelte mathematische Abhandlungen. Bd. 1 u. 2. Berlin 1890.

H. A. Schwarz 1893
SCHWARZ, HERMANN AMANDUS: Formeln und Lehrsätze zum Gebrauche der elliptischen Functionen. Nach Vorlesungen und Aufzeichnungen des Herrn K. Weierstraß bearb. u. hrsg. 2. Ausg. Berlin 1893.

G. v. Selle 1937
SELLE, GÖTZ VON: Die Matrikel der Georg-August-Universität zu Göttingen. 1734–1837. Hrsg. Hildesheim und Leipzig 1937.

C. L. Siegel 1965
SIEGEL, CARL LUDWIG: Zur Geschichte des Frankfurter Mathematischen Seminars. Frankfurt a. M. 1965.
(= Frankfurter Universitätsreden, H. 36)

R. Siegmund-Schultze 1984a
SIEGMUND-SCHULTZE, R[EINHARD]: Das Ende des Jahrbuchs über die Fortschritte der Mathematik und die Brechung des deutschen Referatemonopols.
In: Mitteilungen Math. Ges. DDR. 1984, H. 1, S. 91–101.

R. Siegmund-Schultze 1984b
SIEGMUND-SCHULTZE, REINHARD: Theodor Vahlen – zum Schuldanteil eines deutschen Mathematikers am faschistischen Mißbrauch der Wissenschaft.
In: NTM – Schriftenr. f. Geschichte d. Naturwiss., Technik und Medizin. **21**. 1984, H. 1, S. 17–32.

R. Siegmund-Schultze 1984c
SIEGMUND-SCHULTZE, REINHARD: Einige Probleme der Geschichtsschreibung der Mathematik im faschistischen Deutschland – unter besonderer Berücksichtigung des Lebenslaufes des Greifswalder Mathematikers Theodor Vahlen.
In: Wiss. Zeitschr. Ernst-Moritz-Arndt-Univ. Greifswald, math.-nat. R. **33**. 1984, H. 1–2, S. 51–56.

R. Siegmund-Schultze 1986
SIEGMUND-SCHULTZE, REINHARD: Zur Persönlichkeit Bieberbachs und zu seiner fachlichen und weltanschaulichen Position in der deutschen Mathematikerschaft vor und nach 1933. Ms. 1986.

F. v. Sommer 1837
SOMMER, FERDINAND VON: Grundriß der gesamten reinen Mathematik. Abt. 1. Die Elementarlehre der Arithmetik und Geometrie. Abt. 2. Elementarlehre der Algebra, Ähnlichkeit und Trigonometrie. Berlin 1837.

J. Steiner 1867
STEINER, JACOB: Vorlesungen über synthetische Geometrie. T. 1. Die Theorie der Kegel-

schnitte in elementarer Darstellung. Hrsg. v. C. F. GEISER. T. 2. Die Theorie der Kegelschnitte gestützt auf projectivische Eigenschaften. Hrsg. v. HEINRICH SCHRÖTER. Leipzig 1867.

J. Steiner 1881/82

WEIERSTRASS, KARL: Jacob Steiner's Gesammelte Werke. Hrsg. Bd. 1 und 2. Berlin 1881/82.

M. A. Stern 1877

STERN, MORITZ ABRAHAM: Denkrede auf Carl Friedrich Gauß zur Feier seines hundertjährigen Geburtstages, im Auftrage der Georg-Augusts-Universität gehalten am 30. April 1877. Göttingen [1877].

R. Sturm 1903

STURM, RUDOLF: Zusammenstellung von Arbeiten, welche sich mit Steinerschen Aufgaben beschäftigen.
In: Bibliotheca math. F. 3, Bd. 4. 1903, S. 160–184.

R. Sturm 1911

STURM, RUDOLF: Geschichte der mathematischen Professuren im ersten Jahrhundert der Universität Breslau 1811–1911.
In: Jahr. Ber. Dt. Math.-Vereinigung. **20**. 1911, S. 314–321.

B. F. Thibaut 1831

THIBAUT, BERNHARD FERDINAND: Grundriss der reinen Mathematik. 5. Aufl. Göttingen 1831.

R. Tobies 1979a

TOBIES, RENATE: Zur internationalen wissenschaftsorganisatorischen Tätigkeit von Felix Klein (1849–1925) auf dem Gebiet des Mathematikunterrichts.
In: NTM – Schriftenr. f. Geschichte d. Naturwiss., Technik und Medizin. **16**. 1979, H. 1, S. 12–29.

R. Tobies 1979b

TOBIES, RENATE: Zur wissenschaftsorganisatorischen Tätigkeit von Felix Klein (1849–1925) im Rahmen der Breslauer Unterrichtskommission.
In: NTM – Schriftenr. f. Geschichte d. Naturwiss., Technik und Medizin. **16**. 1979, H. 2, S. 50–63.

R. Tobies 1981

TOBIES, RENATE: Zur Unterstützung mathematischer Forschungen durch die Notgemeinschaft der Deutschen Wissenschaft im Zeitraum der Weimarer Republik.
In: Mitteilungen Math. Ges. DDR. 1981, H. 1, S. 81–99.

R. Tobies 1982a

TOBIES, RENATE: Zur Geschichte der Berliner Mathematischen Gesellschaft.
In: Kolloquien des Instituts für Theorie, Geschichte und Organisation der Wissenschaft der Ak. Wiss. d. DDR. 1982, H. 30, S. 59–92.

R. Tobies 1982b

TOBIES, RENATE: Die Stellung deutscher mathematischer Fachgesellschaften zur angewandten Mathematik (bis 1917).
In: Mitteilungen Math. Ges. DDR. 1982, H. 1/2, S. 133–154.

R. Tobies 1982c

TOBIES, RENATE: Die „Gesellschaft für angewandte Mathematik und Mechanik" im Gefüge imperialistischer Wissenschaftsorganisation.
In: NTM – Schriftenr. f. Geschichte d. Naturwiss., Technik und Medizin. **19**. 1982, H. 1, S. 16–26.

R. Tobies 1985

TOBIES, RENATE: Zu den Beziehungen deutscher und sowjetischer Mathematiker während der Zeit der Weimarer Republik.
In: Mitteilungen Math. Ges. DDR. 1985, H. 1, S. 66–80.

J. G. Tralles 1820
TRALLES, JOHANN GEORG: Von Reihen, deren Koeffizienten nach Sinussen und Cosinussen vielfacher Winkel fortschreiten.
In: Abh. Kgl. Pr. Ak. Wiss. aus den Jahren 1820–1821, math. Kl., S. 137–147.

E. Ullrich 1957
ULLRICH, EGON: Die Naturwissenschaftliche Fakultät in Giessen.
In: Ludwigs-Universität, Justus-Liebig-Hochschule 1607–1957. Festschrift. Giessen 1957. S. 267–287.

F. Ulmer 1961
ULMER, FRITZ: Johann Georg Tralles, ein Hamburger Gelehrter.
In: Hamburgische Geschichts- und Heimatblätter. **19**. 1961, S. 6–11.

C. Varrentrapp 1889
VARRENTRAPP, CONRAD: Johannes Schulze und das höhere preussische Unterrichtswesen in seiner Zeit. Leipzig 1889.

W. Voigt 1895
VOIGT, WOLDEMAR: Zur Erinnerung an F. E. Neumann.
In: Nachr. Kgl. Ges. Wiss. Göttingen, math.-phys. Kl. 1895, S. 250–251.

H. Weber 1891/92
WEBER, HEINRICH: Leopold Kronecker.
In: Jahr. Ber. Dt. Math.-Vereinigung. **2**. 1891/92, S. 5–31.

H. Weber 1893
WEBER, HEINRICH: Wilhelm Weber. Eine Lebensskizze. Breslau 1893.

K. Weierstraß 1857
WEIERSTRASS, KARL: Antrittsrede in der Preußischen Akademie der Wissenschaften am 9. 7. 1857.
In: Mon. Ber. Kgl. Pr. Ak. Wiss. 1858, S. 348–351.

K. Weierstraß 1894/1927
HETTNER, GEORG, JOHANNES KNOBLAUCH und RUDOLF ROTHE: Karl Weierstraß. Math. Werke. Hrsg. Bd. 1–7. Berlin 1894/1927.

K. Weierstraß 1923
WEIERSTRASS, KARL: Briefe an Paul du Bois-Reymond.
In: Acta Math. **39**. 1923. S. 199–225.
Briefe an Leo Koenigsberger. ebd. S. 226–239.

N. Wiener 1965
WIENER, NORBERT: Mathematik — mein Leben. Frankfurt/M. und Hamburg 1965.

10.3. Quellenverzeichnis der Porträts

C. G. J. Jacobi	C. G. J. Jacobi 1881/91. Bd. 1.
G. L. Dirichlet	Bildnisse berühmter Mitglieder der Deutschen Akademie der Wissenschaften zu Berlin. Berlin 1950.
J. Steiner	J. Steiner 1881/82. Bd. 1.
C. W. Borchardt	C. W. Borchardt 1888.
E. E. Kummer	Bildnisse berühmter Mitglieder der Deutschen Akademie der Wissenschaften zu Berlin. Berlin 1950.
K. Weierstraß	K. Weierstraß 1894/1927. Bd. 3.
L. Kronecker	Bildnis-Sammlung der Universitäts-Bibliothek der Humboldt-Universität zu Berlin.
L. Fuchs	Journal f. d. reine u. angew. Math. **157**. 1926.

G. Frobenius	Bildnis-Sammlung der Universitäts-Bibliothek der Humboldt-Universität zu Berlin.
H. A. Schwarz	Bildnis-Sammlung der Universitäts-Bibliothek der Humboldt-Universität zu Berlin.
F. Schottky	Journal f. d. reine u. angew. Math. **165**. 1931.
I. Schur	Aus dem Besitz von Prof. Dr. H. Reichardt, Berlin.
R. von Mises	Jahrbuch Bayer. Akademie der Wissenschaften zu München. 1953.
E. Schmidt	Math. Nachr. **4**. 1950/51.
L. Bieberbach	Aus dem Besitz von Ulrich Bieberbach, Oberaudorf, Bayern (BRD)

Anmerkung bei der Korrektur: Die im Literaturverzeichnis unter „H. Mehrtens 1986" aufgeführte, dem Verf. als Preprint zugänglich gewesene Abhandlung ist inzwischen erschienen in: Studies in Mathematics. **26**. 1987, S. 195–241. — Die im Literaturverzeichnis unter „N. Schappacher 1984" aufgeführte, dem Verf. gleichfalls als Preprint überlassene Abhandlung ist inzwischen erschienen in: Die Universität Göttingen unter dem Nationalsozialismus. Hrsg. v. Heinrich Becker [et al.]. München [&et.] 1987. S. 345–373. — Ferner sei hingewiesen auf Meschkowski, Herbert: Ludwig Bieberbach zu seinem 100. Geburtstag am 4. 12. 1986. In: Jahrbuch Humanismus und Technik. 1986/87, S. 37–40, sowie auf Vogt, Annette: 750 Jahre Berlin [Beiträge zur Mathematikgeschichte der Stadt]. In: Math. in der Schule. **24**. 1986 und **25**. 1987, vor allem **25**. 1987, S. 453–464 und 585–596. — Zu S. 200, Anm. 3, sei ergänzt: Siegmund-Schultze, Reinhard: Beiträge zur Analyse der Entwicklungsbedingungen der Mathematik im faschistischen Deutschland unter besonderer Berücksichtigung des Referatewesens. Dissertation (B), Humboldt-Universität Berlin 1986.

11. Dokumente

Dok. 1 Beurteilung der beiden Lösungen der für 1853 gestellten Preisaufgabe

Dirichlet eigenhändig
21. 6. 1853 (P-9-2, Vorgang Preisaufgabe 1853)
Die Namen dei beiden Autoren, denen dei Preis nicht zuerkannt wurde, sind nicht feststellbar. Text der Aufgabe s. 12. 5., Nr. 10.

Als ich voriges Jahr die Aufstellung von Kriterien für die Anwendbarkeit der Newtonschen oder linearen Näherungsmethode für den Fall von zwei oder mehr simultanen Gleichungen als Thema zu einer mathematischen Preisarbeit der Fakultät in Vorschlag brachte, hatte ich den Gegenstand selbst nicht näher untersucht, glaubte jedoch zu übersehen, daß die erfolgreiche Behandlung des Problems die Kräfte eines begabten Studirenden nicht überschreiten würde, wenn derselbe die so vollständige und klare von Fourier gegebene Analyse des Falles einer einzigen Gleichung gehörig benutzte. Indem ich nun jetzt gegen Ablauf des Termins näher auf die Frage einging, um mich zur Beurtheilung der eingegangenen Bewerbungsschriften vorzubereiten, sah ich meine frühere Vermuthung über die geringe Schwierigkeit dieser Untersuchung völlig bestätigt, fand aber gegen meine Erwartung, daß die aus derselben sich ergebenden Kriterien einen Grad von Einfachheit und Eleganz besitzen, den man bei einem so complicirten Problem sicher überraschend nennen muß. Es ereignet sich hier, was in der Mathematik nicht gerade selten ist, daß durch eine glücklich gewählte Frage interessante Resultate wie von selbst gegeben sind, indem sie sich mit Notwendigkeit jedem nicht Ungeübten darbieten, sobald er die Frage näher prüft. Die Bewerber, denen die gestellte Frage Gelegenheit hätte geben können, sich diese Resultate anzueignen und eine elegante mathematische Arbeit zu liefern, haben diese Gelegenheit leider nicht zu benutzen verstanden, wahrscheinlich aus dem Grunde, weil sie versäumt haben, sich die wesentliche Natur aller Approximationsmethoden klar zu machen und ohne weiteres angenommen haben, daß die *besonderen* Eigenschaften, welche die Newtonsche Methode für den Fall einer Gleichung besitzt, auch für den allgemeinen Fall ohne Modifikation bestehen bleiben müssen. Für jenen Fall liegen, wie Fourier gezeigt hat, die genäherten Werthe alle auf derselben Seite der zu bestimmenden Wurzel und jeder von ihnen dieser näher als der vorhergehende. Aber diese doppelte Eigenschaft ist keine von jeder richtigen Näherungsmethode allgemein zu erfüllende Bedingung, wie denn z. B. bei der von Lagrange gegebenen Näherungsmethode, welche Kettenbrüche anwendet, die genäherten Werthe abwechselnd unter und über dem wahren liegen. Die einzige Forderung, welche jede exacte Approximationsmethode zu erfüllen hat, besteht darin, daß die mittelst derselben aus einem ersten Werthe — vorausgesetzt, daß dieser hinlänglich genähert sey — abgeleiteten neuen Werthe zuletzt um weniger als jede angebbare Größe von dem zu bestimmenden wahren Werthe verschieden seyen.

Untersucht man nun die lineare Näherungsmethode in ihrer Anwendung auf zwei Gleichungen, so findet man bald das folgende Ergebnis, welches sich auch dem Ungeübtesten nicht leicht entziehen kann, wenn er die Methode auf einige Paare quadratischer Gleichungen mit numerischen Coefficienten anwendet. Denkt man sich zu größerer Anschaulichkeit die beiden simultanen zu bestimmenden Wurzeln a und b als rechtwinklige Coordinaten eines Punktes und läßt auf dieselbe Weise jedem Punkte x, y der successiven Näherungswerthe einen Punkt entsprechen, so zeigt sich, daß die Punkte (x, y) dem Punkte (a, b) unendlich nahe rücken, und zwar im Allgemeinen so, daß sie spiralartig um den Punkt (a, b) herumliegen. Nur in ganz besonderen Fällen liegt jedes x zwischen dem vorhergehenden und a, und findet dasselbe für die y statt. Diesen besonderen Fall, wo also alle Punkte (x, y) in einem der vier rechten Winkel bleiben, welche zwei durch (a, b) — mit den Axen parallele — gezogene Linien bilden, haben beide Bewerber ausschließlich behandelt, indem beide von der falschen Vorstellung ausgehen, daß die Methode nur bei der oben bezeichneten speciellen Lage der Punkte (x, y) brauchbar seyn könne. Haben hiernach beide das Ziel verfehlt, so findet doch in so fern ein wesentlicher Unterschied zwischen beiden Abhandlungen statt, als der Verfasser von (A) über den geringen Umfang, welchen die Anwendbarkeit der Methode haben würde, wenn die von ihm aufgestellten Bedingungen wirklich erfüllt werden müssen, gar kein Bewußtseyn zu haben scheint, während die beschränkte Anwendbarkeit in der Abhandlung (B) deutlich ausgesprochen ist. Der Verfasser gelangt nämlich zu dem Resultate, daß, wenn $\varphi(x, y) = 0$ und $\psi(x, y) = 0$ die gegebenen Gleichungen sind, zur Anwendbarkeit der Methode (abgesehen von der Voraussetzung erster hinlänglich genäherter Werthe) erforderlich werde, daß keine der durch die Gleichungen $r = \varphi(x, y)$, $r = \psi(x, y)$ ausgedrückten Flächen eine sogenannte concav-convexe sey, sondern beide convex-convex seyn müssen. Es ist ganz unbegreiflich, wie sich der mathematische Sinn des Verfassers nicht gegen ein solches Ergebnis empört hat, aus welchem folgen würde, daß ein Verfahren, welches füglich in allen Zweigen der angewandten Mathematik gebraucht wird, und darin besteht, daß man die Correctionen schon ziemlich genau bekannter Größen bekommt, indem man die Potenzen und Produkte dieser Correctionen vernachlässigt, nur ausnahmsweise zum Ziele führen, im Allgemeinen aber von diesem entfernen würde.

Nach dem Gesagten kann meiner Meinung nach nicht die Rede davon seyn, einer der eingegangenen Abhandlungen den Preis zu ertheilen, wenn ich gleich gern anerkenne, daß beide Bewerber die Frage in den engen Grenzen, auf welche sie dieselbe, von einer falschen Vorstellung verleitet, reducirt haben, mit Geschick behandelt haben. Mein Votum geht dahin, daß die Frage für nächstes Jahr wiederholt werde, wo dann eine genügende Beantwortung um so eher zu hoffen seyn wird, als man in der zu erlassenden Bekanntmachung die Klippe bezeichnen kann, an welcher beide Bewerber dieses Mal gescheitert sind.

21. 6. 53 Dirichlet

Diesem Votum kann ich mich nur (in allen Punkten) anschließen, obgleich ich die Vfr. aus ihren Handschriften zu erkennen glaube und sehr befürchte, daß dieselben im nächsten Jahre nicht mehr werden concurriren können.

1. 7. 53 M. Ohm

Dok. 2 Dirichlets Vorschläge für seine Nachfolge auf dem Berliner Lehrstuhl

Dirichlet eigenhändig
[Juni 1855] (P-J-5. Bl. 21—22)
Es werden vorgeschlagen: 1. Kummer; 2. Richelot. Hors de concours werden genannt: Hesse, Rosenhain, Weierstraß. — Berufen wurde Kummer am 28. 7. 1855.

Unter den Mathematikern, welche für die Besetzung der erledigten Stelle in Betracht zu ziehen waren, haben vor allen anderen die H. Kummer u. Richelot die Aufmerksamkeit der unterzeichneten Commission auf sich gezogen.

H. *Kummer*, der sich Anfangs der Theologie gewidmet u. erst gegen Ende seiner Studienzeit der Mathematik zugewandt hatte, hat in dieser so rasche Fortschritte gemacht, daß er nicht nur einen von der philosophischen Fakultät in Halle ausgesetzten Preis gewann, sondern auch bald darauf ein von Jacobi in seinen „fund. nov.“[1]) gegebenes schwieriges Theorem auf eine so unerwartete Weise erweiterte, daß es für diesen eine doppelt erfreuliche Überraschung war, als ein junger Mann, der eben sein Jahr diente, ihm einen so schönen Fund brieflich mittheilte. Von den zahlreichen späteren Arbeiten Kummers erwähnt die Commission nur die drei wichtigsten:

1. Eine sehr umfangreiche Abhandlung über die hypergeometrische Reihe, in welcher dieser von Euler und besonders von Gauß mit so glänzendem Erfolge behandelte Gegenstand durch ebenso zahlreiche als wichtige neue Resultate zu einem wenigstens vorläufigen Abschluß gebracht scheint[2]).

2. Eine Arbeit von gleicher Ausdehnung über die Funktionen, welche durch wiederholte Integration aus rationalen Ausdrücken entstehen[3]). Über diesen Gegenstand kannte man bis dahin nur ganz isolirt stehende Sätze, welche jetzt als höchst specielle Resultate der von Kummer begründeten allgemeinen Theorie dieser Transcendenten erscheinen.

3. Eine Reihe von Abhandlungen über die aus Wurzeln der Einheit gebildeten complexen Zahlen[4]). Kummer's Arbeiten auf diesem wichtigen Gebiete, welches der mathematischen Spekulation vor einem halben Jahrhundert von Gauß erschlossen und später von Jacobi, Cauchy und anderen Mathematikern durch Einführung neuer Principien wesentlich erweitert worden ist, werden von allen Sachverständigen zu den schönsten Erwerbungen zugezählt, welche die Wissenschaft in unserer Zeit gemacht hat, u. weisen ihrem Verfasser einen ehrenvollen Platz unter den bedeutendsten jetzt lebenden Mathematikern an.

H. *Richelot*, der ebenfalls seine Laufbahn durch Beantwortung einer Universitäts-Preisfrage eröffnet hatte, hat einige Jahre nachher die allgemeine Aufmerksamkeit der Mathematiker durch seine schönen Untersuchungen über die Transformation der ersten Klasse der Abel'schen Integrale[5]) erregt, welchen Untersuchungen später andere gleich bedeutende über die direkte Integration des Systems von simultanen Differentialgleichungen gefolgt sind[6]), welches nach Jacobis tiefsinniger Interpretation dem Abel'schen Satze entspricht. Außer den Abel'schen Integralen hat H. Richelot sich mit gleichem Erfolge noch mit der Theorie der Elimination[7]), mit bestimmten Integralen[8]) u. endlich mit der weiteren Ausbildung der Hamilton-Jacobi'schen Integrationsmethode für die Differentialgleichungen der Dynamik[9]) beschäftigt.

Wie sehr aber auch die Commission den Scharfsinn u. die umsichtige Benutzung aller Hülfsmittel der Wissenschaft anerkennt, welche Richelot's Arbeiten auszeichnen, so glaubt sie doch in den Kummer'schen Leistungen namentlich den unter 3. erwähnten einen noch höheren Grad von Erfindungsgeist zu erkennen und denselben eine noch größere Bedeutung für die Wissenschaft beilegen zu müssen. Sie ist daher, da die Zeugnisse der zahlreichen Schüler beider für die Lehrfähigkeit dieser ausgezeichneten Gelehrten gleich günstig lauten, einstimmig zu dem Beschlusse gekommen:

H. Kummer an erster, H. Richelot an zweiter Stelle für die erledigte Professur in Vorschlag zu bringen, u. glaubt noch hinzufügen zu müssen, daß wenn die Zuhörer Kummer's vorzüglich die Klarheit des immer streng logisch geordneten Vortrags ihres Lehrers rühmen, während Richelot's Schüler besonders die ihnen gegebene Anregung dankbar erwähnen, diese verschiedenartige Würdigung beider Lehrer ihre Erklärung in den besonderen Verhältnissen findet, unter welchen sie wirken. Kummer, der längere Zeit allein stand, hatte seine Vorträge einer Zuhörerschaft von gewöhnlicher Vorbildung anzupassen, wogegen Richelot, der dadurch, daß er einen anderen ausgezeichneten Docenten (H. Hesse) neben sich hatte, in der Wahl seiner Gegenstände weniger beschränkt war, sich an begabtere oder schon weiter vorgeschrittene Zuhörer wenden konnte.

Die Commission hat nun noch 3 andere Gelehrte zu nennen, welche sich durch bedeutende wissenschaftliche Leistungen zu einer ordentlichen Professur in hohem Grade eignen, wenngleich diesen Leistungen bis jetzt die Vielseitigkeit abgeht, welche den oben zuerst erwähnten Mathematiker auszeichnet.

Es sind, in der Reihenfolge aufgezählt, in welcher sie die wissenschaftliche Laufbahn betreten haben, die Herren

1. Hesse in Königsberg
2. Rosenhain in Wien
3. Weierstraß in Braunsberg

H. *Hesse* hat sich fast ausschließlich mit der Theorie der algebraischen Curven und Flächen und denjenigen Capiteln der Algebra beschäftigt, welche diesem Zweige der höheren Geometrie zur Grundlage dienen. Auf dem eben bezeichneten Gebiete hat derselbe in zahlreichen Abhandlungen eine so große Meisterschaft gezeigt, daß er von allen Kennern des Faches im In- und Auslande zu den glücklichsten u. begabtesten Fortbildnern dieses wichtigen Zweiges der Wissenschaft gezählt wird.

H. *Rosenhain* hat durch die gelungene Lösung einer zuerst von der hiesigen Akademie gestellten, später von der Pariser Akademie wieder aufgenommenen Preisfrage[10]) einen bedeutenden Namen erlangt, und es ist für die Freunde der Wissenschaft ein Grund des innigsten Bedauerns, daß der begabte Urheber einer so wichtigen Leistung bis jetzt noch keine Anstellung gefunden hat und nach zehnjähriger Wirksamkeit als Forscher und Lehrer nicht über die bescheidene Stellung eines Privatdozenten hinausgekommen ist.

H. *Weierstraß*, dessen seltenes Talent die Mathematiker schon vor 6 Jahren in einem vortrefflichen Schulprogramm[11]) hätten erkennen können, wenn diese Schrift nicht leider ganz unbekannt geblieben wäre, hat neuerdings die Bewunderung der Fachgenossen durch Veröffentlichung eines Auszuges aus Untersuchungen erregt[12]), welche den früher von Rosenhain und dem verstorbenen Goepel für den einfachsten Fall so glücklich behandelten Gegenstand in der größten Allgemeinheit umfassen. Von der ganzen Bedeutung seiner wichtigen Arbeit wird man sich erst dann eine vollständig begründete Meinung bilden können, wenn die Abhandlung selbst mit allen Beweisen und Zwischenentwicklungen, die natürlich im Auszuge ganz fehlen, erschienen seyn wird.

Hinsichtlich der Lehrtätigkeit der eben genannten 3 Gelehrten hat die Commission nur über den zuerst erwähnten sich Aufschluß verschaffen können. Was sie über die 15jährige Wirksamkeit desselben an der Universität Königsberg in Erfahrung gebracht hat, lautet so ungemein günstig, daß sie H. Hesse auch in dieser Beziehung als zu einer ordentlichen Professur im höchsten Grade befähigt zu bezeichnen sich verpflichtet fühlt.

Anmerkungen zu Dok. 2

1) Fundamenta nova theoriae functionum ellipticarum. Königsberg 1829.
2) Journal f. d. reine u. angew. Math. **15**. 1836, S. 39–83 u. S. 127–172.
3) ebd. **21**. 1840, S. 74–90 u. S. 193–225.
4) z. B.: ebd. **50**. 1855, S. 212–232.
5) ebd. **12**. 1834, S. 181–233; **16**. 1837, S. 221–341.
6) ebd. **23**. 1842, S. 354–370.
7) ebd. **21**. 1840, S. 226–234.
8) ebd. S. 293–327.
9) z. B.: ebd. **44**. 1852, S. 60–65.
10) Mémoires présentés par divers savants à l'Académie des sciences [...], sc. math. **11**. 1851, S. 361–468.
11) Programm Braunsberger Gymnasium 1849.
12) Journal f. d. reine u. angew. Math. **47**. 1854. S. 289–306.

Dok. 3 Antrag Kummers an die Philosophische Fakultät, dem Kultusministerium Weierstraß und Borchardt zur Ernennung zu außerordentlichen Professoren vorzuschlagen

Kummer eigenhändig
9. 6. 1856 (P-6-3. Bl. 112–113)
Der Antrag wurde am 12. 6. 1856 durch die Fakultät beraten und eine Entscheidung vertagt.

[...] Die Fakultät möge bei des Herrn Ministers von Raumer Excellenz beantragen, den Dr. Weierstraß und den Dr. Borchardt zu außerordentlichen Professoren an der philosophischen Fakultät der hiesigen Universität für das Fach der Mathematik zu ernennen.

Die Motivirung dieses Antrags liegt in dem Nachweise, daß bei unserer Fakultät im Fache der Mathematik ein Bedürfniß der Vermehrung ihrer Lehrkräfte vorhanden ist und daß die genannten beiden Mathematiker besonders geeignet sind, diesem Bedürfnisse zu genügen.

Die Fakultät hat im Fache der Mathematik zunächst die Verpflichtung, dafür zu sorgen, daß die Studirenden die in einen vollständigen mathematischen Cursus gehörenden Vorlesungen rechtzeitig hören können. Der Umfang eines solchen Cursus läßt sich auch für diejenigen, welche sich nicht dem Lehrfache widmen, sondern die Mathematik für andere Zwecke brauchen wollen, ohngefähr nach den Forderungen bestimmen, welche das Reglement für die Prüfungen der Oberlehrer in dem Fache der Mathematik feststellt. Die Fakultät hat aber auch die Verpflichtung, die befähigteren Studirenden auf den Standpunkt zu erheben, welchen die Wissenschaft gegenwärtig in ihren einzelnen Zweigen erreicht hat, oder nach dem Ausdrucke im § 2 unserer Fakultäts-Statuten „Meister in der Wissenschaft zu erziehen", und diese Verpflichtung ist für die hiesige

Universität in höherem Maße vorhanden als für die anderen, welchen weniger Mittel zu Gebote stehen. Die jetzt vorhandenen Lehrkräfte unserer Fakultät reichen nun zwar hinlänglich dafür aus, daß die Studirenden die in den gewöhnlichen Cursus gehörenden Vorlesungen vollständig und zur rechten Zeit hören können; auch hat es bisher in keinem Semester an einigen der mehr esoterischen Vorlesungen gefehlt, in welchen einzelne Abschnitte oder besondere Disciplinen tiefer eingehend behandelt werden; aber bei der reichen Entwickelung der mathematischen Wissenschaften in der gegenwärtigen Zeit erscheint es als ein dringendes Bedürfniß, daß namentlich in dieser Beziehung noch mehr geleistet werden könne. Daß dieses Bedürfniß auch unter den Studirenden selbst empfunden wird, bezeugt das neulich in einer Fakultäts-Sitzung erwähnte Faktum, daß einige Studirenden von hier auf eine andere Universität gegangen sein sollen, weil sie gewisse Vorlesungen über besondere Gebiete der höheren Analysis, welche für sie ein besonderes Interesse hätten, hier nicht rechtzeitig haben hören können.

Die oben genannten beiden Mathematiker sind nun in der That vorzugsweise geeignet, dem vorhandenen Bedürfnisse zu genügen und wesentlich dazu beizutragen, daß den Studirenden auch in den mehr esoterischen Gebieten der mathematischen Wissenschaften eine möglichst vollständige und gründliche Bildung gewährt werde.

Was den *Dr. Weierstraß* betrifft, so habe ich hier nicht nöthig, seine wissenschaftliche Tüchtigkeit näher zu begründen; ich kann mich in dieser Beziehung auf ein an des Herrn Ministers v. Raumer Excellenz von Dirichlet abgegebenes, ausführliches Gutachten berufen[1]), welches sich auf die damals bereits gedruckten Arbeiten von Weierstraß gründet, und ich will demselben hier nur das hinzufügen, daß die Ausführungen der damals nur mehr im Umrisse von ihm gegebenen wichtigen Entdeckungen im Gebiete der Abelschen Funktionen, die erregten hohen Erwartungen vollständig erfüllt, ja übertroffen hat, und daß ich selbst in dem persönlichen wissenschaftlichen Verkehr, in welchen ich mit ihm getreten bin, vielfach Gelegenheit gehabt habe, die Tiefe seiner mathematischen Gedanken sowie den Umfang seiner gediegenen Kenntnisse und die Klarheit, mit welcher er dieselben mitzutheilen versteht, zu bewundern. Seine Lehrgabe im akademischen Vortrage zu erproben hat er zwar bisher nicht Gelegenheit gehabt, aber er hat als Gymnasiallehrer die Kunst des mathematischen Unterrichtens gelernt, und die Klarheit des Geistes, welche er in seinen schriftlichen Arbeiten sowie in mündlichen Mittheilungen zeigt, bürgt dafür, daß er auch als akademischer Lehrer vorzügliches leisten werde. Er ist gegenwärtig als Lehrer der Mathematik an dem hiesigen Gewerbe-Institute angestellt, an welchem er täglich zwei Stunden Unterricht zu ertheilen hat. So wünschenswerth es nun auch wäre, wenn er an der Universität so gestellt werden könnte, daß er seine Kräfte derselben ungetheilt zu widmen im Stande wäre, so ist doch kaum anzunehmen, daß sich dieß jetzt werde bewirken lassen, aber es ist zu erwarten, daß er auch bei diesem Amte Zeit und Kraft haben wird, die Stellung eines Professor-Extraordinarius ehrenvoll auszufüllen und in derselben zu dem Gedeihen der mathematischen Wissenschaften an unserer Universität wesentlich beizutragen.

Der *Dr. Borchardt*, seit einer Reihe von Jahren Privatdozent in der philosophischen Fakultät, ist in der günstigen Lage, seine Kräfte ganz der Wissenschaft und der Universität widmen zu können. Seine wissenschaftliche Tüchtigkeit, welche durch die Wahl zum Mitgliede der hiesigen Akademie der Wissenschaften eine verdiente Anerkennung gefunden hat, brauche ich hier nicht näher zu begründen; es wird genügen, wenn ich in dieser Beziehung hervorhebe, daß seine wissenschaftlichen Arbeiten vorzüglich durch Klarheit und Eleganz der Methode und der Darstellung ausgezeichnet sind und daß er mit einer ungewöhnlich umfangreichen Kenntniß der mathematischen Litteratur Gründlichkeit und Gediegenheit des Wissens verbindet. Die Vorlesungen, welche er gehalten hat, haben größtentheils zu den vorzugsweise esoterischen gehört und sind von vielen Studirenden mit dem besten Erfolge gehört worden; durch dieselben hat er so wesentlich zur Bildung der Studirenden der Mathematik beigetragen, daß die zu beantragende Beförderung desselben zum Professor-Extraordinarius nur als eine gerechte Anerkennung seiner Verdienste bezeichnet werden kann. Es findet zwar für die Beförderung des Dr. Borchardt nicht dasselbe Motiv statt wie für die Berufung des Dr. Weierstraß: daß ein Mann, der in seiner Wissenschaft zu den ersten gehört, für die Universität gewonnen werden soll, da der Dr. Borchardt bereits seit Jahren der Universität angehört und auch ohne diese Beförderung derselben seine Thätigkeit wohl nicht entziehen würde, aber es handelt sich hier darum, daß er nicht eben deshalb übergangen, sondern noch enger als bisher an die Universität angeschlossen werde.

Berlin, den 9. Juni 1856 Kummer

Anmerkung zu Dok. 3

1) Veröffentlicht: K.-R. Biermann 1965.

Dok. 4 Beurteilung der beiden Lösungen der für 1857 gestellten Preisaufgabe

Kummer eigenhändig
17. 5. 1857 (P-9-2, Vorgang Preisaufgabe 1857)
Autor der Preisschrift 1 war Fuchs (erhielt Belohnung);
Autor der Preisschrift 2 war Weingarten, der den Preis erhielt.
Text der Aufgabe s. 12.5., Nr. 12.

Der Wortlaut des Kummerschen Urteils vom 17. 5. 1857 ist der folgende; es wurden lediglich an Stelle der jeweils von Kummer zitierten Motti hier die beiden Preisschriften durch die Nummern 1 und 2 gekennzeichnet:

Die Preisschrift 1 behandelt nicht weniger als sieben verschiedene Familien von Flächen, deren Krümmungslinien entweder vollständig oder doch unter gewissen Bedingungen bestimmt werden. Die gefundenen Resultate aber, obgleich sie unzweifelhaft von dem Verfasser selbständig erarbeitet worden sind, welche die von ihm angewendeten Methoden und die Art ihrer Darstellung klar zeigen, können nicht alle als neu und auch nicht alle als werthvoll bezeichnet werden. Zu den bekannten Resultaten sind zu rechnen die Krümmungslinien auf den Kanalflächen, auf der Elastizitätsfläche und die Schraubenfläche; zu denjenigen Resultaten aber, welche einen geringeren Werth haben, weil sie durch bekannte Methoden leicht zu erhalten sind, müssen die Krümmungslinien auf den abwickelbaren Oberflächen und auf den durch die Gleichung $(1 + p^2)\, s - pqt = 0$ charakterisirten Flächen gerechnet werden, denn diese sind solche Flächen, für welche das eine System der Krümmungslinien unmittelbar gegeben ist, so daß das andere System als das der rechtwinkligen Trajectorien des ersten Systems bestimmt werden kann. Als ein neues und nicht uninteressantes Resultat dieser Arbeit ist aber die Auffindung der Krümmungslinien auf derjenigen Fläche anzusehen, welche der partiellen Differentialgleichung $(1 + q^2)\, r - (1 + p^2)\, t = 0$ genügen. Zur vollständigen Begründung des abzugebenden allgemeinen Urtheils will ich nun die einzelnen Theile der vorliegenden Schrift etwas eingehender betrachten.

ad A. Die Methode zur Auffindung der Krümmungslinien auf den abwickelbaren Oberflächen ist nicht nur weitläufig, sondern auch insofern mangelhaft, als durch sie das vollständig richtig gefundene Resultat mit einer Beschränkung behaftet auftritt (nämlich daß α eine explicite Funktion von y' sei), welche bei einer sachgemäßeren Methode als vollständig überflüssig weggefallen sein würde. Die Beispiele sind gut gewählt, namentlich weil sie Flächen enthalten, welche zugleich den in dem Folgenden behandelten Familien angehören.

ad B. Die partielle Diff. Gleichung $(1 + p^2)\, s - pqr = 0$ wird zuerst vollständig integrirt und das Integral als einhüllende Fläche eines Systems von Flächen mit zwei willkürlichen Funktionen dargestellt. Bei der Untersuchung der Krümmungslinien ist der Verf. wieder in der Wahl der unabhängigen Variabeln unglücklich und gelangt darum nur auf großen Umwegen zu seinem Ziele. Hätte er als unabhängige Variable die Ordinate y und diejenige Variable c gewählt, durch deren einzelne Werthe die einzelnen Flächen des Systems mit den charakteristischen Linien charakterisirt werden, so würde er durch bloße Umwandlung der Differentialgleichung, welche die Krümmungslinien bestimmt, die einfachste Form $dy \cdot dc = 0$ erhalten haben, aus welcher die vollständige Auflösung der Aufgabe unmittelbar folgt.

ad C. Ueber die Methode für die Behandlung der Kanalflächen gilt dasselbe, was ad B bemerkt worden ist. Die Krümmungslinien derselben können auch durch einfache geometrische Betrachtungen ohne alle analytischen Rechnungen unmittelbar bestimmt werden und sind als bekannt zu betrachten.

ad D. Die Behandlung der besonderen Flächen, deren Krümmungslinien hier vollständig bestimmt werden, ist nicht uninteressant, sie ist aber als besonderer Fall in der von dem Verf. unter F behandelten Familie enthalten, für welche sie ebenfalls als Beispiel benötigt ist.

ad E. Die Krümmungslinien auf der Elasticitätsfläche sind bekannt, s. Liouvilles Journal[1]) Bd. 12, p. 281 etc., der Verf. hat dieß aber offenbar nicht gewußt, denn er würde sonst nicht eine, wenngleich mit anerkennenswerthem Scharfsinn ersonnene, doch sehr langwierige und mühevolle Methode an Stelle der von Liouville angegebenen, höchst einfachen und eleganten Methode angewendet haben.

ad F. Die Bestimmung der Krümmungslinien auf den Flächen, deren partielle Differentialgleichung $(1 + q^2)\, r - (1 + p^2)\, t = 0$ ist, ist schon oben als der gelungenste Theil und als das beste Resultat dieser Arbeit bezeichnet worden. Der Verf. hat hier, wo ein allgemeines Integral der vorgelegten partiellen Differentialgleichung durch die gewöhnlichen Methoden nicht zu erlangen ist, den in den vorhergehenden Untersuchungen eingeschlagenen Weg verlassen müssen und er hat einen einfacheren dafür eingeschlagen. Das Resultat, welches er findet, ist einfach und durchaus richtig, die Darstellung aber könnte auch hier noch wesentlich verbessert werden.

Im Ganzen ist diese Schrift als eine sehr fleißige und lobenswerthe Arbeit zu beurtheilen, in welcher auch wirklich etwas Gutes geleistet worden ist. Bei besserer Bekanntschaft mit den neueren Arbeiten in diesem Gebiete würde der Verf. manche weitschweifige unelegante Methode durch eine bessere haben ersetzen können und wenn er diese zugleich als Muster der Darstellung benutzt hätte, so würde seine Arbeit wesentlich gewonnen haben. Aber selbst diese Mängel legen ein Zeugniß ab, daß der Verf. mit Ernst und mit eigenem Nachdenken seinen Gegenstand behandelt und selbständig durchforscht hat. Ich würde nach gewissenhafter Prüfung keinen Anstand nehmen, für diese Arbeit die Ertheilung des Preises zu beantragen, wenn nicht ausserdem noch eine andere Arbeit zur Preisbewerbung vorläge, welche sowohl dem Inhalte als der Form nach den Vorzug vor dieser verdient.

Diese andere Arbeit 2 hält sich in so fern nicht genau an die vorgegebene Aufgabe, als sie nicht allein über die Auffindung der Krümmungslinien auf bestimmten Gattungen von Flächen oder auf einzelnen Flächen handelt, sondern auch, wie schon ihr Titel besagt, über die allgemeine Theorie der Krümmungslinien sich verbreitet. Der Verf. beweist und verallgemeinert zuerst einen von Joachimsthal gefundenen schönen Satz über die Krümmungslinien und entwickelt sodann die Differentialgleichung der Krümmungslinien in Gemäßheit der verschiedenen Methoden, welche man zur Darstellung der Flächen durch Gleichungen anwenden kann. Die allgemeinsten Formeln dieser Art, nämlich diejenigen, wo alle Punkte des Raumes als Durchschnitte dreier Systeme von Flächen betrachtet werden, wendet er sehr geschickt an, um den Dupinschen Satz über die Krümmungslinien auf den Systemen orthogonaler Flächen zu beweisen. Aus derselben Quelle leitet er auch die von Liouville mehr andeutungsweise gegebenen Sätze ab über die Krümmungslinien der Flächen, welche in der Beziehung zueinander stehen, daß ihre entsprechenden Radii Vectores ein constantes Produkt bilden, und macht hiervon eine Anwendung auf die drei confocalen Flächen zweiten Grades, welche vermittelst der angedeuteten Beziehung ein neues System dreier orthogonaler Flächen ergeben, zu welchem auch die Elasticitätsfläche gehört, deren Krümmungslinien so auf die einfachste Weise bestimmt werden. Die Darstellung der allgemeinen Differentialgleichung der Krümmungslinien für den Fall, wo die drei Coordinaten der Fläche als Funktionen zweier neuen Variabeln angesehen werden, welche er sodann völlig entwickelt, führt ihn zu einem sehr schönen und durchaus neuen Resultate, nämlich zu der Bestimmung der Krümmungslinien auf der auch wegen ihrer Eigenschaft, ein Minimum des Flächeninhalts bei gegebener Umgrenzung zu geben, wichtigen Gattung derjenigen Flächen, deren beide Hauptkrümmungshalbmesser einander überall gleich und entgegengerichtet sind. Nachdem der Verf. sehr einfach und geschickt das zuerst von Monge gefundene vollständige Integral der partiellen Differentialgleichung, welche diese Gattung von Flächen charakterisirt, entwickelt hat, benutzt er die beiden imaginären Variabeln, durch welche in diesem Integrale die drei Coordinaten der Fläche ausgedrückt werden, zur Bestimmung der Krümmungslinien und findet, daß für diese Variabeln die Differentialgleichung der Krümmungslinien eine separirte, also durch Quadraturen zu integrirende wird. Es würde sehr erwünscht gewesen sein, wenn der Verf. seine Methode auf einige specielle Flächen dieser Art, deren eine große Anzahl bekannt sind, hätte anwenden wollen. Zum Schlusse entwickelt der Verf. noch die Krümmungslinien auf den abwickelbaren Oberflächen, indem er zeigt, daß die Auffindung derselben nur von einer linearen Differentialgleichung erster Ordnung abhängt, welche also stets integrirbar ist. Eine Vergleichung mit dem denselben Gegenstand behandelnden Abschnitt der oben beurtheilten Schrift 1 zeigt höchst auffallend, wie sehr der Verf. dieser Schrift dem Verfasser der obigen in geschickter Handhabung analytischer Methoden und Formeln überlegen ist.

Den in der Preisfrage gestellten Anforderungen genügt diese Arbeit in vorzüglicher Weise, namentlich durch das für die Flächen, deren Krümmungshalbmesser überall gleich und entgegengerichtet sind, gefundene schöne Resultat, welches um so höher anzuschlagen ist, da diese Gattung von Flächen schon vielfach früher untersucht ist, ohne daß eine allgemeine Methode der Krümmungslinien gefunden worden war. Diese Arbeit ist ferner in der Wahl der Methoden und, wenn man von den Fehlern des lateinischen Ausdrucks absieht, auch in der Darstellung als eine sehr gute Arbeit zu beurtheilen, welche für die mathematische Bildung ihres Verfassers ein sehr günstiges Zeugniß ablegt. Sie verdient den Preis vollständig.

Da also diese Arbeit nicht nur in Beziehung auf den objectiven Werth der gefundenen Resultate der oben beurtheilten vorzuziehen ist, sondern auch überall eine reifere mathematische Durchbildung ihres Verfassers zeigt, da jedoch auch die andere Arbeit Gutes und Lobenswerthes geleistet hat, sodaß sie für sich betrachtet eines Preises nicht unwerth ist, so erlaube ich mir zu beantragen:

> daß der Arbeit 2 der volle Preis ertheilt werde, und daß der Arbeit 1 eine öffentliche Belobigung, und wenn es sein kann, auch ein accessit des Preises zuerkannt werden möge.

Ohm stimmte am 28. Mai beiden Anträgen zu. Daraufhin zirkulierte das Gutachten wie üblich in der Fakultät, deren Mitglieder ohne weiteren Kommentar dem Votum Kummers beipflichteten. Nur der Astronom Encke sah sich veranlaßt, noch besonders Kummers Antrag mit folgenden Ausführungen vom 3. Juni zu unterstützen:

Dem ausführlichen Votum des H. Prof. Kummer trete ich vollkommen bei; besonders ist mir bei der Ueberlegenheit der einen Abhandlung, ohne daß deshalb die andere an sich nicht ebenfalls anerkennungswerth wäre, als wünschenswerth erschienen, daß wo möglich eine Preismedaille oder der Werth derselben auf außerordentlichem Wege beschafft werden möge, um den Fleiß, der auf die Abhandlung 1 verwandt ist, zu belohnen.

Anmerkung zu Dok. 4

[1]) Journal des Mathématiques pures et appliquées.

Dok. 5 Beurteilung der Lösungen der für 1863 gestellten Preisaufgabe

Kummer eigenhändig
12. 6. 1863 (P-9-2, Vorgang Preisaufgabe 1863)
Der Autor war H. A. Schwarz; er erhielt den Preis.
Text der Aufgabe s. 12. 5., Nr. 15.

Die rechtzeitig eingelieferte Bewerbungsschrift um den mathematischen Preis enthält eine vollständige Bearbeitung der gestellten Aufgabe, es ist aber nur der erste Theil derselben in einer ordentlichen Reinschrift, der zweite Theil aber, wegen Mangel an Zeit, im Concepte eingereicht. Nachträglich hat jedoch der Verfasser dem Dekan noch eine Reinschrift dieses zweiten Theiles zugehen lassen. Da nun die rechtzeitige Einlieferung der Arbeiten stets als eine unerläßliche Bedingung für die Ertheilung des Preises gefordert wird, so kann streng genommen nur die zuerst eingelieferte Arbeit bei der Beurtheilung maßgebend sein, der Umstand aber, daß der zweite (nach Vorschrift ebenfalls lateinische abgefordert) Theil nicht ordentlich ins Reine geschrieben ist, kann leicht verziehen werden, wenn der Inhalt derselben preiswürdig ist.

In dem ersten Theile seiner Schrift hat der Verfasser die mit dem Gegenstand der

Preisaufgabe in näherer Beziehung stehenden Schriften der neueren Mathematiker in großer Vollständigkeit angegeben, und es ist ihm recht gut gelungen, den wesentlichen Inhalt derselben recht gut zu erkennen und einfach und klar darzustellen. Er hat hierbei an einigen Stellen auch Gelegenheit zu kritischen Bemerkungen gefunden, welche durchaus sachgemäß sind und zeigen, daß er den Gegenstand der vorliegenden Frage sehr vielseitig durchforscht hat beziehungsweise daß er tiefer in denselben eingedrungen ist als die früheren Bearbeiter. In Betreff dieser vorhandenen Arbeiten muß ich hier erwähnen, daß eine derselben, und zwar gerade die einzige, welche den abwickelbaren Flächen fünften Grades speciell gewidmet ist, von Cremona in Mailand zu der Zeit, wo die Preisfrage über diesen Gegenstand von mir gestellt und von der Fakultät angenommen wurde, noch nicht erschienen war. Durch dieselbe sind dem Verfasser der vorliegenden Schrift manche einfachen und leicht zu findenden Resultate vorweg genommen worden; es ist aber um so höher anzuschlagen, daß es ihm dessenungeachtet gelungen ist, in dem zweiten Theile seiner Arbeit noch wesentlich neue Hauptresultate zu erlangen.

Die selbständige Bearbeitung der vorgelegten Frage, welche der Verf. im zweiten Theile seiner Arbeit giebt, zeichnet sich zunächst durch die Einfachheit und Zweckmäßigkeit der Methode aus, indem allein aus der Betrachtung der Curven, welche die Tangentialebenen einer jeden abwickelbaren Fläche fünften Grades aus derselben ausschneiden müssen, die allgemeinste Erzeugungsweise dieser Flächen, ihre Gleichung und ihre Haupteigenschaften entwickelt werden. Zu diesen Haupteigenschaften ist auch eine von dem Verf. selbst gefundene zu rechnen, welche den früheren Bearbeitern dieses Gegenstandes gänzlich entgangen ist, nämlich die, daß alle abwickelbaren Flächen fünften Grades sich selbst reciprok sind, und zwar mit Beibehaltung ihrer ursprünglichen Lage, wenn die Fläche zweiten Grades, in Beziehung auf welche die reciproke Fläche zu nehmen ist, passend gewählt wird. Der Verf. hat es auch verstanden, aus diesem Satze eine Reihe interessanter Folgerungen abzuleiten, welche theils neu sind, theils die schon vorher bekannten Eigenschaften dieser Flächen unter neuen Gesichtspunkten erscheinen lassen.

Ueber den lateinischen Stil habe ich nur zu bemerken, daß derselbe den Anforderungen entspricht, welche ich als Mathematiker an denselben stelle, da der Ausdruck überall klar, präcis und leicht verständlich ist. Von kleinen Fehlern habe ich nur wenige bemerkt, z. B. daß cuspis überall als masculinum gebraucht ist.

Demgemäß gebe ich mein Urtheil dahin ab, *daß die eingereichte Preisarbeit der Ertheilung des Preises durchaus werth ist.*

Berlin, d. 12. Juni 1863 Kummer

Obgleich ich in der Zeit von 8 Tagen, meiner kranken Augen wegen, nur einen Theil der Abhandlung sorgfältiger habe lesen können, so habe ich doch nichts, oder nichts gefunden, was dem vorstehenden Urtheil des Herrn Colleg. Kummer Abbruch thun könnte, sondern ich habe mich auch noch selbst von der bewußten Gründlichkeit und Gewandtheit des Verfs. überzeugt. Daher stimme ich ebenfalls *für die Ertheilung des Preises.*

Berlin, d. 20. Juni 1863 M. Ohm

Dok. 6 Antrag Kummers und Weierstraß' an den Kultusminister von Bethmann-Hollweg auf Gründung eines mathematischen Seminars

Kummer eigenhändig (Konzept)
6. 4. 1860 (MSA)
Die Einrichtung wurde am 23. 4. 1861 vorläufig genehmigt. Die Bestätigung des „Reglements" erfolgte am 7. 10. 1864; s. Dok. 7.

Ew. Excellenz

erlauben sich die beiden gehorsamst unterzeichneten in Betreff des mathematischen Unterrichts an der hiesigen Königlichen Universität folgendes ehrerbietigst vorzutragen.

Es ist in den mathematischen Wissenschaften mehr als in vielen anderen nöthig, daß das in den Vorlesungen vorgetragene nicht bloß gelernt und begriffen werde, sondern daß den Studirenden, namentlich denen, welche schon eine gewisse Summe von Kenntnissen sich erworben haben, auch Anleitung zur selbstthätigen Anwendung derselben gegeben werde. Für die Erreichung dieses Zweckes an der hiesigen Königl. Universität erscheint uns die Gründung eines mathematischen Seminars als das geeignetste Mittel. Ein solches mathematisch-wissenschaftliches Seminar würde nach unserem Dafürhalten ausschließlich die Förderung der mathematischen Bildung unter den Studirenden zum Zwecke haben müssen und würde auf die praktische Ausbildung derselben zu tüchtigen Lehrern der Mathematik nur in so fern von günstigem Einfluß sein können, als es dazu beitragen würde, die Gründlichkeit und Klarheit der mathematischen Kenntnisse künftiger Lehrer zu fördern. Für die äußere Einrichtung des mathematischen Seminars würden die Statuten des hiesigen philologischen Seminars, in so weit sie durch die Erfahrung bewährt sind, im allgemeinen maßgebend sein können. Es würde nur eine beschränkte Anzahl von Mitgliedern in das Seminar aufzunehmen sein, und namentlich als ordentliche Mitglieder nur solche, welche durch eingereichte Arbeiten schon einen gewissen Grad mathematischer Bildung und zugleich den ernsten Vorsatz fleißig zu arbeiten an den Tag gelegt haben. Die Uebungen des Seminars würden wöchentlich einmal des Abends abzuhalten sein, so daß sie nach Bedürfniß auf die Zeit von einigen Stunden ausgedehnt werden könnten. Dieselben würden, in jedem Semester ein besonders ausgewähltes Gebiet der mathematischen Disciplinen bevorzugend, freie Besprechungen der Themata, welche sich zu kleineren oder größeren mathematischen Arbeiten eignen, ferner Beurtheilungen der eingelieferten schriftlichen Arbeiten und mündliche Vorträge der Seminaristen über die von ihnen durchstudirten Original-Abhandlungen oder über andere passend zu wählende Themata zu ihrem Gegenstand haben.

Für diese Uebungen erscheint uns die Anlegung einer kleinen ausgewählten Handbibliothek der klassischen mathematischen Werke unentbehrlich, sowohl um bei der Besprechung mathematischer Fragen zum augenblicklichen Nachschlagen zu dienen, als auch um von den Mitgliedern des Seminars für ihre häuslichen Arbeiten benutzt zu werden. Die Königliche und die Universitäts-Bibliothek sind für diese Zwecke nicht ausreichend, weil dieselben durch ihre allgemeinen Reglements gebunden sind, und weil grade die gesuchteren mathematischen Werke, wegen der stärkeren Nachfrage, für die Studirenden nur selten, und stets nur auf kürzere Zeit zu erlangen sind. Um auch die neueste mathematische Literatur den Mitgliedern des Seminars zugänglich zu machen, würden die bedeutenderen mathematischen Journale mit in diese Handbibliothek aufzunehmen sein.

Zur Bestreitung der Kosten dieser Handbibliothek würden wenigstens für die ersten Jahre etwa 250 Thaler jährlich erforderlich sein. Da es ferner durchaus angemessen erscheint, daß in ähnlicher Weise wie in dem philologischen Seminare auch in dem mathematischen für die Arbeiten der Seminaristen Prämien in Aussicht gestellt werden, so würde zu diesem Zwecke etwa eine gleiche Summe jährlich zu verwenden sein. Es würde also für das mathematische Seminar ein Etat von 500 Thalern jährlich erforderlich sein.

Sollten Ew. Excellenz geneigt sein, auf diesen in seinen allgemeinen Umrissen gezeichneten Plan eines an der hiesigen Königl. Universität einzurichtenden mathematischen Seminars näher einzugehen, und sollten Ew. Excellenz uns mit der Leitung desselben betrauen wollen, so würden wir, im Interesse der Sache, diese Arbeit gern übernehmen, deren Schwierigkeit uns nicht unbewußt ist, welche wir aber, mit vereinten Kräften zusammenwirkend, zur Förderung der mathematischen Bildung unter den Studirenden hoffen durchführen zu können.

Ehe wir zu dem Entschlusse gekommen sind, Ew. Excellenz diese Angelegenheit vorzutragen, und um Gewährung der Geldmittel und der amtlichen Auctorität für ein einzurichtendes mathematisches Seminar zu bitten, haben wir uns auch reiflich überlegt, ob es nicht thunlich sein möchte, daß wir die den Studirenden nützlichen mathematischen Uebungen, auch unter diesem Titel in dem Lections Cataloge ankündigen und nach eigenem Ermessen einrichten könnten, wie dieß z. B. in Königsberg geschehen ist, ehe das dortige mathematische Seminar der Unterstützung des Königlichen Ministeriums sich zu erfreuen gehabt hat. Wir glauben aber von einer solchen Einrichtung an der hiesigen Universität nicht viel erwarten zu können, weil die hiesigen Mathematik Studirenden, in der großen Stadt zerstreut lebend, sich gegenseitig fremder sind als in kleineren Universitäten, und darum die Vereinigung derselben zu gemeinsamen wissenschaftlichen Zwecken bedeutend größere Schwierigkeiten darbietet. Um diese Vereinigung zu Stande zu bringen und in diesem Kreise ein reges wissenschaftliches Leben anzufachen, erscheinen uns die oben angegebenen äußeren Mittel, namentlich ein von Ew. Excellenz mit höherer Auctorität auszustattendes Reglement, die Gewährung von Prämien für gute Arbeiten und die freiere Benutzung der wissenschaftlichen Hilfsmittel einer ausgewählten mathematischen Handbibliothek als nothwendige Erfordernisse.

Berlin, den 6. April 1860 Kummer Weierstraß

Dok. 7 Reglement für das Mathematische Seminar

Nach dem Druck
7. 10. 1864

Reglement

für das mathematische Seminar an der Universität zu Berlin

§ 1.

Das mathematische Seminar ist ein öffentliches, mit der Universität verbundenes Institut, welches den Zweck hat, denjenigen Studirenden der mathematischen Wissenschaften, die bereits eine gewisse Summe von Kenntnissen sich erworben haben, zur selbstthätigen Anwendung derselben Anleitung zu geben und sie durch litterarische

Unterstützung weiter auszubilden, damit künftig durch sie die mathematischen Studien erhalten, fortgepflanzt und gefördert werden mögen.

§ 2.

Die Direction des Seminars führen in der Regel zwei von dem Minister der Unterrichts-Angelegenheiten damit beauftragte Professoren der philosophischen Facultät, welche die Uebungen der Seminaristen abwechselnd leiten.

§ 3.

Als ordentliche Mitglieder dieses Instituts sind nur diejenigen immatrikulirten Studirenden zugelassen, welche sich vorzugsweise der Mathematik widmen und mindestens schon ein Jahr auf der hiesigen, oder einer anderen Universität studirt haben. Ausländer können unter denselben Bedingungen aufgenommen werden, als Inländer.

§ 4.

Die Aufnahme erfolgt auf Grund eines von den Directoren anzustellenden Colloquium und einer von dem Aspiranten einzureichenden schriftlichen Probearbeit, wodurch zu ermitteln ist, ob er regen wissenschaftlichen Sinn und diejenigen Vorkenntnisse besitzt, welche nöthig sind, um an den Uebungen des Seminars mit Nutzen Antheil nehmen zu können. Die schriftliche Probearbeit kann ausnahmsweise erlassen werden, wenn das Colloquium hinreichende Gewähr für die wissenschaftliche Tüchtigkeit des Aspiranten giebt.

§ 5.

Die Anzahl der ordentlichen Mitglieder darf nicht mehr als zwölf betragen. Die Directoren sind jedoch befugt, auch über diese Zahl hinaus einige Studirenden, welche die nöthige Vorbildung besitzen, als außerordentliche Mitglieder an den Uebungen des Seminars Theil nehmen zu lassen.

§ 6.

Sollte ein Mitglied sich der thätigen Theilnahme an den Uebungen des Seminars ungeachtet vorgängiger Warnung entziehen, so steht den Directoren das Recht zu, dasselbe von der Theilnahme an dem Seminar auszuschließen.

§ 7.

Die Versammlungen des Seminars finden wöchentlich einmal statt, zu einer Zeit, welche so zu wählen ist, daß sie nach Bedürfniß bis auf 2 Stunden und darüber ausgedehnt werden können.

§ 8.

Die wissenschaftlichen Uebungen der Seminaristen sind theils mündliche, theils schriftliche. Die mündlichen Uebungen bestehen in freier Besprechung über bestimmte mathematische Probleme und Fragen, welche von den Directoren gestellt, oder von den Seminaristen selbst aufgeworfen werden können, und in freien Vorträgen der Seminaristen über das, was sie selbst gearbeitet, oder über Abhandlungen, welche sie durchstudirt haben. Die schriftlichen Arbeiten bestehen theils in kleineren Ausarbeitungen von Sätzen und Aufgaben, welche von den Directoren gestellt und in der Regel so gewählt werden, daß sie sich in fortlaufender Reihenfolge über ein bestimmtes Gebiet der Mathematik verbreiten und zusammen eine genauere Erkenntniß desselben vermitteln; theils größeren Arbeiten, deren Themata aus beliebigen Fächern entnommen von den Directoren vorgeschlagen, oder von den Seminaristen selbst gewählt werden. Die schriftlichen Arbeiten sind von den Seminaristen an die Directoren abzugeben und werden von diesen beurtheilt.

§ 9.

Denjenigen Seminaristen, welche sich durch Fleiß und rege Theilnahme an den mündlichen Uebungen, sowie durch die gelieferten schriftlichen Arbeiten besonders auszeichnen, werden auf Grund eines am Schlusse jedes Semesters von den Directoren einzureichenden motivirten Berichts von dem Min.ster der geistlichen, Unterrichts- und Medizinal-Angelegenheiten Geld-Prämien bewilligt. In diese halbjährlichen Berichte werden zugleich die Nachrichten über die in dem verflossenen Semester angestellten Uebungen, über die eingelieferten Arbeiten und über den Zustand des Seminars aufgenommen.

§ 10.

Zum Gebrauch für die mündlichen Uebungen im Seminar, sowie für die Studien und Arbeiten der Mitglieder wird eine Handbibliothek der besten und nützlichsten mathematischen Schriften angelegt und erhalten, deren möglichst freie Benutzung unter Controle der Directoren den Seminaristen gewährt wird.

Berlin, den 7ten October 1864.

Der Minister der geistlichen, Unterrichts- und Medizinal-Angelegenheiten

In Vertretung: Lehnert

Dok. 8 Gutachten der Philosophischen Fakultät für den Kultusminister von Mühler über die beabsichtigte Beförderung von Weierstraß zum Ordinarius

Magnus eigenhändig (Konzept)
12. 5. 1864 (P-3-6. Bl. 50—51)
Am 2. 7. 1864 wurde die Beförderung von Weierstraß zum ordentlichen Professor ausgesprochen.

Berlin, den 12. Mai 1864

Ew. Excellenz

haben mittelst hoher Verfügung vom 19. März d. J. die gehorsamst unterzeichnete Facultät aufgefordert, sich darüber gutachtlich zu äußern, ob nicht jetzt, nachdem Hochdenselben ausreichende Mittel zur Disposition gestellt sind, um den außerordentlichen Professor Dr. Weierstraß zur Aufgabe der bisher von ihm bekleideten etatsmäßigen Lehrerstelle an dem Kgl. Gewerbe-Institut hierselbst und zur Beschränkung seiner Lehrthätigkeit auf die Universität veranlassen zu können, die Beförderung dieses ausgezeichneten Gelehrten zum ordentlichen Professor von der philosophischen Facultät Allerhöchsten Orts zu beantragen sei. Diese verehrliche Aufforderung ist an uns gelangt, als das Wintersemester eben beendet war und hat erst beim Wiederzusammentreten der Facultät in diesem Semester in Berathung gezogen werden können, so daß wir außer Stande waren, derselben früher zu entsprechen. Ew. Excellenz bitten wir, die entstandene Verzögerung hochgeneigtest zu entschuldigen.

Dankbar erkennt es die Facultät an, daß Ew. Excellenz den Prof. Weierstraß in den Stand gesetzt haben, seine Lehrthätigkeit auf die Universität beschränken zu können. Diese Beschränkung war für ihn geboten, da sein Gesundheitszustand ihm nicht gestattete, die große Zahl von Lehrstunden an dem Institut mit seinen Pflichten als Prof. an der Univ. zu verbinden. Mit diesem Ausdruck angelegentlichen Dankes darf die Facultät vertrauensvoll die Bitte verbinden, daß Ew. Excellenz auch andere, und womöglich alle ordentlichen Professoren der Universität in den Stand setzen möchten, der Universität ausschließlich anzugehören. Wenn auch einzelne, von der Natur besonders ausgerüstete Männer vermögen in jüngeren Jahren, neben einer mannigfaltigen Lehrthätigkeit fördernd in die Wissenschaft einzugreifen, so hört eine solche anstrengende Beschäftigung entweder nach einiger Zeit auf, und dann zum Nachtheil der Wissenschaft und damit zum Schaden unserer Hochschule, oder es werden die geistigen Kräfte des Mannes, der sie fortzusetzen sucht, in einer nicht zu verantwortenden Weise in Anspruch genommen.

Betreffend die Beförderung des Prof. Weierstraß zum ordentlichen Professor, so hat die Facultät sich wiederholt gegen eine Vermehrung der Ordinarien, besonders innerhalb solcher Fächer ausgesprochen, die, wie das der Mathematik, bereits mehrfach besetzt sind. Bei der Berathung über die jetzt vorliegende Frage hat indeß der Prof. Ohm, der seit längerer Zeit an den Augen leidet, die Erklärung abgegeben, daß ihm zwar in Bezug auf seine Fähigkeit zu unterrichten keine Abnahme seiner Kräfte bemerkbar sei, daß er aber, gerade um sich diese zu erhalten, seine Augen besonders schonen müsse, und sich deßhalb außer Stande befinde, die verschiedenen, bei der Facultät eingehenden, oft sehr klein geschriebenen Dissertationen und Bewerbungsschriften in Zukunft zu lesen und zu beurtheilen.

Unter solchen Umständen erscheint es wünschenswerth und fast nothwendig, daß die Facultät neben dem Prof. Kummer noch einen zweiten Beurtheiler dieser Schriften erhalte. Diese Ansicht hat der Prof. Kummer selbst bei der Beratung geltend gemacht. Niemand würde sich aber besser eignen, hierfür in die Facultät einzutreten, als der Prof. Weierstraß, sowohl wegen des ausgezeichneten Rufes, den derselbe als Mathematiker genießt, als auch wegen der Beziehungen, in denen er sich schon gegenwärtig zur Facultät befindet. Derselbe leitet nämlich das mathematische Seminar seit seinem Bestehen gemeinsam mit dem Prof. Kummer und giebt, wie der Facultät bekannt ist, den Studirenden mehrfach Anregung zu selbständigen Arbeiten, die diese häufig später als Doctordissertation benutzt haben.

Aus diesen Gründen kann die Facultät sich nur für die Beförderung des Prof. Weierstraß zum ordentlichen Professor aussprechen.

Decan und Professoren [...]

G. Magnus und 20 weitere Unterschriften, darunter Ranke, Kummer und Böckh

Dok. 9 Antrag Kummers und Weierstraß' an den Kultusminister von Mühler auf Erteilung einer Seminarprämie an Mertens

Kummer eigenhändig
31. 10. 1863 (DZA Merseburg, Rep. 76 Va, Sect. 2, Tit. 10, Nr. 77, Bd. 1. Bl. 31–32)
Die beantragte Prämie wurde bewilligt.

Berlin, den 31. 10. 1863

Ew. Excellenz

erlauben sich die beiden gehorsamst Unterzeichneten, welche mit der Leitung des hiesigen mathematischen Seminars betraut sind, wegen einer huldreichst zu gewährenden Prämie für einen der Seminaristen folgendes unterthänigstes Gesuch vorzutragen.

Der Studiosus der Mathematik J. Mertens aus Schroda, welcher seit drei Semestern Mitglied des mathematischen Seminars ist, hat sich in demselben stets durch die fleissigste Theilnahme an den Uebungen ausgezeichnet, und mehrere sehr gute schriftliche Arbeiten eingereicht, welche beweisen, daß er mit großem Fleisse und mit Talent sich selbst in die schwierigsten Theile der Mathematik eingearbeitet hat, und dieser sein angestrengter, auf die Wissenschaft gerichteter Fleiss ist um so höher zu schätzen, da er arm ist, und bei den durchaus unzureichenden Mitteln, die ihm von seiner Mutter gewährt werden können, durch Privatstunden sich mühsam erhalten muss.

Zu diesen Gründen, welche ihn einer Unterstützung ebenso würdig als bedürftig erscheinen lassen, kommt für uns noch eine besondere Veranlassung hinzu, ihn der Gnade Ew. Excellenz recht dringend zu empfehlen. Derselbe hat sich nämlich im Anfange des gegenwärtigen Semesters um das von der hiesigen philosophischen Fakultät zu vergebende, für Studirende der Mathematik und der Naturwissenschaften bestimmte Kleemannsche Stipendium beworben, und da dasselbe vorschriftsmässig nur auf Grund einer schriftlichen wissenschaftlichen Arbeit vergeben wird, so hat er eine mathematische Arbeit eingereicht, welche von den mit der Beurtheilung beauftragten beiden Fakultätsmitgliedern als eine sehr vorzügliche Leistung anerkannt worden ist. Dieselbe enthält eine Anwendung der Analysis auf die Zahlentheorie nach den von Lejeune-Dirichlet aufgestellten Methoden, welche jetzt immer noch als nicht leicht zu handhaben anerkannt werden müssen, da es überhaupt nur wenige Mathematiker giebt, die sich in dieselben eingearbeitet und sie auf neue Probleme angewendet haben. Diese Arbeit des Stud. Mertens hat ihm jedoch die Ertheilung des Stipendiums nicht verschaffen können, weil ausser ihr noch drei andere Bewerbungsarbeiten eingegangen waren und unter diesen namentlich zwei als besonders preiswürdig anerkannte, und weil nur zwei Preise von je 50 Thaler zu vertheilen waren, von denen der eine einer physikalischen, der andere einer chemischen Arbeit zugesprochen worden ist.

Obgleich nun in diesem Jahre der für das mathematische Seminar in Aussicht gestellte Fonds zu Prämien für diejenigen Mitglieder, welche sich durch Fleiss und Talent und durch gute Leistungen auszeichnen, noch nicht etatsmässig hat ausgeworfen werden können, so geben wir uns doch der Hoffnung hin, dass es thunlich sein werde, vielleicht aus anderen für solche Zwecke disponiblen Fonds, für ein sich besonders auszeichnendes Mitglied unseres Seminars schon jetzt eine Prämie flüssig zu machen, und wir erlauben uns, Ew. Excellenz ehrfurchtsvoll zu bitten:

> dem Stud. phil. J. Mertens aus Schroda als einem sich besonders auszeichnenden Mitgliede des mathematischen Seminars eine Prämie von 50 Thalern huldreichst gewähren zu wollen.

Kummer Weierstrass

Dok. 10 Beurteilung des Habilitationsgesuchs von Fuchs durch Kummer und Weierstraß

Kummer und Weierstraß eigenhändig
11. bzw. 15. 7. 1865 (H-1-10, Vorgang Fuchs)
Die Habilitierung erfolgte am 27. 10. 1865.

Über das Habilitationsgesuch von Fuchs gab Kummer am 11. 7. 1865 folgendes Gutachten ab:

Der Dr. L. Fuchs hat zur Begründung seiner wissenschaftlichen Qualifikation für die Habilitation als Privatdocent in dem Fache der Mathematik an der hiesigen Universität fünf Schriftstücke eingereicht, welche mathematische Arbeiten desselben aus den verschiedenen Gebieten der Zahlentheorie, der analytischen Geometrie und der reinen Analysis darstellen.

Die Dissertation de superficierum lineis curvaturae, Berlin 1858, hat der Fakultät schon zweimal zur Beurtheilung vorgelegen, nämlich das erstemal als Beantwortung einer von der Fakultät im Jahre 1857 gestellten Preisfrage[1]), für die dem Dr. Fuchs das Accessit zuerkannt und bei dem vorgeordneten Herrn Minister dieselbe Prämie wie der anderen Preisschrift von der Fakultät erwirkt worden ist. Die Dissertation ist eine Umarbeitung dieser Preisschrift.

Die Abhandlung über die Integration einer partiellen Differentialgleichung in Borchardts mathematischem Journal[2]) Bd. 58 schließt sich an diese Dissertation an, da sie vom geometrischen Gesichtspunkte betrachtet die Bestimmung einer Familie von Flächen giebt, deren Krümmungslinien sich finden lassen. Der Verfasser hat das Problem auf ein von Poisson bereits behandeltes und gelöstes zurückgeführt; er hat aber dabei das Unglück gehabt, daß das Poissonsche Resultat, welches er im Vertrauen auf dessen Richtigkeit benutzt hat, an gewissen Fehlern leidet, welche Hr. Dr. Hoppe nachher nachgewiesen und verbessert hat.

Die Abhandlung über die Perioden, welche aus den Wurzeln der Gleichung $\omega^n = 1$ gebildet sind, Borchardts math. Journal Bd. 61, schließt sich an eine von mir in den Denkschriften der Akademie der Wissenschaften herausgegebene Abhandlung an. Die in dieser Abhandlung von mir aufgestellten und definirten Perioden haben die Eigenthümlichkeit, daß sie unter gewissen Bedingungen gleich Null werden; ich selbst aber hatte diesen Umstand, welcher auf die von mir gebrauchten Methoden und gefundenen Resultate keinen Einfluß ausübt, daselbst nur erwähnt, ohne näher darauf einzugehen. Der Dr. Fuchs hat das Verdienst, die Bedingungen, unter welchen die Perioden verschwinden, vollständig ermittelt und aufgestellt zu haben.

An diese Arbeit schließt sich die im Manuskript gegebene Notiz an „Ueber die complexen Zahlen etc.“. Der Dr. Fuchs hat versucht, die Klassenanzahl der aus den oben genannten Perioden gebildeten complexen Zahlen nach den allgemeinen Dirichletschen Principien zu bestimmen. Er hat darin gezeigt, daß er diese Principien sich vollständig zu eigen gemacht hat, sodaß er fähig ist, sie auf neue Probleme anzuwenden. Wenn diese Arbeit noch nicht zu einem erwünschten Abschlusse gelangt ist, so liegt der Grund mehr in einer äußeren Schwierigkeit, nämlich in der großen Complication des Resultats, welches nur sehr schwierig in eine übersichtliche, den Forderungen mathematischer Eleganz entsprechende, das Allgemeine, Besondere und Einzelne zugleich in accurater, entwickelter Weise darstellende Form zu bringen ist. Diese wahre Form hat der Verf. noch nicht gefunden.

Die neueste Abhandlung des Dr. Fuchs zur Theorie der linearen Differentialgleichungen bezieht sich auf die Vorträge und Arbeiten des Herrn Collegen Weierstraß, weshalb ich diesem eine eingehendere Beurtheilung derselben glaube überlassen zu müssen.

Nach meinem Urtheile geht aus den eingereichten Arbeiten hervor, daß der Dr. Fuchs in der Mathematik diejenige Vielseitigkeit mathematischer Kenntnisse besitzt und daß er in verschiedenen mathematischen Untersuchungen mit demjenigen Talent tiefer eingedrungen ist, welches erwarten läßt, daß er als Privatdocent unserer Fakultät etwas Gutes leisten werde. Ich stimme deshalb für seine Zulassung zu den Habilitationsleistungen.

Weierstraß ergänzte am 15. 7. durch die nachstehenden Zeilen:

Mit dem vorstehenden Gutachten des Herrn Collegen Kummer durchaus einverstanden habe ich in Betreff der Abhandlung „Zur Theorie der linearen Differentialgleichungen" eine Bemerkung hinzuzufügen. Diese Arbeit schließt sich zwar zunächst, wie auch in der Einleitung bemerkt ist, an eine von mir gehaltene Vorlesung sowie an eine Abhandlung von Riemann an; sie enthält aber auch eigene Untersuchungen des Verfassers und liefert überhaupt den erfreulichen Beweis, daß der Herr Dr. Fuchs mit den Prinzipien der neueren Functionen-Theorie wohl vertraut und zu selbständigen Forschungen auf dem Gebiete der Analysis befähigt ist.

Anmerkungen zu Dok. 10

[1]) s. Dok. 4.
[2]) Journal f. d. reine u. angew. Math.

Dok. 11 Beurteilung der vier Lösungen der für 1878 gestellten Preisaufgabe

Weierstraß eigenhändig
8. 7. 1878 (P-9-3, Vorgang Preisaufgabe 1878)
Die Namen der Autoren der Bewerbungsschriften Nr. 2, 3 und 4, die den Preis nicht erhielten, sind nicht feststellbar. Eine Ehrenvolle Anerkennung und den vollen Geldbetrag des Preises erhielt der Verfasser der Arbeit Nr. 1, Dietrich.
Text der Aufgabe s. 12. 5., Nr. 24.

Es gingen vier Bearbeitungen ein, die, wie üblich, durch Motti gekennzeichnet waren. Die von Weierstraß in seiner Beurteilung vom 8. 7. 1878 benutzten Ziffern beziehen sich auf die Numerierung der Motti. Kummer schloß sich am 11. 7. dem nachstehenden Urteil an.

Die Verfasser der unter [2] und [3] angeführten Arbeiten versuchen die Lösung der gestellten Aufgabe im Wesentlichen auf demselben Wege. Sie stellen zunächst die Form der Ausdrücke fest, durch welche die Wurzeln der algebraischen Gleichungen, auf die sich die Preisfrage bezieht, als Functionen der Coefficienten der Gleichung betrachtet, innerhalb bestimmter Grenzen dargestellt werden können, und zeigen dann, wie sich die Coeffizienten jener Ausdrücke bestimmen lassen. Unverkennbar besitzen beide Verfasser gute analytische Kenntnisse, welche sie mit Geschick und Erfolg anzuwenden verstehen. Aber sie haben außer acht gelassen, daß die von ihnen angestellten Untersuchungen principiell sich auf beliebige algebraische Gleichungen ausdehnen lassen und dann zu analogen Resultaten führen, während es bei der gestellten Aufgabe wesentlich darauf ankam, aus der besonderen Form der zu lösenden Gleichung Vortheil zu ziehen, um zu einer independenten Darstellung der Coefficienten der *einen* unendlichen Reihe zu gelangen, welche zur Bestimmung aller Wurzeln der Gleichung ausreicht. Das einfache Gesetz, nach welchem die Glieder dieser Reihe fortschreiten und das sogar bestehen bleibt, wenn die Exponenten, womit die Unbekannten in der Gleichung behaftet sind, nicht ganze positive Zahlen, sondern beliebige, selbst complexe gegebene Größen sind, ist daher beiden Preisbewerbern entgangen. Es war aber die wirkliche Herstellung jener Reihe ausdrücklich verlangt worden, und es kann deshalb meiner Ansicht den unter [2] und [3] angeführten Arbeiten der Preis *nicht* zuerkannt werden.

Die unter [4] genannte Abhandlung ferner, deren Verfasser sagt, daß er Student im ersten Semester sei, verdient unter Berücksichtigung dieses Umstandes alles Lob. Der Verfasser wendet, um die Wurzeln einer trinomischen Gleichung durch eine unendliche Reihe auszudrücken, eine ziemlich primitive Methode an, welche zudem wenig streng ist und sehr umständliche Rechnungen erfordert. Aber vor diesen schreckt er nicht zurück und es gelingt ihm, nicht nur die Form jener eben von mir erwähnten Reihe, sondern auch durch eine ziemlich weit fortgesetzte Induction das independente Bildungsgesetz ihrer numerischen Coefficienten aufzufinden. Aber er sagt selbst, es sei ihm trotz aller Anstrengung unmöglich geblieben, die Richtigkeit dieses Gesetzes allgemein nachzuweisen; und ebensowenig ist es ihm geglückt, die exacten Convergenzbedingungen der Reihe festzustellen, indem er offenbar noch nicht im Besitze der dazu erforderlichen Hülfsmittel ist. Ich kann deshalb auch diese Arbeit nicht für preiswürdig erklären, so sehr ich den darauf verwandten Fleiß anerkenne und überzeugt bin, daß der Verfasser, wenn er seine Kenntnisse durch fortgesetzte Studien zu erweitern sich bemüht, bei seinem unverkennbaren mathematischen Talente künftig Tüchtiges leisten wird.

Der Verfasser der Arbeit Nr. 1 schlägt den Weg ein, der am directesten zur Lösung der gestellten Aufgabe führt; er findet dieselbe Reihe wie der Verfasser von Nr. 4 und zeigt, daß durch dieselbe, welche in ihren einzelnen Gliedern ebenso vieldeutig ist, als die zu entwickelnde Wurzel der Gleichung, diese entweder unmittelbar oder doch nach einer einfachen Transformation gelöst wird. Der Convergenzbezirk der Reihe wird ebenfalls richtig bestimmt — auf doppelte Weise, vermittels eines allgemeinen analytischen Satzes und aus dem Bildungsgesetz der Coefficienten der Reihe — nur fehlt der Nachweis, daß die letztere auch an der Grenze ihres Convergenzbezirks überall eine endliche Summe hat, was für die theoretische Bedeutung der Reihe nicht unerheblich ist. Aber diese, nicht schwer auszufüllende Lücke würde mich nicht abhalten, die Krönung der Arbeit zu beantragen, wenn dem nicht ein anderer, und in meinen Augen großer Mangel derselben entgegenstände. Die Abhandlung, welche nur wenige Seiten füllt, scheint sehr rasch niedergeschrieben zu sein; mehrere wichtige Punkte sind nur obenhin berührt, die angewandten analytischen Theoreme werden nur angedeutet, die Darstellung ist unübersichtlich und in ihrer Form wenig elegant. Immerhin jedoch verdient die Arbeit, da sie die richtige Lösung des gestellten Problems giebt, eine Anerkennung, und ich erlaube mir deshalb zu beantragen, die Facultät wolle dem § 80 der Statuten gemäß beschließen, daß die in Rede stehende Preisschrift zwar nicht gekrönt, der Name des Verfassers aber mit ehrenvoller Anerkennung genannt werde, und überdies an den vorgeordneten Herrn Minister die Bitte richten, daß derselbe dem Verfasser den Geldbetrag des Preises ganz oder doch einen angemessenen Theil davon bewilligen möge.

Dok. 12 Antrag der Philosophischen Fakultät an den Kultusminister Falk, nach dem Tode von Ohm ein neues Extraordinariat einzurichten und dieses mit Frobenius zu besetzen

Weierstraß eigenhändig (Konzept)
22. 6. 1872 (P-3-6. Bl. 377—382)
Frobenius wurde am 27. 3. 1874 zum außerordentlichen Professor ernannt.

Berlin, den 22. Juni 1872

Ew. Excellenz

erlaubt sich die ehrerbietigst unterzeichnete Facultät folgendes vorzutragen.

Im Anfange dieses Semesters ist der ordentliche Professor der Mathematik Dr. M. Ohm, der seit dem Jahre 1821 der Universität angehörte, gestorben, und es hat daher die Facultät berathen müssen, ob und welche Vorschläge sie Ew. Excellenz zur Wiederbesetzung seiner Stelle machen solle.

Professor Ohm hat zwar schon seit längerer Zeit seines hohen Alters und besonders der Abnahme seiner Sehkraft wegen der Universität nur eine beschränkte Thätigkeit widmen können, und es sind die früher von ihm in einem regelmäßig sich wiederholenden Cursus gehaltenen, hauptsächlich für Studirende in den ersten Semestern bestimmten Vorlesungen größtentheils von den übrigen Dozenten der Mathematik übernommen worden. Dies hat aber in einer für die jetzigen Bedürfnisse der Universität genügenden Vollständigkeit um so weniger geschehen können, als auch der Verlust, den die Universität durch den Tod Steiner's, des größten Geometers unserer Zeit, erlitten hat, bis jetzt nicht zu ersetzen gewesen ist. Daraus sind erhebliche, von uns längst erkannte und bei verschiedenen Veranlassungen hervorgehobenen Übelstände erwachsen, welche durchaus beseitigt werden müssen, wenn nicht das Gedeihen der mathematischen Studien an unserer Universität auf das Empfindlichste beeinträchtigt werden soll.

Wir haben bereits in einem Bericht vom 15. März 1869 [P-6-4. Bl. 180—181; in anderem Zusammenhg. S. 87 zit.] darauf hingewiesen, daß eine Vermehrung der mathematischen Lehrkräfte unserer Facultät ein unabweisbares Bedürfnis sei, und uns vorbehalten, hierauf gerichtete Anträge zu geeigneter Zeit vorzubringen. Indem wir glauben, hiermit nicht länger zögern zu dürfen, gestatten wir uns zunächst, Ew. Excellenz auf die Thatsache aufmerksam zu machen, daß in dem letzten Decennium die Anzahl der Studirenden der Mathematik sich nahezu verdoppelt hat und gegenwärtig in jedem Semester durchschnittlich hundertundzwanzig beträgt, gleichzeitig aber die Zahl der Docenten von acht auf fünf gesunken ist. Es besteht also offenbar ein Mißverhältniß zwischen der zu leistenden Arbeit und den disponiblen Kräften. Dazu kommt — und wir müssen diesen Umstand besonders betonen — daß der mathematische Unterricht an unserer Universität ein vielseitiger sein und weiter gehen muß, als an den meisten anderen Hochschulen.

Von den jungen Leuten, die mit dem Entschluß, Mathematik zu studiren, die Universität beziehen und in den meisten Fällen wohl vorbereitet sind, kommen verhältnismäßig viele gleich hierher und bleiben dann größtentheils vier Jahre. Für diese, welche sich fast alle durch Fleiß und wissenschaftlichen Sinn auszeichnen, genügt es nicht, daß sie in die Elemente der höheren Mathematik eingeführt werden; sie müssen auch Gelegenheit finden, über weniger zugängliche Disciplinen Vorlesungen zu hören, mit den Problemen, die heutzutage den Hauptgegenstand mathematischer Forschung bilden, bekannt gemacht werden, sowie auch Anregung und Anleitung zu selbständigen Arbeiten erhalten.

Die übrigen Studirenden der Mathematik, die nach Berlin kommen, befinden sich meist in höheren Semestern und haben zum Theil ihre Studien im gewöhnlichen Sinne bereits absolvirt, was namentlich von der nicht unbeträchtlichen Zahl der Ausländer gilt. Die meisten von diesen besuchen unsere Universität nur in der Absicht, bestimmte Vorlesungen zu hören, die anderswo gar nicht oder doch nicht so regelmäßig gehalten werden.

Ew. Excellenz werden es hiernach nicht auffällig finden, daß von denjenigen Vorlesungen, welche die Studirenden der Mathematik und größtentheils auch die der Physik in ihren ersten Semestern zu hören haben, die gegenwärtig der Facultät angehörigen ordentlichen Professoren des Fachs nur einen Theil zu übernehmen im Stande sind (analytische und synthetische Geometrie, Elemente der Zahlen-Theorie, analytische Mechanik), die übrigen aber (formale Algebra, Einleitung in die Analysis, Differentialrechnung, Elemente der Integralrechnung) einem außerordentlichen Professor und einem Privatdocenten haben überlassen müssen. Daß dies aber nicht ohne Nachtheil für den mathematischen Unterricht hat geschehen können, läßt sich von vornherein annehmen, und ist auch bereits durch die Erfahrung bewiesen. Es ist z. B. vorgekommen, daß Studenten im ersten Semester unter den angekündigten Vorlesungen keine gefunden haben, die sie verstehen konnten, und deshalb genöthigt gewesen sind, anderswo, etwa an der Gewerbe-Akademie, ihr erstes Colleg zu hören, sicher nicht zu ihrem Vortheil, indem die auf den technischen Anstalten übliche und durch deren Zweck auch wohl gebotene Unterrichtsweise, so vortrefflich die Lehrer auch sonst sein mögen, für unsere Studirenden nun einmal nicht paßt. Doch wollen wir auf solche, immerhin nur seltenen Fälle kein zu großes Gewicht legen; der wesentliche aus dem Mangel an mathematischen Lehrkräften bei uns erwachsende Nachtheil besteht vielmehr darin, daß die jungen Leute gerade in der Zeit, wo sie vom Gymnasium kommen, an regelmäßige Arbeit gewöhnt und von dem besten Willen beseelt ihre Studien beginnend, in der Verarbeitung des Stoffes, der ihnen in den weniger für sie geeigneten Vorlesungen geboten wird, keine ausreichende Beschäftigung finden, während sie in späteren Semestern oft übermäßig sich anstrengen müssen. Dies darf nicht länger so bleiben, und wie sehr wir auch wünschen und es als einen Ehrenpunkt betrachten, daß für die theoretische und praktische Ausbildung junger Männer, die für tiefere mathematische Studien Sinn und Beruf haben, auch fernerhin bei uns in der vorhin angedeuteten Weise so viel als möglich geschehe, — denn aus diesen müssen ja die künftigen Träger und Förderer der Wissenschaft hervorgehen —, so können wir uns doch, falls sich unsere Hoffnung, daß alsbald durch Heranziehung wenigstens *einer* frischen Lehrkraft dem dringendsten Bedürfniß werde abgeholfen werden, nicht verwirklichen sollte, nur entschieden, wenn auch mit Widerstreben, für den einzigen alsdann noch möglichen Ausweg erklären: es müßten von den bisher gehaltenen Vorlesungen über die höheren Zweige der Mathematik einige aufgegeben und durch andere, dem Verständniß der Anfänger zugänglichere ersetzt werden. Wir sprechen dies aus in Übereinstimmung mit der Ansicht der Vertreter der Mathematik in der Facultät, zweifeln aber nicht, daß Ew. Excellenz, von der Sachlage in Kenntniß gesetzt, Mittel finden werden, uns diese Eventualität zu ersparen. Wir rechnen hierauf um so zuversichtlicher, als wir in der glücklichen Lage sind, Ew. Excellenz die Berufung eines jungen Mathematikers, der für die ihm von uns zugedachte Stellung in jeder Weise geeignet ist, vorschlagen zu können.

[Nach dieser Präambel kommt Weierstraß nun zum Antrag:]

Es ist dies der Dr. Georg Frobenius, ordentlicher Lehrer an der Städtischen höheren Bürgerschule, hierselbst.

Derselbe ist hier geboren, gegenwärtig 24 Jahre alt, war nach Ausweis seines Abiturienten-Zeugnisses und den Mittheilungen seiner früheren Lehrer nach jeder Richtung hin einer der ausgezeichnetsten Schüler des Joachimsthal'schen Gymnasiums und hat darauf ein Semester in Göttingen und sechs Semester hier vorzugsweise Mathematik studirt. Er erregte die Aufmerksamkeit seiner Lehrer zuerst durch seine ungewöhnliche Gewandtheit in der Handhabung des mathematischen Calculs, die es ihm möglich machte, schon als Student im zweiten Semester eine von der Facultät gestellte Preisfrage zu lösen. Es zeigte sich jedoch bald, daß er auch Sinn und Befähigung für die eigentliche mathematische Forschung in hohem Grade besitzt. Als Mitglied des mathematischen Seminars hat er verschiedene Arbeiten geliefert, die füglich hätten gedruckt werden können, und an Werth manchen in den letzten Jahren erschienenen sicher nicht nachstehen. Dabei bewährte er sich, so anspruchslos und fast kindlich er sonst in seinem Wesen war, sobald es sich um wissenschaftliche Dinge handelte, stets als selbständig denkender Kopf. Das in den Vorlesungen ihm Gebotene eignete er sich mit großem Eifer an, begnügte sich aber nicht damit, sondern ließ sich durch das Gelernte stets zu eigenen wissenschaftlichen Versuchen bestimmen. Im Sommer 1870 promovirte er hier, seit einer Reihe von Jahren der erste seines Fachs, der die Note „summa cum laude" erhielt. Seine Dissertation ist eine Arbeit von wissenschaftlichem Werth, die manche neue Gedanken und Resultate enthält. Zwei andere mathematische Abhandlungen, die er seitdem verfaßt, geben ebenfalls von seiner Befähigung zu selbständigen Untersuchungen ein günstiges Zeugniß und zeichnen sich zugleich durch Gewandtheit und Klarheit der Darstellung aus. Kurz nach seiner Promotion bestand er auch die Prüfung pro facultate docendi und erwarb sich bei der Gründlichkeit und Vielseitigkeit seiner Bildung ein Zeugniß erster Klasse. Einer von der Universität zu *Freiburg* an ihn ergangenen Aufforderung, sich dort als Privatdozent zu habilitieren, konnte er, obwohl ihm von der Großherzoglich Badischen Regierung eine Remuneration von 500 Gulden offerirt und Aussicht auf baldige Beförderung eröffnet wurde, Familienverhältnisse halber nicht folgen, erhielt aber, nachdem er sein Probejahr am Joachimsthalschen Gymnasium abgehalten, bereits im Herbst v. J. seine jetzige Stelle. Hiernach dürfte die wissenschaftliche Befähigung des Dr. Frobenius zum akademischen Dozenten keinem Zweifel unterliegen. Was aber seine pädagogische Begabung angeht, so freuen wir uns, das Zeugniß eines hochgeachteten und erfahrenen Schulmanns, der ihn während seines Probejahrs genau beobachtet hat, anführen zu können. Dieser spricht sich dahin aus, daß der junge Mann unverkennbar ein angeborenes didaktisches Talent besitze: Gedanke und Ausdruck seien bei ihm in eigenthümlicher Weise adäquat und dabei verstehe er es, eine ganze Klasse anzuregen und in Spannung zu erhalten.

Wir haben geglaubt, daß wir bei diesen Mittheilungen über die Persönlichkeit des Dr. Frobenius uns einer größeren Ausführlichkeit erlauben durften, weil Ew. Excellenz vielleicht der Umstand befremden könnte, daß wir einen verhältnismäßig noch jungen Mann, der nicht Privatdozent gewesen, für eine Professur vorschlagen, deren Bedeutung für das Gedeihen des mathematischen Unterrichts an unserer Universität wir nach dem Obigen so hoch anschlagen. Wir gestatten uns in dieser Beziehung zunächst folgendes zu bemerken.

Als im Jahre 1864 Professor Weierstraß zum Ordinarius befördert wurde, ist der Facultät angedeutet worden, daß nach dem eventuellen Tode des damals schon betagten Professors Ohm die Zahl der ordentlichen Professoren für Mathematik wieder auf zwei beschränkt werden solle. Obwohl nun unter den seitdem erheblich veränderten Verhältnissen eine derartige Bestimmung nicht mehr unbedingt maßgebend sein dürfte und wir darauf hinweisen könnten, daß es z. B. in *Göttingen* vier ordentliche Professoren, von denen zwei nach 1868 angestellt sind, für das in Rede stehende Fach giebt, so haben wir doch geglaubt, dem oft von uns ausgesprochenen Grundsatze, eine Vermehrung der ordentlichen Professoren unserer Facultät nur im Falle eines unabweisbaren Bedürfnisses oder wenn es sich darum handelt, einen bewährten Gelehrten von hervorragender Bedeutung der Universität zu gewinnen oder zu erhalten, befürworten zu wollen, auch diesmal treu bleiben zu müssen. Unter den jüngeren Dozenten der Mathematik, die überhaupt noch in der Lage wären, einem Rufe nach Berlin zu folgen, wenn ihnen nicht zugleich ein bedeutendes Gehalt bewilligt würde, haben wir aber nach gewissenhafter Prüfung keinen gefunden, von dem wir mit derselben Überzeugung wie von Dr. Frobenius sagen könnten, daß er für den Zweck, den wir zunächst im Auge haben, der geeignete Mann sei. An Talent überragt er sie — soweit unsere Kenntniß der in Betracht kommenden Persönlichkeiten reicht — alle; und in Beziehung auf gründliche Kenntnisse und gediegene Bildung überhaupt steht er keinem nach. Daß er literarisch sich noch nicht so bekannt gemacht hat wie andere, erklärt sich nicht nur aus dem Umstande, daß seit seiner Promotion noch nicht zwei Jahre verflossen sind, sondern hebt ihn sogar in den Augen derer, die ein Überwuchern der Produktion in die Breite auch auf dem mathematischen Gebiete mit Bedauern überhandnehmen sehen.

Wir glauben daher beantragen zu dürfen:

Ew. Excellenz wolle den Dr. Frobenius zum außerordentlichen Professor der Mathematik an hiesiger Universität ernennen.

Wir setzen dabei als selbstverständlich voraus, daß derselbe seine jetzige Stelle nicht behalte, sondern seine ganze Thätigkeit der Universität zuwenden werde. Deswegen erlauben wir uns, an Ew. Excellenz zugleich die Bitte zu richten, ihm ein Gehalt nicht unter 800 Rth. bewilligen zu wollen, damit er nicht in voraussichtlich kurzer Zeit als Universitätslehrer schlechter stehen möge, als wenn er an der Städtischen höheren Bürgerschule verblieben wäre.

Es folgt ein Antrag, das Gehalt von Thomé zu erhöhen, der 1869, als die Fakultät ihn für eine ao. Professur vorschlug, einen sehr annehmbaren Ruf an das Polytechnikum in Zürich ausgeschlagen habe und der nicht die 600 Thlr. Gehalt habe, die seine beiden Vorgänger bezogen hätten. Außerdem ginge es doch nicht an, den neu zu berufenden Extraordinarius „erheblich besser zu stellen als seinen älteren, ebenfalls von der Facultät hochgeschätzten, verdienstvollen Collegen". Thomé bekleide kein Nebenamt, und seine Stelle müsse, falls er aus irgendeinem Grunde abgehen sollte, wieder besetzt werden.

Dekan und Professoren der phil. Fac. d. Königl. Friedrich-Wilhelms-Universität

Mommsen Kummer Helmholtz

und, außer der Unterschrift von Weierstraß, noch weitere 21 Unterschriften

Dok. 13 Antrag der Philosophischen Fakultät an den Kultusminister von Goßler, zwei ordentliche Professoren zu berufen: Fuchs (zur Entlastung und späteren Nachfolge von Kummer) und Kronecker (auf ein neu zu errichtendes Ordinariat)

Weierstraß eigenhändig (Konzept)
6. 7. 1882 (P-3-7. Bl. 288–292)
Kronecker wurde am 11. 3. 1883, Fuchs nach weiteren Eingaben erst am 7. 4. 1884 Ordinarius.

Berlin, 6. Juli 1882

Nach einer Bezugnahme auf die Aufforderung des Ministers vom 25. 5. zu Vorschlägen für die Besetzung eines künftig wieder wegfallenden Ersatzordinariats heißt es:

Bevor die Facultät dieser Aufforderung nachkommt, erlaubt sie sich, Ew. Excellenz zunächst folgendes ehrerbietigst vorzustellen:

Die erwähnte Eingabe der Facultät vom 13. März d. J. war veranlaßt durch eine (Ew. Excellenz mitübersandte) Erklärung des Professors Kummer, nach welcher die Facultät an die Möglichkeit denken mußte, daß derselbe vielleicht schon in nächster Zeit zur Einstellung seiner Lehrthätigkeit genöthigt sein und so der mathematische Unterricht an der Universität eine empfindliche Störung erleiden könnte. Dieser Gefahr ist nunmehr durch die Fürsorge Ew. Excellenz so weit, als für jetzt möglich vorgebeugt worden, und die Facultät verfehlt nicht, Ew. Excellenz dafür ihren ehrerbietigen Dank auszudrücken. Die Facultät hat aber in ihrer Eingabe auch ausgesprochen, daß sie in Beziehung auf die Verstärkung der mathematischen Lehrkräfte an unserer Universität weitergehende Wünsche habe, welche sie Ew. Excellenz bei dieser Veranlassung schon aus dem Grunde eingehend glaubt darlegen zu müssen, weil sie ohne die Hoffnung, daß der Realisierung derselben [nicht] unübersteigliche Hindernisse entgegenstehen, bei der Beschlußfassung über die von Ew. Excellenz verlangten Vorschläge in einer äußerst schwierigen Lage sich befinden würde.

Es ist schon in der vorerwähnten Eingabe angedeutet worden, daß in den letzten vier Decennien, während welcher die Zahl der Studirenden der Mathematik an unserer Universität von 30–40 auf 450 gestiegen ist, der Bestand an mathematischen Lehrkräften sich nicht etwa in entsprechendem Maaße vermehrt, sondern vielmehr vermindert hat. Ew. Excellenz wollen uns gestatten, dies zu belegen.

In den Jahren 1839–50 hatte unsere Facultät drei Ordinarien für die reine Mathematik, *Dirksen,* der ihr seit 1824 angehörte, *Dirichlet* und *Ohm,* welche beide im Jahre 1839 gleichzeitig ernannt wurden[1]). Neben denselben wirkte als Extraordinarius *Steiner,* der erste Geometer seiner Zeit. Vom Jahre 1844 an trat als regelmäßig lesendes Mitglied der Akademie *Jacobi*[2]) hinzu; außerdem habilitirten sich nicht lange darauf drei ausgezeichnete, der wissenschaftlichen Welt bereits wohlbekannte Privatdocenten, *Borchardt, Eisenstein* und *Joachimsthal*[3]). Eine gleich große Zahl mathematischer Docenten hat unsere Universität niemals wieder gehabt, *keine* Universität kann sich rühmen, daß jemals drei Mathematiker von der Bedeutung Jacobi's Dirichlet's und Steiner's gleichzeitig an ihr gewirkt haben. Im Jahre 1850 starb Dirksen, seine Stelle wurde nicht wieder besetzt. Ein Jahr später raffte ein frühzeitiger Tod auch Jacobi dahin, er war unersetzbar. Bald darauf starb auch Eisenstein, eben zum Mitglied der Akademie erwählt, und Joachimsthal erhielt eine andere Stellung; für sie habilitirten sich zwei neue Privatdocenten:

Arndt und *Hoppe*. Im Jahre 1855 ging Dirichlet nach Göttingen, und von derselben Zeit an ward Steiner durch Krankheit genöthigt, seine Lehrthätigkeit so gut wie ganz einzustellen. So kam es jetzt, daß einige Semester hindurch die Mathematik nur durch die beiden Ordinarien, Ohm und den an die Stelle Dirichlet's hieher berufenen Prof. Kummer, zwei Privatdocenten und durch Borchardt, der von jetzt an als Mitglied der Akademie, aber aus Gesundheitsrücksichten nicht regelmäßig und von 1861 an viele Jahre hindurch gar nicht mehr las, vertreten war. Dazu kam ein Umstand, auf den wir glauben hinweisen zu dürfen, da die Universität viele Jahre lang darunter gelitten hat. Die Stellen der Ordinarien waren so unzulänglich dotirt, die eine mit 1500[4]), die andere mit 900[5]) Thalern, daß beide, um zu existiren, genöthigt waren, Vorträge an der Kriegsakademie zu halten, wöchentlich im Durchschnitt 7 Stunden, wodurch ihre Thätigkeit an der Universität wesentlich beeinträchtigt wurde. Ende 1856 trat dann Professor *Weierstraß* als Extraordinarius ein (er wurde 1864 Ordinarius, so daß von da an bis 1873, wo Ohm starb[6]), die Facultät wieder drei mathematische Ordinariate hatte) und 1861 Professor *Kronecker* als lesendes Mitglied der Akademie; erst durch das Zusammenwirken derselben mit Prof. Kummer ist es möglich geworden, nach einem umfassenden, seitdem im Wesentlichen unverändert festgehaltenen Plan, dem sich später auch herangezogene jüngere Kräfte willig und erfolgreich anschlossen, den mathematischen Unterricht in der Weise zu organisiren, daß den Studirenden Gelegenheit gegeben ist, in einem zweijährigen Cursus eine beträchtliche Reihe von Vorträgen über die wichtigsten mathematischen Disciplinen in angemessener Aufeinanderfolge zu hören, darunter nicht wenige, die an anderen Universitäten gar nicht oder doch nicht regelmäßig gelesen werden. Dies hat dann auch den Erfolg gehabt, daß seit Jahren schon, zumal seit der Zeit, wo auch Vorlesungen über mathematische Physik hier in größerer Vollständigkeit wie anderwärts gehalten wurden, nicht nur aus allen Gegenden Deutschlands Studirende der Mathematik, die eine höhere Ausbildung in ihrer Wissenschaft erstreben, sondern auch aus dem Auslande, aus Oesterreich-Ungarn, Italien, aus der Schweiz, Schweden, Dänemark, Rußland, Amerika und in den letzten Jahren selbst aus Frankreich junge Männer, die sich für den akademischen Beruf vorbereiten, in nicht geringer Zahl, zum Theil von ihren Regierungen geschickt, sich hier in Berlin zusammenfinden und größtentheils einen vollständigen Cursus absolviren. Die Zahl von Studirenden dieser Klasse wird sich auch nicht vermindern, so lange für ihre vielfachen Bedürfnisse und Ansprüche hier hinlänglich gesorgt ist, wenn auch der außerordentliche Andrang zu den mathematischen Studien, der in den letzten Jahren aus leicht erkennbaren Gründen stattgefunden hat, naturgemäß alsbald wieder nachlassen wird und muß.

Wir glauben durch das Vorstehende hinlänglich dargelegt zu haben, daß zur Zeit unsere Facultät über ein geringeres Maaß von mathematischen Lehrkräften verfügt als vor einem Menschenalter und daß dieselben für sich allein nicht ausreichen, um den Fortbestand der gegenwärtigen Blüthe des mathematischen Studiums an unserer Universität für die Zukunft zu sichern. Und so dankbar wir für die wirksame und uneigennützige Unterstützung sind, die unsere mathematischen Collegen zu verschiedenen Zeiten durch der Universität nicht unmittelbar angehörige Fachgenossen gefunden haben, so müssen wir doch dahin zu kommen trachten, daß die Facultät mit eigenen Kräften zu leisten vermöge, was ihr obliegt, und sind daher überzeugt, Ew. Excellenz werden es gerechtfertigt finden, wenn wir zunächst und vor allem den Wunsch haben, daß die dritte ordentliche mathematische Professur, deren Errichtung in Aussicht genommen ist, der Facultät dauernd verbleibe.

Unter der Voraussetzung, daß Ew. Excellenz diesem unseren Wunsch zu willfahren geneigt und im Stande sein werden, erlauben wir uns ferner, Ew. Excellenz zu bitten, hochgeneigtest in Erwägung ziehen zu wollen, ob nicht ebenso wie es im Jahre 1839 unter ähnlichen Verhältnissen geschehen ist, der gleichzeitige Eintritt zweier neu zu ernennender Ordinarien in die Facultät sich ermöglichen lasse, wenn auch Professor Kummer noch nicht definitiv ausgeschieden ist. Die Gründe, welche uns zu dieser Bitte veranlassen, sind folgende.

Bei der hervorragenden Stellung, die Professor *Kronecker* unter den Mathematikern der Gegenwart einnimmt, und in Anbetracht der großen Verdienste, die sich derselbe in zwanzigjähriger Lehrthätigkeit um die Förderung der mathematischen Studien an unserer Universität erworben hat, ist es selbstverständlich, daß wir an ihn vor allem haben denken müssen, als die Frage an uns herantrat, wen wir Ew. Excellenz als den eventuellen Nachfolger Kummer's in Vorschlag bringen sollten. Wir müssen allerdings dabei auch die Möglichkeit berücksichtigen, daß Professor Kronecker es vielleicht vorzieht, in seiner jetzigen freien Stellung zur Universität auch künftig zu verbleiben, wir dürfen dies nicht ohne weiteres annehmen und auch nicht von ihm erwarten, daß er sich über diesen Punkt schon jetzt erkläre. Seinen nahen Freunden ist bekannt, daß hauptsächlich der Wunsch und Einfluß Kummer's, seines von ihm hochverehrten Lehrers, ihn ursprünglich bestimmt haben, an der Universität zu lesen, und daß eine seiner Hauptvorlesungen sich an eine Kummer'sche nahe anschließt und diese zur nothwendigen Voraussetzung hat; es ist darum immerhin denkbar, daß er unter veränderten Verhältnissen Veranlassung fände, seine bisherige Lehrthätigkeit aufzugeben oder zu beschränken. Daß dieses verhütet werde, liegt im dringenden Interesse der Universität. Andererseits müssen wir sagen, daß durch seinen Eintritt in die Facultät der Zweck, um dessentwillen Ew. Excellenz die Errichtung einer neuen mathematischen Professur hauptsächlich beschlossen haben, nicht würde erfüllt werden. Prof. Kronecker würde nach wie vor Algebra, Zahlentheorie usw. für bereits fortgeschrittene Studirende lesen, ein Ersatz für Prof. Kummer in dem Sinn, daß er einfach dessen Vorlesungen übernähme, würde und könnte er nicht sein. Ew. Excellenz werden die Schwierigkeit nicht verkennen, die aus dieser Sachlage für uns erwächst. Wir vertrauen aber, daß Ew. Excellenz falls Sie unsere Überzeugung von der Nothwendigkeit einer Verstärkung der mathematischen Lehrkräfte in unserer Facultät theilen, den von uns im Obigen gemachten Vorschlag als zweckentsprechend anerkennen und Mittel und Wege finden, die seiner Ausführung etwa entgegenstehenden Hindernisse wegzuräumen.

In dieser Voraussetzung gestatten wir uns, unsere Wünsche und Vorschläge folgendermaßen zu präcisiren:

1. Wir bitten Ew. Excellenz, dahin wirken zu wollen, daß die dritte ordentliche Professur der Mathematik, deren Errichtung in Aussicht genommen worden ist, der Facultät dauernd erhalten werde.

2. Wir beantragen, daß zum Ersatz für Professor Kummer ein ordentlicher Professor berufen werde, der die Functionen des ersteren in der Weise zu übernehmen bereit und im Stande ist, daß der mathematische Unterricht an der Universität im Wesentlichen nach dem bisherigen Plane fortgeführt werden kann.

Als eine hierzu in jeder Beziehung geeignete Persönlichkeit nennen wir Ew. Excellenz in erster Linie den ord. Professor Dr. *Fuchs* in Heidelberg. Derselbe hat hier studirt und im Jahre 1858 promovirt, war dann längere Zeit Lehrer an einer höheren städtischen Schule, habilitirte sich im Jahre 1865 an unserer Universität als Privatdozent der Mathematik, wurde 1867 zum außerordentlichen Professor befördert, erhielt 1868 einen Ruf als ordentlicher Professor nach Greifswald, siedelte 1872 in gleicher Eigenschaft nach Göttingen und 1875 nach Heidelberg über.

Prof. Fuchs hat sich durch seine gediegenen und zum Theil neue Bahnen eröffnenden mathematischen Arbeiten unter seinen Fachgenossen einen höchst geachteten Namen erworben, und es spricht für die wissenschaftliche Bedeutung seiner Untersuchungen ganz besonders der Umstand, daß sich an dieselben zahlreiche Arbeiten anderer Mathematiker geknüpft haben und gegenwärtig im Auslande, namentlich in Frankreich und Italien nur wenige deutsche Mathematiker sich einer solchen Anerkennung erfreuen wie Prof. Fuchs, was um so mehr in's Gewicht fällt, als der bescheidene und zurückgezogen lebende Mann dies einzig und allein dem innern Werth seiner Arbeiten zu verdanken hat. In seinen verschiedenen Stellungen hat Prof. Fuchs ferner eine sehr vielseitige und erfolgreiche Lehrthätigkeit entfaltet, sodaß wir überzeugt sind, daß er der Aufgabe, die ihm hier zufallen wird, völlig gewachsen sein wird.

Außer Prof. Fuchs nennen wir Ew. Excellenz die ordentlichen Professoren *Lipschitz* in Bonn, *Schwarz* in Göttingen und *Weber* in Königsberg. Alle drei erfreuen sich eines wohlbegründeten wissenschaftlichen Rufes, die, an unsere Universität berufen, ohne Zweifel ihren Platz mit Ehre ausfüllen würden. Die Facultät bittet aber Ew. Excellenz, zunächst die Berufung des Prof. Fuchs in's Auge fassen zu wollen.

3. Endlich haben wir den dringenden Wunsch, daß der Universität eine so bedeutende Lehrkraft, wie wir sie an Prof. Kronecker besitzen, dauernd erhalten werde, und bitten Ew. Excellenz, dessen alsbaldige Berufung in die Facultät herbeiführen zu wollen.

Schließlich erlauben wir uns noch, einen Punkt zur Sprache zu bringen. Es liegt nahe, daran zu denken, ob es nicht vorläufig genüge, wenn Prof. Kronecker in die Facultät als Ordinarius einträte und zum einstweiligen Ersatz von Prof. Kummer noch ein Extraordinarius ernannt wird. Dieser Ausweg würde unter Umständen zweckmäßig sein können, ist aber im vorliegenden Falle ausgeschlossen, weil es an einer geeigneten Persönlichkeit fehlt. Die beiden jungen Mathematiker, die wir kürzlich Ew. Excellenz zur Ernennung als Extraordinarien vorgeschlagen haben[7]), sind die besten Kräfte, die wir acquiriren konnten. Wir sind überzeugt, daß sie sich als Lehrer bewähren und auch wissenschaftlich etwas Tüchtiges leisten werden, können aber nicht erwarten, daß wir schon in naher Zukunft die Beförderung eines von ihnen zum Ordinarius zu befürworten im Stande sein werden.

Wären nun gar drei Extraordinarien an der Facultät, so würde es doch für die Facultät eine mißliche Lage sein, wenn sie eintretenden Falls keinen von ihnen zum Ordinarius vorschlagen könnte.

Decan und Professoren

Einverstanden

Helmholtz Schmidt[8]) Zupitza

Anmerkungen zu Dok. 13

[1]) Dirichlet wurde vor Ohm Ordinarius.

[2]) Las vom SS 1845 ab.

[3]) Habilitierten sich in umgekehrter Reihenfolge.

[4]) Kummer.

[5]) Ohm

[6]) Ohm starb 1872.

[7]) Hettner und Netto.

[8]) Johannes Schmidt.

Dok. 14 Promotion Kurt Hensels. Gutachten und Prüfungsprotokoll

Kronecker und Kummer eigenhändig (Gutachten)
10. bzw. 12. 2. 1884 (P-4-54, Vorgang Hensel)
Die Promotion erfolgte am 24. 3. 1884.

Die Dissertation von Kurt Hensel „Arithmetische Untersuchungen über Discriminanten und ihre außerwesentlichen Theiler" wurde durch Kronecker am 10. 2. 1884 begutachtet:

Herr Hensel hat einen nicht gewöhnlichen mathematischen Takt und Muth gezeigt, als er — vor etwa einem Jahre — eine algebraisch-arithmetische Frage zu studiren begann, welche auf den ersten Blick ebensoviel Schwierigkeit als Interesse darzubieten schien. Es ist dies die Frage nach denjenigen Gattungen algebraischer Zahlen, in welchen sämtliche Gleichungs-Discriminanten einen gemeinsamen außerwesentlichen Theiler haben. Bis dahin waren nur ein paar vereinzelte von solchen Gattungen bekannt; ich selbst habe vor 28 Jahren bei meiner ersten Beschäftigung mit der allgemeinen Theorie der algebraischen Zahlen in Perioden 13ter Wurzeln der Einheit Repräsentanten solcher Gattungen gefunden und Hr. Dedekind ist seinerseits, wie er in den Göttinger Anzeigen von 1871 angekündigt und später in seiner Göttinger Abhandlung von 1878 näher ausgeführt hat, zur Aufstellung zweier specieller dort angegebenen Gleichungen dritten und vierten Grades gelangt, durch deren Wurzeln Gattungen von jener besonderen Beschaffenheit definirt werden. Hr. Hensel untersuchte nun zuvörderst die Kreistheilungsgleichungen und dann allgemeinere (Galoissche) Gleichungen in Hinsicht auf die bezeichnete Frage; er fand dabei sehr bald, durch einen glücklichen Gedanken geleitet, höchst einfache Bedingungen für Galoissche Gattungen, welche jene Eigenschaft besitzen sollen, und er kam dabei auch zu dem unerwarteten Resultat, daß uns die Natur durch die seit Gauß schon so vielfach studirten Perioden von Wurzeln der Einheit unendlich viele solche Gattungen aller Ordnungen gegeben hat, und daß also jenem speciellen Falle der Perioden 13ter Wurzeln der Einheit unendlich viele analoge zur Seite stehen. Die einfachen, sinnreichen Betrachtungen, welche Hrn. Hensel dieses werthvolle Ergebnis geliefert hatten, genügten nicht, um die Frage zu entscheiden, ob die Bedingungen, welche er als hinreichende für Galoissche Gattungen erhalten hatte, auch nothwendig seien. Denn dazu mußten — statt der außerwesentlichen Theiler selbst — ihre complexen Primfactoren in Bezug auf die behandelte Frage untersucht werden, und es bedurfte demgemäß einer genaueren und tieferen Durcharbeitung der nur in ihren Grundzügen aufgestellten allgemeinen Theorie der algebraischen Zahlen. Hr. Hensel hat diese Aufgabe mit anerkennenswerthem Eifer, Fleiß und Geschick durchgeführt; die große Mühe, die er darauf gewendet hat, ist aber auch durch den Erfolg belohnt worden. Denn es ist Hrn. Hensel gelungen, die Frage nach denjenigen außerwesentlichen Theilern der Gleichungs-Discriminanten, welche nicht zugleich wesentliche Theiler sind, mit Hilfe seiner Untersuchungen über die allgemeinen algebraischen Zahlen nicht nur für Galoissche Gattungen vollständig zu erledigen, sondern auch die Lösung der Frage für beliebige Gattungen daraus abzuleiten.

Ich habe die außerordentlich umfangreiche Arbeit, [die] — ihrem bei weitem größten Theile nach — schrittweise dem Herrn Dekan[1]) eingereicht worden ist, mehrere Monate lang zur Vorprüfung bei mir gehabt und Zeit und Sorgfalt auf eine genaue, ins Einzelne gehende Durchsicht verwendet. Dabei habe ich Mancherlei zu bemerken gefunden und an den betreffenden Stellen mit Bleistift Notizen gemacht, welche vor dem Abdruck zu berücksichtigen sein werden. Aber durch diese einzelnen Ausstellungen wird das günstige Urtheil, welches ich mir über die Arbeit in ihrer Gesamtheit gebildet habe, in keiner Weise alterirt.

Als eine Doctordissertation ist die Abhandlung des Hrn. Hensel, nach meinem Urtheil, eine *hervorragende* Arbeit, ein Zeugniß von Forschergeist und Forscherkraft, von mathematischem Talent und mathematischer Bildung; und sie rechtfertigt daher vollkommen das Gesuch des Verfassers, zur mündlichen Prüfung zugelassen zu werden.

Kummer erklärte am 12. 2., daß er mit dem Urteil des Referenten vollständig übereinstimme, und fügte hinzu, Hensel sei ihm aus dem Mathematischen Seminar „als ein junger Mann von sehr gründlicher mathematischer Bildung bekannt".

Die Prüfung am 28. 2. 1884 eröffnete Kronecker.

Er ließ den Candidaten zuvörderst die Principien der Theorie der Abbildung und der Krümmung der Flächen entwickeln, knüpfte daran Fragen aus der Lehre von den allgemeinen gradlinigen Strahlensystemen und schloß den geometrischen Theil der Prüfung mit der Frage nach den abwickelbaren Flächen und deren Differentialgleichung. Es wurde alsdann zu den allgemeinen linearen Differentialgleichungen übergegangen und namentlich die Frage der Transformation ihrer einzelnen Integrale bei Veränderung der unabhängigen Variabeln behandelt. Daran schloß sich die Erörterung der Eigenschaften der speciellen Differentialgleichungen, welchen die completten elliptischen Integrale und deren Quotienten genügen, und die algebraischen Integrale der letzteren Differentialgleichungen bildeten die Anknüpfung an den letzten algebraischen Theil der Prüfung, welcher sich auf die Eigenschaften specieller, namentlich der Kreistheilungsgleichungen, sowie auf die allgemeinen Eigenschaften, welche durch den Sturmschen Satz ausgedrückt wurden, bezog. Ein näheres Eingehen auf Fragen der Zahlentheorie, welche nur gestreift wurden, war durch die Beweise tiefer und umfassender Kenntniß dieses Zweiges der Mathematik, welche der Candidat in seiner Dissertation gegeben hatte, unnöthig geworden.

Der Candidat wußte in allen Theilen der Mathematik, welche in der Prüfung behandelt wurden, sehr gut Bescheid. Seine Antworten waren zum bei weitem größten Theile prompt und erschöpfend und auch wo er die Sache nicht gerade vollständig im Gedächtnis hatte, wußte er sich leicht und gut zu orientiren. Das Gesamtresultat der Prüfung ist als ein sehr gutes zu bezeichnen.

Weiter heißt es im Prüfungsprotokoll:

Professor G. Kirchoff setzte die Prüfung in der Mechanik fort, indem er mit dem Candidaten das Problem der Rotation eines starren Körpers um einen festen Punkt besprach, welches die Gelegenheit bot, die verschiedenen Principien und Begriffe der Dynamik zu berühren. Dann fragte er den Candidaten über optische Gegenstände: die Wellenfläche des Lichtes in doppelbrechenden Krystallen und ihre Eigenschaften, die Fresnelschen Gesetze der Reflexion des Lichtes von durchsichtigen, isotropen Mitteln und die Metallreflexion. Durch alle Antworten dokumentirte der Candidat sichere und klare Kenntnisse, so daß auch das Ergebniß dieses Theiles der Prüfung als ein sehr gutes bezeichnet werden kann.

Prof. Zeller prüfte den Cand. in der Philosophie. Die Fragen bezogen sich auf die verschiedenen Theorien über die Entstehung der Vorstellungen und die für ihre Beurtheilung in Betracht kommenden Momente. Der Cand. zeigte sich hierüber im wesentlichen wohl orientirt.

Vergleicht man dieses Protokoll mit früheren, so wundert man sich, daß als Ergebnis nur „magna cum laude“ festgesetzt wurde. Auch die Dissertation wurde recht knapp als „docta et ingeniosa“ gekennzeichnet; nach Kroneckers Urteil hätte ein lobenderes und schmückenderes Epitheton erwartet werden sollen. Ob ein strengerer Maßstab als früher angelegt wurde, ob andere Gründe mitgesprochen haben, wissen wir nicht, und es ist immer mißlich, aus dem Schweigen der Quellen Schlußfolgerungen hypothetischen Charakters zu ziehen.

Anmerkung zu Dok. 14

[1]) Schrader bzw. Schwendener.

Dok. 15 Promotion Paul Günthers. Gutachten und Prüfungsprotokoll

Fuchs und Kronecker eigenhändig (Gutachten)
29. 10. bzw. 12. 11. 1888 (P-4-78, Vorgang Günther)
Die Promotion erfolgte am 15. 3. 1889.

P. Günther promovierte 1889 mit einer Arbeit „Über lineare Differentialgleichungen, deren Integrale nur einen singulären Punkt im Endlichen besitzen und im Unendlichen sich regulär verhalten“. Der Promotionsvorgang sei wiedergegeben, um an einem Beispiel auch Fuchs' Tätigkeit als Referent von Dissertationen zu kennzeichnen und weil der hochbegabte Günther schon drei Jahre danach, am 27. 9. 1891, verstorben ist, nachdem er sich noch am 6. 8. 1890 habilitiert hatte. Fuchs urteilte wie folgt am 29. 10. 1888.

Die Arbeit des Candidaten Günther behandelt solche linearen homogenen Differentialgleichungen, welche überhaupt nur einen einzigen im Endlichen gelegenen singulären Punkt besitzen. Es wird zugelassen, daß die Integrale daselbst unbestimmt werden — wie man zu sagen pflegt, sich irregulär verhalten —, dagegen vorausgesetzt, daß dieses für einen unendlich großen Werth der unabhängigen Variabeln nicht eintrete. Die Arbeit schließt sich an eine denselben Gegenstand behandelnde Arbeit des Herrn Hamburger[1]) an, welche im Bande 103, p. 238, des mathematischen Journals publicirt worden. Herr Cayley hatte im 100. Bande desselben Journals, p. 286, sich mit der Entwickelung derjenigen Integrale beschäftigt, welche von Herrn Thomé als normale bezeichnet worden waren, nämlich solcher Integrale, welche nach Beseitigung eines Exponentialfactors ihre Unbestimmtheit im singulären Punkt aufgeben. Anläßlich des Versuchs, die Resultate des Herrn Cayley auf Grund gesicherter funktionentheoretischer Grundlage zu prüfen, hatte Herr Hamburger die Discussion der oben charakterisirten Klasse von Differentialgleichungen durchgeführt. In dieser Discussion tritt eine gewisse algebraische Gleichung auf. Herr Hamburger hat sich dabei auf den Fall beschränkt, daß diese Gleichung nur ungleiche Wurzeln habe. Läßt man diese Einschränkung fallen, so sind noch nicht unerhebliche Schwierigkeiten zu überwinden. Es ist Herrn Günther geglückt, ein Verfahren anzugeben, welches für alle Fälle zum Ziele führt. Er zeigt nämlich, daß man durch eine Reihe successiver Transformationen die Frage auf den Fall ungleicher Wurzeln zurückführen kann. Dieses Resultat ist aber nicht die einzige Leistung des Candidaten. Derselbe hat vielmehr in seiner Arbeit eine Reihe analytischer Entwickelungen gegeben, von welchen bei der Transformation von Differentialgleichungen überhaupt in vorteilhafter Weise Gebrauch gemacht werden kann, und womit es ihm unter anderem gelungen ist, die Entwickelungen des Herrn Hamburger theils zu ergänzen, theils durch eleganteres und zweckmäßigeres Verfahren zu ersetzen. Einige Weitschweifigkeiten hat der Verfasser in seiner Einleitung als für den Druck zu beseitigende schon selber bezeichnet, wegen anderweitiger in formaler Hinsicht zu wünschenden Veränderungen wird derselbe noch Anweisungen einzuholen haben.

Demnach trage ich kein Bedenken, die Zulassung des Candidaten Günther zum Doctorexamen auf Grund seiner Dissertation zu beantragen, und als Prädicat derselben „doctrinae et acuminis specimen laudabile" vorzuschlagen.

Kronecker erklärte sich hiermit am 12. 11. einverstanden, und am 29. 11. fand das Examen statt. Der Prüfungsbogen trägt folgende Eintragungen:

Die Prüfung eröffnete Herr Fuchs. Es wurden die algebraischen Curven und die algebraischen Funktionen in ihrer Eintheilung nach verschiedenen Gesichtspunkten betrachtet und namentlich die verschiedenen Definitionen des Geschlechts (Ranges) besprochen. Daran schlossen sich einige auf die Theorie der Abelschen Funktionen bezügliche Fragen. Es wurde alsdann zu den Anwendungen der Theorie der algebraischen Funktionen auf die Integration der Differentialgleichungen übergegangen. Schließlich wurden einige der Eigenschaften der doppelperiodischen und verwandter Funktionen verhandelt. Die Antworten des Candidaten waren überall in vorzüglichem Maße befriedigend.

Hr. Kronecker ließ den Candidaten die algebraischen Gesichtspunkte darlegen, welche Jacobi in seinen Fundamenta nova bei der Theorie der Transformation der elliptischen Functionen entwickelt hat, knüpfte daran weitere Fragen bezüglich der Modular- und Theilungsgleichungen, ging dann zu den Criterien der Auflösbarkeit der Gleichungen und der Realität ihrer Wurzeln über und endlich zur Bestimmung der Anzahl der in einem gegebenen Bereiche liegenden Wurzeln einer algebraischen Gleichung mittels des Cauchyschen Integrals. Der Candidat zeigte sich auf dem ganzen Gebiete, auf welchem sich die Prüfung bewegte, aufs Vollständigste orientirt und er bewies durch seine Antworten, daß er tief in das Verständniß des Gegenstandes eingedrungen ist und auch — was sehr anzuerkennen ist — bei seinen Studien vielfach bis auf die Originalquellen zurückgegangen und dadurch über die geschichtliche Entwickelung gut orientirt ist.

In der Physik fragte Professor Kundt nach den Beugungserscheinungen des Lichts und dem Unterschied in den Beobachtungsmethoden von Fresnel und Fraunhofer, dann nach der Polarisation bei Reflexion an Glas und Metallen, endlich über die Lage der Wellenfläche in den verschiedenen Krystallsystemen. Die Antworten erfolgten stets schnell und richtig.

In der Philosophie besprach Dilthey mit dem Candidaten einige moderne Systeme und fand ihn philosophisch vorzüglich unterrichtet.

Das Ergebnis entsprach dem nach diesem Protokoll zu Erwartenden; Günther erhielt die Note „summa cum laude".

Anmerkung zu Dok. 15

[1]) Meyer Hamburger.

Dok. 16 Antrag der Philosophischen Fakultät an den Kultusminister von Goßler, Hamburger als Nachfolger von Netto als Extraordinarius zu berufen

Kronecker eigenhändig (Konzept)
7. 7. 1888 (P-3-8. Bl. 164–166)
Es werden vorgeschlagen: 1. Hamburger; 2. Knoblauch; 3. Hölder. Hors de concours werden genannt: Kneser, Hensel, Minkowski. — Berufen wurde Knoblauch am 4. 4. 1889.

Berlin, 7. Juli 1888

Ew. Excellenz
beehrt sich die unterzeichnete Facultät hiermit für die Wiederbesetzung der durch das Ausscheiden des Professors Dr. Netto erledigten außerordentlichen Professur der Mathematik die nachfolgenden Vorschläge ganz gehorsamst zu unterbreiten.

Nach den Verhältnissen des mathematischen Unterrichts an unserer Universität liegt dem betreffenden außerordentlichen Professor besonders die wichtige Aufgabe ob, die Studirenden in das mathematische Universitätsstudium einzuführen und die hierfür erforderlichen Vorlesungen und Übungen zu halten.

Die Facultät muß daher eine möglichst baldige Wiederbesetzung der erledigten Professur dringend wünschen und bedarf dafür einer Persönlichkeit, welche mit der genügenden wissenschaftlichen Befähigung die Eigenschaft eines tüchtigen Lehrers auf dem angedeuteten Gebiete verbindet.

Auf Grund eingehender Prüfung dieser Bedürfnisse und der in Betracht kommenden Persönlichkeiten, sowie nach Anhörung der Fachmänner in ihrer Mitte, welche in der Personenfrage allerdings verschiedener Meinung sind, ist die Facultät zu dem Entschluße gelangt, Ew. Excellenz die folgenden drei Fachgelehrten — und zwar ausdrücklich in nachstehender Reihenfolge — für die genannte Professur vorzuschlagen:

in erster Linie den Professor Dr. [Meyer] Hamburger, Docenten an der Technischen Hochschule in Berlin-Charlottenburg;
in zweiter Linie unseren hiesigen Privatdocenten Dr. Knoblauch;
in dritter Linie den Göttinger Privatdocenten Dr. Hölder.

Prof. Dr. *Hamburger* gilt nach dem übereinstimmenden Urtheil der Fachmänner als derjenige Mathematiker, welcher unter den genannten und unter etwa sonst noch für die erledigte Professur in Betracht zu ziehenden Candidaten an wissenschaftlichen Leistungen und darin sich zeigender Bedeutung der hervorragendste ist.

Eine Reihe tüchtiger, selbst ausgezeichneter Arbeiten, die allgemeine Anerkennung gefunden haben, liegt von ihm vor. Nach diesen Leistungen ist Weiteres zur Förderung der Wissenschaft mit Sicherheit von ihm zu erwarten. Er hat allerdings nicht die übliche Laufbahn des Universitätslehrers hinter sich. Früherer Lehrer an einer jüdischen Schule hat er sich der höheren wissenschaftlichen Mathematik und dem Unterricht in derselben erst später zugewandt. Er steht auch bereits im Beginn der 50er Jahre. Indessen ist er nunmehr doch schon gegen 10 Jahre an der Technischen Hochschule als Docent der Mathematik mit gutem Erfolge thätig. Es darf demnach angenommen werden, daß er auch dem Lehrbedürfniß unserer Universität genügen wird. Nach dem Umfang seiner mathematischen Bildung könnte er auch noch andere Theile der Mathematik, so partielle Differentialgleichungen, als Lehrer mit vertreten, was nur erwünscht wäre. Ein formeller Mangel in der Erwerbung seines Doctorgrades — sogen. „kleiner" Hallenser Dr. — würde sich wohl beheben lassen. Kein jüngerer Gelehrter des Fachs in Berlin und außerhalb könnte sich durch die Ernennung Dr. Hamburgers zurückgesetzt fühlen.

Die Facultät schlägt daher den Prof. Hamburger Ew. Excellenz als ersten Candidaten vor.

Dr. *Knoblauch*, geboren 1855, hat sich am 15. März 1883 hier habilitirt. Er liest also jetzt 11 Semester und mit großem Fleiß und Eifer, sowie, wie wir Grund anzunehmen haben, mit recht gutem Erfolge, namentlich über diejenigen Theile der Mathematik, welche der betreffende außerordentliche Professor namentlich zu vertreten hätte. Auch hält er die dazugehörigen Übungen ab.

Die Vorbereitungen für seine Vorlesungen haben ihn seit seiner Habilitation vorzugsweise in Anspruch genommen. In der Lehrthätigkeit liegt bisher der Schwerpunkt seines Wirkens und auch in erster Linie die Berechtigung, bei der Wiederbesetzung der erledigten außerordentlichen Professur ernstlich in Betracht gezogen zu werden. Dr. Knoblauch würde demnach dem hiesigen Lehrbedürfniß in besonderem Maße entsprechen und in dieser Hinsicht würde ihm kein anderer seiner etwa gleichaltrigen Fachgenossen vorzuziehen sein, in *dieser* Beziehung auch Dr. Hamburger nicht.

Allerdings sind Dr. Knoblauchs wissenschaftliche Leistungen bislang weder nach der Zahl und dem Umfang noch nach der Bedeutung der Arbeiten, welche er veröffentlichte, sehr erhebliche. Allein dies mag sich wohl daraus erklären, daß er sich in den ersten Jahren seines akademischen Berufs seiner Lehrthätigkeit, gewiß zum Vortheil derselben, sehr intensiv gewidmet hat und ihm daher wenig Zeit für die rein wissenschaftliche Arbeit übrig geblieben ist. Immerhin liegen von ihm auch einige kleinere brauchbare Arbeiten vor. Außerdem ist dem Vernehmen nach ein größeres, bereits fast ganz fertig gedrucktes Werk, eine „Theorie der krummen Flächen“, von Dr. Knoblauch zu erwarten. Dasselbe wird von einem der Fachmänner der Facultät, welcher darin Einsicht genommen, günstig beurtheilt. Wenn nun auch über den Grad der mathematischen Begabung und wissenschaftlichen Leistungsfähigkeit des Dr. Knoblauch die fachmännischen Ansichten getheilt sind, so verspricht der noch junge Gelehrte auch in wissenschaftlicher Beziehung seinen Platz wenn nicht mit Sicherheit hervorragend, so doch ganz genügend auszufüllen und weiteres zu leisten.

Die Facultät glaubt daher, getrost den fleißigen und tüchtigen Lehrer, welcher schon unserem Lehrkörper angehört, Ew. Excellenz in zweiter Linie für die erledigte Professur als Candidaten vorschlagen zu dürfen.

Die Übergehung desselben durch die Ernennung eines ihm an Lebens- und akademischen Berufsjahren nachstehenden Fachgenossen würde immerhin für Dr. Knoblauch empfindlich sein. Anders läge auch für diesen der Fall, wenn Prof. Hamburger ernannt würde.

Sollten Ew. Excellenz indessen sich für keinen der beiden Genannten entscheiden wollen, so würde die Facultät bitten, das besondere Augenmerk zunächst auf Dr. *Hölder* in Göttingen zu richten. Derselbe, 1859 geboren, hat sich durch tüchtige wissenschaftliche Arbeiten bereits einen ganz guten Namen erworben, ist in der akademischen Lehrthätigkeit geschult und würde als Lehrer ebenfalls dem hiesigen Bedürfniß gut entsprechen.

Wir schlagen ihn daher eventuell in dritter Linie vor.

Neben und annähernd in gleicher Linie mit Dr. Hölder könnten allerdings auch noch einige andere jüngere mathematische Gelehrte und Universitätsdocenten in Erwägung gezogen werden. Wir denken dabei namentlich an die folgenden drei: Dr. *Kneser*, Privatdocent in Breslau, geboren 1862, Dr. *Hensel*, hierselbst, geboren 1861, Dr. *Minkowski*, Privatdocent in Bonn, geboren 1864, alle drei tüchtige und begabte Gelehrte. Indessen liegt kein Grund für uns vor, schon gegenwärtig auf diese Männer zurückzugreifen oder unseren zweiten und dritten Candidaten, geschweige unseren ersten, hinter sie zu stellen.

Sollten jedoch Ew. Excellenz keinem der drei genannten Männer die erledigte Professur übertragen wollen, so würde die Facultät gehorsamst bitten, ihr nochmals Gelegenheit zu geben, sich über die verschiedenen, hier mit erwähnten Persönlichkeiten des Näheren zu äußern. [...]

Wagner[1]), Kronecker

Anmerkung zu Dok. 16

[1]) Adolf Wagner.

Dok. 17 Antrag der Philosophischen Fakultät an den Kultusminister von Goßler, Hensel zum Extraordinarius zu befördern

Kronecker eigenhändig (Konzept)
10. 2. 1891 (P-6-6. Bl. 12)
Hensel wurde erst am 7. 3. 1892 auf Grund einer späteren Eingabe (Dok. 21) befördert.

Berlin, 10. Februar 1891

Ew. Excellenz

erlauben wir uns, hierdurch
die Beförderung des Privatdocenten der Mathematik Dr. Kurt Hensel zum außerordentlichen Professor in Erfüllung seines an uns gerichteten beifolgenden Gesuchs, und unter Zuweisung eines angemessenen Gehaltes ganz gehorsamst zu beantragen.

Herr Hensel hat seit Michaelis 1886 mit sehr gutem Erfolge die verschiedensten mathematischen Vorlesungen an unserer Universität gehalten. Er hat einerseits in einer Reihe von Collegien und daran angeschlossenen Übungen Anfänger in größerer Zahl in die mathematischen Universitäts-Studien eingeführt, andererseits in Vorlesungen über einzelne höhere, wichtige und doch seltener behandelte mathematische Disciplinen eine verhältnismäßig nicht geringe Anzahl von Zuhörern anzuziehen und zu fesseln verstanden und gerade hiermit mehrfach einem wirklichen Bedürfniß abgeholfen.

Herr Hensel hat ferner in der Zeit seit seiner Habilitation durch mannigfaltige tiefe und ergebnißreiche mathematische Untersuchungen in vollem Maaße den Erwartungen entsprochen, zu welchen schon seine Doctor- und Habilitations-Arbeiten berechtigten; er hat endlich nicht nur bei der Herausgabe von Lejeune Dirichlet's Werken nützliche Dienste geleistet, sondern auch durch die von ihm allein besorgte, von Herrn Helmholtz durchgesehene, nunmehr nahezu vollendete Herausgabe der Gustav Kirchhoffschen Vorlesungen über theoretische Optik sich den begründetsten Anspruch auf den Dank aller Mathematiker erworben. Herr Hensel besitzt in seiner vielseitigen humanistischen Bildung und in der glücklichen Vereinigung von Lehr- und Forschungsgaben alle für einen mathematischen Universitätsdocenten erforderlichen Eigenschaften; sein Eintritt in den Kreis der Professoren scheint uns daher sehr erwünscht. Die vorgeschlagene Beförderung würde Herrn Hensel selbst eine wohlverdiente Anerkennung seines bisherigen Wirkens sein sowie eine Aufmunterung, seine Kräfte auch fernerhin ganz und voll der Universität und der Wissenschaft zu widmen.

Kronecker, Helmholtz, Foerster

Bearb.-Vermerke von Fuchs

Dok. 18 Stellungnahme der Philosophischen Fakultät, abgegeben gegenüber dem Kultusminister Bosse, zu dem Gesuch Schlesingers auf Beförderung zum Extraordinarius

Schwarz eigenhändig (Konzept)
6. 8. 1893 (P-6-6. Bl. 156)
Schlesinger erhielt lediglich das Prädikat Professor am 6. 6. 1894.

Berlin, den 8. Juni 1893

Eurer Excellenz
beehrt sich die unterzeichnete Fakultät das Gesuch des Privatdocenten Herrn Dr. Schlesinger um Beförderung zum außerordentlichen Professor an der hiesigen Universität zu übermitteln und über seine bisherigen Erfolge als Forscher und Lehrer zu berichten wie folgt.

In seiner Inauguraldissertation dehnt Herr Schlesinger die Untersuchungen von Fuchs über lineare Differentialgleichungen dritter Ordnung, zwischen deren Integralen homogene Relationen bestehen, auf Differentialgleichungen vierter Ordnung aus. Wenn er auch zunächst den von seinem Lehrer eingeschlagenen Weg benutzen kann, so bietet die Untersuchung doch in ihrem weiteren Verlaufe ganz erhebliche, namentlich algebraische Schwierigkeiten dar, gleichwie die Theorie der Flächen und Raumcurven einen ganz anderen Apparat erfordert, wie die der ebenen Linien. Besondere Anerkennung verdient in dieser Arbeit die Sorgfalt, mit der die verschiedenen Fälle, die sich bei der Lösung der Aufgabe darbieten können, discutirt und erledigt werden. Weit selbständiger tritt Herr Schlesinger in seiner zweiten Arbeit auf, die sich mit den Functionen beschäftigt, welche lineare Substitutionen in sich zulassen. Die Darstellung derselben bietet immer noch erhebliche Schwierigkeiten dar, besonders wenn es sich darum handelt, ihre Abhängigkeit von den in sie eingehenden Parametern zu bestimmen. Es ist deshalb als ein wesentlicher Fortschritt in ihrer Theorie zu betrachten, daß es Herrn Schlesinger gelungen ist, die Functionen wenigstens einer besonderen Klasse als Grenzwerthe einer unendlichen Folge algebraischer Functionen darzustellen, deren Umkehrungen rationale Functionen sind, und die durch eine Art von Iteration erhalten werden. Mit großem Scharfsinn überwindet er die Schwierigkeiten, die der Beweis für die Convergenz des angewandten Verfahrens bietet. Von der durch den Grenzübergang erhaltenen Größe sind die benutzten algebraischen Functionen sämmtlich automorphe Functionen erster Ordnung. Daß sich jede dieser Functionen durch jede folgende rational ausdrücken läßt, hat, wie Herr Schlesinger zeigt, seinen letzten Grund darin, daß die Gruppe, zu der eine solche Function gehört, eine Untergruppe mit endlichem Index von der Gruppe jeder vorhergehenden ist.

In seinen letzten Arbeiten schließt sich Herr Schlesinger wieder enger an die Untersuchungen von Fuchs über die algebraisch integrirbaren linearen Differentialgleichungen an. Wie dieser das genannte Problem durch die Construction von gewissen ganzen rationalen homogenen Functionen der beiden Elemente eines Fundamentalsystems löst, die er als Primformen bezeichnet, so construirt Herr Schlesinger für die Differentialgleichungen zweiter Ordnung mit discontinuirlicher Gruppe transcendente Formen von ganzzahligem Grade, die eindeutige Functionen der unabhängigen Variablen oder Wurzeln aus solchen sind. Jede solche Form läßt sich als ein Product von Primformen darstellen. Der Grad einer Primform ist gleich einer durch die Gruppe der Differentialgleichungen bestimmten Zahl oder gleich einem aliquoten Theile derselben, und zwischen je drei Primformen jenes Grades oder entsprechenden Potenzen von Primformen niedrigeren Grades besteht eine lineare Relation mit constanten Coefficienten.

Unter den Differentialgleichungen mit discontinuirlicher Fuchs'scher Gruppe untersucht er speciell die, bei denen der Integralquotient nur für eine endliche Anzahl von Werthen der unabhängigen Variablen denselben Werth annimmt. Als nothwendige und hinreichende Bedingung dafür findet er, daß eine aus den Elementen eines Fundamentalsystems gebildete invariante eindeutige Form die Wurzel aus einer rationalen Function der unabhängigen Variablen ist.

Wenn sich nun auch diese Arbeiten nur über ein etwas beschränktes Gebiet der Analysis erstrecken, so erfordern die behandelten Probleme doch zu ihrer Lösung die ausgedehnteste Kenntniß der neueren und neuesten analytischen und algebraischen Methoden und bieten dem Verfasser die ausgiebigste Gelegenheit, seine ungemein ausgebreitete mathematische Gelehrsamkeit zur Anwendung zu bringen.

Die Vorlesungen, die Herr Schlesinger seit 1889 an unserer Universität gehalten hat, behandelten die verschiedensten Zweige der Analysis und hatten sich [...] beständig eines regen Besuchs zu erfreuen, namentlich auch die, welche mehr elementare, grundlegende Disciplinen zum Gegenstande hatten. Sie sollen sich nach allem, was wir vernommen haben, durch verständliche Klarheit der Darstellung und anregende Lebendigkeit des Vortrags auszeichnen.

Wir können daher Eurer Excellenz auf das dringendste empfehlen, sobald sich die Gelegenheit dazu bietet, diesem jungen Manne, dessen Leistungen zu den besten Erwartungen berechtigen, alle mögliche Förderung angedeihen zu lassen. Um so mehr bedauern wir, daß wir nicht in der Lage sind, sein Gesuch um eine außerordentliche Professur an der hiesigen Universität durch unsere Empfehlung zu unterstützen. In der analytischen und algebraischen Richtung, in der sich die Studien des Herrn Schlesinger bewegen, ist für eine weitere Professur zur Zeit ein Bedürfniß nicht vorhanden, denn es wirken in unserer Fakultät drei ordentliche und drei außerordentliche Professoren, die alle vorzugsweise jene Richtung pflegen. Dies ist für uns der ausschlaggebende, aber zugleich auch der einzige Grund, weshalb wir darauf verzichten, unter den jetzigen Verhältnissen die Beförderung des Herrn Dr. Schlesinger zum außerordentlichen Professor an der hiesigen Universität zu befürworten.

Hirschfeld als Dekan

Diels [als Prodekan]

Frobenius
Planck
Foerster
H. A. Schwarz

Dok. 19 Stellungnahme der Philosophischen Fakultät, abgegeben gegenüber dem Kultusminister Bosse, zu dem Gesuch E. Kötters auf Beförderung zum Extraordinarius

Schwarz eigenhändig (Konzept)
22. 6. 1893 (P-6-6. Bl. 161–162)
Kötter erhielt lediglich das Prädikat Professor am 6. 6. 1894.

Berlin, den 22-ten Juni 1893

Eurer Excellenz

beehrt sich die unterzeichnete Fakultät in Bezug auf das [...] ihr zur Begutachtung übergebene Gesuch des Hrn. Dr. Ernst Kötter, Privatdocenten an der hiesigen Universität, welcher um Beförderung zum außerordentlichen Professor bittet, gehorsamst Folgendes zu berichten.

Herr Dr. Ernst Kötter ist als ein wissenschaftlich sehr tüchtiger Gelehrter zu bezeichnen, der sich für tiefere Forshucngen auf dem Gebiete der reinen und der analytischen Geometrie als vorzüglich befähigt gezeigt hat. Bereits vor seiner Habilitation hat er für eine größere Arbeit von der hiesigen Akademie im Jahre 1886 den Steiner-Preis erhalten. Die ausführliche Beurtheilung gipfelt in dem Schlußsatze: „Die Akademie hat in ihrem Preisausschreiben erklärt, daß sie zur Concurrenz um den in diesem Jahre zu ertheilenden Steinerschen Preis jede Arbeit zulassen werde, welche zur Erledigung derjenigen Fragen, auf welche die Akademie durch die gestellte Aufgabe die Aufmerksamkeit der Geometer hat hinlenken wollen, einen Beitrag von wesentlicher Bedeutung liefere. Dieser Aufforderung entspricht die beurtheilte Schrift, welche unverkennbar das nach einem wohldurchdachten Plane ausgeführte Werk eines auf dem Gebiete der reinen wie der analytischen Geometrie vollkommen heimischen Mathematikers ist, in ausgezeichneter Weise; die Akademie trägt daher kein Bedenken, derselben den ausgesetzten Preis zuzuerkennen."

Zu demselben günstigen Urtheile über den Verfasser geben die in der Zwischenzeit von Herrn Dr. Kötter veröffentlichten wissenschaftlichen Abhandlungen Veranlassung, unter denen eine besonders hervorgehoben zu werden verdient, welche den Titel hat: über diejenigen Polyeder, die bei gegebener Gattung und gegebenem Volumen die kleinste Oberfläche besitzen. (Journal für Mathematik, Band 110, S. 189—229). Der Verfasser macht in dieser Abhandlung mit großem Geschick und mit glücklichem Erfolge zur Lösung einer rein geometrischen Aufgabe von der Theorie der elliptischen Functionen Gebrauch. Die ganze Behandlungsweise läßt erkennen, daß Herr Dr. Kötter mit diesem Theile der Analysis vollkommen vertraut ist. [...]

Mit Rücksicht auf die in den letzten Jahren so erheblich verminderte Zahl der Mathematikstudirenden geben die Zahlen der Theilnehmer an den Vorlesungen des Herrn Dr. Kötter ein recht günstiges Zeugniß über die Anerkennung, welche die Lehrthätigkeit desselben bei den Studirenden gefunden hat. Einzelnen Mitgliedern der Fakultät gegenüber sind gelegentlich von älteren urtheilsfähigen Männern, die die Vorlesungen des Herrn Dr. Kötter besucht haben, sehr anerkennende Urtheile über sein Geschick als Lehrer, besonders auf dem Gebiete der reinen Geometrie ausgesprochen worden. Es ist auch der Fakultät bekannt, daß Herr Dr. Kötter sich mit Erfolg mit der darstellenden Geometrie beschäftigt hat.

Die Fakultät glaubt hiernach Herrn Dr. Kötter, der sich als Forscher und als Lehrer bewährt hat, als durchaus würdig bezeichnen zu müssen, zum außerordentlichen Professor befördert zu werden. Die Fakultät könnte es auch an sich als wünschenswerth bezeichnen, daß die reine Geometrie an der hiesigen Universität, an der Steiner so viele Jahre hindurch mit dem größten Erfolg gewirkt hat, durch einen Gelehrten vertreten werde, der sich vorzugsweise mit dieser Disciplin mit Erfolg beschäftigt.

Da aber das Fach der Mathematik an der hiesigen Universität gegenwärtig durch sechs Professoren vertreten wird, von denen einige auch das Fach der reinen Geometrie mit vertreten, glaubt die Fakultät, so sehr sie auch die bisherige Thätigkeit des Herrn Dr. Ernst Kötter anerkennt, doch nicht die Anstellung eines neuen außerordentlichen Professors für das Fach der Mathematik befürworten zu können.

Die Fakultät glaubt aber, eine Pflicht zu erfüllen, indem sie Eurer Excellenz Herrn Dr. Ernst Kötter für den Fall aufs Wärmste empfiehlt, daß sich eine Möglichkeit bietet, demselben an einer anderen Universität oder an einer technischen Hochschule eine mathematische Professur zu übertragen. Die Fakultät zweifelt nicht daran, daß er durchaus befähigt ist, eine solche Professur in würdiger Weise auszufüllen.

Fuchs
H. A. Schwarz — Hirschfeld als Dekan
Frobenius
Planck — Diels [als Prodekan]
Foerster

Dok. 20 Protokoll der zur Erarbeitung von Vorschlägen für die Nachfolge Kroneckers und für einen Ersatz für Weierstraß von der Philosophischen Fakultät eingesetzten Kommission

Diels eigenhändig.
22. 1. 1892 (P-3-9. Bl. 56–57)

22. 1. 92

Protokoll[1])

Fuchs: Der einzige, der unter den gegebenen Verh[ältnissen] [Außerordentlich liches] in der Algebra, Zahlentheorie geleistet hat, ist Dedekind in Braunschweig. Er ist nicht zu gewinnen. Unter den andern, die *neben* diesen Studien auch Analytik treiben, kommt Weber in Marburg in Betracht.
Eine andere Richtung der Algebra wird vertreten durch *Noether*, Lindemann.
Unter diesen Umst[änden] muß man sein Augenmerk auf einen *Analytiker* richten. Er dürfte sich aber nicht vollkommen mit Fuchs decken, sondern Algebra daneben treiben. Damals 82/3[2]): Lipschitz, Schwarz, Weber.
Jetzt [kommt] Frobenius hinzu, der durch seine umfangreichen Kenntnisse eine geeignete Person sein würde.
Schwarz 1) deckt sich zu sehr mit Fuchs.
2) Persönlichkeit?

Weierstraß: Schwarz deckt sich doch nicht so sehr. Er beantragt einen guten Analytiker einzustellen. Da kommen nach dem großen Publikum höchstens *Klein* und *Schwarz* in Betracht. Und nur dann muß man davon absehen, wenn sie absolut nicht zu haben sind. [Andere] Persönlichkeiten kommen nicht in Betracht. Schwarz bleibt bei der Stange. Guter Vortrag. Klein nascht mehr. Blender.

Fuchs: Die Motivirung v[on] Schwarz von Seiten Weierstraß ist nicht richtig. Für uns kann nur die Ansch[auung] der Kommission in Betracht kommen. Ich muß mit ihm auskommen. *Schwarz* hat wirklich wertvolles geleistet, *Klein* dagegen (Ikosaeder ist Compilation von Schwarz und Fuchs im Feuilletonstil).

Weierstraß: keine eigene Ansch[auung] über Klein.

Kundt: Klein ist ein fascinirender *Lehrer*.

Foerster: Tietjen hat Voten eingeholt. Der ungünstige Eindruck Weierstraß' tritt überall hervor. Die allgemeine Meinung ist nicht so sehr für Klein. Wir müssen Klein dem Minist[er] gegenüber nennen, aber hervorheben, sein Zusammenarbeiten hier sei unmöglich.

von Helmholtz: Kronecker sprach sehr ab über Klein. Er betrachtete ihn als Faiseur. Wir müssen für eine Vollständigkeit sorgen. Ich halte es für wichtig, noch einen *Analytiker* zu berufen. Wie steht's mit der *Geometrie*?

Weierstraß: Dafür ist Schwarz [da].

Fuchs: Ich erkläre, daß ich nicht[s] gegen Kleins persön[liche] Eigensch[aften] vorzubringen habe, sondern [gegen] sein verderbliches Vorgehen auf wiss[enschaftlichem] Gebiete. Er arbeitet nicht um der Sache willen, sondern er schreibt Lehrbücher aus anderer Arbeit.

Weierstraß: Über Klein sind alle jetzt so ziemlich einig.

Foerster: Klein, Versprechungen hat er nicht gehalten.

Fuchs: Ich würde nichts gegen Schwarz einzuwenden haben, aber mit andern.

Foerster: Haben wir solche Männer wie so ausgezeichnete Männer. Ich[3])

Fuchs: Einige Namen.

Kundt: [3])

Weierstraß: 1) Schwarz 2) Frobenius

Fuchs: 1) Frobenius 2) Schwarz 3) Weber.

Tietjen: 1) Frobenius 2) Weber 3) Schwarz.

von Helmholtz: Lipschitz nennen, wir sehen [von] ihm [aber] ab wegen s[eines] zweifelhaft[en Gesundheitszustandes].
Schwarz u[nd] für die 2. Stelle Frobenius.

Foerster: 1) Frobenius, Weber, Schwarz.
Schwarz [und] Frobenius in gleicher Weise [nennen].

von Helmholtz: Wie stehts mit der Synthese.

Weierstraß: Frobenius [und] Schwarz würden für beide [Geometrien]. Einen reinen Geometer vorzuschl[agen] haben wir k[einen] Grund.

Fuchs: Ich bin für Geometer. Reye[4]) ist der einzige.

von Helmholtz: Man würde gut thun, für die 2. Stelle solche vorzuschl[agen], die abgetrennte Kapitel vorschlagen[5]).
Frobenius an erster Stelle u[nd] die anderen [sind] daneben zu nennen.
Schwarz für die 1) Stelle u[nd] die andern Namen
2) Frobenius, Noether, Dedekind

Foerster: Wie Lindemann? (Unbek[annt][6]) Fuchs.)

Weierstraß: Er ist sehr abgefallen und außerord[entlich][7])

Fuchs: An die zweite Stelle muß eine Würdigung von Noether u[nd] etwas weniger Lindemann.

Weierstraß: Auch Weber zu Schwarz.

von Helmholtz: Koenigsberger wird auch in der 2. Reihe genannt.

Foerster: Ich würde für Besetzung der einen Stelle (Kronecker) sein.

[Beschluß]:

[1.] Lipschitz hors de concours.
I Schwarz 2) Weber, Koenigsberger
II Frobenius 2) Noether, Dedekind
am Schluß Klein

[2.] Hensel hinten anfügen, motiviren durch Kronecker. Specialität und Werke.

Anmerkungen zu Dok. 20

[1]) *Diels* schreibt die Eigennamen sehr willkürlich. Das ist hier durchweg ausgeglichen worden.
[2]) Eingabe vom 6. 7. 1882. Dok. 13.
[3]) Nichts im Protokoll.
[4]) Lesung unsicher.
[5]) Soll wohl heißen: vortragen.
[6]) Lesung unsicher.
[7]) Nichts im Protokoll.

Dok. 21 Antrag der Philosophischen Fakultät an den Kultusminister Graf von Zedlitz, Schwarz und Frobenius als Nachfolger von Weierstraß und Kronecker zu berufen sowie Hensel zum Extraordinarius zu befördern

Von der Hand eines Schreibers (Konzept, vermutlich nach einem Entwurf von Diels) 8. 2. 1892 (P-3-9. Bl. 58–61)
Es werden vorgeschlagen: 1. Schwarz, 2. Weber und Koenigsberger, resp. 1. Frobenius, 2. Noether und Dedekind. Hors de concours wird Lipschitz genannt. Klein wird abgelehnt. Berufen wurden H. A. Schwarz und Frobenius am 1. 4. resp. 16. 3. 1892. Hensel wurde am 7. 3. 1892 zum außerordentlichen Professor befördert.

Berlin, den 8. Februar 1892.

Auf Veranlassung des hohen Erlasses Ew. Excellenz vom 5. Januar 1892 (U.I. Nr. 8479) beehrt sich die philosophische Fakultät das Folgende gehorsamst vorzutragen:

Da die einzelnen Disciplinen der Mathematik eine immer größere Ausdehnung annehmen, und sich aus denselben neue selbständige Zweige herausgebildet haben, so hält es die Facultät für nothwendig, daß die beiden zur Verfügung stehenden ordentlichen Professuren der Mathematik schon jetzt besetzt werden, damit die Inhaber dieser Stellen, in Gemeinschaft mit dem jetzt allein activen Collegen Fuchs, in einem, einen nicht zu großen Zeitraum umfassenden Cursus die verschiedenen Theile der mathematischen Wissenschaften an der Universität zum Vortrage bringen können. Die Facultät hält diese Forderung um so mehr für eine gerechtfertigte, als auch in früheren Zeiten drei ordentliche Professoren thatsächlich die Mathematik gelehrt haben, auch in Zeiten, in welchen die Frequenz der diese Wissenschaft Studirenden die jetzige Frequenz nicht übertraf, und manche Disciplinen noch nicht ausgebildet genug waren, um wie jetzt als Gegenstände des Universitätsunterrichts zu gelten.

Bei den Vorschlägen zur Besetzung der beiden erwähnten Lehrstühle hat die Facultät, so weit es mit Rücksicht auf den Bestand der überhaupt in Betracht zu ziehenden Persönlichkeiten möglich ist, ihr Augenmerk darauf gerichtet, daß die zu Berufenden möglichst verschiedenartige Disciplinen vertreten, oder wo eine theilweise Deckung in den Disciplinen vorhanden, doch wenigstens eine verschiedene Richtung in der Behandlung derselben sich geltend macht.

Vor allen Dingen aber mußte darauf Bedacht genommen werden, daß die zu Berufenden geeignet sein würden, die seit Generationen an unserer Universität geübte Anleitung der Studirenden zu ernster und selbstloser Vertiefung in die mathematischen Probleme fortzusetzen. Aus diesem Grunde mußte von Persönlichkeiten wie Professor Felix Klein in Göttingen (geb. 1849) abgesehen werden, über dessen wissenschaftliche Leistungen die

Urtheile der Gelehrten sehr getheilt sind, dessen ganze Wirksamkeit aber in Schrift und Lehre mit der eben gekennzeichneten Tradition unserer Universität in Widerspruch steht.

Unter den Namen, welche die Facultät in ihrer Eingabe vom Juli 1882[1]) bei Gelegenheit der Berufung des Collegen Fuchs genannt hat, befindet sich der des Professor ord. Lipschitz in Bonn (geb. 1832). Die Facultät nimmt nur ungern davon Abstand, bei jetziger Gelegenheit diesen vortrefflichen Gelehrten in Vorschlag zu bringen, und zwar nur aus Rücksicht auf den schwankenden Gesundheitszustand desselben, der es dem Vernehmen nach ihm kaum erlauben würde, in eine neue Stellung überzusiedeln.

Nach reiflicher Erwägung aller Umstände schlägt die Facultät vor,

die eine der zur Verfügung stehenden Professuren dem ordentlichen Professor H. A. Schwarz in Göttingen,

die andere dem Professor Frobenius, am eidgenössischen Polytechnicum in Zürich, zu übertragen.

Professor *Schwarz* (geb. 1843), welcher in der oben erwähnten Eingabe bereits genannt worden ist, hat eine große Reihe von Arbeiten auf den Gebieten der Analysis und der Geometrie veröffentlicht, welche in den weitesten Kreisen wohlverdiente Anerkennung gefunden haben. Seine Schriften erfreuen sich neben einer großen Klarheit selbst in den schwierigsten Materien, einer gediegenen und gründlichen Durchdringung des Stoffes. Eine besondere Begabung für die Geometrie hat ihn vom Anfang seiner wissenschaftlichen Laufbahn an besonderes Interesse an denjenigen Theilen der Analysis finden lassen, welche im geometrischen Bilde einen adäquaten Ausdruck finden können. Demnach würde in der Lehrkraft des Herrn Schwarz an unserer Universität eine wesentliche Ergänzung des geometrischen Unterrichts gewonnen werden. Die Facultät hält daher den Herrn Schwarz für ganz besonders geeignet, die eine der beiden Professuren auszufüllen, zumal er auch den Ruf eines vortrefflichen Lehrers genießt.

Professor *Frobenius* (geb. 1849) hebt sich unter der Gesammtheit der in Betracht stehenden Mathematiker nicht nur durch die außerordentliche Fruchtbarkeit seiner mathematischen Produktion hervor, sondern vor allem in der Universalität seiner mathematischen Talente. Kaum giebt es einen Zweig der reinen Mathematik, welchen er nicht zum Gegenstand seiner Forschung gemacht. Fast jede seiner Schriften giebt eine formvollendete Darstellung des einem Problem zu Grunde liegenden Stoffes, auf welchen er alsdann eine Verbesserung oder Ergänzung der Lösung desselben aufbaut. Wenn hiernach in Herrn Frobenius für unsere Universität überhaupt ein Lehrer gewonnen werden würde, der fast über alle Zweige der reinen Mathematik auf Grund eigener Forschungen Vorlesungen halten könnte, so würde insbesondere dem Lehrplane der Universität eine wichtige Ergänzung zuwachsen, welche in der eigenthümlichen Begabung des Herrn Frobenius begründet ist. Derselbe hat mit Vorliebe in erfolgreichen Schriften die formalen Theile der Analysis und der algebraischen Formentheorie zum Gegenstand seiner Studien gemacht und erscheint demnach besonders dazu berufen, diese unentbehrlichen Zweige der Wissenschaft zu vertreten. Auch Herr Frobenius, welcher früher an unserer Universität als außerordentlicher Professor thätig gewesen, gilt als ein vortrefflicher Lehrer.

Für die Stelle, für welche die Facultät Herrn Schwarz vorgeschlagen, nennt dieselbe neben Schwarz noch

die Herren Professor ord. Weber in Marburg und
Professor ord. Koenigsberger in Heidelberg.

Professor *Weber* (geb. 1842) ist ebenfalls bereits in der oben genannten Eingabe genannt worden. Schon damals hat die Facultät unter Hervorhebung seiner Verdienste auf dem Gebiete der Analysis es betont, daß er die Professur, wenn er in dieselbe berufen, mit Ehren auszufüllen in der Lage sein würde. Seitdem hat Herr Weber sich, zum Theil in gemeinschaftlicher Arbeit mit Professor Dedekind in Braunschweig, dem Grenzgebiete der Analysis und der Zahlentheorie zugewendet.

Professor *Koenigsberger* in Heidelberg (geb. 1837) ist ein außerordentlich fruchtbarer Schriftsteller und als akademischer Lehrer von seinen Zuhörern sehr geschätzt.

Für die Stelle, für welche die Facultät Herrn Frobenius vorgeschlagen, nennt dieselbe neben Frobenius

den Professor ord. Noether in Erlangen und

den Professor Dedekind an der technischen Hochschule in Braunschweig.

Professor *Noether* (geb. 1844) ist ein ernster Forscher auf dem Gebiete der algebraischen Functionen und der algebraischen Curven. Er hat sich unbestritten um die Anwendung der Algebra auf die Geometrie verdient gemacht, und muß als einer der besten Kenner dieses Gebietes bezeichnet werden.

Professor *Dedekind* (geb. 1831) in Braunschweig ist ein verdienstvoller Vertreter der Zahlentheorie und der Algebra. Im letzten Jahrzehnt hat er sich, zum Theil in Gemeinschaft mit Professor Weber, auch den Anwendungen dieser Gebiete auf die Analysis zugewendet. In seinen Arbeiten hat Professor Dedekind unter den deutschen Mathematikern unbestritten die meisten Berührungspunkte mit unserem uns leider entrissenen Collegen Kronecker.

Zu diesen Vorschlägen fügt die Facultät die gehorsamste Bitte hinzu,

Ew. Excellenz mögen für den Fall, daß dieselben nicht ausführbar sein sollten, hochgeneigtest der Facultät zu anderweitigen Vorschlägen Gelegenheit geben.

Die Facultät gestattet sich im Anschluß an den obigen Bericht, das gehorsamste Gesuch vom Februar 1891[2]), betreffend die Beförderung des Privatdozenten Dr. *Hensel* zum außerordentlichen Professor, zu erneuern.

Die Facultät erlaubt sich, zur Begründung dieses Gesuches, soweit es sich hierbei um die Würdigkeit des Dr. Hensel handelt, auf die betreffende Eingabe der Facultät hinzuweisen. Es sind aber jetzt neue gewichtige Gründe hinzugetreten, welche aus dem Interesse der Universität entspringen.

Da es in Deutschland überhaupt keinen Mathematiker giebt, welcher die Algebra und die Zahlentheorie ganz in dem Sinne unseres unvergeßlichen Collegen Kronecker vertreten könnte, so hat die Facultät in ihren Vorschlägen für die ordentlichen Professuren wohl auf die Vertretung der bezüglichen Disciplinen Bedacht genommen, aber hierbei eine andere Behandlung derselben gewärtigend. Da Dr. Hensel in die Kronecker'schen Methoden der Algebra und der Zahlentheorie mehr als irgend ein anderer seiner Schüler eingeweiht ist — was derselbe auch durch eine Reihe von Druckschriften bewiesen hat — so würde Dr. Hensel durch die Abhaltung von Vorlesungen im Sinne Kronecker's der Universität vortreffliche Dienste leisten. Da nun Dr. Hensel einen Ruf an die technische Hochschule Darmstadt erhalten hat, so sieht sich die Facultät zu der gehorsamsten Bitte veranlaßt, die Beförderung desselben zum außerordentlichen Professor beschleunigen zu wollen; in welchem Falle Dr. Hensel wohl sicher auf die Berufung nach Darmstadt verzichten würde.

Das Verbleiben des Dr. Hensel in Berlin ist umso wünschenswerther, als derselbe für den geeignetsten Herausgeber des Kroneckerschen wissenschaftlichen Nachlasses zu halten ist, und in der That voraussichtlich damit betraut werden wird. Die Ausführung dieser Aufgabe dürfte aber für Dr. Hensel zur Unmöglichkeit werden, falls derselbe Berlin verlassen würde.

Dekan und Professoren

Diels Fuchs

Anmerkungen zu Dok. 21

[1]) Vom 6. 7. 1882, Dok. 13.
[2]) Vom 10. 2. 1891, Dok. 17.

Dok. 22 Antrag der Philosophischen Fakultät an den Kultusminister von Studt, Hilbert zum Nachfolger von Fuchs zu berufen

Frobenius eigenhändig (Konzept)
7. 6. 1902 (P-3-10. Bl. 332—334)
Es werden vorgeschlagen: 1. Hilbert, 2. Schottky, 3. Hölder. Klein wird abgelehnt. — Hilbert nahm den Ruf nicht an, mit Schottky und Hölder war das Ministerium nicht einverstanden.

Eurer Excellenz

beehrt sich die Philosophische Facultät entsprechend der Aufforderung vom 12. Mai (U.I. 6658), wegen Wiederbesetzung des durch das Ableben von Professor Fuchs erledigten Ordinariats drei Vorschläge zu machen, gehorsamst Nachstehendes zu berichten.

Bei der Wahl der beiden jetzigen Ordinarien hatte die Facultät eine möglichst vollständige Vertretung der verschiedenen Zweige der Mathematik zu erreichen gesucht. Wir hätten daher gewünscht als Ersatz für Fuchs, der bei aller Vielseitigkeit seiner Studien und Forschungen doch einem einzelnen Gebiete, der Theorie der Differentialgleichungen, die Hauptarbeit seines Lebens gewidmet hatte, einen Mann ähnlicher wissenschaftlicher Richtung zu gewinnen. Indessen wird diese Disciplin zur Zeit vorzugsweise in Frankreich gepflegt, in Deutschland nur von einigen jungen Männern, Schülern von Fuchs, die ihre Befähigung zur akademischen Laufbahn erst noch zu erweisen haben.

Dem Gesichtspunkte der Lückenlosigkeit des Unterrichts kann aber auch dadurch Rechnung getragen werden, daß ein Mann berufen wird, der alle Zweige der Mathematik beherrscht und sich daher leicht in die Einzelheiten jedes Sondergebietes dieser sich mehr und mehr ausdehnenden Wissenschaft hineinleben kann. Auf Grund dieser Erwägung schlägt die Facultät Herrn Hilbert in Göttingen an erster Stelle vor.

David Hilbert, 1862 zu Königsberg geboren, habilitirte sich dort 1886, wurde ebenda 1892 zum außerordentlichen, 1893 zum ordentlichen Professor befördert und 1895 nach Göttingen berufen. Da er sich zuerst mit einem Gegenstande geringer Bedeutung, der Invariantentheorie, beschäftigte, so fand sein großes Talent zunächst nur in einem kleinen Kreise ausgezeichneter jüngerer Mathematiker wie Hurwitz und Minkowski, die sich damals um Heinrich Weber in Königsberg schaarten, die gebührende Beachtung. Hilbert erhielt sich selbst und Andere in dem Glauben, nur der Invariantentheorie zu leben, worin damals hauptsächlich an der Beschaffung des Materials gearbeitet wurde. An dieser Kärrnerarbeit betheiligten sich viele jüngere und ältere Gelehrte, zuerst auch Hilbert selbst. Bald aber fand sein bahnbrechendes Talent auch hier die maßgebenden Gesichtspunkte, entwickelte die berühmten Endlichkeitssätze, übertrug die Begriffe der höheren Algebra auf dieses Feld der Untersuchung, und daher ist Hilbert als der wissenschaftliche Begründer und Vollender der Invariantentheorie zu bezeichnen.

In Göttingen wandte er sich mehr der Algebra und Zahlentheorie zu. Für die Deutsche Mathematikervereinigung verfaßte er den ausgezeichneten Bericht über die algebraischen Zahlkörper, worin er sich mit Erfolg bemühte, zahlreiche Lücken der bisherigen Entwicklung auszufüllen.

Charakteristisch für Hilberts kühnes Genie sind aber weniger diese beiden großen zusammenhängenden Leistungen, wie die vielen ganz verschiedenen Gebieten zugehörigen Einzeluntersuchungen, zu denen ihn meist die Schwierigkeit und scheinbare Unzugänglichkeit des Problems gelockt zu haben scheint. Für die Transcendenz der Zahlen e und π, die so große Gelehrte, wie Hermite und Weierstraß nur durch recht umständliche Betrachtungen dargethan hatten, fand er einen überraschend einfachen und kurzen Beweis. Um ihn nicht als einseitigen Algebraiker und Arithmetiker erscheinen zu lassen, erwähnen wir seine Arbeit über das Dirichlet'sche Princip und über die reellen Züge algebraischer Curven. In neuerer Zeit widmet er sich mit Vorliebe mathematisch-philosophischen Speculationen. Für seine Arbeit über die Grundlagen der Geometrie erkannte ihm die Berliner Akademie den Steinerpreis zu.

Wie er selbst in seiner Wissenschaft lebt und webt, so ist er auch ein außerordentlich anregender und erfolgreicher Lehrer, und dieser Umstand veranlaßt die Facultät noch ganz besonders ihn an erster Stelle vorzuschlagen, denn an Genialität und wissenschaftlicher Bedeutung steht ihm der Mann nicht nach, den wir an zweiter Stelle nennen, Herr Schottky in Marburg, einer der hervorragendsten Schüler von Weierstraß.

Friedrich *Schottky* wurde 1851 in Breslau geboren, habilitirte sich dort 1878, wurde als ordentlicher Professor 1882 an das Polytechnicum in Zürich, 1892 an die Universität Marburg berufen. Für den Gegenstand seiner Forschung wußte er stets, darin geschickter als Hilbert, die für die Entwicklung der Wissenschaft wichtigsten Probleme zu wählen. Schon seine Dissertation „Über die conforme Abbildung mehrfach zusammenhängender ebener Flächen" war eine Meisterleistung und erregte durch ihre Resultate und Methoden die höchste Bewunderung von Weierstraß. Seine weiteren Arbeiten handeln vorzugsweise von den Abel'schen Functionen, knüpfen wieder an die Methoden an, mittelst deren Jacobi die elliptischen, Rosenhain und Goepel die hyperelliptischen Functionen behandelt hatten, und geben so die überaus werthvolle rechnerische Bestätigung der divinatorischen Methoden von Riemann.

Die Jacobi'schen Functionen von drei Variabeln erledigte er vollständig. Bei denen von 4 Variabeln fand er die vielgesuchte Bedingung, unter der sie den Abel'schen Integralen vom Range 4 zugehören, und bestätigte dadurch eine noch von Cauchy angezweifelte Deduction von Riemann. In weiteren Abhandlungen zeigte er, wie man das Umkehrproblem fassen muß, um zu den allgemeinen Jacobi'schen Functionen zu gelangen. Diese Untersuchungen, die ihrer großen principiellen Wichtigkeit halber auch Weierstraß noch in seinen letzten Lebensjahren beschäftigt hatten, bieten so große Schwierigkeiten, daß sie wohl kein anderer unter den lebenden Mathematikern hätte durchführen können.

Daneben gehen Untersuchungen über geometrische Fragen, die mit jenen analytischen Forschungen zusammenhängen, über allgemeine Functionentheorie, besonders auch über die automorphen Functionen. In mancher Beziehung würde Schottky die beiden jetzigen Ordinarien besser als Hilbert ergänzen. Aber zwei Gründe haben uns bewogen, diesen voranzustellen. Einmal seine größere Lehrbefähigung; dann der Umstand, daß Schottky in den letzten 10 Jahren nur wenig publicirt hat, während Hilbert noch zu den größten Erwartungen berechtigt. Indessen hat Schottky stets nach den ungeheuren Anstrengungen, die er sich zumuthete, eine längere Zeit der Schonung nöthig gehabt, und findet an der wissenschaftlichen Kleinarbeit keinen Reiz.

Wenn die Facultät neben diesen beiden noch einen dritten nennen soll, so müßte sie in ihren Ansprüchen schon etwas herunter gehen. Sie schlägt als dritten einen Gelehrten vor, dessen Begabung mehr in der kritischen, als in der schöpferischen Richtung liegt, Herrn Hölder in Leipzig.

Otto *Hölder*, geboren 1859 in Stuttgart, promovirte 1881 in Tübngein mit einer Arbeit „Beiträge zur Potentialtheorie", habilitirte sich 1884 in Göttingen, wurde dort 1889 zum Extraordinarius ernannt, ging aber schon im Herbst dieses Jahres in gleicher Eigenschaft nach Tübingen zurück, 1896 wurde er als ordentlicher Professor nach Königsberg berufen und von da 1899 nach Leipzig.

Eine ganze Reihe von Untersuchungen widmete er der Gruppentheorie. Viel wichtiger aber sind seine kritischen Arbeiten über die Bedingungen für die Darstellbarkeit einer Function durch trigonometrische Reihen, über Functionen, die keiner algebraischen Differentialgleichung genügen und ganz besonders über die Principien von Hamilton und Maupertuis, worin er grundlegende Fragen der Mechanik, die durch die Autorität von Hertz verdunkelt worden waren, wieder in das vollste Licht setzte. Hölder soll ein vortrefflicher Lehrer sein.

Die Gründe, welche die Facultät vor 10 Jahren bewogen haben, Herrn *Klein* in Göttingen nicht vorzuschlagen und auf die wir bitten Bezug nehmen zu dürfen, bestehen nicht nur unvermindert fort, sondern haben sich inzwischen noch verstärkt, weil er [während dieser Zeit seine Thätigkeit weit mehr organisatorischen als wissenschaftlichen Fragen zugewandt hat][1]).

Heinrich *Weber* endlich, dessen wissenschaftliche Verdienste wir voll anerkennen, ist nicht mehr jung genug, um für uns in Betracht zu kommen.

Von den Extraordinarien an unserer Facultät verdanken wir Herrn *Hettner* eine höchst sorgfältige Herausgabe der Werke Borchardt's, ihm, zusammen mit Herrn Knoblauch eine ebenso gewissenhafte der Werke von Weierstraß. Aber an eigenen Leistungen hat es jener fast ganz fehlen lassen, während die des Herrn *Knoblauch* ein etwas enges Gebiet, die Differentialgeometrie, betreffen. Bei aller Anerkennung, die wir ihren Verdiensten um den Unterricht zollen, mußten wir bei unseren Vorschlägen von ihnen absehen.

Anders ist es mit Herrn *Hensel*, dem wir die Herausgabe der Werke Kronecker's verdanken. Er hat die algebraischen Grundlagen der Theorie der Abel'schen Functionen in einer großen Reihe verdienstvoller Arbeiten behandelt und veröffentlicht in den nächsten Tagen ein größeres Werk, worin er von diesem Gesichtspunkte aus die gesammte Theorie der Abel'schen Functionen darstellt. Er würde jeder kleineren Universität als Ordinarius zur Zierde gereichen; wünschenswerth aber würde es uns erscheinen, seine Leistungen um die Wissenschaft und den Unterricht durch Gewährung eines angemessenen Gehalts anzuerkennen. Denn er hat als Nachfolger von Fuchs die Redaction des Crelle'schen Journals für Mathematik übernommen und seine Persönlichkeit und sein

Eifer berechtigen zu der Hoffnung, er werde diese alte berühmte Zeitschrift einer neuen Blüthe zuführen.

Decan und Professoren:
Stumpf, Decan
Frobenius, Procedan

Commission:
Frobenius
Helmert
H. A. Schwarz
W. Foerster
Planck
J. Bauschinger
Stumpf als Decan

Anmerkung zu Dok. 22

[1]) [...] An dieser Stelle stand ursprünglich: „für diesen ganzen Zeitraum kaum eine wissenschaftliche Leistung von Bedeutung aufzuweisen hat und seine Gedanken mehr und mehr anderen Interessen zugewandt zu haben scheint".

Dok. 23 Antrag der Philosophischen Fakultät an den Kultusminister von Studt, Schottky als Nachfolger von Fuchs zu berufen

Frobenius eigenhändig (Konzept)
28. 7. 1902 (P-3-10. Bl. 338–343)
Es werden vorgeschlagen: 1. Schottky; 2. Weber; 3. Hensel. Erwähnt wird Minkowski. Abgelehnt werden von Mangoldt und Runge. Fr. Schur und Engel werden als von Lie beeinflußt abgelehnt, über dessen Bedeutung ein negatives Urteil gefällt wird. — Schottky wurde am 1. 10. 1902 berufen.

Eurer Excellenz

beehrt sich die Philosophische Facultät entsprechend der Aufforderung vom 1. Juli (U.I. Nr. 7152), wegen der Wiederbesetzung des mathematischen Ordinariats weitere Vorschläge zu machen, gehorsamst Nachstehendes vorzutragen.

In unserem Bericht vom 7. Juni (J. N. 239)[1]) haben wir der Überzeugung Ausdruck gegeben, daß es zur Zeit in Deutschland nur zwei Männer in mittlerem Lebensalter giebt, die für die von Fuchs bekleidete Professur in Betracht kommen können, Hilbert und Schottky. Wir müssen unser lebhaftes Bedauern darüber aussprechen, daß es den Bemühungen der Regierung nicht gelungen ist, Hilbert für unsere Universität zu gewinnen. Eine nochmalige gewissenhafte Prüfung der wissenschaftlichen Verdienste der Mathematiker des Deutsches Reiches und des deutsch redenden Auslandes hat uns in der früher gewonnenen Überzeugung nur bestärkt. Wir verstehen sehr wohl, daß gegen Schottky Bedenken geltend gemacht werden können. Wäre dies nicht der Fall, so hätten wir ihn, und nicht Hilbert an erster Stelle vorgeschlagen, denn *Schottky* hat bereits das geleistet, was wir von dem vielversprechenden Hilbert theilweise erst erwarten, und ergänzt die beiden jetzigen Vertreter der Mathematik in vieler Hinsicht besser, als dieser. Da seine wissenschaftlichen Leistungen so unvergleichlich höher stehen, als die aller anderen jetzt noch in Frage stehenden Gelehrten, so wagen wir, Eurer Excellenz die ehrerbietigste Bitte vorzutragen, das Gewicht der für und gegen eine Berufung Schottky's sprechenden Gründe noch einmal in geneigte Erwägung ziehen zu wollen.

Der Unterricht für die ersten Semester ist hier im Fache der Mathematik dank dem einmüthigen Zusammenwirken aller betheiligten Collegen so gut organisirt, daß er nirgends seines Gleichen hat. Wenn wir uns nach den Bedürfnissen unserer Studirenden erkundigen, hören wir nie eine andere Ausstellung als die, daß für die letzten Semester nicht in gleicher Weise gesorgt ist. Diese Klage wurde schon bei Lebzeiten von Fuchs laut, sie wird sich nach seinem Hinscheiden noch verstärken. Wir müssen daher unser Augenmerk auf einen Mann richten, der die höchsten Theile der Mathematik zu vertreten vermag. Eine Mitwirkung des neuen Collegen bei dem Unterricht der ersten Semester wäre nicht erforderlich. In jenen höchsten Gebieten der Lehre von den Abel'schen Functionen, von den automorphen Functionen, den Grundproblemen der Functionentheorie, haben sich die Untersuchungen von Schottky ausschließlich bewegt. In Marburg zwangen ihn die Verhältnisse, auch die Anfangsgründe zu lehren, und dabei mag er wohl nicht immer den richtigen Weg getroffen haben. Daraus hat sich nun dort ein Urtheil über seine Lehrbefähigung entwickelt, das vielleicht auch Anfangs nicht unberechtigt war. Um nichts zu verabsäumen, was zu unserer und der Regierung Information dienen könnte, haben wir bei einem Collegen in Marburg direkte Erkundigungen eingezogen[2]). Nach ihrem Ausfall ist uns jeder Zweifel daran geschwunden, daß sein Auftreten in den letzten Jahren wesentlich an Gewandtheit gewonnen hat, wie er denn auch bei seiner Anwesenheit in Berlin aus Anlaß seiner Ernennung zum correspondirenden Mitgliede der Akademie allen, die ihn früher gekannt haben, den Eindruck einer gereifteren, in sich gefestigteren Persönlichkeit hinterlassen hat. Auch die außerordentliche Hochschätzung, die unser verstorbener College Fuchs der Person und der wissenschaftlichen Bedeutung von Schottky entgegenbrachte, kam bei diesem Anlaß in erfreulicher Weise zum Ausdruck. Die Gabe freilich, sich persönlich zur Geltung zu bringen, die Geringere oft in so hohem Grade besitzen, ist Schottky ganz versagt und wird es auch immer bleiben.

Offenbar ist er in Marburg nicht an dem rechten Platze. In Berlin könnte er die höchsten Theile der Mathematik vortragen, worin er lebt und webt, die Begeisterung für den Stoff würde die Mängel seiner Lehrbefähigung ausgleichen, unsere älteren Studenten sind gegen Männer von wirklichem Verdienst sehr nachsichtig. Wie wenig äußere Gewandtheit im Lehrvortrag zeigte nicht Helmholtz? Weierstraß wurde, als er am Gewerbeinstitut die Anfangsgründe in seiner Weise vortrug, nur von wenigen seiner Schüler nach seinem vollen Werthe erkannt, und, als er an den rechten Platz kam, wurde er nicht ein Lehrer, sondern der Lehrer der Mathematik, notre maître à tous, wie der große Pariser Mathematiker Hermite der Frau v. Kowalewski sagte.

Noch leichter aber, als das Bedenken gegen die Lehrbefähigung wiegt in unseren Augen der Umstand, daß Schottky seit fünf Jahren nichts veröffentlicht hat. Zunächst ist daraus kein Grund abzuleiten, ihm andere vorzuziehen, die überhaupt namhafte Leistungen nicht aufzuweisen haben. Und vor Veröffentlichungen, die nur bezwecken, ut aliquid factum esse videatur, hat ihn seine Selbstachtung stets bewahrt.

Auch *Minkowski* läßt die Fachgenossen seit fünf Jahren auf die Fortsetzung seiner arithmetischen Forschungen warten, und doch betrachten wir seine Berufung nach Göttingen als ein hoch erfreuliches Ereignis, als einen Beweis von Eurer Excellenz besonderen Fürsorge für die mathematischen Wissenschaften. Wir mußten es uns leider versagen, ihn für Berlin vorzuschlagen, weil er ausschließlich Arithmetiker ist und weil die Zahlentheorie an unserer Facultät mehr als genügend vertreten ist. So hoch auch der Rang ist, den diese Disciplin unter den mathematischen Wissenschaften einnimmt, so darf sie doch nicht in den Mittelpunkt des Unterrichts gestellt werden. Den eigentlichen Kern der Unterweisung muß immer die Analysis und die Functionentheorie bilden, und daher müssen wir einen tüchtigen Analytiker an Stelle von Fuchs zu gewinnen suchen.

Ehe Schottky nach Zürich kam, hatte er sich ebenfalls eine längere Ruhepause gegönnt. Aber bei der Anregung, die er dort fand, schuf er Werke, die nicht nur durch ihren Inhalt, sondern auch durch ihren Umfang imponiren. Schließlich sind seine bisherigen Leistungen so hervorragend, daß sie ihm auch ohne einen Wechsel auf die Zukunft einen Anspruch auf eine Stelle an der ersten Landesuniversität geben. Wir sind aber durchaus zu der Erwartung berechtigt, daß er bei der Anregung, die ihm hier Universität und Akademie bieten werden, bei der Möglichkeit, vor gründlich vorgebildeten Zuhörern seine Gedanken in seiner Art zu entwickeln, neugestärkt durch die Marburger Ruhepause, uns noch manche reife Frucht seines Geistes spenden wird. So ist denn auch im Interesse der mathematischen Wissenschaften seine Versetzung nach Berlin auf's innigste zu wünschen.

Wir bitten Eure Excellenz ehrerbietigst, indem wir Schottky noch einmal und jetzt an erster Stelle vorschlagen, unser Vorgehen nicht mißdeuten, sondern als das Ergebnis der für unser Empfinden etwas beschämenden Erwägung ansehen zu wollen, daß kein anderer deutscher Gelehrter da ist, der für die zu besetzende Professur in jeder Hinsicht so geeignet wäre wie Schottky.

Wir wollen es aber nicht unterlassen, unseren guten Willen durch weitere Vorschläge zu bekunden. Wir hätten schon im vorigen Berichte Heinrich *Weber* in Straßburg vorgeschlagen, hätten wir nicht Bedenken wegen seines Alters gehegt. Nicht als ob wir ihn an sich mit seinen 60 Jahren für zu alt hielten, während er noch durch seine ausgedehnte litterarische Thätigkeit die meisten der Jüngeren beschämt. Nur mit Rücksicht auf das Lebensalter der beiden jetzigen Vertreter der Mathematik[3]) schien uns die Berufung eines jüngeren Mannes wünschenswerth. Aber bei dem unerfreulichen Mangel an geeigneten Kräften müssen wir jetzt jene Bedenken zurückstellen.

Über Weber's wissenschaftliche Verdienste brauchen wir uns nicht ausführlich zu verbreiten, da sie dem Ministerium aus seiner Wirksamkeit in Königsberg, Charlottenburg, Marburg und Göttingen wohl bekannt sind. Den reichen Schatz von Kenntnissen und Erfahrungen, die er in seinem arbeitsamen Leben gesammelt hat, verwendet er in seinem Alter zu ausführlichen Darstellungen ganzer Zweige der Mathematik. Im Jahre 1891 erschien sein Werk über „Elliptische Functionen und algebraische Zahlen“, 1895 die erste und 1898 die zweite Auflage seines zweibändigen Werkes über „Algebra“, der zur Zeit besten und vollständigsten Darstellung dieser Disciplin, worin er auch ihre neuesten Fortschritte mit feinem Verständnis berücksichtigt hat. Endlich veröffentlichte er 1900 „Die partiellen Differentialgleichungen der mathematischen Physik, nach Riemann's Vorlesungen neu bearbeitet“, in 4. Auflage. Dies Buch ist aber Weber's eigenes Werk, das von Riemann nur noch den Namen trägt, weil er sich bemüht hat, die Arbeit bis zu den neusten Ergebnissen, wie den Untersuchungen von Hertz und den elektromagnetischen Grundgleichungen von Maxwell, in Riemann's Sinn und Geist fortzuführen.

Wenn es sich also wirklich nicht als thunlich erweisen sollte, Schottky zu berufen, so bitten wir, die in unserem Lehrkörper entstandene Lücke durch die Berufung von Weber auszufüllen, in der Hoffnung, daß sich in einigen Jahren jüngere, unserer Universität würdige Talente entwickeln werden.

An dritter Stelle endlich nennen wir den schon im vorigen Bericht erwähnten außerordentlichen Professor an unserer Universität, Herrn *Hensel*. Geboren im Jahre 1861, promovirte er 1884 in Berlin, habilitirte sich dort 1887 und wurde ebenda 1891 zum Extraordinarius befördert. Seine Untersuchungen, anfänglich allein der Algebra und Zahlentheorie gewidmet, haben sich von da mehr und mehr dem aussichtsreichen Theile der Mathematik zugewandt, wo sich jene Disciplinen mit der Theorie der Abel'schen Functionen verschmelzen, sich gegenseitig fördernd und befruchtend. Er hat auf diesem Gebiete eine große Zahl von Einzeluntersuchungen veröffentlicht, und diese in einem kürzlich erschienenen Lehrbuche: H. Hensel und G. Landsberg, Theorie der algebraischen Functionen einer Variabeln und ihre Anwendung auf algebraische Kurven und Abel'sche Integrale, zusammenhängend dargestellt. Über den Inhalt dieses vortrefflichen Werks, der uns schon vor dem Erscheinen bekannt war, haben wir schon im letzten Berichte gesprochen. Überrascht hat uns die klare und ansprechende Form der Darstellung, die der Verfasser erreicht hat, indem er den Gegenstand mehrere Male in Vorlesungen behandelte, und die daher einen günstigen Rückschluß auf die Form seiner Vorlesungen erlaubt. In der That haben diese, die sich in seiner langen akademischen Thätigkeit beinahe auf alle Gebiete der Mathematik erstreckt haben, einen immer größeren Kreis von Zuhörern gefunden. Seine vielseitige mathematische Bildung und das Urtheil seiner großen Lehrer über sein Talent spricht sich auch dadurch aus, daß ihm die Herausgabe der Vorlesungen von Kirchhoff „Über mathematische Optik“ übertragen wurde, und er mit der Herausgabe der Werke und Vorlesungen von Kronecker auf dessen Wunsch betraut worden ist.

Am Schluß von Eurer Excellenz Verfügung wird die Facultät aufgefordert, sich über die Professoren [Friedrich] Schur in Karlsruhe, v. Mangoldt in Aachen, Engel in Leipzig und Runge in Hannover gutachtlich zu äußern. Wir können es nicht verantworten, die Berufung eines dieser vier Herren zu empfehlen, mit denen, soweit sie Mathematiker sind, noch eine ganze Anzahl anderer auf gleiche Stufe gestellt zu werden verdienten[4]).

Selbst Herr v. *Mangoldt*, der einzige jener vier, der im vorliegenden Falle auf eine gewisse Beachtung Anspruch machen kann, würde der Stellung an unserer Facultät nicht gewachsen sein. Er hat nur eine kleine Zahl von Arbeiten veröffentlicht, die sich alle auf bereits geebneten Bahnen bewegen. Die früheren behandelten Aufgaben aus der Theorie der Functionen und der krummen Flächen, seit mehreren Jahren aber beschäftigt er sich ausschließlich mit Riemann's Abhandlung über die Vertheilung der Primzahlen. Er giebt sich die größte Mühe, und mit einem außerordentlichen Aufwand von Rechnung gelingt es ihm auch, sein Problem ein klein wenig weiter zu führen. Er mag für eine technische Hochschule, wie früher in Hannover, so jetzt in Aachen ein vortrefflicher Docent sein. Er steht aber nicht höher als einer unserer Extraordinarien, Hettner oder Knoblauch, und zahlentheoretische Untersuchungen wie die seinigen führt unser Privatdocent Dr. Landau ebenso gut durch. Gerade weil wir Herrn v. Mangoldt persönlich und seines redlichen Strebens wegen hochschätzen, möchten wir ihn davor bewahren, eine seine Kräfte übersteigende Aufgabe zu übernehmen und in einen Kreis einzutreten, wo er nicht für voll angesehen werden könnte.

Herr *Runge* an der technischen Hochschule zu Hannover ist ein feiner, geistreicher Kopf, aber seit langer Zeit nicht mehr Mathematiker, sondern ausschließlich Physiker. Ehe er sich ganz seinem eigentlichen Forschungsgebiete zuwandte, der physikalischen Optik, worin er Vorzügliches geleistet hat, hat er einige kleinere Aufsätze mathematischen Inhalts verfaßt, worin er das, was er bei seinen Lehrern Weierstraß und Kronecker gelernt hat, auf specielle Fragen anwendet, und die, etwa als Seminararbeiten aufgefaßt, recht beachtenswert sein würden, aber einen Anspruch auf eine *mathematische* Professur an unserer Universität in keiner Weise begründen können. Seine Berufung würde lediglich eine Verstärkung des *physikalischen* Unterrichts bedeuten. Das dritte Ordinariat für Mathematik aber, auf dessen Erhaltung an unserer Universität Kummer, Weierstraß, Kronecker so hohen Werth gelegt haben, und das die Liberalität der Regierung unserer Schwesteruniversität Göttingen in so hoch erfreulicher Weise jetzt ebenfalls zugestanden hat, würde uns zu derselben Zeit auf diesem Umwege thatsächlich wieder entzogen sein.

Engel in Leipzig hat sich ein wenig mit der Geschichte der Mathematik beschäftigt. [Fr.] *Schur*, der einige kleinere geometrische Aufsätze geschrieben hat, mag ein vortrefflicher Lehrer der darstellenden Geometrie an einer technischen Hochschule wie Karlsruhe sein. Die Fürsorge für diese Disciplin, die einen großen technischen Apparat und zahlreiche Hülfskräfte erfordert, ist ihrer Natur nach Sache der technischen Hochschulen, und ist hier in Charlottenburg, wo sie auch unseren Studenten leicht zugänglich ist, in ausreichender Weise vertreten[5]).

In ihren wissenschaftlichen Arbeiten lehnen sich Engel und Schur an den in Christiania verstorbenen norwegischen Gelehrten Sophus Lie an, der als Professor der Mathematik in Leipzig gewirkt hat. Ein Urtheil über ihre Leistungen läßt sich daher nur mit einer Würdigung von Lie verbinden, über den sich die hiesigen Vertreter der Mathematik in folgender Art auslassen.

Sophus *Lie* hat sich bei den zahllosen Abhandlungen, die er geschrieben hat, mit recht geringen Kenntnissen beholfen. Von den Werken der großen mathematischen Klassiker hatte er wenig gelesen und noch weniger verstanden, nicht einmal von denen seines großen Landsmannes Abel, auf deren vortrefflicher Ausgabe sein Name neben dem des gelehrten, gründlichen Sylow steht. Beweis dafür sind die Briefe, die er in dieser Angelegenheit an Weierstraß richtete. Dieser milde Kritiker, der fremdem Verdienst so gern Gerechtigkeit widerfahren ließ, urtheilte über Lie, seine Arbeiten müßten alle von Grund aus noch einmal gemacht werden. Lie's ausgedehnteste Leistung ist die Theorie der Transformationsgruppen, die er zusammen mit Engel in zwei starken Bänden herausgegeben hat. Originell ist das Problem, die continuirlichen Gruppen zu untersuchen, wenig originell aber die Ausführung, die mechanische Übertragung der feinen Begriffe, welche die genialsten Algebraiker in der Theorie der endlichen Gruppen geschaffen hatten, trivial sind die Resultate, nahezu bedeutungslos die Anwendungen, worin gezeigt wird, wie ein auf natürlichem Wege von Euler oder Lagrange erledigtes Problem mittelst der von Lie erdachten Methoden sehr viel umständlicher gelöst werden kann. Was Lie giebt, ist eine Methodenlehre, nach unserer wohlüberlegten Ansicht eine Lehre wenig brauchbarer Methoden, deren öder, an die schlimmsten Zeiten der Invariantentheorie mahnender Formalismus den Leser von gebildetem Geschmack zurückschrecken muß[6]).

Finden sich nun auch in den Schriften von Lie spärliche Goldkörner, wie z. B. eine Untersuchung über die Minimalflächen und eine über Flächen constanten Krümmungsmaßes, so haben doch Engel und Schur weiter nichts geleistet, als einiges Flickwerk an dem schwachen Fundamente der Lie'schen Theorien, irgend welche Anwendung derselben aber haben sie nicht gegeben. Für uns sind beide unmöglich[7]).

Zum Schluß gestatten wir uns, an die enge Verbindung unserer Facultät mit der Akademie der Wissenschaften zu erinnern. Eine ihrer segensreichsten auch am wenigsten ins Auge springenden Wirkungen ist die Nöthigung, die sie auferlegt, für die Professuren nur Männer von wirklichem wissenschaftlichen Verdienst vorzuschlagen, und nicht solche, die weiter nichts als gute Lehrer sind. Wenn schon jetzt ernste stille Gelehrte sich schwer dazu entschließen, sich in das Getriebe der Weltstadt zu begeben, so wird ihnen dieser Entschluß nicht erleichtert werden, wenn die Berufung an die erste Universität des Landes nicht mehr als eine Auszeichnung ganz besonderer Art empfunden wird.

Decan und Professoren:
Stumpf, Decan
Frobenius, Prodecan

Commission:
Frobenius
H. A. Schwarz
J. Bauschinger
W. Foerster
Stumpf als Decan
Planck
(Helmert verreist)

Anmerkungen zu Dok. 23

1) Dok. 22.

2) Vermutlich E. Heß.

3) Hier ist folgender sehr interessanter Satz gestrichen:
Die jetzigen Vertreter der Mathematik wissen aus eigener Erfahrung, welche Anstrengungen nöthig waren, um den mathematischen Unterricht zu seiner jetzigen Höhe aus dem tiefen Verfall emporzuheben, worin er trotz der glänzenden Namen ihrer Vorgänger allein dadurch gerathen war, daß diese beinahe gleichzeitig alterten.

4) Hier hatte ursprünglich u. a. folgendes gestanden: Es hat zwar eine Zeit gegeben, wo neben Meistern wie Dirichlet und Jacobi ein Stümper wie Ohm an der Berliner Universität lehren durfte. Aber nach dem unvergänglichen Glanze, worin unsere Facultät mit Kummer, Weierstraß, Kronecker als erste mathematische Schule der Erde gestrahlt hat, können wir an die Wiederkehr solcher Zustände nicht glauben. Wir sind dem oder den nicht verantwortlichen Rathgebern, die Eurer Excellenz jene Namen genannt haben, aus dem Grunde noch zu Dank verpflichtet, daß sie sich auf nur vier Namen beschränkt haben.

5) Hier stand ursprünglich: Wie bei allen Vertretern dieser Disciplin, die eine technische Fertigkeit lehrt, die aber der Ehrgeiz ihrer Vertreter durchaus zum Range einer Wissenschaft erheben möchte, sind seine geometrischen Leistungen herzlich unbedeutend.

6) Eine der im Entwurf ursprünglich folgenden Formulierungen ist diese: Seine Darstellung kennzeichnet das Wort „wichtig", das sich meist im Superlativ fast in jedem Paragraphen der beiden starken Bände findet. Bei seiner nicht zureichenden Kenntnis weitester Gebiete der Mathematik hielt Lie seine Methoden für den Urgrund der Mathematik, sich selbst für den besten Mathematiker. Im Übrigen war er ein ehrlicher Mensch, der an sich und seine Mission glaubte, und dem es durch die Energie, womit er seine Ideen zu verbreiten suchte, auch, wie jedem Schwärmer, gelang, bei der kritiklosen Menge Anklang zu finden.

7) Hier schloß sich ursprünglich folgende Betrachtung an:
Wir müssen noch einer mißverständlichen Auffassung vorbeugen, die sich leicht bei denen einstellen kann, die der Mathematik ferner stehen, insbesondere solchen, die theologisch oder juristisch geschult sind. Wenn in der Mathematik, die Erkenntnisse und nicht Meinungen lehrt, von Richtungen oder Schulen gesprochen wird, so hat das einen ganz anderen Sinn wie in anderen Wissenschaften. Dort ist der Fall denkbar, daß eine Regierung dafür hält, sie dürfe nicht ausschließlich eine Schule bevorzugen, sie müsse auch andere Richtungen zu Worte kommen

lassen. In der Mathematik gibt es schöpferische Künstler und nachbildende Handwerker, scharfsinnige Kritiker und kritiklose Eklektiker. Solche, die Probleme stellen und lösen können und solche, deren Willen größer ist als ihr Können (gewissenhafte Forscher, die es für nöthig halten, für ihre Behauptungen strenge Beweise beizubringen und geistreiche Feuilletonisten, die sich darüber erhaben dünken), aber Schulen und Richtungen etwa im Sinne der Rechtswissenschaft kann es in der Mathematik nicht geben. Frobenius ahnte nicht, daß er selbst einst als Mathematiker charakterisiert werden würde „associated with the Berlin school of mathematics centered about Weierstraß“ (T. Hawkins 1981. S. 235).

Dok. 24 Promotion Paul Koebes. Gutachten und Prüfungsprotokoll

Schwarz und Schottky eigenhändig (Gutachten)
Anf. bzw. 18. 7. 1904 (P-4-192, Vorgang Koebe)
Die Promotion erfolgte am 24. 1. 1905.

Mitte Mai 1904 meldete sich Paul Koebe zur Promotionsprüfung mit einer Dissertation „Über diejenigen analytischen Funktionen eines Arguments, welche ein algebraisches Additionstheorem besitzen“. Als Erstgutachter gab Schwarz Anfang Juli folgende Beurteilung ab:

Die von Hrn. Koebe der Fakultät vorgelegte Promotionsschrift enthält zwar in sprachlicher Hinsicht einige Unvollkommenheiten, ist aber in bezug auf ihren Inhalt ein nach meinem Urteile wissenschaftlich wertvoller Beitrag zur Theorie der Functionen, welche ein algebraisches Additionstheorem besitzen, und enthält m. E. einen methodischen Fortschritt für die Entwickelung dieser Theorie.

Prof. Weierstraß, dem diese Theorie ihre Grundlagen und erste Entwickelung verdankt, hat selbst (nach einander) drei verschiedene Methoden ausgebildet, um zum Beweise der Hauptsätze dieser Theorie zu gelangen.

Nach einer mir gegenüber gemachten Äußerung hat Prof. Weierstraß der Nachweis zuerst einige Schwierigkeit bereitet, daß die Anzahl der verschiedenen Zweige für jede einzelne dieser Functionen für jeden Wert des Arguments dieselbe endliche ganze Zahl ist.

Durch Anwendung einer geeigneten Modifikation der Weierstraßschen Schlußweise hat Hr. Koebe diese Schwierigkeit überwunden, sodaß durch die Anwendung der von ihm benutzten Modifikation die Darstellung eines wesentlichen Teiles der Theorie nicht unerheblich vereinfacht wird.

Die Ergebnisse der Untersuchungen über den *Grad* der zwischen den Functionswerten $\varphi(u)$, $\varphi(v)$, $\varphi(u+v)$ bestehenden algebraischen Gleichung

$$G(\varphi(u), \varphi(v), \varphi(u+v)) = 0,$$

welche Hr. Koebe im Kapitel V seiner Arbeit gewonnen hat, scheinen mir bemerkenswert zu sein.

Ich beantrage die *Annahme* der eingereichten Abhandlung als Dissertation und schlage vor, derselben das Prädikat valde laudabile zu erteilen.

Dem Vernehmen nach soll die Arbeit in mehreren Abschnitten im Journal für Mathematik veröffentlicht werden; für den Druck als Dissertation würde m.E. eine Beschränkung auf die Kapitel I bis V ausreichen.

Als zweiter Referent fungierte Schottky, der am 18. Juli sein Einverständnis erklärte. Auch die Prüfung Koebes am 28. Juli nahm einen glanzvollen Verlauf.

Die Prüfung eröffnete Herr Planck in Physik als Nebenfach mit Fragen nach der Messung galvanischer Ströme durch Tangentenbussole und Voltameter, sodann nach dem Begriff und der Messung spezifischer Wärme. Der Candidat zeigte sehr gute Kenntnisse. Hr. Schwarz setzte die Prüfung in der Mathematik als Hauptfach fort. Die Prüfung bezog sich auf einige Kapitel der Zahlentheorie, der synthetischen Geometrie und der Lehre von den krummen Flächen sowie auf die Integration der partiellen Differentialgleichungen und auf eine Einzelheit aus der Lehre von den elliptischen Integralen. In allen Gebieten zeigte sich der Candidat *vorzüglich* unterrichtet, er ließ kaum eine der ihm vorgelegten Fragen unbeantwortet; er zeigte, daß er mit vollem Verständniß in diese Kapitel der mathematischen Forschung eingedrungen ist.

Paulsen prüfte in der Philos[ophie] als N[ebenfach]. Es wurden Fragen über das Kantische System vorgelegt und mit sehr gründlicher Kenntnis und gutem Verständniß beantwortet. Das Ergebnis ist sehr *befriedigend.*

Schottky prüfte in Mathematik. Die Fragen bezogen sich auf die Theorie der Abelschen Functionen und die der automorphen Functionen. In beiden Gebieten zeigte sich der Candidat sehr gut unterrichtet.

Koebe wurde „summa cum laude" promoviert.

Dok. 25 Promotion Konrad Knopps. Gutachten und Prüfungsprotokoll

Schottky und Frobenius eigenhändig (Gutachten)
30. bzw. 31. 1. 1907 (P-4-219, Vorgang Knopp)
Die Promotion erfolgte am 22. 6. 1907.

Am 30. 1. 1907 beurteilte Schottky die von Knopp eingereichte Dissertation „Grenzwerte von Reihen bei der Annäherung an die Konvergenzgrenze" mit nachstehenden Worten:

Die Arbeit des Herrn cand. Knopp behandelt eine Klasse von Fragen, mit der sich seit einiger Zeit eine ganze Reihe von Analytikern beschäftigen. Wenn eine Funktion $f(x)$ innerhalb eines bestimmten Gebiets definirt ist als Summe von unendlich vielen gegebenen Funktionen, so kann man, auch wenn a auf der Grenze liegt und für $x = a$ die Summe nicht convergirt, dennoch unter Umständen aus den Werthen der Summanden für $x = a$ Schlüsse ziehen auf den Werth, dem sich $f(x)$ nähert bei der Annäherung von x an a; man kann ferner, wenn $f(x)$ für $x = a$ unendlich wird, unter gewissen Bedingungen den Weg bestimmen, dem sich bei der Annäherung von x an a das Verhältnis von $f(x)$ zu einer anderen für $x = a$ unendlich werdenden Funktion nähert. Der Verfasser betrachtet im ersten Capitel die Potenzreihe von x, faßt einige bekannte Resultate zusammen und stellt namentlich fest, daß zwei Bedingungen für die Existenz eines Grenzwerthes $f(a)$, davon eine von Appell, die andere von Hölder herrührt, ihrem Wesen nach identisch sind — was allerdings eine ziemlich mühsame Rechnung erfordert.

Im zweiten Capitel wendet er wesentlich dieselben Grundgedanken an auf die Lambertsche Reihe und andere ihr verwandte. Er kommt dabei unter anderem zu einer verhältnismäßig einfachen Herleitung von Resultaten, die vorher von Franel gegeben waren. [...] Außerdem wird noch die Reihe behandelt: $\sum \left(\frac{x^p}{1 - x^p}\right)$, in der p alle Primzahlen durchläuft.

Das dritte und vierte Capitel giebt eine Reihe allgemeiner Sätze, die als Hülfssätze bei solchen Untersuchungen dienen sollen, über die Grenzen bestimmter Summenschaaren. Der Verfasser verallgemeinert dabei die Hülfsmittel, die in den vorigen Capiteln zur Verwendung kamen. Allerdings wird hierbei alles viel complicirter. Doch muß gesagt werden, daß die einzelnen Haupttheoreme und die zu ihnen führenden Hülfssätze scharfsinnig aufgestellt sind. Das letzte Capitel handelt zuerst von dem Werth, dem sich der Quotient zweier beständig convergirender Potenzreihen nähert, wenn man x auf reellem Wege ins Unendliche wachsen läßt; angenommen wird hierbei, daß eine der beiden Reihen lauter positive Coefficienten hat. Das Resultat ist, daß der fragliche Werth derselbe ist wie der, dem sich der Quotient zweier gleichstelliger Coefficienten nähert — und hierzu wird noch ein Corollar hinzugefügt.

Entsprechendes wird abgeleitet für den Quotienten zweier Dirichletscher Reihen. Daran schließen sich Folgerungen über die Art, wie eine Dirichletsche Reihe an einem Punkte der Convergenzgrenze unendlich wird.

Es liegt in der Natur der ganzen Untersuchung, daß vielfach Resultate Anderer erwähnt und benutzt werden und daß der Gedankengang früherer Arbeiten theilweise reproducirt wird. Ohne dies hätte die Arbeit des Verfassers unverständlich bleiben müssen. Aber die lange, mit großem Fleiß durchgeführte Arbeit enthält auch eine Reihe neuer ganz scharfsinniger Gedanken. Ich schlage vor, daß sie als Doktorarbeit angenommen wird, daß sie das Prädikat „laudabilis" erhält und daß der Candidat zur mündlichen Prüfung zugelassen wird.

Am folgenden Tage, dem 31. 1., schon erklärte sich Frobenius „mit obigem Urteil völlig einverstanden".
Am 14. 2. 1907 fand die mündliche Prüfung statt. Sie eröffnete

Paulsen in der Philos[ophie] als Nebenfach. Die Fragen bezogen sich auf die Systeme von Leibniz und Kant und ihr Verhältnis. Der Kand. erwies sich *sehr gut und gründlich unterrichtet* und wußte die Dinge mit richtigem Urteil im Zusammenhang darzulegen. Praedicat: *magna c. l.*

F. Schottky prüfte von $6^1/_4$ bis 7 Uhr in Funktionentheorie. Die Prüfung erstreckte sich, abgesehen von einigen Anfangsfragen, die mit dem Gebiete der Dissertation zusammenhingen, zunächst auf die Hauptsätze der allgemeinen Funktionentheorie: Folgerungen und Erweiterungen des Laurentschen Satzes und Wesen des Picardschen Satzes. Speziell wurde dann eingegangen auf die elliptischen Funktionen und im Zusammenhang damit auf die trigonometrischen Funktionen, deren Grenzwerthe im Unendlichen und die entsprechenden Darstellungen durch Summen und Produkte. Die Antworten des Candidaten zeichneten sich durch große Klarheit aus, seine Kenntnisse waren recht gut. Planck prüfte in Physik als Nebenfach, zuerst mit Fragen nach der elektrischen Entladung Leidener Flaschen — nach der stillen Entladung im luftverdünnten Raum, wobei auch die Kathodenstrahlen und die Röntgenstrahlen besprochen wurden. Es folgte eine Besprechung der allgemeinen Gleichungen der Mechanik in den beiden von Lagrange angegebenen Formen. Endlich wurde die Bestimmung der Schallgeschwindigkeit erörtert. Der Candidat zeigte auf allen Gebieten *sehr gute* Kenntnisse.

Frobenius schloß die Prüfung in der Mathematik als Hauptfach. Er besprach die Theorie der krummen Linien und Flächen und die Theorie der algebraischen Gleichungen. Der Kandidat zeigte sich sehr gut unterrichtet.

Die Gesamtnote lautete danach „magna cum laude".

Dok. 26 Antrag der Philosophischen Fakultät an den Kultusminister von Studt, Landau zum Extraordinarius als Nachfolger Hensels zu ernennen

Schwarz eigenhändig, redigiert durch Diels (Konzept)
10. 12. 1904 (P-3-11. Bl. 154—158)
Es werden vorgeschlagen: 1. Landau; 2. I. Schur; 3. Jung. — Der Antrag blieb erfolglos.

Berlin, den 10. Dezember 1904

Ew. Excellenz

beehrt sich die unterzeichnete Fakultät in Bezug auf Errichtung oder Wiedererrichtung eines mathematischen Extraordinariates Folgendes ehrerbietigst vorzutragen:

Vor zwölf Jahren, nach dem Tode Kroneckers, waren in unserer Fakultät drei ordentliche und drei außerordentliche Professoren mit dem Unterricht in der Mathematik betraut. Die drei damaligen Extraordinarien, die Professoren Hettner, Knoblauch und Hensel, widmeten ihre volle Lehrthätigkeit den damals viel weniger zahlreichen Studirenden dieses Faches.

Nach der Berufung des Professors Hettner in eine etatsmäßige Professur an der Technischen Hochschule in Charlottenburg glaubte die Fakultät zunächst, davon absehen zu müssen, die Berufung eines anderen Dozenten zu beantragen, da Prof. Hettner sich entschloß, seine ersprießliche Lehrthätigkeit, wenn auch in erheblich geringerem Umfange, an unserer Universität fortzusetzen.

Nachdem nun aber inzwischen auch ein zweiter Extraordinarius, Prof. Hensel, durch seine Berufung nach Marburg aus seinem hiesigen Amte ausgeschieden, die Frequenz der Mathematik Studirenden aber in außerordentlicher Weise gestiegen und nach unsern Beobachtungen noch immer im Zunehmen begriffen ist, darf die Fakultät nicht länger zögern, wenn sie ihre Verpflichtung nicht gröblich verletzen will, Ew. Excellenz auf die mangelhafte Vertretung dieses Fachs aufmerksam zu machen und Vorschläge zur Ergänzung des Lehrkörpers zu machen, die wenigstens den dringendsten Bedürfnissen des Unterrichts abzuhelfen geeignet scheinen.

Da von unsern Extraordinarien nur noch Prof. Knoblauch seine volle Kraft dem Unterrichte widmet, Prof. Hettner aber nur einen Teil seiner früheren Lehrthätigkeit und seines Unterrichtsinteresses der Universität widmen kann, ja zeitweilig überhaupt aussetzen mußte, so ist jetzt thatsächlich nur ein Extraordinarius in vollem Umfange zur Unterstützung der Ordinarien thätig. Zwar sind daneben noch zwei Privatdozenten und der dem Fach der Astronomie angehörige außerordentliche Professor Lehmann-Filhés in äußerst dankenswerter Weise mit der mathematischen Einführung der Studirenden beschäftigt, aber die Fakultät darf natürlich diese Ergänzung des Unterrichtes auf die Dauer nicht als normal und den gesetzlichen Bestimmungen entsprechend ansehen.

Es kommt hinzu, daß im Fache der Mathematik eine Reihe neuer Disciplinen entstanden und ausgereift sind, die in dem den Studirenden zu übermittelnden Gesamtbilde der mathematischen Wissenschaften nicht mehr fehlen dürfen.

Aus diesen Erwägungen heraus haben Ew. Excellenz anderen preussischen Universitäten, wie Göttingen und Breslau, jüngst eine erhebliche Verstärkung des mathematischen Lehrkörpers bewilligt. Währenddessen hat unsere Fakultät in diesem Fache trotz der steigenden wissenschaftlichen Anforderungen und trotz der steigenden Frequenzziffern einen bedauerlichen Rückgang ihrer effectiven Lehrkräfte zu beklagen gehabt.

Sie hält es daher für dringend geboten, daß das durch den Abgang des Prof. Hensel erledigte Extraordinariat neu besetzt oder daß es, falls es in Wegfall gekommen ist, wieder eingerichtet werde.

Sollte das aber auf Schwierigkeiten stoßen, so erlaubt sich die Fakultät den Vorschlag, das etatsmäßig vorhandene, aber nicht mehr voll ausgenutzte Extraordinariat des Prof. Hettner dadurch frei zu machen, daß dieser zum ordentlichen Honorarprofessor an unserer Universität ernannt werde. Der genannte Gelehrte hat seit dem Jahre 1882, wo er zum Extraordinarius ernannt wurde, durch seine ausgezeichnete Lehrthätigkeit sich so hohe Verdienste um die Universität erworben, daß die vorgeschlagene Auszeichnung durchaus wohlbegründet erscheint.

Wie nun auch Ew. Excellenz diese Angelegenheit etatsmäßig zu ordnen belieben mögen, die philosophische Fakultät glaubt mit Zuversicht darauf rechnen zu dürfen, daß ein zweites voll wirksames Extraordinariat im Fache der Mathematik, wenn möglich noch in diesem Semester, errichtet und mit einem auskömmlichen Gehalt ausgestattet werde.

In dieser Hoffnung erlaubt sich die Fakultät, Ew. Excellenz gehorsamst folgende Vorschläge zur Besetzung des zu errichtenden Extraordinariats zu machen:

An erster Stelle nennt sie den Privatdozenten an der hiesigen Universität Dr. E. *Landau*. Geboren im Jahre 1877, promovirte er 1899 hier und habilitirte sich 1901 in unserer Fakultät für das Fach der Mathematik.

Seine Arbeiten [...] sind ungewöhnlich zahlreich [28 lt. Schriftenverzeichnis]. Sie behandelten anfangs ausschließlich zahlentheoretische Fragen. Seitdem die Pariser Akademie die Enträtselung von Riemann's Arbeit „Über die Anzahl der Primzahlen unter einer gegebenen Grenze“ zum Gegenstand einer Preisaufgabe gemacht hatte, entwickelte sich darüber eine umfangreiche Litteratur. An dieser Bewegung hat sich Landau mit zahlreichen, zum Teil wertvollen Untersuchungen beteiligt. Bei seiner Habilitation ward der Wunsch geäußert, er möchte bald über dieses etwas enge Gebiet hinausgehen und sich auch andern Fragen von allgemeinerem Interesse und höherer Bedeutung zuwenden. Er hat sich seitdem außer mit zahlentheoretischen Forschungen (besonders solchen über mittlere Werte arithmetischer Functionen) namentlich beschäftigt mit einer interessanten Frage aus der Theorie der linearen Differentialgleichungen und ganz besonders mit dem berühmten Picardschen Satze. Es ist ihm gelungen, diesen in bemerkenswerter Weise zu ergänzen und zu verallgemeinern. Seine Entdeckung hat bereits eine Reihe von andern wichtigen Arbeiten hervorgerufen.

Landau's Lehrthätigkeit bezog sich auf die verschiedensten Gebiete der Mathematik. Außer den elementaren Vorlesungen über Differential- und Integralrechnung und analytische Geometrie hat er über Algebra, Zahlentheorie und Determinantentheorie, über Functionentheorie und über lineare Differentialgleichungen gut besuchte Privatvorlesungen gehalten. Daneben hat er in unentgeltlichen Vorlesungen über Mengenlehre, Irrationalzahlen, Transzendenz von e und π und über ganze transzendente Functionen gerade solche speziellen Probleme besprochen, die zur Zeit im Vordergrunde des allgemeinen Interesses stehen.

Seine Vorlesungen, über deren erfreuliche Aufnahme die [...] Frequenzliste Auskunft giebt, zeichnen sich, wie uns oft versichert worden ist, durch große Klarheit, gute Disposition und anregenden Vortrag aus.

An zweiter Stelle schlagen wir den etwas später habilitirten Privatdozenten der hiesigen Universität Dr. *I. Schur* vor. Er ist 1875 in Mogilew (Rußland) geboren, promovirte nach lang ausgedehnten, gründlichen Studien (1894—1901, Berlin) im Jahre 1901 mit einer Dissertation „Über eine Klasse von Matrizen, die sich einer gegebenen Matrix zuordnen lassen". Diese Arbeit verdient nicht nur ihrer wichtigen, überraschenden Resultate halber, sondern fast noch mehr wegen der meisterhaften, methodischen Art der Aufstellung, Umformung und Zerlegung des gelösten Problems die höchste Anerkennung. Seine umfangreiche, gründliche Arbeit „Über die Darstellung der endlichen Gruppen durch gebrochene lineare Substitutionen", die einen Teil seiner Habilitationsschrift (1903) bildet, ist durch Reichtum an tiefen Gedanken ausgezeichnet und bildet einen wichtigen Fortschritt auf dem Gebiet der Gruppentheorie. Sehr originell sind auch die beiden kleineren Arbeiten, die in den Sitzungsberichten der Berliner Akademie erschienen sind.

Außer mit der Gruppentheorie hat er sich im Anschluß an seine Vorlesungen auch mit der analytischen Theorie der linearen Differentialgleichungen beschäftigt. Die Anzahl seiner Arbeiten würde weit größer sein, wenn er es nicht liebte, sich nur mit großen, schwierigen, für die Wissenschaft wichtigen Problemen zu beschäftigen und die Ergebnisse erst in völlig ausgereifter Gestalt zu veröffentlichen. [...]

Seine Vorlesungen, in denen er gern eigene Wege geht, üben durch ihren Gedankenreichtum gerade auf die begabteren Hörer eine besondere Anziehung aus. Aber auch den Anfängern sucht er durch gründliche Vorbereitung näher zu treten. Über den äußeren guten Erfolg gibt die [...] Frequenzliste Auskunft.

An dritter Stelle nennen wir Dr. Heinrich *Jung*, Privatdozenten in Marburg. Jung hat sich hauptsächlich beschäftigt mit dem sehr schwierigen Problem derjenigen Abel'schen Funktionen, die nicht zur Riemann'schen Klasse gehören. Seine Erfolge in diesen Untersuchungen sind schon jetzt wesentliche, und die Publication weiterer Resultate ist binnen kurzem zu erwarten. Die Fakultät sieht sich deshalb bewogen, ihn hier ebenfalls vorzuschlagen.

Dekan und Professoren
Erman, Dekan
Planck, Prodekan

Dok. 27 Antrag der Philosophischen Fakultät an den Kultusminister von Trott, ein viertes Ordinariat zu errichten und Hilbert zu berufen

Frobenius eigenhändig (Konzept)
22. 6. 1914 (P-3-13. Bl. 306—309)
Es werden vorgeschlagen: 1. Hilbert; 2. E. Schmidt; 3. I. Schur. Dem Antrag wurde nicht stattgegeben. Einen später auf Grund eines Antrags vom 19. 12. 1916 an Hilbert ergangenen Ruf, das Ersatzordinariat für Schwarz zu übernehmen, lehnte dieser ab.

22. Juni 1914

Ew. Excellenz

beehrt sich die unterzeichnete Fakultät auf Grund von zwei Todesfällen in ihrer mathematischen Sektion folgende Erwägungen und Anträge zu unterbreiten.

Vor einem Jahrzehnt wurde die Mathematik an unserer Universität durch drei Ordinarien und drei Extraordinarien vertreten, wozu noch zwei hervorragend tüchtige Privatdozenten kamen. Von den drei Extraordinarien wurde Hr. Hensel nach Marburg berufen, Hr. Hettner an die technische Hochschule Charlottenburg. Habilitiert hat sich inzwischen nur ein Privatdozent, Hr. Knopp. Wir mußten daher viele Jahre lang dankbar die Hilfe annehmen, die uns ein Astronom, Hr. Lehmann-Filhés, durch Uebernahme von Vorlesungen für die ersten Semester geleistet hat. Nun haben wir ihn durch den Tod verloren, wenige Tage nach dem Hinscheiden des Hrn. Hettner. Dieser hatte sein Extraordinariat an der Universität nicht aufgegeben, sondern las dort in jedem Semester ein zweistündiges Kolleg. Eine noch größere Hilfe aber hatten wir an ihm dadurch, daß er unseren Studenten der ersten Semester Gelegenheit gab, seine Vorlesungen an der [Technischen] Hochschule zu hören. So haben wir nie aufgehört, ihn als einen der unsrigen zu betrachten. Auch die Zahl der Privatdozenten verringerte sich. Hr. Landau ging als Ordinarius nach Göttingen. Hr. Schur im vergangenen Jahr als Extraordinarius nach Bonn.

In dieser Weise ist die Vertretung der Mathematik in unserer Fakultät in den letzten 10 Jahren beständig zurückgegangen, ohne daß für die entstandenen Lücken ein entsprechender Ersatz eintrat. Sie besteht jetzt außer dem Privatdozenten Hrn. Knopp aus einem Extraordinarius, Hrn. Knoblauch, der 59 Jahre alt ist, und den drei Ordinarien, die inzwischen ein Alter von 71, 64 und 63 Jahren erreicht haben. Mag sich also von diesen Professoren der einzelne noch frisch genug fühlen, so sind sie doch, das müssen wir unverhohlen erklären, durchschnittlich zu alt, so daß schon vor Eintritt der beiden beklagenswerten Todesfälle von der Notwendigkeit einer Ergänzung die Rede war. Nunmehr aber hält es die Fakultät für ihre Pflicht, Ew. Excellenz eine energische und sofortige Verstärkung des mathematischen Lehrkörpers ans Herz zu legen, und dies kann nach unserer Meinung in wirksamer Weise nur durch die

Berufung eines neuen Ordinarius

erreicht werden. Auch Göttingen hat ja vier etatsmäßige mathematische Ordinariate. Sollte dies für Berlin zur Zeit nicht zu erreichen sein, so wird Ew. Excellenz ohne Zweifel Wege finden, für die Uebergangszeit einen Ordinarius zu berufen, der später in eine der drei etatsmäßigen Stellen einrücken könnte. Dafür schlagen wir an erster Stelle Hrn. Hilbert vor, an zweiter und dritter, wenn auch in weitem Abstand, die Herren Schmidt und Schur.

David *Hilbert* wurde im Jahre 1862 zu Königsberg i. Pr. geboren, studierte dort und in Heidelberg, promovierte 1884 in Königsberg, habilitierte sich dort 1886, wurde 1892 zum außerordentlichen, 1893 zum ordentlichen Professor befördert und 1895 nach Göttingen berufen. Er ist einer der scharfsinnigsten und vielseitigsten Mathematiker, ein Gelehrter von Weltruf, Mitglied der meisten gelehrten Gesellschaften. Wir haben seine Leistungen schon einmal gewürdigt, als wir 1902 seine Berufung an unsere Universität beantragten. Damals hat er den Ruf abgelehnt; inzwischen hat er sich, nachdem Berlin ein kleines Göttingen geworden ist, vielleicht eines besseren besonnen. Nachdem er der Invariantentheorie ihre wissenschaftliche Begründung und letzte Vollendung gegeben hatte, widmete er sich der Arithmetik und Algebra. Die Resultate seiner ausgedehnten Forschungen über die von Kummer und Kronecker geschaffene Theorie veröffentlichte er in seinem berühmten Bericht über die Theorie der algebraischen Zahlkörper.

Dann beschäftigten ihn eine Zeit lang philosophische Fragen, deren Niederschlag sein Werk über die Grundlagen der Geometrie bildete. Wie er hier die Widerspruchslosigkeit seiner Axiome beweist, wie er ihre gegenseitige Unabhängigkeit dartut durch Konstruktion von Mannigfaltigkeiten, die alle Axiome erfüllen mit Ausnahme von einem, gehört zu den feinsten Ueberlegungen nicht nur der Geometrie, sondern auch der Erkenntnistheorie. Die kleine Schrift, für die ihm die Berliner Akademie der Wissenschaften den Steiner-Preis zuerkannt hat, hat auch außerhalb des Kreises der Fachleute große Beachtung gefunden, ist in mehreren Auflagen erschienen und in mehrere Sprachen übersetzt worden. Die darin gewonnenen Anschauungen hat Hilbert auch auf die Arithmetik und Logik zu übertragen versucht. Nebenher gehen beständige Bemühungen um die Grundlagen der Variationsrechnung und um eine strenge Begründung der Existenzbeweise, deren Herleitung aus dem Dirichletschen Prinzip Weierstraß mit Recht angefochten hatte.

Seine tiefdringenden Untersuchungen über die Integralgleichungen, die Auflösung der linearen Gleichungen mit unendlich vielen Unbekannten überhaupt, und der quadratischen und bilinearen im besonderen, legte er in sechs ausführlichen Mitteilungen nieder. Die Wichtigkeit der neuen Theorien erhärtete er durch zahlreiche Anwendungen auf die Entwicklung willkürlicher Funktionen in Reihen, die konforme Abbildung, die Potentialtheorie, die Uniformisierung, die Theorie der gewöhnlichen und partiellen Differentialgleichungen zweiter Ordnung, die Beziehung zwischen Oberfläche und Volumen eines Körpers, endlich auf die mathematische Physik, für die ihn sein verstorbener Freund Minkowski zu interessieren gewußt hatte, namentlich die Hydrodynamik und die kinetische Gastheorie.

Neben diesen großen systematischen Forschungen verschwinden fast einzelne spezielle Untersuchungen, die allein ausgereicht hätten, seinen Ruhm zu begründen, sein überraschend einfacher Beweis für die Transzendenz der Zahlen e und π, sein Beweis für die Unmöglichkeit, jede definite Form als Summe von Quadraten darstellen zu können, seine Erledigung des Waringschen Problems, die eine so große Reihe von geistreichen Ueberlegungen erfordert, jede einzelne verhältnismäßig einfach, aber in ihrer Gesamtheit eines der stolzesten Gebäude mathematischer Forschung.

Wir geben uns der Hoffnung hin, daß es den Bemühungen des Ministeriums gelingen wird, Hilbert für die Universität Berlin zu gewinnen. Dieser kraftvolle Forscher und erfolgreiche Lehrer wäre wie kein anderer geeignet, die Lücken unseres Lehrkörpers auszufüllen. Nur für den Fall, daß sich seine Berufung aus irgend einem Grunde nicht als angängig erwiese, schlagen wir, wie üblich, noch zwei andere Gelehrte vor, beide hervorragend tüchtige Mathematiker, aber mit Hilbert nicht auf die gleiche Linie zu stellen.

Erhard *Schmidt* wurde im Jahre 1876 zu Dorpat geboren, studierte 12 Jahre lang in Dorpat, Berlin und Göttingen, promovierte 1905 in Göttingen, habilitierte sich 1906 in Bonn, wurde 1908 als Ordinarius nach der Universität Zürich, 1910 von dort nach Erlangen, und endlich 1911 nach Breslau berufen.

Am besten paßt auf ihn das Wort vom Meister in der Beschränkung, aber mit dem Ton auf den Meister. Meisterhaft ist die Einfachheit und Angemessenheit seiner Methoden, meisterhaft die Klarheit und Durchsichtigkeit seiner Darstellung. Ein Meisterwerk war, allerdings nach zwölfjähriger Vorbereitung, seine Dissertation über die Entwicklung willkürlicher Funktionen nach Systemen vorgeschriebener. Wenn auch Fredholm und Hilbert den Weg zur Behandlung der linearen Integralgleichungen gebahnt hatten, so hat doch Schmidt diese Theorie in klassischer Weise auf einem neuen Wege entwickelt und vereinfacht. Auf demselben Gebiete bewegen sich seine weiteren Veröffentlichungen. In einer Reihe von Abhandlungen dehnte er die Theorie auf die nichtlinearen Integralgleichungen aus, wendete er seine Methode auf das Problem der Auflösung der linearen Gleichungen mit unendlich vielen Unbekannten an, im Gegensatz zu Hilbert, der immer nach einer unmittelbaren Verknüpfung jener beiden Theorien gestrebt hat.

Wenn nun auch Hr. Schmidt nur auf einem beschränkten Gebiete seine Meisterschaft entfaltet hat, so gelten doch seine ausgedehnten Studien allen Teilen der Analysis, und dieselbe Klarheit und Besonnenheit, die seine Schriften zeigen, zeichnen auch seine Vorlesungen aus.

Issai *Schur* wurde im Jahre 1875 zu Mogilew geboren, studierte sieben Jahre lang in Berlin, promovierte dort 1901, habilitierte sich ebenda 1903 auf Veranlassung seiner Lehrer und wurde 1913 als Extraordinarius nach Bonn berufen.

Wie nur wenige Mathematiker übt er die große Abelsche Kunst, die Probleme richtig zu formulieren, passend umzuformen, geschickt zu teilen und dann einzeln zu bewältigen. Dies zeigte er schon in seiner ganz selbständig gearbeiteten und ganz neue Resultate enthaltenden Dissertation über eine Klasse von Matrizen, die sich einer gegebenen Matrix zuordnen lassen.

Seine Untersuchungen galten anfangs ausschließlich der Theorie der endlichen und unendlichen Gruppen von linearen Substitutionen. Hier gab er eine neue, durch ihre Einfachheit ausgezeichnete Begründung der Theorie der Gruppencharaktere. Tiefer als irgend einer seiner Mitbewerber drang er in das schwierige Problem der Natur der Koeffizienten, die in den Gruppendarstellungen auftreten, ihre Realität, ihr algebraisches Verhalten. F. Klein und seine Schule hatten in zahlreichen speziellen Beispielen die Darstellung endlicher Gruppen durch gebrochene lineare Substitutionen rechnerisch untersucht, und die allgemeine Erledigung dieser Aufgabe erschien als ein aussichtsloses Unternehmen. Erst dem eindringlichen Scharfsinn und beharrlichen Nachdenken von Schur gelang es, die Schwierigkeiten, die sich der Bewältigung des Problems entgegenstellten, vollständig zu überwinden.

Später machte er seine ausgedehnten Kenntnisse und Forschungen auf dem Gebiete der Matrizentheorie für die Lehre von den Integralgleichungen nutzbar. Nach Erledigung der symmetrischen Kerne hatte sich die Göttinger Schule lange vergeblich bemüht, die allgemeine Theorie der Integralgleichungen durch den Begriff der Elementarteiler zu fördern. Dies gelang erst Schur in einer Arbeit, die den bescheidenen Titel führt: Ueber die charakteristischen Wurzeln einer linearen Substitution mit einer Anwendung auf die Theorie der Integralgleichungen. Durch eine Fülle von neuen Methoden und Resultaten ausgezeichnet ist seine Abhandlung: Bemerkungen zur Theorie der beschränkten bilinearen Formen mit unendlich vielen Veränderlichen.

Schur ist ein Gelehrter von dem umfassendsten und eindringlichsten Wissen und zugleich einer der produktivsten und ideenreichsten Mathematiker. Wir haben hier nur die wichtigsten seiner zahlreichen Arbeiten erwähnen können. Während der zehn Jahre, die er hier als Privatdozent wirkte, fanden seine Vorlesungen wegen der Gediegenheit ihres Inhalts und der Klarheit seiner Darstellung bei den Zuhörern die verdiente Anerkennung.

H. A. Schwarz Frobenius
Rubens
Erdmann
Schottky

Dok. 28 Antrag der Philosophischen Fakultät an den Kultusminister von Trott, Schmidt als Nachfolger von Schwarz zu berufen

Frobenius und Schottky eigenhändig (Konzept)
9. 3. 1917 (P-3-14. Bl. 226–229)
Es werden vorgeschlagen: 1. E. Schmidt; 2. I. Schur; 3. Koebe. Abgelehnt werden Landau und Stäckel. — Berufen wurde Schmidt am 1. 10. 1917.

Berlin, 9. März 1917

Eure Excellenz

teilt der Fakultät in einer Zuschrift vom 12. Februar mit, daß Hr. Hilbert den Ruf nach Berlin wieder abgelehnt hat. Sie bedauert sehr, daß es sich auch dies Mal nicht hat ermöglichen lassen, ihn für die hiesige Universität zu gewinnen.

Nach wiederholter gründlicher Beratung hat sich in der Fakultät nur die Überzeugung verstärkt, daß sie mit der Nennung von Erhard Schmidt und Issai Schur die besten zur Zeit möglichen Vorschläge gemacht hat. Viele andere Gelehrte sind noch erwähnt, aber aus verschiedenen Gründen abgelehnt worden.

Dazu gehört auch Hr. *Landau.* Er ist ein ungewöhnlich fleißiger und begabter Mann, aber etwas einseitig der analytischen Zahlentheorie zugewandt. Landau und Schur sind die vorzüglichsten Gelehrten, die in den letzten 25 Jahren aus der Schule des Hrn. Frobenius hervorgegangen sind. Beide haben sich auf der gewonnenen arithmetischen und algebraischen Grundlage weiter nach vielen Seiten entwickelt und werden von den hiesigen Mathematikern sehr hoch geschätzt, nicht nur als wissenschaftliche Persönlichkeiten. Aber der vielseitige Schur verhält sich zu Landau wie das Genie zum Talent. Unter den Arbeiten von Schur sind viele von höchstem bleibenden Werte. Die Mehrzahl der Arbeiten von Landau würde, so schätzenswert sie heute sind, an dem Tage ihren Wert verlieren, wo für eine gewisse Vermutung von Riemann der vollständige Beweis gelänge. Es unterliegt aber keinem Zweifel, daß Landau bei seinem Fleiß und seiner Begabung der Wissenschaft noch manche vortreffliche Arbeit von bleibendem Werte schenken wird. Schur, dessen einziger Fehler seine übergroße Bescheidenheit ist, hält selbst große Stücke auf Landau, mit dem ihn eine alte feste Studienfreundschaft verbindet. In Erwägung all dieser Umstände konnte die Fakultät nicht daran denken, Landau als Ordinarius an einer Universität vorzuschlagen, wo Schur, dessen Karriere unter mancherlei Umständen gelitten hat, leider immer noch als Extraordinarius wirkt.

Auch *Stäckel*'s Name ist der Fakultät genannt worden, aber nicht von Mathematikern. Unter seinen zahlreichen Schriften sind nur wenige wissenschaftlichen Inhalts, aber keine von wissenschaftlicher Bedeutung. Er versteht es, den Laien zu imponieren, wird aber von den kompetenten Fachgenossen recht gering eingeschätzt. Manche seiner Untersuchungen sind geradezu fehlerhaft, insbesondere die über das Kreiselproblem.

Die Fakultät wird weiter aufgefordert, darauf zu achten, daß die zu berufenden Herren auch organisatorisches Talent haben. In der Mathematik spielt die Organisation eine geringere Rolle als in den meisten anderen Wissenschaften. Die Fakultät hat daher nur darauf achten zu müssen geglaubt, daß sie ausgezeichnete Gelehrte und gute Lehrer in Vorschlag bringt. Sie bezweifelt übrigens nicht, daß die hier vorgeschlagenen Herren hinreichende Organisationsbefähigung besitzen.

Schmidt ist auch in der äußeren Handhabung seines Berufes ein ungemein geschickter

Mann, eine imponierende Persönlichkeit. Männer wie Sommerfeld, Einstein, Carathéodory, Landau haben sich in der rühmlichsten Weise über ihn ausgesprochen; seine mathematischen Leistungen und Kenntnisse werden noch höher eingeschätzt, als seine Schriften vermuten lassen. Nach anderen Berichten muß er sich zur Zeit in einer gewissen Depression befinden, die gerade Männer von 40 Jahren nicht selten befällt und sich bei ihm vielleicht aus dem Verluste seiner Gattin erklärt. Für solche Zustände ist die scharfe Großstadtluft häufig das beste Heilmittel.

Schur hat in Bonn, wo er wissenschaftlich etwas vereinsamt war, praktisch viel gewonnen, und sich in der kurzen Zeit, wo er wieder in Berlin ist, als ein vortrefflicher Organisator erwiesen. Er hat zusammen mit Hrn. Knopp eine Art Proseminar organisiert, dessen Uebungen von den Studenten gern und fleißig besucht werden. In seinen wissenschaftlichen Leistungen steht er in keiner Weise hinter Schmidt zurück. Aber in Erwägung des Umstandes, daß es sich um eine Nachfolge für Herrn Schwarz handelt, würde die Fakultät augenblicklich Hrn..Schmidt den Vorzug geben.

Das Ersuchen Ew. Excellenz um Erweiterung ihrer Vorschläge wird der Fakultät recht schwer zu erfüllen. Schmidt und Schur erscheinen in jeder Hinsicht als die besten Vorschläge; bei jedem anderen müßte sie sich nach irgend einer Richtung hin bescheiden. Trotzdem hat sie sich entschlossen, wenn auch in einigem Abstande nach Schmidt und Schur Hrn. Paul Koebe zu nennen.

Koebe[1]), geb. 1882 zu Luckenwalde, wirkt zur Zeit als Ordinarius in Jena. Er hat in Berlin studiert und auf Grund einer Dissertation promoviert, die uneingeschränktes Lob erfuhr; durch sie wurde ein Gedanke, auf den Weierstraß besonderen Wert gelegt hatte, die Definition der elliptischen Funktionen betreffend, zum befriedigenden Abschluß gebracht. Von Berlin ging Koebe nach Göttingen, wurde dort Privatdozent, kam dann als außerordentlicher Professor nach Leipzig und von dort als ordentlicher nach Jena. Allerdings gehen seine Gedanken alle nach einer Richtung, aber es sind wichtige Probleme, die in dieser Richtung liegen.

Es handelte sich in der Analysis während der auf 1880 folgenden Zeit um die Auswertung einer Entdeckung, die einige Jahre vorher gemacht worden war: daß Funktionenklassen existieren, ihrem Charakter nach der der elliptischen ähnlich und so wie diese eindeutig und in erweitertem Sinne periodisch, die durch algebraische Gleichungen allgemeiner Natur miteinander verbunden sind. Solche Gleichungen konnten demnach durch eindeutige Funktionen aufgelöst werden, und das nannte Felix Klein ihre Uniformisierung. Der französische Mathematiker Henri Poincaré, mit uns deutschen rivalisierend, ging über die erste Entdeckung hinaus, indem er einerseits ein wirkliches Bildungsgesetz für die neuen Funktionen aufstellte, die er, wie schon vor ihm Felix Klein, im weitesten Sinne nahm, andererseits darauf hinwies, daß nicht nur jede algebraische, sondern überhaupt jede analytische Beziehung zwischen zwei Veränderlichen eindeutig aufgelöst werden könne. Solche Behauptungen und ähnliche von Felix Klein waren aufgestellt aber nur unvollkommen bewiesen. Hier setzte Koebes Arbeit ein, der mannigfache Methoden erfunden hat, um die Zuordnung der Funktionen zu gegebenen Gleichungen wirklich herzustellen und die entsprechenden Möglichkeiten der Abbildung eines Gebiets in ein anderes genau zu beweisen. Nicht bloß die Resultate, zu denen Koebe gelangte, sind bemerkenswert; diese waren durch Klein und Poincaré, zum Teil sogar, wenn auch etwas dunkel, durch Riemanns Dissertation vorausgesagt; auch die Hilfssätze, die Koebe aufzustellen sich genötigt sah, sind für die allgemeine Analysis von Wichtigkeit. Darunter ist einer, das Koebesche Verzweigungstheorem, von besonderem

Interesse. Es ergänzt, worauf Koebe selbst hinweist, ähnliche Theoreme, die ziemlich um dieselbe Zeit von deutschen Mathematikern aufgestellt waren, auch zunächst als Hilfssätze, aber zu anderen Zwecken. Wenn man es mit diesen vereinigt, so ergibt sich ein neues, vorläufig kleines Gebiet der Analysis, charakteristisch durch die Geringfügigkeit der Voraussetzungen, das jedenfalls wert ist, weiter gepflegt zu werden. Daß demnach Koebe in mancher Beziehung in Berlin anregend wirken würde, ist nicht zu bezweifeln; ebensowenig, daß er es verstehen würde, sich energisch zu betätigen.

Sichtvermerke von: Hollmann (Dekan i. V.)
Planck
Schwarz
Nernst
Schottky
Rubens

Anmerkung zu Dok. 28

¹) Von hier ab Entwurf von Schottky.

Dok. 29 Antrag der Philosophischen Fakultät an den Kultusminister Schmidt-Ott, Schur oder Carathéodory als Nachfolger von Frobenius zu berufen

Maschinenschriftliches Konzept auf Grund eines Entwurfs von Schmidt
22. 10. 1917 (P-3-14. Bl. 278–281)
Vorgeschlagen werden: 1. I. Schur und Carathéodory; 2. H. Weyl. — Berufen wurde Carathéodory am 1. 10. 1918.

Berlin, den 22. Oktober 1917

Euerer Exzellenz

beehrt sich die unterzeichnete Fakultät in Beantwortung der Zuschrift vom 13. August, U.I. Nr. 6177, für die Besetzung des durch Tod von Frobenius freigewordenen mathematischen Ordinariates, mit welchem die Stellung eines Mitdirektors des mathematischen Seminars verbunden ist, an erster Stelle die Herren Issai *Schur* und Constantin *Carathéodory* aequo loco und an zweiter Stelle den Herrn Hermann *Weyl* vorzuschlagen.

Issai *Schur* ist von der Fakultät bereits dreimal zum ordentlichen Professor vorgeschlagen worden. Daher beehrt sich die Fakultät in betreff der Begründung dieses Vorschlages auf ihre früheren Berichte zurückzuverweisen, welche auch heute ihr Urteil über diesen hervorragenden Forscher und Lehrer voll wiedergeben. Wegen der Übereinstimmung seines Hauptarbeitsgebietes mit demjenigen des Verstorbenen ist Schur wie kein anderer geeignet, die Lücke auszufüllen, die der Tod von Frobenius gerissen hat. Ist doch Frobenius selbst mit dem Wunsch geschieden, daß Schur sein Nachfolger werde. Im Falle seiner Berufung könnte das Extraordinariat, das er gegenwärtig bekleidet, mit einem Geometer besetzt und dadurch gleichzeitig dem äußerst fühlbaren Mißstande abgeholfen werden, daß die Geometrie gegenwärtig an unserer Universität nicht mehr genügend vertreten ist.

Constantin *Carathéodory* wurde im Jahre 1873 zu Berlin geboren. Nachdem er an der belgischen Militärschule die Ingenieurwissenschaften studiert und darauf einige Jahre sich in Kleinasien und Ägypten als Ingenieur praktisch betätigt hatte, ging er im Jahre 1900 nach Deutschland, um sich dem Studium der reinen Mathematik zu widmen. Er studierte zu Berlin und Göttingen, promovierte in Göttingen im Jahre 1904, habilitierte sich dort 1905, wurde 1909 als ordentlicher Professor an die technische Hochschule in Hannover, 1910 in derselben Eigenschaft an die technische Hochschule in Breslau, 1913 an die Universität Göttingen berufen. Im Jahre 1910 lehnte er einen Ruf als ordentlicher Professor an die technische Hochschule in Stuttgart ab.

In seinen Arbeiten über Variationsrechnung deckte Carathéodory die wichtige Bedeutung der geknickten Lösungskurven, deren Vorkommen zwar gelegentlich schon bemerkt worden war, voll auf, entwickelte ihre Theorie und wandte diese dazu an, um mit Hilfe des von Hilbert zum Beweise der Existenz von geodätischen Linien zwischen gegebenen Endpunkten ersonnenen Auswahlverfahrens die Frage nach der Existenz von Lösungskurven bei vorgeschriebenen Endpunkten bei den einfachen regulären definiten Variationsproblemen vollständig zu erledigen. Sodann verdankt die Variationsrechnung ihm eine interessante neue Darstellung der Weierstraßschen Theorie durch Ausgestaltung eines alten Ansatzes von Bernoulli.

In seinen sich an die Erweiterungen des Picardschen Satzes durch Landau und Schottky knüpfenden Untersuchungen gelang es Carathéodory, den Landau-Picardschen Satz überraschend einfach zu beweisen, helles Licht in den rätselhaften Charakter dieses Theorems zu werfen, es bedeutend zu präzisieren und auf ähnlichem Wege eine Reihe anderer und wichtiger Resultate herzuleiten. Daran schließt sich eine Untersuchung, in welcher das schwierige Problem, wie sich aus den Koeffizienten einer Potenzreihe erkennen läßt, ob ihr reeller Teil durchaus positiv ist, in überraschender und eleganter Weise auf die Konstruktion des kleinsten konvexen Körpers um eine Raumkurve zurückgeführt wird. An diese Arbeit knüpfen sich eine Reihe bedeutsamer Untersuchungen anderer Mathematiker. Carathéodorys Untersuchungen über konforme Abbildung verdankt man einen außerordentlich einfachen Beweis des zuerst von Schwarz bewiesenen Fundamentalsatzes dieser Theorie und vor allem die vollständige Lösung der überaus schwierigen Frage nach dem Verhalten des Randes bei der konformen Abbildung allgemeiner Bereiche.

Ferner hat Carathéodory der Theorie des Borel-Lebesgueschen Maßbegriffs eine lichtvolle und einfache Neubegründung gegeben und darauf seine neuen an Einfachheit und Allgemeinheit unübertrefflichen Definitionen von Länge und Oberfläche aufgebaut.

Endlich sei noch ein von maßgebenden Physikern sehr geschätzter Beitrag zur Thermodynamik hervorgehoben, in welchem eine neue axiomatische Herleitung dieser Theorie entwickelt wird, die von der Voraussetzung der Existenz der Wärme als einer von den gewöhnlichen mechanischen Größen abweichenden physikalischen Größe keinen Gebrauch macht.

Obgleich der Feder Carathéodorys nur wenige rein geometrische Arbeiten, so über die isoperimetrische Eigenschaft des Kreises und über die geometrische Deutung der Charakteristiken partieller Differentialgleichungen erster Ordnung, entstammen, so sind doch alle seine analytischen Arbeiten vom Geist der Geometrie durchdrungen. Jedes Problem faßt er geometrisch an und benutzt seine außergewöhnliche Raumanschauung als gewaltiges Hilfsmittel. Er verfügt über umfassende und tiefe geometrische Kenntnisse, die sich auch auf die angewandte Mathematik erstrecken. Hat er doch selbst einmal den Ausspruch getan, daß die darstellende Geometrie diejenige mathematische Disziplin sei, welche er am besten beherrsche. Carathéodory ist daher auch außer Vergleich die geeignetste Persönlichkeit, um die Lücke auszufüllen, die sich gegenwärtig in der Vertretung der Geometrie an unserer Universität fühlbar macht.

Als Lehrer ist er für die schönste Aufgabe des Lehrers, die Anregung und Anleitung von Anfängern zu selbständiger wissenschaftlicher Arbeit, vermöge seiner Vielseitigkeit und Anpassungsfähigkeit und seines Reichtums an Ideen besonders befähigt und bewährt.

Hermann *Weyl* wurde im Jahre 1885 in Elmshorn geboren, studierte in Göttingen und München, promovierte 1908 in Göttingen, habilitierte sich dort 1910 und wurde 1913 als ordentlicher Professor an das Eidgenössische Polytechnikum in Zürich berufen, von wo er einen Ruf als ordentlicher Professor an die technische Hochschule in Karlsruhe ablehnte.

Weyl hat in einer Reihe von Abhandlungen die Methoden der Integralgleichungen sehr erfolgreich auf verschiedene Typen von Differentialgleichungen angewandt. Von besonderer Wichtigkeit sind seine Untersuchungen über die asymptotische Verteilung der Eigenwerte der Schwingungsgleichung und verwandter Differentialgleichungen, ein Problem, das für die Physiker von Bedeutung ist. Das einfache Verteilungsgesetz war von dem Physiker H. A. Lorentz schon vermutet und in speziellen Fällen verifiziert worden. Der allgemeine Beweis gelang erst Weyl. Die zu diesem Zwecke von ihm entdeckten Sätze in der Theorie der Integralgleichungen haben auch ein selbständiges großes Interesse, während die Methodik der Beweisführung außerordentlich elegant ist. In einer anderen Arbeit bewies Weyl, daß die sogenannte Gibbs'sche Erscheinung bei den Fourierschen Reihen auch bei der Entwicklung nach Kugelfunktionen auftritt. Einen interessanten Fortschritt bedeutet auch die von Weyl durchgeführte abstrakte Begründung der Theorie der Riemannschen Flächen, die bisher nur anschaulich entwickelt werden konnte.

Ferner verdankt man ihm eine weitgehende Verallgemeinerung und Verschärfung eines berühmten Satzes von Kronecker über die Approximation durch Irrationalzahlen. Von den auf diesem Wege gewonnenen Resultaten macht Weyl verschiedenartige Anwendungen, die für die Analysis und auch für einige Fragen der theoretischen Astronomie von Bedeutung sind.

Endlich seien noch zwei interessante geometrische Arbeiten hervorgehoben „Über die Starrheit der Eiflächen und konvexen Polyeder“ und „Über die Bestimmung einer geschlossenen konvexen Fläche durch ihr Linienelement“. Namentlich die letztere Untersuchung enthält ein bedeutendes Resultat durch den Beweis des Satzes, daß zu jedem vorgegebenen Linienelement, das hinreichend wenig von dem der Kugel abweicht, eine geschlossene Fläche gehört. Noch umfassendere und wichtigere Sätze werden in dieser Arbeit angekündigt, können dem Verfasser jedoch noch nicht angerechnet werden, da der Beweisgang nur skizziert ist und die Durchführung noch aussteht.

Weyls topologische Studien über die Riemannschen Flächen sowie seine beiden letztgenannten geometrischen Arbeiten beweisen, daß er auch befähigt ist, in der Geometrie Bedeutendes zu leisten, und daher ebenfalls geeignet ist, die Lücke in der Vertretung der Geometrie an unserer Universität auszufüllen, wenn er auch lange nicht in dem umfassenden Maße als Geometer bezeichnet werden kann wie Carathéodory. Weyl dürfte als Analytiker anzusehen sein, der sich auch geometrisch betätigt hat, während Carathéodory als Geometer zu betrachten ist, der sein außerordentliches geometrisches Können hauptsächlich in den Dienst der Analysis gestellt hat.

Weyls Vorlesungen sollen, obgleich ihm das Wort durchaus zu Gebote steht, für Anfänger, weil zu hoch, etwas schwer verständlich sein; für Reifere soll er dagegen sehr anregend wirken.

Zusammenfassend läßt sich sagen, daß die Leistungen der beiden an erster Stelle Vorgeschlagenen wegen der Divergenz ihrer Richtung sich einem Vergleich entziehen. Die Fakultät stellt beide gleich hoch. Beide sind durchaus die geeignetsten Persönlichkeiten, um zwei ganz verschiedene wesentliche Lücken in der Forschungs- und Lehrtätigkeit an der Universität auszufüllen. Die Fakultät würde daher unbedingt die Berufung beider beantragen, wenn die gegenwärtigen Zeitverhältnisse das zulassen sollten.

Weyl dagegen steht noch in sehr jugendlichem Alter und hat infolgedessen noch nicht das Maß von Leistungen erreicht, welches die beiden anderen aufweisen.

E. Schmidt
Rubens
H. A. Schwarz
Planck
Wehnelt
Schottky
F. Cohn
Nernst

Dok. 30 Antrag der Philosophischen Fakultät an den Kultusminister Haenisch, ein Ordinariat für angewandte Mathematik zu errichten und Runge zu berufen

Maschinenschriftlicher Entwurf, Verfasser nicht zu ermitteln
5. 7. 1919 (P-3-15. Bl. 147—152)
Vorgeschlagen werden: 1. Runge; 2. Hessenberg; 3. von Mises. — Der Antrag blieb erfolglos. Die Berufung von v. Mises erfolgte erst am 20. 1. 1920 als persönlicher Ordinarius auf Grund eines späteren Antrags vom 30. 7. 1919.

[5. 7. 1919]

Trotz des ablehnenden Bescheids [...] vom 7. Jan. 1919, den ihr Antrag auf Schaffung eines Ordinariats für angewandte Mathematik an der Berliner Universität erhalten hat, erlaubt sich die philosophische Fakultät der Universität Berlin unter Berufung auf die ihrem Antrag vom 10. 6. 1918 beigefügte Motivierung und gedrängt durch die in der Entwicklung der Zeit begründete, immer fühlbarer werdende Lücke im mathematischen Unterricht an der hiesigen Universität an das Ministerium nochmals mit dem Antrag auf Gründung eines Ordinariats für angewandte Mathematik heranzutreten und für den Fall der Bewilligung folgende Besetzungsvorschläge zu machen:

an erster Stelle C. Runge,
an zweiter Stelle G. Hessenberg,
an dritter Stelle R. von Mises.

[...]

Die angewandte Mathematik kann auf so viele verschiedene Weisen betrieben und unterrichtet werden, daß es unmöglich ist, zu verlangen, daß ein einziger sämtliche möglichen Gesichtspunkte berücksichtigt. Im Gegenteil muß, um eine würdige Vertretung dieser Wissenschaft an einer großen Universität zu erhalten, erstrebt werden, daß der zu berufende Gelehrte seinem Unterricht eine persönliche Färbung gibt, ohne daß selbstverständlich dabei die elementaren großen Vorlesungen im Gebiete der angewandten Mathematik vernachlässigt werden. Dieses trifft für jeden der drei genannten Männer zu. Bei Runge würde das numerische und graphische Rechnen, bei Hessenberg die zeichnerischen rein geometrischen Methoden, bei von Mises das Interesse und Verständnis für technische Fragen überwiegen.

C. *Runge*, geboren 1856, promoviert in Berlin 1880, habilitierte sich dort 1883, wurde 1886 etatsmäßiger Professor an der Technischen Hochschule zu Hannover und 1904 als ordentlicher Professor für angewandte Mathematik nach Göttingen berufen. Die ersten Arbeiten Runges beschäftigen sich mit Algebra und Funktionentheorie, insbesondere hat er in wichtigen Arbeiten die Approximation analytischer Funktionen in einem beliebigen Existenzbereich durch Reihen von Polynomen untersucht. Aber schon sehr früh entwickelte sich bei ihm das Interesse für die numerische Behandlung von mathematischen Problemen, die er gleichzeitig mit seinen berühmten spektralanalytischen Untersuchungen betrieben hat. Runge hat eine große Anzahl sinnreicher Methoden erfunden, um mit dem kleinsten Aufwand an numerischer Arbeit zu der gewünschten Approximation bei der numerischen Lösung von teilweise sehr schweren Problemen zu gelangen. Seine Methoden sind teils allgemein wie seine numerische Auflösung von Differentialgleichungen (1895), seine Untersuchungen über Interpolation (1901), über die Methode der kleinsten Quadrate (1897), die harmonische Analyse (1902) und über die Summation trigonometrischer Polynome — teils auf ganz spezielle Probleme der Praxis zugeschnitten wie seine Arbeiten über die Ortsbestimmung auf See und im Ballon, über das Rückwärtseinschneiden (1899) und gewisse Fragen der Festigkeitslehre. Bei anderen Problemen hat Runge graphische Methoden benutzt und zur Nomographie, wie sie d'Ocagne in Frankreich betrieben hat, Wertvolles beigesteuert. Wir erwähnen die graphische Lösung partieller Differentialgleichungen, die sehr elegante graphische Auflösung algebraischer Gleichungen und Versuche, auch Randwertaufgaben graphisch zu behandeln.

Endlich hat Runge eine Reihe guter Lehrbücher geschrieben: Theorie und Praxis der Gleichungen, Theorie und Praxis der Reihen, und ein zuerst in englischer Sprache erschienenes Buch über graphisches Rechnen (Runge war 1911 Austauschprofessor in Amerika). Runge ist ein ausgezeichneter Lehrer; er hat in Göttingen eine sehr inhaltsreiche Tätigkeit entwickelt und sein Institut zu hoher Blüte gebracht; eine Reihe interessanter Dissertationen sind in seinem Institut entstanden. Runge verfügt über eine außerordentliche Begabung für physikalisches Denken, die er in den Dienst seines Unterrichts in der angewandten Mathematik stellt, und über große technische Kenntnisse u. a. auch im Gebiete der Aerodynamik. Er hat das erste umfangreiche Lehrbuch von Lanchester über diesen Gegenstand ins Deutsche übersetzt.

In den letzten Jahren hat sich Runge viel mit Vektoranalysis in mehrdimensionalen Räumen, hauptsächlich mit dem Graßmannschen Gedanken beschäftigt und bereitet ein großes Lehrbuch über diesen Gegenstand vor.

Falls es gelingen sollte, Runge für die Berliner Universität zu gewinnen, worauf die Hoffnung nicht ganz unberechtigt ist, würde er trotz seiner Jahre in wenigen Jahren auch hier ein Zentrum für die angewandte Mathematik schaffen und der Pflege dieser Wissenschaft an der Berliner Universität einen eigenartigen Impuls geben, der durch Generationen fortwirkt.

G. *Hessenberg*, geboren 1874 zu Frankfurt a. M., promoviert 1899 in Berlin, habilitierte sich 1901 an der Technischen Hochschule in Charlottenburg, war nebenbei 1903 bis 1907 an der Militärakademie tätig, von 1907—10 ordentlicher Professor an der landwirtschaftlichen Akademie in Poppelsdorf und wirkt seit 1910 als ordentlicher Professor für darstellende Geometrie an der Technischen Hochschule zu Breslau.

Hessenberg stellt in seiner Veranlagung eine bei Mathematikern einzigartige Verbindung künstlerisch geometrischer Anschauung mit abstrakt logischem Scharfsinn dar. Seine Arbeiten beziehen sich im wesentlichen auf projektive Geometrie, Differentialgeometrie und Mengenlehre. Es gelang ihm, eine wichtige Lücke im axiomatischen Aufbau der Geometrie durch die Begründung der elliptischen Geometrie auszufüllen und die Entdeckung zu machen, daß der Desarguessche Satz im Pascalschen enthalten ist.

In der Differentialgeometrie hat er kürzlich im Anschluß an seine Dissertation eine originelle und geometrisch sehr anschauliche Neubegründung der Riemannschen Theorie gekrümmter Räume veröffentlicht, die gegenwärtig wegen der Bedeutung dieser Frage für die Relativitätstheorie von besonderem Interesse ist. Sein philosophisches Interesse und seine formal-logische Begabung hat er durch eine Reihe scharfsinniger mengentheoretischer und methodologischer Untersuchungen bewiesen.

Hessenberg ist nicht bloß durch seinen ausgezeichneten Vortrag zum hervorragenden Lehrer qualifiziert, sondern auch durch sein ungewöhnliches Geschick in der manuellen Herstellung mathematischer Modelle und mechanischer Vorrichtungen sowie durch sein künstlerisches Zeichentalent, das er in den Dienst der darstellenden Geometrie stellt.

Er hat in Breslau mit ungewöhnlicher Energie und großem Organisationstalent das Institut aus nichts geschaffen und zu hoher Blüte gebracht. Er würde in Berlin den Unterricht in der angewandten Mathematik nach allen Seiten hin organisieren und auf eine würdige Basis stellen.

Von Mises, 1883 in Lemberg geboren, war 1906—08 Ingenieur in Brünn, wo er sich 1908 habilitierte, um schon 1909 als außerordentlicher Professor nach Straßburg berufen zu werden. Seit kurzem wirkt er als ordentlicher Professor an der Technischen Hochschule zu Dresden.

Seine Arbeiten beziehen sich hauptsächlich auf technische Mechanik, Festigkeitslehre, Aero- und Hydrodynamik und Wahrscheinlichkeitsrechnung.

Von Mises ist in der seltenen Lage, die praktischen Erfahrungen, die er als Ingenieur vor Beginn seiner akademischen Tätigkeit und jetzt während des Krieges gewonnen hat, in mathematische Probleme umzusetzen, für deren Behandlung er mit reichen physikalischen Kenntnissen und voller Beherrschung des mathematischen Apparates ausgestattet ist.

Seine Untersuchungen über so schwierige Fragen wie die Turbulenz und die Begründung der Kollektivmaßlehre sind von großer Einfachheit und Eleganz, sein Artikel über dynamische Probleme der technischen Mechanik in der Enzyklopädie der mathematischen Wissenschaften zeichnet sich durch Durchsichtigkeit und Originalität aus.

In Straßburg soll er einen großen Lehrerfolg gehabt haben.

Dok. 31 Promotion Heinz Hopfs. Gutachten und Prüfungsprotokoll

Schmidt und Bieberbach maschinenschriftlich mit handschriftlichen Korrekturen, mit eigenhändigen Unterschriften und eigenhändigem Zusatz Bieberbachs (Gutachten) bzw. eigenhändig auf Formblatt (Protokoll)
19. bzw. 26. 2. 1925 (P-4-421, Vorgang H. Hopf)
Die Promotion erfolgte am 9. 5. 1925.

Am 19. 2. 1925 beurteilte E. Schmidt die von H. Hopf eingereichte Dissertation „Über Zusammenhänge zwischen Topologie und Metrik von Mannigfaltigkeiten" wie folgt:

Die Analysis situs in n Dimensionen, deren erste Zugänge von Poincaré und Brouwer eröffnet worden sind, erscheint mir immer als das schwierigste und zugleich zukunftsreichste Gebiet der Mathematik. Herr H[opf] ist nun auf diesem Gebiete zu einer Fülle wichtiger und überraschender Ergebnisse durchgedrungen. Im Folgenden sollen einige seiner Resultate angeführt werden, die mir besonders bemerkenswert erscheinen, ohne für die Formulierung zu viel Raum zu beanspruchen.

Es soll hier nur von randlosen Mannigfaltigkeiten die Rede sein; geschlossen heißen sie, wenn in ihnen der Satz gilt, daß unendlich viele Punkte mindestens einen Häufigkeitspunkt haben müssen; sonst heißen sie offen. Eine n-dimensionale Mannigfaltigkeit soll als Klein-Cliffordsche bezeichnet werden, wenn in ihr eine euklidische, hyperbolische oder elliptische Maßbestimmung im Kleinen festgelegt ist, dergestalt, daß es möglich ist, von jedem Punkt aus in jeder Richtung geodätisch unbeschränkt fortzuschreiten. Es zeigt sich leicht, daß man alle Klein-Cliffordschen Mannigfaltigkeiten auf folgendem Wege erhält: Man lege auf der n-dimensionalen Kugel im $n + 1$-dimensionalen Raume eine euklidische hyperbolische oder elliptische Maßbestimmung fest, wobei in den beiden ersten Fällen aus der Kugeloberfläche natürlich ein Punkt herauszunehmen ist. Nun bestimme man in dieser Maßbestimmung alle Bewegungsgruppen von folgenden Eigenschaften:

I. Sie sollen fix.frei[1]) sein.

II. Wenn man 2 Punkte dann als kongruent bezeichnet, wenn sie durch eine Bewegung der Gruppe ineinander überführt werden können, so soll die Gesamtheit der mit einem Punkt kongruenten Punkte keinen Häufungspunkt aufweisen.

Betrachtet man nun kongruente Punkte als miteinander identisch, so ergeben sich sämtliche möglichen Klein-Cliffordschen Raumformen. Da beim elliptischen Raum die Vollkugel zugrunde gelegt wird, folgt aus der Eigenschaft II unmittelbar die Endlichkeit der Gruppe. Diese Zusammenhänge waren im Wesentlichen schon durch Klein und Killing bekannt. Doch waren die Untersuchungen nicht mit der Präcision und Allgemeinheit durchgeführt, wie bei Herrn H[opf]. Herrn H[opf] ist es infolgedessen gelungen, nachzuweisen, daß die bisher bekannten Aufstellungen aller Typen Klein-Cliffordscher Raumformen in den einfachsten Fällen wie bei den 2-dimensionalen euklidischen und den 3-dimensionalen elliptischen Mannigfaltigkeiten unvollständig sind. Er hat die vollständigen Aufstellungen durchgeführt und dabei eine Reihe besonders interessanter Raumformen gefunden.

Sehr wichtig sind die Resultate Herrn H[opfs] über den Jordanschen Satz.

Er beweist:

Jede n-dimensionale Klein-Cliffordsche Mannigfaltigkeit wird durch jede $n-1$-dimensionale geschlossene einfachzusammenhängende Mannigfaltigkeit in zwei Gebiete zerlegt. Jede elliptische Klein-Cliffordsche Mannigfaltigkeit ungerader Dimensionenzahl wird durch jede in ihr liegende geschlossene zweiseitige Mannigfaltigkeit in zwei Gebiete zerlegt. Die letztere Aussage ist natürlich weiter, da jede einfach zusammenhängende Mannigfaltigkeit zweiseitig ist, aber nicht umgekehrt. Sodann führt Herr H[opf] folgenden Begriff ein:

Es bezeichne P den laufenden Punkt eines n-dimensionalen Raumes G. Es mögen ferner $H_1(P)$ und $H_2(P)$ zwei eindeutig stetige, aber nicht als eindeutig umkehrbar vorausgesetzte Abbildungsfunktionen von G auf einen n-dimensionalen Raum G' bezeichnen. Es sei endlich O eine in G isolierte Übereinstimmungsstelle von H^1 und H^2. Nun definiert Herr H[opf] den Übereinstimmungsindex von H^1 und H^2 in O. Diese

Definition kommt im Wesentlichen auf den schon bekannten Begriff der Vielfachheit oder Ordnung der Nullstellen der vektoriellen Differenz $H^2(P) - H^1$ von (P) in O heraus, aber in einer für die Anwendungen sehr praktischen und schmiegsamen Gestalt.

Hieran schließt sich folgendes außerst wichtiges Theorem: Ist G geschlossen und zweiseitig, G' die n-dimensionale Kugel im $n + 1$-dimensionalen Raum, und ist die Anzahl der Übereinstimmungspunkte der beiden Abbildungen in G endlich, so ist die Summe aller Übereinstimmungsindices gleich $(-1)^n g_1 + g_2$, wobei g_1 und g_2 die Brouwerschen Abbildungsgrade von H^1 und H^2 bedeuten. Dieser Satz war nur in dem Spezialfall, daß es überhaupt keinen Übereinstimmungspunkt gibt und mithin die Indexsumme verschwindet, als Poincaré-Bohlsches Theorem bekannt.

Wird die n-dimensionale geschlossene zweiseitige Mannigfaltigkeit m mit festgelegter Indikatrix durch eine eindeutige stetige, aber nicht als eindeutig umkehrbar vorausgesetzte Abbildungsfunktion auf ein n-dimensionales Gebilde m' im $n + 1$-dimensionalen gewöhnlichen Raum dergestalt abgebildet, daß die Abbildung im Kleinen auch eindeutig umkehrbar ist, so soll m' ein Modell von m heißen. m' kann als die Realisierung der Raumform von m im $n + 1$-dimensionalen gewöhnlichen Raum betrachtet werden. Man bilde nun m' durch parallele Normalen auf die Gaußsche Kugel mit festgelegter Indikatrix ab. Man bezeichne in Verallgemeinerung des Gaußschen Verfahrens als Curvatura integra den durch die Gesamtoberfläche der Kugel dividierten Inhalt des durch die Normalen vermittelten Bildes auf der Kugel, wobei jedes Kugelelement so oft positiv oder negativ gezählt wird, als die in den entsprechenden Punkten von m durch die Abbildung über m' auf die Kugelfläche übertragene Indikatrix mit der Kugelindikatrix übereinstimmt oder nicht. Die Curvatura integra ergibt sich dann wegen der Geschlossenheit von m und mithin m' als ganze Zahl $C(m')$. Es zeigt sich nun, daß bei gerader Dimensionenzahl $C(m')$ vom gewählten Modell m' unabhängig ist, also eine Invariante von m darstellt. Bei ungerader Dimensionenzahl ist das nicht der Fall. Im Zusammenhang mit diesen Sätzen gelingt es Herrn H[opf] zu beweisen, daß es n-dimensionale geschlossene zweiseitige Mannigfaltigkeiten gibt, deren Realisierung im gewöhnlichen $n + 1$-dimensionalen Raum unmöglich ist.

Er beweist insbesondere den Satz:

Der komplexe projektive $2k$-dimensionale Raum ist eine $4k$-dimensionale geschlossene zweiseitige Mannigfaltigkeit, die sich nicht durch ein Modell im $4k + 1$-dimensionalen Raum realisieren läßt. Die Kühnheit der Fragestellungen verdient ebenso viel Bewunderung wie die überraschenden Ergebnisse der Lösungen. Das Schönste der Arbeit bildet aber doch die Methode der Beweisführung, die, was bei Arbeiten in diesem Gebiet besonders selten ist, abstrakt und in jedem Schritte kontrollierbar vorgeht und kraft der Abstraktion in gleich hohem Maße Reichtum der anschaulich geometrischen Fantasie an den Tag legt.

Ich beantrage das Prädikat „*eximium*"

Berlin, 19. 2. 25

Erhard Schmidt

Ich schließe mich vorstehendem Antrag an.

Bieberbach

Am 26. 2. 1925 fand die mündliche Prüfung statt. Sie eröffnete

Planck in Physik als Hauptfach[2]).

Prinzipien der Mechanik, Lagrangesche, Hamiltonsche Gleichungen, Prinzip der kleinsten Wirkung, Hamilton-Jacobische Differentialgleichung, Druck und Deformationstensor, elastisches Potential, Wirbelbewegung, Torsion, Kugelwellen. Grundgleichungen der Elektrodynamik, Maxwell-Hertzsche und Lorentzsche Theorie, Relativitätstheorie. Magnetische Wirkungen galvanischer Ströme.

Der Kand[idat] zeigte auf allen berührten Gebieten sehr gute Kenntnisse.

Wertheimer: Über das Gestaltprincip; log[ische] Kategorie der Identität; Begriff des Gesetzes; über das Sehen von Bewegung; optische Identität; zur Geschichte des Causalbegriffes (bes[onders] auch Spinoza, Hume).

recht gut

Wertheimer

Schmidt: Bestimmung der Anzahl der Primzahlen, Riemannsche ζ-Funktion, Galoissche Gruppe, Invariante Untergruppen, Wohlgeordnete Mengen, Definitionen der Endlichkeit, Lebesguesches Integral, Infinitesimale Transformationen, Parametergruppe, reziproke Gruppe, adjungierte Gruppen.

summa cum laude

Schmidt

Bieberbach: Hilberts Satz über die Realisierung der Lobatschevskyschen Ebene im dreidimensionalen euklidischen Raum; Curvatura integra als interne Invariante der Mannigfaltigkeit. Realisierung der reellen mehrdimensionalen Räume in euklidischen. Realisierung Cliffordscher Flächen in euklidischen Räumen. Verteilung der quadratischen Reste einer Primzahl.

vorzüglich

Bieberbach

Die Gesamtnote lautete danach „summa cum laude".[3])

Anmerkungen zu Dok. 31

1) fixpunktfrei.

2) Wohl ein Versehen Plancks; Physik war Nebenfach.

3) Das Prädikat der Dissertation hatte gemäß dem Antrag Schmidts „eximium" gelautet. Hieraus und aus dem Ergebnis der mündlichen Prüfung wurde „summa cum laude" als Gesamtnote gebildet.

Dok. 32 Promotion Alfred Brauers. Gutachten

Schur und Schmidt eigenhändig
10. 12. bzw. 15. 12. 1927 (P-4-465, Vorgang A. Brauer)
Die Promotion erfolgte am 19. 12. 1928.

Gutachten über die Dissertation von Alfred Brauer:

Über diophantische Gleichungen mit endlich vielen Lösungen

Die Arbeit knüpft an die Untersuchungen an, die man Runge, Thue und C. Siegel verdankt. Durch eine Verbindung der Rungeschen Methode der Potenzreihenentwicklung mit den Thue-Siegelschen Überlegungen sucht der Verfasser zu neuen Typen diophantischer Gleichungen $f(x, y) = 0$ zu gelangen, von denen nachgewiesen werden kann, daß sie nicht unendlich viele ganzzahlige Lösungen besitzen können. Ähnlich wie Siegel verfolgt er auch die Frage nach der Existenz unendlich vieler ganzer algebraischer Lösungen x, y in der Gesamtheit der algebraischen Zahlkörper eines vorgeschriebenen Grades weiter. Die schönen Ergebnisse von Siegel über die Approximation algebraischer Zahlen durch algebraische werden (zum Teil in erweiterter Fassung) benutzt, andere Resultate von Siegel werden auf neuem Wege bewiesen.

Die Arbeit zerfällt in zwei Abschnitte. Im ersten Abschnitt bildet das Hauptziel der Untersuchung der Beweis eines interessanten Satzes über Potenzreihen, der dem Rungeschen Ideenkreis angehört, aber mit den Thue-Siegelschen Hilfsmitteln bewiesen wird. Der Satz lautet in etwas spezialisierter Fassung: Man habe eine für $|x| > A$ konvergente Potenzreihe

$$y = a_0 x^{\frac{p}{q}} + a_r x^{\frac{p-r}{q}} + a_{r+1} x^{\frac{p-r-1}{q}} + \cdots,$$

in der p, q, r positive ganze rationale Zahlen und a_0 eine algebraische Zahl bedeuten. Ist die Lücke zwischen dem ersten Glied und dem nächstfolgenden (d. h. der Wert von r) genügend groß, so gibt es nur endlich viele ganze rationale x, die ein ganzes rationales y liefern. Genauer:

Ist $a_0{}^q$ eine alg[ebraische] Zahl vom Grade n und setzt man

$$s = \left[\frac{1}{2}\left(\sqrt{r_n + 1} - 1\right)\right], \qquad z = \frac{n}{s+1} + s,$$

so genügt es, daß $r > p\, q\, z$ wird.

Um diesen Satz und einige allgemeinere Sätze dieser Art zu beweisen, schickt der Verfasser im ersten Kapitel des ersten Abschnittes eine Reihe von Resultaten über die Approximation einer gegebenen algebraischen Zahl durch algebraische Zahlen von vorgeschriebenem Grad voraus. Einige dieser Sätze beruhen auf den Rungeschen Ergebnissen, andere werden auf direktem Wege bewiesen. Zu erwähnen ist insbesondere der relativ einfache Beweis eines Satzes, der ein Analogon zum bekannten Satze von Liouville darstellt: Ist α eine gegebene algebraische und l eine gegebene positive ganze Zahl, so läßt sich eine allein von l abhängige Konstante C angeben, so daß für jede alg. Zahl $\xi \neq \alpha$ vom Grade l

$$|\alpha - \xi| > \frac{l}{[\varkappa(\xi)]^m}$$

wird. Hierbei bedeutet m den Relativgrad von α in bezug auf den durch ξ erzeugten Körper und $\varkappa(\xi)$ die von Siegel eingeführte „Höhe“ der Zahl, d. h. den absolut größten unter den als teilerfremd angenommenen Koeffizienten der ganzzahligen Gleichung l-ten Grades für ξ. Für $m < 3$ ist dieser Satz präziser als der wichtige Satz von Siegel, der für $m \geqq 3$ ein wesentlich weitergehendes, aber auch viel schwerer zu beweisendes Resultat liefert ($2\sqrt{m}$ anstatt m im Exponenten des Nenners auf der rechten Seite der Ungleichung).

Auf Grund des Potenzreihenkriteriums beweist der Verf. im § 3 des ersten Abschnittes die Existenz nur endlich vieler Lösungen bei gewissen Gleichungen der Form

$$\big(U(x, y)\big)^k + V_1(x, y) \quad \big(U(x, y)\big)^{k-1} + \cdots + V_k(x, y) = 0,$$

wobei U eine ganzzahlige homogene Funktion ohne mehrfache Linearfaktoren und $V_1, \ldots, V_k$ ganzzahlige Polynome sind, deren Grade gewissen Bedingungen zu genügen haben. Das Brauersche Ergebnis liefert für $k = 1$ als Spezialfall die Siegelsche Verallgemeinerung des Thueschen Satzes.

Im zweiten Abschnitt beschäftigt sich der Verf. mit einer weiteren speziellen Klasse von diophantischen Gleichungen, bei denen die Unmöglichkeit unendlich vieler Lösungen mit Hilfe der Ergebnisse des ersten Abschnittes unter Hinzunahme idealtheoretischer Überlegungen bewiesen werden kann. Es handelt sich um ganzzahlige Gleichungen der Form $g^2(x, y) - mh^2(x, y) = cy^n$ (m keine Quadratzahl), wobei die Polynome g und h gewissen einfachen Bedingungen zu genügen haben. Es ergibt sich, daß eine solche Gleichung für hinreichend große Werte von n nur endlich viele Lösungen besitzen kann. Auch hier wird die Untersuchung auf ganze algebraische Koeffizienten und ganze algebraische Lösungen x, y ausgedehnt.

In dem Schlußparagraphen wendet der Verf. seine Ergebnisse auf Gleichungen der Form $f(x) = cy^n$ an. Er gelangt hier nur zu speziellen Resultaten. Diese Ausführungen sind nur durch die zur Anwendung gelangenden Methoden bemerkenswert. Auf anderem Wege hat vor kurzem ein Anonymus (Siegel?) bewiesen, daß eine solche Gleichung, abgesehen von trivialen Ausnahmefällen, niemals unendlich viele ganzzahlige Lösungen besitzen kann.

Die Arbeit zeigt deutlich, daß wir es in dem Verfasser mit einem scharfsinnigen, gut geschulten Mathematiker zu tun haben, der das schwierige Gebiet der diophantischen Gleichungen ganz ausgezeichnet beherrscht. Die Untersuchung ist mit größter Sorgfalt und Präzision durchgeführt. Das Potenzreihenkriterium ist von erheblichem Interesse. Daß die neu hinzugekommenen Typen diophantischer Gleichungen von etwas spezieller Art sind, liegt in der Natur der Sache. Die Lektüre wird dadurch etwas erschwert, daß der Verf. bei der Formulierung seiner Ergebnisse einen möglichst hohen Grad der Allgemeinheit anstrebt. Abgesehen davon kann auch die Darstellung als außerordentlich klar und übersichtlich bezeichnet werden.

Ich beantrage Zulassung der Dissertation und schlage das Prädikat *valde laudabile* vor.

Schur 10./12.27

Ich schließe mich dem obigen Gutachten in allen Punkten durchaus an.

Berlin, 15. 12. 27 Erh. Schmidt

Die mündliche Promotionsprüfung erfolgte am 2. 2. 1928; im Hauptfach Mathematik prüften Schur und Schmidt, die jeder die Leistungen mit „ausgezeichnet" bewerteten. Ebenso votierte Planck im Nebenfach Physik. Die Antworten im Nebenfach Philosophie wurden von Koehler mit „sehr gut" bewertet. Als Gesamtnote wurde „summa cum laude" zuerkannt.

12. Zusammenstellungen (1810–1933)

12.1. Mathematikdozenten

Das Verzeichnis enthält die Mathematiker, die als ordentliche Professoren (Ordinarien), lesende Akademiemitglieder, außerordentliche Professoren (Extraordinarien), Honorarprofessoren, Privatdozenten oder Lehrbeauftragte an der Philosophischen Fakultät gewirkt haben, und zwar in chronologischer Reihenfolge nach dem Zeitpunkt der (ersten) Aufnahme der Tätigkeit an der Berliner Universität, bei gleichen Antrittsdaten nach der Stellung in der Universität, bei gleicher Stellung in alphabetischer Anordnung. Soweit Vorgänger vorhanden waren oder Nachfolger berufen wurden, sind diese zur Erleichterung des Überblicks mit angegeben.

Als Grundlage diente J. Asen 1955, dessen Angaben jedoch nachgeprüft, durch zahlreiche zusätzliche Angaben ergänzt und in einer Reihe von Fällen auch berichtigt wurden. Das geschah an Hand der Akten der Philosophischen Fakultät (P-3-1 bis P-3-18, P-6-1 bis P-6-9 und, soweit vorhanden, Personalakten) und der Vorlesungsverzeichnisse. Dabei sind die Semester, für die noch angezeigt wurde, in denen aber wegen Tod oder Weggang nicht mehr gelesen worden sein kann, unberücksichtigt geblieben. Bei den Mathematikern, die nicht zu den ersten Lehrkräften nach Gründung der Universität gehörten, wird, sofern sie ihre Tätigkeit nicht als Privatdozenten begonnen haben, angegeben, in welcher Position sie sich zum Zeitpunkt der Berufung nach Berlin befanden. Bei allen aufgeführten Mathematikern wird ferner vermerkt, auf welche Art ihr Ausscheiden erfolgte bzw. in welche Position sie berufen wurden. Nach Möglichkeit werden die tatsächlichen Daten des Eintretens bzw. Ausscheidens angegeben, *nicht* die Datierung der Berufungs- bzw. Versetzungsreskripte.

Folgende Abkürzungen werden verwendet:

a	ausgeschieden
AM	lesendes Akademiemitglied
aoP	außerordentlicher Professor
em	emeritiert bzw. entpflichtet
ETH	Eidgenössische Technische Hochschule
LA	Lehrauftrag
N	Nachfolger
n.b.	nicht beamtet
oHP	ordentlicher Honorarprofessor
oP	ordentlicher Professor
Pd	Privatdozent
PrädP	Prädikat „Professor“

SS	Sommersemester
TH	Polytechnikum bzw. Technische Hochschule
U	Universität
V	Vorlesungen
Vg	Vorgänger
WS	Wintersemester

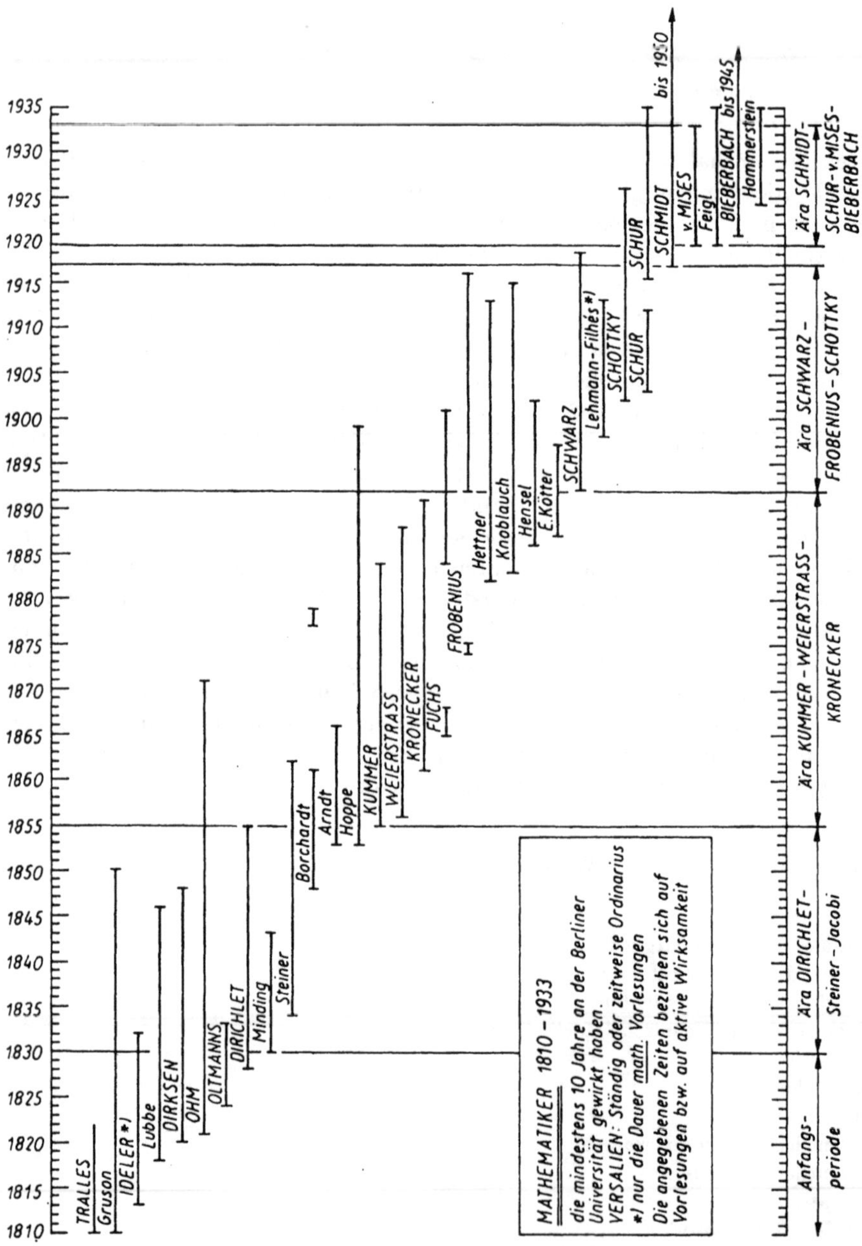

Die ersten Lehrkräfte

1 *Tralles, Johann Georg*
geb. 15. 10. 1763 in Hamburg
gest. 19. 11. 1822 in London
30. 5. 1810 oP (für Math. u. Physik)
V: SS 1811 bis SS 1822
a: durch Tod; N: Dirksen

2 *Fischer, Ernst Gottfried*
geb. 17. 7. 1754 in Hoheneiche bei Saalfeld (Thür.)
gest. 27. 1. 1831 in Berlin
30. 5. 1810 aoP (für Math. u. Physik)
V: keine *math.* Vorlesungen
a: durch Tod

3 *Eytelwein, Johann Albert*
geb. 21. 12. 1764 in Frankfurt/M.
gest. 18. 8. 1849 in Berlin
1. 10. 1810 aoP (für Mechanik u. Math.)
V: WS 1811/12 bis WS 1814/15
a: 4. 1. 1816 (Oberlandesbaudirektor in Berlin)

4 *Burja, Abel*
geb. 30. 8. 1752 in Kiekebusch (Mark)
gest. 16. 2. 1816 in Berlin
1810 AM
V: SS 1811 bis WS 1814/15
a: durch Tod

5 *Gruson, Johann Philipp*
geb. 2. 2. 1768 in Magdeburg-Neustadt
gest. 16. 11. 1857 in Berlin
1810 AM
4. 1. 1816 aoP (für Math.)
V: SS 1811 bis SS 1850
a: durch Tod

Spätere Ergänzungen

6 *Lehmus, Daniel Christian Ludolf*
geb. 3. 7. 1780 in Soest
gest. 18. 1. 1863 in Berlin
18. 12. 1813 Pd (für Math.)
V: WS 1814/15
a: 31. 8. 1815 (höherer Schuldienst in Berlin)

7 *Ideler, Ludwig*
geb. 21. 9. 1766 in Groß-Brese bei Perleberg
gest. 10. 8. 1846 in Berlin
1813 AM
24. 11 1817 aoP (ohne Fachangabe)
25. 10. 1821 oP (für Astronomie, math. Geographie u. Chronologie)
V: SS 1813 bis WS 1832/33 (bezieht sich nur auf *math.*. Vorlesungen)
a: durch Tod

8 *Krause, Karl Christian Ferdinand*
geb. 6. 5. 1781 in Eisenberg/Sachsen-Altenburg
gest. 27. 9. 1832 in München
26. 2. 1814 Pd (für Philos. u. Math.)
V: keine math. Vorlesungen
a: 30. 9. 1815 (Privatgelehrter in Dresden)

9 *Lubbe, Samuel Ferdinand*
geb. 1786 in Königsberg/Pr.
gest. 14. 10. 1846 in Berlin
29. 9. 1818 Pd (für Math.)
V: SS 1819 bis SS 1846
a: durch Tod

10 *Dirksen, Enno Heeren*
geb. 3. 1. 1788 in Eilsum (Ostfriesland)
gest. 16. 7. 1850 in Paris
6. 5. 1820 Pd (für Math.)
26. 8. 1820 aoP (für Math.)
18. 6. 1824 oP (für Math.); Vg: Tralles
V: WS 1820/21 bis WS 1848/49
a: durch Tod

11 *Ohm, Martin*
geb. 6. 5. 1792 in Erlangen
gest. 1. 4. 1872 in Berlin
22. 9. 1821 Pd (für Math.)
7. 6. 1824 aoP (für Math.)
26. 7. 1839 oP (für Math.)
V: SS 1822 bis WS 1871/72
em: 1868

12 *Oltmanns, Jabbo*
geb. 18. 5. 1783 in Wittmund (Ostfriesland)
gest. 27. 11. 1833 in Berlin
28. 8. 1824 oP (für angew. Math.), davor in Ostfriesland (wurde bereits 1810 berufen, trat aber die Stelle nicht an und schied daher 1812 wieder aus)
V: SS 1825 bis SS 1833
a: durch Tod

13 *Jacobi, Carl Gustav Jacob*
geb. 10. 12. 1804 in Potsdam
gest. 18. 2. 1851 in Berlin
13. 8. 1825 Pd (für Math.)
V: WS 1825/26 u. SS 1826
a: 30. 9. 1826 (Pd U Königsberg)
1. 10. 1844 AM, davor oP U Königsberg
V: SS 1845 bis SS 1850
a: durch Tod

14 *Dirichlet, Peter Gustav Lejeune*
geb. 13. 2. 1805 in Düren bei Aachen
gest. 5. 5. 1859 in Göttingen
25. 10. 1828 Pd, Professor designatus (für Math.), davor aoP U Breslau
13. 7. 1831 aoP (für Math.)
11. 5. 1839 oP (für Math.)
V: WS 1828/29 bis SS 1855
a: 30. 9. 1855 (oP U Göttingen); N: Kummer

15 *Minding, Ferdinand*
geb. 11. 1. 1806 in Kalisch
gest. 13. 5. 1885 in Dorpat
6. 11. 1830 Pd (für Math.)
V: WS 1830/31 bis SS 1843
a: 30. 9. 1843 (oP U Dorpat)

16 *Plücker, Julius*
geb. 16. 7. 1801 in Elberfeld
gest. 22. 5. 1868 in Bonn
11. 5. 1832 aoP (für Math.), davor aoP U Bonn
V: SS 1832 (?) bis SS 1833
a: 7. 11. 1833 (aoP U Halle)

17 *Sommer, Ferdinand von*
geb. 1802(?) in Coevorden (Holland)(?)
gest. 1849 auf Timor
6. 2. 1833 Pd (für Math. u. Nautik)
V: SS 1833 bis WS 1837/38
a: 31. 3. 1838 (auf Reisen in Indien, Afrika u. England)
1. 10. 1842 Pd (für Math. u. Nautik; die beantragte Erlaubnis zum Halten von metallurg. u. philos. Vorlesungen wurde nicht erteilt)
V: WS 1842/43 bis SS 1844
a: 30. 9. 1844 Australien

18 *Steiner, Jakob*
geb. 18. 3. 1796 in Utzenstorf bei Solothurn
gest. 1. 4. 1863 in Bern
8. 10. 1834 aoP (für Math.), davor Oberlehrer im höheren Schuldienst in Berlin
V: SS 1835 bis SS 1862
a: durch Tod

19 *Joachimsthal, Ferdinand*
geb. 9. 3. 1818 in Goldberg
gest. 5. 4. 1861 in Breslau
13. 8. 1845 Pd (für Math.)
V: WS 1845/46 bis WS 1852/53
a: 7. 5. 1853 (oP U Halle)

20 *Eisenstein, Gotthold*
geb. 16. 4. 1823 in Berlin
gest. 11. 10. 1852 in Berlin
21. 5. 1847 Pd (für Math.)
24. 4. 1852 AM
V: SS 1847 bis SS 1852
a: durch Tod

21 *Borchardt, Carl Wilhelm*
geb. 22. 2. 1817 in Berlin
gest. 27. 6. 1880 in Rüdersdorf bei Berlin
17. 1. 1848 Pd (für Math.)
10. 12. 1855 AM
V: SS 1848 bis WS 1861/62 und WS 1877/78 bis WS 1879/80
a: durch Tod

22 *Arndt, Friedrich*
geb. 24. 8. 1817 in Gummin bei Treptow/Rega
gest. 2. 8. 1866 in Treptow bei Berlin
29. 10. 1853 Pd (für Math.)
24. 5. 1862 aoP (für Math.)
V: SS 1854 bis SS 1866
a: durch Tod; N: Fuchs

23 *Hoppe, Reinhold*
geb. 18. 11. 1816 in Naumburg
gest. 7. 6. 1900 in Berlin
13. 12. 1853 Pd (für Math.; für Philosophie abgelehnt und erst am 4. 3. 1871 hierfür Venia legendi)
1870 PrädP
V: SS 1854 bis WS 1899/1900
a: durch Tod

24 *Kummer, Ernst Eduard*
geb. 29. 1. 1810 in Sorau
gest. 14. 5. 1893 in Berlin
28. 7. 1855 oP (für Math.), davor oP U Breslau; Vg: Dirichlet
V: SS 1856 bis SS 1884
em: 1. 4. 1883; N: Fuchs

25 *Weierstraß, Karl*
geb. 31. 10. 1815 in Ostenfelde bei Warendorf (Westf.)
gest. 19. 2. 1897 in Berlin
11. 10. 1856 aoP (für Math.), davor und gleichzeitig bis 1864 Professor am Gewerbeinstitut Berlin
2. 7. 1864 oP (für Math.)
a: durch Tod; N: Schwarz

26 *Clebsch, Alfred*
geb. 19. 1. 1833 in Königsberg/Pr.
gest. 7. 11. 1872 in Göttingen
12. 12. 1857 Pd (für Math.)
V: SS 1858

a: 22. 9. 1858 (Professor für theoret. Mechanik TH Karlsruhe)

27 *Christoffel, Elwin Bruno*
geb. 10. 11. 1829 in Montjoi (Eifel)
gest. 15. 3. 1900 in Straßburg
4. 8. 1859 Pd (für Math.)
V: WS 1859/60 bis SS 1862
a: 5. 9. 1862 (Professor ETH Zürich)

28 *Kronecker, Leopold*
geb. 7. 12. 1823 in Liegnitz
gest. 29. 12. 1891 in Berlin
1. 10. 1861 AM
18. 3. 1864 PrädP
11. 3. 1883 oP (für Math.)
V: WS 1861/62 bis WS 1891/92
a: durch Tod; N: Frobenius

29 *Fuchs, Lazarus*
geb. 5. 5. 1833 in Moschin bei Posen
gest. 26. 4. 1902 in Berlin
27. 10. 1865 Pd (für Math.)
7. 12. 1866 aoP (für Math.); Vg: Arndt
V: SS 1866 bis WS 1868/69
a: 31. 3. 1869 (oP U Greifswald); N: Thomé
7. 4. 1884 oP (für Math.), davor oP U Heidelberg; Vg: Kummer
V: WS 1884/85 bis WS 1901/02
a: durch Tod; N: Schottky

30 *Thomé, Wilhelm*
geb. 13. 3. 1841 in Oberdollendorf bei Königswinter/Rhein
gest. 1. 10. 1910 in Köln
17. 4. 1869 Pd (für Math.)
16. 4. 1870 aoP (für Math.); Vg: Fuchs
V: WS 1869/70 bis WS 1873/74
a: 23. 4. 1874 (oP Greifwald); N: Bruns

31 *Pochhammer, Leo*
geb. 25. 8. 1841 in Stendal
gest. 24. 3. 1920 in Kiel
25. 1. 1872 Pd (für Math.)
V: SS 1872 bis WS 1873/74
a: 21. 3. 1874 (aoP U Kiel)

32 *Frobenius, Georg*
geb. 26. 10. 1849 in Berlin
gest. 3. 8. 1917 in Berlin-Charlottenburg
27. 3. 1874 aoP (für Math.), davor Lehrer im höheren Schuldienst in Berlin
V: WS 1874/75 bis SS 1875
a: 30. 9. 1875 (Prof. ETH Zürich); N: Wangerin
16. 3. 1892 oP (für Math.), davor Professor ETH Zürich; Vg: Kronecker
V: WS 1892/93 bis SS 1916
em: 3. 7. 1916; N: Carathéodory

33 *Bruns, Heinrich*
geb. 4. 9. 1848 in Berlin
gest. 23. 9. 1919 in Leipzig
24. 1. 1876 aoP (für Math.), davor Observator u. Pd U Dorpat; Vg: Thomé
V: SS 1876 bis SS 1881
a: 31. 3. 1882 (oP U Leipzig); N: Hettner

34 *Wangerin, Albert*
geb. 18. 11. 1844 in Greifenberg (Pomm.)
gest. 25. 10. 1933 in Halle/S.
2. 3. 1876 aoP (für Math.), davor Oberlehrer im höheren Schuldienst in Berlin;
Vg: Frobenius
V: SS 1876 bis SS 1882
a: 30. 9. 1882 (oP U Halle); N: Netto

35 *Lehmann-Filhés, Rudolf*
geb. 12. 4. 1854 in Berlin
gest. 30. 5. 1914 in Berlin
5. 2. 1881 Pd (für Astronomie)
21. 1. 1891 aoP (für Astronomie)
20. 8. 1909 oHP (für Astronomie u. Math.); N: Knopp
V: SS 1898 bis WS 1913/14 (bezieht sich nur auf regelmäßige *math.* Vorlesungen!)
a: durch Tod

36 *Hettner, Georg*
geb. 21. 8. 1854 in Jena
gest. 24. 5. 1914 in Berlin
11. 1. 1882 aoP (für Math.), davor Pd U Göttingen; Vg: Bruns (1. 10. 1894 zugleich oP TH Berlin)
V: SS 1882 bis WS 1913/14
a: durch Tod

37 *Netto, Eugen*
geb. 30. 6. 1846 in Halle/S.
gest. 13. 5. 1919 in Giessen
6. 9. 1882 aoP (für Math.), davor aoP U Straßburg; Vg: Wangerin
V: WS 1882/83 bis WS 1887/88
a: 31. 3. 1888 (oP U Giessen); N: Knoblauch

38 *Knoblauch, Johannes*
geb. 27. 8. 1855 in Halle/S.
gest. 22. 7. 1915 in Berlin
15. 3. 1883 Pd (für Math.)
4. 4. 1889 aoP (für Math.) (ohne Besoldung); Vg: Netto

28. 5. 1890 aoP (für Math.) (etatsmäßig)
V: SS 1883 bis SS 1915
a: durch Tod; N: Schur

39 *Runge, Carl*
geb. 30. 8. 1856 in Bremen
gest. 3. 1. 1927 in Göttingen
9. 6. 1883 Pd (für Math.)
V: WS 1883/84 bis SS 1886
a: 30. 9. 1886 (Professor TH Hannover)

40 *Hensel, Kurt*
geb. 29. 12. 1861 in Königsberg/Pr.
gest. 1. 6. 1941 in Marburg
2. 8. 1886 Pd (für Math.)
7. 3. 1892 aoP (für Math.)
V: WS 1886/87 bis SS 1902
a: 31. 10. 1902 (oP U Marburg)

41 *Kötter, Ernst*
geb. 7. 8. 1859 in Berlin
gest. 26. 1. 1922 in Aachen
15. 3. 1887 Pd (für Math.)
6. 6. 1894 PrädP
V: SS 1887 bis WS 1896/97
a: 31. 3. 1897 (Professor TH Aachen)

42 *Schlesinger, Ludwig*
geb. 1. 11. 1864 in Tyrnau (Ungarn)
gest. 16. 12. 1933 in Giessen
7. 6. 1889 Pd (für Math.)
6. 6. 1894 PrädP
V: WS 1889/90 bis WS 1896/97
a: 15. 4. 1897 (aoP U Bonn)

43 *Günther, Paul*
geb. 2. 4. 1867 in Bernburg/S.
gest. 27. 9. 1891 in Berlin
6. 8. 1890 Pd (für Math.)
V: für SS 1891 angekündigt, aber krankheitshalber wohl nicht gelesen
a: durch Tod

44 *Schwarz, Hermann Amandus*
geb. 25. 1. 1843 in Hermsdorf unterm Kynast
gest. 30. 11. 1921 in Berlin
1. 4. 1892 oP (für Math.), davor oP U Göttingen; Vg: Weierstraß
V: SS 1892 bis SS 1918
em: 31. 3. 1917; N: Schmidt

45 *Landau, Edmund*
geb. 14. 2. 1877 in Berlin
gest. 19. 2. 1938 in Berlin
27. 6. 1901 Pd (für Math.)
29. 9. 1905 PrädP
V: WS 1901/02 bis WS 1908/09
a: 22. 2. 1909 (oP U Göttingen)

46 *Schottky, Friedrich*
geb. 24. 7. 1851 in Breslau
gest. 12. 8. 1935 in Berlin
1. 10. 1902 oP (für Math.), davor oP U Marburg; Vg: Fuchs
V: WS 1902/03 bis SS 1926
em: 31. 3. 1921; N: Schur

47 *Schur, Issai*
geb. 10. 1. 1875 in Mogilew/Dnepr
gest. 10. 1. 1941 in Tel Aviv
5. 1. 1903 Pd (für Math.)
23. 12. 1909 PrädP
V: SS 1903 bis WS 1912/13
a: 21. 4. 1913 (aoP U Bonn)
1. 4. 1916 aoP (für Math.), davor aoP U Bonn; Vg: Knoblauch
29. 12. 1919 persönliches Ordinariat (für Math.); Gehalt als aoP; N (nach der Ernennung zum oP): Hamburger
21. 5. 1921 oP (für Math.); Vg: Schottky
V: ab SS 1916
em: 30. 9. 1935

48 *Knopp, Konrad*
geb. 22. 7. 1882 in Friedenau bei Berlin
gest. 30. 4. 1957 in Annecy, Haute-Savoie (Frankreich)
13. 11. 1911 Pd (für Math.)
1. 5. 1915 aoP (für Math.); Vg: Lehmann-Filhés
V: SS 1912 bis SS 1919
a: 30. 9. 1919 (oP U Königsberg/Pr.); N: v. Mises

49 *Rothe, Rudolf*
geb. 15. 10. 1873 in Berlin
gest. 26. 10. 1942 in Berlin
1. 4. 1915 LA (für Math.) als oP TH Berlin
V: SS 1915 bis SS 1919
a: 30. 9. 1919

50 *Jentzsch, Robert*
geb. 4. 11. 1890 in Königsberg/Pr.
gest. 21. 3. 1918 (gefallen)
11. 12. 1916 Pd (für Math.)
V: SS 1917
a: durch Tod

51 *Schmidt, Erhard*
geb. 13. 1. 1876 in Dorpat
gest. 6. 12. 1959 in Berlin
1. 10. 1917 oP (für Math.), davor oP U Breslau; Vg: Schwarz
V: ab WS 1917/18

em: 1. 8. 1950 (Mitdirektor I. Math. Inst. bis 22. 10. 1952)

52 *Carathéodory, Constantin*
geb. 13. 9. 1873 in Berlin
gest. 2. 2. 1950 in München
1. 10. 1918 oP (für Math.), davor oP U Göttingen; Vg: Frobenius
V: WS 1918/19 bis WS 1919/20
a: 31. 12. 1919 (nach Griechenland); N: Bieberbach

53 *Hamburger, Hans*
geb. 5. 8. 1889 in Berlin
gest. 14. 8. 1956 in Köln
16. 4. 1919 Pd (für Math.)
12. 7. 1922 aoP (für Math.); Vg: Schur
V: ab WS 1919/20
a: 11. 4. 1924 (oP U Köln)

54 *Rademacher, Hans*
geb. 3. 4. 1892 in Wandsbeck
gest. 7. 2. 1969 in Haverford, Pa.
15. 12. 1919 Pd (für Math.)
V: ab SS 1920
a: 1922 (aoP U Hamburg)

55 *Mises, Richard, Edler von*
geb. 19. 4. 1883 in Lemberg
gest. 14. 7. 1953 in Boston
20. 1. 1920 persönliches Ordinariat (für angew. Math.), davor oP TH Dresden; Gehalt als aoP; Vg: Knopp
V: ab SS 1920
a: 31. 12. 1933 (oP U Istanbul); N: Vahlen

56 *Bieberbach, Ludwig*
geb. 4. 12. 1886 in Goddelau, Hessen
gest. 1. 9. 1982 in Oberaudorf, Bayern
1. 4. 1921 oP (für Math.); davor oP U Frankfurt/M.; Vg: Carathéodory
V: ab SS 1921
a: 8. 5. 1945

57 *Szegö, Gabriel (Gábor)*
geb. 20. 1. 1895 in Kunhegyes, Ungarn
gest. 7. 8. 1985 in Palo Alto, Calif.
29. 6. 1921 Pd (für Math.)
1. 4. 1925 n. b. aoP (für Math.)
V: SS 1922 bis SS 1926
a: 1926 (oP U Königsberg)

58 *Löwner (Loewner), Karl (Charles)*
geb. 29. 3. 1893 in Lany, Böhmen
gest. 8. 1. 1968 in Stanford, Calif.
9. 5. 1923 Pd (für Math.)
V: SS 1923 bis WS 1927/28
a: 30. 4. 1928 (n. b. aoP U Köln)

59 *Hammerstein, Adolf*
geb. 7. 6. 1888 in Mannheim
gest. 25. 2. 1941
17. 5. 1924 Pd (für Math.)
22. 12. 1927 n. b. aoP (für Math.)
V: ab WS 1924/25
a: 26. 2. 1935 (oP U Kiel)

60 *Hopf, Heinz*
geb. 19. 11. 1894 in Gräbschen bei Breslau
gest. 3. 6. 1971 in Zollikon, Schweiz
29. 10. 1926 Pd (für Math.)
V: SS 1927 bis WS 1930/31
a: 1931 (oP ETH Zürich)

61 *Feigl, Georg*
geb. 13. 10. 1890 in Hamburg
gest. 20. 4. 1945 in Wechselburg bei Dresden
11. 2. 1927 Pd (für Math.)
V: ab SS 1920
29. 6. 1933 n. b. aoP (für Math.)
a: 20. 4. 1935 (oP U Breslau)

62 *Pollaczek, Hilda*, geb. *Geiringer*
geb. 28. 9. 1893 in Wien
gest. 1973
11. 11. 1927 Pd (für angew. Math.)
V: SS 1929 bis WS 1932/33
a: 4. 9. 1933 (Entzug der Lehrbefugnis)

63 *Neumann von Margitta, Johann (János, John)*
geb. 28. 12. 1903 in Budapest
gest. 8. 2. 1957 in Washington, D. C.
13. 12. 1927 Pd (für Math.)
V: SS 1928 bis SS 1932 (mit Unterbrechungen)
a: 30. 9. 1933 (Verzicht auf Lehrbefugnis; oP Institute for Advanced Study Princeton, New Jersey)

64 *Remak, Robert*
geb. 14. 2. 1888 in Berlin
ermordet in Auschwitz, vor 27. 1. 1945
11. 1. 1929 Pd (für Math.)
V: SS 1929 bis WS 1932/33
a: 2. 9. 1933 (Entzug der Lehrbefugnis)

65 *Hopf, Eberhard*
geb. 17. 4. 1902 in Salzburg, Österreich
gest. 24. 7. 1983 in Bloomington, Ind.
2. 8. 1929 Pd (für Astr. u. Math.)
V: ab SS 1930 (mit Unterbrechungen)
a: 1. 5. 1937 (oP U Leipzig)

66 *Bergmann (Bergman), Stephan (Stefan)*

geb. 5. 5. 1895 in Czenstochau, Polen
gest. 6. 6. 1977 in Palo Alto, Calif.
2. 3. 1932 Pd (für Math.)
V: WS 1932/33
a: 24. 9. 1933 (Entzug der Lehrbefugnis)

67 *Brauer, Alfred*
geb. 9. 4. 1894 in Charlottenburg bei Berlin
gest. 23. 12. 1985 in Chapel Hill, North Carol.
2. 3. 1932 Pd (für Math.)
V: WS 1932 bis SS 1935
a: 1. 10. 1935 (Entzug der Lehrbefugnis)

12.2. Mathematiker als Rektoren und Dekane 1810—1920

	Dekan	1823/24	*L. Ideler*		Dekan	1890/91	*L. Fuchs*
	Dekan	1834/35	*L. Ideler*		Dekan	1898/99	*H. A. Schwarz*
	Dekan	1857/58	*E. E. Kummer*	Rektor		1899/1900	*L. Fuchs*
	Dekan	1865/66	*E. E. Kummer*		Dekan	1900/01	*G. Frobenius*
Rektor		1868/69	*E. E. Kummer*		Dekan	1921/22	*E. Schmidt*
	Dekan	1870/71	*K. Weierstraß*		Dekan	1927/28	*L. Bieberbach*
Rektor		1873/74	*K. Weierstraß*	Rektor		1929/30	*E. Schmidt*
	Dekan	1886/87	*L. Kronecker*		Dekan	1931/32	*R. v. Mises*

12.3. Promotionen (Mathematik als Hauptfach)

Die Ermittlung der Themen wurde in den Akten der Philosophischen Fakultät vorgenommen (P-4-1 bis P-4-617), wobei Anhaltspunkte für die Suche aus folgenden Zusammenstellungen gewonnen wurden:

Berlin 1887/1922; München 1893; Berlin u. Halle 1888/1938; Berlin 1899; Berlin 1921.

Über die Prinzipien der Auswahl vgl. Abschnitt 2.3, S. 16, Anm. 5

Nicht in allen Fällen gelang es, die Sterbejahre bzw. die später vom Doktoranden eingeschlagene Laufbahn zu ermitteln.

Für die Laufbahn wurden Abkürzungen verwendet:

H = Hochschullehrer
P = Lehrer an höherer Schule
W = Wissenschaftlicher Beamter (an einer Behörde) bzw. wissenschaftlicher Angestellter (in der Industrie) oder Privatgelehrter.

Berücksichtigt sind Promotionen, die bis Ende 1933 erfolgt sind.

Lfd. Nr.	Name, Vorname (Lebensjahre)	Spätere Laufbahn	Thema der Dissertation (Gutachter)	Datum der Promotion
1	*Lubbe, Samuel Ferdinand* (1786–1846)	P u. H	De solutionibus particularibus. (*Tralles*)	29. 9. 1818 (zum Lic.)
2	*Scherk, Heinrich Ferdinand* (1798–1885)	H u. P	De evolvenda functione $\frac{yd \cdot yd \cdot yd \cdot \ldots \cdot y\,dx}{dx^n}$ disquisitiones nonnullae analyticae. (*Ideler*)	27. 8. 1823
3	*Jacobi, Carl Gustav Jacob* (1804–1851)	H	Disquisitiones analyticae de fractionibus simplicibus. (*Dirksen, Oltmanns, Ideler*)	13. 3. 1825 (mit Habilitation)
4	*Riese, Friedrich Christian von* (1790–1868)	H	Theoria approximationis duarum functionum. Pars prima. (*Dirksen, Ideler, Oltmanns*)	15. 11. 1825
5	*Dilling, Carl August Albert* (1809 geb.)		De Graecis mathematicis. (*Ideler, Dirksen. Böckh, Erman, Weiß*)	11. 1. 1831
6	*Ofterdinger, Ludwig Felix* (1810–1896)	H u. P	Methodorum expositio, quarum ope principia calculi superioris inventa sunt. Pars prior. (*Ideler, Dirksen*)	16. 7. 1831
7	*Arndt, Johann Albert* (1811–1882)	P u. W	Disquisitiones historicae de maximis et minimis. (*Dirksen, Ideler, Oltmanns*)	8. 6. 1833
8	*Goepel, Adolph* (1812–1847)	W	De aequationibus secundi gradus indeternatis. (*Dirksen*)	18. 3. 1835
9	*Schellenberg, Johann Gottfried* (1810 geb.)		De curvarum algebraicarum ramis in infinitum excurrentibus. (*Dirksen*)	9. 12. 1835
10	*Fölsing, Johann Heinrich* (1812–1846)	P	Disquisitiones de integralibus definitis. (*Dirksen*)	2. 3. 1836
11	*Müller, Elias Eduard* (1810 geb.)		Disquisitio de methodo, qua veteres geometrae usi sunt ad tangentes curvarum determinandas. (*Dirksen, Ideler*)	23. 3. 1836
12	*Peters, Christian Heinrich Ferdinand* (1813–1890)	W	De principio minimae actionis. (*Dirksen, Ideler*)	28. 3. 1836
13	*Michaelis, Gustav* (1813–1895)	H	De lineis brevissimis in datis superficiebus, imprimis de linea geodaetica. (*Dirksen*)	7. 1. 1837
14	*Schäffer, William* (1813 geb.)		De facultatibus. (*Dirksen*)	19. 8. 1837

Lfd. Nr.	Name, Vorname (Lebensjahre)	Spätere Laufbahn	Thema der Dissertation (Gutachter)	Datum der Promotion
15	*Gerhardt, Carl Immanuel* (1816—1899)	P u. W	Explicatio atque dijudicatio praecipuorum modorum, quibus mathematici fundamenta calculi differentialis jacere conati sunt. (*Dirksen, Ideler*)	23. 12. 1837
16	*Perger, Aloys Clemens* (1816 geb.)	P	De curva catenaria sphaerica parabolica. (*Dirksen, Ideler*)	14. 7. 1838
17	*Boymann, Johann Robert* (1815—1878)	P	De lineis loxodromicis in datis superficiebus, imprimis de loxodromia sphaerica et sphaeroidica. (*Dirksen*)	20. 2. 1839
18	*Kramer, August Ephraim* (1817 geb.)	P	De quibusdam aequationibus indeterminatis quarti gradus. (*Dirksen*)	23. 12. 1839
19	*Milewski, Withold* (1817 geb.)	P	De ramis infinitis curvarum algebraicarum ordinis IV. (*Dirksen, Ohm, Ideler*)	4. 2. 1842
20	*Heine, Eduard* (1821—1881)	H	De aequationibus nonnullis differentialibus. (*Dirksen, Ohm*)	30. 4. 1842
21	*Brünnow, Franz* (1821—1891)	W	De attractione moleculari. (*Dirksen, Erman*)	29. 4. 1843
22	*Szafarkiewicz, Bruno Joseph* (1821 geb.)		De theoremate Tayloriano. (*Dirksen, Ohm, Encke, Dieterici*)	16. 8. 1845
23	*Kronecker, Leopold* (1823—1891)	H	De unitatibus complexis. (*Encke, Dirichlet*)	10. 9. 1845
24	*Woepcke, Franz* (1826—1864)	P u. W	Disquisitiones archaeologico-mathematicae circa solaria veterum. (*Encke, Toelken, Ohm*)	14. 8. 1847
25	*Wituski, Leo Ladislaus* (1826—1900)	P	De maximis atque minimis valoribus functionum algebraicarum. (*Dirichlet, Ohm, Encke*)	15. 1. 1853
26	*Suhle, Hermann* (1830 geb.)	P	De quorundam theoriae numerorum theorematum applicatione. (*Ohm, Dirichlet*)	28. 7. 1853
27	*Janisch, Oskar Karl Ferdinand* (1828 geb.)	P	Notio punctorum inflexionis, quae constituitur pro curvis planis, qua ratione extendenda sit in curvas duplo-curvatas atque in superficies curvas. (*Ohm, Dirichlet*)	6. 8. 1853
28	*Lipschitz, Rudolph* (1832—1903)	H	Determinatio status magnetici viribus inducentibus commoti in ellipsoide. (*Ohm, Dirichlet*)	9. 8. 1853
29	*Stader, Johann Franz* (1826 geb.)		De ellipticis integralibus quae spectant ad hyperbolae arcus. (*Dirichlet, Ohm*)	30. 3. 1854
30	*Wagner, Wilhelm* (1833 geb.)		De approximatione vera methodi Newtonianae applicatae ad duas aequationes simultaneas. (*Ohm, Kummer*)	22. 12. 1855

31	*Meyer, Karl Wilhelm Heinrich Rudolf* (1829 geb.)		De curvis dirimentibus, quibus datae efficiantur causticae. (*Ohm, Kummer*)	29. 12. 1855
32	*Christoffel, Elwin Bruno* (1829–1900)	H	De motu permanenti electricitatis in corporibus homogeneis. (*Ohm, Kummer, Magnus*)	12. 3. 1856
33	*Röthig, Oskar* (1834–1903)	P	De quibusdam generibus integralium ellipticorum. (*Kummer, Ohm*)	2. 7. 1857
34	*Fuchs, Lazarus* (1833–1902)	H	De superficierum lineis curvaturae. (*Kummer, Ohm*)	2. 8. 1858
35	*Brutkowski, Joseph* (1829 geb.)		Disquisitio analytica trium theorematum, in Crellii diarii vol. XVIII ab ill-mo Steiner propositorum, ad areas curvarum revolutarum spectantium. (*Kummer, Ohm*)	12. 3. 1859
36	*Du Bois-Reymond, Paul* (1831–1889)	H	De aequilibrio fluidorum. (*Kummer, Ohm*)	26. 3. 1859
37	*Fischer, Gottfried Eduard* (1835–1903)	P	De superficierum pedalium theorematibus quibusdam. (*Kummer, Ohm*)	7. 4. 1859
38	*Koenigsberger, Leo* (1837–1921)	H	De motu puncti versus duo fixa centra attracti. (*Kummer, Ohm, Encke*)	22. 5. 1860
39	*Waldaestel, Hermann* (1838 geb.)		De diametris curvisque conjugatis curvarum algebraicarum. (*Kummer, Ohm, Encke*)	27. 7. 1860
40	*Gehring, Franz* (1838 geb.)		De aequationibus differentialibus, quibus aequilibrium et motus laminae crystallinae definiuntur. (*Kummer, Ohm*)	1. 3. 1860
41	*Bachmann, Friedrich* (1839 geb.)	P	De rectorum radiorum systematis, quorum superficies mediae sint planae. (*Kummer, Ohm*)	27 3. 1861
42	*Meibauer, Rudolf* (1836–1878)	P	Demonstratio complurium ill. Kummeri theorematum, quae agunt de generalibus et infinite tenuibus luminis fascibus, praecipue in crystallis. (*Kummer, Ohm*)	25 6. 1861
43	*Raatz, Joseph* (1837 geb.)		Axiomata de curvis parallelis, quae ill. Steiner in Crellii annalibus vol. XXXII proposuit, analytice demonstrantur et amplificantur. (*Kummer, Encke*)	13. 8. 1861
44	*Harprecht, Adalbert* (1840 geb.)		De computationibus functionum ellipticarum, quarum moduli sunt reales. (*Ohm, Kummer*)	12. 2. 1862
45	*August, Friedrich* (1840–1900)	P	Disquisitiones de superficiebus tertii ordinis. (*Kummer, Ohm*)	28. 2. 1862
46	*Gordan, Paul Albert* (1837–1912)	H	De linea geodaetica. (*Kummer, Encke*)	1. 3. 1862
47	*Bachmann, Paul* (1837–1920)	H	De substitutionum theoria meditationes quaedam. (*Kummer, Ohm*)	24. 3. 1862

Lfd. Nr.	Name, Vorname (Lebensjahre)	Spätere Laufbahn	Thema der Dissertation (Gutachter)	Datum der Promotion
48	*Wernicke, Wilhelm* (1838 geb.)	P	Disquisitiones de systematibus curvarum isothermarum. (*Kummer, Ohm*)	7. 1. 1863
49	*Schultze, Eduard* (1835 geb.)		De multiplici integrali definito $\int\limits_{-\infty}^{\infty} \dots \int\limits_{-\infty}^{\infty} e^{\left(\sum\limits_1^n \sum\limits_1^n a_{\mu,\nu} x_\mu x_\nu + \sum\limits_1^n b_\mu x_\mu + c\right)\sqrt{-1}} \cdot dx_1\, dx_2 \dots dx_n$. (*Kummer, Ohm*)	28. 1. 1863
50	*Scholz, Julius* (1839 geb.)		De superficiebus, quibus alterum radiorum systema reflectitur in alterum. (*Kummer, Ohm*)	14. 2. 1863
51	*Prym, Friedrich* (1841—1915)	H	Theoria nova functionum ultraellipticarum. Pars prior. (*Kummer, Ohm*)	21. 2. 1863
52	*Krech, Gustav* (1838 geb.)	P	De luminis fascibus infinite tenuibus disquisitiones, experimentis illustratae. (*Kummer, Dove, Magnus*)	4. 7. 1863
53	*Pochhammer, Leo* (1841—1920)	H	De superficiei undarum derivatione. (*Kummer, Ohm*)	8. 7. 1863
54	*Fry, Joseph Christof* (1838—1908)	P	De radiorum systematibus in quibus congruit utraque superficies caustica. (*Kummer, Ohm*)	16. 7. 1864
55	*Schwarz, Hermann Amandus* (1843—1921)	H	De superficiebus in planum explicabilibus primorum septem ordinum. (*Kummer*)	6. 8. 1864
56	*Mertens, Franz Josef* (1840—1927)	H	De functione potentiali duarum ellipsoidium homogenearum. (*Kummer*)	7. 11. 1864
57	*Lampe, Emil* (1840—1918)	H	De superficiebus quarti ordinis quibus puncta triplicia insunt. (*Kummer, Weierstraß*)	21. 12. 1864
58	*Berner, Theodor* (1843—1866)		De transformatione secundi ordinis ad figuras geometricas adhibita. (*Kummer, Weierstraß*)	1. 2. 1865
59	*Biermann, Wilhelm* (1841—1888)	P	Problemata quaedam mechanica functionum ope soluta. (*Weierstraß, Kummer*)	18. 2. 1865
60	*Thomé, Wilhelm* (1841—1910)	H	De seriebus secundum functiones, quae vocantur sphaericae, progredientibus. (*Weierstraß, Kummer*)	14. 8. 1865
61	*Henoch, Maximilian* (1841—1890)	P u. W	De Abelianarum functionum periodis. (*Kummer, Weierstraß*)	16. 3. 1867

62	*Müller, Felix* (1843–1928)	P u. W	De transformatione functionum ellipticarum. (*Weierstraß, Kummer*)	29. 6. 1867
63	*Simon, Maximilian* (1844–1918)	P u. H	De relationibus inter constantes duarum linearum secundi ordinis, ut sit polygonum alteri inscriptum circumscriptum alteri. (*Weierstraß, Kummer*)	7. 12. 1867
64	*Cantor, Georg* (1845–1918)	H	De aequationibus secundi gradus indeterminatis. (*Kummer, Weierstraß*)	14. 12. 1867
65	*Schwering, Karl* (1846–1925)	P u. H	De linea brevissima in elliptica paraboloide sita. (*Weierstraß, Kummer*)	14. 4. 1869
66	*Frobenius, Georg* (1849–1917)	H	De functionum analyticarum unius variabilis per series infinitas repraesentatione. (*Weierstraß, Kummer*)	28. 7. 1870
67	*Loewenherz, Leopold* (1847–1892)	W	De curvis tangentialibus curvarum algebraicarum ordinis n. (*Kummer, Weierstraß*)	12. 8. 1870
68	*Netto, Eugen* (1846–1919)	H	De transformatione aequationis $y^n = R(x)$, designante $R(x)$ functionem integram rationalem variabilis x, in aequationem $\eta^2 = R_1(\xi)$. (*Weierstraß, Kummer*)	2. 11. 1870
69	*Kiepert, Ludwig* (1846–1934)	H	De curvis quarum arcus integralibus ellipticis primi generis exprimuntur. (*Weierstraß, Kummer*)	16. 11. 1870
70	*Bruns, Heinrich* (1848–1919)	H	De proprietate quadam functionis potentialis corporum homogeneorum. (*Weierstraß, Kummer*)	11. 3. 1871
71	*Killing, Wilhelm* (1847–1923)	H	Der Flächenbüschel zweiter Ordnung. (*Weierstraß, Kummer*)	14. 3. 1872
72	*Winterberg, Konstantin* (1841 geb.)		Quibus in casibus integralium ordinariorum quae aequationi differentiali: $x(x-1) \cdot (\mathrm{d}^2y/\mathrm{d}x^2) + \big((\alpha + \beta + 1)\, x - \gamma\big) \times (\mathrm{d}y/\mathrm{d}x) + \alpha\beta \cdot y = 0$ satisfaciunt. (*Kummer, Weierstraß*)	14. 3. 1874
73	*Stickelberger, Ludwig* (1850–1936)	H	De problemate quodam ad duarum formarum bilinearium vel quadraticarum transformationem pertinente. (*Weierstraß, Kummer*)	1. 4. 1874
74	*Graßmann*, jun., *Justus* (1851 geb.)	P	Zur Theorie der Wendepuncte, besonders der Curven vierter Ordnung. (*Kummer*)	26. 7. 1875
75	*Schottky, Friedrich* (1851–1935)	H	Über die conforme Abbildung mehrfach zusammenhängender ebner Flächen. (*Weierstraß, Kummer*)	14. 8. 1875
76	*Caspary, Ferdinand* (1853–1901)	W	Die Krümmungsmittelpunktsfläche des elliptischen Paraboloids. Erster Teil. (*Kummer, Weierstraß*)	22. 12. 1875
77	*Milewski, Ludwig* (1851–1900)	P	De Abelianarum functionum periodis per aequationes differentiales definiendis. (*Weierstraß, Kummer*)	9. 5. 1876

Lfd. Nr.	Name, Vorname (Lebensjahre)	Spätere Laufbahn	Thema der Dissertation (Gutachter)	Datum der Promotion
78	*Steinbrink, Gustav* (1847 geb.)		Theoria derivatarum altiorum ordinum. (*Kummer, Weierstraß*)	19. 7. 1876
79	*Szymanski, Peter* (1851 geb.)		Determinatio areae et voluminis superficiei definitae per aequationem: $(x^2 + y^2 + z^2)^2 - a^2 \cdot x^2 - b^2 \cdot y^2 - c^2 \cdot z^2 = 0$. (*Weierstraß, Kummer*)	15. 12. 1876
80	*Schönflies, Arthur* (1853—1928)	H	Synthetisch-geometrische Untersuchungen über Flächen zweiten Grades und eine aus ihnen abgeleitete Regelfläche. (*Kummer, Weierstraß*)	2. 3. 1877
81	*Hettner, Georg* (1854—1914)	H	Über die Reduction der Integrale einer besonderen Classe von algebraischen Differentialen auf die hyperelliptischen Integrale. (*Weierstraß, Kummer*)	11. 8. 1877
82	*Mangoldt, Hans von* (1854—1925)	H	Über die Darstellung der Wurzeln einer dreigliedrigen algebraischen Gleichung durch unendliche Reihen. (*Weierstraß, Kummer*)	4. 5. 1878
83	*Schur, Friedrich* (1856—1932)	H	Geometrische Untersuchungen über Strahlenkomplexe 1. und 2. Grades. (*Kummer, Weierstraß*)	8. 3. 1879
84	*Valentin, Georg* (1848—1926)	W	De aequatione algebraica, quae est inter duas variabiles, in quandum formam canonicam transformata. (*Weierstraß, Kummer*)	5. 7. 1879
85	*Wiltheiss, Eduard* (1855—1900)	H	Die Umkehrung einer Gruppe von Systemen allgemeiner hyperelliptischer Differentialgleichungen. (*Weierstraß, Kummer*)	5. 7. 1879
86	*Hoyer, Paul* (1856—1944)	P	Über die Integration eines Differentialgleichungssystems von der Form $dx_1/dt = a_1x_2x_3 + a_2x_3x_1 + a_3x_1x_2$ $dx_2/dt = b_1x_2x_3 + b_2x_3x_1 + b_3x_1x_2$ $dx_3/dt = c_1x_2x_3 + c_2x_3x_1 + c_3x_1x_2$ durch elliptische Functionen. (*Weierstraß, Kummer*)	28. 7. 1879
87	*Wernicke, Alexander* (1857—1915)	P u. H	Über Gleichgewichtslagen schwimmender Körper und Schwerpunktsflächen. (*Kummer, Weierstraß*)	9. 8. 1879

88	*Scheeffer, Ludwig* (1859–1885)	H	Über Bewegungen starrer Punktsysteme in einer ebenen *n*-fachen Mannigfaltigkeit. (*Weierstraß, Kummer*)	1. 3. 1880
89	*Rudio, Ferdinand* (1856–1929)	H	Über diejenigen Flächen, deren Krümmungsmittelpunktsflächen confokale Flächen zweiten Grades sind. (*Kummer, Weierstraß*)	23. 6. 1880
90	*Runge, Carl* (1856–1927)	H	Über die Krümmung, Torsion und geodätische Krümmung der auf einer Fläche gezogenen Curven. (*Kummer, Weierstraß*)	23. 6. 1880
91	*Wendt, Amandus* (1855–1939)	P	Zur Theorie der geodätischen Linie auf einer Fläche zweiten Grades. (*Weierstraß, Kummer*)	9. 7. 1880
92	*Piltz, Adolf* (1855–1940)		Über das Gesetz, nach welchem die mittlere Darstellbarkeit der natürlichen Zahlen als Produkte einer gegebenen Anzahl Faktoren mit der Größe der Zahlen wächst. (*Kummer, Weierstraß*)	22. 7. 1881
93	*Knoblauch, Johannes* (1855–1915)	H	Über die allgemeine Wellenfläche. (*Weierstraß, Kirchhoff*)	8. 2. 1882
94	*Lilienthal, Reinhold von* (1857–1935)	H	Zur Theorie der Curven, deren Bogenlänge ein elliptisches Integral erster Art ist. (*Weierstraß, Kummer*)	8. 2. 1882
95	*Weltzien, Karl* (1852 geb.)	P	Über die Zerlegung einer ganzen homogenen Funktion von mehreren Veränderlichen in lineare Faktoren. (*Weierstraß, Kummer*)	28. 4. 1882
96	*Stahl, Hermann* (1843–1908)	H	Über die Behandlung des Jacobischen Umkehrproblems der Abelschen Integrale. (*Weierstraß, Kummer*)	20. 6. 1882
97	*Adrian, Theodor* (1861 geb.)	P	Über Projectivitäts- und Dualitäts-Beziehungen im Gebiete mehrfach unendlicher Kegelschnittschaaren. (*Weierstraß, Kirchhoff*)	22. 11. 1882
98	*Blasendorff, Max* (1855 geb.)	P	Über die Beziehungen zwischen zwei allgemeinen Strahlensystemen [...] und die hieraus für optisch darstellbare Strahlensysteme sich ergebenden Folgerungen. (*Kummer, Weierstraß*)	4. 3. 1883
99	*Kneser, Adolf* (1862–1930)	H	Irreduktibilität und Monodromiegruppe algebraischer Gleichungen. (*Kronecker, Kummer*)	8. 3. 1884
100	*Hensel, Kurt* (1861–1941)	H	Arithmetische Untersuchungen über Discriminanten und ihre ausserwesentlichen Theiler. (*Kronecker, Kummer*)	24. 3. 1884
101	*Kötter, Ernst* (1859–1922)	H	Beiträge zur Theorie der Osculationen bei ebenen Curven dritter Ordnung. (*Weierstraß, Kronecker*)	14. 6. 1884

Lfd. Nr.	Name, Vorname (Lebensjahre)	Spätere Laufbahn	Thema der Dissertation (Gutachter)	Datum der Promotion
102	*Müller, Richard* (1862 geb.)	P	Über eine gewisse Gleichung $2n^{\text{ten}}$ Grades, deren Specialfälle $n = 2$ und $n = 3$ beim Normalenproblem der Ellipse und des Ellipsoides auftreten. (*Kronecker, Weierstraß*)	24. 6. 1884
103	*Stäckel, Paul* (1862–1919)	H	Über die Bewegung eines Punktes auf einer Fläche. (*Kronecker, Weierstraß*)	12. 8. 1885
104	*Heffter, Lothar* (1862–1962)	H	Zur Integration der linearen Differentialgleichungen zweiter Ordnung. (*Fuchs, Kronecker*)	10. 8. 1886
105	*Schlesinger, Ludwig* (1864–1933)	H	Über lineare homogene Differentialgleichungen vierter Ordnung, zwischen deren Integralen homogene Relationen höheren als ersten Grades bestehen. (*Fuchs, Kronecker*)	7. 5. 1887
106	*Howe, Willy* (1864 geb.)		Die Rotationsflächen, welche bei vorgeschriebener Flächengröße ein möglichst großes oder kleines Volumen enthalten. (*Weierstraß, Fuchs, Kronecker*)	13. 8. 1887
107	*Günther, Paul* (1867–1891)	H	Über lineare Differentialgleichungen, deren Integrale nur einen singulären Punkt im Endlichen besitzen und im Unendlichen sich regulär verhalten. (*Fuchs, Kronecker*)	15. 3. 1889
108	*Färber, Karl* (1863–1912)	P	Herleitung von Kriterien für die Anzahl reeller Wurzeln von Gleichungen [...] aus der Beschaffenheit ihrer Discriminantenmannigfaltigkeit. (*Kronecker, Fuchs*)	5. 6. 1889
109	*Lohnstein, Rudolf* (1866–1935)	W	Über lineare homogene Differentialgleichungen, welche Integrale besitzen, durch deren Umkehrung sich eindeutige Funktionen zweier Variablen ergeben. (*Fuchs, Kronecker*)	17. 5. 1890
110	*Vorsteher, Ernst* (1860 geb.)		Darstellung des Potentials des Ellipsoids durch Lamésche Funktionen. (*Kronecker, Fuchs*)	7. 8. 1890
111	*Kühne, Hermann* (1867–1907)	P	Beiträge zur Lehre von der n-fachen Mannigfaltigkeit. (*Fuchs, Schwarz*)	15. 9. 1892
112	*Meyer, Max* (1865 geb.)		Untersuchung der algebraischen Integrierbarkeit der linearen homogenen Differentialgleichungen vierter Ordnung mit Hilfe der Differentialinvarianten. (*Fuchs, Frobenius*)	6. 2. 1893
113	*Schrentzel, Wilhelm* (1861–1896)	P	Über die Integration der Differentialgleichung zweiter Ord-	13. 5. 1893

			nung der Fuchs'schen Klasse mit drei, im Endlichen gelegenen, singulären Punkten. (*Fuchs, Schwarz*)	
114	*Vahlen, Theodor* (1869–1945)	H	Beiträge zu einer additiven Zahlentheorie. (*Fuchs, Schwarz*)	20. 5. 1893
115	*Bröcker, Hermann* (1857 geb.)		Die Periodicitätsmoduln der Abelschen Integrale erster Gattung als Funktionen eines Parameters aufgefaßt für den Fall einer Riemannschen Fläche, deren Gleichung in bezug auf die eine Variable binomisch ist. (*Fuchs, Frobenius*)	21. 6. 1893
116	*Wendt, Ernst* (1872–1946)	P	Arithmetische Studien über den letzten Fermatschen Satz, welcher aussagt, daß die Gleichung $a^n = b^n + c^n$ für $n > 2$ in ganzen Zahlen nicht auflösbar ist. (*Fuchs, Schwarz*)	4. 7. 1894
117	*Hancock, Harris* (1867–1944)		Eine Form des Additionstheorems für hyperelliptische Funktionen erster Ordnung. (*Fuchs, Schwarz*)	1. 8. 1894
118	*Vukicevic, Peter* (1862 geb.)		Die Invarianten der linearen homogenen Differential-Gleichungen *n*-ter Ordnung. (*Fuchs, Schwarz*)	29. 9. 1894
119	*Zermelo, Ernst* (1871–1953)	H	Untersuchungen zur Variationsrechnung. (*Schwarz, Fuchs*)	6. 10. 1894
120	*Radzig, Alexander* (1869 geb.)		Die Anwendung des Sylowschen Satzes auf die symmetrische und die alternierende Gruppe. (*Frobenius, Fuchs*)	17. 4. 1895
121	*Rebstein, Jacob* (1868 geb.)		Bestimmung aller reellen Minimalflächen, die eine Schaar ebener Kurven enthalten, denen auf der Gaußschen Kugel die Meridiane entsprechen. (*Schwarz, Frobenius*)	6. 5. 1895
122	*Fischer, Karl* (1868 geb.)		Über kanonische Systeme algebraischer Functionen einer Veränderlichen, die einem Gattungsbereich dritter oder vierter Ordnung angehören. (*Frobenius, Fuchs*)	25. 7. 1896
123	*Busse, Friedrich* (1872–1904)	P	Über eine specielle conforme Abbildung der Flächen konstanten Krümmungsmaßes auf die Ebene. (*Schwarz, Frobenius*)	16. 12. 1896
124	*Krause, August* (1858 geb.)	P	Über Fuchssche Differentialgleichungen vierten Grades. (*Fuchs, Frobenius*)	6. 3. 1897
125	*Fuchs* jun., *Richard* (1873–1945?)	P u. H	Über die Periodicitätsmoduln der hyperelliptischen Integrale als Functionen eines Verzweigungspunktes. (*Frobenius, Schwarz*)	28. 7. 1897
126	*Rothe, Rudolf* (1873–1942)	H	Untersuchungen über die Theorie der isothermen Flächen. (*Schwarz, Frobenius*)	4. 5. 1897

Lfd. Nr.	Name, Vorname (Lebensjahre)	Spätere Laufbahn	Thema der Dissertation (Gutachter)	Datum der Promotion
127	*Hessenberg, Gerhard* (1874—1925)	H	Über die Invarianten linearer und quadratischer binärer Differentialformen und ihre Anwendung auf die Deformation der Flächen. (*Schwarz, Fuchs*)	31. 5. 1899
128	*Landau, Edmund* (1877—1938)	H	Neuer Beweis der Gleichung $\sum_{k=1}^{\infty} \frac{\mu(k)}{k} = 0.$ (*Frobenius, Fuchs*)	15. 7. 1899
129	*Oster, Berthold* (1876 geb.)		Über partielle Differentialgleichungen zweiter Ordnung mit n unabhängigen Variabeln. (*Fuchs, Schwarz*)	5. 2. 1900
130	*Ziegel, Rudolf* (1876 geb.)		Die lineare Differentialgleichung dritter Ordnung mit algebraischen Integralen. (*Fuchs, Frobenius*)	22. 12. 1900
131	*Ivey, Joe Nettles* (1876 geb.)		Über die Periodicitätsmoduln der Abelschen Integrale erster Gattung. (*Fuchs, Schwarz*)	25. 2. 1901
132	*Karstens, Heinrich* (1874 geb.)		Über gewisse asymptotische Lösungen der Differentialgleichungen der analytischen Mechanik. (*Schwarz, Frobenius*)	13. 3. 1901
133	*Schur, Issai* (1875—1941)	H	Über eine Klasse von Matrizen, die sich einer gegebenen Matrix zuordnen lassen. (*Frobenius, Fuchs*)	27. 11. 1901
134	*Koebe, Paul* (1882—1945)	H	Über diejenigen analytischen Funktionen eines Arguments, welche ein algebraisches Additionstheorem besitzen. (*Schwarz, Schottky*)	24. 1. 1905
135	*Hamburger, Arthur* (1881 geb.)	P	Über die Restabschätzung bei asymptotischen Darstellungen der Integrale linearer Differentialgleichungen zweiter Ordnung. (*Schottky, Frobenius*)	25. 11. 1905
136	*Jacobsthal, Ernst* (1882—1965)	H	Anwendung einer Formel aus der Theorie der quadratischen Reste. (*Frobenius, Schwarz*)	13. 1. 1906
137	*Knopp, Konrad* (1882—1957)	H	Grenzwerte von Reihen bei der Annäherung an die Konvergenzgrenze. (*Schottky, Frobenius*)	22. 6. 1907
138	*Brehm, Erich* (1882 geb.)		Partikulare Integrale des Problems der n Körper. (*Bauschinger, Schottky*) (ursprünglich *Frobenius* u. *Schwarz* vorgesehen, da *Brehm* Math. als Hauptfach hatte)	29. 4. 1908

139	*Schnee, Walter* (1885–1958)	H	Über irreguläre Potenzreihen und Dirichletsche Reihen. (*Schottky, Frobenius*)	5. 6. 1908
140	*Lichtenstein, Leon* (1878–1933)	H	Zur Theorie der gewöhnlichen Differentialgleichungen und der partiellen Differentialgleichungen zweiter Ordnung. Die Lösungen als Funktionen der Randwerte und der Parameter. (*Schwarz, Schottky*)	24. 7. 1909
141	*Müntz, Chaim* (1884–1936 (?))	H	Zum Randwertproblem der partiellen Differentialgleichung der Minimalflächen. (*Schwarz, Schottky*)	1. 10. 1910
142	*Steinbacher, Friedrich* (1877 geb.)	P	Abelsche Körper als Kreisteilungskörper. (*Frobenius, Schwarz*)	14. 12. 1910
143	*Remak, Robert* (1888–vor 27. 1. 1945)	H	Über die Zerlegung der endlichen Gruppen in indirekte unzerlegbare Faktoren. (*Frobenius, Schwarz*)	25. 2. 1911
144	*Jentzsch, Robert* (1890–1918)	H	Untersuchungen zur Theorie der Folgen analytischer Funktionen. (*Frobenius, Schottky*)	14. 12. 1914
145	*Bessel-Hagen, Erich* (1898–1946)	H	Über eine Art singulärer Punkte der einfachen Variationsprobleme in der Ebene. (*Carathéodory, Schmidt*)	27. 8. 1920
146	*Hoheisel, Guido* (1894–1968)	H	Über inhomogene lineare funktionale Differentialgleichungen. (*Schmidt, Schur*)	12. 10. 1920
147	*Bochner, Salomon* (1899–1982)	H	Über orthogonale Systeme analytischer Funktionen. (*Schmidt, Schur*)	13. 6. 1921
148	*Bergmann, Stephan* (1895–1977)	H	Über die Entwicklung der harmonischen Funktionen der Ebene und des Raumes nach Orthogonalfunktionen. (*von Mises, Schmidt*)	13. 8. 1921
149	*Prüfer, Heinz* (1896–1934)	H	Unendliche Abelsche Gruppen von Elementen endlicher Ordnung. (*Schur, Schmidt*)	13 10. 1921
150	*Cohn, Arthur* (1894 geb.)	P	Über die Anzahl der Wurzeln einer algebraischen Gleichung in einem Kreise. (*Schur, Schmidt*)	19. 12. 1921
151	*Mathias, Maximilian* (1895 geb.)		Über positive Fourier-Integrale. (*Schmidt, Schur*)	26. 5. 1922
152	*Prölß, Dora* (1889 geb.)		Über Zahlkörper, die aus einem Körper der rationalen Zahlen durch Adjunktion von Wurzelgrößen hervorgehen. (*Schur, Schmidt*)	14. 8. 1922
153	*Pollaczek, Felix* (1892–1981(?))	W	Über die Kreiskörper der l-ten und l^2-ten Einheitswurzeln. (*Schur, von Mises*)	15. 12. 1922
154	*Herzberger, Max* (1899–1982)	W	Über Systeme hyperkomplexer Größen. (*Schur, Bieberbach*)	7. 8. 1923

Lfd. Nr.	Name, Vorname (Lebensjahre)	Spätere Laufbahn	Thema der Dissertation (Gutachten)	Datum der Promotion
155	*Friesecke, Hans* (1897 geb.)		Vektorübertragung, Richtungsübertragung und Metrik in ihren gegenseitigen Beziehungen. (*Bieberbach, von Mises*)	20. 12. 1923
156	*Ille, Hildegard* (1899 geb.)		Zur Irreduzibilität der Kugelfunktionen. (*Schur, Schmidt*)	12. 3. 1924
157	*Malkin, Israel* (1889 geb.)		Zum dynamischen Verhalten rotierender, elastisch biegsamer Stäbe. (*von Mises, Planck*)	12. 3. 1924
158	*Dörge, Karl* (1899–1975)	H	Über die ganzen rationalen Lösungspaare von algebraischen Gleichungen in zwei Variablen. (*Schur, Schmidt*)	9. 5. 1925
159	*Hopf, Heinz* (1894–1971)	H	Über Zusammenhänge zwischen Topologie und Metrik von Mannigfaltigkeiten. (*Schmidt, Bieberbach*)	9. 5. 1925
160	*Lauck, August* (1892 geb.)	P	Der Überfall über ein Wehr. (*von Mises, Bieberbach*)	13. 6. 1925
161	*Stiemke, Erich* (1892–1915)		Über unendliche algebraische Zahlkörper. (*Frobenius, Schottky*)	1. 7. 1925 (postum; Prüfung: 16. 7. 1914!)
162	*Hopf, Eberhard* (1902–1983)	H	Über die Zusammenhänge zwischen gewissen höheren Differenzenquotienten reeller Funktionen einer reellen Variablen und deren Differenzierbarkeitseigenschaften. (*Schmidt, Schur*)	9. 2. 1926
163	*Brauer, Richard* (1901–1977)	H	Über die Darstellung der Drehungsgruppe durch Gruppen linearer Substitutionen. (*Schur, Schmidt*)	16. 3. 1926
164	*Höhndorf, Fritz* (1900 geb.)		Verfahren zur Berechnung des Auftriebes gegebener Tragflächen-Profile. (*von Mises, Bieberbach*)	12. 10. 1926
165	*Rehbock, Fritz* (1896 geb.)	H	Die linearen Punkt-, Ebenen- und Strahlabbildungen der darstellenden Geometrie. (*von Mises, Bieberbach*)	21. 12. 1926
166	*Höflich, Paul* (1891 geb.)		Wahrscheinlichkeitstheoretische Begründung der Ergodenhypothese. (*von Mises, von Laue*)	27. 5. 1927
167	*Rothe, Erich* (1895 geb.)	H	Über einige Analogien zwischen linearen partiellen und linearen gewöhnlichen Differentialgleichungen. (*Schmidt, von Mises*)	17. 5. 1927
168	*Cremer, Hubert* (1897–1983)	H	Zum Zentrumproblem. (*Bieberbach, Schmidt*)	29. 7. 1927
169	*Jenne, Werner* (1901 geb.)	W	Räumliche Spannungsverteilungen in festen Körpern bei plastischer Deformation. (*von Mises, Planck*)	2. 3. 1928

170	*Fenchel, Werner* (1905 geb.)	H	Über Krümmung und Windung geschlossener Raumkurven. (*Bieberbach, Schmidt*)	12. 10. 1928
171	*Wegner, Udo* (1902 geb.)	H	Über die ganzzahligen Polynome, die für unendlich viele Primzahlenmoduln Permutationen liefern. (*Schur, Bieberbach*)	12. 10. 1928
172	*Brauer, Alfred* (1894–1985)	H	Über diophantische Gleichungen mit endlich vielen Lösungen. (*Schur, Schmidt*)	19. 12. 1928
173	*Iglisch, Rudolf* (1903 geb.)	H	Reelle Lösungsfelder der elliptischen Differentialgleichungen $\Delta u = F(u)$ und nichtlinearer Integralgleichungen. (*Hammerstein, Schmidt*)	19. 12. 1928
174	*Scholz, Arnold* (1904–1942)	H	Über die Bildung algebraischer Zahlkörper mit auflösbarer Galoisscher Gruppe. (*Schur, Schmidt*)	19. 12. 1928
175	*Schmieden, Curt* (1905 geb.)	H	Über den Widerstand einer in einer Flüssigkeit rotierenden Scheibe. (*von Mises, Bieberbach*)	5. 3. 1929
176	*Wenzel, Wilhelm* (1902 geb.)		Über die Stabilität des Gleichgewichts ebener elastischer Stabwerke und die Knickfestigkeit des Gitterträgers. (*von Mises, Planck*)	24. 7. 1929
177	*Angervo, Juho Mauri* (1904 geb.)		Entwicklung der Funktionen in Partialproduktreihen. (*Schmidt, Bieberbach*)	4. 6. 1930
178	*Fanta, Werner* (1905 geb.)		Über die angenäherte Auflösung von gewöhnlichen Differentialgleichungen und Anwendung auf Probleme der Mechanik. (*von Mises, Bieberbach*)	19. 5. 1931
179	*Freudenthal, Hans* (1905 geb.)	H	Über die Enden topologischer Räume und Gruppen. (*H. Hopf, Bieberbach*)	6. 10. 1931
180	*Frucht, Robert* (1906 geb.)	H	Über die Darstellung endlicher Abelscher Gruppen durch Kollineationen. (*Schur, Bieberbach*)	7. 12. 1931
181	*Heinicke*, geb. *Karselt, Hilde* (1904 geb.)		Ebene Flugbahnen starrer Körper. (*von Mises, Planck*)	9. 5. 1932
182	*Specht, Wilhelm* (1907–1985)	H	Eine Verallgemeinerung der symmetrischen Gruppe. (*Schur, Schmidt*)	9. 5. 1932
183	*Grunsky, Helmut* (1904 geb.)	H	Neue Abschätzungen zur konformen Abbildung ein- und mehrfach zusammenhängender Bereiche. (*Bieberbach, Schur*)	25. 7. 1932
184	*Neumann, Bernhard* (1909 geb.)	H	Die Automorphismengruppe der freien Gruppen. (*Schur, Schmidt*)	25. 7. 1932

Lfd. Nr.	Name, Vorname (Lebensjahre)	Spätere Laufbahn	Thema der Dissertation (Gutachter)	Datum der Promotion
185	*Rinow, Willi* (1907—1979)	H	Über Zusammenhänge zwischen der Differentialgeometrie im Grossen und im Kleinen. (*H. Hopf, Bieberbach*)	25. 7. 1932
186	*Rohrbach, Hans* (1903 geb.)	H	Die Charaktere der binären Kongruenz-Gruppen mod p^2. (*Schur, Schmidt*)	25. 7. 1932
187	*Rado, Richard* (1906 geb.)	H	Studien zur Kombinatorik. (*Schur, Schmidt*)	31. 5. 1933 (mündliche Prüfung bereits 3. 12. 1931!)
188	*Rengel, Ewald* (1909 geb.)		Über einige Schlitztheoreme der konformen Abbildung. (*Bieberbach, Schmidt*)	31. 5. 1933
189	*Hahn, Wolfgang* (1911 geb.)	H	Die Nullstellen der Laguerreschen und Hermiteschen Polynome. (*Schur, Bieberbach*)	12. 7. 1933
190	*Pannwitz, Erika* (1904—1975)	W	Eine elementargeometrische Eigenschaft von Verschlingungen und Knoten. (*H. Hopf, Schmidt*)	12. 7. 1933
191	*Scholz, Edmund* (1904 geb.)		Flächentheoretische Integralsätze. (*Bieberbach, Schmidt*)	12. 7. 1933
192	*Behrend, Felix* (1911—1962)	H	Über numeri abundantes. (*Schmidt, Bieberbach*)	13. 12. 1933
193	*Luckert, Hans-Joachim* (1905 geb.)		Über die Integration der Differentialgleichung einer Gleitschicht in zäher Flüssigkeit. (*von Mises, Bieberbach*)	13. 12. 1933
194	*Ritter, Robert* (1905—1959)	H	Zwischenintegrale der Verbiegungsgleichung und Differentialparameter zweiter Ordnung. (*Hammerstein, Bieberbach*)	13. 12. 1933
195	*Kochanowsky, Werner* (1907 geb.)		Über die Stabilität des Gleichgewichts und die Knickfestigkeit eines räumlichen Gittermastes. (*von Mises, Bieberbach*)	28. 2. 1934 (mündliche Prüfung bereits 14. 12. 1933!)

12.4. Habilitationen

Die Ermittlung der Habilitationen wurde in den Akten der Philosophischen Fakultät vorgenommen (H-1-1 bis H-1-48). Umhabilitierungen („Nostrifikationen") wurden nicht berücksichtigt (vgl. Abschn. 4.1.1.).

Sofern keine eigentliche Habilitationsschrift vorgelegt wurde, bezieht sich die Angabe der Gutachter auf die Beurteilung der eingereichten Veröffentlichungen.

Es werden nur die Themen des Probevortrags vor der Fakultät und der öffentlichen Probevorlesung aufgeführt, die aus den Vorschlägen des Habilitanden durch die Fakultät gewählt worden sind.

Lfd. Nr.	Name, Vorname (Lebensjahre) a) Thema der Habilitationsschrift (Gutachter) b) Thema des Probevortrags c) Thema der Probevorlesung d) Datum der Habilitation
1	*Lehmus, Daniel Christian Ludolf* (1780—1863) a) keine eigentl. Habil.-Schr. b) Kurze Übersicht der Gründe und der verschiedenen Momente der Lehre vom Größten und Kleinsten mit historischen Andeutungen über ihre Entwicklung, Erweiterung und Anwendung. c) — d) 18. 12. 1813
2	*Krause, Karl Christian Ferdinand* (1781—1832) a) keine eigentl. Habil.-Schr. b) Die Differential-Linear-Gleichungen erster Ordnung zwischen mehreren veränderlichen Größen. c) — d) 26. 2. 1814
3	*Lubbe, Samuel Ferdinand* (1786—1846) Lubbe erwarb die Venia legendi für Mathematik durch seine am 29. 9. 1818 erfolgte Promotion zum Licentiaten; s. Promotionen Nr. 1.
4	*Dirksen, Enno Heeren* (1788—1850) a) keine eigentl. Habil.-Schr. (*Tralles*) b) Eine zweckmäßige Methode, die Opposition eines Planeten mit der Sonne zu berechnen. c) — d) 6. 5. 1820
5	*Ohm, Martin* (1792—1872) a) keine eigentl. Habil.-Schr. (*Tralles*) b) Einige allgemeine Betrachtungen über die Größen, besonders die entgegengesetzten Größen. c) De arithmetices systemate rigorose exponendo. d) 22. 9. 1821
6	*Jacobi, Carl Gustav Jacob* (1804—1851) a) keine eigentl. Habil.-Schr. (*Dirksen, Oltmanns, Ideler*) b) Theorie der singulären Stammgleichungen.

Lfd. Nr.	Name, Vorname (Lebensjahre) a) Thema der Habilitationschrift (Gutachter) b) Thema des Probevortrags c) Thema der Probevorlesung d) Datum der Habilitation
	c) Nova methodus ad reversionem serierum, sive aequationum radices per series infinitas exhibendi. d) 13. 8. 1825, verbunden mit der Promotion
7	*Minding, Ferdinand* (1806—1885) a) keine eigentl. Habil.-Schr. (*Dirksen, Oltmanns, Ideler*) b) Einige Punkte der Theorie unbestimmter Gleichungen zweiten Grades. c) De solutione aequationum indeterminatarum secundi gradus. d) 6. 11. 1830
8	*Sommer, Ferdinand von* (1802(?)—1849) a) keine eigentl. Habil.-Schr. (*Dirksen, Oltmanns, Steffens*) b) Über die Verbindung der Philosophie mit der Mathematik. c) De rerum nauticarum scientia. d) 6. 2. 1833
9	*Joachimsthal, Ferdinand* (1818—1861) a) keine eigentl. Habil.-Schr. (*Ohm, Encke*) b) Über die Untersuchungen der neueren Geometrie, welche sich der Lehre von den Brennpunkten anschließen. c) De curvis algebraicis. d) 13. 8. 1845
10	*Eisenstein, Gotthold* (1823—1852) a) keine eigentl. Habil.-Schr. (*Dirksen, Encke*) b) Über die Fundamentaleigenschaften der ganzen rationalen Funktionen. c) De fundamentis calculi differentialis. d) 21. 5. 1847
11	*Borchardt, Carl Wilhelm* (1817—1880) a) keine eigentl. Habil.-Schr. (*Ohm, Encke*) b) Über die doppelte Periodicität der elliptischen Functionen. c) De inventione atque incrementis calculi infinitesimalis. d) 17. 1. 1848
12	*Arndt, Friedrich* (1817—1866) a) keine eigentl. Habil.-Schr. (*Dirichlet, Encke*) b) Einige Einwürfe gegen Cauchy und Abel, betreffend die Stetigkeit konvergenter Reihen, mit besonderer Bezugnahme auf die Theorie der Potenzreihen und Doppelreihen. c) Theoriae formarum cubicarum adumbratio. d) 29. 10. 1853
13	*Hoppe, Reinhold* (1816—1900) a) keine eigentl. Habil-Schr. (*Dirichlet*; für Philosophie: *Trendelenburg*) b) Über die Stetigkeit der Funktionen und die Einführung unendlicher Größen. c) De momentis inertiae polyedrorum homogeneorum. d) 13. 12. 1853 (nur für Mathematik; der Probevortrag für Philosophie wurde verworfen. Die Venia legendi für Philosophie erhielt Hoppe erst am 4. 3. 1871)

Lfd. Nr.	Name, Vorname (Lebensjahre) a) Thema der Habilitationsschrift (Gutachter) b) Thema des Probevortrags c) Thema der Probevorlesung d) Datum der Habilitation
14	*Clebsch, Alfred* (1833–1872) a) keine eigentl. Habil.-Schr. (*Kummer, Ohm*) b) Über die Krümmungscurven und Curven der Haupttangenten besonders der algebraischen Flächen. c) De aequilibrio fluidorum. d) 12. 12. 1857
15	*Christoffel, Elwin Bruno* (1829–1900) a) keine eigentl. Habil.-Schr. (*Kummer, Ohm*) b) Über die Criterien, aus welchen man den Grad der Allgemeinheit irgend einer Differentialgleichung erkennt. c) De accuratis conditionibus quibus molecularum motus in contactu duorum systematum determinatur. d) 4. 8. 1859
16	*Fuchs, Lazarus* (1833–1902) a) keine eigentl. Habil.-Schr. (*Kummer, Weierstraß*) b) Über das Prinzip, welches von Riemann mit dem Namen des Dirichletschen belegt worden ist. c) De quantitatibus complexis. d) 27. 10. 1865
17	*Thomé, Wilhelm* (1841–1910) a) keine eigentl. Habil.-Schr. (*Weierstraß, Kummer*) b) Über den Begriff der Konvergenz. c) De quaestione quae nunc sit in mathesi vis imaginarii. d) 17. 4. 1869
18	*Pochhammer, Leo* (1841–1920) a) keine eigentl. Habil.-Schr. (*Weierstraß, Kummer*) b) Die Ableitung der Differentialgleichungen, welche die Grundlage der Elastizitätstheorie bilden. (Wiederholung!) c) De functionibus Besselianis. d) 25. 1. 1872
19	*Knoblauch, Johannes* (1855–1915) a) Über Flächen, welche eine Linie sphärischer Krümmung haben. (*Weierstraß, Kummer*) b) Über die Gesichtspunkte, nach welchen die Theorie der Abelschen Funktionen sich voraussichtlich weiter entwickeln wird. c) Geschichte der Theorie der elliptischen Funktionen. d) 15. 3. 1883
20	*Runge, Carl* (1856–1927) a) Die Entwicklung algebraischer Funktionen. (*Weierstraß, Kummer*) b) Über die verschiedenen Arten, die Theorie der elliptischen Funktionen einzuleiten. c) Über die der analytischen Mechanik zu Grunde liegenden Erfahrungssätze. d) 9. 6. 1883

Lfd. Nr.	Name, Vorname (Lebensjahre) a) Thema der Habilitationsschrift (Gutachter) b) Thema des Probevortrags c) Thema der Probevorlesung d) Datum der Habilitation

21 *Hensel, Kurt* (1861—1941)
a) Untersuchung der ganzen algebraischen Zahlen eines gegebenen Gattungsbereiches für einen beliebigen algebraischen Primdivisor sowie acht weitere ungedruckte Abhandlungen. (*Kronecker, Fuchs*)
b) Die Anwendung der Analysis des Unendlichen auf die Zahlentheorie in ihrer geschichtlichen Entwicklung sowie in ihren wichtigsten Methoden und Resultaten.
c) Über den Einfluß der von Gauß gegebenen arithmetischen Behandlung der Kreistheilungsgleichungen auf die Entwicklung der Algebra.
d) 2. 8. 1886

22 *Kötter, Ernst* (1859—1922)
a) Untersuchungen über die Polyeder, welche bei gegebener Oberfläche und gegebenem Netze größten Inhalt einschließen. (*Weierstraß, Fuchs*)
b) Die Grundzüge einer synthetischen Theorie der Flächen höherer Ordnung.
c) Über den Kegel größten Inhalts bei gegebener Gesamt-Oberfläche.
d) 15. 3. 1887

23 *Schlesinger, Ludwig* (1864—1933)
a) Zur Theorie der Fuchsschen Funktionen. (*Weierstraß, Fuchs*)
b) Über den prinzipiellen Unterschied der algebraischen Methode von Abel und Galois.
c) Über die Bedeutung der hypergeometrischen Reihe für die Entwicklung der modernen Analysis.
d) 7. 6. 1889

24 *Günther, Paul* (1867—1891)
a) Über die Bestimmung der Fundamentalgleichungen in der Theorie der linearen Differentialgleichungen sowie drei weitere Abhandlungen. (*Fuchs, Kronecker*)
b) Über die Untersuchungen von Gauß in der Theorie der elliptischen Funktionen.
c) Die geschichtliche Entwicklung der modernen Theorie der Differentialgleichungen.
d) 6. 8. 1890

25 *Landau, Edmund* (1877—1938)
a) Untersuchungen zur Theorie der Dirichletschen Reihen. (*Frobenius, Fuchs*)
b) Über die an die Gaußsche Differentialgleichung anknüpfenden Probleme.
c) Geschichte der analytischen Zahlentheorie.
d) 27. 6. 1901

26 *Schur, Issai* (1875—1941)
a) Über die Darstellung der endlichen Gruppen durch gebrochene lineare Substitutionen. (*Frobenius, Schwarz*)
b) Die complexe Multiplication der elliptischen Functionen.
c) Die Theorie der endlichen Gruppen und ihre Anwendungen.
d) 5. 1. 1903

27 *Knopp, Konrad* (1882—1957)
a) Divergenzcharaktere gewisser Dirichletscher Reihen sowie drei weitere Abhandlungen. (*Schottky, Schwarz*)
b) Betrachtungen über Zahlenfolgen, welche divergente Reihen bilden.

Lfd. Nr.	Name, Vorname (Lebensjahre) a) Thema der Habilitationsschrift (Gutachter) b) Thema des Probevortrags c) Thema der Probevorlesung d) Datum der Habilitation
	c) Ergebnisse der neuesten Untersuchungen über die Verteilung der Primzahlen. d) 13. 11. 1911
28	*Jentzsch, Robert* (1890–1918) a) Untersuchungen über die Abschnitte von Potenzreihen. (*Schottky, Frobenius*) b) Die Theorie der ganzen transzendenten Funktionen. c) Neuere Untersuchungen über die Konvergenz von Funktionenfolgen. d) 11. 12. 1916
29	*Hamburger, Hans* (1889–1956) a) Über eine Verallgemeinerung des Stieltjesschen Momentenproblems. (*Schmidt, Carathéodory*) b) Über die mechanische Quadratur von Gauß. c) Über die Taylorsche Reihe. d) 16. 4. 1919
30	*Rademacher, Hans* (1892–1969) a) Über partielle und totale Differenzierbarkeit von Funktionen mehrerer Variabeln. (*Carathéodory, Schmidt*) b) Über die Baireschen Klassen und die analytische Darstellbarkeit reeller Funktionen. c) Über Begriffsschrift und Algebra der Logik. d) 15. 12. 1919
31	*Szegö, Gabriel* (*Gábor*) (1895–1985) a) Über die Entwicklung einer willkürlichen Funktion nach den Polynomen eines Orthogonalsystems. (*Schmidt, Schur*) b) Über das Verhalten einer analytischen Funktion am Rande ihres Existenzbereichs. c) Approximation stetiger Funktionen durch Polynome. d) 29. 6. 1921
32	*Löwner* (*Loewner*), *Karl* (*Charles*) (1893–1968) a) Untersuchungen über schlichte konforme Abbildungen des Einheitskreises. (*Bieberbach, Schur*) b) Gruppentheoretische Gesichtspunkte in der Funktionentheorie. c) Funktionentheoretische Extremalprobleme. d) 9. 5. 1923
33	*Hammerstein, Adolf* (1888–1941) a) Über die asymptotische Darstellung der Eigenfunktionen linearer Integralgleichungen. (*Schmidt, Bieberbach, Schur*) b) Das Gitterpunktproblem der analytischen Zahlentheorie. c) Die Entwicklung des Inhaltsbegriffes von Archimedes bis zur Jetztzeit. d) 17. 5. 1924
34	*Hopf, Heinz* (1894–1971) a) Über Abbildungsklassen und Vektorfelder in n Dimensionen. (*Schmidt, Bieberbach*) b) Topologische Eigenschaften des Funktionenraumes und ihre Anwendung auf Probleme der Analysis. c) Geschlossene geodätische Linien auf geschlossenen Flächen. d) 29. 10. 1926

Lfd. Nr.	Name, Vorname (Lebensjahre) a) Thema der Habilitationsschrift (Gutachter) b) Thema des Probevortrags c) Thema der Probevorlesung d) Datum der Habilitation
35	*Feigl, Georg* (1890—1945) a) Fixpunktsätze für spezielle n-dimensionale Mannigfaltigkeiten. (*Schmidt, Bieberbacn, Schur, von Mises*) b) Über die Axiome der Anordnung in der Geometrie. c) Geschichtliche Entwicklung der Topologie. d) 11. 2. 1927
36	*Pollaczek*, geb. *Geiringer, Hilda* (1893—1973) a) Über starre Gliederungen von Fachwerken. (*von Mises, Bieberbach, Schmidt, Schur*) b) Die Grenzwertsätze der Wahrscheinlichkeitsrechnung. c) Die geometrischen Grundlagen der Mechanik des starren Körpers. d) 11. 11. 1927
37	*Neumann von Margitta, Johann* (*János, John*) (1903—1957) a) Der axiomatische Aufbau der Mengenlehre. (*Schmidt, Schur, von Mises, Schottky*) b) Das Grundlagenproblem der Mathematik. c) Über das allgemeine Problem des Maßes. d) 13. 12. 1927
38	*Remak, Robert* (1888 — vor 27. 1. 1945) a) Über minimale invariante Untergruppen in der Theorie der endlichen Gruppen. (*Schur, Schmidt, von Mises*) b) Bemerkungen zum Koebeschen Verzerrungssatz. c) Einiges aus der Geometrie der Zahlen. d) 11. 1. 1929
39	*Hopf, Eberhard* (1902—1983) a) Zur mathematischen Theorie des Strahlungsgleichgewichts. (*Kopff, Guthnick, Schmidt*) b) Über die Theorie der Mondbewegung. c) Zur Geschichte der Himmelsmechanik bis Poincaré. d) 2. 8. 1929
40	*Bergmann, Stephan* (1895—1977) a) Über die Mehrdeutigkeitsfragen bei Potentialströmungen mit freien Grenzen. (*von Mises, Bieberbach, Schmidt*) b) Die Anwendung der Orthogonalfunktionen in der Theorie der Funktionen zweier komplexer Veränderlicher. c) Numerische Methode bei der Lösung von Variationsaufgaben. d) 2. 3. 1932
41	*Brauer, Alfred* (1894—1985) a) Über Sequenzen von Potenzresten. (*Schur, Schmidt, Schottky*) b) Kubische diophantische Gleichungen. c) Ungelöste Fragen der elementaren Zahlentheorie. d) 2. 3. 1932

12.5. Preisaufgaben

Die Ermittlung der Preisaufgaben sowie der Preisträger (s. Abschnitt 2.4., S. 19, Anm. 1.) erfolgte an Hand der als Sonderdrucke alljahrlich erschienenen ausführlichen Berichte über die Bearbeitung der Preisaufgaben des vergangenen und die neuen Preisaufgaben des kommenden Jahres, der sogenannten Preisprogramme, deren Titel mehrfach modifiziert worden sind. Außerdem wurden die Chroniken (Berlin u. Halle 1888/1938) benutzt. Die Urheberschaft für die Aufgabenstellung wurde den die Preisaufgaben betreffenden Akten (P-9-1 bis P-9-5), die übrigens nicht mehr sorgfältig geführt sind, entnommen. Zusätzlich wurden die Sitzungsprotokolle der Philosophischen Fakultät (S-7-1 bis S-7-13) zu Rate gezogen. Die Namen der Preisträger konnten trotzdem nicht in allen Fällen ermittelt werden.

Wenn vor dem Jahre 1872 eine deutsche Aufgabenformulierung angegeben wird, so deshalb, weil diese von der Hand des Urhebers der Aufgabe in den Akten aufbewahrt wurde. Die offizielle Fassung ist bis zu dem genannten Jahr in lateinischer Sprache bekanntgegeben worden.

1. Preisaufgabe für 1829, gestellt durch *Dirksen.*
   2 Bewerber.
   Preisträger: *Ludwig Felix Ofterdinger.*
   Eine möglichst klare, durch Beispiele sowohl aus der Geometrie als der Analysis erläuterte Darstellung der Theorie der Grenzen.
2. Preisaufgabe für 1836, gestellt durch *Dirksen.*
   1 Bewerber.
   Preisträger: *Carl Immanuel Gerhardt.*
   Genaue Formulierung nicht ermittelt; Thema lautete etwa so: Die verschiedenen Ansichten über die wissenschaftliche Begründung der Differentialrechnung sind darzulegen.
3. Preisaufgabe für 1838, gestellt durch *Dirksen.*
   Kein Bewerber.
   Man verlangt eine gedrängte, streng wissenschaftliche Darstellung der Hauptmethoden, die Wurzeln einer numerischen Gleichung näherungsweise zu finden.
4. Preisaufgabe für 1839: Wiederholung der Aufgabe vom Vorjahr.
   1 Bewerber.
   Preisträger: *Reinhold Hoppe.*
5. Preisaufgabe für 1840, gestellt durch *Dirksen.*
   8 Bewerber.
   Ehrenvolle Erwähnung: *Heinrich Wilhelm Erler.*
   Man verlangt eine gedrängte Darstellung nebst einer ausführlichen Beurteilung der verschiedenen Beweise, welche bisher von dem statischen Satze, das Parallelogramm der Kräfte genannt, versucht worden sind.
6. Preisaufgabe für 1842, gestellt durch *Ideler.*
   1 Bewerber, Preis nicht zuerkannt.
   Genaue Formulierung nicht ermittelt; Thema lautete etwa so: Es kommt darauf an, zu zeigen, wie Kepler mit Hilfe einer sinnreichen von ihm erfundenen Methode im Stande war, aus Tychos zahlreichen ihm vorliegenden Beobachtungen des Mars, ohne welche er seine Gesetze schwerlich entdeckt haben würde, den Radius vector und die heliozentrische Länge des Planeten für viele Punkte seiner Bahn zu berechnen, und wie er dann die gewonnenen Resultate benutzte, um die Unhaltbarkeit der damaligen, noch von Kopernikus gebilligten Theorie des exzentrischen Kreises darzutun und an ihre Stelle die elliptische Bahn zu setzen, die er freilich nur durch Induktion, nicht wie späterhin Newton a priori zu beweisen ver-

mochte. Dasselbe gilt von dem Gesetz, daß der Planet in gleichen Zeiten gleiche Sektoren seiner Bahn um die Sonne beschreibt.

7. Preisaufgabe für 1843: Wiederholung der Aufgabe vom Vorjahr.
   1 Bewerber.
   Preisträger: Name nicht ermittelt.
8. Preisaufgabe für 1845, gestellt durch *Ohm*.
   Kein Bewerber.
   Der Unterschied der Lehre der Attraktion, wie solche von Newton behandelt worden und wie solche jetzt behandelt wird.
9. Preisaufgabe für 1846: Wiederholung der Aufgabe vom Vorjahr.
   1 Bewerber.
   Lobende Erwähnung: Name des Belobten nicht ermittelt.
10. Preisaufgabe für 1853, gestellt durch *Dirichlet*.
   Zwei Bewerber, Preis nicht zuerkannt (Beurteilung siehe Kapitel 11, Dok. 1).
   Bekanntlich hat Fourier in seiner „Analyse des équations déterminées“ zuerst gezeigt, welche Bedingungen erfüllt sein müssen, wenn die Newtonsche Approximationsmethode eine sichere Annäherung an die zu bestimmende Wurzel einer Gleichung gewähren soll, und hat zugleich das Gesetz angegeben, nach welchem die Annäherung in einem solchen Falle erfolgt. Da die Newtonsche Methode auf zwei oder mehr simultane Gleichungen mit eben so vielen Unbekannten ausgedehnt werden kann und auf diesen Fall schon häufig angewandt worden ist, so wäre zu wünschen, daß man auch für das so erweiterte Verfahren die Bedingungen der Konvergenz aufsuchte und das Maaß der sukzessiven Approximationen bestimmte.
11. Preisaufgabe für 1854: Wiederholung der Aufgabe vom Vorjahr.
   Kein Bewerber.
12. Preisaufgabe für 1857, gestellt durch *Kummer*.
   2 Bewerber.
   Preisträger: *Julius Weingarten*.
   Belohnung: *Lazarus Fuchs* (40 Taler).
   Da die Krümmungslinien der krummen Oberflächen bisher nur für gewisse Arten, z. B. für die zylindrischen, die konischen, die Umdrehungsflächen, die Flächen 2. Grades und einige andere gefunden sind, die Differentialgleichung aber, von welcher die Bestimmung dieser Kurven abhängt, noch in vielen anderen Fällen sich integrieren läßt, so wird verlangt, daß die Krümmungskurven für irgendwelche besondere Arten oder auch für einzelne Flächen gefunden werden sollen, für welche dieselben bisher noch nicht bekannt sind.
13. Preisaufgabe „ad mathesin applicatam“ für 1861, gestellt durch *Encke*.
   Kein Bewerber.
   Methodi, quarum ope longitudines geographicae ab antiquissimis temporibus usque ad nostram aetatem determinatae sunt, enumerentur, ex principiis astronomicis deducantur, exemplis illustrentur, denique inter se comparentur et quam exactae singulae sint diiudicetur.
14. Preisaufgabe für 1862: Wiederholung der Aufgabe vom Vorjahr.
   1 Bewerber, Preis nicht zuerkannt.
15. Preisaufgabe für 1863, gestellt durch *Kummer*.
   1 Bewerber.
   Preisträger: *Hermann Amandus Schwarz* (Beurteilung siehe Kapitel 11, Dok. 5).
   Praemissa enarratione disquisitionum, quas de superficiebus algebraicis in planum explicabilibus et de lineis duplicis curvaturae, quarum tangentibus illae generantur, geometrae Germanici, Anglici, Gallici, Italici novissimo tempore instituerunt, superficies explicabiles quinti ordinis, quae nec conicae sunt nec cylindricae, aequationibus generalibus definiantur, earumque leges et proprietates accuratius examinentur.

16. Preisaufgabe für 1865, gestellt durch *Kummer.*
   Kein Bewerber.
   Superficierum quarti ordinis, quarum polares reciprocae quartum ordinem non superant, species distinctae enumerentur, aequationibus definiantur, atque ita tractentur, ut singularum specierum proprietates graviores eluceant.
17. Preisaufgabe für 1866, gestellt durch *Weierstraß.*
   Bewerber Preis nicht zuerkannt.
   Linearum brevissimarum, quae in superficiebus secundi ordinis per puncta curvaturae sphaerica, umbilicos quos vocant, duci possunt, determinatio postulatur analytica.
18. Preisaufgabe für 1868, gestellt durch *Weierstraß.*
   7 Bewerber.
   Preisträger: *Leopold Loewenherz.*
   Belohnung: *Georg Frobenius* (50 Taler).
   Relatio, quae locum habere debet inter distantias quattuor punctorum a plano quocumque, exprimatur aequatione algebraica, simulque quantitatum constantium, quas implicabit haec aequatio, significatio illustretur geometrica.
19. Preisaufgabe für 1870, gestellt durch *Kummer.*
   Kein Bewerber.
   Linearum duplicis curvaturae, quarum coordinatae, per unam quantitatem variabilem rationaliter exprimuntur, genera diversa, in eodem ordine dato distinguenda exponantur, earumque proprietates generales et speciales accurate demonstrentur.
20. Preisaufgabe für 1871, gestellt durch *Weierstraß.*
   Kein Bewerber.
   Superficiei cuiuslibet novae, mensura curvaturae *invariabili et positiva* praedita, determinatio postulatur analytica.
21. Preisaufgabe für 1872, gestellt durch *Weierstraß.*
   Kein Bewerber.
   Ut in corporis cuiuslibet, superficie monogena limitati, potentiale adhuc ignotum inquiratur sive per functiones cognitas exprimendum sive ad simplicem integrationem revocandum.
22. Preisaufgabe für 1873, gestellt durch *Kummer.*
   Kein Bewerber.
   Die Krümmungsmittelpunktsfläche des elliptischen Paraboloids sowie ihre reziproke polare Fläche sind zu entwickeln und die sich entsprechenden Eigenschaften dieser beiden Flächen sind genau zu untersuchen.
23. Preisaufgabe für 1874: Wiederholung der Aufgabe vom Vorjahr.
   3 Bewerber.
   Preisträger: *Curt Rohovsky* und *Ferdinand Caspary.*
24. Preisaufgabe für 1878, gestellt durch *Weierstraß.*
   4 Bewerber.
   Ehrenvolle Anerkennung und voller Geldbetrag: *Richard Dietrich.*
   Im zweiten Teile der Gaußschen Abhandlung „Beiträge zur Theorie der algebraischen Gleichungen" (Werke. Bd. 3, S. 85), in der eine zur numerischen Bestimmung der reellen Wurzeln einer dreigliedrigen algebraischen Gleichung beliebigen Grades dienende Methode entwickelt wird, findet sich in der Einleitung die Bemerkung, daß sich jede Wurzel einer solchen Gleichung, gleichviel ob reelle oder imaginäre, auch durch eine konvergente Reihe von einfachem Fortschreitungsgesetz ausdrücken lasse. Die Fakultät verlangt, daß das von Gauß Angedeutete ausgeführt werde, wobei es darauf ankommen wird, nicht nur das Bildungsgesetz der fraglichen Reihen, welche die Wurzeln der genannten Gleichungen als Funktionen der Koeffizienten darstellen sollen, gehörig zu entwickeln, sondern auch den Gültigkeitsbereich einer jeden genau festzustellen.
25. Preisaufgabe für 1882, gestellt durch *Weierstraß.*

2 Bewerber.
Preisträger: *Ernst Kötter*.
Es wird eine genaue Untersuchung der bei ebenen Kurven vierter Ordnung möglichen Singularitäten verlangt.

26. Preisaufgabe für 1884, gestellt durch *Kronecker*.
Kein Bewerber.
Die Anwendung des Sturmschen Satzes auf eine algebraische Gleichung mit unbestimmten Koeffizienten führt unmittelbar zur Bildung einer sogenannten Sturmschen Reihe, d. h. einer Reihe von ganzen rationalen Funktionen der unbestimmten Koeffizienten, aus deren Vorzeichen — bei reellen Werten der Koeffizienten — die Anzahl der reellen Wurzeln der Gleichung zu erschließen ist. Eben diese Bedeutung der Vorzeichen zeigt aber, daß zwischen denselben eine gewisse Abhängigkeit bestehen muß (vgl. Liouvilles Journal, Bd. XII, S. 59, Corollaire 1). Die hieraus erkennbare gegenseitige Beziehung der verschiedenen Funktionen einer und derselben Sturmschen Reihe soll in ähnlicher Weise, wie es für die gegenseitigen Beziehungen der verschiedenen zu einer Gleichung gehörigen Sturmschen Reihen bereits geschehen ist (vgl. Monatsbericht der Berliner Akademie vom Februar 1873, S. 139 und 140), genau untersucht und durch Aufstellung identischer algebraischer Relationen zwischen den verschiedenen, ihrem Vorzeichen nach von einander abhängigen rationalen Funktionen reeller Größen in Evidenz gesetzt werden.
Solche Relationen sollen namentlich für diejenigen ganzen rationalen symmetrischen Funktionen der Wurzeln einer Gleichung entwickelt werden, welche Sylvester behufs Bildung einer Sturmschen Reihe aufgestellt, und welche Cayley später im XI. Bande von Liouvilles Journal durch die Potenzsummen der Wurzeln in Determinanten-Form ausgedrückt hat (vgl. die Literatur-Angaben in § 13, 16 von Baltzers Determinanten-Buch, V. Auflage). Oder — was dasselbe ist — es soll nachgewiesen werden, daß eine quadratische Form (vgl. Journal für Mathematik, Bd. 53, S. 182):

$$\sum_{i,k} s_{i+k} x_i x_k \qquad (i, k = 0, 1, 2, \ldots, n-1),$$

in welcher $s_0 = n$ ist, und die Größen $s_1, s_2, \ldots, s_{2n-2}$ reell und miteinander durch dieselben Relationen wie die gleichnamigen Potenzsummen, deren Wurzeln einer Gleichung n-ten Grades verbunden sind, nur in ein Aggregat reeller Quadrate transformiert werden kann, in welchem höchstens ebensoviel negative als positive Zeichen vorkommen; und zwar soll dieser Nachweis auf direktem Wege geführt werden, ohne von der (irrationalen) Substitution Gebrauch zu machen, welche implizite angewendet wird, wenn die Größen s_k den k-ten Potenzsummen von n Größen gleichgesetzt werden.

27. Preisaufgabe für 1885: Wiederholung der Aufgabe vom Vorjahr.
Kein Bewerber.

28. Preisaufgabe für 1886, gestellt durch *Fuchs*.
2 Bewerber.
Preisträger: *Ludwig Schlesinger*.
Es sollen die linearen homogenen Differentialgleichungen vierter Ordnung untersucht werden, welche die Eigenschaft besitzen, daß ein Fundamental-System von Integralen einer oder zwei homogenen Relationen höheren als ersten Grades mit konstanten Koeffizienten genügt.

29. Preisaufgabe für 1889, gestellt durch *Kronecker*.
Bewerber Preis nicht zuerkannt.
Unter den vielen wichtigen, von Fermat entdeckten und ohne Beweis der mathematischen Welt hinterlassenen arithmetischen Sätzen hat keiner so lange den Bemühungen der größten Mathematiker widerstanden als jener berühmte Satz, wonach die Summe zweier n-ter Potenzen ganzer Zahlen niemals selbst eine solche Potenz sein kann, wenn n größer als 2 ist. In Eulers 1770 erschienener Algebra ist der Satz nur für die 3-ten und 4-ten Potenzen be-

wiesen; Lejeune Dirichlet hat im Jahre 1825 mit dem Beweise für den Fall der 5-ten Potenzen seine Forscherlaufbahn glänzend begonnen und im Jahre 1832 einen Beweis für den Fall der 14-ten Potenzen gegeben; Lamé hat darauf im Jahre 1840 den Satz für die 7-ten Potenzen bewiesen; aber erst der Kummersche Beweis des Fermatschen Satzes, eine der größten mathematischen Leistungen dieses Jahrhunderts, hat im Jahre 1847 eine unendliche Reihe von wohl charakterisierten Fällen erledigt.

Die Kummerschen Untersuchungen über den Fermatschen Satz haben nicht bloß die Unmöglichkeit dargetan, für gewisse Werte von n die Gleichung $a^n + b^n = c^n$ in ganzen Zahlen zu befriedigen, sondern sie haben auch ein neues Feld zur Auffindung positiver Resultate eröffnet. Sie führen nämlich unmittelbar dazu, den Ausdruck $a^n + b^n$ als Resultante der Elimination von x aus den beiden Ausdrücken $x^n - 1$ und $a + bx$ aufzufassen. Da nun in den von Kummer erledigten Fällen einerseits die Resultante der Elimination von x aus $x^n - 1$ und einer ganzzahligen *linearen* Funktion von x nicht gleich der n-ten Potenz einer ganzen Zahl sein kann, während dies andererseits offenbar möglich ist, wenn statt einer linearen Funktion von x eine solche vom Grade $n - 1$ genommen wird, so entsteht die Frage nach dem Minimum des Grades, für welchen diese Möglichkeit erhalten bleibt.

Es wird verlangt, daß die Frage, von welchem Grade mindestens eine ganze ganzzahlige Funktion von x sein muß, damit die aus ihr und $x^n - 1$ gebildete Resultante die n-te Potenz einer ganzen Zahl sein kann, wenn auch nur für spezielle Werte von n, wenigstens aber für den Fall $n = 5$ gelöst werde.

29a. Preisaufgabe für 1890: Wiederholung der Aufgabe vom Vorjahr.
2 Bewerber, Preis nicht zuerkannt.

30. Preisaufgabe für 1891, gestellt durch *Fuchs*.
Kein Bewerber.

Es sollen diejenigen linearen homogenen Differentialgleichungen fünfter Ordnung, mit rationalen Coeffizienten, vollständig diskutiert werden, bei welchen die unabhängige und die abhängige Variable sich durch eindeutige doppeltperiodische Funktionen mit denselben oder mit verschiedenen Perioden darstellen lassen. Zugleich sollen die Integrale dieser Differentialgleichungen berechnet werden.

30a. Preisaufgabe für 1892: Wiederholung der Aufgabe vom Vorjahr.
1 Bewerber, Preis nicht zuerkannt.

31. Preisaufgabe für 1895, gestellt durch *Schwarz*.
2 Bewerber.
Preisträger: *Fritz Busse*.
Lobende Anerkennung: *Rudolf Rothe*.

Die Fakultät verlangt eine zusammenfassende, von Literaturangaben begleitete Darstellung der bis jetzt bekannten Eigenschaften der Flächen konstanten Krümmungsmaßes. Im Anschluß hieran sollen diejenigen krummen Flächen untersucht werden, welche auf einer Ebene in der Weise konform abgebildet werden können, daß den geodätischen Linien der Fläche bei der Abbildung Kreisbogen oder gerade Linien entsprechen.

32. Preisaufgabe für 1896, gestellt durch *Frobenius*.
1 Bewerber.
Preisträger: *Felix Fiedler*.

Als Wurzeln der Teilungsgleichung kann man in der Theorie der elliptischen Funktionen mit Vorteil die Größen

$$r\alpha\beta = \frac{\sigma'}{\sigma}\left(\frac{2\alpha\omega + 2\beta\omega'}{n}\right) - \frac{2\alpha\eta + 2\beta\eta'}{n}$$

verwenden, welche zu den Einheitswurzeln in einfachen Beziehungen stehen. Es sollen. wenn möglich, mit Hilfe dieser Beziehungen für $n = 3, 4$ und vielleicht auch für $n = 5$ diese Teilungsgleichungen wirklich hergestellt werden.

33. Preisaufgabe für 1899, gestellt durch *Fuchs*.
1 Bewerber.
Lobende Erwähnung: *Hans Matthée*.
Im Bande 84 des Crelleschen Journals hat C. Jordan die Typen der Substitutionsgruppen für die algebraisch integrierbaren linearen Differentialgleichungen dritter Ordnung hergeleitet. Es sollen im Anschluß an die Arbeit in den Acta mathematica Bd. 1, p. 321, die homogenen Relationen niedrigsten Grades zwischen den Elementen eines Fundamentalsystems aufgestellt werden, welche den einzelnen Typen entsprechen.

34. Preisaufgabe für 1901, gestellt durch *Fuchs*.
Kein Bewerber.
In der Abhandlung „Über die Fortpflanzung ebener Luftwellen von endlicher Schwingungsweite" hat Riemann im § 9 die Methode zur Bestimmung einer Funktion einer linearen partiellen Differentialgleichung und linearen Grenzbedingungen gemäß — unter Voraussetzung des Poissonschen Gesetzes — nur angedeutet, das Resultat aber auf anderem Wege verifiziert. Es soll dasselbe Resultat direkt hergeleitet werden.

35. Preisaufgabe für 1902: Wiederholung der Aufgabe vom Vorjahr.
Kein Bewerber.

36. Preisaufgabe für 1908, gestellt durch *Schottky*.
1 Bewerber.
Preisträger: *Hermann Claussen*.
Das Newtonsche Potential eines nicht homogenen Polyeders ist in solchen Fällen zu bestimmen, wo die Dichtigkeit des Körpers als ganze Funktion der kartesischen Koordinaten gegeben ist.

37. Preisaufgabe für 1911, gestellt durch *Frobenius*.
1 Bewerber.
Ehrenvolle Erwähnung: *Ernst Jegge*.
Verlangt wird eine vergleichende Übersicht der verschiedenen Beweise für den speziellen und allgemeinen Picardschen Satz.

38. Preisaufgabe für 1916, gestellt durch *Frobenius*.
4 Bewerber.
Preisträger: *Heinz Prüfer* und *Werner Kramer*.
Unter allen Ellipsoiden, die durch vier gegebene Punkte gehen, soll das vom kleinsten Volumen bestimmt werden.

39. Preisaufgabe für 1919, gestellt durch *Schmidt*.
Kein Bewerber.
Es sollen mit Hilfe der Elementarteilertheorie die Kriterien dafür angegeben werden, ob eine vorgegebene Matrix als Komposition zweier schiefsymmetrischer dargestellt werden kann.

40. Preisaufgabe für 1920: Wiederholung der Aufgabe vom Vorjahr.
Kein Bewerber.

41. Preisaufgabe für 1922, gestellt durch *Bieberbach*.
Kein Bewerber.
Es sollen die Untersuchungen und Ergebnisse, die Edmund Heß in seinem Werke „Die Lehre von der Kugelteilung" (Leipzig 1883) hinsichtlich der Zerlegung der Kugeloberfläche in kongruente Bereiche niedergelegt hat, nachgeprüft und ergänzt werden.

42. Preisaufgabe für 1928, gestellt durch *Schur*.
2 Bewerber.
Preisträger: *Robert Tiedeken*.
Ehrenvolle Erwähnung: *Hans Freudenthal*.
Es soll untersucht werden, in welchen Fällen die Koeffizienten einer gegebenen Kovariante der allgemeinen binären Form ein charakteristisches Eigensystem der zur binären Form gehörenden Fundamentalgruppe bilden.

43. Preisaufgabe für 1931, gestellt durch *von Mises.*
2 Bewerber.
Preisträger: ***Arnold Breitkopf*** und ***Herbert Morgenstern*** (je zur Hälfte).
Zusammenfassende Darstellung und eventuelle Ergänzung derjenigen Heavisideschen Ergebnisse in der Integration partieller Differentialgleichungen, die einer Begründung durch mathematisch strenge Methoden, etwa solche der Funktionentheorie oder der Riemannschen Integrationstheorie, zugänglich sind.

13. Namenverzeichnis

Vorbemerkung: In der Regel sind den Vor- (Ruf-) und Zunamen die Lebensjahre und die Fachrichtung hinzugefügt. Neben den angegebenen Quellen und der zitierten Literatur wurden die üblichen biographischen Nachschlagewerke benutzt, von denen hier nur J. C. Poggendorff: Biographisch-literarisches Handwörterbuch der exakten Naturwissenschaften, Bd. 1, 1863, bis Bd. 7a (einschl. Supplement) und 7b, hervorgehoben sei. Wenn über die spätere Laufbahn der betreffenden Persönlichkeit nichts in Erfahrung zu bringen war, beziehen sich die Angaben auf die Stellung zur Zeit der Erwähnung im Text. Verfasser und Empfänger von Dokumenten werden mit den Zahlen sämtlicher Seiten aufgeführt, über die sich der Abdruck erstreckt, auch wenn auf einzelnen Seiten der Name nicht explizite in Erscheinung tritt. „Abelsche Funktionen", „Crelles Journal", „Dirichletsches Prinzip", „Mittag-Leffler-Institut" und dgl. sind unter „Abel", „Crelle", „Dirichlet" bzw. „Mittag-Leffler" usw. mit erfaßt. Hingegen sind Personennamen in Bezeichnungen von Lehranstalten und Verlagen nicht in das Register aufgenommen. Die für die Biographie der erwähnten Mathematiker wichtigsten Stellen sind nicht besonders gekennzeichnet; für bedeutende Berliner Mathematiker sind diese dem detaillierten Inhaltsverzeichnis zu entnehmen. Im Text nur mit ihrer Dienststellung erwähnte Personen (z. B. „der Dekan") sind in das Register unter ihrem Namen (z. B. „Braun") einbezogen worden. Fürsten werden innerhalb des Alphabets unter dem betreffenden Land (z. B. „Frankreich") aufgeführt.

Verwendete Abkürzungen

Abt.	Abteilung
angew.	angewandt
Astr.	Astronom
Bibl.	Bibliothekar
Bot.	Botaniker
cand. math.	Kandidat der Mathematik
Chem.	Chemiker
Dir.	Direktor
Dr-d	Doktorand
Fin.-Min.	Finanz-Minister(ium)
Frh.	Freiherr
geb.	geboren
Hist.	Historiker
kl.	klassisch
Kult.-Min.	Kultus-Minister(ium) bzw. „Minister(ium) der geistlichen, Unterrichts- und Medicinal-Angelegenheiten"
math.	mathematisch
Math.	Mathematiker(in)
Math.-Hist.	Mathematikhistoriker
Meteorol.	Meteorologe
Päd.	Pädagoge bzw. Lehrer an einer Schule
Phil.	Philologe
Philos.	Philosoph
Phys.	Physiker
pr.	preußisch
Theol.	Theologe
Wiss.	Wissenschaft(en) bzw. Wissenschaftler

Carl Gustav Jacob Jacobi

Gustav Lejeune Dirichlet

Jakob Steiner

Carl Wilhelm Borchardt

Ernst Eduard Kummer

Karl Weierstraß

Leopold Kronecker

Lazarus Fuchs

Georg Frobenius

Hermann Amandus Schwarz

Friedrich Schottky

Issai Schur

Richard von Mises

Erhard Schmidt

Ludwig Bieberbach

www.ingramcontent.com/pod-product-compliance
Lightning Source LLC
LaVergne TN
LVHW080744300926
849162LV00008BA/1748